大学物理辅导

（第3版）

吕金钟　主编

邱红梅　刘丽华　副主编

清華大學出版社

北　京

内容简介

本书是与张三慧先生编著的《大学物理学》教材(不分版本)相对应的辅导教材，共分 10 章，每章均分思考题解答、例题、几个问题的说明和测验题四个部分。

本书对张三慧先生编著的《大学物理学》教材(清华大学出版社出版)的思考题作了全面的解答(包括第 3 版基于相对论的电磁学，并且教材第 2 版的个别思考题还作了保留)。每章节都相应配备了一定数量的配合课堂教学和加深学生对物理基本概念及基本定律理解和掌握的例题，对教学中需强调的、学生感兴趣而经常问及的某些问题进行了说明。每章配备的测验题包括概念性强的选择题、与教学紧密配合的填空题和计算题三种类型。需要说明的是，有的测验题是从历届《工科物理竞赛题解汇编》(清华大学物理系《工科物理》编辑部)摘录的，对学生开阔视野是有益的。

本书适合作为各类高等院校学习"大学物理"课程(不管选用何种教材)同学的自学辅导书，也可以作为从事物理教学工作者的物理习题讨论课参考书。

图书在版编目(CIP)数据

大学物理辅导/吕金钟主编. —3 版. —北京：清华大学出版社，2020.1(2024.1 重印)
ISBN 978-7-302-54638-2

Ⅰ. ①大… Ⅱ. ①吕… Ⅲ. ①物理学－高等学校－教学参考资料 Ⅳ. ①O4

中国版本图书馆 CIP 数据核字(2019)第 292683 号

责任编辑：朱红莲
封面设计：傅瑞学
责任校对：王淑云
责任印制：杨 艳

出版发行：清华大学出版社
网　　址：https://www.tup.com.cn，https://www.wqxuetang.com
地　　址：北京清华大学学研大厦 A 座　　**邮　　编**：100084
社 总 机：010-83470000　　**邮　　购**：010-62786544
投稿与读者服务：010-62776969，c-service@tup.tsinghua.edu.cn
质量反馈：010-62772015，zhiliang@tup.tsinghua.edu.cn
印 装 者：大厂回族自治县彩虹印刷有限公司
经　　销：全国新华书店
开　　本：185mm×260mm　　**印　　张**：25.5　　**字　　数**：621 千字
版　　次：2003 年 8 月第 1 版　2020 年 3 月第 3 版　　**印　　次**：2024 年 1 月第 6 次印刷
定　　价：72.00 元

产品编号：084357-03

再版前言

FOREWORD

2003年，为配合张三慧先生编著的《大学物理学》(清华大学出版社出版)第2版教材的课堂教学，进而开拓同学视野、帮助同学自学，加强课外辅导与答疑，为教学同仁的物理教学提供些参考，由刘伯松、吕金钟、丁红胜和尹红执笔，编著了《大学物理辅导》第1版辅导教材。每章节都包括四部分内容，分别为思考题解答、例题、几个问题的说明和测验题。出于有助于同学自学和有利于激发同学学习物理学兴趣的考虑，编者对《大学物理学》教材中所有思考题作出了全面解答。例题的选择基于两点：一是为加深同学对基本概念、基本定律的理解和掌握，二是为与教材中的例题、习题相呼应，力求在内容和方法上起到辅助作用。此书中对有关问题的说明，具有一定的代表性和参考意义，其中有的是同学感兴趣而经常问及的。为了帮助同学自学，提供一个自我检查学习的机会，每章配备了一些测验题，包括概念性强的选择题，以及与教学紧密配合的填空题和计算题。

鉴于《大学物理辅导》几年的使用，以及同学们和校内外同仁给予的较好评价和建议，为配合张三慧先生《大学物理学》(第3版)教材，包括"基于相对论的电磁学"，2008年，由吕金钟、邱红梅、刘伯松执笔，对《大学物理辅导》第1版进行了全面的审视和重新整理，完成了此书第2版的编著。第2版更加注意对初学者自学的适应性和开拓性，进一步加强了课外辅导和答疑方面的教学辅助，也考虑到了在大学生物理竞赛过程中对同学的帮助作用。

借此机会，编者再次对张三慧先生表示感谢，在《大学物理辅导》第1、2版出版过程中张先生给予了热情指导并对稿件进行了认真审阅；感谢清华大学物理系邓新元教授等同仁的支持。此书在编写过程中参考了若干已有的教材和杂志，编者在许多方面得到了启发和教益，这里对其作者再次表示感谢。感谢北京科技大学物理系丁红胜、尹红在第1版编写中的智慧和辛勤劳动，感谢刘红及所有给予过编者热情帮助的同事们。

基于近十年的使用经验和体会，在同仁建议和同事们的热情帮助下，为更好地配合张三慧先生编著的《大学物理学》教材，通过对《大学物理辅导》第2版的全面审视，由吕金钟、邱红梅、刘丽华、刘伯松协力完成了此书的又一次再版。此辅导教材修订了第2版中的一些错误和不妥之处，保留了第2版中所有思考题的解答，包括《大学物理学》第3版教材"基于相对论的电磁学"中的思考题。

需要说明的是,此书对张三慧先生编著的《大学物理学》的篇章顺序安排各异的各版本教材具有同样的教学辅助作用。

由于编者水平有限,书中一定会存在欠妥和错误之处,恳请读者批评指正!

编　者

2019年7月

目录

CONTENTS

第1篇 力 学

第2篇 电 磁 学

第3篇 热 学

第4篇 光 学

第5篇　量子物理

第1篇

力　学

第1章

质点运动学　运动与力
动量与角动量　功和能

1.1　思考题解答

1.1.1　质点运动学

1. 做平抛实验时分析小球的运动用什么参考系？分析湖面上游船运动用什么参考系？分析人造地球卫星的椭圆轨道运动以及土星的椭圆轨道运动又各用什么参考系？

答　参考系通常以观察物体运动时所用参考物而命名，在实验室观测小球的平抛实验时所用尺子和时钟是固定于实验室的，此时的参考系称为实验室参考系；如果是在室外做小球的平抛实验，一般选用地面为参考系，此时所选用的参考系称为地面参考系。观测湖面上游船运动，一般选用地面为参考系，所以所用参考系为地面参考系。人造地球卫星的椭圆轨道运动指的是卫星相对地心的运动，所以所选用的是地心参考系。土星的椭圆轨道运动是相对太阳而言的，所以所选用的是太阳参考系。

2. 回答下列问题：

(1) 位移和路程有何区别？

(2) 速度和速率有何区别？

(3) 瞬时速度和平均速度的区别和联系是什么？

答　(1) 如图1.1所示，路程是标量，位移是矢量。路程是物体运动经历的实际路径；而位移是物体初末位置矢量之差，$\Delta \boldsymbol{r}=\boldsymbol{r}_2-\boldsymbol{r}_1$，表示物体位置的改变，一般并不是物体所经历的实际路径。

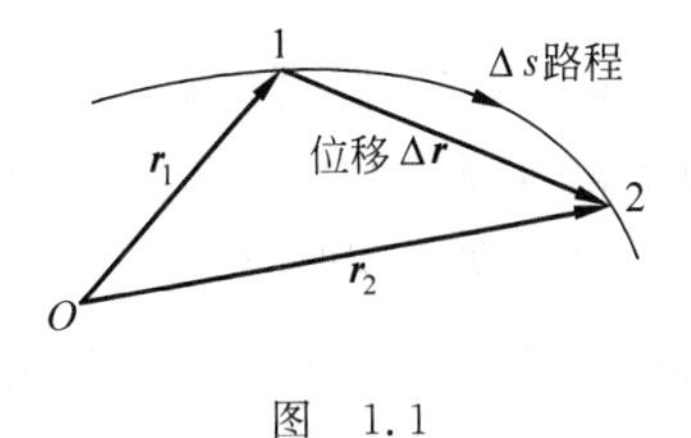

图　1.1

(2) 速度是矢量，速率是标量。速度是位置矢量对时间的变化率，$\boldsymbol{v}=\frac{\mathrm{d}\boldsymbol{r}}{\mathrm{d}t}$；速率是速度大小，是路程对时间的变化率，$v=|\boldsymbol{v}|=\left|\frac{\mathrm{d}\boldsymbol{r}}{\mathrm{d}t}\right|=\frac{|\mathrm{d}\boldsymbol{r}|}{\mathrm{d}t}=\frac{\mathrm{d}s}{\mathrm{d}t}$。

(3) 瞬时速度是瞬时量，是物体运动某一时刻 t 的位矢变化率，$\boldsymbol{v}=\frac{\mathrm{d}\boldsymbol{r}}{\mathrm{d}t}$，其方向是沿质点运动轨道的切线而指向运动的前方。而平均速度反映的是物体运动所经历的某一时段 Δt

的位移和 Δt 的比，$\boldsymbol{v}=\dfrac{\Delta \boldsymbol{r}}{\Delta t}$，其方向是 Δt 时间内位移的方向。当 $\Delta t\to 0$ 时，平均速度就成为瞬时速度，$\lim\limits_{\Delta t\to 0}\dfrac{\Delta \boldsymbol{r}}{\Delta t}=\dfrac{\mathrm{d}\boldsymbol{r}}{\mathrm{d}t}=\boldsymbol{v}$。

3. 回答下列问题并举出符合你的答案的实例：

(1) 物体能否有一不变的速率而仍有一变化的速度？

(2) 速度为零的时刻，加速度是否一定为零？加速度为零的时刻，速度是否一定为零？

(3) 物体的加速度不断减小，而速度却不断增大，这可能吗？

(4) 当物体具有大小、方向不变的加速度时，物体的速度方向能否改变？

答 (1) 有。速度是矢量，既有大小，又有方向，两者中有一个变化，速度就会变化。例如作匀速圆周运动的物体，它的速度时刻在变化，但其速率不变。

(2) 速度为零的时刻，加速度不一定为零；加速度为零的时刻，速度也不一定为零。因为加速度是速度对时间的变化率，速度为零的时刻其变化率不一定为零，速度不为零时不能保证其变化率不为零。例如水平弹簧振子，相对平衡位置有最大位移时其速度为零，而加速度不为零；平衡位置时速度最大而其加速度为零。

(3) 可能。例如加速直线运动，物体的加速度可以不断减小，只要与速度的方向一致，物体仍然作加速运动，速度仍不断增大。

(4) 能改变。如空气阻力很小时的斜抛运动，重力加速度恒定不变，但物体的速度方向却一直在改变。

4. 圆周运动中质点的加速度方向是否一定与速度的方向垂直？如不一定，此加速度的方向在什么情况下偏向运动的前方？

答 圆周运动中质点的加速度方向不一定与速度的方向垂直。当圆周运动中质点的速率增加时，加速度的方向偏向运动的前方。$\boldsymbol{a}=\boldsymbol{a}_{\mathrm{t}}+\boldsymbol{a}_{\mathrm{n}}$，只要 $\boldsymbol{a}_{\mathrm{t}}$ 不为零，加速度方向就与速度的方向不垂直，且只要 $\boldsymbol{a}_{\mathrm{t}}$ 的方向与速度的方向一致(速率增加)，加速度的方向就偏向运动的前方。

5. 任意平面曲线运动的加速度方向总指向曲线凹进的那一侧，为什么？

答 物体作平面曲线运动时，在曲线凹进那一侧曲线上的每点总有一个曲率圆。切向加速度表示质点速率的变化，其方向总沿通过此点曲率圆的切线方向；法向加速度表示速度方向的变化，它的方向是指向处于曲线凹进那一侧的曲率中心。所以二者合成的加速度的方向当然总指向曲线凹进那一侧。

6. 质点沿圆周运动，且速率随时间均匀增大，问 a_{n}、a_{t}、a 三者的大小是否都随时间改变？总加速度 $\boldsymbol{a}$ 与速度 $\boldsymbol{v}$ 之间的夹角如何随时间改变？

答 速率随时间均匀增大，可设 $v=kt$(k 为正常数)。因 $a_{\mathrm{t}}=\mathrm{d}v/\mathrm{d}t=k$，所以其大小不随时间改变；由于 $a_{\mathrm{n}}=\dfrac{v^2}{R}$($R$ 是质点作圆周运动的半径)，所以 $a_{\mathrm{n}}=\dfrac{k^2}{R}t^2$ 是时间的函数，且随时间增大而增大。而总加速度的大小 $a=\sqrt{a_{\mathrm{n}}^2+a_{\mathrm{t}}^2}=\sqrt{\dfrac{k^4}{R^2}t^4+k^2}$ 同样是时间的函数，也随时间增加而越来越大。由于 $\boldsymbol{a}_{\mathrm{t}}$ 与 $\boldsymbol{v}$ 的方向一致，总加速度 $\boldsymbol{a}$ 与速度 $\boldsymbol{v}$ 之间的夹角就是总加速度 $\boldsymbol{a}$ 与其分量 $\boldsymbol{a}_{\mathrm{t}}$ 之间的夹角。质点的速率增加时，加速度的方向偏向运动的前方，其与速度 $\boldsymbol{v}$ 之间的夹角为

$$\theta = \arctan \frac{a_n}{a_t} = \arctan \frac{kt^2}{R}$$

θ 将随时间增加而越来越大。法向加速度 a_n 随时间增大而切向加速度 a_t 不随时间变化，总加速度 $\boldsymbol{a}$ 与速度 $\boldsymbol{v}$ 之间的夹角必然随时间增加而越来越大。

7. 根据开普勒第一定律，行星轨道为椭圆。已知任一时刻行星的加速度方向都指向椭圆的一个焦点(太阳所在处)。分析行星在通过图1.2(a)中 M、N 两位置时，它的速率分别应正在增大还是正在减小。

答 总加速度 $\boldsymbol{a}$ 的方向始终指向焦点，而它沿轨道切线方向的切向加速度分量 $\boldsymbol{a}_t$ 的方向与速度 $\boldsymbol{v}$ 方向可能同向也可能反向，同向时行星速率增大，反向时行星速率减小。在图1.2(b)中 M 点，因为切向加速度方向与速度方向相反，M 点的速率正在减小；在 N 点，切向加速度方向与速度方向相同，所以 N 点的速率正在增加，如图1.2(c)所示。

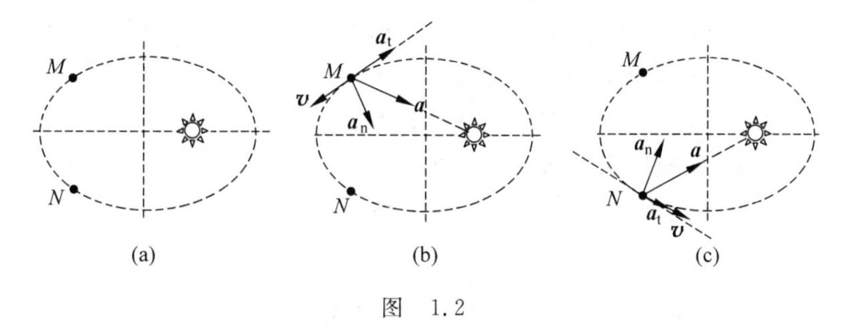

图 1.2

8. 一斜抛物体的水平初速度是 v_{0x}，它的轨迹的最高点处的曲率圆的半径是多大？

答 在轨迹最高点处，有 $v=v_{0x}$，$a=g=a_n$，则由 $a_n=v^2/\rho$ 得曲率圆半径

$$\rho = v_{0x}^2/g$$

9. 有人说，考虑到地球的运动，一幢楼房的运动速率在夜间比在白天大。这是对什么参考系说的？地球自转及围绕太阳公转示意图如图1.3(a)所示。

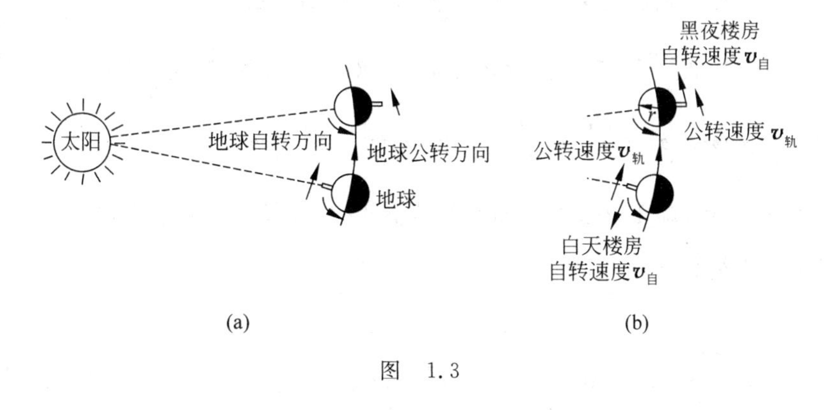

图 1.3

答 这是对太阳参考系而言的。如图1.3(b)所示，设地球自转的角速度为 ω，楼房对地球自转轴有一自转速率 $v=r\omega$(r 为楼房在自己转动平面内圆周运动的半径)，这个速度大小在白天和黑夜是一样的。地球绕太阳有一公转轨道速度，楼房相对太阳的运动速度就是相对地心的自转速度和地球公转速度的矢量和。如图1.3(b)所示，夜间楼房背向太阳，楼房

的自转速度与公转速度的方向基本一致;而白天楼房面对太阳,其自转速度与公转速度的方向基本相反。因此,自转速度和公转速度的叠加使得太阳参考系中看到同一幢楼房的运动速率在夜间比在白天大一些。

10. 设自由落体从 $t=0$ 时刻开始下落。用公式 $h=gt^2/2$ 计算,它下落的距离为 19.6 m 的时刻为 +2 s 和 −2 s。这 −2 s 有什么物理意义?该时刻物体的位置和速度各如何?

答 在公式 $h=gt^2/2$ 中,$t=-2$ s 是指比计时时刻 $t=0$ 早 2 s 的时间,它的物理意义是借用"时间倒流"说明了自由落体过程的可逆性。从 $t=0$ 时刻开始下落的自由落体,t 时刻的速度 $v=gt$,在 $t\to-t$ 时间反演操作下,$v\to-v$ 速度反向,速度反向意味着物体在重力作用下进行的是自由落体的逆过程即竖直上抛运动。$t\to-t$ 时间反演相当于时间倒流,自由落体的时间倒流过程就是无阻力的竖直上抛,这相当于用摄像机把自由落体拍摄下来而倒着放映。因此,从 $t=0$ 时刻开始下落的自由落体,−2 s 代表物体在竖直上抛运动中从此时刻到达顶点($y=0,v'=v=0$)的时间为 2 s。−2 s 时刻物体的位置就是自由落体过程中 +2 s 时的位置 $y=19.6$ m,而速度则反向,$v'=-2g=-v$(m/s),这正是物体在上升运动中达到最高点($t=0$)前两秒时的运动状态,如图 1.4 所示。

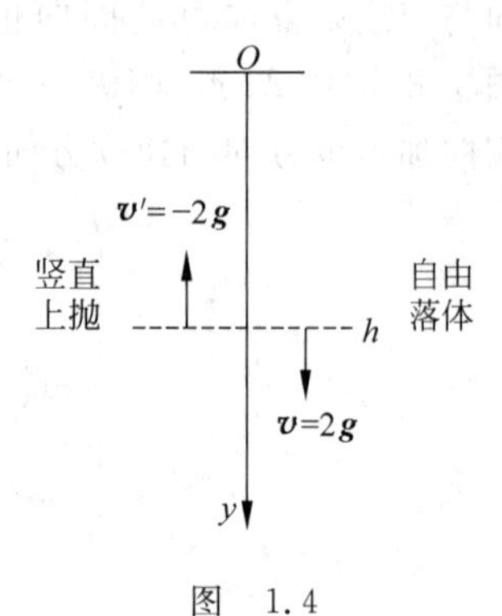

图 1.4

*__11.__ 如果使时间反演,即把时刻 t 用 $t'=-t$ 取代,质点的速度 $\boldsymbol{v}=\dfrac{\mathrm{d}\boldsymbol{r}}{\mathrm{d}t}$,加速度 $\boldsymbol{a}=\dfrac{\mathrm{d}^2\boldsymbol{r}}{\mathrm{d}t^2}$ 以及匀加速直线运动学公式直角坐标系中的 y 向分量表达式 $v_y=v_{0y}+a_yt$ 和 $y=y_0+v_{0y}t+\dfrac{1}{2}a_yt^2$ 将会有什么变化?电影中的武士一跃登上高峰的动作形象是实拍的跳下动作的录像倒放的结果,为什么看起来和"真正的"跃上动作一样?

答 对于可逆过程,若时间反演,质点的位置不受影响。对于正过程质点的速度定义式 $\boldsymbol{v}=\dfrac{\mathrm{d}\boldsymbol{r}}{\mathrm{d}t}$,在其反过程中其速度定义式为 $\boldsymbol{v}'=\dfrac{\mathrm{d}\boldsymbol{r}'}{\mathrm{d}t'}$,作时间反演变换 $t\to-t=t'$,$\boldsymbol{r}\to\boldsymbol{r}=\boldsymbol{r}'$,$\boldsymbol{v}=\dfrac{\mathrm{d}\boldsymbol{r}}{\mathrm{d}t}=\dfrac{\mathrm{d}\boldsymbol{r}'}{-\mathrm{d}t'}=-\dfrac{\mathrm{d}\boldsymbol{r}'}{\mathrm{d}t'}=-\boldsymbol{v}'$,即正反过程中速度是反向的。对于正过程,加速度 $\boldsymbol{a}=\dfrac{\mathrm{d}^2\boldsymbol{r}}{\mathrm{d}t^2}=\dfrac{\mathrm{d}\boldsymbol{v}}{\mathrm{d}t}$,在时间反演过程中的加速度为 $\boldsymbol{a}'=\dfrac{\mathrm{d}^2\boldsymbol{r}'}{\mathrm{d}t'^2}=\dfrac{\mathrm{d}\boldsymbol{v}'}{\mathrm{d}t'}$,当作 $t\to-t=t'$,$\boldsymbol{v}\to-\boldsymbol{v}=\boldsymbol{v}'$ 时间反演变换时,$\boldsymbol{a}=\dfrac{\mathrm{d}\boldsymbol{v}}{\mathrm{d}t}=\dfrac{-\mathrm{d}\boldsymbol{v}'}{-\mathrm{d}t'}=\dfrac{\mathrm{d}\boldsymbol{v}'}{\mathrm{d}t'}=\boldsymbol{a}'$,即正反过程中加速度是不变的。同理,当 $t\to-t$ 时,对于正过程中的匀加速直线运动学公式

$$v_y=v_{0y}+a_yt,\quad y=y_0+v_{0y}t+\frac{1}{2}a_yt^2$$

有 $v_y\to-v_y=v'_y$,$v_{0y}\to-v_{0y}=v'_{0y}$,$a_y\to a_y=a'_y$,$y\to y=y'$,$y_0\to y_0=y'_0$,所以在其时间反演过程中,上式可分别写成

$$v'_y=v'_{0y}+a'_yt',\quad y'=y'_0+v'_{0y}t'+\frac{1}{2}a'_yt'^2$$

即运动表达式不变。正过程如果是匀加速直线运动,过程中的速度和加速度方向相同;而其逆过程中,由于加速度方向不变而速度反向,其运动表达式表示的是匀减速直线运动。所

以，运动表达式不变并不表明正反过程的运动形式具有时间反演不变性，具有时间反演不变性的是正反过程中的物理规律（牛顿第二定律 $\boldsymbol{F}=m\boldsymbol{a}$），因为在时间反演的可逆过程中，力、质量和加速度都是不变的。这就是说，在上述正、反两过程中，它们的运动形式虽相逆但都符合牛顿运动定律，它们的时序虽相反但在自然界中都可能实际发生。如果把匀加速直线运动录下来，不管正放还是倒放录像，因为它们都符合物理定律，所以看起来都是“真”的现象，单从录像的放映中人们不能区别是倒放还是正放，也就是不能区别运动过程的正与反。一武士从高处跳下的过程在空气阻力可以忽略的情况下是一个可逆过程，实拍下武士从高处跳下的动作再在电影中倒放，就可以表现他“真正地”从平地一跃而登上高峰的动作形象，其道理就是如此。

1.1.2　运动与力

1. 没有动力的小车通过弧形桥面（见图1.5(a)）时受几个力作用？它们的反作用力作用在哪里？若小车的质量为 m，车对桥面的压力是否等于 $mg\cos\theta$？小车能否作匀速率运动？

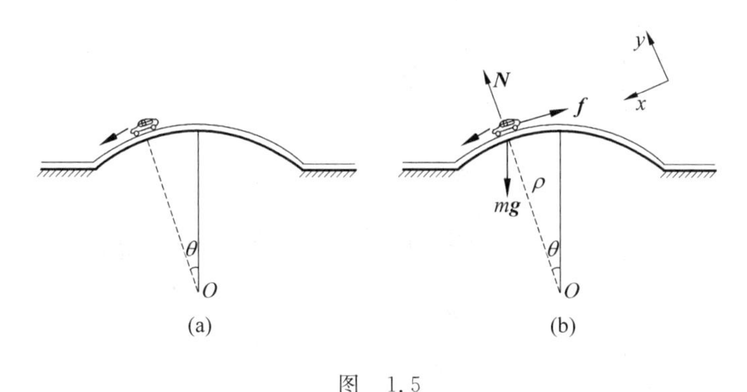

图　1.5

答　没有动力的小车通过弧形桥面时，受到三个力的作用，如图1.5(b)所示，一是地球的作用力（重力）$m\boldsymbol{g}$，竖直向下；二是弧形桥面给予小车的弹性支撑力 $\boldsymbol{N}$，垂直桥面向上；三是弧形桥面对小车车轮沿弧形桥面切线向后的滚动摩擦力 $\boldsymbol{f}$。

作用力与反作用力大小相等，方向相反（在一条直线上），分别作用于相互作用的两个物体上。因此小车所受重力的反作用力作用于地球，弹力 $\boldsymbol{N}$ 的反作用力作用于弧形桥面，滚动摩擦力 $\boldsymbol{f}$ 的反作用力作用于弧形桥面。

对于小车，y 向的牛顿第二定律方程为

$$N-mg\cos\theta=-m\frac{v^2}{\rho}\text{（}\rho\text{ 为此处桥面的曲率半径）}$$

则有 $N=mg\cos\theta-m\dfrac{v^2}{\rho}$。因为 $\boldsymbol{N}$ 的反作用力就是车对桥面的压力，所以车对桥面的压力大小 $mg\cos\theta-m\dfrac{v^2}{\rho}$ 不等于 $mg\cos\theta(v\neq0)$。

没有动力的小车在图1.5中所示的通过弧形桥面过程中是不会作匀速率运动的。因为此过程中重力对小车做正功，支撑力 $\boldsymbol{N}$ 不做功，滚动摩擦力 $\boldsymbol{f}$ 对车整体不做功，在不考虑其他耗散力（空气阻力、轮轴摩擦力等）的情况下，由动能定理可知小车速率是逐渐增加的。从

受力角度看,对于小车,x 向的牛顿第二定律方程为

$$mg\sin\theta - f = ma_t$$

设桥面对小车的摩擦系数为 μ,有 $f=\mu N$,而 $N=mg\cos\theta - m\dfrac{v^2}{\rho}$,则切向加速度大小为

$$a_t = g\sin\theta - \frac{\mu N}{m} = g\sin\theta - \mu g\cos\theta + \mu\frac{v^2}{\rho}$$

如果小车作匀速率运动(v 为常数),那么沿桥面的切向加速度 $a_t=\dfrac{\mathrm{d}v}{\mathrm{d}t}=0$,在 μ 和 ρ 是常数的情况下对此式两边求导可得 $\cos\theta+\mu\sin\theta=0$,有

$$\cot\theta = -\mu$$

即要求小车沿桥面运动(图中 θ 角度不断变化)时 $\cot\theta$ 等于一个负常数,这显然是不可能的。所以没有动力的小车通过弧形桥面时不可能作 v 是常量的匀速率运动。

2. 有一单摆如图 1.6(a)所示,试在图中画出摆球到达最低点 P_1 和最高点 P_2 时所受的力。在这两个位置上,摆线中张力是否等于摆球重力或重力在摆线方向的分力?如果用一水平绳拉住摆球,使之静止在 P_2 位置上,摆线中张力多大?

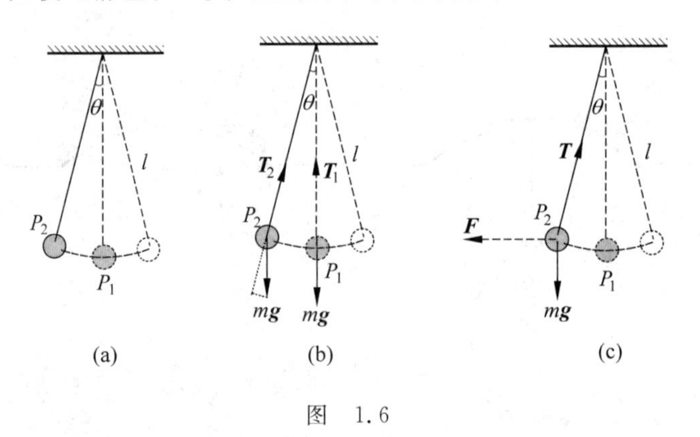

图 1.6

答 ① 摆球在最低点 P_1 和最高点 P_2 的受力如图 1.6(b)所示,它们分别是重力 $m\boldsymbol{g}$、张力 $\boldsymbol{T}_1$ 和重力 $m\boldsymbol{g}$、张力 $\boldsymbol{T}_2$。

② 在最低点 P_1,竖直向的力学方程为

$$T_1 - mg = m\frac{v^2}{l}$$

因摆球速度 $v\neq0$,所以张力大于摆球重力,差值为摆球的向心力。

在最高点 P_2 时,摆球的速度为零,沿摆线方向的牛顿力学方程为

$$T_2 - mg\cos\theta = 0$$

张力 $T_2=mg\cos\theta$,即不等于重力而等于重力在摆线方向的分力。

③ 若一水平绳拉住摆球(图 1.6(c)中 F),使之静止在 P_2 位置上,受力平衡,沿竖直向的牛顿力学方程为

$$T\cos\theta - mg = 0$$

则摆线中张力为 $T=mg/\cos\theta$。

3. 有一个弹簧,其一端连有一小铁球,能否做一个在汽车内测量汽车加速度的"加速度计"?若能,根据的是什么原理?

答　可以。将弹簧竖直自由地悬挂于车顶，当汽车加速前进时，小铁球受到垂直向下的重力、弹簧的拉力以及和运动方向相反的惯性力作用。当受力平衡时，测出弹簧与竖直线之间的夹角，就可以由关系式 $a=g\tan\theta$ 测出不计弹簧质量时汽车的加速度，小球偏转反方向就是汽车的加速度方向。

汽车内：小球的动力学方程为(见图 1.7)

$$x\text{ 向：}T\sin\theta - ma = 0$$

$$y\text{ 向：}T\cos\theta - mg = 0$$

由此可得 $\tan\theta=\dfrac{a}{g}$，即 $a=g\tan\theta$。

4. 当歼击机由爬升转为俯冲时(见图 1.8(a))，飞行员会由于脑充血而“红视”(视场变红)；当飞行员由俯冲拉起时(见图 1.8(b))，飞行员会由于脑失血而“黑晕”(眼睛失明)。这是为什么？若飞行员穿上一种 G 套服(把身躯和四肢肌肉缠得很紧的一种衣服)，当飞行员由俯冲拉起时，他能经得住相当于 $5g$ 的力而避免黑晕，但飞行员开始俯冲时，最多经得住 $-2g$ 的力而仍免不了红视。这又是为什么(定性分析)？

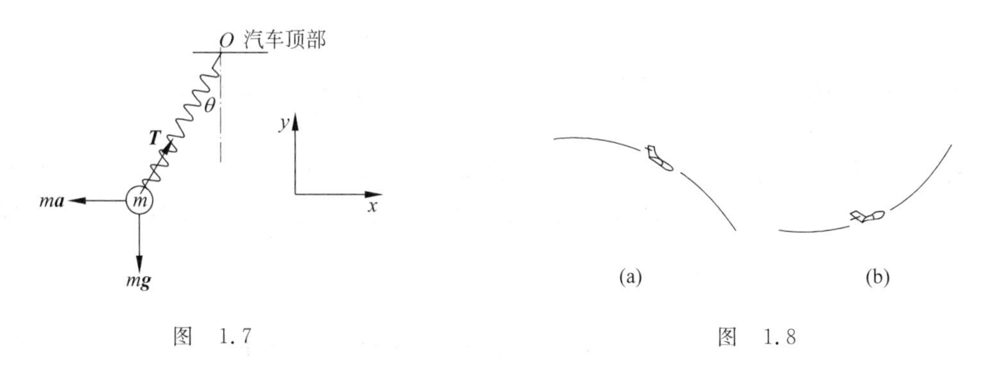

图　1.7　　　　图　1.8

答　如图 1.9(a)所示，歼击机由爬升转为机头向下俯冲时，相对地面(惯性系)飞行员在作曲线运动，存在如图所示的法向加速度 $\boldsymbol{a}_n$，它的方向和飞行员的头向相反。飞行员是一个非惯性系，飞行员的血液会受到如图所示与 $\boldsymbol{a}_n$ 方向相反的惯性离心力($-m\boldsymbol{a}_n$)作用，在此作用下身躯和四肢肌肉的血液涌向飞行员脑部，过多的脑部血液使飞行员的视觉是“红糊糊的一片”，什么也看不到，即出现“红视”现象。当歼击机由俯冲拉起机头迅速上仰时，如图 1.9(b)所示，飞行员也是作曲线运动，不过此时法向加速度 $\boldsymbol{a}_n$ 方向与飞行员的头向相同，飞行员作为非惯性系，他的血液会受到离开脑部向下的惯性力，造成脑失血而使飞行员的视觉一片漆黑，出现“黑视”，即“黑晕”现象。“黑视”和“红视”是飞行员晕厥的先兆，是其

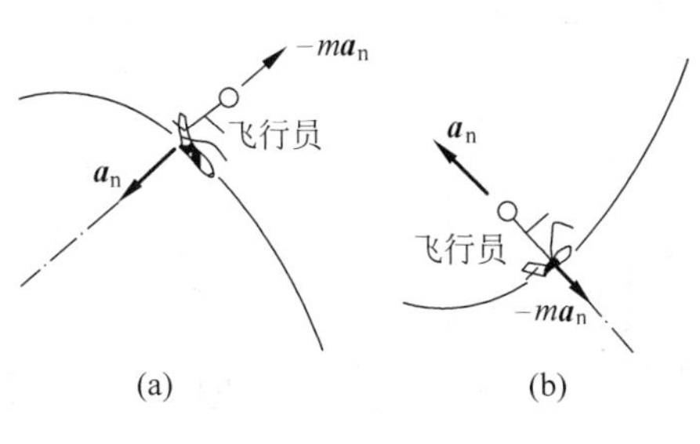

图　1.9

生理承受的极限,是向飞机的机动性提出的挑战,为此出现了歼击机飞行员的G套服。G套服的作用是把人的身躯和四肢肌肉缠得紧紧的,压迫血管使身躯及四肢肌肉内部血液流动不畅,造成它们与脑部之间血液流动的阻力,限制血液大量流出或流入大脑,降低"黑视"与"红视"的反应,从而保证人身和飞行安全。这种作用就像卫生员紧急抢救伤员时经常用绷带勒紧血管上部以减少血管下部的大量出血,并阻止血管下部感染血液很快地上流一样。

当人们猛地下蹲时可以体会到"红视"的感觉,由下蹲状态猛地站起来时人们往往会出现"黑视"的感觉。平时处于重力场"$\boldsymbol{g}$"中的飞行员穿上G套服后(看起来就像贴身的潜水服),由于G套服极大限度地阻碍了脑部血液向身躯及四肢肌肉的流动,所以他可以处于"$5\boldsymbol{g}$"的法向加速度力场中(相当于受到$5g$的力)而不至于脑失血过多出现"黑晕"现象。"$-2\boldsymbol{g}$"相当于飞行员处于$2g$的力场,但惯性力把血液从下部推向头部。从生理上讲"红视"比"黑视"更危险,且由于人体血液量是一定的,脑部血容量是有限的,大量的血液仍储存在身躯及四肢肌肉之内,所以歼击机由爬升转为俯冲时飞行员所能承受的加速度相对会小一些,即便是"$-2\boldsymbol{g}$"的力场也会产生过多的血液冲入脑部而引起"红视"现象。相对重力场"$\boldsymbol{g}$",飞行员处于"$5\boldsymbol{g}$"或"$-2\boldsymbol{g}$"力场中称为超负荷,故G套服又俗称"抗荷服"。

5. 用天平测出的物体质量是引力质量还是惯性质量?两汽车相撞时,其撞击力的产生是源于引力质量还是惯性质量?

答 用天平测出的物体的质量与引力有关,是物体和砝码受到的地球引力对天平刀口支撑点力矩平衡测出的质量,所以是引力质量。两汽车相撞的撞击力源于物体运动,表现为自身动量的变化率,$\boldsymbol{F}=\frac{\mathrm{d}(m\boldsymbol{v})}{\mathrm{d}t}$,其中$m$是惯性质量。

6. 设想在高处用绳子吊一块重木板,板面沿竖直方向,板中央有颗钉子,钉子上悬挂一单摆,今使单摆摆动起来。如果当摆球越过最低点时砍断吊木板的绳子,在木板下落过程中,摆球相对于木板的运动形式将如何?如果当摆球到达极限位置时砍断绳子,摆球相对于木板的运动形式又将如何?(忽略空气阻力)

答 砍断绳子使木板自由下落时,若以此木板为参考系(非惯性系),则摆球相对于木板的运动形式将取决于摆球受力和初始条件。摆球在越过最低点而未到极限位置时具有一定的速度,此时摆球受到竖直向下的重力mg、摆绳的拉力T,还有竖直向上的惯性力mg。由于重力和惯性力相互平衡,所以摆球仅受与其速度v垂直的拉力T作用,此力是向心力。因此,摆球相对于木板作匀速率圆周运动,如图1.10(a)所示。

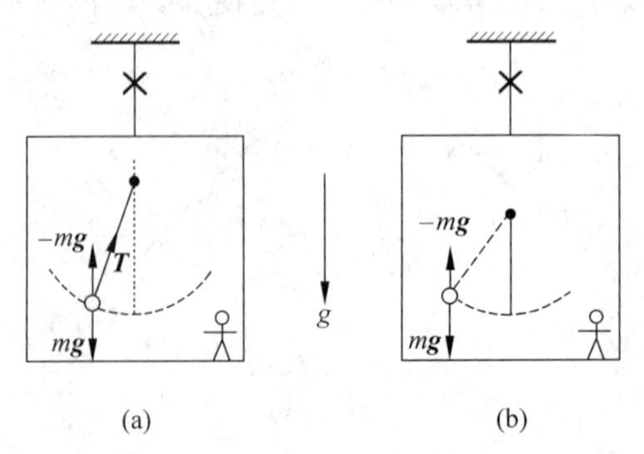

图 1.10

若当摆球到达极限位置(最高点,此时 $v=0$)时砍断绳子,摆球的重力 mg 与惯性力 $-mg$ 相平衡,而且由于此时摆球的速度为零,绳的拉力也瞬时消失,所以摆球相对于木板静止,如图 1.10(b)所示。

*7. 在门窗都关好的行驶的汽车内漂浮着一个氢气球,当汽车向左转弯时,氢气球在车内将向左运动还是向右运动?

答　当汽车向左转弯时,表明存在指向转弯轨迹曲率中心的法向加速度,汽车就是一个非惯性参考系。如图 1.11 所示,车内漂浮的氢气球在竖直向受力平衡,空气浮力大小等于气球的重力,由于汽车向左加速度的产生,气球在车内受到向右的惯性离心力,此力将使气球在车内向右运动。当汽车向左转弯时,门窗都关好的汽车内部各部位的空气也都受到向右的惯性离心力的作用,它们将产生向右的定向运动,其效果也将使气球向右运动。所以,当汽车向左转弯时,氢气球在车内将向右运动。

*8. 设想在地球北极装置一个单摆(见图 1.12),令其摆动后,则会发现其摆动平面即摆线所扫过的平面按顺时针方向旋转。摆球受到垂直于该平面的作用力吗?为什么该平面会旋转?试用惯性系和非惯性系概念解释这个现象。

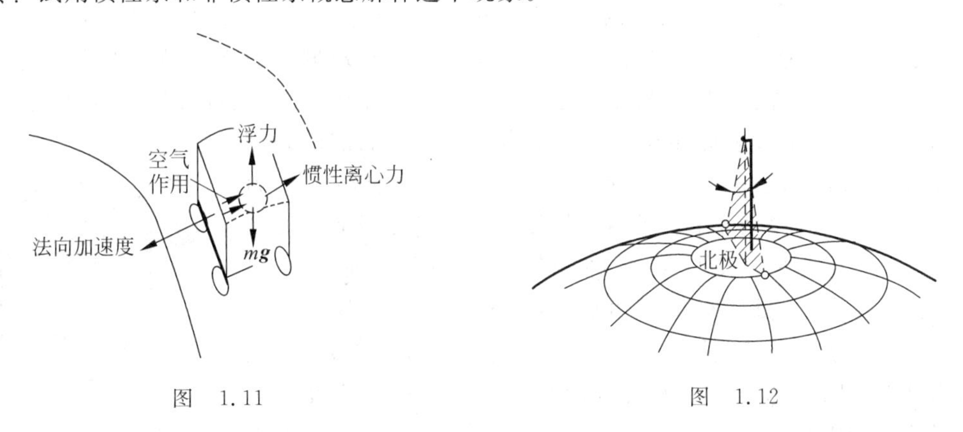

图　1.11　　　　图　1.12

答　从围绕太阳公转的地心参考系(近似看做惯性系)的角度来看,地球北极单摆摆球没有受到垂直于摆动平面的作用力,摆球只受到重力 mg 和摆绳的拉力 T 作用,如图 1.13(a)所示,它们都在摆平面内,因此摆球不可能离开这个平面运动,摆平面对地心参考系是静止不动的。但是,由于地球自西向东自转,使得摆平面相对地面的位置不断地随时间在变化,在北极地面上由上向下看摆平面作顺时针转动,24 小时转动一周。

从地面参考系(非惯性系)的角度来看,摆球除受到重力 mg 和摆绳的拉力 T 作用外,除惯性离心力极小可以忽略外还会受到科里奥利力 $\boldsymbol{F}_{\mathrm{C}}$ 的作用,$\boldsymbol{F}_{\mathrm{C}}=2m\boldsymbol{v}'\times\boldsymbol{\omega}$,其中$\boldsymbol{\omega}$是地心惯性参考系中地球自转的角速度矢量,$\boldsymbol{v}'$是质量为 m 的摆球相对地球的速度。图 1.13(a)中正向左摆动的摆球所受到的科里奥利力 $\boldsymbol{F}_{\mathrm{C}}$ 方向垂直纸面向里。在北极,摆球所受到的科里奥利力 $\boldsymbol{F}_{\mathrm{C}}$ 与摆球速度方向垂直,而指向其运动方向的右侧,它不改变摆球速度大小,但改变速度方向,使摆平面转动。如果 $t=0$ 时刻摆球处在如图 1.13(a)的位置,由东向西摆动,图 1.13(b)给出了在科里奥利力作用下摆球的运动轨迹。由图 1.13(b)可以看出,在北极随着摆球不停地摆动,其摆平面由上向下看就沿顺时针方向不停地转动,24 小时转动一周。如果摆悬挂在纬度 φ 处,摆平面旋转一周用时可近似由 $T=\dfrac{24}{\sin\varphi}$(h)计算。法国科学家傅科1851年在巴黎向人们展示了单摆摆平面的旋转，验证了地球的自转，所以把观测摆平面旋转的单摆称为傅科摆。

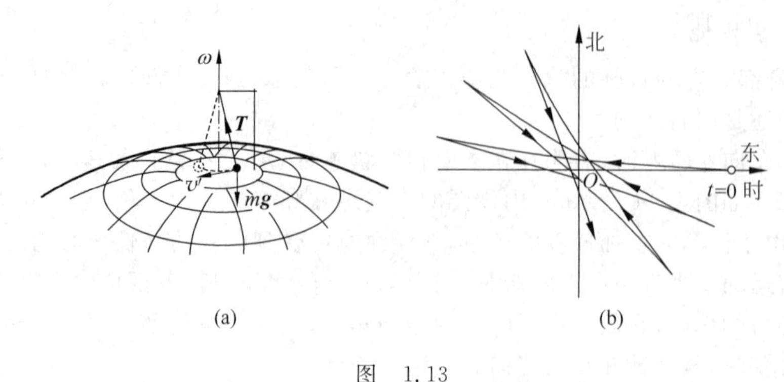

图 1.13

9. 小心缓慢地持续向玻璃杯内倒水，可以使水面鼓出杯口一定高度而不溢流，这是什么原因？

答 玻璃和水之间会形成一附着薄层，玻璃与水分子间的相互吸引力大于水与水分子间的引力(内聚力)，因此附着层中水分子受到垂直于玻璃表面指向玻璃的附着力。对于液体水和空气的界面，存在水引应力各向异性的表面层，表面层犹如张紧的弹性薄膜，有收缩的趋势，即液体表面存在着表面张力。对于弯曲液体表面还存在着内外压强差，如图1.14所示，其中p_0为大气压强，$p_内$为水内部的压强。正是由于它的存在，当水满后持续缓慢地向玻璃杯内倒水，$p_内$会慢慢增大以致使"弹性"水面鼓出杯口形成弯曲水面。如图中所示，处于玻璃杯边沿、空气和液体交界处的一小液体水块受到表面张力、附着力和内外压强差引起的压力(与重力相比可以忽略)，当三力平衡时水面虽鼓出杯口一定高度也不溢流。玻璃杯中水表面张力的作用是阻碍水满溢流，但它的大小是一定的，水满后内外压强差引起的压力是推动水溢流的，它是随着水面鼓出杯口的高度增加而增加的，当压强差引起的压力大于"表面张力"作用时，水就会在附着力作用下沿玻璃溢流。

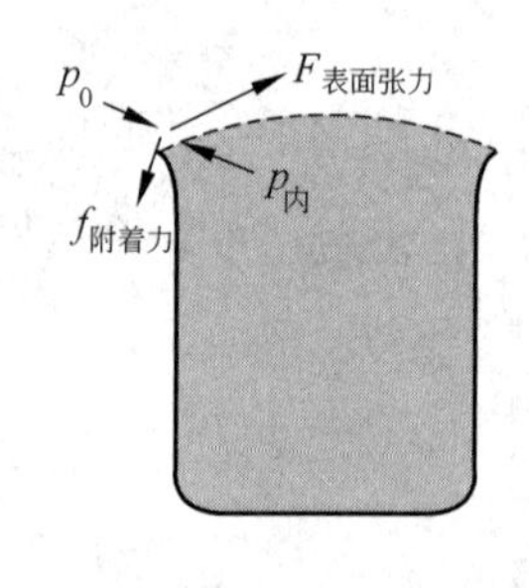

图 1.14

10. 不太严格地说，一物体所受重力就是地球对它的引力。据此，联立地球表面附近质量为m的物体所受到的重力$W=mg$和万有引力大小数学表达式$f=G\dfrac{m_1m_2}{r^2}$导出以引力常数G、地球质量M和地球半径R表示的重力加速度g的表达式。

解 把地球看成质量均匀分布的半径为R的球体，由万有引力大小数学表达式$f=G\dfrac{m_1m_2}{r^2}$，地球对质量为m(kg)的物体(看成质点)的引力写为

$$f=G\frac{Mm}{r^2}$$

式中，r是地心到质点m的距离，其方向指向地心。忽略地球自转，物体所受的重力就等于地球对它的引力(参看后面几个问题说明中的"引力场和引力场强矢量"部分)，有

$$W = mg = G\frac{Mm}{r^2}$$

得重力加速度 g 的表达式为

$$g = G\frac{M}{r^2}$$

忽略地球自转情况下其方向指向地心，表示质量 1 kg 的物体所受到的重力。地面物体 ($r=R$) 重力加速度 g 的表达式为

$$g = G\frac{M}{R^2}$$

将 $M=5.98\times10^{24}$ kg，$R=6.37\times10^{6}$ m，$G=6.67\times10^{-11}$ N·m²/kg² 代入，得其大小为 $g=9.82$ m/s²，使用中常取 $g=9.8$ m/s²。

*11. 同步卫星的运行要求其姿态稳定，即其抛物面天线必须始终朝向地球。一种稳定性设计是用两根长杆沿天线轴方向插在卫星两侧(见图 1.15)，试用潮汐原理说明这一对长杆就可以使卫星保持姿态稳定。(参考文献：管靖. 基础物理学中关于力学稳定性的讨论. 大学物理，2002，21(6)：46)

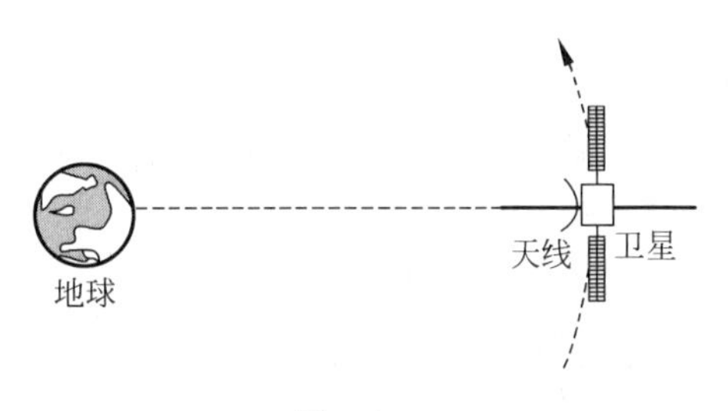

图 1.15

答　"昼涨称潮，夜涨称汐"，潮汐现象的形成是由于太阳和月亮对地球各处海水引力的不均匀性所引起的。在太阳系观测，地球的运动是公转与自转的合成运动，公转可以看做是平动的圆周运动，地球上各处都具有指向太阳的向心加速度 $a_n=r_s\omega^2$，其中，r_s 是太阳到地心的距离，ω 是地球公转的角速度大小。地心非惯性参考系中，靠近太阳最近的图 1.16 中 1 处 Δm 的海水受到的太阳引力为 $f_{1引}=G\dfrac{M_s\Delta m}{(r_s-R_e)^2}$(其中，$M_s$ 是太阳质量，R_e 是地球半径)，受到的惯性力为 $f_{惯}=\Delta m r_s\omega^2$，二者方向正好相反，其差值 $F_1=f_{1引}-f_{惯}>0$，方向背离地心朝向太阳，使此处海水凸起形成涨潮，F_1 称为此处的引潮力或潮汐力。而最远离太阳的图中 2 处 Δm 的海水受到的太阳引力为 $f_{2引}=G\dfrac{M_s\Delta m}{(r_s+R_e)^2}$，受到的惯性力为 $f_{惯}=\Delta m r_s\omega^2$，其合力 $F_2=f_{惯}-f_{2引}>0$，方向背离地心和太阳，2 处的引潮力 F_2 使 2 处海水凸起形成涨潮。地球上其他各处的海水也都处于太阳引力和惯性力 $f_{惯}=\Delta m r_s\omega^2$ 作用之下，产生的地球各处引潮力的分布如图 1.16 所示。因地球自转使地球上各点一天内离太阳最远和最近各一次，因此形成了每天两

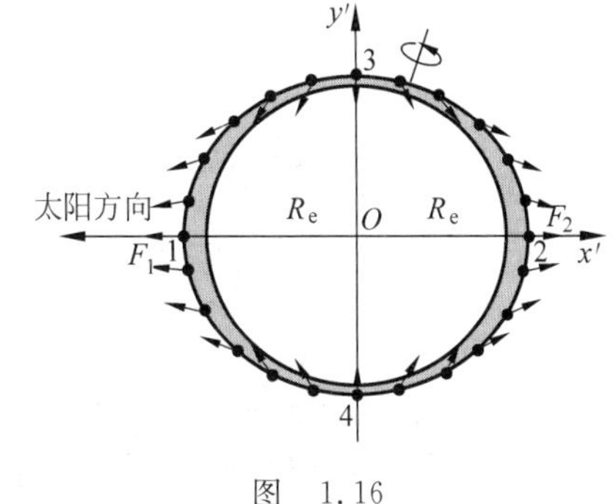

图 1.16

次“太阳潮”。按照上述思路,同样可以分析月亮对地球各处海水引力不均匀性所引起的太阴潮。每当新月和满月(阴历的每月初一和十五)时,由于太阳、月亮和地球在同一条直线上,太阳和月亮对海水的引力效应相互加强,导致每月出现两次大潮;在初八和二十三日(上弦和下弦),月球和太阳对地球的方位垂直,因两种引力效应相互抵消一些而产生小潮。

同步卫星的运行既要求卫星轨道周期与地球自转周期相同,又要求卫星轨道周期与其自身的自转周期相同,并且还要满足运行姿态的稳定性,以保证它的抛物面天线永远面向地球。用两根长杆沿天线轴向插在卫星两侧是保持卫星运行姿态稳定的一种方案,其原理和潮汐现象(见图1.17)一样,同样是利用了地球对它们引力的不均匀性。设卫星和天线的质量为 m_0,其质心距地心 r。如图1.17(a)所示,使地球对两根长杆的引力简化为地球对质量都是 m 的两个质点的引力,它们分别距卫星和天线质心两侧的距离为 l,这样整个卫星系统的质心不变,距地心的距离还是 r。在较小的时空范围内,可以忽略地球的运动,将地心看做惯性系,而卫星系统是在地球引力下的一个平动非惯性系,其向心加速度大小为 $a=G\dfrac{M_e}{r^2}$,其中 M_e 是地球质量。因为 m_0 位于卫星系统的质心,在非惯性系中静止,它所受引力与惯性力 f_i 抵消,因此有 $f_i=-m_0a=-G\dfrac{M_em_0}{r^2}$。由于左右两侧等效长杆的 m 质点离地球的距离分别为 $r-l$ 和 $r+l$,地球对它们的引力大小不同,类似上面讨论的海水引潮力,左侧长杆的引潮力 $F_1=f_{引}-f_{惯}=G\dfrac{M_em}{(r-l)^2}-G\dfrac{M_em}{r^2}>0$,方向指向地球,而右侧长杆的引潮力 $F_2=f_{惯}-f_{引}=G\dfrac{M_em}{r^2}-G\dfrac{M_em}{(r+l)^2}>0$,方向沿抛物面天线轴方向背离地球,引潮力 F_1、F_2 的作用使抛物面天线面向地球。如果同步卫星受到微小扰动而略偏离正常姿态,如图1.17(b)所示,则引潮力 F_1、F_2 对卫星质心形成一个恢复力矩,使系统返回正确姿态。所以,尽管引潮力 F_1、F_2 量值微小,但卫星不受到异常扰动,用两根长杆沿天线轴方向插在卫星两侧就能使卫星姿态保持稳定。

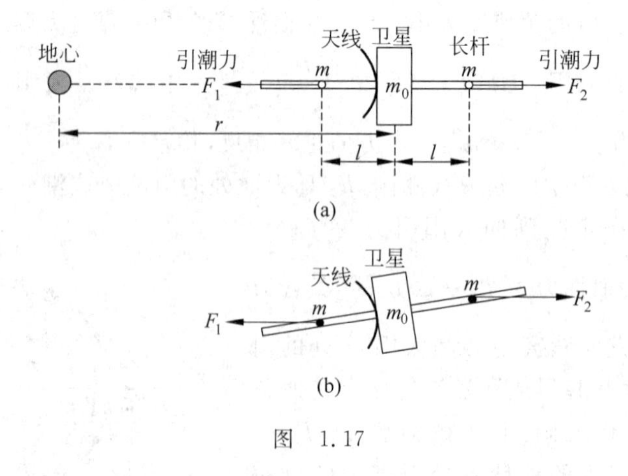

图 1.17

12. 一圆盘沿顺时针方向转动,如图1.18所示。沿同一半径坐着两个儿童,童 A 靠外,童 B 靠内。童 A 以相对于圆盘的速度 $\boldsymbol{v}'$ 沿半径方向向童 B 抛出一球,在盘上的观察者将看

到童 A 抛出的球总偏向球运动速度的左方(这就是在南半球观察到的科里奥利效应),试分析其原因。

答 以圆盘为参考系(非惯性系),在此参考系中静止的球除受到真实力外,还受到惯性离心力作用。如果球相对匀角速转动的圆盘参考系还有运动(速度为 $\boldsymbol{v}'$),那么,在此参考系中静止的观察者看来,球还会受到科里奥利力 $\boldsymbol{F}_C$,$\boldsymbol{F}_C=2m\boldsymbol{v}'\times\boldsymbol{\omega}$,由右手定则可知,其方向指向球运动速度的左方。所以,在盘上的观察者将看到童 A 抛出的球总偏向球运动速度的左方。

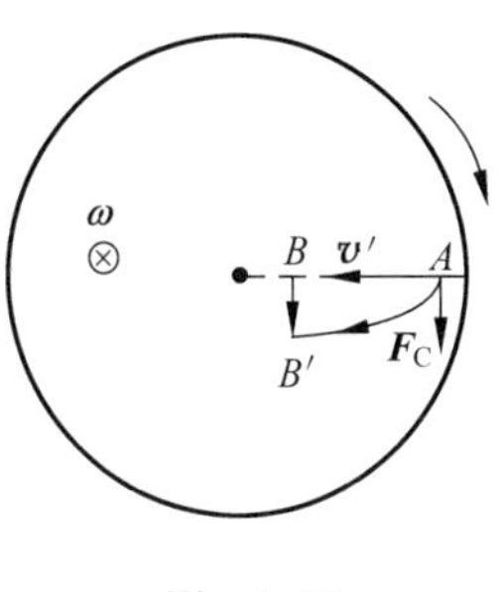

图 1.18

1.1.3 动量与角动量

1. 小力作用在一个静止的物体上,只能使它产生小的速度吗?大力作用在一个静止的物体上,一定能使它产生大的速度吗?

答 根据牛顿第二定律,$\boldsymbol{F}=m\boldsymbol{a}$,力作用在一个静止的物体上,只是与物体运动的速度的变化率发生直接关系,而与物体运动的速度没有直接关系。小力作用在一个静止的物体上,小力的长时间积累可以产生大的冲量,持续作用可以使物体产生很大的速度。大力短时间作用在一个静止的物体上,冲量可以很小,不一定能使静止的物体产生大的速度。

2. 一人躺在地上,身上压一块重石板,另一人用重锤猛击石板,但见石板碎裂,而下面的人毫无损伤。何故?

答 当用重锤猛击压在人身上静止的重石板时,重石板是否造成下面人的损伤主要看石板受到猛击过程中向下能产生多大的位移。重锤"猛击"石板之意是指二者间碰撞力很大而碰撞时间很短。重石板受到重锤猛击碰撞力 $\boldsymbol{F}$ 是局部力,所谓很大是说这局部碰撞力足以使重石板碎裂,但它本身是有限的。具有一定大小的碰撞力 $\boldsymbol{F}$ 在 $\mathrm{d}t$ 时间内给石板的冲量($\boldsymbol{F}\mathrm{d}t$)有限,由动量定理

$$\boldsymbol{F}\mathrm{d}t=\mathrm{d}\boldsymbol{p}=M\mathrm{d}\boldsymbol{v}$$

可知,质量 M 很大的重石板获得的向下速度增量很小,因而在碎裂前很短的碰撞时间 Δt 内向下产生的位移

$$\Delta\boldsymbol{r}=\int_{\Delta t}\boldsymbol{v}\mathrm{d}t$$

非常之小。也就是说,由于重石板的惯性很大,尽管它遭到重锤猛击,但在很短的碰撞时间内它还来不及向下运动造成人的损伤就已碎裂。

3. 如图1.19(a)所示,一重球的上下两面系同样的两根线,今用其中一根线将球吊起,而用手向下拉另一根线。如果向下猛一抻,则下面的线断而球未动。如果用力慢慢拉线,则上面的线断开,为什么?

答 如果向下猛一抻,给予下面的线一冲量,由于作用时间极短,线受到的冲力就很大,足以达到线所允许的最大张力而使下面的线断开。由于重球惯性很大,在一刹那间还来不及运动,下面的线就已断开,即下面的线受到的冲力影响不到上面的线,故球未动而上面的线也未断。

若缓慢地增加拉力,如图1.19(b)所示,可以认为下面的线、上面的线及重球在"缓慢作用"下时刻都处于力平衡状态,下面的线中的张力就是受到的拉力 $T_1=F(T_1-F=0)$。而

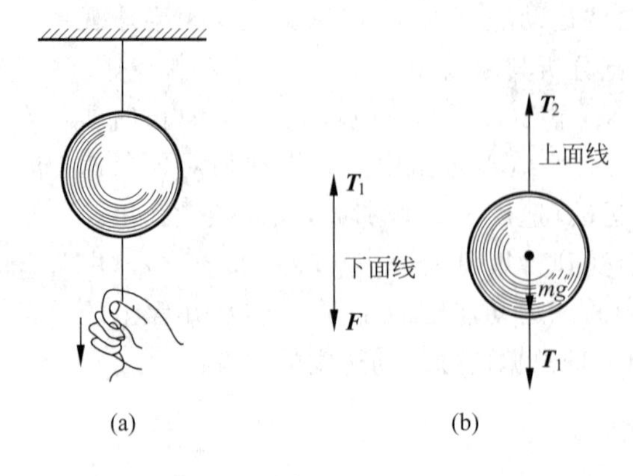

图 1.19

上面的线除了受到拉力作用外,还受到重球的重力作用,$T_2=mg+F(T_2-mg-F=0)$,其张力大于下面线的张力。所以,当慢慢地增加拉力时,上面的线所承受的力先到达所允许的最大张力的极限而先断。

4. 汽车发动机内气体对活塞的推力以及各种传动部件之间的作用力能使汽车前进吗?使汽车前进的力是什么力?

答 把汽车看做一系统,汽车发动机内气体对活塞的推力以及各种传动部件之间的作用力都是内力,内力不能改变系统动量,所以它们不能使汽车前进。使汽车前进的力一定是外力,一定是地面给予汽车向前的推力,它是车轮与地面有相对运动趋势时出现的静摩擦力。

对于两轮驱动的四轮汽车而言,后面两轮是主动轮,主动轮受到汽车内力作用而转动时,和地面接触处具有相对地面向后的运动趋势,因此地面给予后轮一向前的静摩擦力;而此时的从动前轮和地面接触处具有相对地面向前的运动趋势,受到地面给予的向后的静摩擦力。汽车之所以能前进,一定是地面给予主动后轮向前的静摩擦力大于给予从动前轮向后的静摩擦力,其差值就是使汽车前进的力。

5. 我国东汉学者王充(公元27年—约公元97年)在他所著《论衡》一书中记有:“奡(ào)、育,古之多力者,身能负荷千钧,手能决角伸钩。使之自举,不能离地。”说的是古代大力士自己不能把自己举离地面。这种说法正确吗?为什么?

答 正确。如果没有外力作用(合外力为零),身体系统总动量保持不变,质心速度保持不变,原来静止站立的身体质心的位置不会改变,也就是靠“内力”自己不能把自己举离地面。

6. 你自己身体的质心是固定在身体内某一点吗?能把自身的质心移到身体外面吗?

答 自己身体的质心不是固定在身体内某一点,因为它是一生命体,身体内部各“质点”是在不停地运动和变化的。通过躯体的运动,例如弯腰、双腿高抬等动作,可以把身体的质心移到身体外面。

7. 放烟火时,一朵五彩缤纷的烟火(见图1.20)的质心的运动轨迹如何(忽略空气阻力与风力)?为什么在空中烟火总是以球形逐渐扩大?

答 礼花与地面成某一角度发射,在忽略空气阻力与风力的情况下,它在空中飞行过程中只受重力,由质心定律,$M\boldsymbol{g}=M\boldsymbol{a}_C$,有 $\boldsymbol{a}_C=\boldsymbol{g}$,礼花质点系的质心在爆炸成一朵五彩缤纷的烟火前后的整个飞行过程于地面参考系中的运动轨迹为抛物线。因此，不计空气阻力与风力情况下的一朵五彩缤纷烟火的质心运动轨迹为抛物线。

质心参考系为零动量参考系，在烟火质心参考系中，爆炸所产生的五彩缤纷的各质点为保持零动量必是以爆炸后较大的速度球对称地向外发射；而礼花爆炸成一朵五彩缤纷的烟火一般发生在质心抛物线轨迹最高点附近，此时质心速度较小。正是因为这两方面原因使得在地面看来空中烟火总是近似以球形逐渐扩大。

8. 人造地球卫星是沿着一个椭圆轨道运行的，地心 O 是这一轨道的一个焦点，如图 1.21 所示。卫星经过近地点 P 和远地点 A 时的速率一样吗？它们与地心到 P 点的距离 r_1 以及地心到 A 点的距离 r_2 有什么关系？

图 1.20

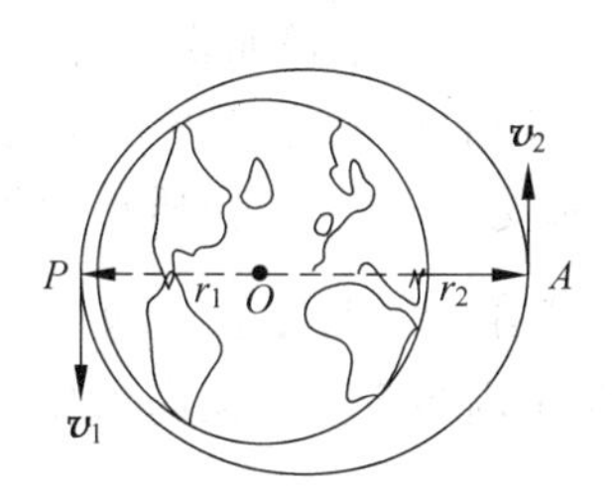

图 1.21

答 卫星经过近地点 P 和远地点 A 时的速率不一样。人造地球卫星受地球的引力指向地心 O，这是有心力场下角动量守恒问题。对于地心 O，角动量守恒，则有 $r_1mv_1=r_2mv_2$，得二者的关系为 $v_1=\frac{r_2}{r_1}v_2$。

9. 作匀速圆周运动的质点，对于圆周上某一定点，它的角动量是否守恒？对于通过圆心而与圆面垂直的轴上的任一点，它的角动量是否守恒？对于哪一个定点，它的角动量守恒？

答 由质点角动量守恒定律，质点对某一定点角动量守恒的条件是质点所受合力对该定点的力矩始终为零。作匀速圆周运动的质点受到的合力为向心力 $\boldsymbol{F}$，其大小不变，方向时刻在变(始终指向圆心)。如图 1.22 所示，对于圆周上某一定点 P，匀速圆周运动的质点的角动量不守恒，因为质点所受向心力对此定点的力矩一般不为零。比如，当质点在 a 位置时向心力 $\boldsymbol{F}_a$ 对定点 P 的力矩 $\boldsymbol{M}_P=\boldsymbol{r}_P\times\boldsymbol{F}_a\neq\boldsymbol{0}$。

对于通过圆心而与圆面垂直的轴上的任一点 A，质点所受向心力对此定点的力矩也不为零(力矩大小不变、方向时刻在变)，比如当质点在 a 位置时的力矩 $\boldsymbol{M}_A=\boldsymbol{r}_A\times\boldsymbol{F}_a\neq\boldsymbol{0}$。所以，质点对于此任一点 A 的角动量也不守恒。

对于圆心 O，质点的角动量守恒。因为对圆心 O，质点所受的向心力 $\boldsymbol{F}$ 的力矩随质点运动始终为零，即 $\boldsymbol{M}_O=\boldsymbol{r}_O\times\boldsymbol{F}_{向心}=\boldsymbol{0}$。

10. 一个 α 粒子飞过一金原子核而被散射，金核基本上未动，如图 1.23 所示。在这一过程中，对金核中心来说，α 粒子的角动量是否守恒？为什么？α 粒子的动量是否守恒？

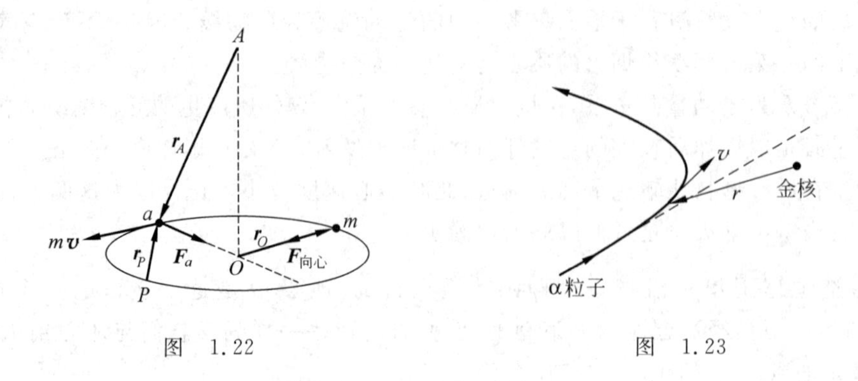

图 1.22　　　　图 1.23

答　对金核中心点和 α 粒子而言,α 粒子受到的散射力(电场力)$f_e=K\dfrac{Q_{金}\ q_\alpha}{r^2_{金-\alpha}}$总是沿着它们的连线,该力对金核而言是有心力,其力矩对金核中心为零。所以,由质点角动量定理 $\boldsymbol{M}=\mathrm{d}\boldsymbol{L}/\mathrm{d}t=\boldsymbol{0}$ 可知,对金核中心来说 α 粒子的角动量守恒。由于 α 粒子受到金原子核的散射力作用,所受力不为零,由质点动量定理 $\boldsymbol{F}\mathrm{d}t=\mathrm{d}\boldsymbol{p}\neq\boldsymbol{0}$可知,其动量是不守恒的。

11. 在系统的动量变化中内力起什么作用?有人说:"因为内力不改变系统的总动量,所以不论系统内各质点有无内力作用,只要外力相同,则各质点的运动情况就相同。"这种说法对吗?

答　设质点系由 m_1、m_2 两个质点组成,一对内力为 $\boldsymbol{f}$ 和 $-\boldsymbol{f}$,$\boldsymbol{F}_1$ 是作用于 m_1 上的系统外力,如图 1.24(a)所示。由动量定理,内力 $\boldsymbol{f}$ 的冲量 $\boldsymbol{f}\mathrm{d}t$ 引起 m_1 的动量增量为

$$\boldsymbol{f}\mathrm{d}t=\mathrm{d}(m_1\boldsymbol{v}_1)_{内}$$

它的反作用力 $-\boldsymbol{f}$ 在同样时间内引起质点 m_2 的动量增量为

$$-\boldsymbol{f}\mathrm{d}t=\mathrm{d}(m_2\boldsymbol{v}_2)_{内}$$

有

$$\mathrm{d}(m_1\boldsymbol{v}_1)_{内}=-\mathrm{d}(m_2\boldsymbol{v}_2)_{内}$$

这表明在相互作用过程中一个质点动量的增加量正是另一质点动量的减少量,即一对内力使一个质点动量等量地转移到了相互作用的另一质点上。正因为是动量的等量转移,所以在任何系统的动量变化中同时存在同时消失的成对内力对系统的总动量没有影响,只起到质点间动量的传递作用。

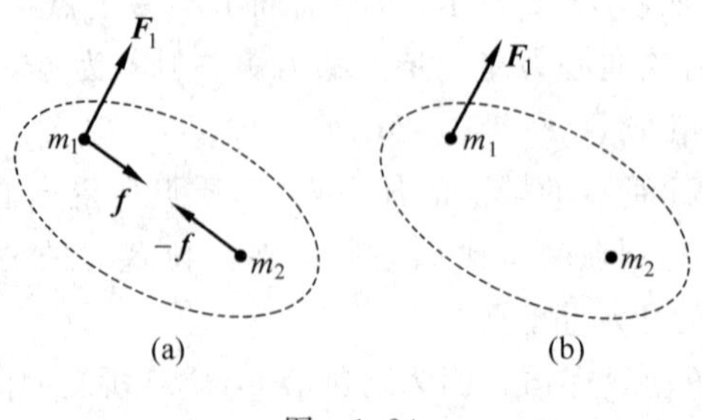

图 1.24

再看图 1.24(a),由动量定理,作用在 m_1 上的系统外力 $\boldsymbol{F}_1$ 和内力 $\boldsymbol{f}$ 在 $\mathrm{d}t$ 时间内共同使 m_1 的动量增量为

$$\boldsymbol{F}_1\mathrm{d}t + \boldsymbol{f}\mathrm{d}t = \mathrm{d}\boldsymbol{p}_{1外} + \mathrm{d}\boldsymbol{p}_{1内}$$

即外力与内力都对 m_1 的运动状态变化有贡献。而质点 m_2 的动量增量为

$$-\boldsymbol{f}\mathrm{d}t = \mathrm{d}\boldsymbol{p}_{2内} = -\mathrm{d}\boldsymbol{p}_{1内}$$

是内力引起了质点 m_2 运动状态的变化。如果不存在内力，如图1.24(b)所示，m_1 的动量增量就只由外力冲量所确定，为

$$\boldsymbol{F}_1\mathrm{d}t = \mathrm{d}\boldsymbol{p}_{1外}$$

而此情况下的质点 m_2 因受力为零，其动量保持守恒，而作匀速直线运动。尽管系统具有相同的外力(都是 $\boldsymbol{F}_1$)，对于有和无内力存在的两种情况，m_1、m_2 两个质点各自对应的运动状态是不一样的，因为各自对应的动量增量是截然不同的。所以"因为内力不改变系统的总动量，所以不论系统内各质点有无内力作用，只要外力相同，则各质点的运动情况就相同"这种说法是不对的。

1.1.4　功和能

1. 设一辆卡车在水平直轨道上匀速开行，你在车上将一木箱向前推动一段距离。在地面上测量，木箱移动的距离与在车上测得的是否一样长？你用力推动木箱做的功在车上和地面上测算是否一样？一个力做的功是否与参考系有关？一个物体的动能呢？动能定理呢？

答　分析过程如图1.25所示，在车上测量木箱向前被推动一段距离用车上坐标系 S' 中的坐标差值表示，从 x_1' 被移动到 x_2'，向前被推动的一段距离为

$$\Delta S' = x_2' - x_1'$$

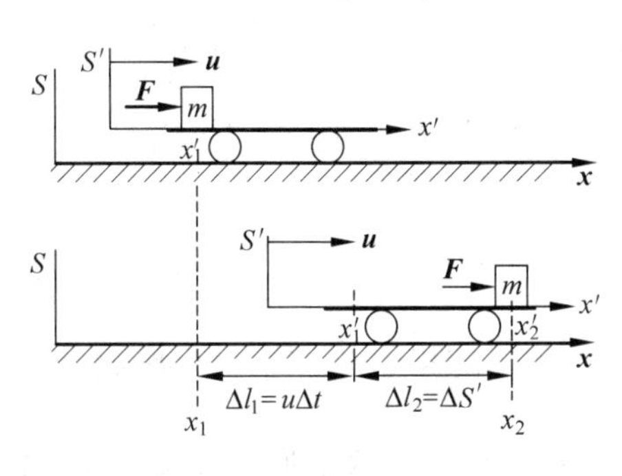

图　1.25

其位移为 $\Delta\boldsymbol{r}' = (x_2' - x_1')\boldsymbol{i}'$。在地面上测量木箱移动的距离用地面参考系 S 中坐标差值表示，为

$$\Delta S = x_2 - x_1 = \Delta l_1 + \Delta l_2 = u\Delta t + \Delta S'$$

其位移为 $\Delta\boldsymbol{r} = (x_2 - x_1)\boldsymbol{i}$。其中 u 是车相对地面沿 x 正向匀速运动的速率，Δt 是木箱在车上被移动一段距离 $\Delta S'$ 所用的时间，也是木箱相对地面移动 ΔS 所用时间，在此时间内车相对地面向前匀速运动了 $u\Delta t$ 的距离，有 $\Delta l_1 = u\Delta t$。在这种低速相对运动中有着绝对时空概念，即时间与空间长度是绝对量(与参考系无关)，所以有 $\Delta l_2 = \Delta S' = x_2' - x_1'$。$\Delta S \neq \Delta S'$，说明在地面上测量木箱移动的距离与在车上测得的不一样长，而且位移($\Delta\boldsymbol{r} \neq \Delta\boldsymbol{r}'$)也不一样。位移的测量与参考系的选择有关，位移是相对量。

设物体在车上由 x_1' 到 x_2' 为匀速运动，位移过程中推力大小等于摩擦力，把摩擦力看做

常力,推力的功就是常力做功。在车上推力做的功为

$$A' = \int_{L'} \boldsymbol{F}' \cdot \mathrm{d}\boldsymbol{r}' = \int_{\Delta x'} F' \mathrm{d}x' = F' \Delta x'$$

在地面上,此过程中力还是一样的推力(一样的方向和大小),地面上推力做的功为

$$A = \int_L \boldsymbol{F} \cdot \mathrm{d}\boldsymbol{r} = \int_{\Delta x} F \mathrm{d}x = F\Delta x$$

因 $F'=F$,而 $\Delta x'\neq\Delta x$,有 $A'\neq A$,所以用力推动木箱做的功在车上和地面上测算是不一样的,功是一个相对量。一般来说,由功的定义 $A=\int_L \boldsymbol{F}\cdot \mathrm{d}\boldsymbol{r}$,作用力与参考系无关,而位移 $\mathrm{d}\boldsymbol{r}$ 是相对量(与参考系选择有关),所以同一过程中某一个力做的功的大小一定与参考系的选择有关。

一个质量为 m 的物体的动能在牛顿力学中表示为 $E_\mathrm{k}=\frac{1}{2}mv^2$。质量是与参考系选择无关的绝对量,而速度是相对量,因此一个物体的动能也是与参考系选择有关的相对量。此题中,如果人不推物体,则物体相对车是静止的,车上测量的动能为零。但在地面参考系中看来,物体却是随车以速度 $\boldsymbol{u}$ 向 x 正向运动,所以地面测量的物体动能为 $\frac{1}{2}mu^2$。

由于牛顿第二定律的数学形式在各惯性系中都是一样的(牛顿相对性原理),功的定义式在各参考系中也都是一样的,即在 S' 系中有 $\boldsymbol{F}'=m'\frac{\mathrm{d}\boldsymbol{v}'}{\mathrm{d}t}$,$\mathrm{d}A'=\boldsymbol{F}'\cdot\mathrm{d}\boldsymbol{r}'$,在 S 系中有 $\boldsymbol{F}=m\frac{\mathrm{d}\boldsymbol{v}}{\mathrm{d}t}$,$\mathrm{d}A=\boldsymbol{F}\cdot\mathrm{d}\boldsymbol{r}$,所以由此演绎推导出的动能定理在各惯性系中的形式也必定是一样的。在 S 系中,

$$\begin{aligned}\mathrm{d}A &= \boldsymbol{F}\cdot\mathrm{d}\boldsymbol{r} = m\frac{\mathrm{d}\boldsymbol{v}}{\mathrm{d}t}\cdot\mathrm{d}\boldsymbol{r} = m\mathrm{d}\boldsymbol{v}\cdot\frac{\mathrm{d}\boldsymbol{r}}{\mathrm{d}t} = m\mathrm{d}\boldsymbol{v}\cdot\boldsymbol{v}\\ &= m(\mathrm{d}v_r\boldsymbol{i}+\mathrm{d}v_y\boldsymbol{j}+\mathrm{d}v_z\boldsymbol{k})\cdot(v_x\boldsymbol{i}+v_y\boldsymbol{j}+v_z\boldsymbol{k})\\ &= m(v_x\mathrm{d}v_x+v_y\mathrm{d}v_y+v_z\mathrm{d}v_z)\\ &= \frac{1}{2}m\mathrm{d}(v_x^2+v_y^2+v_z^2) = \frac{1}{2}m\mathrm{d}(v^2) = \mathrm{d}\left(\frac{1}{2}mv^2\right)\end{aligned}$$

即得到动能定理 $\mathrm{d}A=\mathrm{d}\left(\frac{1}{2}mv^2\right)$。在 S' 中通过同样的演绎必然会得到同样形式的动能定理 $\mathrm{d}A'=\mathrm{d}\left(\frac{1}{2}m'v'^2\right)$。所以质点动能定理的数学形式及其含义(合外力对质点所做的功等于质点动能的增量)与参考系的选择无关。

2. 你在五楼的窗口向外扔石头,一次水平扔出,一次斜向上扔出,一次斜向下扔出。如果三块石头质量相同,则在下落到地面的过程中,重力对哪一块石头做的功最多?

答 重力对三块石头做的功一样多,都是 mgh。如图1.26所示,三块石头在飞行期间都受重力 $mg\boldsymbol{j}$,对于水平扔出1和斜向下扔出3,重力做的功为

$$A_{1,3} = \int_L \boldsymbol{F}\cdot\mathrm{d}\boldsymbol{r} = \int_L F\mathrm{d}r\cos\theta = \int_0^h mg\,\mathrm{d}y = mgh$$

对于斜向上扔出2,重力做的功为

$$\begin{aligned}A_2 &= \int_L \boldsymbol{F}\cdot\mathrm{d}\boldsymbol{r} = \int_l F\mathrm{d}r\cos\theta\\ &= \int_0^P -mg\,\mathrm{d}y + \int_P^{O'} mg\,\mathrm{d}y + \int_{O'}^h mg\,\mathrm{d}y = \int_{O'}^h mg\,\mathrm{d}y = mgh\end{aligned}$$

其实，重力是保守力，它做的功只决定于系统的始末位置而与路径无关。三次扔石头的方向虽不一样，但系统的始末位置是一样的，因此重力做的功必相同。三次在重力方向的位移都为 $\boldsymbol{h}$，那么重力做的功都应为 $A=\int_0^h mg\boldsymbol{j}\cdot \mathrm{d}y\boldsymbol{j}=mgh$。

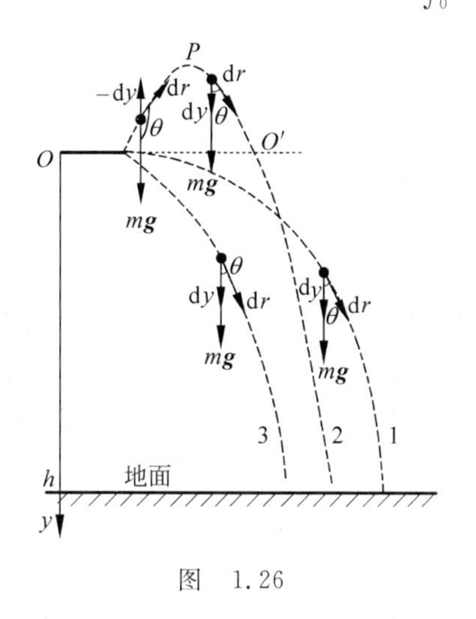

图　1.26

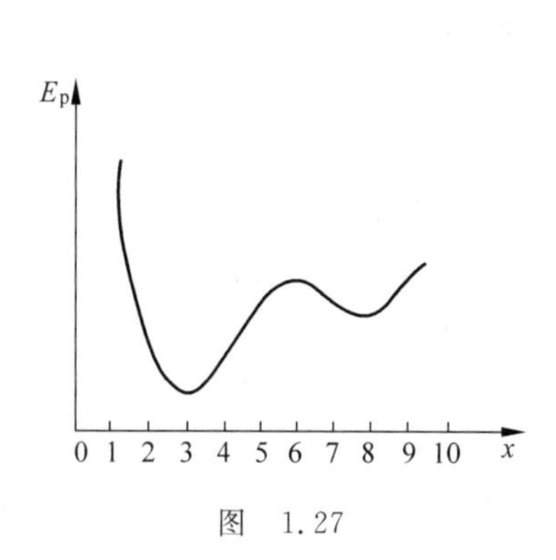

图　1.27

3. 一质点的势能随 x 变化的势能曲线如图 1.27 所示。在 $x=2,3,4,5,6,7$ 诸位置时，质点受的力是沿 $+x$ 还是 $-x$ 方向？哪个位置是平衡位置？哪个位置是稳定平衡位置(质点稍微离开平衡位置时，它受的力指向平衡位置，则该位置是稳定的；如果受的力指离平衡位置，则该位置是不稳定的)？

答　势能属于有保守力相互作用的系统整体，“一质点的势能”是一种俗称，是说质点受到了保守力，此保守力可表示为

$$\boldsymbol{F}=-\left(\frac{\partial E_p}{\partial x}\boldsymbol{i}+\frac{\partial E_p}{\partial y}\boldsymbol{j}+\frac{\partial E_p}{\partial z}\boldsymbol{k}\right)$$

是包括质点在内的与此质点有保守力相互作用的整体系统的相应势能函数 E_p 梯度的负值。此题只给出势能随 x 变化的势能曲线，可认为此“质点的势能函数”E_p 只存在沿 x 方向的变化率，即质点只受到了沿 x 方向的保守力。此保守力为

$$F_x=-\frac{\mathrm{d}E_p}{\mathrm{d}x}$$

等于质点在位置 x 处相应势能曲线斜率的负值。因此，由图 1.27 可以看出：当 $x=2$ 时，势能曲线斜率为负，F_x 即为正，表示其方向为 $+x$ 方向；当 $x=3$ 时，势能曲线斜率为零，F_x 即为零，表示质点在此位置时受到的保守力为零；当 $x=4$ 和 $x=5$ 时，曲线斜率为正，F_x 即为负，表示质点受的力沿 $-x$ 方向；当 $x=6$ 时，曲线斜率为零，F_x 即为零；当 $x=7$ 时，和 $x=2$ 时的情况一样，其曲线斜率为负，F_x 为正，质点受的力沿 $+x$ 方向。

平衡位置是质点受力为零的位置。当质点处于 $x=3,6,8$ 位置时，图 1.27 给出势能曲线的斜率为零，质点受力为零，所以 $x=3,6,8$ 位置是质点的平衡位置。

在图 1.27 的 $x=3$ 平衡位置，质点稍微向左偏离时，势能曲线的斜率由零变为负，有 $F_x>0$，质点会受到向右指向平衡位置的力；当质点稍微向右偏离此位置时，势能曲线的斜率由零变为正，有 $F_x<0$，质点受到的 F_x 是向左指向平衡位置的力。因此，$x=3$ 是稳定的

平衡位置。同理，$x=8$ 平衡位置也是稳定的。对于 $x=6$ 平衡位置而言，如果质点稍微向左偏离此位置，势能曲线的斜率由零变为正，有 $F_x<0$，质点受到的力是指离平衡位置向左的；如果质点稍微向右偏离此位置，势能曲线的斜率由零变为负，有 $F_x>0$，它也是一个指离平衡位置(向右)的力。所以 $x=6$ 平衡位置是不稳定的。

4. 向上扔一块石头，其机械能总是由于空气阻力而不断减小。试根据这一事实说明石块上升到最高点所用的时间总比它回落到抛出点所用的时间要短些。

答 把地球与石块看做一个系统，功能原理表明系统机械能的增量等于外力与非保守内力功的总和，即有

$$\mathrm{d}(A_{外}+A_{非保内})=\mathrm{d}E_{机}$$

因为不存在系统非保守内力，外力也只有空气阻力，而空气阻力做负功，所以上式左侧为负，因此有 $\mathrm{d}E_{机}<0$，说明系统机械能总是由于空气阻力而不断减小。当向上扔的石头由上升到最高点又回落到抛出点时，系统势能未变，系统机械能的减小表明系统动能(即石头动能)的减少，说明石头的速度变小了，有 $v_0>v_0'$(见图 1.28(a))。同样道理，任何高度 $y(y\neq h)$，都可以看做是石头的一个抛出点，所以图中同一高度 y 对应速度 v 和 v' 的关系为 $v>v'$。把高度 h 分成许多很小的 Δh，对于其中任意一个 Δh，石头上升 Δh 所用时间为 $\Delta t=\dfrac{\Delta h}{\bar{v}}$($\bar{v}$ 是 Δh 中的平均速度)，石头下落此 Δh 所用时间为 $\Delta t'=\dfrac{\Delta h}{\bar{v}'}$($\bar{v}'$ 是 Δh 中下落的平均速度)，因为在任何高度都有 $v>v'$，所以同一个 Δh 中必有 $\bar{v}>\bar{v}'$，因此有 $\Delta t<\Delta t'$。由于每一个 Δh 上升所用时间都小于下落时间，所以石块上升到最高点 h 所用的时间总比它回落到抛出点所用的时间要短些。图 1.28(b)中为了简化，把空气阻力看做常力，把石头上升和下落作为匀变速直线运动。$\triangle AOB$ 和 $\triangle COD$ 的面积是相等的，因为它们表示的是从抛出点到最高点和从最高点回落到抛出点的同样高度 h。显然，由于 $v_0>v_0'$，一定有 $\overline{OD}>\overline{OB}$，即石头上升高度 h(速度由 v_0 降到 0)所用时间比下落高度 h(速度由 0 增大到 v_0')所用时间要短些。图 1.28(a)所示的 Δh 由图 1.28(b)的两个三角形中的两个细条阴影面积所对应，$\Delta h=\bar{v}\Delta t=\bar{v}'\Delta t'$，因 $\bar{v}>\bar{v}'$，所以有 $\Delta t<\Delta t'$。

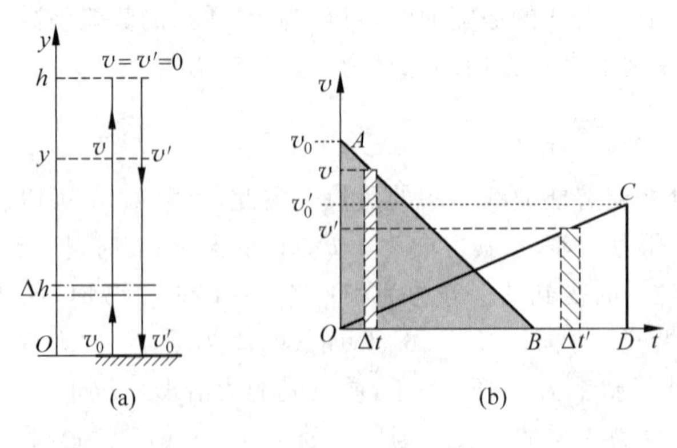

图 1.28

5. 如果两个质点间的相互作用力沿着两质点的连线作用，而大小决定于它们之间的距离，即一般可写成 $f_1=f_2=f(r)$，这样的力叫有心力，万有引力就是一种有心力。任何有心力都是保守力，这个结论对吗？

答　对。因为当一个质点(图1.29中的m_2)相对另一质点(m_1)运动时,作用在m_2上的有心力做功与m_2的路径无关,只决定于两个质点的始末位置。

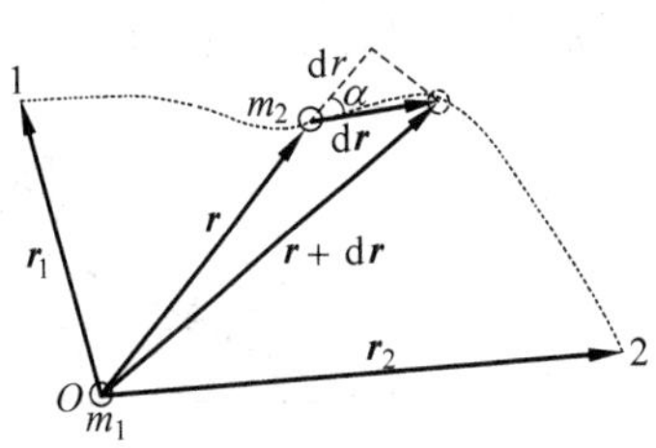

以m_1为坐标系原点,当m_2在坐标系中相对原点从初始位置1运动到末位置2时,作用在m_2上的有心力$f(r)$做功为

图　1.29

$$A_{12}=\int_{r_1}^{r_2}\boldsymbol{f}(r)\cdot\mathrm{d}\boldsymbol{r}=\pm\int_{r_1}^{r_2}\frac{f(r)}{r}\boldsymbol{r}\cdot\mathrm{d}\boldsymbol{r}$$

其中负号表示引力,因为m_1作用在m_2上的有心引力指向m_1,它与m_2相对m_1的位置矢量$\boldsymbol{r}$方向相反,有$\boldsymbol{f}(r)=-f(r)\dfrac{\boldsymbol{r}}{r}$。类似地,其中正号表示它们之间相互作用为有心斥力。由图1.29,有

$$\boldsymbol{r}\cdot\mathrm{d}\boldsymbol{r}=|\boldsymbol{r}||\mathrm{d}\boldsymbol{r}|\cos\alpha=r\mathrm{d}r$$

对有心力场总有$\boldsymbol{r}\cdot\mathrm{d}\boldsymbol{r}=r\mathrm{d}r$,所以

$$A_{12}=\pm\int_{r_1}^{r_2}f(r)\mathrm{d}r$$

因为被积函数$f(r)$只是两质点相对位置r的函数,其原函数也只是r的函数(写为$E(r)$),所以积分结果A_{12}一定为

$$A_{12}=E(r_2)-E(r_1)$$

此有心力的功只决定于相互作用的质点间始末相对位置(r_1,r_2),而与路径无关。根据保守力的定义,两个质点之间的一对相互作用的有心力就是保守力,因此命题的结论正确。

6. 对比引力定律和库仑定律的形式,你能直接写出两个电荷(q_1,q_2)相距r时的静电势能吗?这个势能可能有正值吗?

答　万有引力$\boldsymbol{F}=-G\dfrac{m_1m_2}{r^3}\boldsymbol{r}$,引力势能$E_\mathrm{p}=-G\dfrac{m_1m_2}{r}+E_{\mathrm{p0}}$,其值可以为正或负；如果选$r\to\infty$时,$E_{\mathrm{p0}}=0$,引力势能$E_\mathrm{p}=-G\dfrac{m_1m_2}{r}$,它不可能有正值。库仑定律的形式为$\boldsymbol{f}=k\dfrac{q_1q_2}{r^3}\boldsymbol{r}$,它和万有引力一样都服从平方反比定律,有同样形式的保守力场,势能具有相同的形式,两个点电荷的电量对应两个质点的质量,常数k对应$-G$,类比的形式应为

$$E_\mathrm{p}=k\frac{q_1q_2}{r}+E_{\mathrm{p0}}$$

由于电荷有正有负,而且势能本身是相对量(取决于势能零点的选取),这个形式的势能可能为正值或负值；如果选$r\to\infty$时,$E_{\mathrm{p0}}=0$,静电势能$E_\mathrm{p}=k\dfrac{q_1q_2}{r}$,当两个点电荷为同性电荷时势能为正值,为异性电荷时势能为负值。

7. 物体B(质量为m)放在光滑斜面A(质量为M)上,如图1.30(a)所示。二者最初静止于一个光滑水平面上。有人以A为参考系,认为B下落高度h时的速率u满足

$$mgh=\frac{1}{2}mu^2$$

其中 u 是 B 相对于 A 的速度。这一公式为什么错了？正确的公式应如何写？

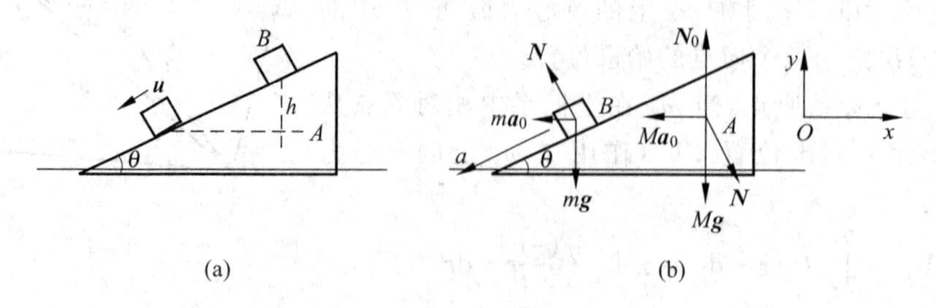

图 1.30

答 A 是一个非惯性系，而且是一个沿水平方向作匀加速运动的非惯性系，以 A 为参考系写出 $mgh=\frac{1}{2}mu^2$，从动能定理方程显然未考虑非惯性力，当然是错误的。图 1.30(b)中示出了 A、B 的受力情况，其中 a_0 为 A 相对地面的加速度，a 为 B 沿斜面(对 A)的加速度。在此非惯性坐标系中，A、B 分别受到惯性力 $-Ma_0$ 和 $-ma_0$。由牛顿第二定律，对 B 有

$$-N\sin\theta-ma_0=-ma\cos\theta$$

$$N\cos\theta-mg=-ma\sin\theta$$

对 A，由于水平方向加速度为零(非惯性坐标系就建立在 A 上)，有

$$N\sin\theta-Ma_0=0$$

由以上三式可解出 $a=\frac{(M+m)\sin\theta}{M+m\sin^2\theta}g$ 和 $a_0=\frac{m\sin\theta\cos\theta}{M+m\sin^2\theta}g$。因此以 A 为参考系，B 受到的惯性力大小为 $ma_0=\frac{m^2\sin\theta\cos\theta}{M+m\sin^2\theta}g$。它在 B 下落高度 h 过程中做功 $ma_0h\mathrm{ctan}\theta=\frac{m^2\cos^2\theta}{M+m\sin^2\theta}gh$，所以，在非惯性系 A 中应用动能定理，B 下落高度 h 时的速率 u 应满足的关系式为

$$mgh+\frac{m^2\cos^2\theta}{M+m\sin^2\theta}gh=\frac{1}{2}mu^2$$

8. 如图 1.31 所示，两个由轻质弹簧和小球组成的系统都放在水平光滑平面上。今拉长弹簧然后松手，在小球来回运动的过程中，对所选的参考系而言，两系统的动量是否都改变？两系统的动能是否都改变？两系统的机械能是否都改变？

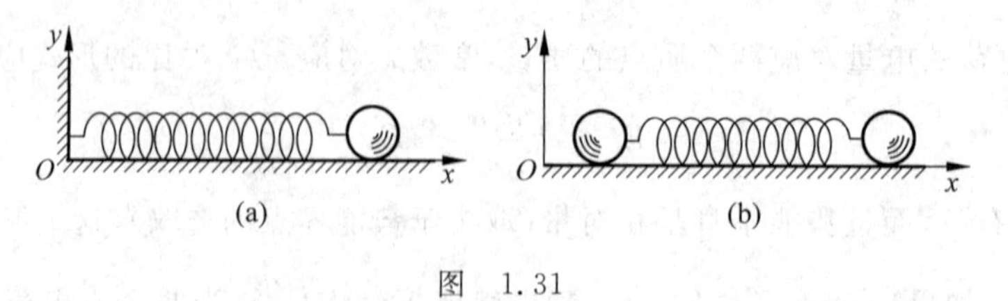

图 1.31

答 由轻质弹簧和小球组成的两系统所选参考系为光滑平面，由系统动量定理、动能定理、功能原理判断系统动量、动能及两系统的机械能是否改变时，只需分别分析系统受到的外力是否为零、外力和系统内力是否做功以及是否只有保守内力的功即可。

在图 1.31(a)中，y 向系统受力平衡，而 x 向系统受到弹簧固定端的外力作用，在小球来回运动的过程中，此力的冲量使系统动量不断改变；因不存在外力功(系统 y 向外力不做

功，x 向的弹簧固定端的外力也不做功)，但存在内力功(弹簧对小球的弹性力不断做功)，所以系统动能在改变；因为外力对系统不做功，又没有非保守内力，只有弹簧对小球的弹性保守内力的功，所以系统的机械能不发生变化而守恒。

在图 1.31(b)中，轻质弹簧和两个小球组成的系统 x 向不受外力，y 向受到的是平衡外力，即系统所受合外力为零，所以系统动量不发生变化而守恒；因虽不存在外力功，但弹簧内力在不断做功，所以系统动能在不断变化；因为系统所受外力不做功，且没有非保守内力，只有弹簧对两个小球的保守的弹性内力做功，所以系统的机械能守恒而不改变。

9. 在匀速水平开行的车厢内悬挂一个单摆。相对于车厢参考系，摆球的机械能是否保持不变？相对于地面参考系，摆球的机械能是否保持不变？

答　匀速水平开行的车厢和地面参考系都是惯性系，从中都会观测到摆球在摆动过程中的速度在不断变化，因而两个参考系中摆球的动能都不是保持不变。如果把地球和摆球作为一质点系，"摆球的机械能"之意包括摆球的动能和它们的势能，此时系统外力是绳的张力 $\boldsymbol{f}_{\mathrm{T}}$，系统的内力是一对保守力(重力和它的反作用力)。

在车厢参考系 S' 中，张力 $\boldsymbol{f}_{\mathrm{T}}$ 始终与摆球运动速度 $\boldsymbol{v}'$ 垂直，摆球和地系统的外力不做功，即

$$\mathrm{d}A=\boldsymbol{f}_{\mathrm{T}}\cdot\mathrm{d}\boldsymbol{r}'=\boldsymbol{f}_{\mathrm{T}}\cdot\boldsymbol{v}'\mathrm{d}t=0$$

只有系统保守内力(重力)做功，所以系统机械能保持不变。

在地面参考系 S 中，设车厢相对地面的速度为 $\boldsymbol{u}$，系统的外力(张力)功为

$$\mathrm{d}A=\boldsymbol{f}_{\mathrm{T}}\cdot\mathrm{d}\boldsymbol{r}=\boldsymbol{f}_{\mathrm{T}}\cdot\boldsymbol{v}\mathrm{d}t=\boldsymbol{f}_{\mathrm{T}}\cdot(\boldsymbol{v}'+\boldsymbol{u})\mathrm{d}t=\boldsymbol{f}_{\mathrm{T}}\cdot\boldsymbol{v}'\mathrm{d}t+\boldsymbol{f}_{\mathrm{T}}\cdot\boldsymbol{u}\mathrm{d}t=\boldsymbol{f}_{\mathrm{T}}\cdot\boldsymbol{u}\mathrm{d}t$$

除摆球在最低位置时(有 $\boldsymbol{f}_{\mathrm{T}}\perp\boldsymbol{u}$)外，外力的功 $\mathrm{d}A\neq0$，所以系统机械能也不能保持不变。

10. 行星绕太阳运行时(见图 1.32(a))，从近日点 P 向远日点 A 运行的过程中，太阳对它的引力做正功还是做负功？从远日点 A 向近日点 P 运动的过程中，太阳对它的引力做正功还是做负功？由这个功来判断，行星的动能以及行星和太阳系统的引力势能在这两阶段运动中各是增加还是减少？其机械能呢？

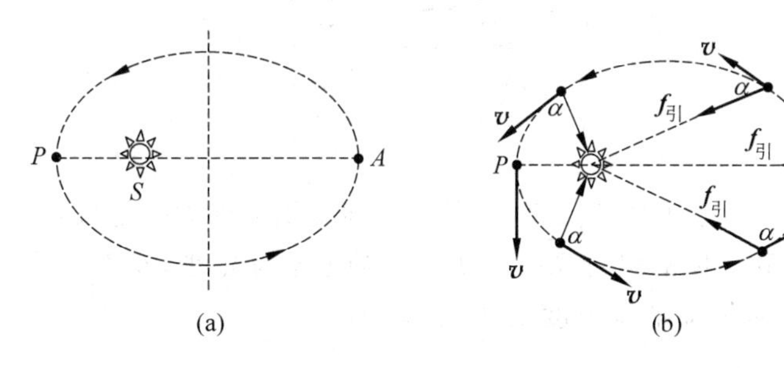

图　1.32

答　行星绕太阳运行的过程中，以太阳为惯性参考系，太阳对它的引力做功为

$$\mathrm{d}A=\boldsymbol{f}_{引}\cdot\mathrm{d}\boldsymbol{r}=\boldsymbol{f}_{引}\cdot\boldsymbol{v}\mathrm{d}t=|\boldsymbol{f}_{引}||\boldsymbol{v}|\cos\alpha\mathrm{d}t$$

如图 1.32(b)所示，在近日点 P 和远日点 A，引力 $\boldsymbol{f}_{引}$ 和行星绕日轨道速度 $\boldsymbol{v}$ 垂直，元功为零。在行星从近日点 P 向远日点 A 运行过程中，$\boldsymbol{f}_{引}$ 和 $\boldsymbol{v}$ 的夹角 α 始终大于 $\frac{\pi}{2}$，因此由上式可知引力元功 $\mathrm{d}A<0$，即在此过程中太阳对行星的引力一直做负功。相反，在行星从 A 点

向P点运动的过程中，$f_{引}$ 和$\boldsymbol{v}$的夹角α始终小于$\frac{\pi}{2}$，元功$\mathrm{d}A>0$，即在此过程中太阳对行星的引力一直做正功。

由质点动能定理，$\mathrm{d}A=\mathrm{d}E_{\mathrm{k}}$，引力功等于行星动能的增量。在行星从$P$点向$A$点运动的过程中，因$\mathrm{d}A<0$，有$\mathrm{d}E_{\mathrm{k}}<0$，即此过程中行星动能一直在减少。相反，行星从远日点A向近日点P运动的过程中，$\mathrm{d}A>0$，$\mathrm{d}E_{\mathrm{k}}>0$，行星动能在增加。

保守内力的功等于系统势能增量的负值。对于行星和太阳系统，相互作用的引力是一对保守内力，而这一对保守内力的功就是上面以太阳为参考系写出的太阳对行星的引力功$\mathrm{d}A$，所以有$\mathrm{d}A=-\mathrm{d}E_{\mathrm{p}}$。在行星从$P$点向$A$点运行的过程中，由于保守内力功$\mathrm{d}A<0$，因此有$\mathrm{d}E_{\mathrm{p}}>0$，说明系统引力势能在增加。相反，在行星从$A$点向$P$点运动的过程中，$\mathrm{d}A>0$，有$\mathrm{d}E_{\mathrm{p}}<0$，说明系统引力势能在减少。在行星绕太阳运行的整个过程中，因为只有保守内力做功，所以行星和太阳系统机械能守恒，系统动能减少时势能增加，系统动能增加时势能减少。

11. 游泳时，水对手的推力做负功，水对人头和躯体的阻力或曳力也做负功。人所受外力都对他做负功，他怎么还能匀速甚至加速前进呢？试用能量转换分析此问题。

答 游泳时，人手从前向后划水使得身体不断地向前运动。我们只考虑手的划动在游泳中的作用，且设手从前向后相对身体划动一次的距离为Δs_1，在此时间内身体在泳道中前进了Δs_2的距离，那么同一时间手在水中(相对水)由前向后划动了$\Delta l=\Delta s_1-\Delta s_2$的距离，如图1.33所示。由于手是相对水向后划动，水给手的反作用推力是向前的，它和手的位移方向相反，所以此推力对手做负功。

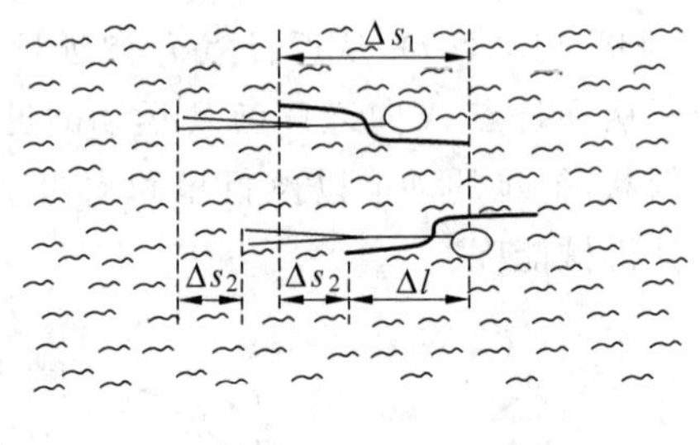

图 1.33

从力的角度分析。对于人体质点系，沿前进方向受到的外力一是水对手向前的推力$\boldsymbol{F}$，一是向后的水对人头和躯体的阻力或曳力$\boldsymbol{f}_{\mathrm{r}}$。由质心运动定理，作用在质点系上各外力的合力等于质点系质量M和质心加速度a_C的乘积，有

$$\sum(F-f_{\mathrm{r}})=M\frac{\mathrm{d}v_C}{\mathrm{d}t}=Ma_C$$

当$F-f_{\mathrm{r}}=0$时，$a_C=0$，在此划动过程中人体质心匀速前进；当$F-f_{\mathrm{r}}>0$时，$a_C>0$，人体质心就会得到加速。

从能量转换(功能关系)角度分析。根据质心动能定理，作用在质点系上各外力的合力对质心位移的功等于质心动能的增量。可认为竖直方向人体所受的外力(重力、浮力等)不做功，沿游泳前进方向人体质点系受到的外力为上述的$\boldsymbol{F}$和$\boldsymbol{f}_{\mathrm{r}}$。在手从前向后划动的过程中，虽然手的位移方向向后，但人体的质心位移$\mathrm{d}\boldsymbol{r}_C$方向却是向前的，故向前的推力$\boldsymbol{F}$对人

体质心做正功。考虑到向后的阻力 $\boldsymbol{f}_r$ 对人体质心做负功，有

$$\mathrm{d}A=(\boldsymbol{F}+\boldsymbol{f}_r)\cdot\mathrm{d}\boldsymbol{r}_C=F\mathrm{d}r_C-f_r\mathrm{d}r_C=\mathrm{d}\left(\frac{1}{2}Mv_C^2\right)$$

当 $F\mathrm{d}r_C-f_r\mathrm{d}r_C=0$ 时，人体质心匀速前进；当 $F\mathrm{d}r_C-f_r\mathrm{d}r_C>0$ 时，人体质心动能在过程中将得到增加。做正功的水是被向后划的手挤压的水，在被挤压过程中手对它做正功，它从中得到了对人体质心做正功的能量(内能)。手做正功的能量则是来源于手臂肌肉的“生物能”(化学能)，此能量转化过程是人体内非保守内力的做功过程，是把通过手臂肌肉收缩所消耗的生物能转化成手臂划动动能的过程。总之，游泳时人体匀速或加速前进所需能量来源于人体肌肉的生物能，手臂向后划水的过程是一个把人体生物能转化为其他形式能的过程。

12. 飞机机翼断面形状如图 1.34(a)所示。飞机起飞或飞行时上下两侧的气流流线如图，试据此图说明飞机飞行时受到“升力”的原因。这和气球上升的原因有何不同?

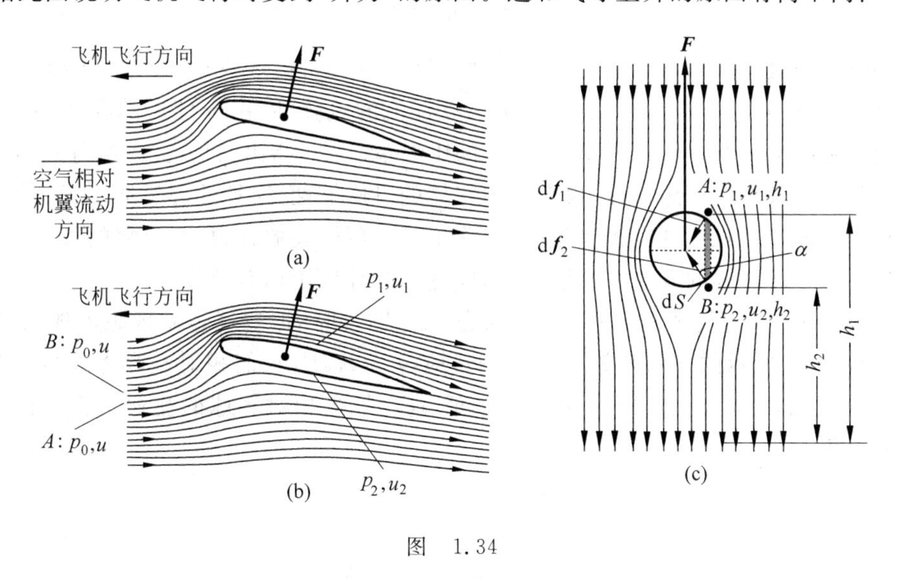

图 1.34

答 当飞机起飞或飞行时，由于机翼设计成上下两面不对称以及气流和机翼表面的相互作用，形成机翼上下两侧如图 1.34(a)所示的气流流线。机翼上面流线密，流管窄，气流流速大，压强小；机翼下面流线疏，流管宽，气流流速小，压强大。

把机翼表面层以外的气体近似看做理想流体。考虑机翼上下两侧两条细流管，如图 1.34(b)所示，设远离机翼处(两流管的 A、B 点)气流相对于机翼的流速大小为 u，压强为 p_0，设所选流管在机翼某处上下对应的两侧气流对于机翼的流速大小分别为 u_1 和 u_2，压强分别为 p_1 和 p_2。由于气体中的高度差效应不显著，所以对于所选机翼两侧细流管，根据伯努利方程有

$$p_0+\frac{1}{2}\rho u^2=p_1+\frac{1}{2}\rho u_1^2$$

$$p_0+\frac{1}{2}\rho u^2=p_2+\frac{1}{2}\rho u_2^2$$

两式相减，得

$$p_2-p_1=\frac{1}{2}\rho(u_1^2-u_2^2)$$

其中 ρ 是空气密度。由于机翼形状不规则，机翼上下两侧不同处所对应的 $u_1^2-u_2^2$ 不同，对应的压强差就不同，所以最后升力 $\boldsymbol{F}$ 的计算是用此压强差对机翼面积进行面积分。由此可见，机翼上下两侧出现的压强差形成了飞机飞行时的"升力"，由于高度差效应不显著，流线图表明压强差是由于机翼上下两侧的气流流速不同所引起的($u_1>u_2$)。

我们可以再进一步分析一下上面的压强差公式。从流线的疏密可以看出 $u_1>u>u_2$，实际上这是由于飞行中飞机机翼周围存在着一个绕机翼旋转的气流(称为环流)，机翼上方环流的速度 $\boldsymbol{v}$ 与气流速度 $\boldsymbol{u}$ 方向一致，机翼下方环流的速度 $\boldsymbol{v}$ 与气流速度 $\boldsymbol{u}$ 方向相反，它们分别叠加而导致 $u_1>u>u_2$。u、u_1、u_2 的关系可写为

$$u_1=u+v,\quad u_2=u-v$$

代入上面对应的压强式有

$$p_2-p_1=\frac{1}{2}\rho(u_1^2-u_2^2)=2\rho uv$$

此式表明飞机速度 u 越大得到的升力会越大；高空空气密度 ρ 较小，飞机需要具有更大的飞行速度 u 以获得足够的升力。这突出了机翼环流的重要性，由于环流的存在导致了机翼上下两侧气流流速 $u_1>u_2$，从而形成 p_2-p_1 的压强差。需要指出的是，上面据图 1.34(a)的升力分析中是把空气看做理想气体，没有考虑气体的可压缩性，这种处理只适用于飞机速度不太大的情况。而在飞机速度 u 大于音速时，除了环流所引起的升力外，机翼的下翼面对气流的压缩也引起不可忽视的升力，并且飞行速度越大此种作用相对越强。

图 1.34(c)所示为气球上升时的气流流线示意图，同样把空气看做理想流体，在同一流线管中，选定如图所示的气球某处上下两侧对应位置 A、B，它们相对某参考点的高度分别为 h_1 和 h_2，流线图显示了此两处流线疏密度一样，气流相对气球的流速一样，有 $u_1=u_2$。据伯努利方程有

$$p_1+\rho gh_1=p_2+\rho gh_2$$

则

$$p_2-p_1=\rho g(h_1-h_2)$$

即由于高度差效应产生了对应位置 A、B 处的压强差，也正是此压强差产生了气球向上的升力。取 A、B 处气球球面上各自对应的面元 $\mathrm{d}S$，它们分别受到方向如图所示的气体压力 $\mathrm{d}\boldsymbol{f}_1$ 和 $\mathrm{d}\boldsymbol{f}_2$，求升力只需计算它们各自在竖直向的分量即可：

$$-\mathrm{d}f_1\cos\alpha=-p_1\mathrm{d}S\cos\alpha,\quad \mathrm{d}f_2\cos\alpha=p_2\mathrm{d}S\cos\alpha$$

它们的合力就是气球得到的升力 $\mathrm{d}f$：

$$\mathrm{d}f=(p_2-p_1)\mathrm{d}S\cos\alpha=\rho g(h_1-h_2)\mathrm{d}S\cos\alpha$$

式中，$\mathrm{d}S\cos\alpha$ 是面元 $\mathrm{d}S$ 在水平方向的投影大小，$(h_1-h_2)\mathrm{d}S\cos\alpha$ 是 A、B 处的两个面元 $\mathrm{d}S$ 对应的气球的体积元 $\mathrm{d}V$。考虑到高度差对空气密度 ρ 影响不大，整个气球上升的升力可写为

$$F=\int\mathrm{d}f=\int_S\rho g(h_1-h_2)\mathrm{d}S\cos\alpha=\rho g\int_V\mathrm{d}V=\rho gV$$

式中，V 是气球体积，也等于气球排开空气流体的体积 V'，$\rho gV'$ 是被排开空气流体的重量。这实际上说明了气球的升力就是气球在流体中所受的浮力，其大小等于被排开流体的重量(阿基米德原理)。

总之，据图1.34分析，飞行的飞机和气球的升力都是由于它们上下两侧存在着压强差，而压强差的产生原因各不相同。对于飞行的飞机来说，主要是由于机翼两侧气流流速的差别；对于气球，则是由于气球上下表面层的高度差效应。

13. 两条船并排同向航行时(见图1.35(a))，容易相互靠近而致相撞事故发生。这是什么原因？

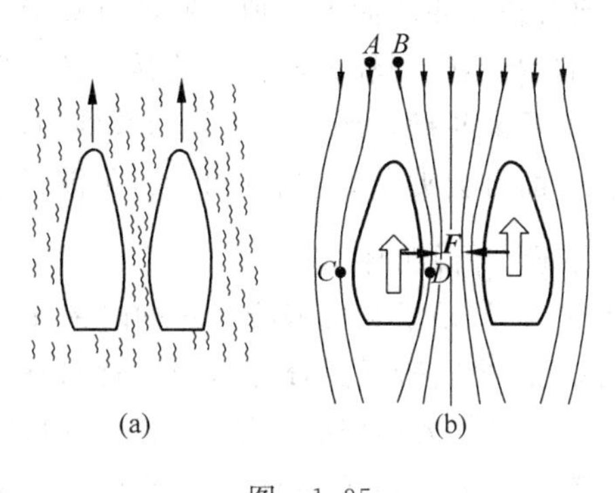

图　1.35

答　其主要原因是两条船并排同向航行时，它们之间的通道窄，通过此狭窄通道的水流速度会加快，两船周围水流体的流线分布大体如图1.35(b)所示。把水当作理想流体，设水的密度为ρ，设A、B是离船远处的两点，C、D分别表示两船水下同一水平水面的外缘和内缘相对应的位置，对于在图1.35(b)所示的两条流线上的A、C和B、D，分别给出伯努利方程为

$$p_A+\frac{1}{2}\rho u_A^2=p_C+\frac{1}{2}\rho u_C^2$$

$$p_B+\frac{1}{2}\rho u_B^2=p_D+\frac{1}{2}\rho u_D^2$$

由于$u_A=u_B$，$p_A=p_B$，两式相减得

$$p_C-p_D=\frac{1}{2}\rho(u_D^2-u_C^2)$$

式中，$u_D>u_C$，表明每条船的外缘和船间内缘对应点之间存在着压强差，此压强差对水下船体对应的外缘和内缘表面积分会产生如图1.35(b)所示的把两条船挤压到一起的船外缘水的挤压力$\boldsymbol{F}$。此外，两条同向并排航行的船外缘的水面会比内缘水面高，高出的水又会产生另外的外缘水的挤压力，这样在外缘水的挤压力下此两条船很容易靠近，而且它们的速度越大，靠得越近，船间的水流速度就越大(u_D越是大于u_C)，外缘水面会更高，外缘水的挤压力会更大。因此，对同向并排航行的两条船要切实注意船速和容许靠近的距离，否则外缘水的巨大压力可以把两船挤压在一起而导致相撞事故的发生，历史上曾有过此种事件发生的例子。

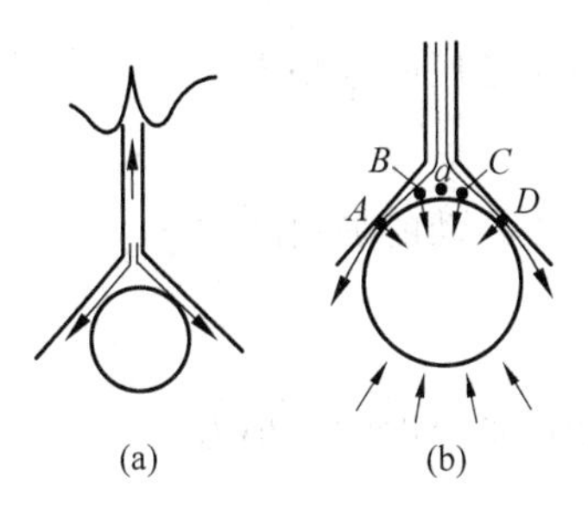

图　1.36

14. 在漏斗中放一乒乓球，颠倒过来，再通过漏斗管向下吹气(见图1.36(a))，则发现乒乓球不但不被吹掉，反而牢牢地留在漏斗内，这是什么原因？

答 不吹气流，球周围基本都是大气压强，只是存在由于球体高度差效应对球产生的浮力，而浮力小于乒乓球所受重力，因此球往下掉。如果往下吹气流，球上部边缘除去图1.36(b)所表示的驻点 a(流速为零)外，其他部分(如图中所示的 A、B、C、D 等)由于流速的存在而压强降低，尤其是 A、D 部分流速更大，压强更小，而球下部基本还是大气压强，也正是此压强差使得乒乓球受到了竖直向上的力。如果吹气流流速产生的向上的力和浮力一起平衡了向下的重力，乒乓球就稳牢地留在漏斗内而不下掉。吹的气流流速不会是稳定的，乒乓球和漏斗壁的间隙也会是不均匀的，甚至受到较大向上力的乒乓球会向上运动而贴住漏斗壁(此时气流的作用是吹开乒乓球离开漏斗壁)，所以一般我们看到的留在漏斗内的乒乓球的运动是复杂的，不但有上下的跳动，而且会夹杂着左右的抖动，可能还会出现转动。

15. 判断下述说法是否正确，并说明理由。

(1) 不受外力作用的系统，它的动量和机械能必然同时都守恒。

(2) 内力都是保守力的系统，当它所受的合外力为零时，其机械能必然守恒。

(3) 只有保守内力作用而不受外力作用的系统，它的动量和机械能必然都守恒。

答 (1) 此说法不对。不受外力的系统满足动量守恒的条件，故其动量守恒。不受外力的系统，只有内力做功，但可能存在非保守内力功，所以此系统的机械能不一定守恒。

(2) 此说法不对。虽然不存在非保守内力，但合外力为零不能保证外力功时刻为零，所以系统机械能不一定守恒。

(3) 此说法正确。系统只有保守内力作用而不受外力作用，其意是说只可能有保守内力做功，那么系统一定机械能守恒。系统不受外力作用，系统的动量一定守恒。故此说法正确。

1.2 例题

1.2.1 质点运动学

1. 一质点在 xy 平面内运动，其运动方程为

$$\boldsymbol{r} = (2t^2 - 1)\boldsymbol{i} + (3t - 5)\boldsymbol{j}$$

求在任意时刻 t 质点运动的速度、切向加速度、法向加速度的大小和此时质点所在处轨道的曲率半径。

解 对运动方程 $\boldsymbol{r}=(2t^2-1)\boldsymbol{i}+(3t-5)\boldsymbol{j}$ 求导，得 t 时刻质点运动的速度[①]

$$\boldsymbol{v} = \frac{\mathrm{d}\boldsymbol{r}}{\mathrm{d}t} = 4t\boldsymbol{i} + 3\boldsymbol{j}$$

其中速度的大小为

$$v = \sqrt{v_x^2 + v_y^2} = \sqrt{16t^2 + 9}$$

质点运动的加速度为

$$\boldsymbol{a} = \frac{\mathrm{d}\boldsymbol{v}}{\mathrm{d}t} = 4\boldsymbol{i}$$

切向加速度的大小为

---

① 书中未标注单位的量，其单位都默认为国际单位制单位。

$$a_t = \frac{dv}{dt} = \frac{d}{dt}(\sqrt{16t^2+9}) = \frac{16t}{\sqrt{16t^2+9}}$$

法向加速度的大小为

$$a_n = \sqrt{a^2 - a_t^2} = \frac{12}{\sqrt{16t^2+9}}$$

曲率半径为

$$\rho = \frac{v^2}{a_n} = \frac{1}{12}(16t^2+9)^{\frac{3}{2}}$$

2. 设一条河的河水从岸边到河心的流速按正比增大，岸边处水流速度为零，河中间流速为 $\boldsymbol{v}_0$，河宽为 d。一船以不变的速度 $\boldsymbol{u}$ 垂直于水流方向从岸边驶向河心。求：

(1) 船的运动方程；

(2) 船的轨道方程。

解　此题是在一个参考系下研究质点(船)的运动合成问题。取岸为参考系，坐标系 Oxy 如图 1.37 所示。船从 O 点出发，设船离岸时开始计时。

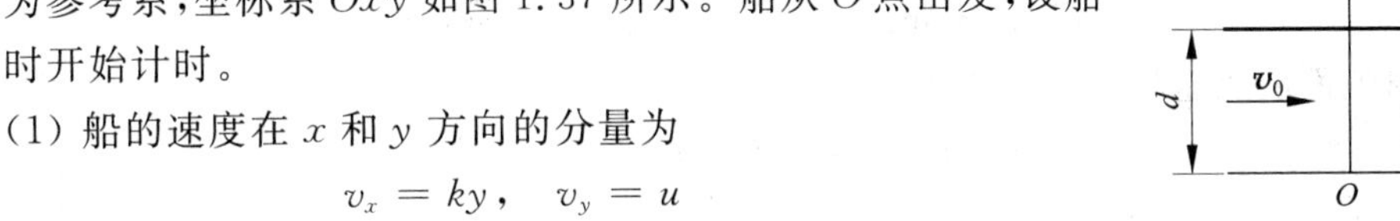

图　1.37

(1) 船的速度在 x 和 y 方向的分量为

$$v_x = ky, \quad v_y = u$$

因为 $y=d/2$ 时 $v_x=v_0$，所以 $k=\frac{v_x}{y}=\frac{2v_0}{d}$。由于 $v_y=u=\frac{dy}{dt}$，有 $dy=u dt$，两边积分并利用初始条件($t=0$ 时，$y=0$)得

$$y = \int_0^t u dt = ut$$

因为 $v_x=\frac{dx}{dt}=\frac{2v_0}{d}y=\frac{2v_0}{d}ut$，有 $dx=\frac{2v_0}{d}ut\,dt$，积分并利用初始条件($t=0$ 时，$x=0$)得

$$x = \int_0^t \frac{2v_0 u}{d} t\,dt = \frac{v_0 u}{d}t^2$$

所以，船的运动方程为

$$x = \frac{v_0 u}{d}t^2, \quad y = ut$$

(2) 从运动方程中消去 t，即可得到船的轨迹方程为

$$x = v_0 y^2/(ud)$$

在 $0 \leqslant y \leqslant d/2$ 范围内其轨迹为一抛物线。

3. 一人骑自行车向东而行，如图 1.38 所示。在速度为 10 m/s 时，觉得有南风；速度增至 15 m/s 时，觉得有东南风。求风对地的速度。

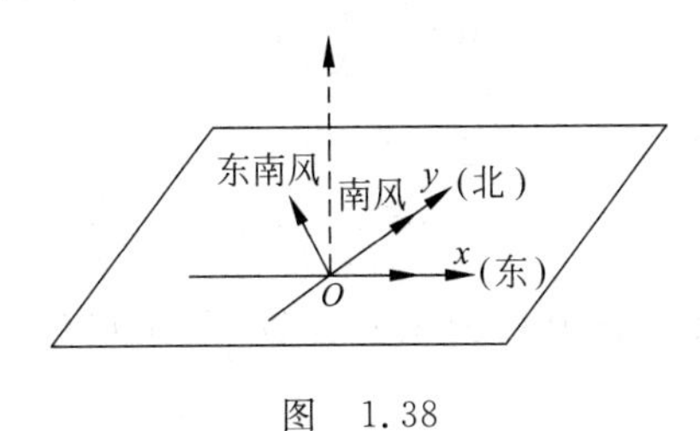

图　1.38

解 此题是在两个参考系下研究质点的相对运动问题。在速度为 10 m/s,人觉得有南风时,设地面为 S 系,人为 S'系。根据伽利略速度变换,即

$$\boldsymbol{v}_{风\text{-}地} = \boldsymbol{v}_{风\text{-}人} + \boldsymbol{u}_{人\text{-}地}$$

由题意有

$$\boldsymbol{v}_{风\text{-}地} = \boldsymbol{v}'_{风\text{-}人}\boldsymbol{j} + 10\boldsymbol{i}$$

在速度增至 15 m/s,觉得有东南风时,设地面为 S 系,人为 S''系。根据伽利略速度变换,即

$$\boldsymbol{v}_{风\text{-}地} = \boldsymbol{v}''_{风\text{-}人} + \boldsymbol{u}_{人\text{-}地}$$

由题意有

$$\boldsymbol{v}_{风\text{-}地} = -v''_{风\text{-}人}\boldsymbol{i} + v''_{风\text{-}人}\boldsymbol{j} + 15\boldsymbol{i}$$

则

$$\boldsymbol{v}_{风\text{-}地} = v'_{风\text{-}人}\boldsymbol{j} + 10\boldsymbol{i} = -v''_{风\text{-}人}\boldsymbol{i} + v''_{风\text{-}人}\boldsymbol{j} + 15\boldsymbol{i}$$

矢量相等,对应分量应相等,因此

$$v''_{风\text{-}人} = 5\text{m/s}, \quad v'_{风\text{-}人} = v''_{风\text{-}人} = 5\text{m/s}$$

所以,相对地面的风速为

$$\boldsymbol{v}_{风\text{-}地} = 10\boldsymbol{i} + 5\boldsymbol{j}(\text{m/s})$$

1.2.2 运动与力

1. 有一光滑的刚性平面曲线,以匀角速度 ω 绕铅垂的对称轴转动,如图 1.39 所示。如要使穿在光滑刚性曲线上的小珠在任意位置均可保持相对静止,则此曲线方程应如何?

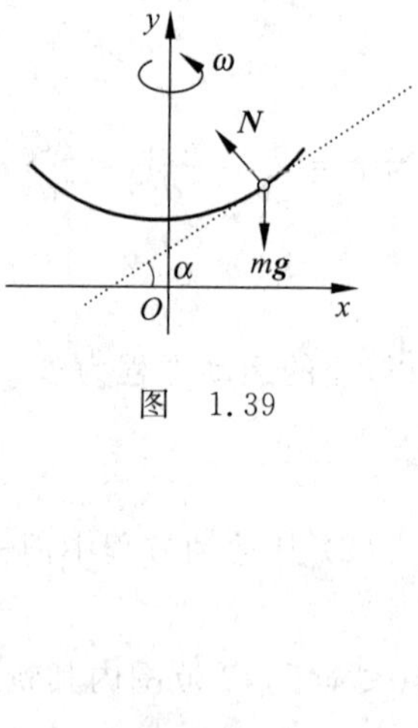

图 1.39

解 设 Oxy 平面为曲线所在平面,y 轴为铅垂的对称轴,则 x 轴将随曲线绕 y 轴以匀角速度 ω 旋转。由于曲线是光滑的,曲线给小珠的支撑力 $\boldsymbol{N}$ 必然垂直于小珠所在点的曲线的切线。要使小珠在任意位置均可保持相对静止,$\boldsymbol{N}$ 的 y 方向分量和重力应使小珠 y 方向上的加速度 $a_y=0$。$\boldsymbol{N}$ 的 x 方向分量正好是小珠绕 y 轴作圆周运动的向心力。设切线和 x 轴的夹角为 α,则由牛顿第二定律得

$$N\cos\alpha - mg = ma_y = 0$$

$$N\sin\alpha = m\frac{v^2}{x} = m\omega^2 x$$

由此两式,得 $\tan\alpha = \frac{\omega^2}{g}x$。而 $\frac{\mathrm{d}y}{\mathrm{d}x} = \tan\alpha$,即有 $\frac{\mathrm{d}y}{\mathrm{d}x} = \frac{\omega^2}{g}x$,则

$$\mathrm{d}y = \frac{\omega^2}{g}x\,\mathrm{d}x$$

积分得

$$y = \frac{\omega^2 x^2}{2g} + C$$

它是以 y 轴为对称轴的抛物线,其中 C 为积分常数,不同 C 值表示抛物线沿 y 轴平移的距离不同。

2. 在以匀加速度 $\boldsymbol{a}_0$ 上升的升降机内固定一定滑轮，如图 1.40(a)所示。一根跨过定滑轮的绳子连接质量分别为 m_1 和 m_2 的两个物体（假定滑轮是光滑的，且滑轮和绳子的质量均可不计）。设 $m_2>m_1$，求每个物体的加速度及绳子的张力。（分别选地面和升降机为参考系）

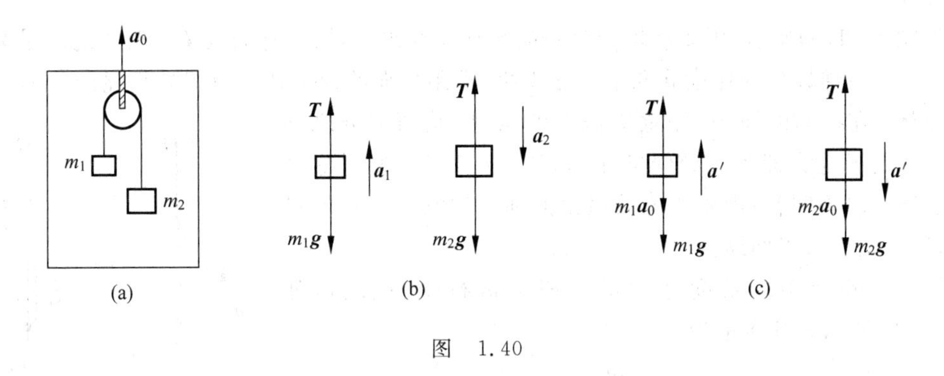

图　1.40

解　运动是相对的，参考系不同，对运动的描述也不同，但结果是相同的。升降机作匀加速运动，由于绳子不伸长，m_1 和 m_2 两个物体将以相同大小的加速度 a' 相对于升降机运动。而且不计滑轮和绳子的质量，绳子的张力应相同。

以地面为参考系（惯性系）。m_1、m_2 的受力如图 1.40(b)所示。由牛顿第二定律有

$$T-m_1g=m_1a_1$$

$$m_2g-T=m_2a_2$$

由伽利略变换 $\boldsymbol{a}=\boldsymbol{a}'+\boldsymbol{a}_0$，得

$$a_1=a'+a_0$$

$$a_2=a'-a_0$$

由以上四个式子，解得

$$a'=\frac{(m_2-m_1)(g+a_0)}{m_1+m_2}$$

$$a_1=\frac{2m_2a_0+(m_2-m_1)g}{m_1+m_2}$$

$$a_2=\frac{-2m_1a_0+(m_2-m_1)g}{m_1+m_2}$$

$$T=\frac{2m_1m_2(g+a_0)}{m_1+m_2}$$

若选升降机为参考系（非惯性系），分析 m_1、m_2 的受力，如图 1.40(c)所示，得

$$T-m_1g-m_1a_0=m_1a'$$

$$m_2g+m_2a_0-T=m_2a'$$

以上两式相加，消去 T 得

$$a'=\frac{(m_2-m_1)(g+a_0)}{m_1+m_2}$$

由于加速度 a' 是对升降机而言的，因此 m_1、m_2 相对地面的加速度和张力分别为

$$a_1=a'+a_0=\frac{2m_2a_0+(m_2-m_1)g}{m_1+m_2}$$

$$a_2 = a' - a_0 = \frac{-2m_1a_0 + (m_2 - m_1)g}{m_1 + m_2}$$

$$T = \frac{2m_1m_2(g + a_0)}{m_1 + m_2}$$

3. 粗绳的张力

如图1.41(a)所示,用质量均匀分布的粗绳拉起重物,所用外力为$\boldsymbol{F}$。粗绳的质量为m,长度为L。设绳以匀加速度$\boldsymbol{a}$向上提起重物,求距离绳的顶端任意位置处粗绳的张力。

分析:在拉紧的绳中,任意横截面的两侧,其两部分之间相互作用的弹性力即为此处绳的张力。"粗绳"指需要考虑其质量的绳,"轻绳"指不需要考虑其质量的绳。但它们在运动过程中,绳长均不可以伸缩。

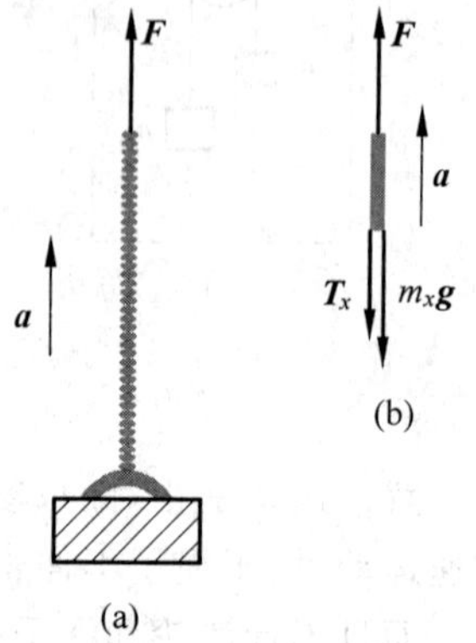

解 选距离顶端长度为x的一段绳进行受力分析,如图1.41(b)所示。其质量为

$$m_x = \frac{m}{L}x$$

根据牛顿第二定律,得

$$F - m_xg - T_x = m_xa$$

解出

$$T_x = F - m_xg - m_xa = F - \frac{m}{L}(g + a)x$$

图 1.41

由上式可见,粗绳中各处张力是不同的,若忽略绳的质量,则轻绳各处的张力相同,和外力相等。

4. 一条小船静止在水面上,小船质量为M,长为L,有一个质量为m的人以速度v从船头走到船尾。假设水的阻力不计,求船头相对于水面的速度。

分析:此题可以用动量守恒定律求解,也可以用质心运动定理求解,我们用质心运动定理来解。

解 由系统所受合力为零,根据质心运动定理得$a_C=0$,质心保持静止,得质心坐标值是恒量。取坐标轴Ox固定于岸上,正方向由船头指向船尾。

取岸为参考系,设人在船上相对于岸的位置为x,船的质心位置为X,系统质心的位置为x_C。根据质心的定义,有

$$x_C = \frac{mx + MX}{m + M}$$

求导得

$$\frac{\mathrm{d}x_C}{\mathrm{d}t} = \frac{m\dfrac{\mathrm{d}x}{\mathrm{d}t} + M\dfrac{\mathrm{d}X}{\mathrm{d}t}}{m + M}$$

由于$v_C=\dfrac{\mathrm{d}x_C}{\mathrm{d}t}$,$V=\dfrac{\mathrm{d}X}{\mathrm{d}t}$,$v_x=\dfrac{\mathrm{d}x}{\mathrm{d}t}$,所以

$$v_C = \frac{mv_x + MV}{m + M}$$

其中V为船头相对于水面的速度。由伽利略变换有

$$v_x = v + V$$

因为 x_C 为恒量，所以 $v_C=0$，得

$$V = -\frac{m}{m+M}v$$

5. 把长为 L 的细链条静止地放在光滑的水平桌面上，且链条的一半从桌边下垂，试求链条刚滑下桌面时的速度。

解　整个物体的质量没变，但物体各个部分连续地进入某一运动状态，而进入某一运动状态的质量是变化的。链条刚滑下桌面时，指链条末端刚滑到桌子边缘，此时链条上各处速度是相同的，且方向都铅垂向下，所以选取桌角为坐标原点 O，铅垂向下为 y 轴正方向。设链条线密度为 λ，下垂部分长为 y。

这是一个变质量问题，对于这类问题首先要认清什么是主体 m，什么是质元 $\mathrm{d}m$。以下垂链条段 y 为主体，则

$$m = \lambda y$$

而质元为链条在下滑过程中进入 y 的链条段的微量，即

$$\mathrm{d}m = \lambda \mathrm{d}y$$

由于质元和主体彼此相连，故质元与主体的速度相同（或质元相对于主体的速度 $u=0$），则有

$$\boldsymbol{v} = \frac{\mathrm{d}y}{\mathrm{d}t}\boldsymbol{j}$$

对于主体 m，其受重力 $mg=\lambda yg$，受张力为 T。由牛顿第三定律可知，此张力就是使 $(L-y)$ 段产生加速度 a 的拉力

$$T = \lambda(L-y)a$$

显然 $(L-y)$ 段的加速度的大小等于 y 段这一主体加速度的大小，故

$$a = \frac{\mathrm{d}v}{\mathrm{d}t}$$

对 m 应用牛顿第二定律有 $mg-T=ma$，即

$$\lambda yg - \lambda(L-y)\frac{\mathrm{d}v}{\mathrm{d}t} = \lambda y\frac{\mathrm{d}v}{\mathrm{d}t}$$

$$\lambda L\frac{\mathrm{d}v}{\mathrm{d}t} = \lambda yg$$

因为 $\frac{\mathrm{d}v}{\mathrm{d}t}=\frac{\mathrm{d}v}{\mathrm{d}y}\frac{\mathrm{d}y}{\mathrm{d}t}=\frac{\mathrm{d}v}{\mathrm{d}y}v$，将其代入上式，整理后可得 $Lv\mathrm{d}v=gy\mathrm{d}y$。因为在 $y=\frac{L}{2}$ 时 $v=0$，在 $y=L$ 时 $v=v$，两边积分得

$$\int_0^v Lv\mathrm{d}v = \int_{L/2}^{L} gy\mathrm{d}y$$

因此有

$$v = \frac{1}{2}\sqrt{3gL}$$

可见末速度 v 与链条长度 L 的平方根成正比，而与链条密度无关（此题也可把 $(L-y)$ 段链条看做主体，而把进入 y 段链条元长看做质元）。

6. 一质量为 m 的物块置于倾角为 θ 的固定斜面上，如图 1.42(a)所示。物块与斜面间

的静摩擦系数为 μ_0，且 $\mu_0 < \tan\theta$。现用一水平外力 $\boldsymbol{F}$ 推物块，欲使物块不发生滑动，外力 $\boldsymbol{F}$ 的大小应满足什么条件？

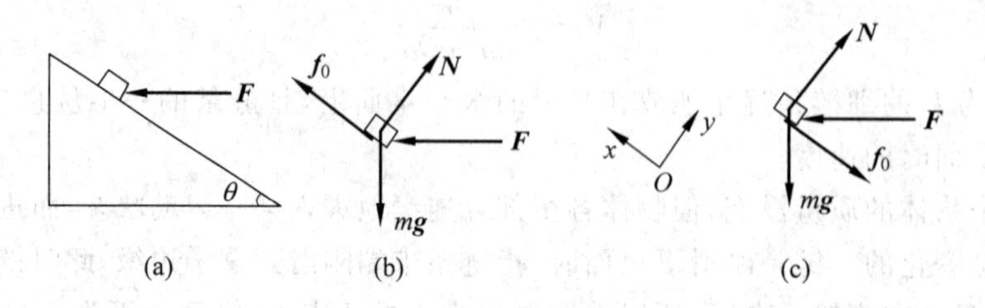

图 1.42

解 这是力的平衡问题。进行隔离体受力分析可知，物块受重力 $m\boldsymbol{g}$、水平外力 $\boldsymbol{F}$、斜面的法向支撑力 $\boldsymbol{N}$ 及静摩擦力 $\boldsymbol{f}_0$ 四个力作用。由力的平衡条件得

$$m\boldsymbol{g} + \boldsymbol{F} + \boldsymbol{N} + \boldsymbol{f}_0 = \boldsymbol{0}$$

欲使物块不发生滑动，外力 F 可以有两个取值：一个最小值 F_1，一个最大值 F_2，即

$$F_1 < F < F_2$$

选取坐标系 Oxy，考察作用力等于 F_1，物块将下滑的情形，如图 1.42(b)所示。平衡方程式的分量式为

$$F\cos\theta + f_0 - mg\sin\theta = 0$$

$$N - F\sin\theta - mg\cos\theta = 0$$

且有

$$f_0 = \mu_0 N$$

解出

$$F = F_1 = \frac{\sin\theta - \mu_0\cos\theta}{\cos\theta + \mu_0\sin\theta}mg$$

再考察作用力等于 F_2，物块将上滑的情形，如图 1.42(c)所示。平衡方程式的分量式为

$$F\cos\theta - f_0 - mg\sin\theta = 0$$

$$N - F\sin\theta - mg\cos\theta = 0$$

且有

$$f_0 = \mu_0 N$$

解出

$$F = F_2 = \frac{\sin\theta + \mu_0\cos\theta}{\cos\theta - \mu_0\sin\theta}mg$$

综合以上情况，得出物块不发生滑动的条件为

$$F_1 < F < F_2$$

可见，静摩擦力并不是一个定值，它可以在一个范围内取值，一般要根据具体情况来定。

1.2.3 动量与角动量

1. 有一固定于光滑的水平面上的内半径为 R 的光滑圆环，质量为 m 的质点逆时针在环内沿着环的内侧作匀速率圆周运动，速率为 v，如图 1.43 所示。求质点从 A 点沿着圆环

运动到 B 点的过程中，它所受环作用力的冲量。

解法1　用力的冲量定义计算。

质点在法向(径向)受到环的作用力 N，在竖直方向受到重力和水平面的支持力，两者相互抵消。因为质点作匀速率圆周运动，它所受环的作用力为

$$\boldsymbol{N} = m\frac{v^2}{R}\boldsymbol{n}$$

其中 $\boldsymbol{n}$ 表示法向单位矢量。

设某时刻质点运动到图示位置，选直角坐标系如图1.43所示，此质点与 y 轴的夹角为 θ，则

$$\boldsymbol{N} = N_x\boldsymbol{i} + N_y\boldsymbol{j} = N\sin\theta\boldsymbol{i} - N\cos\theta\boldsymbol{j}$$

质点从 A 点运动到 B 点过程中所受作用力 N 的冲量为

$$\boldsymbol{I} = \int_0^t \boldsymbol{N}\mathrm{d}t = \int_0^t \left(m\frac{v^2}{R}\sin\theta\boldsymbol{i} - m\frac{v^2}{R}\cos\theta\boldsymbol{j}\right)\mathrm{d}t$$

因为 $v=\dfrac{\mathrm{d}s}{\mathrm{d}t}=\dfrac{R\mathrm{d}\theta}{\mathrm{d}t}$，则 $\mathrm{d}t=\dfrac{R\mathrm{d}\theta}{v}$，所以

$$\boldsymbol{I} = \int_0^{\pi/2} m\frac{v^2}{R}(\sin\theta\boldsymbol{i} - \cos\theta\boldsymbol{j})\frac{R\mathrm{d}\theta}{v} = mv(\boldsymbol{i} - \boldsymbol{j})$$

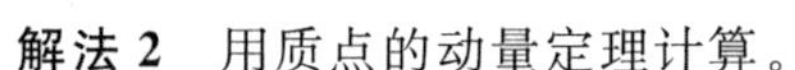

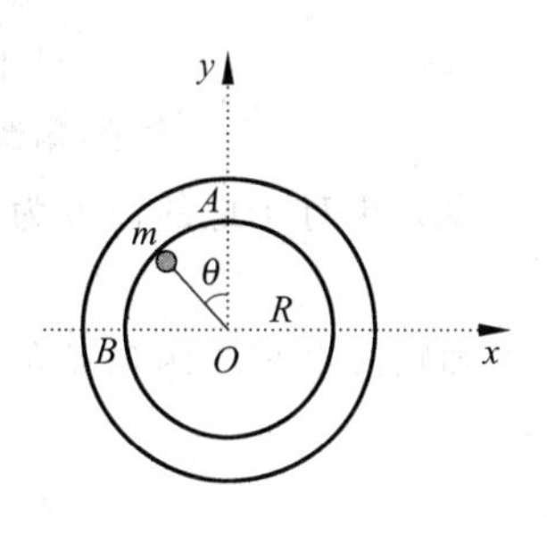

图　1.43

解法2　用质点的动量定理计算。

设质点在 A、B 两点的速度分别为 $\boldsymbol{v}_A$、$\boldsymbol{v}_B$，则

$$\boldsymbol{v}_A = -v\boldsymbol{i},\quad \boldsymbol{v}_B = -v\boldsymbol{j}$$

由质点的动量定理，质点从 A 点运动到 B 点，作用力的冲量为

$$\boldsymbol{I} = m\boldsymbol{v}_B - m\boldsymbol{v}_A = m(-v\boldsymbol{j}) - m(-v\boldsymbol{i}) = mv(\boldsymbol{i} - \boldsymbol{j})$$

两种解法结果一致。

2. 我国第一颗人造地球卫星沿椭圆轨道运动，地球的中心为该椭圆的一个焦点。已知地球半径 $R=6378$ km，人造地球卫星与地面的最近距离 $L_1=439$ km，与地面的最远距离 $L_2=2384$ km，如图1.44所示。若人造地球卫星在近地点 A_1 的速度 $v_1=8.1$ km/s，求人造卫星在远地点 A_2 的速度 v_2。

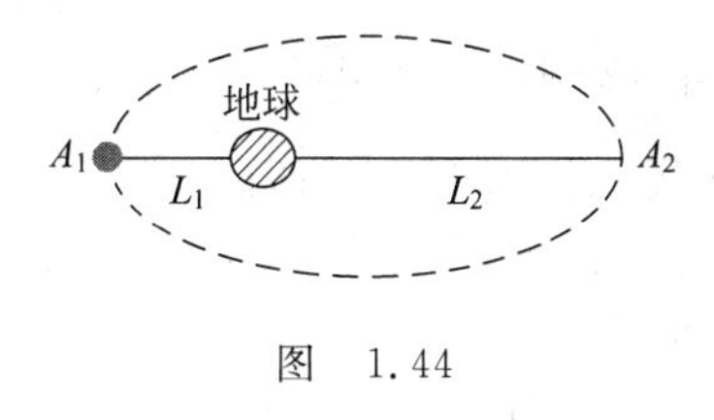

图　1.44

解　人造卫星只受地球引力作用，作用力指向地心 O，其所受力矩为零，人造卫星对地心 O 点的角动量守恒，有

$$(R+L_1)mv_1 = (R+L_2)mv_2$$

解得

$$v_2 = \frac{R+L_1}{R+L_2}v_1 = \frac{6378+439}{6378+2384}\times 8.1\ \mathrm{km/s} \approx 6.3\ \mathrm{km/s}$$

3. 一轻绳绕过一半径为 R、质量可以忽略不计且轴光滑的滑轮。质量为 m 的人抓住绳

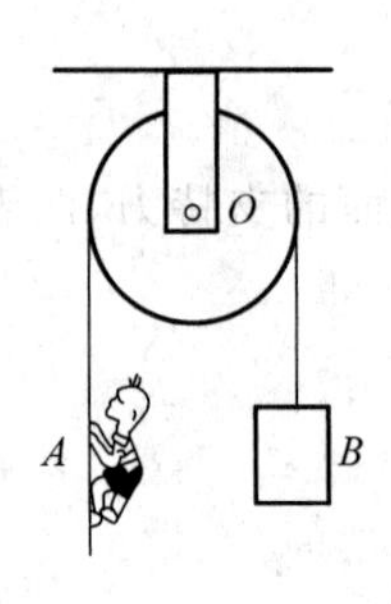

图 1.45

的一端,绳的另一端系了一个质量也是 m 的物体,如图1.45所示。现在人从静止开始加速上爬,人相对于绳的速度为 u,求物体上升的速度 v。

分析:"轻绳"各处张力 T 相同,故绳对人和对物体的张力相同;因为人与物体质量相等,所以人加速上爬时物体也将加速上升。

解 选人、物体、地球为系统,由于有外力 T 做功,系统机械能不守恒。再选人、物体为系统,合外力不为零,系统动量也不守恒。

对于人和物体系统,外力对滑轮轴的合外力矩为零,此系统对滑轮轴的角动量守恒。

设人相对于地的速度为 V,物体对地的速度为 v,由伽利略速度变换公式,得

$$V = u - v$$

对人和物体系统应用角动量守恒定律,得

$$Rm(u-v) - Rmv = 0$$

则

$$v = \frac{u}{2}$$

而人对地的速度为

$$V = u - v = \frac{u}{2} = v$$

即人和物体是以同一速度上升的。

1.2.4 功和能

1. 如图1.46所示,一质点受力 $\boldsymbol{F}=2y\boldsymbol{i}+4x^2\boldsymbol{j}$,在质点从原点 O 分别沿 OAC 和 OC 路径运动到 $x=2$ m,$y=1$ m 的 C 点的过程中,力 $\boldsymbol{F}$ 所做的功是多少?

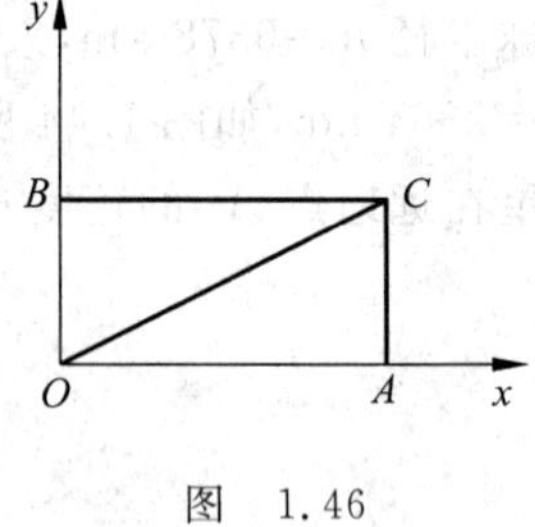

图 1.46

解 因为 $\boldsymbol{F}=2y\boldsymbol{i}+4x^2\boldsymbol{j}$,位移可写成 $\mathrm{d}\boldsymbol{r}=\mathrm{d}x\boldsymbol{i}+\mathrm{d}y\boldsymbol{j}$,所以力 $\boldsymbol{F}$ 所做的功为

$$A = \int_O^C \boldsymbol{F}\cdot\mathrm{d}\boldsymbol{r} = \int_O^C (2y\mathrm{d}x + 4x^2\mathrm{d}y)$$

(1) 沿 OAC 路径。在 OA 段,$y=0$,$\mathrm{d}y=0$,所以

$$\boldsymbol{F}\cdot\mathrm{d}\boldsymbol{r} = 0$$

在 AC 段,$x=2$ m,$\mathrm{d}x=0$,所以有

$$\boldsymbol{F}\cdot\mathrm{d}\boldsymbol{r} = 16\mathrm{d}y$$

沿 OAC 路径力 $\boldsymbol{F}$ 所做的功为

$$A = \int_{OAC}\boldsymbol{F}\cdot\mathrm{d}\boldsymbol{r} = \int_0^1 16\mathrm{d}y = 16\ \mathrm{J}$$

(2) 沿 OC 路径。由于 $\frac{\mathrm{d}y}{\mathrm{d}x}=\frac{1}{2}$,有 $\mathrm{d}x=2\mathrm{d}y$,所以

$$\boldsymbol{F}\cdot\mathrm{d}\boldsymbol{r} = 2y\times 2\mathrm{d}y + 4x^2\times\frac{1}{2}\mathrm{d}x = 4y\mathrm{d}y + 2x^2\mathrm{d}x$$

沿 OC 路径力 $\boldsymbol{F}$ 所做的功为

$$A=\int_{OC}\boldsymbol{F}\cdot \mathrm{d}\boldsymbol{r}=\int_0^1 4y\mathrm{d}y+\int_0^2 2x^2\mathrm{d}x=\frac{22}{3}\mathrm{J}$$

2. 半径为 R、质量为 M、表面光滑的半球放在光滑的水平面上，在其正上方置一质量为 m 的小滑块。当小滑块从顶端无初速地下滑后，在图1.47(a)所示的 θ 角位置处开始脱离球面。已知 $\cos\theta=0.7$，求 M/m。

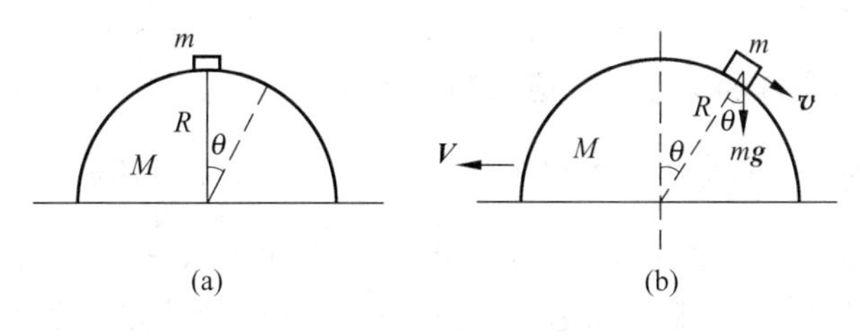

图　1.47

解　当小滑块 m 将要脱离半球 M 时，两者之间的接触力(正压力) $N=0$。此时半球只受重力和水平面支撑力作用，其运动加速度变为零，可将其视为惯性参考系。

如图1.47(b)所示，设此时小滑块沿半球面作圆周运动的速度(即小滑块相对半球面的速度)为 v，以半球面为参考系，由牛顿第二定律得

$$mg\cos\theta=m\frac{v^2}{R}$$

再以地面为参考系，对由小滑块、半球组成的系统，水平方向动量守恒，则有

$$m(v\cos\theta-V)-MV=0$$

式中 V 为小滑块和半球将脱离时半球的速度(沿水平方向)。

由小滑块、半球和地球组成的系统机械能守恒，选择小滑块将要脱离处为重力势能的零点，则有

$$mgR(1-\cos\theta)=\frac{1}{2}m[(v\cos\theta-V)^2+(v\sin\theta)^2]+\frac{1}{2}MV^2$$

由上述三个式子解出

$$\frac{m}{M+m}\cos^3\theta-3\cos\theta+2=0$$

代入已知条件 $\cos\theta=0.7$，求出

$$\frac{M}{m}=2.43$$

3. 车厢在水平轨道上以恒定的速度 $\boldsymbol{u}$ 向右行驶，车厢内有一摆线长为 l、摆球质量为 m 的单摆，如图1.48所示。开始时摆线与竖直方向的夹角为 φ，摆球在图示位置相对于车厢静止，而后自由摆下。求：

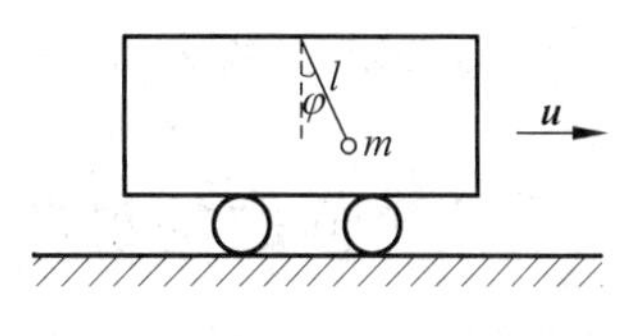

图　1.48

(1) 摆球第一次到达最低位置时相对于车厢的速率 v_1；

(2) 摆球第一次到达最低位置时相对于地面的速率 v_2；

(3) 在这一下摆过程中，相对于地面摆线对摆球所做的功 A。

解　(1) 选匀速运动的车厢为参考系(惯性参考系)，选小球和地球为系统，系统机械能守恒。设摆球第一次到达的最低位置处为重力势能零点。有

$$mgl(1-\cos\varphi)=\frac{1}{2}mv_1^2$$

得

$$v_1=\sqrt{2gl(1-\cos\varphi)}$$

(2) 在最低位置处,由伽利略变换,得摆球相对于地面的速率

$$v_2=|v_1-u|=|\sqrt{2gl(1-\cos\varphi)}-u|$$

(3) 在地面上,对小球和地球系统应用功能原理,得摆线对摆球所做的功

$$A=\frac{1}{2}mv_2^2-\left(\frac{1}{2}mu^2+mgl(1-\cos\varphi)\right)=-mu\sqrt{2gl(1-\cos\varphi)}$$

4. 证明:在光滑的水平桌面上,一质量为 m 的运动小球 A 与质量相同的静止小球 B 发生非对心的弹性碰撞后,小球 A 的运动方向与小球 B 的运动方向之间的夹角为直角。

证明 两个小球系统在弹性碰撞过程中动量守恒、动能守恒。设碰撞前小球 A 和小球 B 的动量和动能分别为 $\boldsymbol{p}_1$、$\boldsymbol{p}_2$ 和 E_{k1}、E_{k2};碰撞后分别为 $\boldsymbol{p}_3$、$\boldsymbol{p}_4$ 和 E_{k3}、E_{k4}。则有

$$\boldsymbol{p}_1+\boldsymbol{p}_2=\boldsymbol{p}_3+\boldsymbol{p}_4$$

$$E_{k1}+E_{k2}=E_{k3}+E_{k4}$$

由题意 $\boldsymbol{p}_1=m\boldsymbol{v}_1$,$\boldsymbol{p}_2=\boldsymbol{0}$,$\boldsymbol{p}_3=m\boldsymbol{v}_3$,$\boldsymbol{p}_4=m\boldsymbol{v}_4$,有

$$m\boldsymbol{v}_1=m\boldsymbol{v}_3+m\boldsymbol{v}_4$$

由题意知 $E_{k2}=0$,有

$$\frac{1}{2}mv_1^2=\frac{1}{2}mv_3^2+\frac{1}{2}mv_4^2$$

则可将上两式写为

$$\boldsymbol{v}_1=\boldsymbol{v}_3+\boldsymbol{v}_4$$

$$v_1^2=v_3^2+v_4^2$$

因为

$$\boldsymbol{v}_1\cdot\boldsymbol{v}_1=(\boldsymbol{v}_3+\boldsymbol{v}_4)\cdot(\boldsymbol{v}_3+\boldsymbol{v}_4)$$

即

$$v_1^2=v_3^2+v_4^2+2\,\boldsymbol{v}_3\cdot\boldsymbol{v}_4$$

将 $v_1^2=v_3^2+v_4^2+2\,\boldsymbol{v}_3\cdot\boldsymbol{v}_4$ 与 $v_1^2=v_3^2+v_4^2$ 两式进行比较,得

$$2\,\boldsymbol{v}_3\cdot\boldsymbol{v}_4=0$$

即

$$\boldsymbol{v}_3\perp\boldsymbol{v}_4$$

可见,小球 A 的运动方向与小球 B 的运动方向之间的夹角为直角。

1.3 几个问题的说明

1.3.1 两个惯性系间的位置矢量、位移、速度、加速度关系

设 S' 惯性系相对惯性系 S 以速度 $\boldsymbol{u}$ 沿 x 正向运动,如图 1.49 所示。$t=t'=0$ 时原点重合,且质点位于原点处。t 时刻质点运动到空间 p 点。在 S 系中,$\boldsymbol{r}$ 既是 t 时刻的质点位置矢量,又是 $\Delta t=t-0=t$ 时间内的位移;在 S' 系中,$\boldsymbol{r}'$ 既是 t' 时刻的质点位置矢量,又是

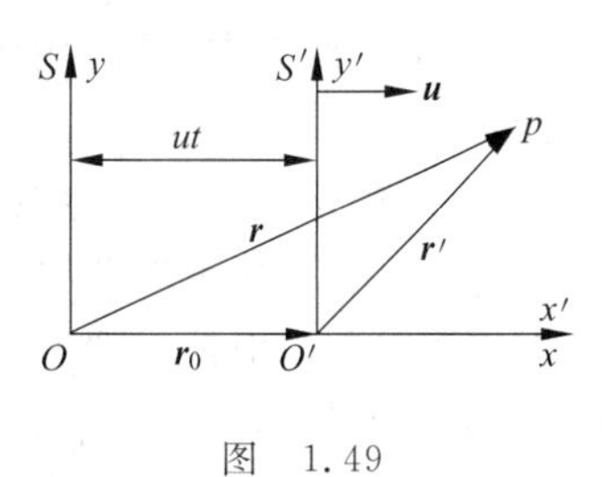

图　1.49

$\Delta t'=t'-0=t'$时间内的位移。绝对时空观下有 $t=t'$ 即 $\Delta t=\Delta t'$，所以两个惯性系间的位置矢量、位移之间有关系：

$$\boldsymbol{r}=\boldsymbol{r}'+\boldsymbol{r}_0$$

它们是相对量(与参考系有关)。在直角坐标系中有

$$x\boldsymbol{i}+y\boldsymbol{j}+z\boldsymbol{k}=x'\boldsymbol{i}+y'\boldsymbol{j}+z'\boldsymbol{k}+ut'\boldsymbol{i}$$

得

$$x=x'+ut',\quad y=y',\quad z=z'$$

这就是伽利略坐标变换。如果在 S'系沿 x'轴放置一静止的米尺，在 S'系测得尺长 $x_2'-x_1'=1\text{ m}$。在 S 中要测尺长，必须保证同一时刻(比如 t 时刻)记录下尺子的两端坐标(x_2,x_1)，坐标差值就是尺长，有 $x_2-x_1=(x_2'+ut)-(x_1'+ut)=x_2'-x_1'=1\text{ m}$。可见长度的测量与尺子是否运动无关，在 S'系测得静尺长等于在 S 系测得的动尺长，这就是空间测量的绝对性，长度的测量与参考系无关。

对 $\boldsymbol{r}=\boldsymbol{r}'+\boldsymbol{r}_0$ 两边取时间导数，因为 $\mathrm{d}t=\mathrm{d}t'$，有$\frac{\mathrm{d}\boldsymbol{r}}{\mathrm{d}t}=\frac{\mathrm{d}\boldsymbol{r}'}{\mathrm{d}t'}+\frac{\mathrm{d}\boldsymbol{r}_0}{\mathrm{d}t}$，得$\boldsymbol{v}=\boldsymbol{v}'+\boldsymbol{u}$，这就是伽利略速度变换。在直角坐标系中有

$$v_x=v_x'+u,\quad v_y=v_y',\quad v_z=v_z'$$

再对$\boldsymbol{v}=\boldsymbol{v}'+\boldsymbol{u}$ 取时间导数，得$\frac{\mathrm{d}\boldsymbol{v}}{\mathrm{d}t}=\frac{\mathrm{d}\boldsymbol{v}'}{\mathrm{d}t}$，有

$$\boldsymbol{a}=\boldsymbol{a}'$$

即加速度在伽利略变换中是个绝对量。牛顿力学中认为质量与参考系无关，所以力 $\boldsymbol{F}=m\boldsymbol{a}$ 也是一个绝对量，在任何惯性系中力的分析是一样的。所以，由牛顿定律确定的所有规律在各惯性系中是一样的。这个结论叫**牛顿相对性原理**(也叫伽利略变换不变性)，表述如下：**对于力学定律来说，一切惯性系都是等价的**。

运动是相对的，在一个惯性系观测到一个物体是静止的，在另一惯性系观测此物体可能是以不小的速度在作匀速直线运动，所以“一切惯性系都等价”不是说在不同惯性系所看到的现象都一样。例如，在静静的水面上，一条大船正平稳、匀速(速度大小为 v_0)地行驶。某时一重物从桅杆上脱落，如图 1.50 所示，地面上的人看到它是作沿抛物线下落的平抛运动，而船上的观测者看到它是作竖直向下的自由落体运动，他们观察到的是不一样的运动现象，但是他们在各自参考系中利用牛顿定律都能对自己观测到的现象作出正确、合理的解释，“一切惯性系都等价”之意就在于此。

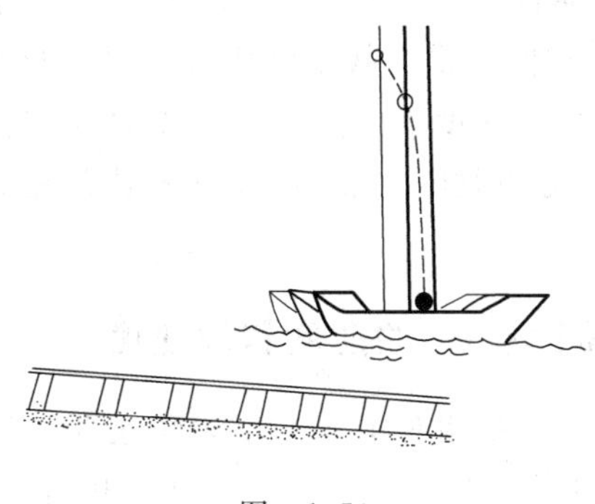
图　1.50

在平稳、匀速行驶的船 S'上观测自由脱落的重物运动是自由落体，但是单凭这一点不能断定船自身是否相对水面在运动，因为在静止于水面的船上观测自由脱落重物的运动也是自由落体。伽利略曾生动地指出，不管平稳的大船相对地面是匀速运动还是静止，“如人的跳跃、抛物、水滴的下落、烟的上升、鱼的游动，甚至蝴蝶和苍蝇的飞行等都会一样地发生”。因此，牛顿相对性原理又可表述为：

在一个惯性系内部所做的任何力学实验,都不能确定该惯性系相对于其他惯性系是否在运动。

以上所讨论的是在惯性系之间牛顿力学对运动相对性的论述,可称为牛顿相对论。它说明物体的坐标、速度以及与它们直接有关的物理量(如一个力的功、动量、动能等)是相对量,它们的观测与惯性系有关。物体的质量、长度及时间的测量与惯性系无关,是绝对量,而这些在爱因斯坦狭义相对论力学中又都是相对量。

1.3.2 惯性系和平动加速非惯性系间的位置矢量、位移、速度、加速度关系

如果上面两参考系中的 S' 系不是匀速运动,而是以平移加速度 $\boldsymbol{a}_0$ 相对于惯性参考系 S 作加速平动,如图 1.51 所示,在绝对时空观下有 $t=t'$,即 $\Delta t=\Delta t'$,由图看出两个惯性系间的位置矢量、位移有如下关系:

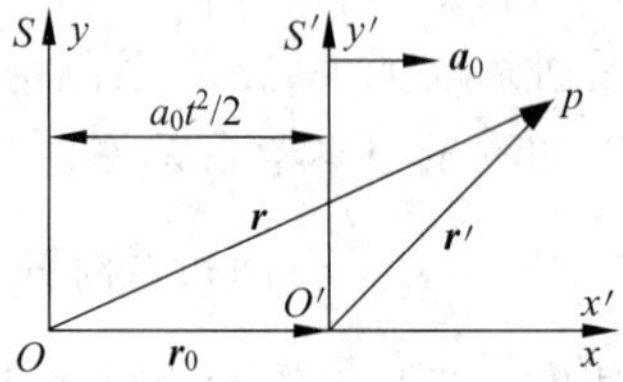

$$\boldsymbol{r}=\boldsymbol{r}'+\boldsymbol{r}_0$$

两边对时间微商,得 $\frac{\mathrm{d}\boldsymbol{r}}{\mathrm{d}t}=\frac{\mathrm{d}\boldsymbol{r}'}{\mathrm{d}t'}+\frac{\mathrm{d}\boldsymbol{r}_0}{\mathrm{d}t}$,所以速度之间的关系为

$$\boldsymbol{v}=\boldsymbol{v}'+\boldsymbol{v}_0=\boldsymbol{v}'+a_0t\boldsymbol{i}$$

图 1.51

式中,$\boldsymbol{v}$ 是绝对速度,$\boldsymbol{v}_0(=a_0t\boldsymbol{i})$ 是牵连速度,$\boldsymbol{v}'$ 是相对速度。再对时间微商,即 $\frac{\mathrm{d}\boldsymbol{v}}{\mathrm{d}t}=\frac{\mathrm{d}\boldsymbol{v}'}{\mathrm{d}t}+\frac{\mathrm{d}\boldsymbol{v}_0}{\mathrm{d}t}$,得

$$\boldsymbol{a}=\boldsymbol{a}'+\boldsymbol{a}_0=\boldsymbol{a}'+a_0\boldsymbol{i}$$

式中,$\boldsymbol{a}$ 是绝对加速度,$\boldsymbol{a}'$ 是相对加速度,$\boldsymbol{a}_0$ 是牵连加速度。可以认为质量是绝对量,对一个质量为 m 的质点,上式两边同乘以 m 有 $m\boldsymbol{a}=m\boldsymbol{a}'+m\boldsymbol{a}_0$,变换以后可得 $m\boldsymbol{a}'=m\boldsymbol{a}-m\boldsymbol{a}_0$,即

$$\boldsymbol{F}'=\sum\boldsymbol{F}+\boldsymbol{f}_{\mathrm{i}}=m\boldsymbol{a}'$$

其中 $\boldsymbol{f}_{\mathrm{i}}=-m\boldsymbol{a}_0$ 是惯性力。上式就是平动加速非惯性系中质点动力学方程。它表明在平动加速非惯性系中分析受力,首先要像在惯性系中分析质点受真实力一样,然后再加上一个“虚拟力”$\boldsymbol{f}_{\mathrm{i}}$,这样,一个平动加速非惯性系“等效”于一个“惯性系”,其中一切力学问题的解决可采用牛顿力学的方法处理。不但一些瞬时量如速度、加速度等,而且过程量如冲量、功、动能等,即冲量定理、动能定理等都可“照常”利用。这实际上是给出了一种新的解决问题的方法。

1.3.3 惯性系和平面匀角速度转动参考系(非惯性系)中的速度和加速度

设地面参考系为 S,转动圆盘为平面转动参考系 S',S' 系相对于 S 系以匀角速度 ω 转动,如图 1.52 所示。设两个参考系的三个坐标轴分别重合,且 $t=t'$ 时原点重合。开始时,质点位于原点处并沿 S' 系的 $O'x'$ 方向作直线运动,t'(即 t)时刻质点运动到平面空间 M 点。

此时质点在 S 系中的位置矢量为 $\boldsymbol{r}$,其速度 $\boldsymbol{v}=\frac{\mathrm{d}\boldsymbol{r}}{\mathrm{d}t}$ 是相对惯性系 S 的,是绝对速度。质点在 S' 系中的位置矢量为 $\boldsymbol{r}'$,两个参考系中位置矢量的关系为

$$\boldsymbol{r}'=\boldsymbol{r}=x'\boldsymbol{i}'$$

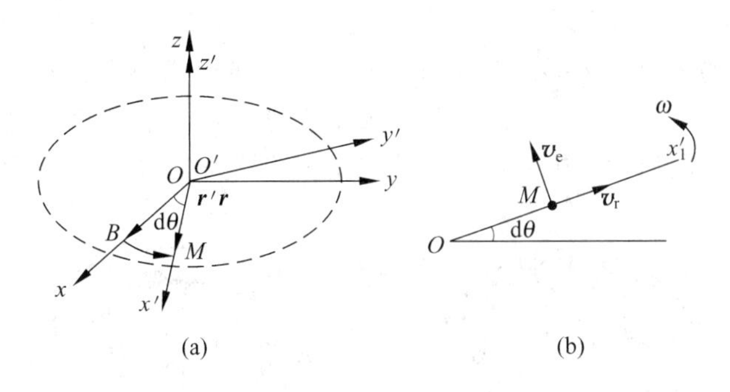

图　1.52

因为 $\mathrm{d}i'=\mathrm{d}\theta\cdot 1$,再考虑到方向有$\frac{\mathrm{d}\boldsymbol{i}'}{\mathrm{d}t}=\boldsymbol{\omega}\times\boldsymbol{i}'$,对位置矢量求导可得

$$\boldsymbol{v}=\frac{\mathrm{d}\boldsymbol{r}}{\mathrm{d}t}=\frac{\mathrm{d}\boldsymbol{r}'}{\mathrm{d}t}=\frac{\mathrm{d}x'}{\mathrm{d}t}\boldsymbol{i}'+x'\frac{\mathrm{d}\boldsymbol{i}'}{\mathrm{d}t}=v_x'\boldsymbol{i}'+r\boldsymbol{\omega}\times\boldsymbol{i}'$$

$$=v_x'\boldsymbol{i}'+\boldsymbol{\omega}\times\boldsymbol{r}=\boldsymbol{v}_\mathrm{r}+\boldsymbol{v}_\mathrm{e}$$

式中,$\boldsymbol{v}_\mathrm{r}$ 是质点相对 S'系的速度,是相对速度;$\boldsymbol{v}_\mathrm{e}$ 是因 S'系相对 S 系的转动引起的,是牵连速度。二者的关系如图 1.52(b)所示,所以两个参考系中的质点速度关系为

$$\boldsymbol{v}=\boldsymbol{v}_\mathrm{r}+\boldsymbol{v}_\mathrm{e}=\boldsymbol{v}_\mathrm{r}+\boldsymbol{\omega}\times\boldsymbol{r}$$

即质点相对惯性系的绝对速度等于质点相对转动圆盘的相对速度$\boldsymbol{v}_\mathrm{r}$ 加上因圆盘转动引起的质点牵连速度$\boldsymbol{v}_\mathrm{e}$。

因$\boldsymbol{v}_\mathrm{r}=v_x'\boldsymbol{i}'$,对时间求导有

$$\frac{\mathrm{d}\,\boldsymbol{v}_\mathrm{r}}{\mathrm{d}t}=\frac{\mathrm{d}v_x'}{\mathrm{d}t}\boldsymbol{i}'+v_x'\frac{\mathrm{d}\boldsymbol{i}'}{\mathrm{d}t}=a_x'\boldsymbol{i}'+v_\mathrm{r}\boldsymbol{\omega}\times\boldsymbol{i}'=\boldsymbol{a}_\mathrm{r}+\boldsymbol{\omega}\times\boldsymbol{v}_\mathrm{r}$$

式中,$\boldsymbol{a}_\mathrm{r}$ 是质点相对圆盘 S'系的加速度,是相对加速度。质点相对惯性系 S 的绝对加速度 $\boldsymbol{a}$ 为

$$\boldsymbol{a}=\frac{\mathrm{d}\boldsymbol{v}}{\mathrm{d}t}=\frac{\mathrm{d}\boldsymbol{v}_\mathrm{r}}{\mathrm{d}t}+\frac{\mathrm{d}(\boldsymbol{\omega}\times\boldsymbol{r})}{\mathrm{d}t}=(\boldsymbol{a}_\mathrm{r}+\boldsymbol{\omega}\times\boldsymbol{v}_\mathrm{r})+\left(\frac{\mathrm{d}\boldsymbol{\omega}}{\mathrm{d}t}\times\boldsymbol{r}+\boldsymbol{\omega}\times\frac{\mathrm{d}\boldsymbol{r}}{\mathrm{d}t}\right)$$

因为作匀角速转动,$\frac{\mathrm{d}\boldsymbol{\omega}}{\mathrm{d}t}\times\boldsymbol{r}=\boldsymbol{0}$,而$\boldsymbol{\omega}\times\frac{\mathrm{d}\boldsymbol{r}}{\mathrm{d}t}=\boldsymbol{\omega}\times\boldsymbol{v}=\boldsymbol{\omega}\times(\boldsymbol{v}_\mathrm{r}+\boldsymbol{\omega}\times\boldsymbol{r})$,所以有

$$\boldsymbol{a}=\boldsymbol{a}_\mathrm{r}+2\,\boldsymbol{\omega}\times\boldsymbol{v}_\mathrm{r}+\boldsymbol{\omega}\times(\boldsymbol{\omega}\times\boldsymbol{r})$$

式中,$2\,\boldsymbol{\omega}\times\boldsymbol{v}_\mathrm{r}$ 既依赖圆盘转动的角速度又依赖质点的相对速度,称为科里奥利加速度;$\boldsymbol{\omega}\times(\boldsymbol{\omega}\times\boldsymbol{r})$是因圆盘转动引起的质点相对惯性系的加速度项,叫做牵连加速度。上式就是惯性系和匀角速度转动圆盘两个参考系中的加速度关系式。

上面叙述是在时间($t=t'$)和空间($\boldsymbol{r}=\boldsymbol{r}'$)的绝对时空观下进行的。质量也是一个绝对量,上式两边同乘质点的质量 m,得

$$m\boldsymbol{a}=m\boldsymbol{a}_\mathrm{r}+2m\boldsymbol{\omega}\times\boldsymbol{v}_\mathrm{r}+m\boldsymbol{\omega}\times(\boldsymbol{\omega}\times\boldsymbol{r})$$

移项可得 $m\boldsymbol{a}-2m\boldsymbol{\omega}\times\boldsymbol{v}_\mathrm{r}-m\boldsymbol{\omega}\times(\boldsymbol{\omega}\times\boldsymbol{r})=m\boldsymbol{a}_\mathrm{r}$,由力的概念得

$$\boldsymbol{F}+\boldsymbol{F}_\mathrm{C}+\boldsymbol{F}_\mathrm{i}=m\boldsymbol{a}_\mathrm{r}$$

这就是在匀角速度转动圆盘参考系中对质点的受力分析。其中 $\boldsymbol{F}=m\boldsymbol{a}$ 就是地面参考系中的分析受力,$\boldsymbol{F}_\mathrm{C}=-2m\boldsymbol{\omega}\times\boldsymbol{v}_\mathrm{r}=2m\boldsymbol{v}_\mathrm{r}\times\boldsymbol{\omega}$ 是由于质点相对圆盘具有速度引起的科里奥利

力,$\boldsymbol{F}_i=-m\boldsymbol{\omega}\times(\boldsymbol{\omega}\times\boldsymbol{r})=m(\boldsymbol{\omega}\times\boldsymbol{r})\times\boldsymbol{\omega}$ 是由于圆盘参考系相对惯性系转动引起的惯性离心力。此式所表示的力及加速度的形式与牛顿第二定律形式完全相同,它就是匀角速度转动参考系中质点动力学的基本关系式。只要加上惯性离心力和科里奥利力,在匀角速度转动参考系中就可以如同惯性系中应用牛顿第二定律一样,来分析解决各种力学问题。

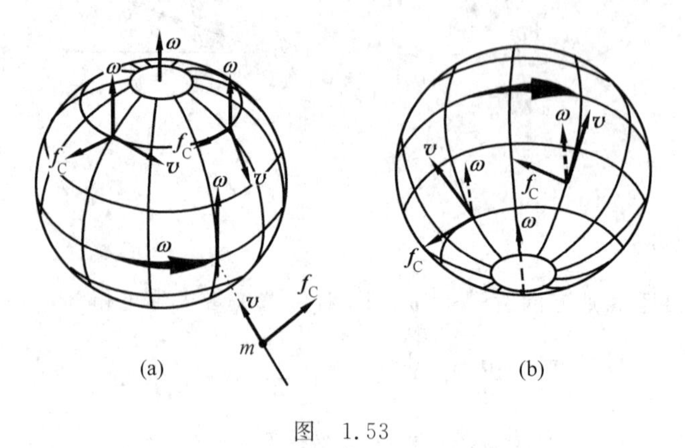

图 1.53

由于地球自转,地面就是一个相对于地心(惯性系)以自转角速度 ω 转动的参考系,生活在地面上的人们就能观测到科里奥利力效应。从北极俯视地球,地球自西向东的自转是逆时针方向的,图 1.53(a)显示了地面上运动物体所受科里奥利力 $\boldsymbol{f}_C=2m\boldsymbol{v}\times\boldsymbol{\omega}$ 总是指向物体运动方向的右方;在南极俯视地球,地球是顺时针转动,地面上运动物体所受科里奥利力则是指向运动方向的左方,如图 1.53(b)所示。

(1) 落体偏东现象。设一物体 m 在赤道平面内从不大的高度自由落体(见图 1.53(a))。下落过程中的科里奥利力 $\boldsymbol{f}_C=2m\boldsymbol{v}_r\times\boldsymbol{\omega}$,其中 $\boldsymbol{v}_r$ 是物体下落速度 $\boldsymbol{v}$,$\boldsymbol{v}$ 与地面相对地心惯性系的自转角速度 $\boldsymbol{\omega}$ 垂直,所以下落物体所受科里奥利力的大小为 $f_C=2mv\omega$,其方向向东,它使下落物体向东偏斜。设竖直向为 x 向,东为 y 向,在高度不大时偏斜速度 v_y 和竖直向因重力引起的下落速度 $v_x=gt$ 相比小得多,物体下落速度大小近似为 $v=gt$。因此,y 向牛顿方程为

$$2m\omega gt = m\frac{\mathrm{d}^2y}{\mathrm{d}t^2}$$

因 $t=0$ 时,$y=0$,$\frac{\mathrm{d}y}{\mathrm{d}t}=0$,且高度不大时重力加速度 g 可看做常量,两边对时间积分有 $v_y=\frac{\mathrm{d}y}{\mathrm{d}t}=g\omega t^2$,再次对时间积分得

$$y = \frac{1}{3}g\omega t^3$$

地球自转角速度 $\omega\approx7.3\times10^{-5}\ \mathrm{s}^{-1}$,如果物体从高度 $h=100$ m 自由下落,下落时间 $t=\sqrt{\frac{2h}{g}}\approx4.5$ s,代入上式可计算出落体 100 m 时物体向东偏斜 $y\approx2.2$ cm。

(2) 傅科摆。傅科摆是验证地球自转的一个著名实验,是法国科学家傅科于 1851 年在巴黎万神殿(大教堂)用一根长 67 m 悬线悬挂 28 kg 的铁球,且在摆锤上附上一支尖笔,使摆锤摆动时能在铺在地面上的沙子上画出轨迹以向人们显示摆平面旋转的实验。

如图1.54所示，单摆分别被悬挂在地球纬度π/2(北极)、0°(赤道)和纬度φ处。从地面(转动的非惯性系中)观察北极处的单摆，如果摆锤由西向东运动，摆锤受到的科里奥利力$\boldsymbol{f}_C=2m\boldsymbol{v}\times\boldsymbol{\omega}$方向向外；如果摆锤由东向西运动，科里奥利力方向向里；如果是其他方向运动，也都会受到垂直摆球速度方向的科里奥利力，可以说科里奥利力垂直其摆平面，它不改变摆球速度大小，但改变速度方向，使摆平面转动。图1.55显示了两种不同初始条件下的摆球轨道情形(陈刚.傅科摆轨道的计算与讨论.大学物理，1993，17(8)：6-8)，它清楚地显示出摆平面从上往下看是沿顺时针方向转动。在惯性系(地心)观测，摆球只受到重力和摆线的拉力，它们都在摆平面内，摆球不可能离开这个平面运动，摆平面对惯性系是静止不动的；而在北极由上向下俯视地球，地面24小时自西向东逆时针方向自转一周，是地面的转动造成了单摆的摆平面相对地面沿顺时针方向的24小时一周的转动。为纪念傅科摆实验150周年，2001年科学家在南极极点上安装了一个傅科摆，俯视其摆平面，它相对地面24小时沿逆时针方向转动了一周。

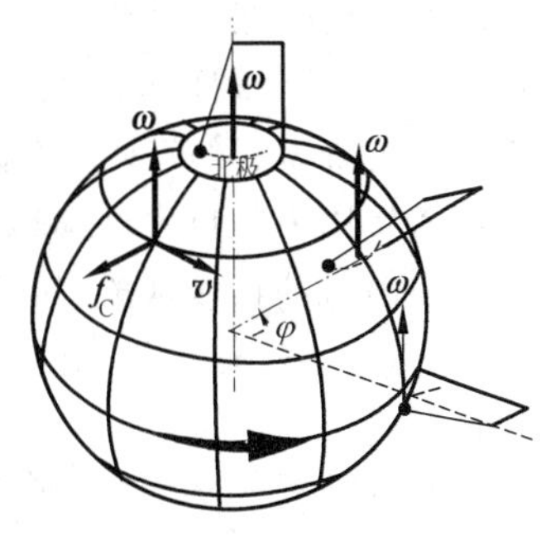

图　1.54

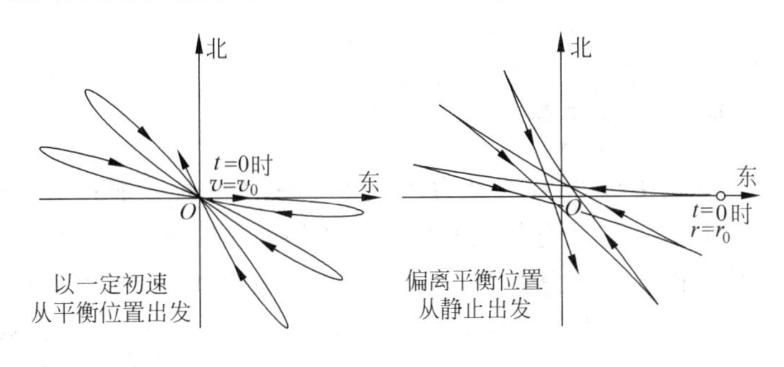

图　1.55

在地面参考系观察赤道(纬度$\varphi=0°$)上的单摆。如果摆锤开始是东西方向摆动，其所受到的科里奥利力都在摆动平面内，如果开始是南北方向摆动，摆球基本上不受到科里奥利力，即不管摆球运动方向如何，都不存在垂直于摆平面的科里奥利力，因此摆平面不会发生偏转。

悬挂在纬度φ处的单摆摆平面会发生旋转，其旋转一周用时为(详细计算可参阅：赵凯华，罗蔚茵.力学.2版.北京：高等教育出版社，2004：84)

$$T=\frac{24}{\sin\varphi}(\mathrm{h})$$

北京的纬度$\varphi\approx40°$，由上式计算出摆平面旋转一周用时37小时20分。北京天文馆大厅中的傅科摆的摆平面转动一周的时间是37小时15分，与计算结果相近。

(3) 旋风的形成。大气中由于某种原因出现一低气压区，周围气体在压强差作用下流向“低压区”中心，在北半球则受到与前进方向垂直向右的科里奥利力(如图1.56(a)所示，图中闭合曲线为“等压线”)，在科里奥利力作用下形成俯视的逆时针方向旋转的旋风；俯视南半球的旋风，由于气流受到与流动方向垂直向左的科里奥利力作用，其旋转方向则是顺时针方向。同样的道理，当浴盆内的水从底部中心孔泄出时，在北半球于孔的上方可看到逆时针方向的旋涡,在南半球则看到的是顺时针方向的旋涡。

还有其他一些自然现象也是科里奥利效应的结果。例如,沿晋陕两省边界向南流的黄河,其西岸一般显得陡峭一些,这是因为水流的科里奥利力方向指向西岸。地球表面赤道附近热空气上升,两侧较冷空气就沿地球表面向赤道流动形成了贸易风(信风),两侧气流在科里奥利力作用下各自发生偏转,因此形成赤道北侧的贸易风总是东北风,而赤道南侧的贸易风总是东南风的自然现象,如图 1.56(b)所示。

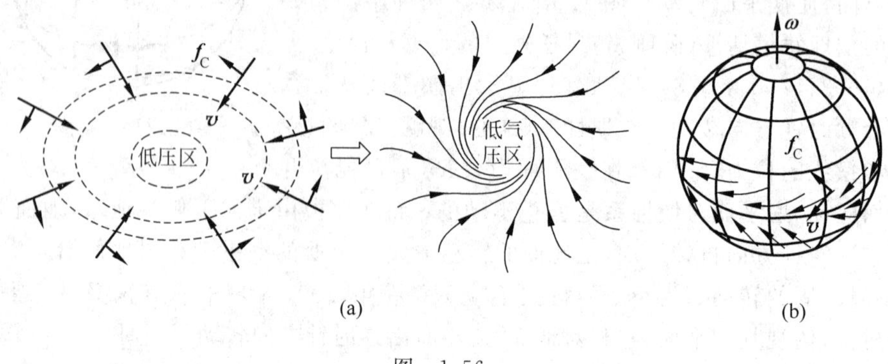

图 1.56

1.3.4 引力场和引力场强矢量

力分为两种:一种是接触力(如弹性力和摩擦力);另一种是非接触力(如万有引力),非接触的两物体是通过"场"完成它们之间的近距作用的。20 世纪爱因斯坦在引力理论中明确指出:任何物体周围都存在着引力场,处在引力场中的物体都将受到引力作用。比如,地面上的一个物体受到向下的地球引力场的引力,而且在地面上不同高度,物体受到地球引力场的作用也不相同。同时,此物体也受到地面上其他物体以及其他星球的引力场的作用,只是其他引力场显示的引力比起地球的作用要小得多。为了表示不同引力场对物体作用的强弱,也为了比较同一引力场中空间各点显示的作用的不同,引入引力场强这一物理量。质量为 m 的质点周围空间存在着引力场,当把另一质点 m_0 放在空间引力场的某一点时,m_0 受到的引力为 $\boldsymbol{f}_{引}$($\boldsymbol{f}_{引}=m_0\boldsymbol{a}_{引}$)。把单位质量的质点所受到的引力定义为 m 质点引力场于此场点的引力场强(即 $\boldsymbol{a}_{引}$),有

$$\boldsymbol{a}_{引}=\left(-G\frac{mm_0}{r^2}\boldsymbol{e}_r\right)\Big/m_0=-G\frac{m}{r^2}\boldsymbol{e}_r$$

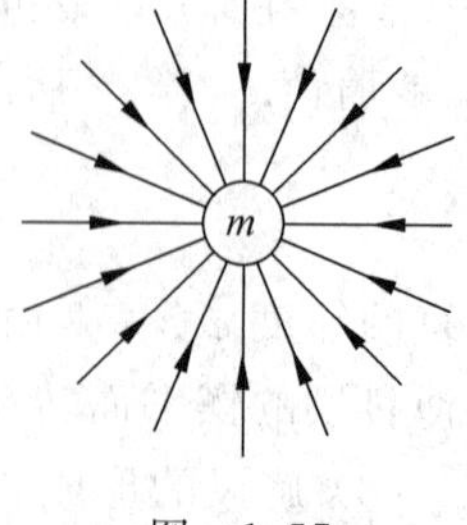

图 1.57

其单位为 N/kg,方向指向 m。m 称为场源质量,也称为引力质量,它与反映物体抵抗运动状态变化性质的 $\boldsymbol{F}=m\boldsymbol{a}$ 中的惯性质量意义不同,不过实验证明同一物体的这两个质量是相等的,因此可以说它们是物体同一质量的两种表现。图 1.57 是用场线表示的质点 m 的空间引力场,场线的疏密表示场强的强弱,切线表示场强的方向。

(1) 地球表面处的重力场

忽略地球自转,物体所受的重力就等于地球引力场的引力,地球的引力场又叫重力场。

用 M 表示地球的质量，且把地球看成质量均匀分布的半径为 R 的球体，球对称分布的质量 M 产生空间球对称分布的地球引力场。地球以外空间的重力场为 $\boldsymbol{g}=-G\dfrac{M}{r^2}\boldsymbol{e}_r$（$r$ 为距地球球心的空间距离）。而地面处的引力场强大小处处相等，方向都指向球心，在小范围内我们常说方向向下。地面重力场场强为

$$\boldsymbol{g}=-G\frac{M}{R^2}\boldsymbol{e}_R$$

表示质量 1 kg 的物体在地面重力场中受到的重力。质量为 m_0(kg) 的地面物体受到的重力为

$$\boldsymbol{F}=m_0\boldsymbol{g}$$

$\boldsymbol{g}$ 也就是地面物体在重力作用下产生的重力加速度。将 $M=5.98\times10^{24}$ kg，$R=6.37\times10^6$ m，$G=6.67\times10^{-11}\ \mathrm{N\cdot m^2/kg^2}$ 代入地面重力场场强公式，得地面附近重力加速度大小 $g=9.83\mathrm{m/s^2}$，使用中常取 $g=9.8\mathrm{m/s^2}$。

(2) 地球的自转使得物体的重量随纬度增加而增加，把地球看做一个质量均匀分布的椭球体，地球表面的引力场强 $\boldsymbol{g}_{引}=-G\dfrac{M}{R^2}\boldsymbol{e}_R$，对质点 m 产生指向地心的加速度为 $\boldsymbol{g}_{引}$；地球表面参考系是一个匀角速度为 ω 的非惯性系，质点 m 会受到惯性离心力 $m(\boldsymbol{\omega}\times\boldsymbol{r})\times\boldsymbol{\omega}$，其大小为 $mr\omega^2$，对 m 产生如图 1.58 所示的惯性离心加速度 $\boldsymbol{a}_{离}=r\omega^2\boldsymbol{e}_r$。地面质点 m 所受作用力为引力与惯性离心力二者的叠加，称为**视在重力**。如果在地球表面用线悬挂重物，物体静力平衡时视在重力与悬线张力的合力为零，因此平常在地面上所测到的物体重量实际上是视在重力。由于地球上不同纬度处惯性离心力不同，物体的视在重力随纬度不同会略有差别。

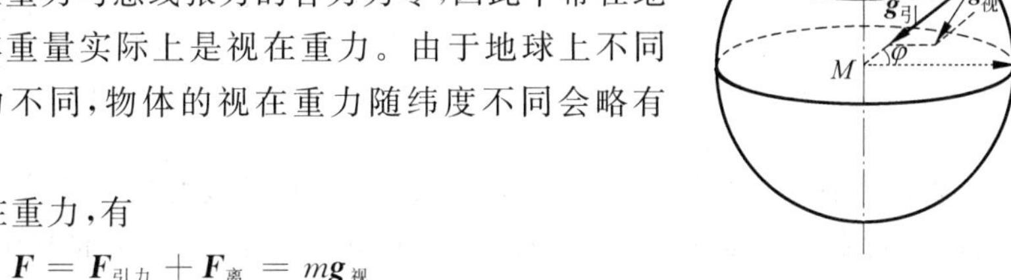

图 1.58

设 $\boldsymbol{F}$ 表示视在重力，有

$$\boldsymbol{F}=\boldsymbol{F}_{引力}+\boldsymbol{F}_{离}=m\boldsymbol{g}_{视}$$

视在重力加速度的大小为

$$g_{视}^2=g_{引}^2+a_{离}^2-2g_{引}a_{离}\cos\varphi$$

其中 φ 是地球的纬度。因为 $g_{引}\gg a_{离}$ $\left(由下面给出的数据可计算出\dfrac{a_{离}}{g_{引}}\approx3.5\times10^{-3}\right)$，近似有

$$g_{视}\approx g_{引}-a_{离}\cos\varphi$$

地球的纬度越高 $\cos\varphi$ 值越小，且物体圆周运动的半径越小（即 $a_{离}=r\omega^2$ 越小），因而视在重力加速度越大，因此物体的视在重量 $mg_{视}$ 随纬度增加而增加。地球 24 小时自转 2π 弧度，其自转角速度大小 $\omega\approx7.27\times10^{-5}\ \mathrm{s^{-1}}$；地球赤道处 $\varphi=0°$，赤道半径 $R=6.378\times10^6$ m，可计算出 $g_{视}=G\dfrac{M}{R_{赤}^2}-R_{赤}\omega^2\approx9.778\ \mathrm{m/s^2}$；两极处 $\varphi=\dfrac{\pi}{2}$，有 $g_{视}=g_{引}$，极半径 $R=6.357\times10^6$ m，有 $g_{视}=9.832\ \mathrm{m/s^2}$。

1.4　测验题

1.4.1　选择题

1. 关于质点运动有以下几种说法：

(1) 在圆周运动中，加速度的方向一定指向圆心；

(2) 质点作匀速率圆周运动时，切向加速度不变，法向加速度改变；

(3) 物体作曲线运动时，速度方向一定在运动轨道的切线方向，法向分速度恒等于零，因此其法向加速度也一定等于零；

(4) 物体作曲线运动时，必定有加速度，加速度的法向分量一定不等于零。

上述说法中，(　　)是正确的。

(A) 只有(2)　　(B) (1),(2)　　(C) (2),(3)　　(D) (2),(4)

2. 质点作曲线运动，$\boldsymbol{r}$表示位矢，s表示路程，$\boldsymbol{v}$表示速度，$\boldsymbol{a}$表示加速度，$\boldsymbol{a}_t$表示切向加速度。以下表达式正确的是(　　)。

(A) $\frac{\mathrm{d}s}{\mathrm{d}t}=v$　　(B) $\frac{\mathrm{d}r}{\mathrm{d}t}=v$　　(C) $\frac{\mathrm{d}v}{\mathrm{d}t}=a$　　(D) $\left|\frac{\mathrm{d}\boldsymbol{v}}{\mathrm{d}t}\right|=a_t$

3. 某质点沿x轴作直线运动，其速度大小为$v=4+t^2$(SI)，已知$t=3$ s时质点位于$x=9$ m处，则该质点的运动方程为(　　)。

(A) $x=2t$　　(B) $x=4t+\frac{1}{2}t^2$

(C) $x=4t+\frac{1}{3}t^3-12$　　(D) $x=4t+\frac{1}{3}t^3+12$

4. 对质点系有下列几种说法：(1)质点系总动量的改变与内力无关；(2)质点系总动能的改变与内力无关；(3)质点系机械能的改变与保守内力无关。上述说法中正确的是(　　)。

(A) 只有(1)　　(B) (1),(3)　　(C) (1),(2)　　(D) (2),(3)

5. 一力学系统由两个质点组成，它们之间只有引力作用。若两质点所受外力的矢量和为零，则此系统中(　　)。

(A) 动量、机械能以及对一轴的角动量都守恒

(B) 动量、机械能守恒，但角动量是否守恒还不能断定

(C) 动量守恒，但机械能和角动量是否守恒还不能断定

(D) 动量和角动量守恒，但机械能是否守恒还不能断定

6. 一质点在几个外力同时作用下运动。下述说法正确的是(　　)。

(A) 质点的动量改变时，质点的动能一定改变

(B) 质点的动能不变时，质点的动量也一定不变

(C) 外力的冲量为零时，外力的功一定为零

(D) 外力的功为零时，外力的冲量一定为零

7. 人造地球卫星绕地球作椭圆轨道运动，卫星轨道近地点和远地点分别为A和B。若

用 L 和 E_k 分别表示卫星对地心的角动量及动能的瞬时值，则应有(　　)。

(A) $L_A>L_B, E_{kA}>E_{kB}$　　(B) $L_A=L_B, E_{kA}<E_{kB}$

(C) $L_A=L_B, E_{kA}>E_{kB}$　　(D) $L_A<L_B, E_{kA}<E_{kB}$

8. 粒子 B 的质量是粒子 A 的质量的 4 倍，开始时粒子 A 的速度为$(3\boldsymbol{i}+4\boldsymbol{j})$m/s，粒子 B 的速度为$(2\boldsymbol{i}-7\boldsymbol{j})$m/s。由于两者的相互碰撞作用，粒子 A 的速度变为$(7\boldsymbol{i}-4\boldsymbol{j})$m/s，此时粒子 B 的速度等于(　　)m/s。

(A) $\boldsymbol{i}-5\boldsymbol{j}$　　(B) $2\boldsymbol{i}-7\boldsymbol{j}$　　(C) $4\boldsymbol{i}-20\boldsymbol{j}$　　(D) $5\boldsymbol{i}-3\boldsymbol{j}$

9. 一倾角为 θ 的斜面放置在光滑桌面上，斜面上放一木块，如图 1.59 所示，两者间的摩擦系数为 $\mu(<\tan\theta)$。为使木块相对斜面静止，则木块的加速度 a 必须满足(　　)。

(A) $a\leqslant\dfrac{\tan\theta-\mu}{1+\tan\theta}g$　　(B) $a\leqslant\dfrac{\tan\theta-\mu}{1+\mu\tan\theta}g$

(C) $\dfrac{\tan\theta-\mu}{1+\mu\tan\theta}g\leqslant a\leqslant\dfrac{\tan\theta+\mu}{1-\mu\tan\theta}g$　　(D) $\dfrac{\tan\theta-\mu}{1+\tan\theta}g\leqslant a\leqslant\dfrac{\tan\theta+\mu}{1-\tan\theta}g$

10. 一单摆挂在木板上的小钉上，如图 1.60 所示，木板质量远大于单摆质量。木板平面在竖直平面内，并可以沿两竖直轨道无摩擦地自由下落。现使单摆摆动起来，当单摆离开平衡位置但未达到最高点时木板开始自由下降，则摆球相对于木板(　　)。

(A) 仍作简谐振动　　(B) 作匀速率圆周运动

(C) 作非匀速率圆周运动　　(D) 上述结论都不对

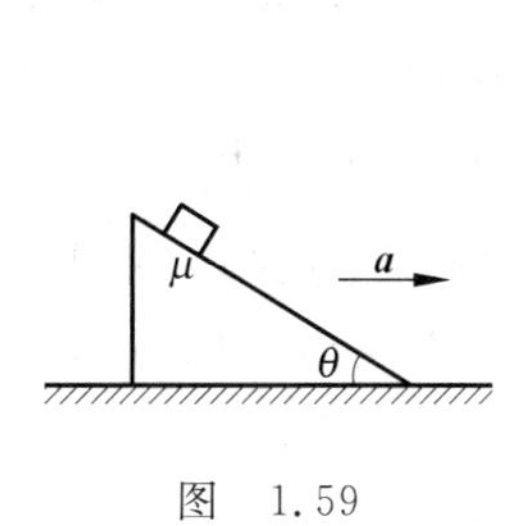

图　1.59

图　1.60

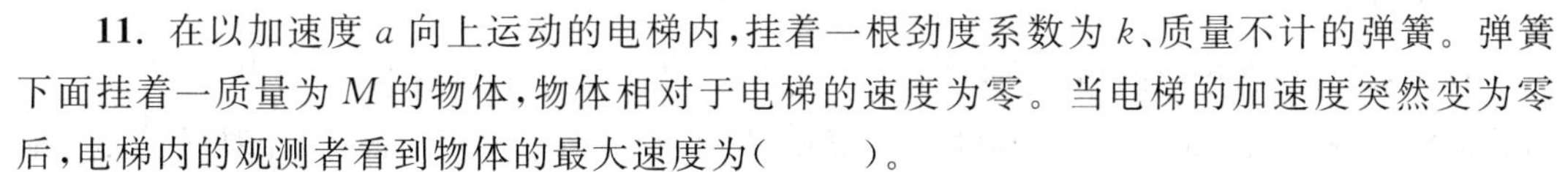

11. 在以加速度 a 向上运动的电梯内，挂着一根劲度系数为 k、质量不计的弹簧。弹簧下面挂着一质量为 M 的物体，物体相对于电梯的速度为零。当电梯的加速度突然变为零后，电梯内的观测者看到物体的最大速度为(　　)。

(A) $a\sqrt{M/k}$　　(B) $a\sqrt{k/M}$　　(C) $2a\sqrt{M/k}$　　(D) $\dfrac{1}{2}a\sqrt{M/k}$

12. 如图 1.61 所示一圆锥摆，摆球质量为 m，且以匀速率 v 在水平面内作圆周运动，圆周半径为 R。则此球环绕一周过程中张力的冲量大小为(　　)。

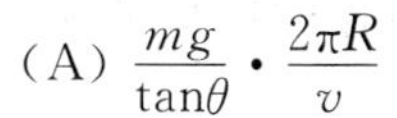

(A) $\dfrac{mg}{\tan\theta}\cdot\dfrac{2\pi R}{v}$　　(B) $\dfrac{mg}{\sin\theta}\cdot\dfrac{2\pi R}{v}$

(C) $\dfrac{mg}{\cos\theta}\cdot\dfrac{2\pi R}{v}$　　(D) $mg\cdot\dfrac{2\pi R}{v}$

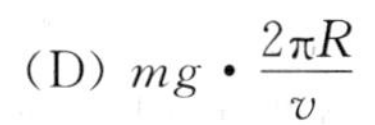

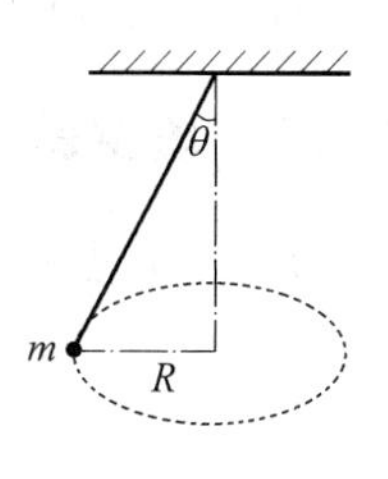

图　1.61

13. 质量为0.10 kg的质点,由静止开始沿曲线$\boldsymbol{r}=\frac{1}{3}t^3\boldsymbol{i}+2\boldsymbol{j}$运动,则在$t=0$到$t=2$ s时间内,作用在该质点上的合外力所做的功为(　　)。

(A) (5/4) J　　(B) 0.80 J　　(C) 40 J　　(D) (75/4) J

14. 关于角动量有如下四种说法,其中正确的是(　　)。

(A) 质点系的总动量为零,总角动量一定为零

(B) 一质点作直线运动,相对于直线上的任一点,质点的角动量一定为零

(C) 一质点作直线运动,质点的角动量一定不变

(D) 一质点作匀速率圆周运动,其动量方向在不断改变,所以角动量的方向也随之不断改变

15. 一船浮于静水中,船长L,质量为$2m$,一个质量为m的人从船尾走到船头。不计水和空气的阻力,则在此过程中船将(　　)。

(A) 不动　　(B) 后退L

(C) 后退$\frac{1}{2}L$　　(D) 后退$\frac{1}{3}L$

16. 下述三种说法中,正确的是(　　)。

(1) 不受外力作用的系统,它的动量和机械能必然同时都守恒;

(2) 内力都是保守力的系统,当它所受的合外力为零时,其机械能必然守恒;

(3) 只有保守内力作用而不受外力作用的系统,它的动量和机械能必然都守恒。

(A) (1)　　(B) (2)

(C) (3)　　(D) (1),(2)和(3)

17. 一质点在如图1.62所示的坐标平面内作半径为R的圆周运动,有一力$\boldsymbol{F}=F_0(x\boldsymbol{i}+y\boldsymbol{j})$作用在质点上。在该质点从坐标原点运动到$(0,2R)$位置过程中,力$\boldsymbol{F}$对它所做的功为(　　)。

(A) F_0R^2　　(B) $2F_0R^2$

(C) $3F_0R^2$　　(D) $4F_0R^2$

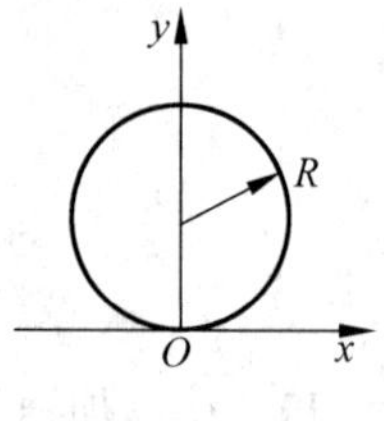

图 1.62

18. 体重、身高相同的甲、乙两人,分别用双手握住跨过无摩擦轻滑轮的绳子各一端。他们从同一高度由初速为零向上爬,经过一定时间,甲相对绳子的速率是乙相对绳子速率的两倍,则到达顶点的情况是(　　)。

(A) 甲先到达　　(B) 乙先到达

(C) 同时到达　　(D) 谁先到达不能确定

1.4.2 填空题

1. 设质点的运动学方程为$\boldsymbol{r}=R\cos\omega t\boldsymbol{i}+R\sin\omega t\boldsymbol{j}$(式中$R$、$\omega$皆为常量),则$\frac{\mathrm{d}v}{\mathrm{d}t}=$________。

2. 一质点沿半径为0.1 m的圆周运动,其角位移θ随时间t的变化规律是$\theta=2+4t^2$(SI)。在$t=2$ s时,其法向加速度的大小为$a_n=$________,切向加速度的大小为

$a_t=$________。

3. 一物体作如图 1.63 所示的斜抛运动，测得在轨道初始点 A 点处速度 $\boldsymbol{v}$ 的大小为 v_0，其方向与水平方向夹角成 30°，B 为运动最高点，C 为运动半高位置处。则物体在________点的曲率半径最大，最大的曲率半径为 $\rho=$________。

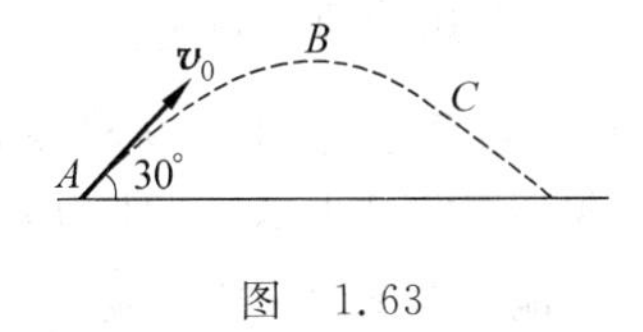

图　1.63

4. 一质点作直线运动，其运动方程为 $x=3+2t-t^2$，式中 t 以 s 为单位，x 以 m 为单位。则从 $t=0$ 到 $t=4$ s 时间间隔内质点位移的大小为________ m，走过的路程为________ m。

5. 已知某物体作直线运动，其加速度 $a=-kvt$，式中 k 为常量，当 $t=0$ 时，初速度为 v_0。则任一时刻 t 物体的速度 $v(t)=$________。

6. 质点质量为 m，初速度大小为 v_0，在力 $\boldsymbol{F}=-k\boldsymbol{v}$ 的作用下作直线减速运动，经历一段时间后停止，在这段时间内质点运动的距离为________。

7. 一质量 $m=0.50$ kg 的质点在平面上运动，其运动方程为 $x=2\cos\pi t$，$y=4t$。则 $t=2$ s 时，该质点所受的合力 $\boldsymbol{F}=$________。

8. 如图 1.64 所示，一质点作半径为 r、半锥角为 θ 的圆锥摆运动，其质量为 m，速率为 v。当质点由 a 到 b 绕行半周时，作用在质点上的重力 $\boldsymbol{G}$ 的冲量大小 $I_1=$________，方向________。张力 $\boldsymbol{f}$ 的冲量大小 $I_2=$________，与 x 轴的夹角 $\varphi=$________。

9. 质量为 M 的质点固定不动，在它的万有引力作用下，质量为 m 的质点绕 M 作半径为 R 的圆周运动。取圆轨道上的 P 点为参考点，如图 1.65 所示。在图中 1 处，m 所受万有引力相对 P 点的力矩大小为________，m 相对 P 点的角动量大小为________；在图中 2 处，m 所受万有引力相对 P 点的力矩大小为________，m 相对 P 点的角动量大小为________。

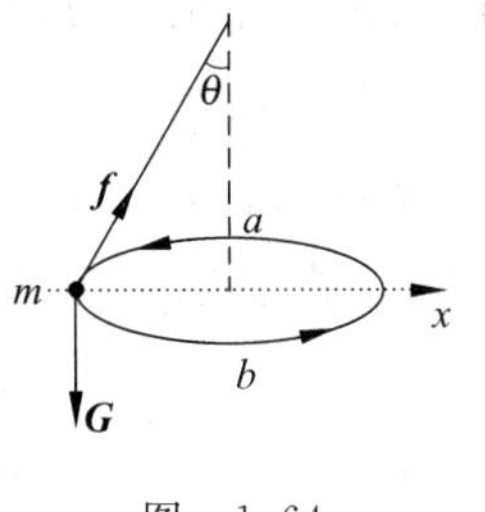

图　1.64

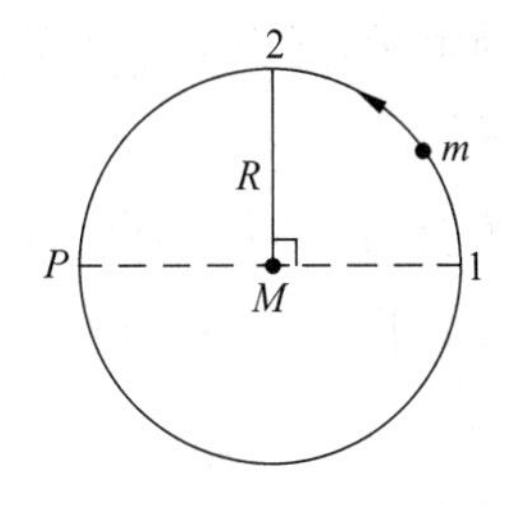

图　1.65

10. 一质点在某保守力场中的势能为 $E_p=\dfrac{a}{r^4}$，其中 r 为质点与坐标原点之间的距离，a 为大于零的常量。则作用在质点上的保守力 $\boldsymbol{F}=$________。

11. 一质量 $m=2000$ kg 的汽车以 $V=60$ km/h 的速度沿一平直公路开行，则汽车对公路一侧距公路 $d=60$ m 的一点的角动量 $L_1=$________，对公路上任一点的角动量$L_2=$________。

12. 系有细绳的一小物体放在光滑的水平桌面上,细绳的另一端向下穿过桌面上的一小孔用手拉住,如图1.66所示。如果给予该物体相对于小孔一定的角速度使之在桌面运动,在缓慢地往下拉绳过程中,物体的动能________(填增加、减少或不变),物体的动量________(填增加、减少或不变),对小孔的角动量________(填增加、减少或不变)。

13. 圆弧槽物体置在光滑的水平桌面上,设小球从槽顶开始,从静止下滑,如图1.67所示。如所有摩擦不计,以桌面为参考系,当以小球、地球为系统时,机械能________(填守恒或不守恒);若以小球、圆弧槽物体、地球为系统,机械能________(填守恒或不守恒)。

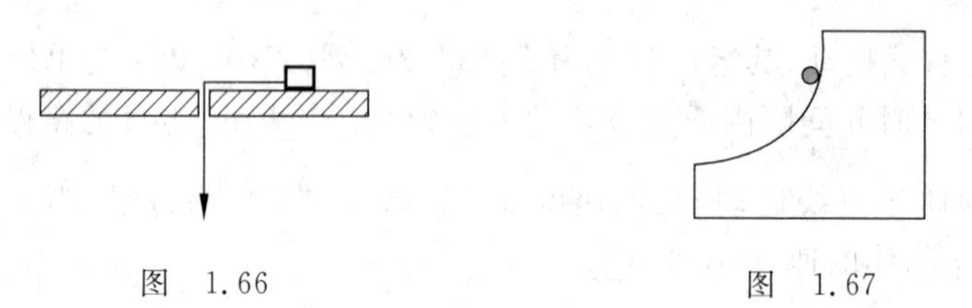

图 1.66　　　　图 1.67

14. 一人从10 m深的井中提水。起始时桶中装有10 kg的水,桶的质量为1 kg,由于水桶漏水,每升高1 m会漏去0.2 kg的水。若水桶匀速地从井中提到井口,人所做的功为________。

1.4.3 计算题

1. 一质点在平面上运动,其运动方程为$x=3t-4t^2$,$y=-6t^2+t^3$,式中x、y以m为单位,t以s为单位。求:

(1) $t=3$ s时质点的位置矢量;

(2) 从$t=0$到$t=3$ s这段时间内质点的位移;

(3) $t=3$ s时质点的速度和加速度。

2. 一人用绳拉一辆位于高出地面的平台上的小车在水平地面上奔跑,如图1.68所示,已知人的速度$\boldsymbol{u}$为恒量,绳端与小车的高度差为h。设人在滑轮正下方时开始计时,求t时刻小车的速度和加速度。

3. 有一轮船B,在湖中以25 km/h的速率向东航行,在船上见一小汽艇A以40 km/h的速率向北航行。问对静止在岸上的观察者,小汽艇以多大的速率向什么方向航行?

4. 升降机内有两个物体,质量分别为$m_1=100$ g和$m_2=200$ g,用细绳连接后跨过滑轮,如图1.69所示。绳子的长度不变,绳和滑轮的质量、滑轮轴上的摩擦及桌面的摩擦可略去不计。当升降机以匀加速度$a=4.9\ \text{m/s}^2$上升时:

(1) 在机内的观察者看来,m_1和m_2的加速度各是多少?

(2) 在机外地面上的观察者看来,它们的加速度又各是多少?

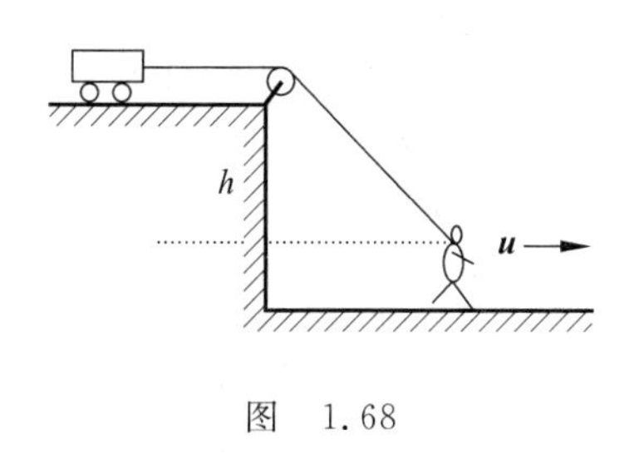

图 1.68

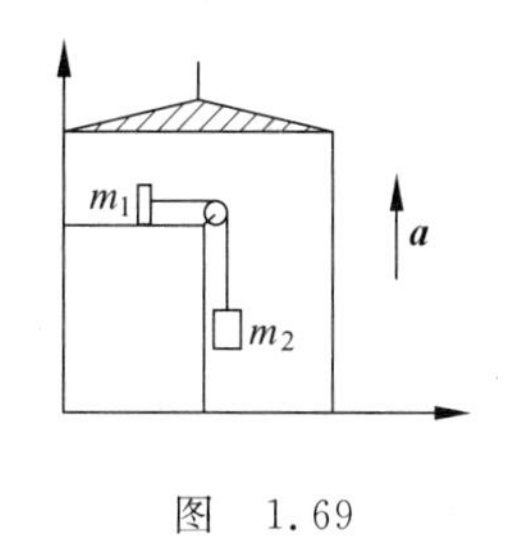

图 1.69

5. 质量为 $M=1.5$ kg 的物体，用一根长为 $L=1.25$ m 的细绳悬挂在天花板上，如图 1.70 所示，今有一质量为 $m=10$ g 的子弹以 $V_0=500$ m/s 的水平速度射穿物体，刚穿出时子弹的速度大小 $V=30$ m/s。设穿透时间极短，求：

(1) 子弹刚穿出时绳中的张力；

(2) 子弹在穿透过程中所受的冲量。

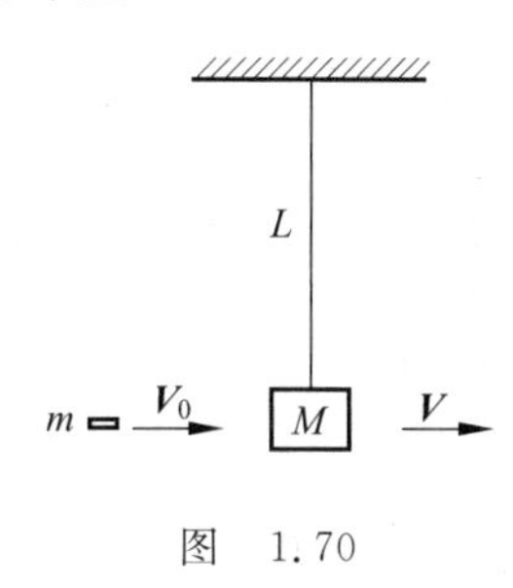

图 1.70

6. 一个质量 $M=10$ kg 的物体放在光滑水平面上，并与一个水平轻弹簧连接，如图 1.71 所示，弹簧的劲度系数 $k=1000$ N/m。今有一质量 $m=1$ kg 的小球以水平速度 $V_0=4$ m/s 飞来，与物体 M 相碰。

(1) 若小球与物体 M 相碰后以 $V=2$ m/s 的速度弹回，问：

(a) M 起动后，弹簧将被压缩，弹簧最大可压缩多少？

(b) 小球 m 和物体 M 的碰撞是弹性碰撞吗？恢复系数 $e=$？

(2) 如果小球上涂有黏性物质，相碰后与 M 粘在一起，则(a)、(b)的结果如何？

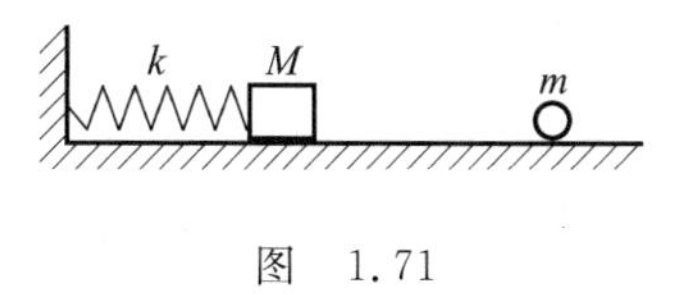

图 1.71

7. 质量为 m 的物体，在原点从静止开始在力 $F=A\mathrm{e}^{\alpha x}$ 的作用下沿 x 轴正向运动(式中 A、α 为常数)。在物体移动距离为 L 的过程中，动量的增量是多少？

8. 有一质量为 m 的静止质点，受一方向不变的外力作用，力与时间的关系为 $F=ct$ (c 为常数)。证明：此力对质点做的功与时间的关系为 $A=c^2t^4/8m$。

9. 如图 1.72 所示，水平光滑平面上有一劲度系数为 k 的轻质弹簧，一端固定，另一端系一质量为 M 的小球，静止长度为 l_0，一质量为 m 的子弹以速度 v_0(方向恰巧垂直弹簧轴线)射入小球而不复出，求弹簧长度为 l 时，小球速度与弹簧轴线的夹角 θ。

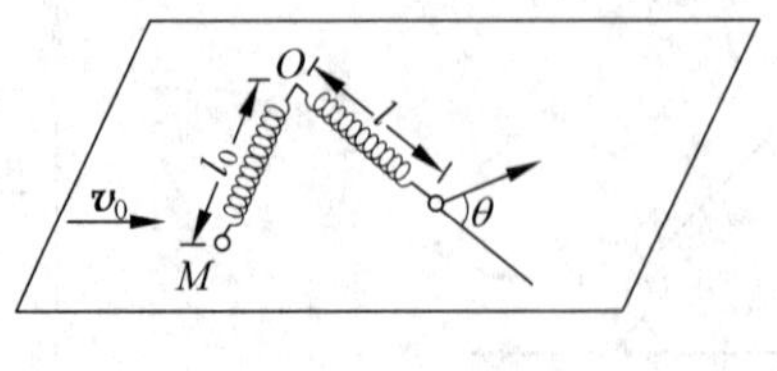

图 1.72

参考答案

1.4.1 1. D；2. A；3. C；4. B；5. C；6. C；7. C；8. A；9. C；10. B；11. A；12. D；13. B；14. B；15. D；16. C；17. B；18. C。

1.4.2 1. 0； 2. 25.6 m/s^2，0.8 m/s^2； 3. A点，$\frac{2\sqrt{3}v_0^2}{3g}$； 4. 8，10；

5. $v_0 e^{-kt^2/2}$； 6. $\frac{m}{k}v_0$； 7. $-\pi^2 \boldsymbol{i}$； 8. $\frac{m\pi r}{v}g$，向下，$m\sqrt{(2v)^2+(g\pi r/v)^2}$，$\phi=\arctan\left(\frac{\pi g r}{2v^2}\right)$；

9. 0，$2m\sqrt{GMR}$，GMm/R，$m\sqrt{GMR}$； 10. $\frac{4a}{r^5}\boldsymbol{r}^0$； 11. 2.0×10^6 kg·m^2/s，0；

12. 增加，增加，不变； 13. 不守恒，守恒； 14. 980 J(取重力加速度 $g=9.8$ m/s^2)。

1.4.3 1. (1) $\boldsymbol{r}=-27\boldsymbol{i}-27\boldsymbol{j}$；(2) $\Delta\boldsymbol{r}=-27\boldsymbol{i}-27\boldsymbol{j}$；(3) $\boldsymbol{v}_3=-21\boldsymbol{i}-9\boldsymbol{j}$，$\boldsymbol{a}_3=-8\boldsymbol{i}+6\boldsymbol{j}$。 2. $u^2t(h^2+u^2t^2)^{-\frac{1}{2}}\boldsymbol{i}$，$u^2h^2(h^2+u^2t^2)^{-\frac{3}{2}}\boldsymbol{i}$。 3. 47 km/h，正北偏东32°。
4. (1) 9.8 m/s^2，方向向右；9.8 m/s^2，方向向下。(2) 11.0 m/s^2，方向与水平线夹角 $\theta=26°34'$；4.9 m/s^2，方向向下。 5. (1) 26.5 N；(2) $-4.7\boldsymbol{i}$，子弹运行方向相反。
6. (1) 0.06 m；不是弹性碰撞，$e=0.65$；(2) $x=0.038$ m，$e=0$。
7. $\sqrt{\frac{2Am}{\alpha}(e^{\alpha L}-1)}$。 8. 略。 9. $\theta=\arcsin\frac{mv_0 l_0}{l\sqrt{m^2v_0^2-k(M+m)(l-l_0)^2}}$。

第2章

刚体的定轴转动

2.1 思考题解答

1. 一个有固定轴的刚体受两个力的作用。当这两个力的合力为零时,它们对轴的合力矩也一定是零吗?当这两个力对轴的合力矩为零时,它们的合力也一定是零吗?举例说明之。

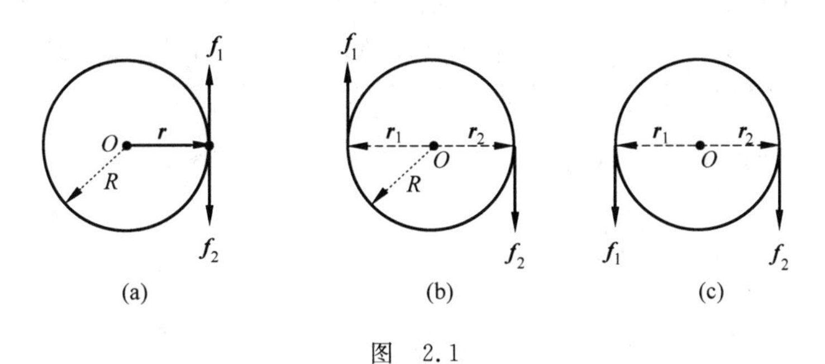

图 2.1

答 作用在一个有固定轴的刚体上的两个力的合力为零时,它们对轴的合力矩不一定是零。当两个力对轴的合力矩为零时,它们的合力也不一定是零。我们通过图 2.1 所示的一可绕垂直纸面的中心 z 轴转动的定滑轮受到两个边缘力($\boldsymbol{f}_1$ 和 $\boldsymbol{f}_2$)的简单情况说明此结论。

这两个力的合力为零,是说 $\boldsymbol{f}_1+\boldsymbol{f}_2=\boldsymbol{0}$,即 $\boldsymbol{f}_1=-\boldsymbol{f}_2$。它们大小相等($f_1=f_2=f$)、方向相反,而作用点可以不同。图 2.1(a)中所受的这两个力对 z 轴的合力矩(设垂直纸面向里为 z 轴正方向)为

$$M_z=-rf_1+rf_2=r(f_2-f_1)=0$$

这说明合力为零时它们的轴合力矩可以为零。但除去这两个力同作用于定轴刚体上的同一质元或它们的作用线都通过转轴情况外,这两个力对转轴的轴力矩就不会等于零。比如图 2.1(b)所示情况下,

$$M_z=r_1f_1+r_2f_2=2Rf\neq 0$$

所以,作用在一个有固定轴的刚体上的两个力的合力为零时,它们对轴的合力矩不一定

是零。

上面已经说明在 $\boldsymbol{f}_1$ 和 $\boldsymbol{f}_2$ 这两力合力为零时它们的轴合力矩可以为零，也可以不为零，也就是说它们的轴合力矩为零时存在着两力合力为零的情况，如图2.1(a)所示。对于图2.1(c)所示情况，$\boldsymbol{f}_1$ 和 $\boldsymbol{f}_2$ 对轴的合力矩为

$$M_z = -r_1 f_1 + r_2 f_2 = R(f_2 - f_1)$$

在 $f_1 = f_2$ 的情况下，其轴合力矩为零，但此时它们对刚体的合力却为 $\boldsymbol{f}_1 + \boldsymbol{f}_2 = 2\boldsymbol{f}_1 \neq \boldsymbol{0}$。所以，$\boldsymbol{f}_1$ 和 $\boldsymbol{f}_2$ 这两个力对轴的合力矩为零时，它们的合力不一定是零。

2. 就自身来说，你作什么姿势和对什么样的轴，转动惯量最小或最大？

答 系统对某一转动轴的转动惯量 J 为

$$J = \sum \Delta m_i r_i^2$$

其中，r_i 是质点系的质元 Δm_i 在自己转动平面内绕转轴作圆周运动的半径，所以一个质点系的各质元分布远离转轴时系统具有较大的转动惯量。且如果 J_C 是系统绕通过质心轴的转动惯量，由平行轴定理

$$J = J_C + md^2$$

可知对各平行轴来讲系统绕通过质心轴的转动惯量最小。

由上所述，如果人用一脚尖着地使自身伸展直立，且将两臂伸直上举合拢，双腿伸直交叉并合，尽量使身体各部位缩向脚尖和质心的中心线，此时身体对通过质心中心线竖直轴的转动惯量最小，对通过身体质心的水平轴的转动惯量就大一些，对脚尖与地面接触的水平转轴的转动惯量相比上述两轴身体的转动惯量是最大的。

3. 走钢丝的杂技演员，表演时为什么要拿一根长直棍(如图2.2所示)？

图 2.2

答 杂技演员要想不从钢丝掉下，就要使自己身体的质心(也是重心)保持在通过钢丝的竖直平面内。当人体重心稍微偏左或偏右而偏离竖直面时，杂技演员利用手中的长杆的左右稍微摆动可以比较容易地调回自己的重心。“长”直棍也增加了杂技演员对钢丝转轴的转动惯量，因为转动惯量与质量分布有关，直棍越“长”对其质心轴的转动惯量 J_C 会越大，由平行轴定理 $J = J_C + md^2$，它对钢丝转轴的转动惯量 J 就越大，而走钢丝的杂技演员对钢丝转轴的转动惯量为人体和直棍的转动惯量之和。重心的稍微偏离使得重力给予钢丝转轴一个有限的重力矩，转动定律给出为

$$M = J\alpha$$

J 的增大，减小了角加速度 α，增大了绕轴转动的惯性，也就是增大了杂技演员把身体重心调整回到竖直面的时间。所以，长直棍的存在增加了钢丝杂技演员在高空表演时调整重心的容易性和稳定性，这就像我们站立不稳要摔倒时，下意识地摆动双臂来调整身体重心一样，不过是长杆延长了手臂的作用。

4. 两个半径相同的轮子，质量相同，但一个轮子的质量聚集在边缘附近，另一个轮子的质量分布比较均匀，试问：

(1) 如果它们的角动量相同，哪个轮子转得快？

(2) 如果它们的角速度相同，哪个轮子的角动量大？

答　(1) 两个半径相同的轮子，各自绕中心轴定轴转动时，以 $J\omega$ 表示它们的角动量。角动量相同，即 $J_1\omega_1=J_2\omega_2$，转动惯量 J 小的角速度 ω 就大。由于质量相同的质量分布比较均匀的轮子的转动惯量较小，所以它转得快。

(2) 角速度相同时，它们的角动量分别为 $J_1\omega$ 和 $J_2\omega$，转动惯量 J 大者的角动量大。因为质量相同时质量聚集在边缘附近的轮子的转动惯量大，所以它的角动量大。

5. 假定时钟的指针是质量均匀的矩形薄片，分针长而细，时针短而粗，两者具有相等的质量。哪一个指针有较大的转动惯量？哪一个有较大的动能与角动量？

答　因为质量均匀且相同的矩形薄片分针和时针都是在绕其一端的同一垂直薄片轴旋转，由转动惯量定义

$$J=\int_m r^2\,\mathrm{d}m$$

可知，长而细的分针比短而粗的时针的质量分布远离转轴，所以分针具有较大的转动惯量 J。

定轴转动刚体的动能和角速度的表达式为

$$E_\mathrm{k}=\frac{1}{2}J\omega^2,\quad L=J\omega$$

因为分针的角速度大于时针的角速度，转动惯量 J 又大，所以分针具有较大的动能和角动量。

6. 花样滑冰运动员想高速旋转时，会先把一条腿和双臂伸开，并用脚蹬冰使自己转动起来，然后她再收拢腿和臂，这时她的转速就明显地加快了。这是利用了什么原理？

答　利用了角动量守恒原理。如图 2.3 所示，忽略冰的摩擦，人体重心在竖直转轴上，重力和冰的支持力对轴不产生轴力矩，竖直轴外力矩为零，所以人体对竖直轴角动量守恒，有

$$J\omega=\text{常量}$$

当人体一条腿和双臂伸开时，如图 2.3(a)所示，对旋转轴的转动惯量 J 大，角速度 ω 就小一些；当收拢腿和臂时，如图 2.3(b)所示，人体对旋转轴的转动惯量 J 变小。因 $J\omega=$ 常量，其旋转角速度 ω 一定变大，即转速明显地加快。

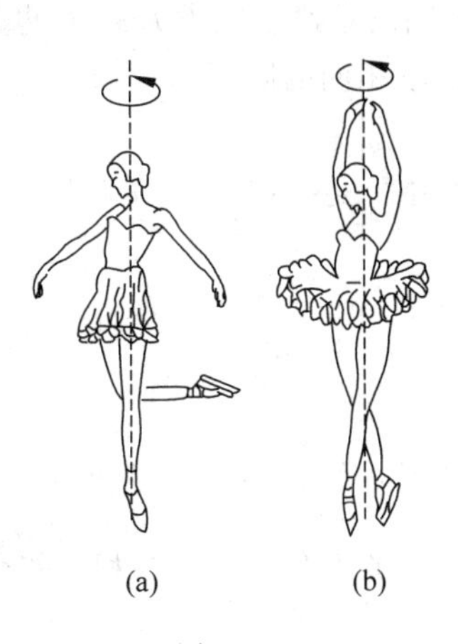

图　2.3

7. 一个站在水平转盘上的人，左手举一个自行车轮，使轮子的轴竖直(如图 2.4 所示)。当他用右手拨动轮缘使车轮转

动时,他自己会同时沿相反方向转动起来。试解释其中的道理。

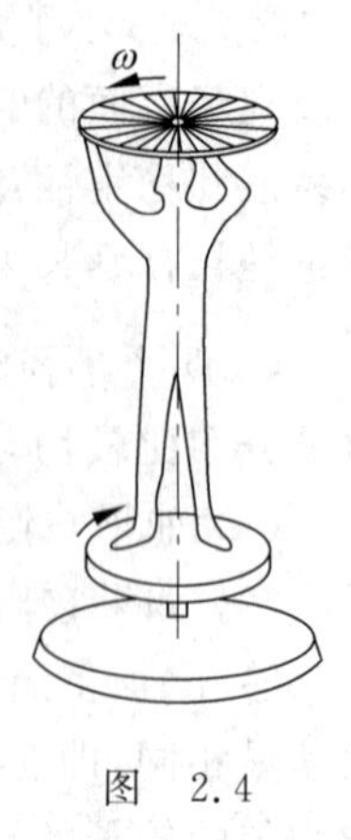

图 2.4

答 将水平转盘、站在水平转盘上的人和自行车轮作为一个系统,忽略水平转盘轴摩擦,地面支撑力和重力是系统的外力,但它们沿竖直向,对系统的竖直轴轴力矩为零,所以系统轴向角动量守恒。有

$$L_{z系} = \sum L_{iz} = 常量$$

人未用右手拨动轮缘使车轮转动时,系统轴向角动量为零;当他用右手拨动轮缘使车轮转动时,车轮有了轴向角速度 ω_{1z}。因轮子的轴竖直,即有了轴向角动量 $L_{1z}=J_1\omega_{1z}$(J_1 为自行车轮对自己转轴的转动惯量);人和水平转盘是在一起的,只有一起反向旋转才能保证系统轴向角动量为零。设人和转盘对竖直 z 轴的转动惯量为 J_2,应有

$$J_1\omega_{1z} + J_2\omega_{2z} = 0$$

即人和转盘同时以角速度 $\omega_{2z}=-\dfrac{J_1}{J_2}\omega_{1z}$ 反向旋转以保证系统竖直向角动量守恒。

8. 刚体定轴转动时,它的动能的增量只决定于外力对它做的功而与内力的作用无关。对于非刚体也是这样吗?为什么?

答 对于非刚体不是这样。因为质点系的动能增量等于外力对它做的功与内力功之和。对于刚体,内部各质元没有相对位移,内力做功为零,所以其动能的增量只决定于外力对它做的功。对于定轴转动的刚体,外力对它做的功可表示为轴力矩的功。而非刚体内部各质元之间存在相对位置的改变,各质元之间内部相互作用力所做的总功不一定为零,内力能改变系统的总动能。

9. 一定轴转动的刚体的转动动能等于其中各质元的动能之和。试根据这一结论推导转动动能 $E_k=\dfrac{1}{2}J\omega^2$。

答 刚体的转动动能等于其中各质元的动能之和:

$$E_k = \sum_i \frac{1}{2}\Delta m_i v_i^2$$

其中 v_i 为组成刚体第 i 个质元 Δm_i 的速度大小。如图 2.5 所示,设定轴转动的刚体绕定轴 z 轴的角速度大小为 ω,它也是刚体各质元的角速度。各质元都在自己转动平面内作半径各不相同的圆周运动,圆心就在转轴上。圆周运动中质元的线速度与角速度的关系为

$$v = r\omega$$

其中 r 是圆周运动的半径。因此,定轴转动的刚体的动能为

$$\begin{aligned} E_k &= \sum_i \frac{1}{2}\Delta m_i v_i^2 = \sum_i \frac{1}{2}\Delta m_i (r_i\omega)^2 \\ &= \frac{1}{2}\Big(\sum_i \Delta m_i r_i^2\Big)\omega^2 = \frac{1}{2}J\omega^2 \end{aligned}$$

其中 $J=\sum_i \Delta m_i r_i^2$ 为定轴转动的刚体的转动惯量。如果刚体质量连续分布,则上式推导过程中的求和符号改为积分符号即可,转动惯量写为 $J=\int_m r^2\,\mathrm{d}m$。

***10.** 杂技节目"转碟"是用直杆顶住碟底突沿内侧(见图 2.6)不断晃动,使碟子旋转不

停，碟子就不会掉下。这是为什么？碟子在旋转的同时，还要围绕顶杆转，又是为什么？碟子围绕顶杆转时，还会上下摆动，这是什么现象？

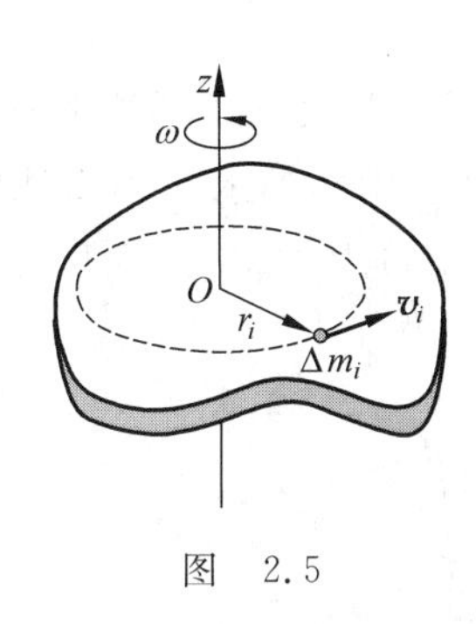

图　2.5

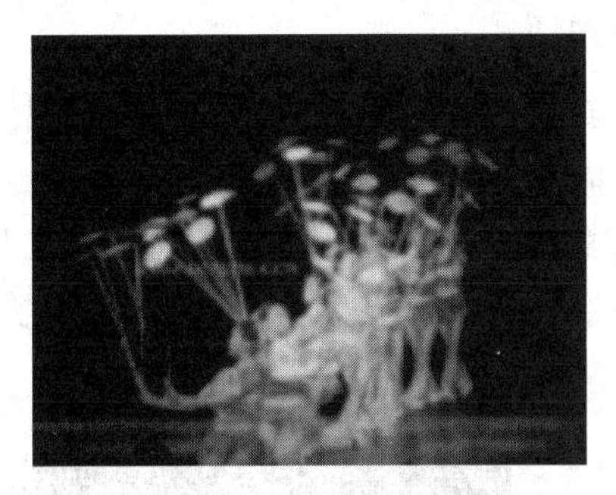

图　2.6

答　如图 2.7(a)所示，支撑力通过作用点 A 竖直向上，和质心 C 的重力形成力偶，力偶矩也是对支点 A 的重力矩，有

$$\boldsymbol{M}=\boldsymbol{r}_{AC}\times m\boldsymbol{g}$$

在碟子没有旋转时，它是水平面内的倾覆力矩，使碟子绕支点 A 翻转而掉下来。顶住碟底的直杆不断晃动，靠摩擦使盘子旋转起来。对于以角速度 ω 旋转的碟子，如图 2.7(b)所示，其角动量可表示为 $\boldsymbol{L}=J\boldsymbol{\omega}$，它是垂直外力矩 $\boldsymbol{M}$ 的。根据角动量定理，$\mathrm{d}t$ 时间内碟子所受到的重力矩的冲量矩等于碟子对支点 A 角动量的增量，有

$$\boldsymbol{M}\mathrm{d}t=\mathrm{d}\boldsymbol{L}$$

它表示 $\mathrm{d}\boldsymbol{L}/\!/\boldsymbol{M}$，$\boldsymbol{M}$ 是水平方向的，则 $\mathrm{d}\boldsymbol{L}$ 也是水平方向。因为 $\boldsymbol{M}\perp\boldsymbol{L}$，所以此时的重力矩只是改变 $\boldsymbol{L}$ 的方向而不改变其大小，那 $\mathrm{d}\boldsymbol{L}$ 就只是 $\mathrm{d}t$ 时间内 $\boldsymbol{L}$ 在水平面内的方向变化，如图 2.7(c)所示。旋转碟子的中心轴只是在水平面内进行等 θ 方向的连续偏转，而不是向下翻倒的现象就是碟子的进动。进动使得碟子不再翻转掉下来，只是旋转的同时还要围绕 z 轴(顶杆)转动。由于外重力矩

$$\boldsymbol{M}=\boldsymbol{r}_{AC}\times m\boldsymbol{g}=(\boldsymbol{r}_{AO}+\boldsymbol{r}_{OC})\times m\boldsymbol{g}=\boldsymbol{r}_{OC}\times m\boldsymbol{g}$$

因此此时的盘子犹如一个陀螺绕支撑点 O 的转动一样。

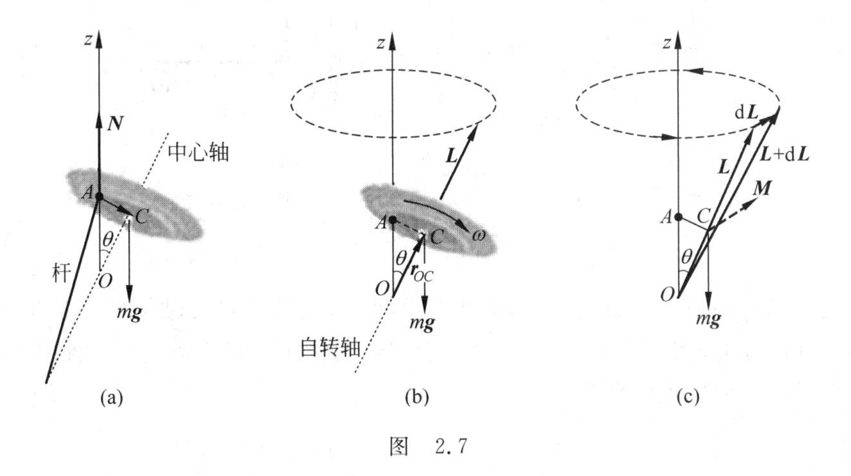

图　2.7

旋转碟子围绕顶杆转时,还会上下摆动,这是进动中的章动现象(参考后面的问题说明)。一般盘子的自旋角动量不是很大,其章动现象是明显的,人们看到的是进动盘子有着明显的上下摆动。

*11. 抖单筒空竹的人在空竹绕水平轴旋转起来时,为了使两段拉线不致扭缠在一起,他自己就要不断地旋转自己的身体(见图2.8)。这是为什么?图示的人正不断地向右旋转,说明空竹本身是绕自己的轴向什么方向旋转的(用箭头在空竹上标出)?抖双筒空竹时,人还需旋转吗?(注:图示的人正是《大学物理学》的作者张三慧先生)

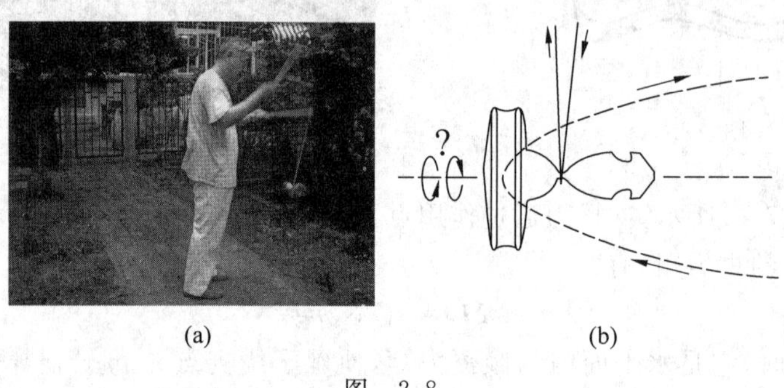

(a) (b)

图 2.8

答 空竹乃学名,俗称响葫芦,江南又称之为扯铃。抖单筒空竹利用的一个基本力学原理就是动量矩定理(角动量定理)。旋转起来的单筒空竹受到重力产生的外力矩作用而进动,抖空竹的人为避免两段拉线不致扭缠在一起必须随着进动而不断转身。图2.8所示抖单筒空竹的人正不断地向右旋转(从上往下看是顺时针方向),说明单筒空竹的进动方向也一定是顺时针的,如图2.9(a)所示。此时对支点 O 的重力矩方向向外,如图2.9(b)所示,只有空竹本身的角动量沿中心自转轴向右,即自身旋转与自转轴右方成右手螺旋转动时才能实现顺时针方向的进动。而双筒空竹其两端的大小、重量相同,旋转双筒空竹所受垂直旋转轴的重力矩为零,不产生进动,因而不需要人再作旋转以避免两段拉线的扭缠。

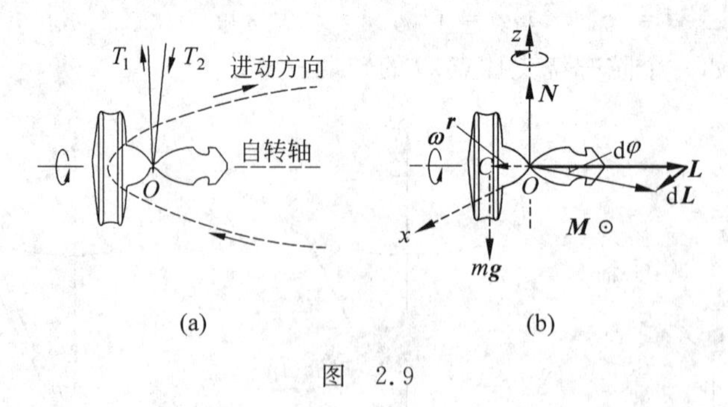

(a) (b)

图 2.9

设拉线与空竹轴间无滑动,空竹 O 处轴半径为 R,空竹绕自转轴的转动惯量为 J,拉线拉力对自转轴的轴力矩为 $M_1=(T_1-T_2)R$,设空竹旋转而引起的空气相应轴阻力矩为 M_2,则空竹启动过程中动量矩定理为

$$\int_{t_1}^{t_2}(M_1-M_2)\mathrm{d}t = J\Delta\omega$$

$M_1>M_2$,空竹自转角速度 ω 不断加大,转速越来越快。当转速达到一定的高速后,空竹将

在水平面内作稳定的平面运动。

空竹受到的拉线作用很复杂，有摩擦力，也有支撑力，随着拉线位置的改变其强度也不尽相同，但它们总可以分解为沿自转轴向的力、垂直轴的竖直力 $\boldsymbol{N}$（z 向）和水平力（x 向）3个分力，如图2.9(b)所示。空竹在水平面内作稳定的平面运动时，竖直力 $\boldsymbol{N}$ 等于质心 C 受到的重力 $m\boldsymbol{g}$，它们形成一对力偶。设 $\boldsymbol{N}$ 的作用点 O 与质心 C 的距离为 r，力偶矩也就是以 O 为支点重力 $m\boldsymbol{g}$ 的重力矩，$\boldsymbol{M}=\boldsymbol{r}\times m\boldsymbol{g}$，对于图2.9(b)有 $\boldsymbol{M}=rmg\boldsymbol{i}$，方向为水平面内 x 轴的正向。空竹的自旋角动量 $\boldsymbol{L}=J\boldsymbol{\omega}$，稳定的空竹 ω 还算较大，$\boldsymbol{L}$ 可代表空竹的角动量。因为外重力矩垂直空竹的角动量，$\boldsymbol{M}\perp\boldsymbol{L}$，$\boldsymbol{M}$ 只改变 $\boldsymbol{L}$ 的方向而不改变其大小。所以，根据角动量定理有

$$\boldsymbol{M}\mathrm{d}t = \mathrm{d}\boldsymbol{L}$$

$\mathrm{d}t$ 时间内空竹的角动量 $\boldsymbol{L}$ 在水平面内旋转了如图所示的一个角度 $\mathrm{d}\varphi$，有

$$M\mathrm{d}t = L\mathrm{d}\varphi$$

因此空竹进动角速度 Ω 为

$$\Omega = \frac{\mathrm{d}\varphi}{\mathrm{d}t} = \frac{M}{L} = \frac{mgr}{J\omega}$$

它表示抖空竹的人必须以 Ω 大小顺时针方向转身（向右旋转）跟上单筒空竹的进动，才能避免两段拉线扭缠在一起，而且 ω 变小时人体需加快转身。

2.2　例题

1. 一质点以每秒钟10转的转速绕 z 轴匀速转动，如图2.10所示。设 t_0 时刻质点的位置矢量为 $\boldsymbol{r}=0.03\boldsymbol{i}+0.04\boldsymbol{j}+0.06\boldsymbol{k}$ (m)，求此时质点的速度。

解　角速度 $\boldsymbol{\omega}=2\pi n\boldsymbol{k}=2\pi\times10\boldsymbol{k}=62.8\boldsymbol{k}$ (rad/s)，方向沿 z 轴。质点的速度为 $\boldsymbol{v}=\boldsymbol{\omega}\times\boldsymbol{r}$，有

$$\boldsymbol{v} = \omega\boldsymbol{k}\times(x\boldsymbol{i}+y\boldsymbol{j}+z\boldsymbol{k}) = \omega x\boldsymbol{j} - \omega y\boldsymbol{i}$$

t_0 时刻有 $x=0.03$ m，$y=0.04$ m，代入得

$$\begin{aligned}\boldsymbol{v} &= -(62.8\times0.04)\boldsymbol{i}+(62.8\times0.03)\boldsymbol{j}\\ &= -2.51\boldsymbol{i}+1.88\boldsymbol{j}\ (\mathrm{m/s})\end{aligned}$$

2. 一长为 l、质量为 m 的刚性匀质棒，两端用两根细线悬挂起来，如图2.11所示。线的质量可忽略不计。棒挂着不动时，突然把一根线剪断，问刚剪断时另一根线中的张力是多少？

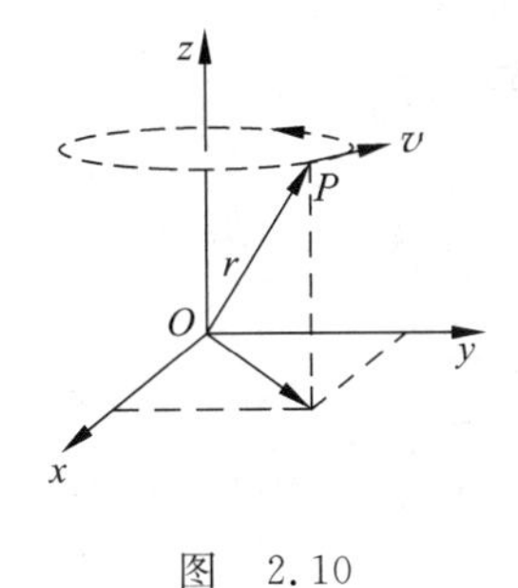

图　2.10

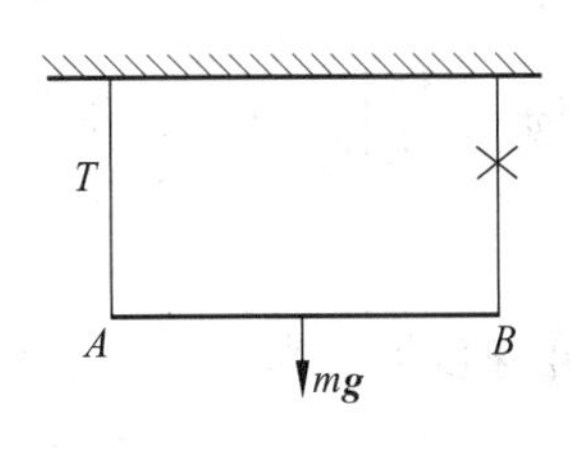

图　2.11

解 棒挂着不动时,两端两根细线的张力应相等,都为 $mg/2$。设 B 端线刚剪断时,A 端线的张力为 T,根据质心运动定律,有

$$mg - T = ma_C$$

式中,a_C 为棒的质心加速度。对 A 点应用刚体转动定律得

$$mg\frac{l}{2} = J\alpha = \frac{1}{3}ml^2\alpha$$

式中,α 为棒的角加速度。而 $a_C=\frac{l}{2}\alpha$,由上两式消去 α,可得

$$T = \frac{1}{4}mg$$

注意,上面的解是根据 B 端线剪断信息传递到 A 端线不需要时间得到的,亦即上述结果是建立在信息传递速度为无限大的观念基础上的。如果认为信息传递速度是有限的,B 端线剪断信息传递到 A 端线是需要时间的,在此时间内 A 端线并未感受到 B 端线的剪断所带来的影响,所以 B 端线刚剪断时刻 A 端线的张力仍是 $mg/2$;当剪断信息传递到 A 端线时,A 端线的张力变为 $mg/4$。

3. 质量为 m、长为 L 的均匀细棒,其 A 端用光滑铰链与地相连,如图 2.12(a)所示。现让它由静止直立倒向地面,求细棒触地时的角速度大小。

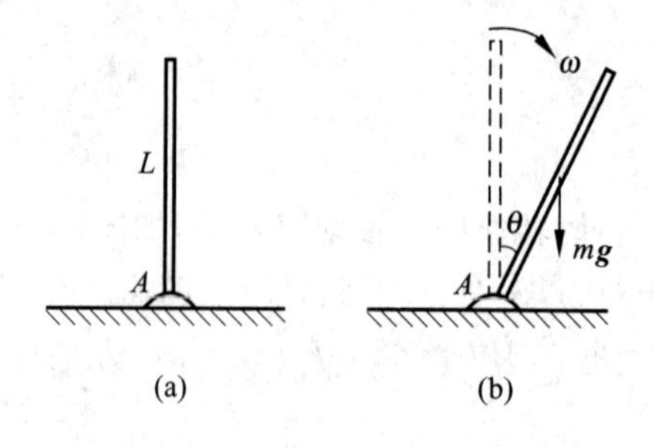

图 2.12

解法 1 用转动定律求解。细棒对 A 端轴的转动惯量为

$$J = \frac{1}{3}mL^2$$

在细棒下落过程中的任意位置,见图 2.12(b),由转动定律得

$$mg\frac{L}{2}\sin\theta = J\frac{\mathrm{d}\omega}{\mathrm{d}t} = J\frac{\mathrm{d}\omega}{\mathrm{d}\theta}\cdot\frac{\mathrm{d}\theta}{\mathrm{d}t} = \frac{1}{3}mL^2\frac{\mathrm{d}\omega}{\mathrm{d}\theta}\omega$$

于是得

$$\omega\mathrm{d}\omega = \frac{3g}{2L}\sin\theta\mathrm{d}\theta$$

两边积分 $\int_0^{\omega_m}\omega\mathrm{d}\omega = \frac{3g}{2L}\int_0^{\pi/2}\sin\theta\mathrm{d}\theta$,得

$$\frac{1}{2}\omega_m^2 = \frac{3g}{2L}$$

细棒触地时的角速度大小为

$$\omega_m = \sqrt{\frac{3g}{L}}$$

解法 2 用动能定理求解。在细棒下落过程中仅重力矩做功,其值大小为

$$A=\int_0^{\pi/2}M\mathrm{d}\theta=\int_0^{\pi/2}mg\,\frac{L}{2}\sin\theta\mathrm{d}\theta=\frac{1}{2}mgL$$

根据动能定理,有

$$A=\frac{1}{2}J\omega_{\mathrm{m}}^{2}-0=\frac{1}{6}mL^{2}\omega_{\mathrm{m}}^{2}$$

得细棒触地时的角速度为

$$\omega_{\mathrm{m}}=\sqrt{\frac{3g}{L}}$$

解法 3 用机械能守恒定律求解。取细棒和地球为研究系统,棒倒下过程中只有重力做功,系统机械能守恒。若以地面为重力势能零点,由机械能守恒定律得

$$mg\,\frac{L}{2}=\frac{1}{2}J\omega_{\mathrm{m}}^{2}$$

因此有

$$\omega_{\mathrm{m}}=\sqrt{\frac{3g}{L}}$$

4. 质量为 M 的匀质棒,长为 L,可绕其端点 O 在纸面内无摩擦地转动。将棒从水平位置静止释放,到达竖直位置时,与静止在地面上的质量为 $m=M/3$ 的小球作弹性碰撞,如图 2.13 所示。问:碰后棒的角速度 $\omega'=$? 小球的速度 $v=$?

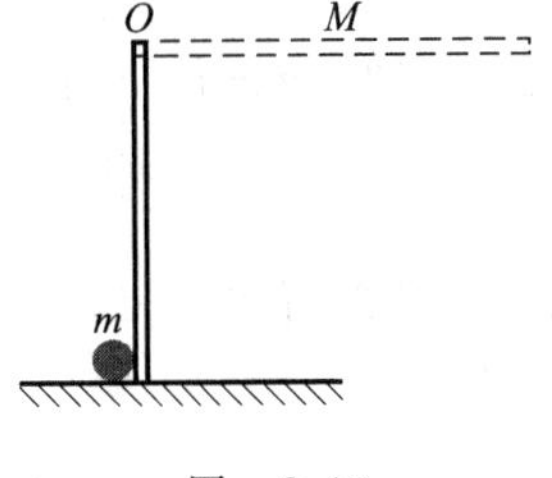

图 2.13

解 先研究棒从水平静止至竖直位置的过程。以棒和地球为系统,系统内只有保守力(重力)做功,因此系统机械能守恒。以竖直位置时棒的质心坐标为重力势能零点,有

$$Mg\,\frac{L}{2}=\frac{1}{2}J\omega^{2}=\frac{1}{2}\left(\frac{1}{3}ML^{2}\right)\omega^{2}$$

其中 J 为棒对 O 轴的转动惯量,$J=\frac{1}{3}ML^{2}$,由此可得棒与小球碰撞时的角速度 $\omega=\sqrt{\frac{3g}{L}}$。

再研究棒与小球系统的弹性碰撞过程。由于重力和轴支持力对 O 轴的力矩均为零,即 $\sum M_{外}=0$,满足角动量守恒定律的条件,有

$$J\omega=J\omega'+mvL$$

式中,ω'为碰撞过程刚结束时棒的角速度,v 为小球刚开始运动时的速度,棒与小球弹性碰撞,机械能守恒,有

$$\frac{1}{2}J\omega^{2}=\frac{1}{2}mv^{2}+\frac{1}{2}J\omega'^{2}$$

联立求解以上三式,得

$$\omega'=0,\quad v=L\omega=\sqrt{3gL}$$

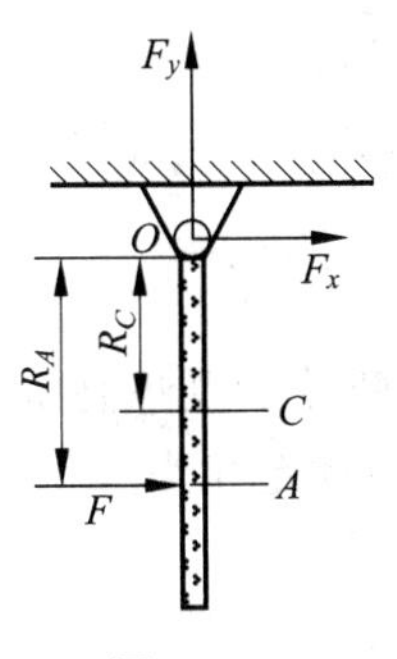

图 2.14

5. 如图 2.14 所示,以水平力 F 打击悬挂着的质量为 M、长度为 L 的均匀细杆。如果打击点 A 选择得合适,则在打击的过程中,支撑轴 O 对细杆的水平切向力 F_x 为零,称该点为打击中心。试求:

(1) 打击中心 A 与支撑轴 O 之间的距离 R_A。

(2) 如果用质量为 $m=M$、速度为 v 的弹性球沿水平方向击中 A 点，碰撞后轴 O 对细杆的作用力是多少?

解 (1) 刚体在冲击力 F 的力矩作用下作定轴转动，绕轴 O 的转动惯量为

$$J=\frac{1}{3}ML^2$$

由定轴转动定律得

$$R_AF=J\alpha$$

根据质心运动定理，得出其切向分量方程为

$$F_x+F=M\alpha R_C$$

由上述式子，解出

$$F_x-(3R_CR_A/L^2-1)F=0$$

为使 $F_x=0$，则要求 $3R_CR_A/L^2-1=0$，可得

$$R_A=L^2/3R_C=2L/3$$

(2) 质量为 m、速度为 v 的弹性球和杆的碰撞为弹性碰撞，弹性球和杆系统机械能守恒，有

$$\frac{1}{2}mv^2=\frac{1}{2}mv'^2+\frac{1}{2}\left(\frac{1}{3}ML^2\right)\omega^2$$

并且系统碰撞过程中角动量守恒，有

$$\frac{2}{3}Lmv=\frac{1}{3}ML^2\omega+\frac{2}{3}Lmv'$$

由上面两式可求得

$$\omega=\frac{12}{7L}v$$

则质心速度为 $v_C=\frac{L}{2}\omega=\frac{6}{7}v$。

由质心运动定律，支撑轴 O 对细杆的竖直方向的力 F_y 可由下式求得：

$$F_y-Mg=Ma_C=M\frac{v_C^2}{L/2}=\frac{72}{49}\cdot\frac{M}{L}v^2$$

而 $F_x=0$，所以此时支撑轴 O 对细杆的力为

$$\boldsymbol{F}=\boldsymbol{F}_y=\left(Mg+\frac{72}{49}\cdot\frac{M}{L}v^2\right)\boldsymbol{j}$$

6. 两个可看做匀质圆盘的轮子，半径分别为 R_1 和 R_2，转动惯量分别为 J_1 和 J_2，可绕通过各自中心的水平轴 O_1 和 O_2 自由转动。开始时第一个轮以角速度 ω_{10} 绕 O_1 轴转动，第二个轮静止。现将两轴 O_1、O_2 移近，使两轮在 A 点接触，如图 2.15 所示。当接触点 A 无相对滑动时(设滑动摩擦力为一常数)，求：两轮稳定转动时的角速度 ω_1 和 ω_2。

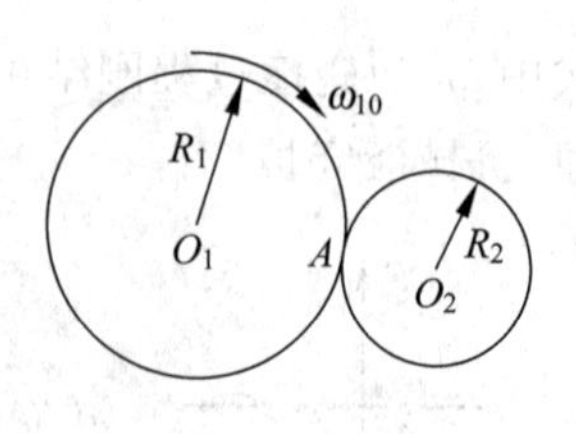

图 2.15

解 两轮在 A 点分别受到摩擦力矩的作用，使第一个轮转速变慢，第二个轮由静止开始转动。从接触到无相对滑动的时间 t_0 内，两轮所受摩擦力 F 的大小时刻相等。设垂直纸面向里的轴力矩为正，则对第一个轮的定轴转动定律为

$$-FR_1=J_1\frac{\mathrm{d}\omega}{\mathrm{d}t}$$

可得$-FR_1\mathrm{d}t=J_1\mathrm{d}\omega$。两边分别对时间从 0 到 t_0 和对角速度从 ω_{10} 到 ω_1 积分，有

$$-FR_1t_0=J_1\omega_1-J_1\omega_{10}$$

得

$$t_0=-\frac{J_1\omega_1}{FR_1}+\frac{J_1\omega_{10}}{FR_1}$$

同理，对第二个轮的转动定律为 $FR_2=J_2\dfrac{\mathrm{d}\omega}{\mathrm{d}t}$，即 $FR_2\mathrm{d}t=J_2\mathrm{d}\omega$，两边分别对时间从 0 到 t_0 和对角速度从 $\omega_{20}=0$ 到 ω_2 积分，得

$$t_0=\frac{J_2}{FR_2}\omega_2$$

则有

$$-\frac{J_1\omega_1}{FR_1}+\frac{J_1\omega_{10}}{FR_1}=\frac{J_2}{FR_2}\omega_2$$

且两轮上 A 点处相接触质点的线速度在无滑动时应相等，即 $v_1=v_2$，有

$$R_1\omega_1=R_2\omega_2$$

由上面两式可求得

$$\omega_1=\frac{J_1R_2^2\omega_{10}}{J_1R_2^2+J_2R_1^2}$$

$$\omega_2=\frac{J_1R_1R_2\omega_{10}}{J_1R_2^2+J_2R_1^2}$$

且有

$$\omega_1=\frac{R_2}{R_1}\omega_2$$

7. 一根轻绳绕过质量为 M、半径为 R 的定滑轮，滑轮的质量均匀地分布在边缘上。绳的一端系一质量为 $m/2$ 的重物，另一端由质量为 m 的人抓住，如图 2.16 所示。若绳与滑轮之间没有滑动，设开始时重物静止，当人以匀速率 u 抓住绳向上爬时，重物上升的速率是多少？

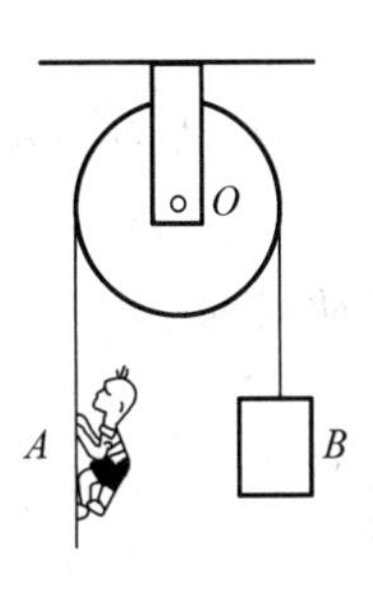

图 2.16

解 选人、滑轮和重物为系统，对 O 轴系统受合外力矩为

$$M=Rmg-Rmg/2=\frac{1}{2}mgR$$

设重物上升的速率为 V，人相对地的速率为 v，根据伽利略变换，有

$$v=u-V$$

定滑轮对 O 轴的转动惯量为

$$J=MR^2$$

由题意

$$V=R\omega$$

系统的角动量为

$$L=J\omega+R\frac{m}{2}V-Rmv=\left(MR+\frac{3}{2}mR\right)V-mRu$$

由角动量定理 $\boldsymbol{M}=\mathrm{d}\boldsymbol{L}/\mathrm{d}t$，得

$$\frac{1}{2}mgR = \frac{\mathrm{d}}{\mathrm{d}t}\left[\left(MR + \frac{3}{2}mR\right)V - mRu\right]$$

因为$\frac{\mathrm{d}u}{\mathrm{d}t}=0$,所以有

$$\frac{\mathrm{d}V}{\mathrm{d}t} = \frac{mg}{2M+3m}$$

对上式积分:

$$\int_0^V \mathrm{d}V = \int_0^t \frac{mg}{2M+3m}\mathrm{d}t$$

得

$$V = \frac{mg}{2M+3m}t$$

8. 质量为 m 的小球牢固地粘在一根长为 L、质量为 m 的匀质细杆的一端,此刚体绕过杆的另一端的水平轴 O 转动,如图 2.17 所示。在忽略轴处摩擦的情况下,使杆从水平位置由静止状态开始自由地下摆。试求:(1)当细杆摆到竖直位置时,刚体的重力势能;(2)当细杆摆到与水平线成 θ 角时,刚体的角加速度、角速度及小球的线速度。

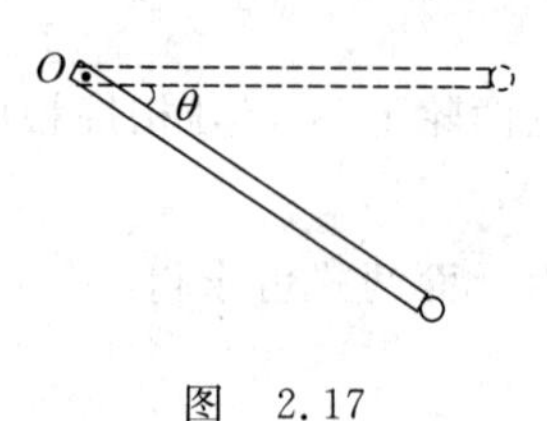

图 2.17

解 (1) 刚体质心的坐标为

$$L_C = \frac{3}{4}L$$

选刚体水平位置处为势能零点,则刚体摆到竖直位置时的重力势能为

$$E_p = -(m+m)gL_C = -\frac{3}{2}mgL$$

(2) 在重力矩作用下,刚体绕水平轴 O 转动。根据刚体定轴转动定律,有

$$2mg\sin(90^\circ - \theta)L_C = J\alpha$$

转动惯量

$$J = \frac{1}{3}mL^2 + mL^2$$

得

$$\alpha = \frac{9g\cos\theta}{8L}$$

重力矩做功为

$$A = -\Delta E_p = -(E_{p2} - E_{p1}) = \frac{3}{2}mgL\sin\theta$$

根据刚体转动动能定理 $A=E_k-E_{k0}$,有

$$\frac{3}{2}mgL\sin\theta = \frac{1}{2}J\omega^2$$

得

$$\omega = \frac{3}{2}\sqrt{\frac{g}{L}\sin\theta}$$

小球的线速度为

$$v = L\omega = \frac{3}{2}\sqrt{gL\sin\theta}$$

9. 质量为 m、半径为 R 的匀质圆盘，放在摩擦因数为 μ 的粗糙水平面上，如图 2.18 所示。圆盘可绕通过其中心 O 的竖直固定光滑轴转动。开始时圆盘静止，一颗质量为 m_0 的子弹以水平速度 v_0 垂直于 O 轴射入圆盘边缘并嵌在盘边上。试求：

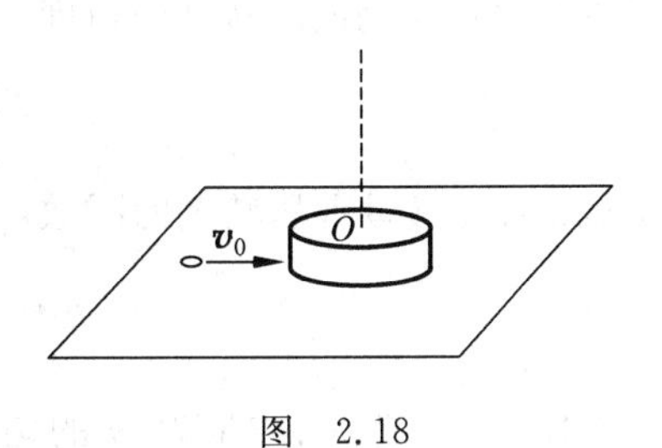

图　2.18

(1) 子弹射入圆盘后，圆盘所获得的角速度 ω_0；

(2) 忽略子弹产生的摩擦阻力矩，圆盘停止转动时，共转动的圈数。

分析：子弹射入圆盘相当于完全非弹性碰撞。中心 O 轴处有很大的反力，所以动量不守恒，但由于合外力矩为零，故系统对 O 轴的角动量守恒。

解　(1) 子弹和圆盘系统发生完全非弹性碰撞，系统对 O 轴的角动量守恒。由角动量守恒定律，有

$$m_0 v_0 R = J\omega_0$$

$$J = \frac{1}{2}mR^2 + m_0 R^2$$

解得

$$\omega_0 = \frac{2m_0 v_0}{(m + 2m_0)R}$$

(2) 圆盘在摩擦因数为 μ 的粗糙水平面上转动，受到的摩擦阻力矩与该处距轴的距离有关，凡是与 O 轴等距的各点，摩擦阻力矩都相等。因此，我们在圆盘上取半径为 r、宽度为 $\mathrm{d}r$ 的圆环，求出圆环上的阻力矩，然后通过积分求得圆盘的阻力矩。

圆环的面积

$$\mathrm{d}S = 2\pi r\mathrm{d}r$$

圆环所受的摩擦力

$$\mathrm{d}f = -\mu g\,\mathrm{d}m = -\mu g\sigma\mathrm{d}S$$

其中，$\sigma = m/\pi R^2$ 是圆盘的质量面密度。

圆环的阻力矩

$$\mathrm{d}M = r\mathrm{d}f = -2\pi\mu g\sigma r^2\mathrm{d}r$$

圆盘的阻力矩

$$M = \int \mathrm{d}M$$

即

$$M = -2\pi\mu g\sigma\int_0^R r^2\mathrm{d}r = -\frac{2}{3}\mu mgR$$

由转动定律 $M = J\alpha$ 得

$$-\frac{2}{3}\mu mgR = \left(\frac{1}{2}mR^2 + m_0 R^2\right)\alpha$$

解得

$$\alpha=-\frac{4}{3R}\cdot\frac{\mu mg}{m+2m_0}$$

圆盘在停止转动前所转动的角度

$$\theta=\frac{\omega^2-\omega_0^2}{2\alpha}=\frac{3m_0^2v_0^2}{2\mu mgR(m+2m_0)}$$

圆盘在停止转动前所转过的圈数

$$n=\frac{\theta}{2\pi}=\frac{3m_0^2v_0^2}{4\pi\mu mgR(m+2m_0)}$$

10. 一长为 L、质量为 m 的匀质细杆置于光滑的水平面上,可绕通过杆中点 O 的光滑固定竖直轴转动。开始时杆静止,一个质量也为 m 的小球以速度 v_0 垂直击中杆的一端,并粘在杆的端点上,如图 2.19 所示。求:

(1) 小球与杆系统的角速度;

(2) 若去掉固定轴,小球与杆系统的速度与角速度。

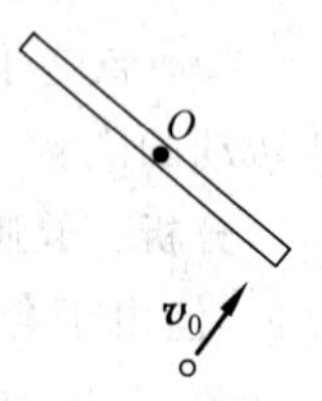

图 2.19

解 (1) 小球与杆系统受到的外力为轴的约束力,此力对 O 轴不产生力矩,所以系统对 O 轴的角动量守恒。由

$$\frac{L}{2}mv_0=\left(\frac{1}{12}mL^2+\frac{1}{4}mL^2\right)\omega$$

得

$$\omega=\frac{3v_0}{2L}$$

即碰撞后系统将以角速度 $\omega=\frac{3v_0}{2L}$ 绕固定轴 O 作匀角速转动。

(2) 去掉固定轴后,系统不受外力,系统动量守恒。则有

$$mv_0=(m+m)v_C$$

其中,v_C 是系统的质心速度,系统的质心 C 位于距离小球 $L/4$ 处。所以

$$v_C=\frac{1}{2}v_0$$

由于系统不受外力矩,故系统的角动量守恒。对过质心 C 的垂直轴有

$$\frac{1}{4}Lmv_0=(J_{杆}+J_{小球})\omega$$

其中

$$J_{杆}=\frac{1}{12}mL^2+m\left(\frac{L}{4}\right)^2=\frac{7}{48}mL^2,\quad J_{小球}=m\left(\frac{L}{4}\right)^2=\frac{1}{16}mL^2$$

解得

$$\omega=\frac{6v_0}{5L}$$

可见,碰撞后,系统的质心以 $v_C=\frac{1}{2}v_0$ 的速度匀速运动,同时系统还绕过质心 C 的垂直轴以 $\omega=\frac{6v_0}{5L}$ 作匀角速转动。

2.3　几个问题的说明

2.3.1　刚体的平面平行运动

刚体的平面平行运动是在工程和日常生活中经常遇到的一种基本运动形式。比如沿直线轨道运动的车轮(看做刚体),它的运动既不是平动,也不是定轴转动,但刚体上任意一点与某一固定平面的距离始终保持不变,也就是说刚体内所有质点的运动都平行于此平面,所以刚体的这种运动叫做平面平行运动。

(1) 刚体的平面平行运动可看做质心的平动加上刚体绕质心轴的转动。

刚体的平面平行运动中,由于刚体内所有质点的运动都平行于某一固定平面,那么刚体内垂直该平面的任一直线上的各质元的运动是相同的,所以刚体内平行于该固定平面的任一剖面的运动就可代表刚体的平面平行运动。此剖面上总有一点代表着质心的运动,因为质心一定在通过此点而垂直剖面的一条直线上。如果把此条垂直剖面的直线作为转轴(质心轴),刚体的平面平行运动可看做质心的平动加上刚体绕质心轴的转动。刚体各质元绕质心轴的转动角速度是一样的,这种转动和定轴转动相比,区别只是转轴随质心在平动。对于质心的平动,有质心运动定理

$$\boldsymbol{F} = m\frac{\mathrm{d}\,\boldsymbol{v}_C}{\mathrm{d}t} = m\boldsymbol{a}_C$$

以及动量定理、动能定理等有关质点的结论可以应用。绕通过质心 z 轴的转动,有质心系中的定轴转动定理

$$M_z = J_z\alpha = J_z\frac{\mathrm{d}\omega}{\mathrm{d}t}$$

以及质心系中的动能定理可应用。其中,M_z 是外力对质心轴的轴力矩;J_z 是刚体对此轴的转动惯量;α 为定轴转动的角加速度。

比如图 2.20 中,一圆柱体沿斜面纯滚动而下(是质心的平动和通过质心的定轴转动),对质心 C 有

$$N - mg\cos\theta = 0$$

$$mg\sin\theta - f_r = ma_C$$

对于通过质心轴的转动,有

$$Rf_r = \frac{1}{2}mR^2\alpha$$

$$a_C = R\alpha$$

式中 f_r 是 A 点的静摩擦力。

(2) 相对某一惯性系的刚体平面平行运动的动能等于刚体质心的轨道动能和刚体的内动能。

质心的轨道动能是刚体总质量 m 集中在质心而质心以速度 v_C 运动所具有的动能 $\frac{1}{2}mv_C^2$,刚体的内动能是刚体相对于质心系的刚体动能,也就是绕质心轴的转动动能。如果刚体在一有势力场中运动,系统还有势能,则刚体在力场中的机械能为动能和势能之和。如

图 2.20 所示,对于重力势场中的圆柱体,如果它是从静止滚下一段距离 l,由于静摩擦力 f_r 和 N 不做功,所以机械能守恒,有

$$\frac{1}{2}mv_C^2+\frac{1}{2}\left(\frac{1}{2}mR^2\right)\omega^2=mgl\sin\theta$$

其中,$l=R\varphi$(φ 为圆柱绕质心轴转过的角度),$v_C=\frac{\mathrm{d}l}{\mathrm{d}t}=R\omega$。

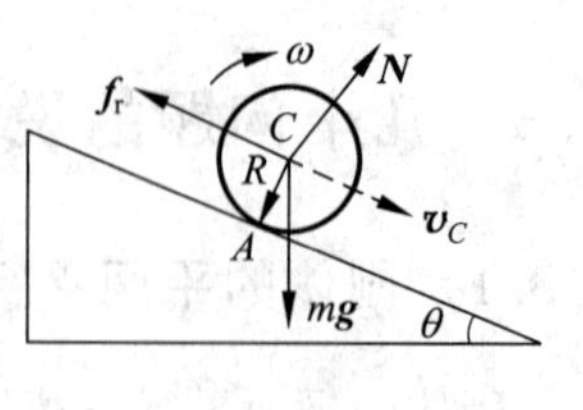

图 2.20

从能量角度处理有刚体参与的运动有时会简便些。例如,劲度系数为 k 的水平轻质弹簧,一端固定,一端系在一个质量为 m 的匀质圆柱体的轴上,如图 2.21 所示,使圆柱体绕轴无滑动滚动,用能量方法可较简便地求解它的运动方程。此例中刚体的运动是平面平行运动,可看做质心的平动和通过质心的定轴转动。对于弹簧和圆柱体系统,无滑动滚动时摩擦外力不做功,只有弹性保守内力做功,因此机械能守恒,有

$$\frac{1}{2}mv_C^2+\frac{1}{2}\left(\frac{1}{2}mR^2\right)\left(\frac{v_C}{R}\right)^2+\frac{1}{2}kx^2=\text{常数}$$

两边对时间求导可得

$$\frac{\mathrm{d}^2x_C}{\mathrm{d}t^2}+\frac{2k}{3m}x_C=0$$

这就是运动微分方程。

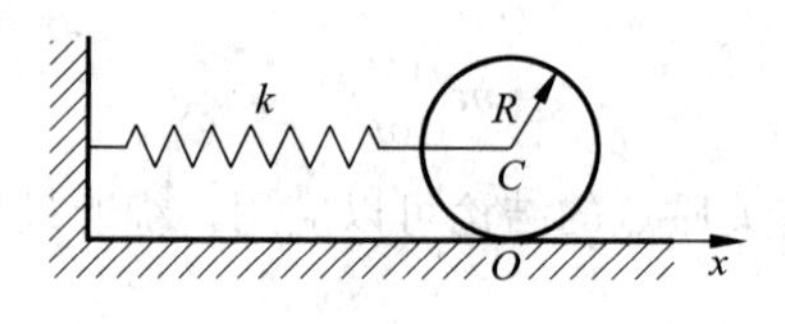

图 2.21

2.3.2 对称陀螺纯进动中的恢复力矩

对固定点 O,陀螺只受到重力矩的作用,如图 2.22(a)所示,重力矩为 $\boldsymbol{M}=\boldsymbol{r}_C\times m\boldsymbol{g}$,其中 $\boldsymbol{r}_C$ 是陀螺质心对固定点 O 的位置矢量,$\boldsymbol{M}$ 垂直于 $\boldsymbol{r}_C$ 和 $m\boldsymbol{g}$ 所决定的平面。在 $\mathrm{d}t$ 时间内,此力矩产生一冲量矩,根据角动量定理,它应等于系统对 O 点角动量的改变量。系统的角动量包括陀螺绕其对称轴高速旋转产生的自旋角动量 $\boldsymbol{L}_1$ 和进动角动量 $\boldsymbol{L}_2$(如图 2.22(b)所示)。在陀螺绕其对称轴高速旋转时,由于进动角速度 ω_p 远小于自转角速度 ω,所以系统角动量 $\boldsymbol{L}$ 可用自旋角动量 $\boldsymbol{L}_1$ 近似表示。陀螺运动最明显的特征是重力矩引起的陀螺角动量的变化,在力矩不大情况下,在 $\mathrm{d}t$ 时间内 $\mathrm{d}\boldsymbol{L}_1$ 是很小的,有

$$\boldsymbol{M}\mathrm{d}t=\mathrm{d}\boldsymbol{L}=\mathrm{d}\boldsymbol{L}_1+\mathrm{d}\boldsymbol{L}_2\approx\mathrm{d}\boldsymbol{L}_1$$

可得 $\mathrm{d}\boldsymbol{L}_1/\!/\boldsymbol{M}$。由于力矩 $\boldsymbol{M}$ 垂直于 $\boldsymbol{L}_1$,所以 $\mathrm{d}\boldsymbol{L}\perp\boldsymbol{L}_1$,可以认为陀螺自旋角动量大小不变而只是方向改变,使得自旋轴绕 z 轴作等 θ 角旋转,这就是陀螺的纯进动。我们知道,如果用 φ 表示自旋轴绕 z 轴作等 θ 旋转时进动的 z 轴角位移,有 $L\sin\theta\mathrm{d}\varphi=\mathrm{d}L_1=M\mathrm{d}t$,如图 2.22(c)所示,则进动的角速度 ω_p 近似为

$$\omega_p=\frac{\mathrm{d}\varphi}{\mathrm{d}t}=\frac{M}{L_1\sin\theta}$$

它与外力矩成正比,与自旋角动量大小成反比。陀螺自旋角速度很大时,进动的角速度 ω_p

很小，近似为一常数。

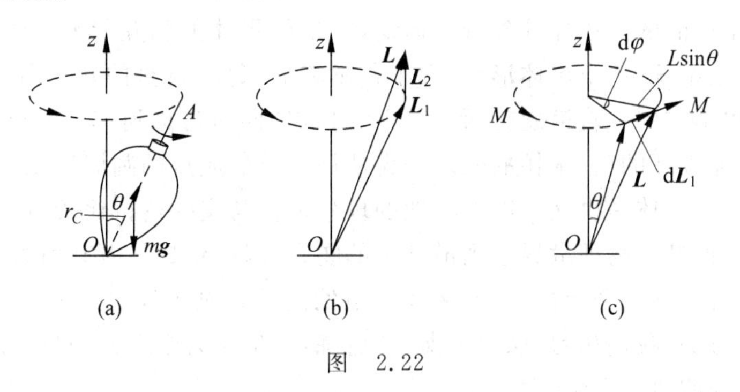

图　2.22

以上是从机械运动矢量角度解释了陀螺在重力矩作用下不倾倒而产生进动的现象。实际上，由于进动产生了对 O 点的恢复力矩，它平衡了陀螺重力矩（如图 2.23 所示），所以陀螺不发生倾覆。上式可写成

$$\omega_p L_1 \sin\theta = M = r_C mg \sin(180° - \theta)$$

重力矩 $\boldsymbol{M}=\boldsymbol{r}_C \times mg(-\boldsymbol{k})$ 是使陀螺倾倒的倾覆力矩，而 $\omega_p L_1 \sin\theta$ 也具有力矩量纲，也是一个由于进动（ω_p）引起的力矩，陀螺只进动而不倒，一定是由于它的作用。所以此力矩称为恢复力矩 $\boldsymbol{M}'$（又可称为回转力矩），它迫使陀螺自转轴与进动轴平行，和倾覆力矩 $\boldsymbol{M}$ 平衡。考虑到恢复力矩 $\boldsymbol{M}'$ 的大小与方向，它可写成

$$\boldsymbol{M}' = \boldsymbol{L}_1 \times \boldsymbol{\omega}_p = J\boldsymbol{\omega} \times \boldsymbol{\omega}_p$$

其中 J 为陀螺绕自转轴的转动惯量。由于恢复力矩 $\boldsymbol{M}'=-\boldsymbol{M}=\boldsymbol{r}_C \times mg\boldsymbol{k}$ 的存在，等于对陀螺绕自转轴施加了一个附加力。

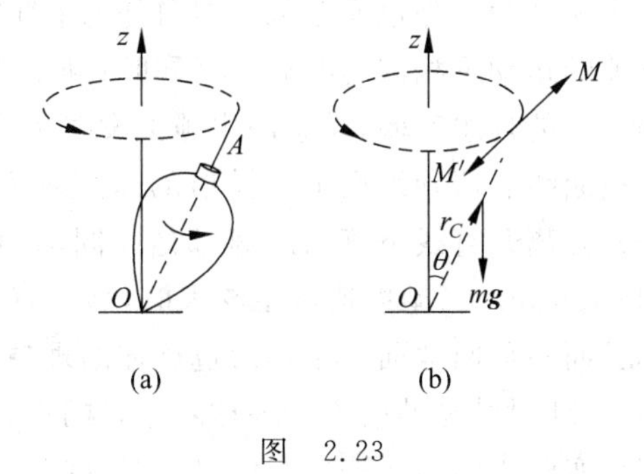

图　2.23

2.3.3　牛顿力学的物理框架

所谓物理框架是对物理现象进行解释的一种基础，一种标准。牛顿力学包含一些基本概念和几个运动定律（牛顿三定律和万有引力定律），其核心是力，认为了解了力的规律就找到了对运动的解释，所以牛顿框架是力的框架。习题作业的目的之一就是让我们在体会分析物体受力的重要性中逐步熟悉牛顿力学框架，并且了解框架中所包含的科学思维方法和认知途径。

（1）“质点”与牛顿研究方法。“质点”“球体”“刚体”“圆周运动”“椭圆运动”“单体”“双体”等都是物理模型，这正是牛顿力学研究方法的一大特点，是对错综复杂的自然现象进行

简化而建立的一种理想而形象的物理模型。不建立简化物理模型对自然现象进行处理是极为困难的,也是不可能的。比如处理行星运动,宇宙间星体的相互影响是无限复杂的,是多元引力中心的复杂系统,每个星体形状、大小各不相同,每个行星的轨道既不完全在一个椭圆轨道上运动,也不在同一轨道旋转两次。牛顿指出"同时考虑所有这些运动之起因,是整个人类智力所不能胜任的"。牛顿的处理是先从最简单的质点的圆周运动开始,再到球体的椭圆运动,从单体到双体一次又一次地将他的理想模型与实际进行比较,比较中一次次进行修正,最后使物理模型与物理世界达到最基本的吻合,因此牛顿从万有引力出发解释了为什么行星运动近似遵守开普勒定律,又或多或少地偏离开普勒定律。这种方法正是目前各方面研究在使用的方法,我们学习(课堂听课、课后练习)牛顿力学框架的目的之一就是在其过程中加深领悟这样的研究方法。

(2)"光滑"与科学思维方法。万有引力定律是牛顿力学框架的一根重要支柱,从它建立的过程可以学习到牛顿的科学认知途径,即科学思维方法。开普勒三定律的发表向人们提出了新的课题,是什么力量促使行星循规蹈矩地绕太阳沿椭圆轨道运动呢?当时人们基本认同天体之间具有相互引力,不过牛顿当时在对引力问题的处理上有两点与众不同。一是牛顿认识到开普勒定律是行星运动实验资料的全面总结,既然有了运动的实验资料,就不要花费大量精力去关心引力"为什么"会起作用(即引力的机制或/和性质),应关心的是"如何"在起作用,应该从实验资料出发去提出物理模型,进行数学推导,去探讨和确立力的规律,然后再用这些力的规律去解释自然现象,这就是牛顿的认识途径。正如牛顿所说"从运动现象去研究自然界中的力,然后以这些力去说明其他自然现象"。爱因斯坦对牛顿的科学认识道路给予了高度评价:牛顿所发现的道路是那个时代具有最高思维能力和创造力的人所能发现的唯一的道路。

另一点与众不同的是牛顿认为月亮也像苹果一样往下掉,即当人们看到地上苹果会往下掉而天上月亮不会往下掉的运动不相同的时候,牛顿却看到了苹果和月亮运动的相似性。他假想了一个"忽略空气阻力"的理想实验,设想高山顶上发射出去的一颗炮弹,它在惯性和地球重力下在空中划出一条曲线后落到地面上。抛射的速度越大,它在空中划出的曲线越长。但不管怎样它在第一秒内离开直线下落的距离都是相同的,和地面上苹果由静止一秒之内下落的距离一样,都是4.9 m。当抛射速度足够大时,炮弹就绕过地球又回到高山顶而成为绕地球旋转的"小月亮"而不落回地面。牛顿通过这样的理想实验说明了月亮的运动如同抛射速度足够大的炮弹,地球对月亮的引力和地球对炮弹的重力是一样的,即统一了天上和地上的运动。假想的理想实验当然是无法完成的,但它反映的是科学的思维方法,在物理学发展过程中起了重要的作用。它是在实际实验基础上抓住事务的主要矛盾,紧扣主要物理现象,忽略次要因素,是人们思想上一个逻辑思维和按实验步骤的进一步理论推理过程。伽利略在研究小球在平面上运动时,发现减小摩擦,小球运动的距离变长,小球运动速度的减小变慢。伽利略在实验事实基础上设想,如果小球在"光滑"的平面上运动,其结果只能是小球的速度不变。这当然是一个理想实验,不过正是在此基础上牛顿总结出运动第一定律(惯性定律)。爱因斯坦对其作出高度评价:"伽利略的发现以及他所应用的科学推理方法是人类思想史上最伟大的成就之一,而且标志着物理学的真正开端。"所以,作业习题中经常出现的"光滑""不计""忽略"等是不断地在提醒我们,在学习过程中要注意领悟物理框架中所包含的科学思维方法。

(3)“隔离体”与分析综合方法。解牛顿力学习题的步骤是先取“隔离体”,分析隔离体的受力或力矩,列出牛顿力学方程,然后找出各隔离体之间的关系而解决问题。一个隔离体可以是一个刚体、一个物体(质点),可以是刚体的组合、质点的组合、刚体质点的组合(只要它们没有相对运动),取隔离体是分析,找出隔离体之间的关系是综合,因此解牛顿力学习题的过程就是培养我们的分析与综合能力,锻炼我们的抽象思维,因为分析与综合是抽象思维的基本方法。

历史上哥白尼提出观测行星运动可以选取太阳作为参考系(这正是日心说启发人们观测运动时可以改换参考系的科学意义),在太阳参考系中月亮、地球和当时已知的5颗行星可以构成简单和谐的宇宙体系,各行星在大小不同的圆形轨道上以不同速率绕太阳匀速旋转。开普勒根据他的老师丹麦天文学家第谷20多年精心测量和记录的行星位置资料,先把太阳系整体分解为各部分,其中针对火星轨道就拼凑了70多个圆形轨道模型,虽最后得到了一个接近观测资料的结果,但在黄道经度上存在$8'$角度的误差,而第谷的天文资料的测量记录误差远小于$8'$,这使开普勒敏锐地觉察到火星可能不是作匀速圆周运动。以此为基础,开普勒重新研究其他行星运动,通过分析与综合方法的成功运用而找出了整个太阳系行星椭圆轨道运动的规律。

(4) $\boldsymbol{F}=m\boldsymbol{a}$ 的决定论。由运动函数 $\boldsymbol{r}=\boldsymbol{r}(t)$,求导可知速度变化 $\boldsymbol{v}$,再求导可知加速度 $\boldsymbol{a}$,由加速度可知质点 m 受力 $\boldsymbol{F}=m\boldsymbol{a}$。反过来,如果知道物体受力,可知质点 m 的加速度 $\boldsymbol{a}$,如果知道此时的速度$\boldsymbol{v}_0$,通过积分可以确定以后任意时刻的运动速度 $\boldsymbol{v}$;如果再知道此时的位置 $\boldsymbol{r}_0$,通过积分就可以确定以后任意时刻的位置,这就是我们做大量牛顿力学习题所总结出的规律。我们做的习题被限制在线性的牛顿力学范畴,即便遇到非线性力学系统,也是近似到线性,比如我们把单摆的运动限制在小角度。对于线性牛顿力学体系,$\boldsymbol{F}=m\boldsymbol{a}$ 是二阶线性微分方程,如果已知某一时刻的状态以及受力情况,牛顿第二定律就严格确定了力学体系以后任一时刻的运动状态,即显示了 $\boldsymbol{F}=m\boldsymbol{a}$ 的机械决定论或因果性。尽管习题被限制在线性的牛顿力学,但牛顿力学框架中的非线性问题却是研究的前沿。

2.4　测验题

2.4.1　选择题

1. 卡车沿一平直轨道以恒定加速度 $\boldsymbol{a}$ 运动。为了测量此加速度,从卡车的天花板上垂挂一质量为 m 的均匀细长杆,如图2.24所示,若细长杆相对卡车静止时与铅直方向夹角为 θ,则 a 与 θ 的关系为(　　)。

(A) $\sin\theta=\dfrac{a}{m}$　　(B) $\cos\theta=\dfrac{a}{m}$　　(C) $\tan\theta=\dfrac{a}{g}$　　(D) $\tan\theta=\dfrac{g}{a}$

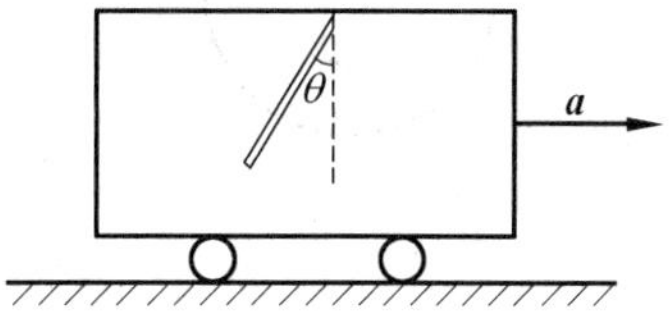

图　2.24

2. 用绳系一小物块 m 使之在光滑水平面上作圆周运动，如图2.25所示，初始时圆半径为 r_0，物块以角速度 ω_0 旋转。今缓慢地拉下绳的另一端，使圆半径逐渐减小，拉到半径为 $\frac{r_0}{2}$ 时，拉力所做的功为(　　)。

(A) $\frac{1}{2}mr_0^2\omega_0^2$　　(B) $\frac{3}{2}mr_0^2\omega_0^2$　　(C) $\frac{1}{3}mr_0^2\omega_0^2$　　(D) $\frac{2}{3}mr_0^2\omega_0^2$

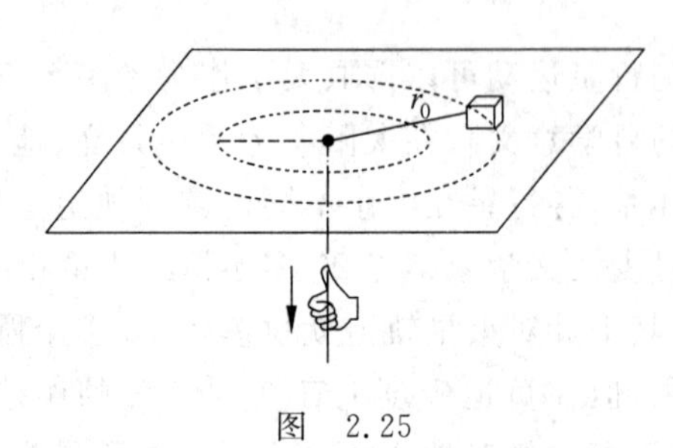

图 2.25

3. 一轻绳绕在有水平轴的定滑轮上，滑轮的转动惯量为 J，绳下端挂一物体。物体所受重力为 P，滑轮的角加速度为 β。若将物体去掉而以与 P 大小相等的力直接向下拉绳子，滑轮的角加速度 β 将(　　)。

(A) 不变　　(B) 变小

(C) 变大　　(D) 如何变化无法判断

4. 一轻绳跨过一具有水平光滑轴、质量为 M 的定滑轮，绳的两端分别悬有质量为 m_1 和 m_2 的物体($m_1<m_2$)，如图2.26所示。绳与轮之间无相对滑动。若某时刻滑轮沿逆时针方向转动，则绳中的张力(　　)。

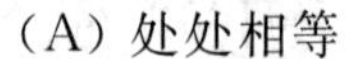

(A) 处处相等　　(B) 左边大于右边

(C) 右边大于左边　　(D) 哪边大无法判断

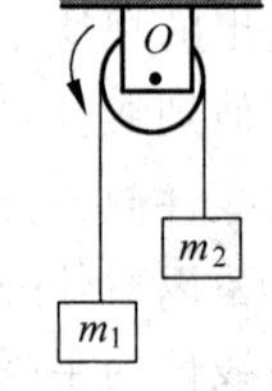

图 2.26

5. 一个人站在旋转平台的中央，两臂侧平举，整个系统以 2π rad/s 的角速度旋转，转动惯量为 6.0 kg·m²。如果将两臂收回，则该系统的转动惯量变为 2.0 kg·m²。此时系统的转动动能与原来的转动动能之比 E_k/E_{k0} 为(　　)。

(A) 2　　(B) $\sqrt{2}$　　(C) 3　　(D) $\sqrt{3}$

6. 对一个绕固定水平 O 轴匀速转动的转盘，沿如图2.27所示的同一水平直线从相反方向射入两粒质量相同、速率相等的子弹，并留在盘中。则子弹射入后转盘的角速度应(　　)。

(A) 增大　　(B) 减小　　(C) 不变　　(D) 无法确定

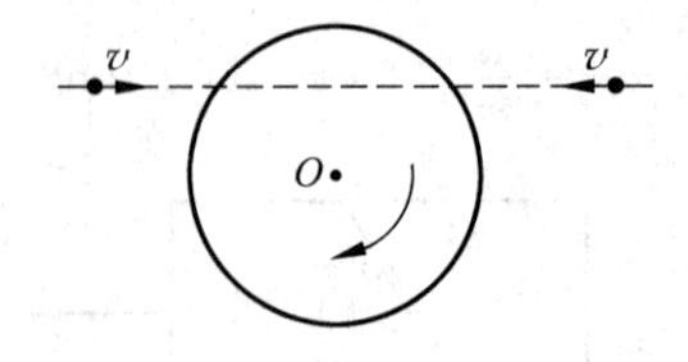

图 2.27

7. 均匀细棒 OA 可绕通过其一端 O 而与棒垂直的水平固定光滑轴转动，如图 2.28 所示。今使棒从水平位置由静止开始下落。在棒摆动到竖直位置的过程中，应有(　　)。

(A) 角速度从小到大，角加速度从大到小

(B) 角速度从小到大，角加速度从小到大

(C) 角速度从大到小，角加速度从大到小

(D) 角速度从大到小，角加速度从小到大

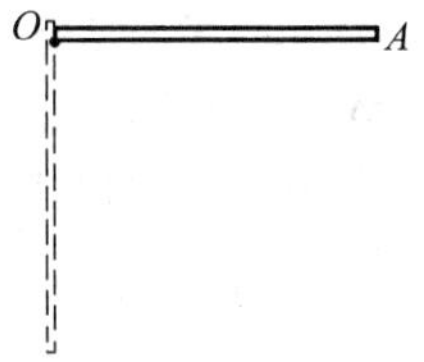

图　2.28

8. 关于力矩有以下几种说法，其中正确的是(　　)。

(A) 内力矩会改变刚体对某个定轴的角动量

(B) 作用力和反作用力对同一轴的力矩之和必为零

(C) 角速度的方向一定与外力矩的方向相同

(D) 质量相等、形状和大小不同的两个刚体，在相同力矩的作用下，它们的角加速度一定相等

9. 如图 2.29 所示，一静止的均匀细棒，长为 L、质量为 M，可绕通过棒的端点且垂直于棒长的光滑固定轴 O 在水平面内转动，转动惯量为 $ML^2/3$。一质量为 m、速率为 v 的子弹在水平面内沿与棒垂直的方向射入棒的自由端，设击穿棒后子弹的速率减为 $v/2$，则此时棒的角速度应为(　　)。

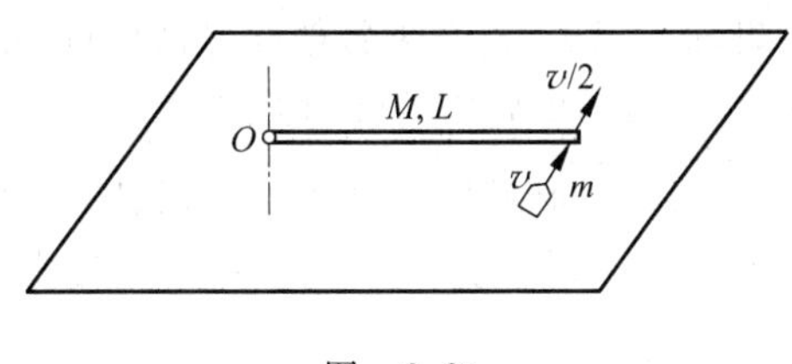

图　2.29

(A) $\dfrac{mv}{ML}$　　(B) $\dfrac{3mv}{2ML}$　　(C) $\dfrac{5mv}{3ML}$　　(D) $\dfrac{7mv}{4ML}$

10. 一质量为 m、长为 l 的均匀细棒，一端铰接于水平地板，且竖直直立着。若让其自由倒下，则杆以角速度 ω 撞击地板。如果把此棒切成 $l/2$ 长度，仍由竖直自由倒下，则杆撞击地板的角速度应为(　　)。

(A) 2ω　　(B) $\sqrt{2}\,\omega$　　(C) ω　　(D) $\omega/\sqrt{2}$

11. 有一半径为 R 的水平圆转台，可绕通过其中心的竖直轴以匀角速度 ω_0 转动，转动惯量为 J。此时有一质量为 m 的人站在转台中心，当人沿半径向外跑到转台边缘时，转台的角速度应为(　　)。

(A) $\dfrac{J}{J+mR^2}\omega_0$　　(B) $\dfrac{J}{J-mR^2}\omega_0$　　(C) $\dfrac{J}{mR^2}\omega_0$　　(D) ω_0

2.4.2　填空题

1. 一刚体以 120 r/min 的转速绕 z 轴作匀速转动($\boldsymbol{\omega}$ 沿 z 轴正方向)。设某时刻刚体上一点 P 的位置矢量为 $\boldsymbol{r}=0.3\boldsymbol{i}+0.4\boldsymbol{j}+0.5\boldsymbol{k}$，则该时刻 P 点的速度为 $\boldsymbol{v}=$________。

2. 一个以恒定角加速度转动的圆盘,如果在某一时刻的角速度为 $\omega_1=20\pi\ \mathrm{rad/s}$,再转 30 转后角速度为 $\omega_2=30\pi\ \mathrm{rad/s}$,则角加速度 $\beta=$________ $\mathrm{rad/s^2}$,转过上述 30 转所需的时间 $\Delta t=$________。

3. 一飞轮以 600 r/min 的转速旋转,转动惯量为 2.5 kg·m²,现加一恒定的制动力矩使飞轮在 2 s 内停止转动,则该恒定制动力矩的大小至少为________。

4. 一转动惯量为 I 的圆盘绕一固定轴转动,起初角速度为 ω_0。设它所受的阻力矩与转动角速度成正比,即 $M=-k\omega$(k 为正的常数),则圆盘的角速度从 ω_0 变为 $\omega_0/2$ 时所需的时间为________。

5. 半径为 R、质量为 m 的匀质圆盘,放在粗糙的水平桌面上。设圆盘与桌面间的摩擦因数为 μ,圆盘绕盘心在桌面上旋转时所受摩擦力矩的大小为________;现拨动圆盘,使其转动一周,则摩擦力矩的功的大小为________。

6. 质量为 M、长度为 L 的刚性匀质细杆,能绕过其端点 O 的水平轴无摩擦地在竖直平面上摆动,如图 2.30 所示。今让此杆从水平静止状态自由地摆下,当细杆摆到图中虚线所示 θ 角位置时,它的转动角速度 $\omega=$________,转动角加速度 $\alpha=$________;当 $\theta=90°$时,转轴为细杆提供的支持力 $N=$________。

7. 一质量为 m 的物体系于绕在半径为 r 的轮轴上的轻绳的一端,绳另一端固定于轮轴的边缘上,如图 2.31 所示。忽略轴处摩擦,整个装置架在光滑的固定轴承之上。当物体从静止释放后,在时间 t 内下降了一段距离 s,则轮轴的转动惯量为________。(用 m、r、t 和 s 表示)

8. 以水平力 f 打击悬挂在 P 点的刚体,打击点为 O,如图 2.32 所示。设刚体的质量为 m,转动惯量为 mR^2,质心 C 到 P 点的距离为 r_C。欲使打击过程中轴对刚体的切向力 $F_t=0$,则打击点 O 到轴的距离 $r_O=$________。

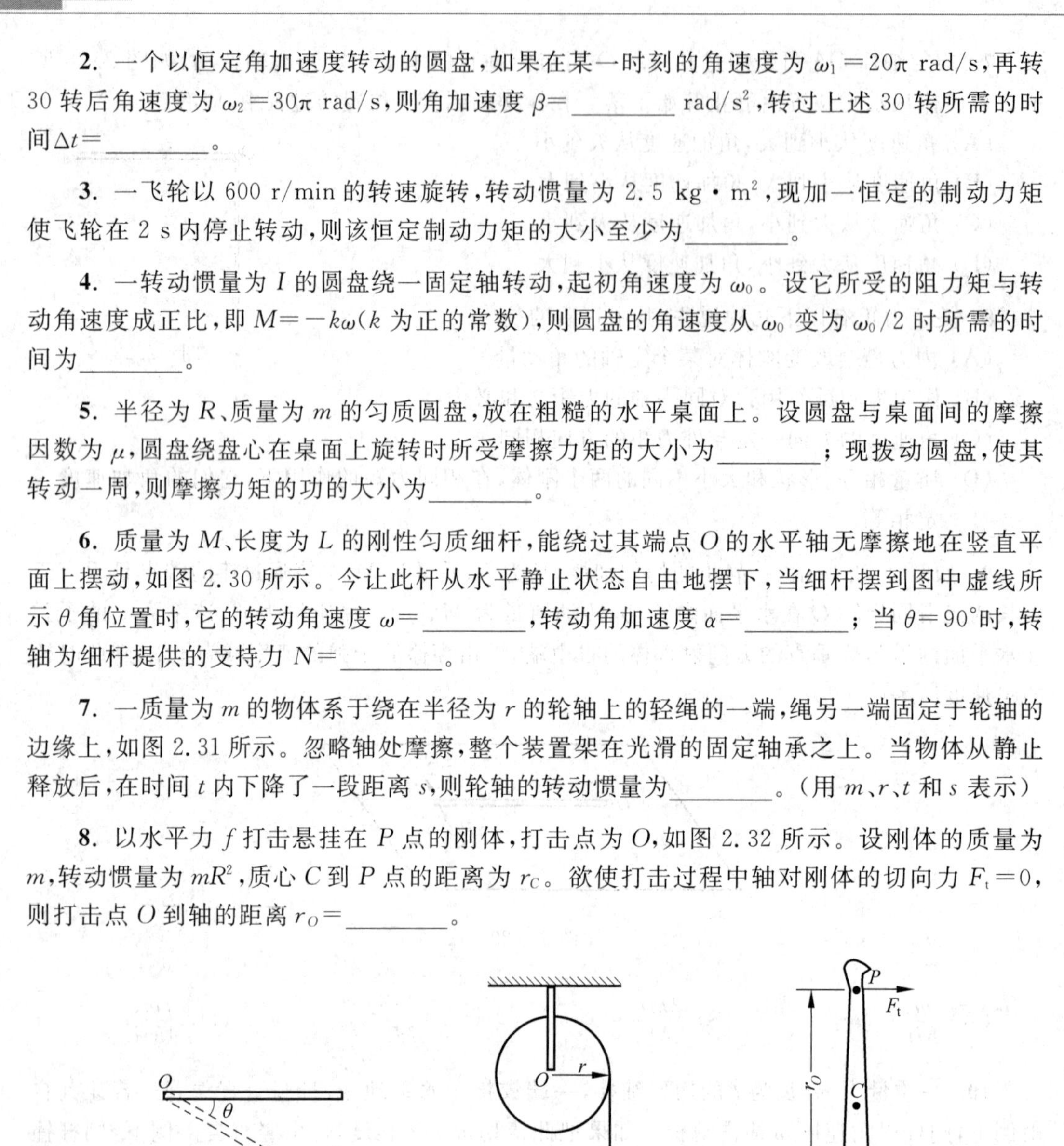

图 2.30　　图 2.31　　图 2.32

9. 一艘船中装的回转稳定器是一个质量为 m、半径为 R 的固定圆盘。它绕着一个竖直轴以角速度 ω 转动。如果用恒定输入功率 P 启动,则要达到上述额定转速所需时间 $t=$________。若使它的轴在船的纵向竖直平面内以角速度 Ω 进动,则船体受的左倾或右倾的力矩 $M=$________。

2.4.3 计算题

1. 一半径为 R、转动惯量为 J 的物体,可绕装在光滑轴承上的竖直轴转动,如图 2.33 所示。一根轻绳绕在物体的"赤道"上,然后跨过滑轮,系在一质量为 M 的物体上。设滑轮

是质量为 m、半径为 r 的匀质圆盘，其转轴无摩擦，求物体 M 下落的加速度 a。

2. 半径为 R、质量为 m 的匀质圆盘式滑轮固定在斜面上，如图 2.34 所示。设滑轮轴光滑，滑轮与绳之间无相对滑动。滑轮两边用轻绳连接两个质量均为 m 的物体，其中一个置于斜面上，与斜面之间的摩擦因数为 μ，求两个物体的加速度以及轮两侧绳的张力。

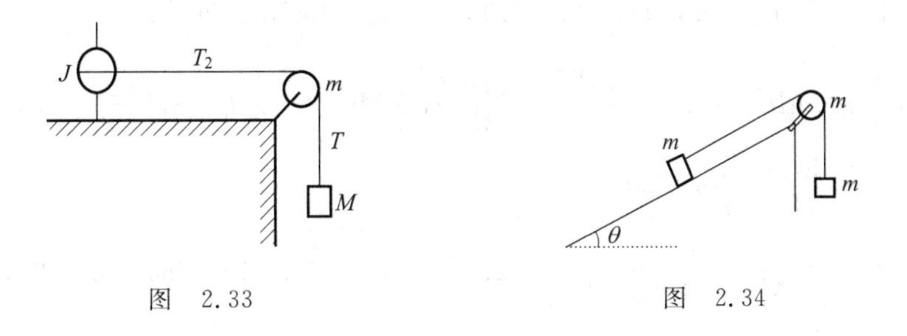

图　2.33　　　　图　2.34

3. 一半径为 20 cm 的飞轮，从静止开始以 3.14 rad/s^2 的角加速度转动。当飞轮刚好转过 90°时，求飞轮边缘上任一点的切向加速度 a_t 和法向加速度 a_n。

4. 如图 2.35 所示的均匀圆柱体，半径为 R，质量为 M，可绕固定的光滑水平轴转动。圆柱体原来处于静止状态。现有一颗质量为 m、速度为 v 的子弹射入圆柱体边缘。求：子弹射入圆柱体后，圆柱体的角速度。

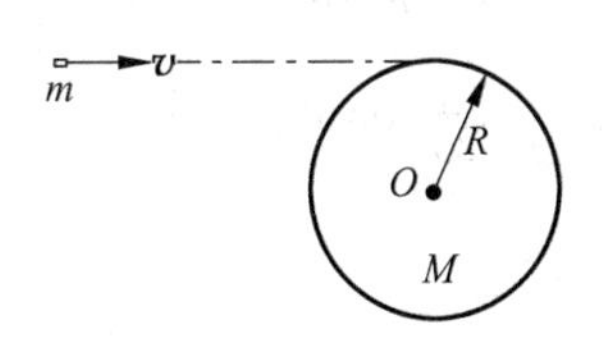

图　2.35

5. 在半径为 R 的转台上，有一人静止地站在距转台竖直中心光滑轴 $R/2$ 处。设人的质量是转台质量的 1/10，且设人和转台正一起绕竖直定轴以角速度 ω_0 匀速转动。如果人开始以相对转台的速度 $\boldsymbol{v}$、沿与转台转动的反方向作圆周运动，试求转台相对地的角速度。

6. 一个高为 h、底部半径为 R 的圆锥体可绕铅直的对称轴自由转动，如图 2.36 所示。锥体表面沿母线刻有一条光滑细槽。若锥体以角速度 ω_0 旋转时，有一质量为 m 的小滑块自槽的顶端从静止开始沿槽下滑。已知圆锥体绕对称轴的转动惯量为 J，求当滑块到达底部时运动速度的大小。

7. 一长为 l 的均匀细麦秆可绕通过中心 O 的固定水平轴在铅垂面内自由转动，如图 2.37 所示。开始时麦秆静止于水平位置。一质量与麦秆相同的甲虫以速度 v_0 垂直落到麦秆的 1/4 长度处，落下后瞬间麦秆以角速度 ω 转动，甲虫则立即向端点爬行。问：为使麦秆以均匀的角速度 ω 转动，甲虫应以多大速度沿麦秆爬行？

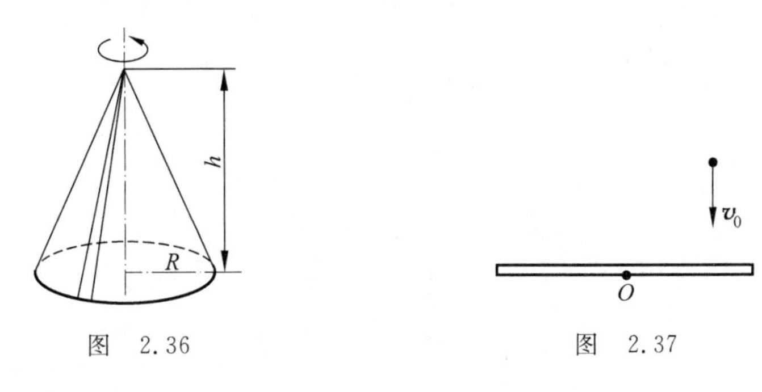

图　2.36　　　　图　2.37

参考答案

2.4.1 1. C；2. B；3. C；4. C；5. C；6. B；7. A；8. B；9. B；10. B；11. A。

2.4.2 1. $-5.02\boldsymbol{i}+3.76\boldsymbol{j}$；2. 13.1，2.4 s；3. 78.5 N·m；4. $\frac{I}{k}\ln 2$；

5. $\frac{2}{3}\mu mgR$，$\frac{4}{3}\pi\mu mgR$；6. $\sqrt{\frac{3g\sin\theta}{L}}$，$\frac{3g\cos\theta}{2L}$，$\frac{5}{2}Mg$；7. $J=mr^2\left(\frac{gt^2}{2s}-1\right)$；

8. R^2/r_C；9. $\frac{mR^2\omega^2}{4P}$，$\frac{1}{2}mR^2\omega\Omega$。

2.4.3 1. $a=\frac{Mg}{M+m/2+J/R^2}$；2. $a_1=a_2=\frac{2}{5}g(1-\sin\theta-\mu\cos\theta)$，$\frac{1}{5}mg[2+3(\sin\theta+\mu\cos\theta)]$，$\frac{1}{5}mg[3+2(\sin\theta+\mu\cos\theta)]$；3. $a_t=0.628\ \mathrm{m/s^2}$，$a_n=1.97\ \mathrm{m/s^2}$；

4. $\frac{2mv}{(2m+M)R}$；5. $\omega=\omega_0+\frac{2v}{21R}$；6. $v=\sqrt{2gh+\frac{J\omega_0^2R^2(2J+mR^2)}{(J+mR^2)^2}}$；

7. $v=\frac{g}{2\omega}\cos\omega t$。

第3章

狭义相对论基础

3.1 思考题解答

1. 什么是力学相对性原理？在一个参考系内做力学实验能否测出这个参考系相对于惯性系的加速度？

答 相对性原理是指物理规律所反映的各个物理量之间的关系对不同惯性系是相同的，物理量本身对不同惯性系可以不同。力学相对性原理又称牛顿(伽利略)相对性原理，是指一切彼此作匀速直线运动的惯性系，对于描述机械运动的力学规律来说完全等价。比如，一个质点的动量在各惯性系可以不同，但牛顿第二定律的数学形式 $\boldsymbol{F}=\mathrm{d}(m\boldsymbol{v})/\mathrm{d}t=m\boldsymbol{a}$ 在所有惯性系却是一样的。也就是说，在一个惯性系的内部所做的任何力学实验都不能确定这一惯性系本身是在静止状态，还是在作匀速直线运动。

但在非惯性系中，通过惯性力 $\boldsymbol{F}_{\text{惯性力}}=-m\boldsymbol{a}_0$，可以做力学实验测出这个参考系相对于惯性系的加速度 $\boldsymbol{a}_0$。如在转弯的汽车参考系内，测量单摆摆球的平衡位置可得到其自身相对惯性系的加速度。

2. 同时的相对性是什么意思？为什么会有这种相对性？如果光速为无限大，是否还会有同时的相对性？

答 同时的相对性是指：在某一惯性系中同时发生的两个事件，在相对于此惯性系运动的另一个惯性系中观察并不一定同时。这说明时间量度是相对的，它和光速不变、光速有限紧密联系在一起。如果光速是无限的，则破坏了狭义相对论的基础，当然不会再涉及同时的相对性。

由洛伦兹变换，S 和 S' 两惯性系的时空坐标关系为 $t'=\gamma\left(t-\dfrac{u}{c^2}x\right)$。在 S 系中，(t_1,x_1) 和 (t_2,x_2) 发生的两事件的时间间隔为 Δt，在 S' 系中这两事件的时间间隔为

$$\Delta t' = \gamma\left(\Delta t - \frac{u}{c^2}\Delta x\right) = \frac{\Delta t - \dfrac{u}{c^2}\Delta x}{\sqrt{1-u^2/c^2}}$$

如果 S 系中测量的结果是两事件同时发生，即 $\Delta t=0$，那么由上式得

$$\Delta t' = \gamma\left(-\frac{u}{c^2}\Delta x\right)$$

如果 S 系中这同时两事件又是同地发生，即 $\Delta x=0$，则得 $\Delta t'=0$，说明这两事件在 S' 系(其他惯性系)中测量也是同时发生的。如果 S 系中这同时两事件不是同地发生，即 $\Delta x\neq 0$，那么有 $\Delta t'\neq 0$，说明在其他惯性系(S')中测量它们一定是不同时发生的。

上面惯性系间对时间间隔测量的关系式中，惯性系间相对速度 u 与 Δx 是有限的。如果光速是无限的，即 $c\to\infty$，有

$$\Delta t' = \Delta t$$

这说明所有惯性系对两事件发生的时间间隔的测量结果都是一样的，即绝对的，不会再有同时的相对性。相对无限的光速 c，有限的物体运动速度 u 是低速的，低速世界正是牛顿力学的适用范围。

3. 前进中的一列火车的车头和车尾各遭到一次闪电袭击。据车上的观察者测定这两次袭击是同时发生的。试问：地面上的观察者测定这两次袭击是否仍然同时？如果不同时，何处先遭袭击？

答 车上的观察者测定的同时不同地的两次袭击(事件)，地面上的观察者测定一定不同时，而且一定是沿火车前进方向的后方事件(车尾)先发生。

S'(车)对两事件的记录可以写为：车尾(x_1',t')；车头(x_2',t')。

S(地)对两事件的记录可以写为：(x_1,t_1)；(x_2,t_2)。

设车沿着地面 S 系的 x 正方向前进，如图3.1所示，根据洛伦兹变换，有

$$t_2-t_1=\gamma\frac{u}{c^2}(x_2'-x_1')$$

因 $x_2'>x_1'$，所以 $t_2>t_1$，车尾的袭击先发生。

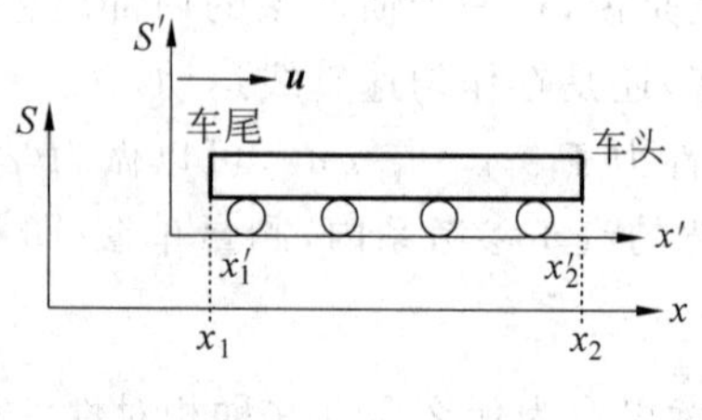

图 3.1

如果火车是倒退运动，上式中 u 为负值，地面上的观察者测定的一定是车头先遭袭击。

4. 如果在 S' 系中两事件的 x' 坐标相同(例如在图3.2中，静止于 S' 系的 M' 是闪光光源，A' 和 B' 是沿 y' 向配置的接收器，C_1' 和 C_2' 是紧挨接收器的时钟，接收器分别接收到闪光光源发出的光脉冲事件就是 x' 坐标相同的两事件)，那么当在 S' 系中观察到这两个事件同时发生时，在 S 系中观察它们是否也同时发生？

答 S 和 S' 是两惯性系，且 S' 以速度 u 沿 S 的 x 轴正向运动。根据洛伦兹变换，有

$$\Delta t=t_2-t_1=\gamma\left(\Delta t'+\frac{u}{c^2}\Delta x'\right)$$

对于一个惯性系(S')中 x' 坐标相同的两个同时事件，因 $\Delta x'=0$，$\Delta t'=0$，一定有 $\Delta t=0$，即在其他惯性系(S)中也一定是同时发生的。

例如图3.2的例子。在 S' 系中观测，如图3.2(a)所示。M' 在 t_0' 时刻同时向上和向下各发射一光脉冲，由光速不变原理，它们向上和向下的速度都为 c。设它们到达 C_1' 和 C_2' 时两

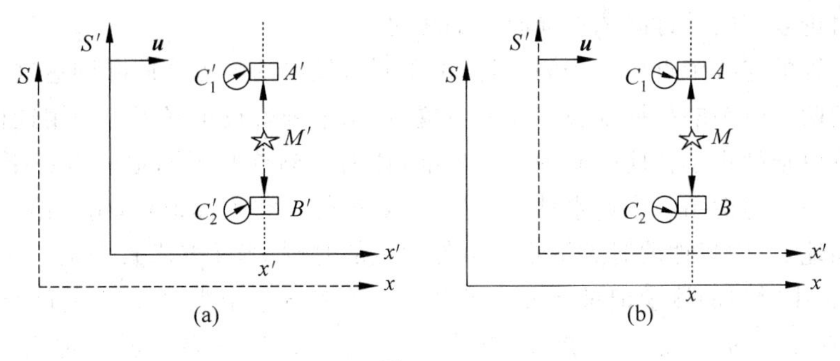

图 3.2

个钟的指针分别指向 t_1' 和 t_2' 时刻，即这两个同坐标 x' 的事件的发生时刻分别为

$$t_1' = t_0' + \frac{\overline{M'A'}}{c},\quad t_2' = t_0' + \frac{\overline{M'B'}}{c}$$

在 $\overline{M'B'} = \overline{M'A'}$ 条件下，有

$$\Delta t' = t_2' - t_1' = \frac{\overline{M'B'} - \overline{M'A'}}{c} = 0$$

即这同坐标 x' 的两事件是同时性事件。

在 S 中观测这 S' 中的两个同时性事件，如图 3.2(b)所示。两个光脉冲是闪光光源在 S' 中的 t_0' 时刻同时发出的，在 S 中这两个光脉冲必定也是同时发出的，记为 t_0 时刻。它们到达接收器的时刻用 S 中的 C_1，C_2 记录，分别为 t_1，t_2。因为垂直两惯性系相对运动方向不存在相对论的尺缩效应，$\overline{MB} = \overline{M'B'}$，$\overline{MA} = \overline{M'A'}$，所以有 $\overline{MA} = \overline{MB}$；又根据光速不变原理，光速还是 c，当两个光脉冲分别到达接收器时，C_1、C_2 的指针位置一定为

$$t_1 = t_0 + \frac{\overline{MA}}{c},\quad t_2 = t_0 + \frac{\overline{MB}}{c}$$

因为 $\overline{MA} = \overline{MB}$，所以有

$$\Delta t = t_2 - t_1 = \frac{\overline{MB} - \overline{MA}}{c} = 0$$

即光脉冲也是同时地分别到达两个接收器。所以，当在 S' 系中观察到 x' 坐标相同的两个事件同时发生时，在 S 系中观察它们也一定会同时发生。

5. 如图 3.3 所示，在 S 和 S' 系中的 x 和 x' 轴上分别固定 5 个时钟。在某一时刻，原点 O 和 O' 正好重合，此时钟 C_3 和钟 C_3' 都指零。若在 S 系中观察，试画出此时刻其他各钟的指针所指的方位。

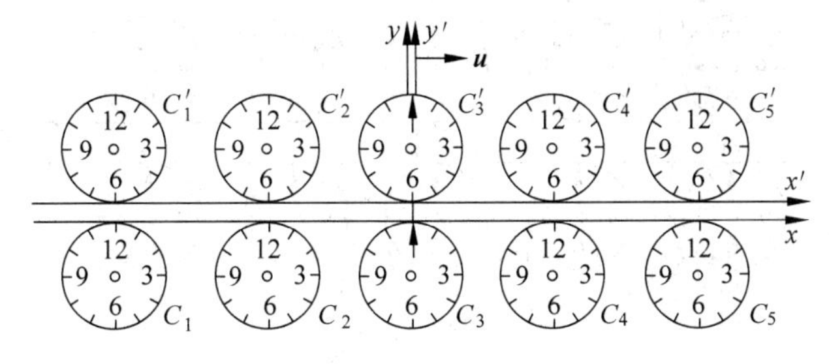

图 3.3

答 相对论效应的关键问题是同时性的相对性。

在两个时钟的连线中点放一个闪光灯,由于同时发出的闪光会同时到达这两个时钟,同时到达时刻把两个时钟的指针都拨为同一位置,这两个钟就校正好了。利用这种方法,在一个惯性系中可以把静止于各地的时钟一一校准,任何时刻这些不同地的时钟指针都会指向同一位置。在一个惯性系中观察事件的发生,就是进行时空坐标记录,用坐标(标尺)标出事件发生的空间地点,用当地的时钟记录下事件发生的时刻,当然要求首先把参考系各地的时钟都校准好,否则时间的测量记录就失去了意义。若在 S 系中观察,S 系的静止时钟都是校准好的,因为在原点的 C_3 指针正指零(标度 12),所以此时 S 系中所有钟指针都指零,如图 3.4 所示。

图 3.4 所示两个惯性系 S 和 S',$t=t'=0$ 时它们的原点 O 和 O' 正好重合,它们对两事件发生的时间间隔测量 Δt 和 $\Delta t'$ 的关系由洛伦兹变换所确定:

$$\Delta t' = t'_2 - t'_1 = \gamma\left(\Delta t - \frac{u}{c^2}\Delta x\right)$$

如果在 S 系中观察到同时($\Delta t=0$)而不同坐标 x 的两事件($\Delta x\neq 0$),那么有

$$\Delta t' = \gamma\left(-\frac{u}{c^2}\Delta x\right)$$

$\Delta t'\neq 0$ 表明两事件在 S' 系中是不同时的。且此式表明 S 系中的 Δx 越大,S' 系中观察到的不同时性($\Delta t'$)越大。例如把图 3.4 中 C_3 和 C'_3(都在各自坐标系的原点)的对齐作为第一个事件,C_4、C'_4 的对齐作为第二个事件,在 S 系中它们是坐标差 $\Delta x=x_4-0=x_4$(不同地)的两个同时事件,在 S' 系的不同时性 $\Delta t'$(令 $\delta=\Delta t'$)就是

$$\delta = \Delta t' = -\gamma\frac{u}{c^2}x_4$$

这说明:在 S' 系中,因为第一个事件发生在零时刻(C'_3 指针指零),那么 x'_4 处第二事件的发生时刻就是 δ,也就是 C'_4 指针所指的位置。因此,只要我们在 S 系中测出每个钟的 x 坐标,测出 S' 系沿 x 正向运动速度 u 的大小,利用上式就可以知道 S' 系中与 S 系中 x 处所对应的各 C' 时钟的指针位置 δ,δ 表示了同时的相对性。

我们设图 3.4 所示的 C_4、C_5、C_2、C_1 的 x 坐标分别为 $2c$、$4c$、$-2c$、$-4c$(其中 c 是光速数值大小),那么它们相对 C_3 的 Δx 分别是 $2c$、$4c$、$-2c$、$-4c$;再设两惯性系的相对速度大小 $u=0.6c$,那么相对论因子 $\gamma=\dfrac{1}{\sqrt{1-u^2/c^2}}=\dfrac{5}{4}$,代入上面式子可求得 S' 系中相应时钟 C'_4、C'_5、C'_2、C'_1 指针位置 δ 分别为 -1.5、-3.0、1.5、3.0 的位置,如图 3.4 所示。

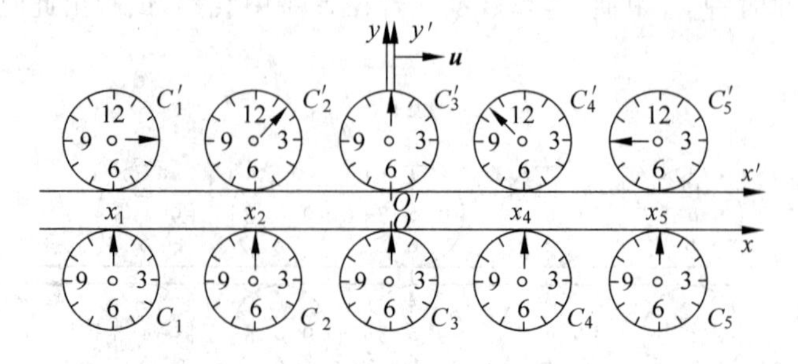

图 3.4

6. 在某一惯性参考系中同一地点、同一时刻发生的两个事件，在任何其他惯性参考系中观测都将是同时的，对吗？

答 对。对于在某一惯性系 S' 中同地（$\Delta x'=0$）又同时（$\Delta t'=0$）发生的两个事件，在其他参考系中观测，有

$$\Delta t = \gamma(\Delta t' + u/c^2 \Delta x') = 0$$

即不管 u 如何，两个事件也都将是同时的。

7. 长度的量度和同时性有什么关系？为什么长度的量度和参考系有关？长度收缩效应是否因为棒的长度受到了实际的压缩？

答 同时的相对性，必然导致长度测量的相对性。在某一参考系中测量棒的长度，就是测量棒的两端点位置之间的距离（如图 3.5 所示），$l=x_2-x_1$。棒静止参考系中两端点位置不变，不管是否同时记录两端位置坐标，结果都是一样的。但在沿棒长度方向运动的参考系中对它的长度进行测量，要求一定同时记录两端位置坐标，否则两端位置之间的距离不代表棒的长度。如果棒静止参考系中测得的固有长度为 l，则在其他沿棒长度方向以 u 运动的惯性参考系中测得的长度为 $l'=l\sqrt{1-u^2/c^2}$，不同的 u 会得到不同的 l'，所以长度的量度与参考系有关，而且有 $l'<l$。此长度收缩是测量上的相对论效应，不是棒的长度受到了实际的压缩。

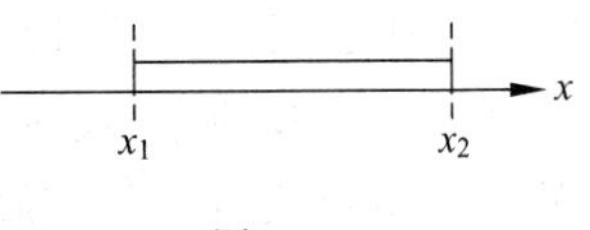

图 3.5

8. 狭义相对论的时间和空间概念与牛顿力学的有何不同？有何联系？

答 牛顿力学的时间和空间概念即绝对时空观的基本出发点是：任何过程所经历的时间不因参考系而有差异，即 $\Delta t=\Delta t'$；任何物体的长度测量不因参考系而不同，即 $l=l'$。狭义相对论认为时间测量和空间测量都是相对的，并且二者的测量互相不能分离而成为一个整体。它们的概念上的不同及联系具体表现在两个惯性系 S 和 S'（以速度 u 相互匀速直线运动）中所各自确定的时空坐标关系。

对于牛顿力学的时间和空间概念，两个惯性系 S 和 S' 中所确定的时空坐标关系是伽利略变换

$$x = x' + ut', \quad t = t'$$

所以有 $\Delta x=\Delta x'$ 和 $\Delta t=\Delta t'$ 的绝对时空观，并且时间测量和空间测量是各自分开的。

对于狭义相对论的时间和空间概念，两个惯性系 S 和 S' 中所确定的时空坐标关系是洛伦兹变换

$$x = \frac{x' + ut'}{\sqrt{1-u^2/c^2}}, \quad t = \frac{t' + \frac{u}{c^2}x'}{\sqrt{1-u^2/c^2}}$$

有 $\Delta x=\dfrac{\Delta x'+u\Delta t'}{\sqrt{1-u^2/c^2}}$ 和 $\Delta t=\dfrac{\Delta t'+\frac{u}{c^2}\Delta x'}{\sqrt{1-u^2/c^2}}$，它强调事务的相对性，突出显示了时间和空间测量的相对性以及二者的互相不能分离。

如果 $u\ll c$，洛伦兹变换就近似为伽利略变换。这说明牛顿力学的绝对时空观是相对论时间和空间概念在低速世界的特例，是狭义相对论在低速情况下忽略相对论效应的很好近似。

9. 在狭义相对论中，垂直于两个参考系速度方向的长度量度与参考系无关，而为什么在此方向上的速度分量却又与参考系有关？

答 其原因在于时间与空间的测量紧密联系在一起，洛伦兹时间变换与空间变换密不可分，速度本身就明确包含时间与空间两个因素。虽然垂直于两个参考系速度方向的长度量度与参考系无关，但时间量度与参考系有关，它必然导致速度在此方向的分量与参考系有关。

10. 能把一个粒子加速到光速吗？为什么？

答 真空中光速 c 是一切物体运动的极限速度，不可能把一个粒子加速到光速 c。由质速关系可知，当 $v\to c$ 时，$m\to\infty$，粒子的能量 $mc^2\to\infty$，在实验室中不存在如此无穷大的能把一个粒子加速到光速的能量。

11. 什么叫质量亏损？它和原子能的释放有何关系？

答 粒子反应中，反应后如存在粒子总的静质量的减少(Δm_0)，则称为质量亏损。原子能的释放指核反应中所释放的能量，是反应后与反应前相比粒子总动能的增量(ΔE_k)，它可通过质量亏损算出，$\Delta E_k=\Delta m_0 c^2$。

以 m_{01} 和 m_{02} 分别表示反应粒子和生成粒子的总静止质量，以 E_{k1} 和 E_{k2} 分别表示反应粒子和生成粒子的总动能，由能量守恒，有

$$m_{01}c^2+E_{k1}=m_{02}c^2+E_{k2}$$

由此得

$$\Delta E_k=E_{k2}-E_{k1}=(m_{01}-m_{02})c^2=\Delta m_0 c^2$$

作一变换

$$\Delta E_k/c^2=\Delta m_0$$

$\Delta E_k/c^2$ 表征的是系统"动质量"的增加，Δm_0 表示系统静止质量的减少，所以上式表明一个孤立系统内部"动质量"和静质量的相互转化。一定的质量相应于一定的能量，核反应中原子能的释放对应于"动质量"的增加，"静质量"的减少，即"质量亏损"。

12. 能否选光子为参考系？

答 不能。光子是一种静止质量为零的特殊粒子，一旦静止它就不存在了。光速不变原理表明光子不会静止，也就是说不存在光子静止的参考系，当然无法选光子为参考系。

13. 光速 c 是否是宇宙间的极限速度？

答 不是。物体间的相对速度不能超过真空中的光速 c，或者说能量的相对传播速度不能超过光速 c，这是相对论的必然结论。但光在透明物体中传播时，在反常色散的情况下，其相对速度是可以大于真空中的光速 c 的，因为相对速度不是能量传播的速度。

例如两个粒子都以速率 $0.8c$ 相对于地面相向运动，在地面上观察两个粒子彼此接近的速率是 $1.6c$，这个速率既非每个粒子相对于地面的速率，又非两个粒子之间的相对速率(在一个粒子上看另一个粒子的速率)，故与相对论不矛盾。总之，对于宇宙间物体的相对运动的速度或能量的传播速度，光速 c 是极限速度。但其他的速度是有可能超过光速 c 的。至于将来是否有实验证实 c 不是宇宙间粒子的极限速度，那是另外的问题。

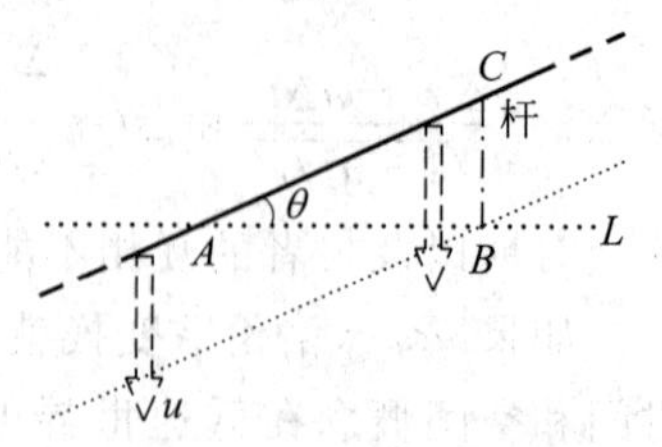

图 3.6

再如图 3.6 所示的例子，一细长杆以速度 u 平行下落，

图中 A 是长杆与水平线 L 的交点。$\mathrm{d}t$ 时间内杆平行下落 $\mathrm{d}h=\overline{BC}$高度时，交点 A 向右移了 $\mathrm{d}x=\overline{AB}$的长度。$A$ 右移的速度

$$V=\frac{\mathrm{d}x}{\mathrm{d}t}=\frac{\cot\theta\mathrm{d}h}{\mathrm{d}t}=u\frac{\cot\theta\mathrm{d}t}{\mathrm{d}t}=u\cot\theta$$

如果 θ 足够小，u 足够大（$u<c$），总会出现 A 右移速度大于 c 的情况。杆下落速度 u 代表物体的速度，代表能量传递速度，c 是它的极限速度。A 的右移速度只是表示相位的速度，是可以大于 c 的。

3.2　例题

1. 一个人在相对地面飞行速度 $v=0.9998c$ 的（c 为光速，$0.9998c$ 至少在理论上是允许的）火箭中生活了 50 年，在地面上的观察者测得此人生活了多长时间？

解　50 年是此人用火箭中的钟记录的时间，是固有时间间隔，即 $\tau_0=50$ 年。用静置在地面上的时钟测得的时间间隔

$$\tau=\gamma\tau_0=\frac{50}{\sqrt{1-(0.9998c)^2/c^2}}\approx 50\times 50\text{ 年}=2500\text{ 年}$$

即地球上已经过去了 25 个世纪。地面上的观测者怎样理解呢？他以自己的钟的读数为时间标准，发现火箭中的钟由于运动而变慢 50 倍，不仅是钟，一切自然进程，如人的新陈代谢、人的发育、人的思想等过程都以相同的比例变慢 50 倍。火箭上生活的人，对时间流逝的测量只能以他带的钟为标准。地面观测者认为既然火箭中的自然过程与钟按同样的比例变慢，那么火箭上的人测得生活年限是 50 年，生活在地球上与生活在火箭上并无差别。时间延缓不能提供自己所在参考系本身在运动的任何证据。

2. μ 子的静止寿命平均为 2.2×10^{-6} s。若按牛顿力学计算，即使它以真空光速（$c=3\times10^8$ m/s）运动，也只能通过 $2.2\times10^{-6}\times3\times10^8$ m$=660$ m 厚的大气层。但已发现宇宙射线中的 μ 子有很多垂直贯穿层厚为 20 km 的大气层到达海平面。设 μ 子的速度为 $u=0.9995c$，试分别以地面参考系和以 μ 子为参考系进行简单计算予以说明。

解　相对论因子

$$\gamma=\frac{1}{\sqrt{1-u^2/c^2}}=\frac{1}{\sqrt{1-(0.9995c)^2/c^2}}\approx 31.6$$

（1）以地面为参考系

μ 子的寿命

$$\tau=\gamma\tau_0=31.6\tau_0=69.5\times10^{-6}\text{ s}$$

它可以通过的距离为

$$L=u\tau=0.9995\times3\times10^8\times69.5\times10^{-6}\text{ km}=20.8\text{ km}$$

所以，地面上可以发现宇宙射线中的 μ 子有很多可以贯穿层厚为 20 km 的大气层到达海平面，且寿命更长的 μ 子可以通过更大的距离。

（2）以 μ 子为参考系

大气层的逆向运动速度大小为 $0.9995c$，其高空端到海平面的长度为

$$L'=\gamma^{-1}L=\frac{1}{31.6}\times20.8\text{ km}\approx0.658\text{ km}=658\text{ m}$$

设一个新的 μ 子正处在高空端，当此 μ 子与海平面相遇时，μ 子运行的时间

$$\Delta t' = L'/u = 658/(0.9995c) \approx 2.2 \times 10^{-6}\ \text{s}$$

这表明,只要静止寿命是 2.2×10^{-6} s 的 μ 子就有可能贯穿层厚为 20 km 的大气层到达海平面。当然,大量平均静止寿命是 2.2×10^{-6} s 的 μ 子有很多会到达海平面。

3. 将一根直棒放在 S'系($O'x'y'$)中观察,其静止长度 l'为 1 m,与 x'轴的夹角 θ'为 45°。试求它在 x 轴和 x'轴重合的相对速度是 $u=\sqrt{3}c/2$ 的 S 系中的长度 l 和它与 x 轴的夹角 θ。

解 画出示意图如图 3.7 所示。

S'系,l'在两轴上的分量为

$$\Delta x' = l'\cos\theta'$$
$$\Delta y' = l'\sin\theta'$$

S 系,由尺缩效应得

$$\Delta x = \gamma^{-1}\Delta x' = l'\cos\theta'\sqrt{1-u^2/c^2}$$
$$\Delta y = \Delta y' = l'\sin\theta'$$

在 S 系中棒长为

$$l = \sqrt{(\Delta x)^2 + (\Delta y)^2} = l'\left(1-\frac{u^2}{c^2}\cos^2\theta'\right)^{1/2} = \sqrt{1-(1/2)\times(3/4)}\ \text{m} = 0.79\ \text{m}$$

l 与 x 轴的夹角为

$$\theta = \arctan\frac{l'\sin\theta'}{l'\cos\theta'\sqrt{1-u^2/c^2}} = \arctan\left(1-\frac{u^2}{c^2}\right)^{-1/2}$$
$$= \arctan 2 = 63.43°$$

由 S 系测量结果可知,运动的棒不但收缩,而且转向。

4. S'系相对 S 系的速度为 u,如图 3.8 所示。一脉冲光源在 S'系的原点发出一光脉冲,其传播方向在 $x'y'$平面内并与 x'轴夹角为 θ'。试求在 S 系此脉冲传播方向与 x 轴的夹角,并证明在 S 系此脉冲的速率仍是 c。

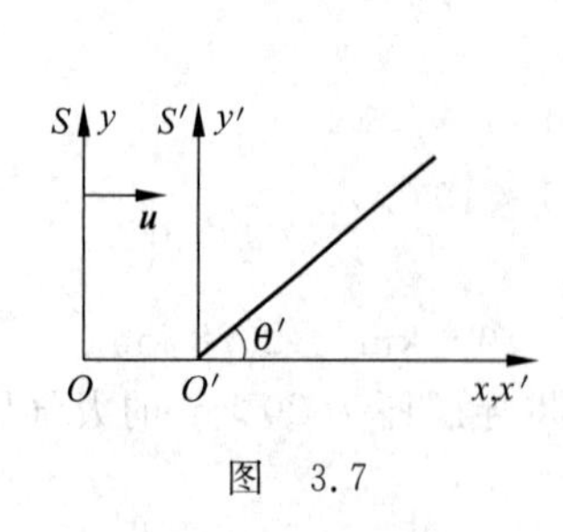

图 3.7

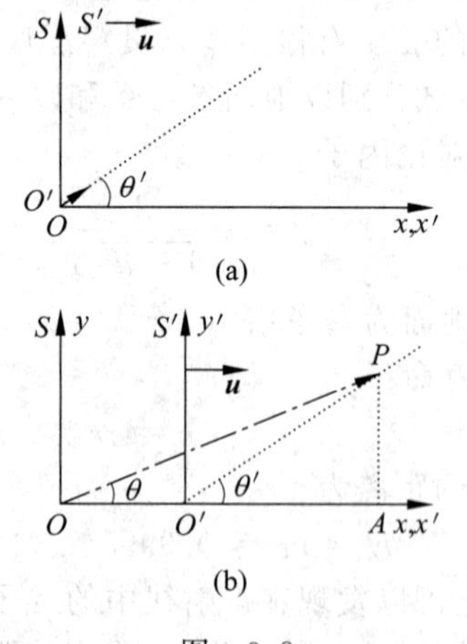

图 3.8

(a) 发出光脉冲;(b) 脉冲到 P 点

解 两惯性系对脉冲的发出和到达 P 点两个事件的时空记录如下:

S 系: $(0,0,0)$; (x,y,t)

S' 系: $(0,0,0)$; (x',y',t')

由洛伦兹变换：

$$x=\gamma(x'+ut'),y=y',t=\gamma(t'+ux'/c^2)$$

在 S 系，此脉冲传播方向与 x 轴的夹角的正切

$$\tan\theta=\frac{y}{x}=\frac{y'}{\gamma(x'+ut')}=\frac{ct'\sin\theta'}{\gamma(ct'\cos\theta'+ut')}$$
$$=\frac{c\sin\theta'\sqrt{1-u^2/c^2}}{c\cos\theta'+u}$$

其中，ct' 是 S' 系中 $0\sim t'$ 内脉冲到 P 点所走的距离。

由上式得

$$y=x\tan\theta=\frac{c\sin\theta'\sqrt{1-u^2/c^2}}{c\cos\theta'+u}x$$

而由洛伦兹变换可得

$$x=\frac{c\cos\theta'+u}{c+u\cos\theta'}ct$$

所以

$$x^2+y^2=\left[1+\left(\frac{c\sin\theta'\sqrt{1-u^2/c^2}}{c\cos\theta'+u}\right)^2\right]x^2=\frac{c^2+2cu\cos\theta'+u^2\cos^2\theta'}{(c\cos\theta'+u)^2}x^2$$
$$=\frac{(c+u\cos\theta')^2}{(c\cos\theta'+u)^2}x^2=\frac{(c+u\cos\theta')^2}{(c\cos\theta'+u)^2}\cdot\frac{(c\cos\theta'+u)^2}{(c+u\cos\theta')^2}c^2t^2=c^2t^2$$

结果正是 S 系中所测 OP 的长度的平方。OP 的长度 ct，正是光脉冲在 $0\sim t$ 时间间隔内走的距离。所以，光脉冲的速率在 S 中仍是 c。

5. 载有激光武器的汽车以 u 匀速运动时，在前方 l' 远处发现了一枚导弹。测定导弹飞行的方向正是汽车前进的方向，其速率为 v'，并同时朝导弹发射一激光脉冲。设汽车为 K' 系，地面为 K 系，并以汽车发射激光脉冲处作为时空始点，问：

(1) 在 K 系中激光脉冲何时何地击中导弹？

(2) 从发射激光脉冲到击中导弹这段时间内，导弹在 K 系中运动的距离是多少？

解　(1) 画出示意图如图 3.9 所示。先求出在 K' 系中激光脉冲击中导弹的时间、地点 (t_2',x_2')。

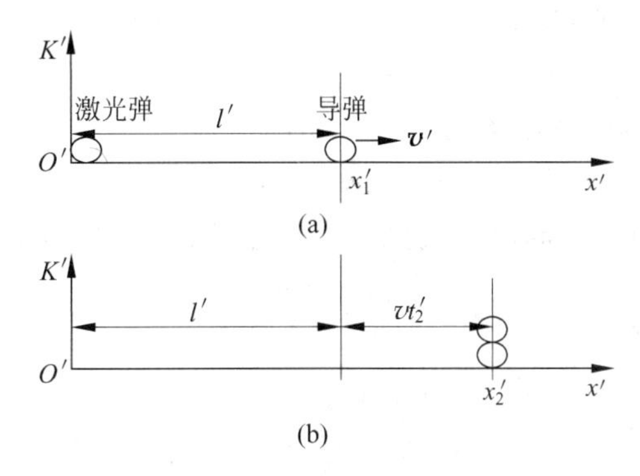

图　3.9

(a) 两事件同时发生 $(0,0)$，$(x_1',0)$；(b) 激光脉冲击中导弹 (t_2',x_2')

在 K' 系，从发射激光(或发现导弹)到击中导弹这段时间 t_2' 内，激光脉冲运动的距离是 ct_2'，导弹运动的距离为 $v't_2'$。由运动学关系可得

$$l' + v't_2' = ct_2'$$

$$x_2' = ct_2' = cl'/(c-v')$$

由洛伦兹变换，在 K 系中激光脉冲击中导弹的时间、地点为

$$t_2 = \frac{t_2' + x_2'u/c^2}{\sqrt{1-u^2/c^2}} = \frac{l'/(c-v') + [cl'/(c-v')](u/c^2)}{\sqrt{1-u^2/c^2}}$$

$$= \frac{l'(c+u)}{c(c-v')\sqrt{1-u^2/c^2}}$$

$$x_2 = \frac{x'_2 + ut'_2}{\sqrt{1-u^2/c^2}} = \frac{cl'/(c-v') + ul'/(c-v')}{\sqrt{1-u^2/c^2}}$$

$$= \frac{l'(c+u)}{(c-v')\sqrt{1-u^2/c^2}}$$

(2) K 系中，激光炮弹是在 $t_1=0$ 时刻发射的，是在 t_2 时刻击中导弹的，导弹运行的时间间隔是 t_2。由洛伦兹速度变换可得导弹在 K 系中的速度

$$v = \frac{v'+u}{1+uv'/c^2}$$

发射激光炮弹到击中导弹这段时间内导弹在 K 系中运动的距离

$$\Delta s = vt_2 = \frac{v'+u}{1+uv'/c^2} \cdot \frac{l'(c+u)}{c(c-v')\sqrt{1-u^2/c^2}}$$

6. 一个装有无线电发射和接收装置的宇宙飞船正以 $0.8c$ 的速度飞离地球。当宇航员发射一无线电信号后，信号经地球反射，60 s后宇航员收到返回信号。在地球上测量，问：

(1) 当飞船发射信号时，飞船离地球多远？

(2) 在地球反射信号时，飞船离地球多远？

(3) 当飞船收到反射信号时，飞船离地球多远？

解 设飞船为 S' 系，地球为 S 系，它们原点重合时开始计时，如图3.10所示。

$u=0.8c$，$\gamma=(1-u^2/c^2)^{-1/2}=5/3$。飞船发出信号到接收到反射信号的时间间隔为 60 s，它是飞船上的固有时，在地球上测量，对应的时间间隔是 $t_3-t_1=\tau=\gamma\tau_0=(5/3)\times 60=100\ (\text{s})$。

所以，有(见图3.10(b)～图3.10(d))

$$x_1/c + x_3/c = 100 \tag{1}$$

在 100 s 内飞船运行了 $100u$ 的距离，有

$$x_3 - x_1 = 100u \tag{2}$$

且在信号从飞船到地球所用时间内，飞船从 x_1 运行到了 x_2，有(见图3.10(c)、图3.10(d))

$$x_2 - x_1 = ux_1/c \tag{3}$$

解式(1)、(2)、(3)得

$$x_1 = 10c = 3\times 10^9\ \text{m}$$

$$x_2 = 18c = 5.4\times 10^9\ \text{m}$$

$$x_3 = 90c = 2.7\times 10^{10}\ \text{m}$$

因此，地球上测得：

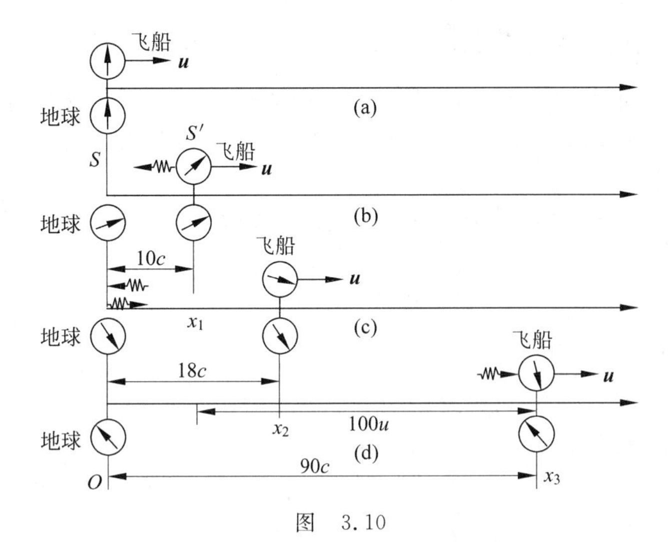

图　3.10

(a) 飞船与地球原点重合时计时开始：(0,0)；(b) 飞船发出信号：(x_1,t_1)；
(c) 地球接收并反射信号：$(0,t_2)$；(d) 飞船接收到反射信号：(x_3,t_3)

(1) 当飞船发射信号时，飞船离地球的距离是 $10c$；

(2) 在地球反射信号时，飞船离地球的距离是 $18c$；

(3) 当飞船收到反射信号时，飞船离地球的距离是 $90c$。

7. 一匀质矩形薄板静止时，测得其长为 a_0，宽为 b_0，质量为 m_0。假定该薄板沿长度方向以接近光速的速度 v 作匀速直线运动，此时薄板的质量面密度 σ 为多少？

解　物体沿长度方向运动，由相对论长度收缩得

$$a = a_0\sqrt{1-v^2/c^2}$$

由质速关系可得运动质量

$$m = m_0/\sqrt{1-v^2/c^2}$$

因此该矩形薄板的质量面密度为

$$\sigma = \frac{m}{ab_0} = \frac{m_0/\sqrt{1-v^2/c^2}}{a_0\sqrt{1-v^2/c^2}\,b_0} = \frac{\sigma_0}{1-v^2/c^2}$$

其中，$\sigma_0=\dfrac{m_0}{a_0b_0}$，如果 $v=4c/5$，有 $\sigma=25\sigma_0/9$。

8. 在折射率为 n 的静止连续介质中，光速 $u_0=c/n$。已知水的折射率 $n=1.3$，当水管中的水以速率 v 流动时，沿着水流方向通过水的光速 u 多大？

解　在与水一起运动的 S' 系中，水中光速 $u'=u_0=\dfrac{c}{n}$，在实验室 S 系中由洛伦兹速度变换，有

$$u = \frac{u'+v}{1+u'v/c^2} = \frac{c/n+v}{1+v/nc} = \frac{c}{n}\cdot\frac{1+nv/c}{1+v/nc}$$

如果按级数展开，略去 $(v/c)^2$ 项和更小项，有

$$u = \frac{c}{n}\left(1+\frac{nv}{c}-\frac{v}{nc}\right) = \frac{c}{n}+v\left(1-\frac{1}{n^2}\right)$$

它等于介质中光速加上介质速率的$(1-1/n^2)$,好像光被介质部分拖动一样。

9. 当一个粒子所具有的动能恰好等于它的静能时,这个粒子的速度有多大?在加速器中,一个质子的速度可以被加速到0.999 996 89c,此质子的动能是其静能的多少倍?此时它的动量大小又是多少?

解 当一个粒子所具有的动能恰好等于它的静能时,有

$$E_k = mc^2 - m_0c^2 = (\gamma - 1)m_0c^2 = m_0c^2$$

$$\gamma_1 = 2 = \left(\sqrt{1 - v_1^2/c^2}\right)^{-1}$$

得此粒子速度大小

$$v_1 = \sqrt{3}c/2 = 0.866c$$

当质子的速度被加速到0.999 996 89c时,有

$$\gamma_2 = \left(\sqrt{1 - v_2^2/c^2}\right)^{-1} = [1 - (0.99999689)^2]^{-1/2} = 401$$

所以,此质子的动能是其静能的倍数为

$$\gamma_2 - 1 = 400$$

质子的总能E_2为$401m_0c^2$,得动量-能量关系如下:

$$E_2^2 = p_2^2c^2 + m_0^2c^4 = (401)^2m_0^2c^4$$

由此得质子动量大小

$$p_2 = 401m_0c$$

10. 设有静止质量都是m_0的两个粒子,分别以$u_1=0.8c$,$u_2=0.6c$的速度在一条直线上同向运动。当二者相撞时,反应合成一个复合粒子。求这个复合粒子的静止质量和运动速度。

解 设M和V是复合粒子的质量和速度。由动量守恒定律有

$$m_1u_1 + m_2u_2 = MV$$

由能量守恒定律有

$$Mc^2 = m_1c^2 + m_2c^2$$

由于$m_1=m_0/\sqrt{1-u_1/c^2}=5m_0/3$,$m_2=m_0/\sqrt{1-u_2/c^2}=5m_0/4$,由此两式可得

$$V = \frac{m_1u_1 + m_2u_2}{m_1 + m_2} = \frac{4/3 + 3/4}{5/3 + 5/4}c = \frac{5}{7}c$$

$$M = 35m_0/12$$

合成粒子的静质量为

$$M_0 = M\sqrt{1 - V^2/c^2} = (35m_0/12) \times \sqrt{24/49} = 2.04m_0$$

M_0大于$2m_0$,说明两粒子碰撞前的一部分动能相应的质量转化为了静止质量。

11. 两个完全相同的粒子,其静止质量均为m_0,一个粒子相对于某一惯性系静止,另一个粒子以恒定的速率射向静止的粒子,其动能为E_k。两粒子发生弹性碰撞后,入射粒子以与入射方向成θ角的方向运动,θ角称为散射角。原来静止的粒子则沿与入射方向成φ角的方向运动,φ角称为反冲角。设在碰撞过程中,散射角与反冲角恰好相等,求散射角θ。

解 两粒子体系在碰撞前后动量守恒、总能量守恒。设两粒子在碰撞前的动量和能量分别为$\boldsymbol{p}_1$、$\boldsymbol{p}_2$和E_1、E_2,碰撞后的动量和能量分别为$\boldsymbol{p}_3$、$\boldsymbol{p}_4$和E_3、E_4,则有

$$\boldsymbol{p}_1 + \boldsymbol{p}_2 = \boldsymbol{p}_3 + \boldsymbol{p}_4$$

$$E_1 + E_2 = E_3 + E_4$$

由题意，$p_2=0$，动量守恒的分量形式为

$$p_1 = p_3\cos\theta + p_4\cos\varphi$$

$$0 = p_3\sin\theta - p_4\sin\varphi$$

由题意，$E_2=E_0$，$E_1=E_k+E_0$，E_0 为粒子的静止能量，$E_0=m_0c^2$，总能量守恒形式为

$$E_k + E_0 + E_0 = E_3 + E_4$$

根据题设，$\theta=\varphi$，解得

$$p_3 = p_4$$

$$p_1 = 2p_3\cos\theta$$

由相对论能量与动量关系式 $E^2=c^2p^2+E_0^2$，以及 $p_3=p_4$，解得 $E_3=E_4$，所以

$$E_k + 2E_0 = 2E_3$$

再由相对论能量与动量关系式 $E^2=c^2p^2+E_0^2$，得

$$c^2p_1^2 = E_1^2 - E_0^2 = (E_k+E_0)^2 - E_0^2 = E_k(2E_0+E_k)$$

$$c^2p_3^2 = E_3^2 - E_0^2 = \frac{1}{4}(2E_0+E_k)^2 - E_0^2 = \frac{1}{4}E_k(4E_0+E_k)$$

于是有

$$\cos\theta = \frac{p_1}{2p_3} = \sqrt{\frac{2E_0+E_k}{4E_0+E_k}}$$

或

$$\cos2\theta = \frac{E_k}{4E_0+E_k}$$

当 $E_k \ll E_0$（相当于非相对论情况）时，$\cos2\theta\to0$，$\theta\to\frac{\pi}{4}$，即在非相对论碰撞中，$\theta+\varphi=\frac{\pi}{2}$；当 $E_k\gg E_0$ 时，$\cos2\theta\to1$，$\theta\to0$，即当入射粒子的动能由小到大变化时，散射角 θ 由大变小变化。散射角的相对论压缩在 1932 年已被实验证实。

12. 用静电场加速电子。

(1) 设加速电压为 U，电子的初速度为零，求电子获得高能后的速度。

(2) 如果此电子获得高能后的速度是 $0.1c$，需多大的加速电压 U？

解　(1) 电子的动能来自静电场所做的功，即

$$E_k = m_0c^2/\sqrt{1-v^2/c^2} - m_0c^2 = eU$$

由此可求得

$$v = c\,\frac{\sqrt{e^2U^2+2m_0c^2eU}}{m_0c^2+eU}$$

当 $eU\ll m_0c^2$，即加速电压不高时，上式可近似为

$$v \approx \frac{\sqrt{2m_0c^2eU}}{m_0c} = \sqrt{\frac{2eU}{m_0}}$$

这正是按照非相对论 $\frac{1}{2}m_0v^2=eU$ 计算的结果。电子的静能 $m_0c^2\approx0.51$ MeV，只要加速电压 $U\ll0.5\times10^6$ V，就可用非相对论公式计算。

(2) 因为 $\gamma=1/\sqrt{1-v^2/c^2}=1/\sqrt{1-0.01}=1.005$，动能增量

$$\Delta E_k = eU = \gamma m_0 c^2 - m_0 c^2 = 0.005 m_0 c^2$$

电子的静能 $m_0 c^2 \approx 0.51$ MeV,那么

$$U = 0.005 \times 0.51\ \text{MV} = 2.55 \times 10^3\ \text{V}$$

等于直接用非相对论 $\frac{1}{2} m_0 v^2 = eU$ 计算的结果。

13. 实验室中两粒子 A 和 B 迎面对撞，如图3.11所示。设碰撞前它们的速率皆为 $0.80c$(c 为真空中光速)，试分别在粒子 B 的静止系和实验室参考系中求出粒子 A 相对 B 的速率。

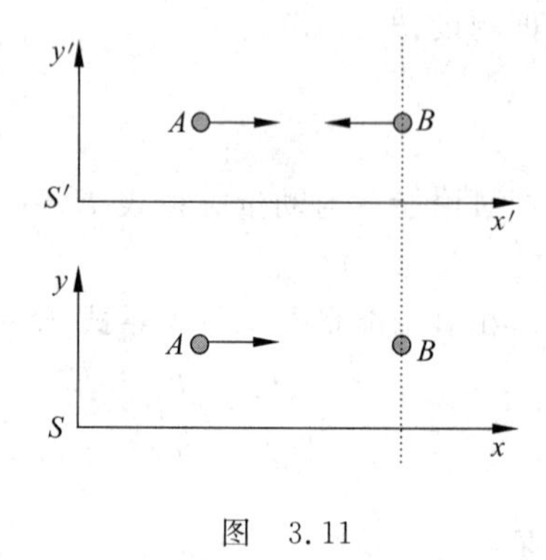

图 3.11

解 设实验室系为 S' 系，粒子 B 的静止系为 S 系，粒子 A 和粒子 B 的运动如图3.11所示，故只需考虑速度的 x 轴分量的变换。

(1) 粒子 B 的静止系

在粒子 B 的静止系 S，实验室系 S' 相对 S 以速度 $u=0.8c$ 沿 x 轴正方向运动。已知实验室系 S' 中粒子 A 以速率 $v'=0.8c$ 沿 x' 轴正向运动，由洛伦兹速度变换，可得 A 在 S 中的速度为

$$v = \frac{v' + u}{1 + uv'/c^2} = \frac{0.80c + 0.80c}{1 + 0.80^2} \approx 0.98c$$

这就是粒子 B 的静止系中观测到的 A 相对 B 的速率。

(2) 实验室参考系

在实验室参考系 S' 中，A 沿 x' 正方向以 $0.80c$ 的速率接近 B，B 以 $0.80c$ 的速率接近 A，A 相对 B 的接近速率为

$$v_{A\text{-}B} = v_{A\text{-}S'} + v_{S'\text{-}B} = 0.8c + 0.8c = 1.6c$$

实验室内的观测者观测到 A 相对 B 的速率为 $1.6c$。这个速率表征的是这两个粒子之间的距离对时间的变化率，它是可以大于 c 的。

3.3 几个问题的说明

3.3.1 钟慢效应相互性的阐明

"测量"即"观测"，是指静系与动系的每一个时空点上都放有各自的尺和钟，每一事件的时空坐标由该系内事件所在时空点的尺和钟来记录。如在 S 系中观测的图3.12所示，S' 系相对 S 系沿 x 轴以速度 $u=0.6c$ 运动。假定两个参考系中的钟以它们原点 O 和 O' 重合的时刻作为计时的零点，即当 C_1' 和 C_1 对齐时，S 系中测量到 C_1' 的指针也指零(见图3.12(a))。

当 S 系中的 C_1、C_2 走时60 s时(见图3.12(b))，C_1' 与 C_2 对齐，由洛伦兹变换

$$\Delta t' = \gamma(\Delta t - L_0 u/c^2)$$

将 $u=0.6c$，$L_0=36c$($c=3.0\times10^8$ m)，$\Delta t=60$ s 代入，得 $\Delta t'=48$ s。动钟 C_1' 走时48 s，动钟慢了，故叫钟慢效应。它也称 S' 系中的时间膨胀，因为 S' 系中的1 s相当于 S 系中的1.2 s。

1. 钟慢的相互性及走时率

相对 C_1'，C_1 和 C_2 以 u 反向运动，S' 系中的观测者也应测量到 C_1、C_2 时钟变慢。那又怎

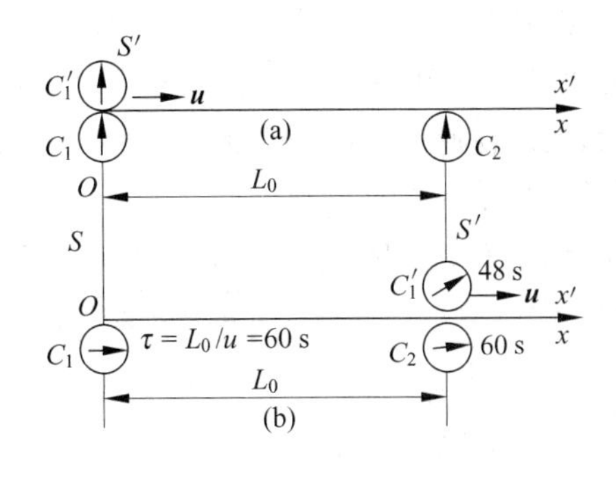

图　3.12

(a) C_1'经过 C_1 时；(b) C_1'经过 C_2 时

样理解呢？关键是同时的相对性。C_1、C_2 是 S 系中校准的不同地的两个钟（即同时不同地），S'系中测量的结果一定是不同时，C_1'和 C_1 对齐都指零时，S'系中测量 C_2 的指针不指零，C_2 指向 δ（在 S'系中测量的图3.13(a)）。可由洛伦兹变换求得

$$t'_{C'2}=\frac{\delta-\dfrac{u}{c^2}L_0}{\sqrt{1-u^2/c^2}}=0$$

$$\delta=\frac{u}{c^2}L_0$$

将 $u=0.6c$，$L_0=36c$ 代入，得 $\delta=21.6$ s。

如在 S'系中测量的图3.13(b)所示，当 C_2 经过 C_1'时（二者对齐），C_1'指向48 s，C_2 指向60 s。S'系中观测到 C_2 钟的走时为（也是 C_1 走时）(60－21.6) s＝38.4 s。S'系中自己的静钟走时48 s，而通过自己的钟分别测量到动钟 C_1、C_2 和 C_3 的指针分别指向38.4 s、60 s和81.6 s，但它们的走时都是38.4 s。C_2 是从21.6 s走到60 s，C_3 是从 $2\delta=43.2$ s 走到81.6 s，动钟变慢了。

如果把动钟的走时与静钟的走时之比定义为动钟的走时率，静钟的走时率是1，动钟的走时率等于 γ^{-1}。图3.12中，$u=0.6c$，$\gamma^{-1}=48/60=4/5$，S 系测量 S'系钟的走时率都是4/5，S 系钟的走时率都是1。图3.13中，S'系测量 S 系钟的走时率也都是 $\gamma^{-1}=38.4/48=4/5$，比自己钟的走时率小了1/5。钟慢是相对的，互测走时率是一样的。

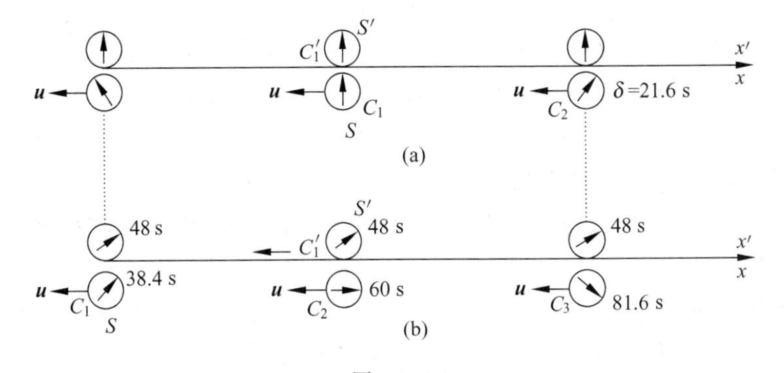

图　3.13

(a) C_1 经过 C_1'时；(b) C_2 经过 C_1'时

2. 纵向的“视觉读数”与测量

钟慢效应是测量的直接结果。如图3.12(b)所示,S系中观测者通过C_2记录下C_1'的指针指向48 s,这是“测量”。那么站在原点O(C_1钟处)的S系中观测者此时“看见”C_1'指针正指什么呢?这就是所谓纵向的“视觉读数”。

“看见”C_1'的指针位置是指O点观测者接收到C_1'“指针位置”的光信号。C_2的测量记录是48 s,而此“48 s”光信号传播到O点还需$L_0/c=36$ s,即O点(C_1处)的观测者在C_1指针指向96 s时才“看见”C_1'指针正指48 s。如设S系中原点C_1处任意t时刻“看见”C_1'的指针位置即“视觉读数”为$t'_{视}$,应有(见图3.14)

$$t=\gamma t'_{视}+\gamma t'_{视}u/c$$

其中$\gamma t'_{视}u=L_0$是C_1'从和C_1对齐运动到和C_2对齐走过的距离,由上式得

$$t'_{视}=t\sqrt{\frac{c-u}{c+u}}$$

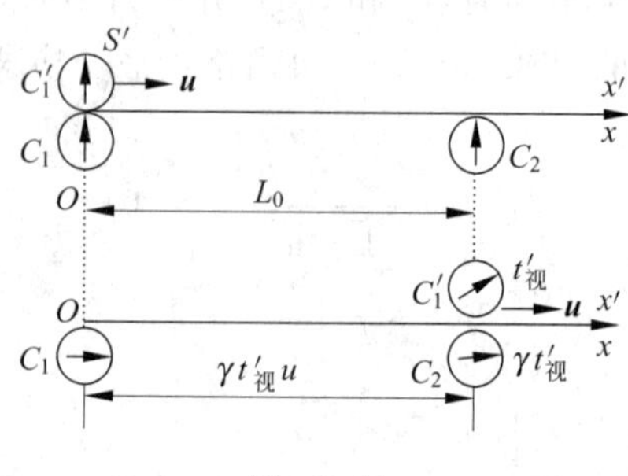

图 3.14

当C_1指针为60 s时,原点接收到(看见)运动钟$C_1'(u=0.6c)$的指针位置信号为30 s。如果把S'系中的30 s(S系中原点的视觉读数)当作运动光源的一个周期信号($T'=30$ s),t就是接收器接收到的周期($T=60$ s)。这就是光的纵向多普勒效应问题,以后再进行讨论。然而S系中测量到C_1'为30 s时,自己的钟正表明的时刻是$\gamma t'_{视}=37.5$ s。原点接收到“C_1'的指针指向30 s”这一信号还需$\gamma t'_{视}u/c$的时间,即原点看见这一信号时原点处的C_1指针指向$t=\gamma t'_{视}+\gamma t'_{视}u/c=37.5+37.5\times 0.6c/c=60$ s。

3. “理想转向”引起的绝对钟慢效应

如图3.12(b)所示,如果此时C_1'突然“理想转向”飞返C_1,即C_1'的指针指向48 s时刻,其速度突然由$u\boldsymbol{i}$变为$-u\boldsymbol{i}$,反向运动,当C_1'和C_1重对齐时会有什么结果呢?

S系中的测量,飞返的C_1'从C_2处运行到C_1处还需$L_0/u=60$ s,C_1、C_2指针从60 s走到120 s位置。由于钟慢效应,运动的C_1'走时率为4/5,指针应从48 s走到96 s位置。也就是二者都从零起第一次对齐,到第二次重对齐时C_1'走时96 s,C_1走时120 s。同样的两个钟,由于动钟(C_1')的去返和静钟(C_1)相比的确产生了钟慢的绝对物理效应,C_1'比C_1慢了24 s(96 s对120 s)。

S'惯性系中,出航的C_1'的走时为0~48 s时,因为C_1的走时率为4/5,它的指针位置对应的应是从0走到38.4 s(见图3.13(b))。对于返航的C_1'钟,其实是突换了另一个惯性系S'',如图3.15(a)所示。S''系中,要返航的C_1'钟对C_2的测量结果是60 s(48 s对60 s),C_2的走时率是4/5,走时应是38.4 s。之所以是60 s,一定是它从21.6 s走到60 s,一开始就有

了没有校准量 $\delta=21.6\ \mathrm{s}$，那么 C_1 就应有 $2\delta=43.2\ \mathrm{s}$ 的没有校准量（可以由洛伦兹变换求得），所以 C_1 的指针此时应指在 81.6 s(43.2 s+38.4 s)。即由于 C_1' 的理想转向引起了 C_2 的 δ、C_1 钟的 2δ 时间跃变，这正反映了不同惯性系对时空测量的相对性。如图 3.15(b)所示，C_1' 从理想转向后到与 C_1 重遇，S'' 中 C_1' 钟又走时 48 s，C_1 再走时 38.4 s。C_1' 指针从 48 s 走到 96 s 位置，C_1 指针从 81.6 s 走到 120 s 位置。钟慢效应的测量是相对的，但 96 s 对 120 s 的钟慢绝对物理效应也是存在的，这是由于 C_1' 的加速过程的存在（自己可以判断出自己的加速过程），它自己的确慢了 24 s。

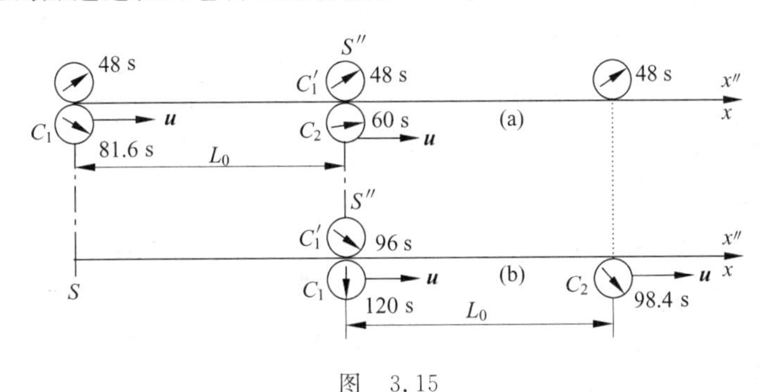

图　3.15

(a) 突换成 s'' 系；(b) C_1 和 C_1' 重对齐

如果把 C_1、C_1' 换成一对孪生子，由于“理想转向”的加速过程的存在，乘飞船出航又返航的那个确实变得年轻了。这个结论已被艳原子钟的实验所证实。1971 年 10 月曾用两组艳原子钟做实验，一组放在实验室不动，另一组由喷气客机载运绕地球一周又回到原地。作加速运动回到原地的原子钟确实变慢了，慢了(203±10)ns。绝对钟慢效应的存在，是由于相对惯性系的加速运动所致。钟慢效应的相互性（狭义相对性原理）只能应用于相对作匀速运动的惯性系，惯性系在狭义相对论中占有特殊的地位。

3.3.2　尺缩效应相互性的阐明

1. 尺缩效应的相互性及收缩率

以 $u=0.866c$ 为例。如图 3.16(a)所示，K' 系以 $u=0.866c$ 的速率相对 K 系沿 x 正方向运动。如上讨论，当 K 系中已校准的钟 C_1、C_2 走时 6 h 时（见图 3.16(b)），动钟 C_1' 从 A 走到 B。K 系中测得 AB 的长度

$$\Delta x = L_0 = ut = 6u/c\ \text{光时}$$

它是 K 系中用 C_1、C_2 两个时钟的计时，即(0：00)和(6：00)，测出的 AB 长度既是测得的动钟 C_1' 在 6 h 内走过的距离，也是 C_1、C_2 的间距，它是 K 系的静尺长度。又因为相对论因子 $\gamma=2$，动钟的走时率是 1/2，所以此时 C_1' 的指针指在 3：00 位置。

在 K' 系中，$6u/c$ 光时的 AB 长度是以 $-u$ 反向运动的动尺，如图 3.17(a)所示，对此动尺的测量要保证同时记录 A、B 的空间坐标。由洛伦兹变换 $\Delta x=\gamma(\Delta x'+u\Delta t')=\gamma L'$，$K'$ 系中测得 AB 长为

$$L' = \gamma^{-1} L_0 = 3u/c\ \text{光时}$$

动尺收缩。当然这也可用同地的一个钟顺序地记录此动尺的头尾时间坐标计算得出。图 3.17(a)中 C_1' 记录 A 的时间坐标为(0：00)，图 3.17(b)中对 B 的记录为(3：00)，

$\Delta t'=3$ h,对动尺 AB 进行长度测量有

$$L' = \Delta x' = u\Delta t' = 3u/c \text{ 光时}$$

它是 K' 系中 AB 动尺相对 K 系中 AB 静尺的尺缩。另外,K' 系中测得 K 系动钟走时率也是1/2,C_1' 走时3 h,K 系动钟走时都应为1.5 h。图3.17(b)中 C_2 和 C_1' 对齐时,动钟 C_2 的指针指在6:00(参考图3.16),显然在图3.17(a)中的 C_2 的指针应指在4:30。

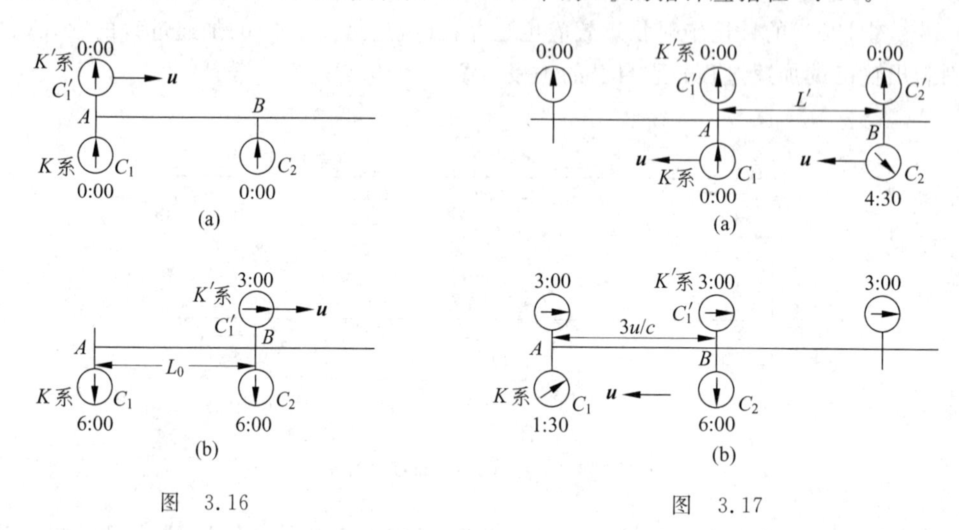

图 3.16

图 3.17

当然,K' 中测得的 AB 动尺长 $L'=3u/c$ 光时也是 C_1'、C_2' 的间距。作为间距,它是 K' 系中的静尺,K 系的动尺,K 系对此动尺测量结果应小于 $3u/c$,按尺缩效应应为 $\gamma^{-1}L'=1.5u/c$ 光时。显然,上面图3.16中 K 系测出的 AB 长度($6u/c$ 光时)不是对 C_1'、C_2' 的间距的测量结果,尽管图3.17(a)中 C_1'、C_2' 分别位于 A、B 处(即分别与 A 处的 C_1 和 B 处的 C_2 对齐)。那又怎样理解上面已经测得的 AB 长度($6u/c$ 光时)?它是对 K' 系中哪个对应的静尺、K 系的动尺的测量结果呢?

问题关键在于同时的相对性,一个惯性系中同时不同地的两个事件,在另一惯性系中不会同时发生。图3.17(a)中,K' 中位于 A、B 处的 C_1' 和 C_2' 与 K 系中 C_1 和 C_2 同时对齐的两个事件,在 K 系中不会同时发生。也就是说在 K 系中,如果让 A 处的 C_1 和 C_1' 对齐,那和 C_2' 同时对齐的不再是 B 处的 C_2 而是 C_3,见图3.18(a);如果让 B 处的 C_2 和 C_2' 对齐,那和 C_1' 同时对齐的不再会是 A 处的 C_1 而是 C_4,见图3.18(b)。在图3.18(a)中,K 系中对 C_1'、C_2' 的间距动尺的测量是用 C_1、C_3 同时(0:00)记录 C_1'、C_2' 在 K 系中的空间坐标;而图3.18(b)中同时(4:30)作记录的是 C_4、C_2,

$$L = \Delta x = \gamma^{-1}L' = 1.5u/c \text{ 光时}$$

当然也可用 C_3(见图3.18(a))和 C_2(见图3.18(b))分别先对 C_2' 后对 C_1' 作时间坐标记录求得。例如图3.18(b)中,C_2 对 C_2' 的时间记录是(4:30),图3.18(c)中 C_2 对 C_1' 的记录是(6:00),C_2 走时为1.5 h,所以 K 系对 C_1'、C_2' 间距的测量结果为

$$L = u\Delta t = 1.5u/c \text{ 光时} = \gamma^{-1}L'$$

动尺收缩。图3.18(a)中,与 A 处 C_1、B 处 C_2 同时对齐的是 C_1' 和 C_3',$L_0=6u/c$ 光时可以看做是对 C_1' 和 C_3' 间距的动尺测量的结果。由于动钟走时率为 K 系钟的1/2,图3.18(c)中 C_1' 指针位置是(3:00);由图3.18(b)到图3.18(c),K 系钟走时90 min,C_1' 走时应为

45 min，所以图 3.18(b)中 C_1' 指针指在(2：15)，而 C_2' 指针位置由图 3.17 已知为(0：00)；由于从图 3.18(a)到图 3.18(b)K 系钟走时 4.5 h，所以 C_2' 走时 2.25 h，图 3.18(a)中它的指针位置应为(−2：15)。

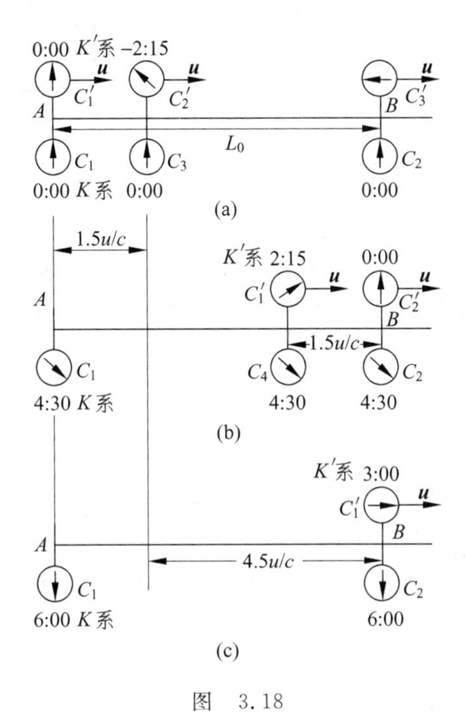

图　3.18

类似于走时率，把动尺长度与静尺长度之比作为动尺收缩率，那么动尺收缩率等于 γ^{-1}，静尺的收缩率为 1。尺缩是相互的，两惯性系间互测收缩率是一样的。上面例子中，K 系测得 L' 的收缩率和 K' 系测得 L_0 的收缩率都是 1/2，从中也可体现出狭义相对论中 γ 因子的作用。图 3.18(a)中，因动尺收缩率是 1/2，对应 $L_0=6u/c$ 光时的 K' 系中 C_1' 和 C_3' 间距静尺长为 $12u/c$ 光时。

2. 尺缩佯谬及其解释

有一列车，其静止长度 $l_0=100$ m，又有一车库，其静止长度 $L_0=50$ m，如果列车以速度 $u=0.866c$ 向开着大门的车库驶去，列车是否可以顺其长度方向全部进入车库并让库门关上？设车库为 S 系，列车为 S' 系。根据洛伦兹收缩，在 S 系和 S' 系上的观察者所得到的计算结果和结论如下。

观测位置	车库长	列车长	能否进入
S(车库)观测	$L=L_0=50$ m	$l=\gamma^{-1}l_0=50$ m	能进入
S′(列车)观测	$L'=\gamma^{-1}L_0=25$ m	$l'=l_0=100$ m	不能进入

表中两个参考系通过观测所得结论是矛盾的。但列车能否全部进入车库应该是一个客观事实，不应该有两种相互矛盾的结论，上述两个结论不可能都对，否则相对论就有问题了，这就是洛伦兹尺缩佯谬。

图 3.19 中，在 S 系中测量，列车的长度 $l=\gamma^{-1}l_0=50\ \text{m}=L_0$，当列车头部到墙时($B'$ 与

B 对齐),刚好把门关上(同时不同地事件,A'与 A 对齐)。

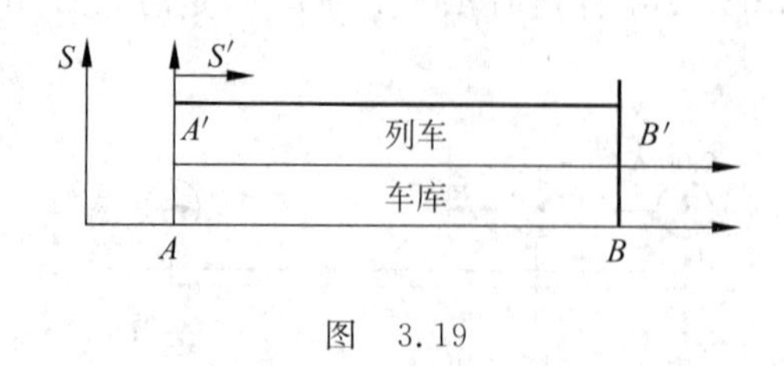

图 3.19

在 S'系中来看,列车能不能全部进入车库,关键是 A'与 A 的相对位置。若列车尾部 A'在 A 的右面或正好对齐(如图 3.20 所示),门能关上,车能全进入;若 A'在车库门外,车不能全进入。S 中测量的同时不同地事件,在 S'中不同时。S'中列车头部撞墙先发生(t_2'),关库门后发生(t_1'),撞墙事件早发生的时间是

$$\Delta t' = \delta = -l_0 u/c^2 = -2.9 \times 10^{-7}\ \text{s}$$

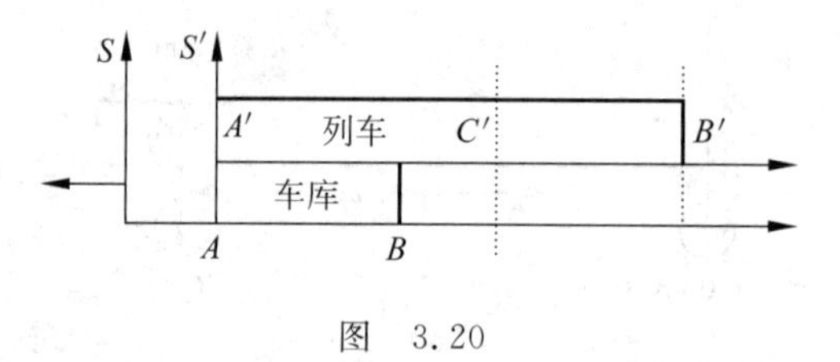

图 3.20

在此时间内,库门 A 向后移动

$$\Delta x' = u\Delta t' = 75\ \text{m}$$

关门时,正好 A'与门 A 对齐,车能全进入(如图 3.20 所示)。上面表中 S'系观测者的计算是对的,但结论是错误的。

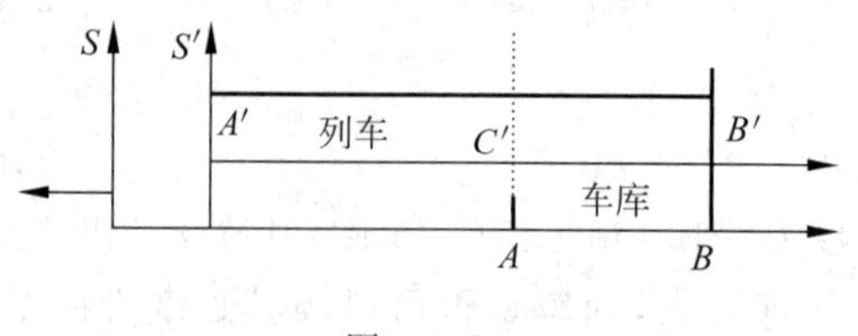

图 3.21

下面从信号传播速度角度再次进行说明,如图 3.21 所示。S'系(列车)中,当列车的前端与车库墙相遇时,车库门 A 与列车 C'点对齐而不是与 A'对齐,列车后端在库外部分长度为(100−25) m=75 m,这就造成了列车不能进入车库的假象。但是,在列车的前端 B'与车库的墙 B 相撞时,列车后端 A'处此时感觉不到,因为列车前端撞墙这一信号是以有限速度传播的。从 B'与 B 相撞到其相互作用传递到列车后端 A'这段时间间隔内,后端 A'的观测者(仍然是在 S'惯性系)将观测到库门 A 仍以速度 u 向车后运动,从 A 和 C'相遇到 A 和 A'相遇的时间间隔为

$$\Delta t_1' = (x_{C'}' - x_{A'}')/u = 75/0.866c = 2.9 \times 10^{-7}\ \text{s}$$

B'和 B 相撞这一事件的信号传至 A'的时间间隔的最小值为

$$\Delta t_2' = l_0/c = 100/(3\times 10^8)\ \mathrm{s} = 3.3\times 10^{-7}\ \mathrm{s}$$

可知 $\Delta t_1' < \Delta t_2'$，即列车前端撞墙这一信号是在列车后端进入车库之后才传递到列车后端的。因此，在 S' 系中观察，列车可全部进入车库并将库门关上。

当然，列车前端与车库封闭端 B 相撞的信号传递到达的部分已不是 S' 系，一旦传到列车后端，整个列车都不属于 S' 系。一旦列车停止运动，就不会有洛伦兹长度收缩，S 系观测者会观测到列车碰墙后迅速伸长，并把门顶开。(鹿士君. 工科物理. 2000, 10(2)：16)

3. 尺缩效应中的“观测”与“观看”

S 中对动尺的“同时测量”，是作时空记录 (x_1, t)、(x_2, t)，其中 t 是处于动尺两端 x_1 和 x_2 的时钟所指的时刻，是利用动尺两端同时发出的光所作的时间记录。如果 S' 系的静尺长为 L_0，$L=(x_2-x_1)=\gamma^{-1}L_0$，就有了测量上的尺缩效应。

“观看”则是动尺发出的同时到达视网膜的大量光子所产生的感觉，或者说同时到达照相机底片的大量光子所造成的图像。这些光子携带的是“看到”以前动尺上发生的信息，并不一定都是动尺同时发出的，所以“测量的”并不一定是“看到的”。

如图 3.22 所示，S 系的 p 点“看”动尺长度，是利用动尺两端 A、B 发出的同时（设为 t_0）到达 p 点的光信号。A 端的信号是 $t_0 - R_1/c$ 时刻发出的，B 端的信号是 $t_0 - R_2/c$ 时刻发出的，$t_1 \neq t_2$，相差 $(R_1 - R_2)/c$。在此时间内，动尺将运行 $u(R_1 - R_2)/c$ 的距离。如果“测量”是在 $(t_0 - R_1/c)$ 时刻同时记录的，那 B 端又走了 $u(R_1 - R_2)/c$ 后发的光才和 A 端的光同时到达眼睛。图中“看到”的长度一定是

$$L_{看} = L_0\sqrt{1-u^2/c^2} + u(R_1 - R_2)/c$$

和测量不同。

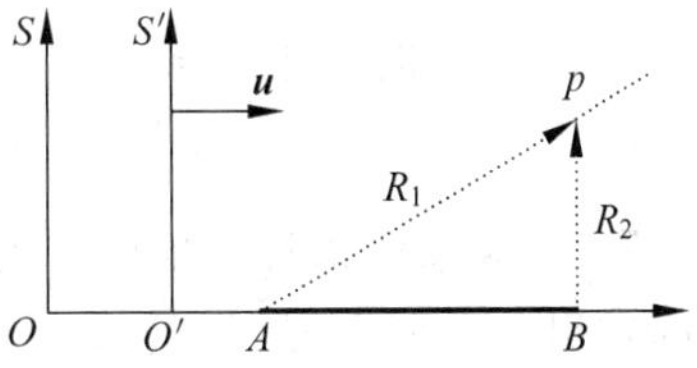

图　3.22

因为 $(R_1 - R_2)$ 与 p 点位置有关，在不同观看点，结果也不一样。对于动尺，只有 $R_1 = R_2$ 时“看到”的和“观测”到的才一样。可以证明，对于运动的球体，测量的结果是椭球体，沿运动向收缩了；但正对一个运动的球横向看，“看”起来还是球形，不过看到的球表面已不是静止时面对的球表面了，而是绕竖直轴旋转了一个角度的球表面。总之，尺缩效应是“看”不出的，也拍不出照片来，它只是测量的结果。

3.4　测验题

3.4.1　选择题

1. 在相对论的时空观中，以下的判断哪一个是对的？(　　)。

(A) 在一个惯性系中，两个同时的事件，在另一个惯性系中一定不同时

(B) 在一个惯性系中，两个同时的事件，在另一个惯性系中一定同时

(C) 在一个惯性系中，两个同时又同地的事件，在另一惯性系中一定同时又同地

(D) 在一个惯性系中，两个同时不同地的事件，在另一惯性系中只可能同时不同地

(E) 在一个惯性系中，两个同时不同地的事件，在另一惯性系中只可能同地不同时

2. S、S' 为两个惯性系，S' 系相对 S 系匀速运动。下列说法正确的是(　　)。

(A) 运动钟的钟慢效应是由于运动走的不准时了

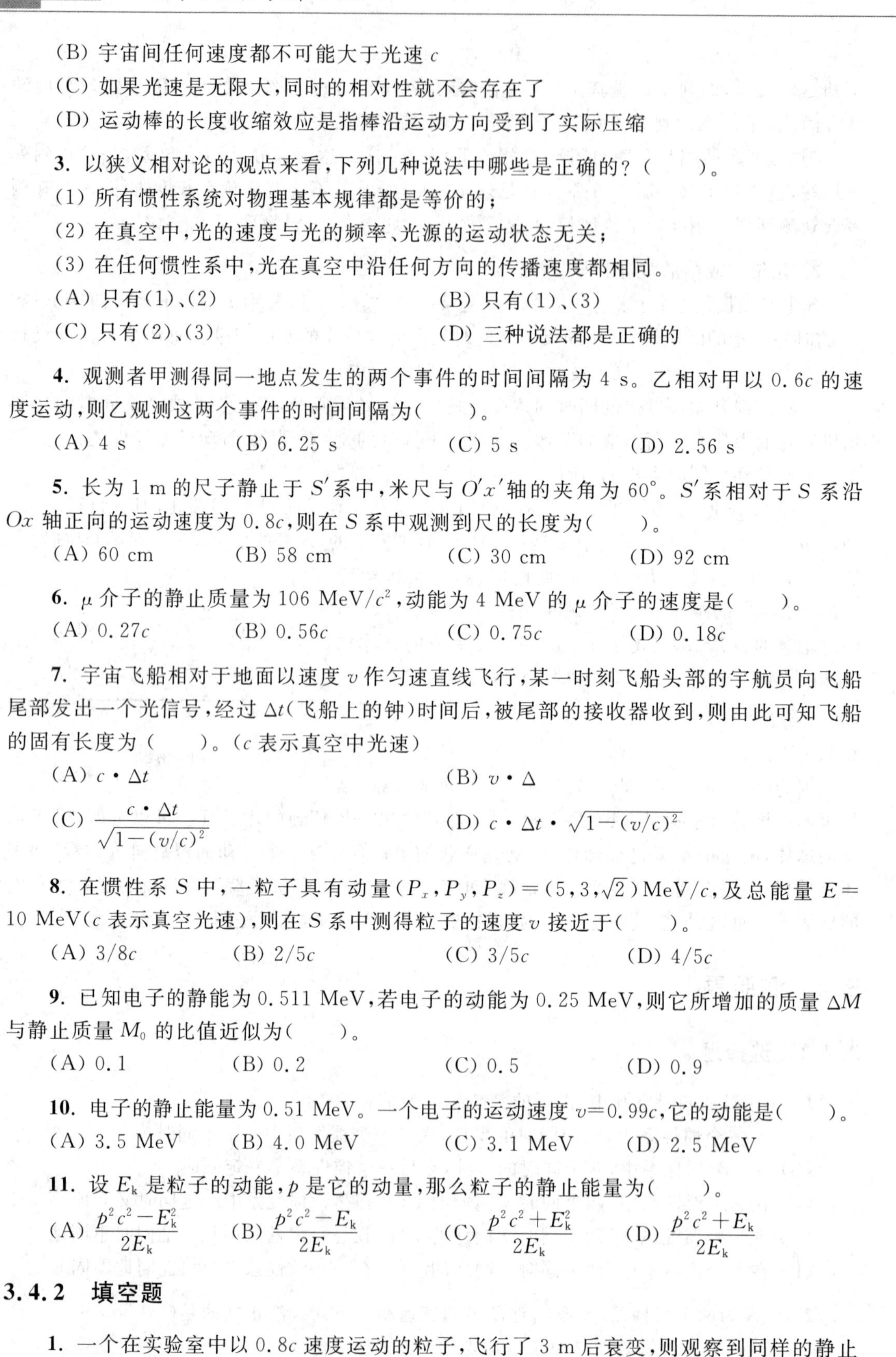

(B) 宇宙间任何速度都不可能大于光速 c

(C) 如果光速是无限大,同时的相对性就不会存在了

(D) 运动棒的长度收缩效应是指棒沿运动方向受到了实际压缩

3. 以狭义相对论的观点来看,下列几种说法中哪些是正确的?(　　)。

(1) 所有惯性系统对物理基本规律都是等价的;

(2) 在真空中,光的速度与光的频率、光源的运动状态无关;

(3) 在任何惯性系中,光在真空中沿任何方向的传播速度都相同。

(A) 只有(1)、(2)　　(B) 只有(1)、(3)

(C) 只有(2)、(3)　　(D) 三种说法都是正确的

4. 观测者甲测得同一地点发生的两个事件的时间间隔为 4 s。乙相对甲以 $0.6c$ 的速度运动,则乙观测这两个事件的时间间隔为(　　)。

(A) 4 s　　(B) 6.25 s　　(C) 5 s　　(D) 2.56 s

5. 长为 1 m 的尺子静止于 S' 系中,米尺与 $O'x'$ 轴的夹角为 60°。S' 系相对于 S 系沿 Ox 轴正向的运动速度为 $0.8c$,则在 S 系中观测到尺的长度为(　　)。

(A) 60 cm　　(B) 58 cm　　(C) 30 cm　　(D) 92 cm

6. μ 介子的静止质量为 106 MeV/c^2,动能为 4 MeV 的 μ 介子的速度是(　　)。

(A) $0.27c$　　(B) $0.56c$　　(C) $0.75c$　　(D) $0.18c$

7. 宇宙飞船相对于地面以速度 v 作匀速直线飞行,某一时刻飞船头部的宇航员向飞船尾部发出一个光信号,经过 Δt(飞船上的钟)时间后,被尾部的接收器收到,则由此可知飞船的固有长度为(　　)。(c 表示真空中光速)

(A) $c \cdot \Delta t$　　(B) $v \cdot \Delta$

(C) $\dfrac{c \cdot \Delta t}{\sqrt{1-(v/c)^2}}$　　(D) $c \cdot \Delta t \cdot \sqrt{1-(v/c)^2}$

8. 在惯性系 S 中,一粒子具有动量 $(P_x, P_y, P_z)=(5,3,\sqrt{2})$ MeV/c,及总能量 $E=$ 10 MeV(c 表示真空光速),则在 S 系中测得粒子的速度 v 接近于(　　)。

(A) $3/8c$　　(B) $2/5c$　　(C) $3/5c$　　(D) $4/5c$

9. 已知电子的静能为 0.511 MeV,若电子的动能为 0.25 MeV,则它所增加的质量 ΔM 与静止质量 M_0 的比值近似为(　　)。

(A) 0.1　　(B) 0.2　　(C) 0.5　　(D) 0.9

10. 电子的静止能量为 0.51 MeV。一个电子的运动速度 $v=0.99c$,它的动能是(　　)。

(A) 3.5 MeV　　(B) 4.0 MeV　　(C) 3.1 MeV　　(D) 2.5 MeV

11. 设 E_k 是粒子的动能,p 是它的动量,那么粒子的静止能量为(　　)。

(A) $\dfrac{p^2c^2-E_k^2}{2E_k}$　　(B) $\dfrac{p^2c^2-E_k}{2E_k}$　　(C) $\dfrac{p^2c^2+E_k^2}{2E_k}$　　(D) $\dfrac{p^2c^2+E_k}{2E_k}$

3.4.2 填空题

1. 一个在实验室中以 $0.8c$ 速度运动的粒子,飞行了 3 m 后衰变,则观察到同样的静止

粒子衰变时间为________。

2. π^+介子是不稳定的粒子，在它自己的参考系中测得平均寿命是 2.6×10^{-8} s。如果它相对实验室以 $0.8c$（c 为真空中光速）的速度运动，那么在实验室坐标系中测得的介子的寿命是________。

3. 观测者甲和乙分别静止于两个惯性参考系 K 和 K' 中，甲测得在同一地点发生的两个事件的时间间隔为 4 s，而乙测得这两个事件的时间间隔为 5 s，则：

(1) K'相对于 K 的运动速度为________。

(2) 乙测得这两个事件发生的地点之间的距离为________。

4. 观测者甲以$(4/5)c$ 的速度（c 为真空中光速）相对于静止的参考者乙运动，若甲携带一长度为 L、截面积为 S、质量为 m 的棒，且这根棒被安放在运动方向上，则：

(1) 甲测得此棒的密度为________。

(2) 乙测得此棒的密度为________。

5. 在惯性系 S 中有一个静止的等边三角形薄片 P。现令 P 相对 S 以速度 V 作匀速运动，且 V 在 P 所确定的平面上。若因相对论效应而使在 S 中测量 P 恰为一等腰直角三角形薄片，则可判定 V 的方向是________，V 的大小为________。

6. 两个静止质量为 M_0 的小球，其一静止，另一个以 $u=0.8c$（c 为真空中光速）的速度运动。它们作对心完全非弹性碰撞后粘在一起，则碰撞后合成小球的速度 $V=$________；静止质量为________。

7. 设有宇宙飞船 A 和 B，其固有长度均为 $L_0=100$ m，它们沿同一方向匀速飞行。在飞船 B 上观测到飞船 A 的船头、船尾经过飞船 B 船头的时间间隔为 $5/3\times10^{-6}$ s，则飞船 B 相对飞船 A 的速度大小为________。

8. 一宇宙飞船相对地球以 $0.6c$ 的速度匀速飞行，一光脉冲从船尾传到船头。飞船上的观测者测得飞船长为 100 m，则地球上的观测者测得光脉冲从船尾出发到船头这两个事件的空间间隔为________。

9. 在折射率为 n 的静止连续介质中，光速 $u_0=c/n$。已知水的折射率 n，则当水管中的水以速度 v 流动时，在地面看，沿着水流方向光的传播速度为________。

10. 相对论中物体的质量 M 与能量 E 有一定的对应关系，这个关系是：$E=$________；静止质量为 M_0 的粒子，以速度 V 运动，其动能 $E_k=$________；当物体运动速度 $V=0.8c$（c 为真空中光速）时，$M:M_0=$________。

11. 将一静止质量为 M_0 的电子从静止加速到 $0.8c$（c 为真空中光速）的速度，则加速器对电子做功为________。

12. 高速运动粒子的动能等于其静止能量的 n 倍，则该粒子运动速率为________ c，其动量为________ M_0c。其中 M_0 为粒子静止质量，c 为真空光速。

13. 牛顿相对性原理是________；狭义相对性原理是________；广义相对性原理是________。

3.4.3 计算题

1. 地球上的观测者发现一艘以速率 $0.6c$ 向东航行的宇宙飞船将在 4 s 后与一个速率为 $0.6c$ 向西航行的彗星相撞。问：

(1) 飞船中的人们观测到彗星以多大的速率向他们接近?

(2) 他们还有多少时间采取措施,离开原来航线避免与彗星碰撞?

2. 已知 μ 子的静止寿命平均为 2.2×10^{-6} s。若按牛顿力学计算,即使它以真空光速大小运动,也只能通过 660 m 厚的大气层；但实验发现有很多宇宙射线中的 μ 子贯穿了厚度约 20 km 的大气层到达了海平面。设 μ 子的速度大小为 $0.9995c$,试分别以地面和 μ 子为参考系进行简单计算对上面的问题予以说明。

3. 设装有无线电发射和接收装置的飞船正以 $0.6c$ 的速度飞离地球。飞船向地球发射信号,信号到达地球后立即反射,40 s 后飞船接到反射信号。问：

(1) 当地球反射信号的时刻,从飞船参考系测量,地球离飞船多远?

(2) 当飞船接收到地球反射信号时,从地球参考系测量飞船离地球多远?

4. 能量为 $h\nu_0$、动量为 $h\nu_0/c$ 的光子(h 是普朗克常量)与一个静止电子作弹性碰撞。由于能量和动量守恒,碰撞后新的散射光子的能量为 $h\nu$,动量为 $h\nu/c$,电子获得动量 mu,如图 3.23 所示。求证：散射光子的散射角 θ 满足

$$\frac{c}{\nu}-\frac{c}{\nu_0}=\frac{h}{m_0c}(1-\cos\theta)$$

式中 m_0 是电子的静止质量。

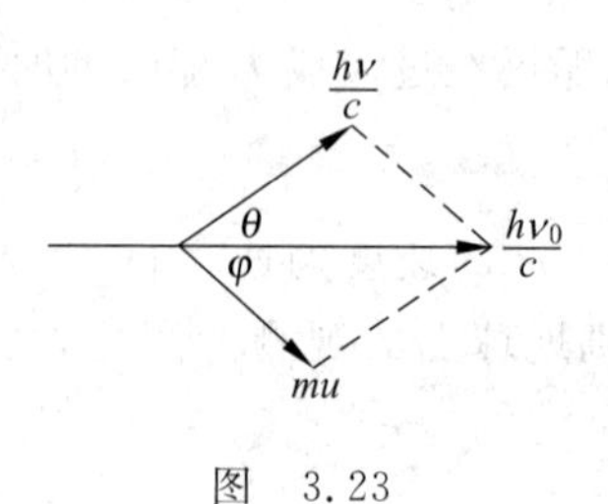

图 3.23

参考答案

3.4.1 1. C; 2. C; 3. D; 4. C; 5. D; 6. A; 7. A; 8. C; 9. C; 10. C; 11. A。

3.4.2 1. 0.75×10^{-8} s； 2. 4.33×10^{-8} s； 3. $3/5c, 3c$；
4. $m/(LS), 25m/(9LS)$； 5. 垂直一边的方向,$(2/3)^{1/2}c$； 6. $0.5c, 2.31M_0$；
7. $0.196c$； 8. 200 m； 9. $\dfrac{c+nv}{n+v/c}$； 10. $Mc^2, M_0c^2/\sqrt{1-V^2/c^2}-M_0c^2, 5/3$；
11. $\dfrac{2}{3}M_0c^2$； 12. $(n^2+2n)^{1/2}/(n+1), \sqrt{n^2+2n}$； 13. 略。

3.4.3 1. $0.88c, 3.2$s； 2. 略； 3. 6×10^9 m, 1.2×10^{10} m； 4. 略。

第2篇

电磁学

第4章

静电场　电势　静电场中的导体与电介质　恒定电流

4.1　思考题解答

4.1.1　静电场

1. 点电荷的电场公式为 $\boldsymbol{E}=\frac{q}{4\pi\varepsilon_0 r^2}\boldsymbol{e}_r$，从形式上看，当所考察的点与点电荷的距离 $r\to 0$ 时，场强 $E\to\infty$，这是没有物理意义的。对此如何解释？

答　所谓点电荷是物理上的理想模型，实际并不存在。只有离带电物体足够远时才能忽略带电物体的大小、形状，将其视为点电荷。当所考察的点与电荷的距离足够近时（$r\to 0$），任意电荷都不能再视为点电荷，上述场强公式不再适用。

2. 试说明电力叠加原理暗含了库仑定律的下述内容：两个静止的点电荷间的作用力与两个电荷的电量成正比。

答　电力叠加原理是讲两个点电荷之间的作用力不因第3个点电荷的存在而有所改变，因此两个以上的点电荷对一个点电荷的作用力等于各个点电荷单独存在时对该点电荷的作用力的矢量和。设有电量分别是 q_1、q_2 的两个静止点电荷，q_2 相对 q_1 的位置为 $\boldsymbol{r}$，当 q_1 电荷的电量由 q_0 变为 $2q_0$ 时，$2q_0$ 可看做同位置的两个电量为 q_0 的点电荷，如果 q_0 对 q_2 的作用力是 $\boldsymbol{f}$，由电力叠加原理，同位置的两个 q_0 对 q_2 的作用力应是 $2\boldsymbol{f}$。以此类推，当 q_1 电荷的电量分别变为 $3q_0$、$4q_0$、…时，分别对 q_2 的作用力是 $3\boldsymbol{f}$、$4\boldsymbol{f}$、…，说明 q_1 对 q_2 的作用力与 q_1 的电量成正比。由作用力与反作用力的关系，也可以说电荷 q_2 对 q_1 的作用力与 q_1 的电量成正比。二者合起来，说明电力叠加原理暗含了库仑定律“两个静止的点电荷间的作用力与两个电荷的电量成正比”的内容。

3. $\boldsymbol{E}=\frac{\boldsymbol{F}}{q_0}$ 与 $\boldsymbol{E}=\frac{q}{4\pi\varepsilon_0 r^2}\boldsymbol{e}_r$ 两公式有何区别和联系？对前一公式的 q_0 有何要求？

答　前式为电场（静电场、运动电荷的电场）强度的定义式，后式仅是静止点电荷产生的电场分布。静电场中前式是后一式的矢量叠加，即空间一点的场强是所有点电荷在此点产生的场强之和。

前一公式中的 q_0 必须足够小,以保证 q_0 放入电场中后在实验精度内对原电场的电荷分布不产生可觉察的影响;它的几何线度必须足够小,以保证它在空间电场中的位置有确切的意义。

4. 电场线、电通量与电场强度的关系如何?电通量的正负表示什么意义?

答 电场线是从几何角度描述电场中场强分布的有向曲线。电场线上各点的切线方向与该点的场强方向相同,曲线的疏密代表该点场强的大小,也就是说电场中某点场强的大小表示穿过该点附近垂直于电场方向单位面积所通过的电场线条数。

如果电场空间有一面元 $\mathrm{d}\boldsymbol{S}=\mathrm{d}S\boldsymbol{e}_n$,$\boldsymbol{e}_n$ 为取定的面元法线单位矢量。通过此面元的电场线条数就是通过该面元的电通量,它是以电场线概念为基础导出高斯定理而引进的物理量,电通量和电场强度的关系为

$$\mathrm{d}\Phi_e = \boldsymbol{E}\cdot\mathrm{d}\boldsymbol{S} = E\mathrm{d}S\cos\theta$$

$\mathrm{d}\Phi_e$ 为正表示电场 $\boldsymbol{E}$ 和 $\boldsymbol{e}_n$ 的夹角 θ 的范围为 $0\leqslant\theta\leqslant\pi/2$,$\mathrm{d}\Phi_e$ 为负则有 $\pi/2\leqslant\theta\leqslant\pi$。所以穿过电场中任意面积 S 上的电通量为

$$\Phi_e = \int_S \boldsymbol{E}\cdot\mathrm{d}\boldsymbol{S}$$

对于非闭合曲面 S,其上各处法向单位矢量可以任意取定指向这一侧或那一侧,Φ_e 表示 S 上所有面元的电通量的代数和。对闭合曲面规定自内向外的方向为各处面元的法向单位矢量指向(正向)。电通量 Φ_e 表示净穿出闭合曲面的电场线的总条数。Φ_e 为正表示电场线从内部穿出的条数多于从外部穿入的条数,为负则反之。

5. 三个电量相等的点电荷放在等边三角形的三个顶点上,问是否可以以三角形中心为球心作一个球面,利用高斯定理求出它们所产生的场强?对此球面高斯定理是否成立?

答 由于此三个点电荷产生的电场不具有球对称性,在以三角形中心为球心所作的高斯球面上,各点的场强无论大小,其与球面面元的夹角都不是常数,因此对上述球面,不能利用高斯定理求出它们所产生的场强。但高斯定理适用于一切静电场,故对此球面高斯定理仍然成立。

6. 如果通过闭合面 S 的电通量 Φ_e 为零,是否能肯定面 S 上每一点的场强都等于零?

答 不能。通过闭合面 S 的电通量 Φ_e 为零,即 $\oint_S \boldsymbol{E}\cdot\mathrm{d}\boldsymbol{S}=0$,只是说明穿入、穿出闭合面 S 的电场线条数一样多,不能讲闭合面各处没有电场线的穿入、穿出。只要有电场线穿入、穿出,面上该处的场强就不为零,所以不能肯定面 S 上每一点的场强都等于零。

7. 如果在封闭面 S 上 $\boldsymbol{E}$ 处处为零,能否肯定此封闭面一定没有包围净电荷?

答 能肯定。如果在闭合面 S 上 $\boldsymbol{E}$ 处处为零,由高斯定理 $\oint_S \boldsymbol{E}\cdot\mathrm{d}\boldsymbol{S}=\frac{1}{\varepsilon_0}\sum_i q_{i内}=0$,说明面内整个空间的电荷代数和 $\sum_i q_{i内}=0$,即此封闭面一定没有包围净电荷。但不能保证面内各局部空间无净电荷。比如,导体壳内有一带电体,平衡时的导体壳内的闭合高斯面上 $\boldsymbol{E}$ 处处为零,$\sum_i q_{i内}=0$,此封闭面包围的净电荷为零,而面内的带电体上有净电荷,导体内表面也有净电荷,只不过它们二者之和为零。

8. 电场线能否在无电荷处中断?为什么?

答 不能。假设某处无电荷,但电场线在此处中断,可在此处作一闭合曲面包围电场线

断头。由于有电场线只穿入而未穿出闭合曲面,其电通量$\oint_S \boldsymbol{E}\cdot \mathrm{d}\boldsymbol{S}$不等于零。而此处无电荷,表明闭合曲面内的电荷代数和$\sum_i q_{i内}=0$。所以对于此闭合曲面等式$\oint_S \boldsymbol{E}\cdot \mathrm{d}\boldsymbol{S}=\sum_i q_{i内}/\varepsilon_0$不成立,即高斯定理不成立。但高斯定理是静电场中的基本定理,适用于一切静电场,显然,上述假设不成立,即电场线不能在无电荷处中断。

9. 高斯定理和库仑定律的关系如何?

答 对静电场来讲,高斯定理和库仑定律并不是互相独立的定律,而是用不同的形式表示的电场与场源电荷的同一客观规律。库仑定律使我们可以由电荷分布求出场强分布,高斯定理使我们可以由场强分布求出电荷分布,二者具有"相逆"的意义。由库仑定律和场叠加原理可导出静电场的高斯定理,也可由高斯定理和空间各向同性(即对应空间球对称性)导出库仑定律,从此点讲静电场中的高斯定理和库仑定律是等价的。不过要注意的是库仑定律是静电场的定律,它已包含了空间各向同性,而高斯定理不但适用于静电场(和环路定理相结合可以完备地描述电场),而且适用于静电场以外的场,是关于电场的普遍的基本规律。

10. 在真空中有两个相对的平行板,相距为d,板面积均为S,分别带电量$+q$和$-q$。有人说,根据库仑定律,两板之间的作用力$f=q^2/(4\pi\varepsilon_0 d^2)$。又有人说,因$f=qE$,而板间$E=\sigma/\varepsilon_0$,$\sigma=q/S$,所以$f=qE=q^2/(\varepsilon_0 S)$。还有人说,由于一个板上的电荷在另一个板处的电场场强为$E=\sigma/(2\varepsilon_0)$,所以,$f=qE=q^2/(2\varepsilon_0 S)$。试问这三种说法哪种对?为什么?

答 第三种说法对,前两种都是错误的。因为两带电板不是点电荷,不能直接套用库仑定律求其相互作用力,显然第一种说法是错误的。又因为两板电荷共同产生的$E=\sigma/\varepsilon_0$是板间场强,不是每个板上电荷所在处的场强,所以第二种说法在用$f=qE$公式求力时用错了场强,当然得出错误的结果。

在真空中带电量分别为$+q$和$-q$的两个相对的平行板,在其间距d不大时,一个带电板可被看做无穷大带电平面,它在另一板电荷所在处每一点产生的电场为$E=\sigma/(2\varepsilon_0)=q/(2\varepsilon_0 S)$,则该板上面元$\Delta S$的电荷$\Delta q$受到电场力$\Delta f=E\Delta q$。由于$\boldsymbol{E}$为常矢量,此板所有电荷受力为

$$f=E\sum\Delta q=qE=q^2/(2\varepsilon_0 S)$$

所以第三种说法正确。

4.1.2 电势

1. 下列说法是否正确?试举一例加以论述。

(1) 场强相等的区域,电势也处处相等;

(2) 场强为零处,电势一定为零;

(3) 电势为零处,场强一定为零;

(4) 场强大处,电势一定高。

答 (1) 不一定。场强相等的区域为均匀电场区,电场线为平行线,则沿着电场线的方向是电势降低的方向,而垂直电场线的方向电势相等。例如无限大均匀带电平板两侧为垂直板的均匀场,但离带电板不同距离的点的电势不相等。

(2) 不正确。$\boldsymbol{E}=-\nabla\varphi$,$\boldsymbol{E}=\boldsymbol{0}$,电势$\varphi$是常数,但不一定是零。例如均匀带电球面内部

场强为零,若取无穷远为电势零点,其球内电势 $\varphi=\varphi_{表面}=\dfrac{q}{4\pi\varepsilon_0 R}\neq 0$。

(3) 不正确。$\varphi=0$,但 φ 的变化率不一定为零,$\boldsymbol{E}=-\nabla\varphi$,即场强 $\boldsymbol{E}$ 不一定是零。例如势函数 $\varphi=x^2-x$,在 $x=1$ 处 $\varphi=0$,但此处沿 x 向的场强 $\boldsymbol{E}=-(2x-1)|_{x=1}\boldsymbol{i}=-1\boldsymbol{i}$。

(4) 不正确。$\boldsymbol{E}=-\nabla\varphi$,场强大处,电势的变化率大,电势不一定高。例如负点电荷产生的电场,离电荷越近的点场强的值越大,但电势越低(取无穷远处电势为零)。

2. 用电势的定义直接说明:为什么在正(或负)点电荷电场中,各点电势为正(或负)值,且离电荷越远,电势越低(或高)。

答 在点电荷电场中,若取无穷远为电势零点,由电势的定义 $\varphi_p=\int_p^{电势零点}\boldsymbol{E}\cdot\mathrm{d}\boldsymbol{l}$,且设积分路线沿矢径方向,有

$$\varphi_p=\int_p^{\infty}\boldsymbol{E}\cdot\mathrm{d}\boldsymbol{l}=\int_p^{\infty}\frac{q}{4\varepsilon_0\pi r^2}\boldsymbol{e}_r\cdot\mathrm{d}\boldsymbol{r}=\int_p^{\infty}\frac{q}{4\varepsilon_0\pi r^2}\mathrm{d}r=\frac{q}{4\varepsilon_0\pi r_p}$$

显然,在正(或负)点电荷电场中,q 为正(或负)值,各点电势为正(或负)值;且离电荷越远,r_p 越大,电势越低(或高)。

3. 选一条方便路径直接利用电势的定义说明偶极子中垂面上各点的电势为零。

答 如图 4.1 所示的偶极子,其中垂面上任意点的合场强方向都垂直于中垂面,从该点出发沿中垂线至无穷远(无穷远为零势点)的积分等于该点的电势,有

$$\varphi_p=\int_p^{\infty}\boldsymbol{E}\cdot\mathrm{d}\boldsymbol{l}=\int_p^{\infty}E\cdot\mathrm{d}l\cdot\cos\frac{\pi}{2}=0$$

所以偶极子中垂面上各点的电势为零。

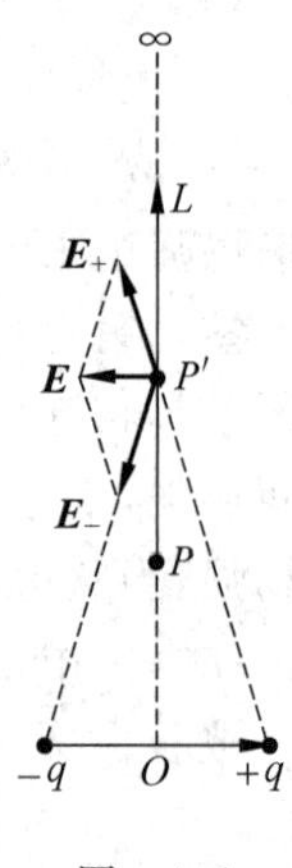

图 4.1

4. 试用环路定理证明:静电场中电场线永不闭合。

答 利用反证法。如果静电场中有一电场线闭合,可把此闭合电场线作为环路定理的积分回路,环路积分 $\oint_L\boldsymbol{E}\cdot\mathrm{d}\boldsymbol{l}\neq 0$,违反环路定理。而环路定理是静电场的基本定理,所以静电场中不应存在闭合电场线。

5. 如果在一空间区域中电势是常数,对于该区域内的电场可得出什么结论?如果在一表面上的电势是常数,对于该表面上的电场强度又能得出什么结论?

答 如果在一空间区域中电势是常数,则在此空间区域,电势沿各个方向的变化率均为零,即电势梯度为零。因为 $\boldsymbol{E}=-\nabla\varphi$,显然在此空间区域 $\boldsymbol{E}$ 处处为零。

如果在一表面上的电势是常数,$E_l=-\dfrac{\partial\varphi}{\partial l}$,电势沿表面的切向的变化率等于零,故表面上各点的电场强度沿切向的分量 E_t 为零。而 $\boldsymbol{E}=E_t\boldsymbol{\tau}+E_n\boldsymbol{n}$,所以此表面上各点的场强只有法向分量 $\boldsymbol{E}=E_n\boldsymbol{n}$,如果它不为零,说明电场处处垂直于表面。

6. 同一条电场线上任意两点的电势是否相等?为什么?

答 同一条电场线上任意两点的电势不相等,沿电场线的指向是电势降落的方向。设 a、b 为如图 4.2 所示同一电场线中的任意两点,则两点的电势差为 $\varphi_a-\varphi_b=\int_a^b\boldsymbol{E}\cdot\mathrm{d}\boldsymbol{l}>0$,

故有 $\varphi_a > \varphi_b$。

7. 电荷在电势高的地点的静电势能是否一定比在电势低的地点的静电势能大?

答 不一定。电荷在某点的静电势能 $W_e = q\varphi$,对正电荷,电荷在电势高的地点的静电势能比在电势低的地点的静电势能大;对负电荷,电荷在电势高的地点的静电势能比在电势低的地点的静电势能小。

8. 已知在地球表面以上电场强度方向指向地面,试分析在地面以上电势随高度增加还是减少。

答 地球表面处的电场线方向由高处指向地球,如图4.3所示。由于逆着电场线方向电势点升高,所以,在地面以上,电势随高度增加而增加。

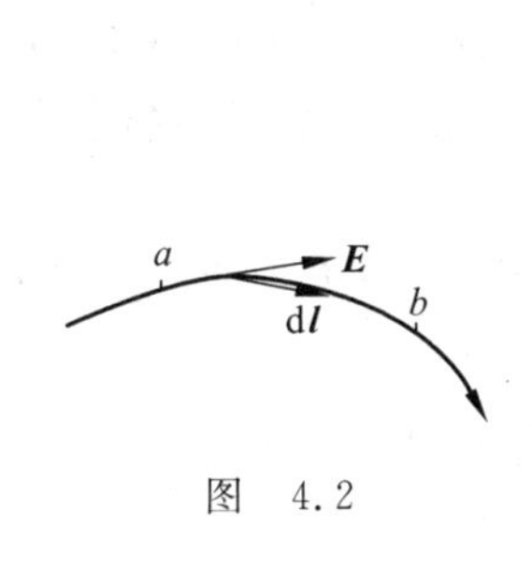

图 4.2

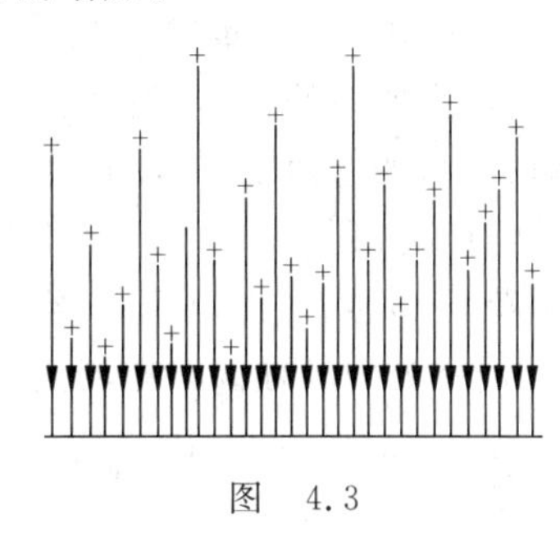

图 4.3

9. 如果已知给定点的 $\boldsymbol{E}$,能否算出该点的 φ? 如果不能,那么还需要知道些什么才能计算?

答 不能。由电势的定义:$\varphi_p = \int_p^{电势零点} \boldsymbol{E} \cdot \mathrm{d}\boldsymbol{l}$,故要算出该点的 φ,应知道周围电场场强的分布及零势点的选取。

10. 一只鸟停在一根30 000 V的高压输电线上,它是否会受到伤害?

答 不会受到伤害。因为高压输电线虽然电势高,但因鸟儿身体一般很小,它的身体只接触到一根电线,停在高压输电线上的鸟本身和高压输电线是等电势,不构成回路,也就没有电流从它身上流过,因而不会触电受到伤害。不过在很潮湿的天气,空气的介电强度会降低,高压输电线周围附近空气可能被电离(电晕现象),此时鸟落在高压输电线上有可能受到伤害,因为"电离电流"会通过鸟的身体。

11. 一段同轴传输线,内导体圆柱的外半径为 a,外导体圆筒的内半径为 b,末端有一短路圆盘,如图4.4(a)所示。在传输线开路端的内外导体间加上一恒定电压 U,测得其内、外导体间的等势面与纸面的交线如图4.4(b)中实线所示。试大致画出两导体间的电场线分布图形。

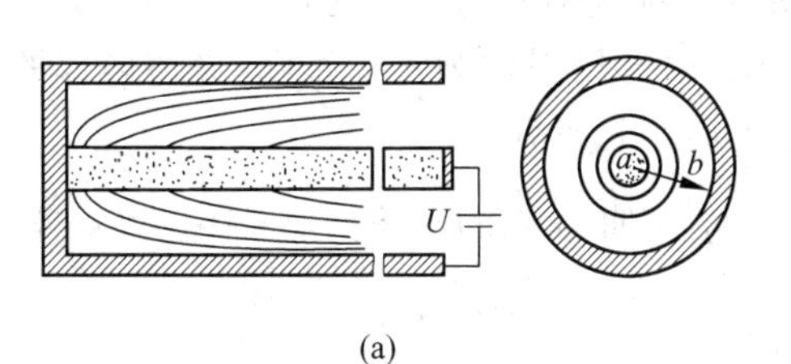

(a)

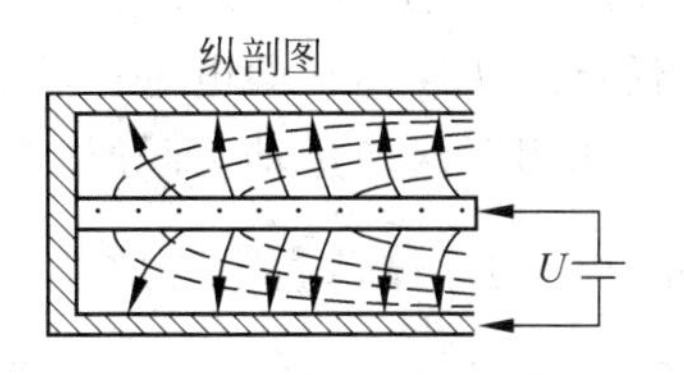

(b)

图 4.4

答 电场线处处与等势面垂直,如图4.4(b)中实线所示。

*12. 电场能量密度不可能是负值,因而由式 $W_e=\int_V w_e \mathrm{d}V=\int_V \frac{\varepsilon_0 E^2}{2}\mathrm{d}V$ 求出的电场能量不可能为负值,但两个符号相反的电荷的互能 $W_{12}=\frac{q_1 q_2}{4\pi\varepsilon_0 r}$ 怎么会是负的呢?

答 两个电荷的互能也就是一个电荷处于另一电荷的电场中所具有的静电势能。电荷 q_1 的电势分布为 $\varphi_{q_1}=\frac{q_1}{4\pi\varepsilon_0 r}$(取无穷远处电势为零),$q_2$ 在 r 处时的电势能为

$$W_{12}=q_2\varphi_{q_1}=\frac{q_1 q_2}{4\pi\varepsilon_0 r}\quad(取无穷远处为电势能零点)$$

表示将 q_2 从无穷远处移至 r 处或者说把 q_1、q_2 从彼此分散的无限远处移至现在相距 r 的位置时,外力克服电场力所做的功。当它们为异号电荷时,此过程中外力做负功,它们之间的互能为负。也就是说,如选两个符号相反的电荷在它们无限远分离时的静电势能为零,它们相距 r 时的互能为负。

对于两个电荷 q_1、q_2 组成的电荷系,空间任意点的场强 $\boldsymbol{E}=\boldsymbol{E}_1+\boldsymbol{E}_2$,其中 $\boldsymbol{E}_1$ 为 q_1 激发的场,$\boldsymbol{E}_2$ 为 q_2 在同一处的场强。遍布场空间的电场能量为

$$\begin{aligned}W_e&=\int_V w_e \mathrm{d}V=\int_V \frac{\varepsilon_0 E^2}{2}\mathrm{d}V=\int_V \frac{\varepsilon_0(\boldsymbol{E}_1+\boldsymbol{E}_2)\cdot(\boldsymbol{E}_1+\boldsymbol{E}_2)}{2}\mathrm{d}V\\&=\int_V \frac{\varepsilon_0 E_1^2}{2}\mathrm{d}V+\int_V \frac{\varepsilon_0 E_2^2}{2}\mathrm{d}V+\int_V \varepsilon_0(\boldsymbol{E}_1\cdot\boldsymbol{E}_2)\mathrm{d}V=W_1+W_2+W_{12}\end{aligned}$$

在 q_1、q_2 相距无限远时,q_1 周围有自己的电场,具有静电能,这个能量相对于 q_1、q_2 相距 r 时的互能可称为自能,也是把组成 q_1 的一份份的同号电荷从彼此无限分离聚集在一起时外力所做的功。这个外力功一定是正功,所以自能是正的。上式中的 $W_1=\int_V \frac{\varepsilon_0 E_1^2}{2}\mathrm{d}V$ 正是 q_1 的自能,$W_2=\int_V \frac{\varepsilon_0 E_2^2}{2}\mathrm{d}V$ 是 q_2 的自能,而 $W_{12}=\int_V \varepsilon_0(\boldsymbol{E}_1\cdot\boldsymbol{E}_2)\mathrm{d}V$ 就是它们的相互作用能(互能)。电荷系电场的总能量,等于各电荷的自能和它们之间互能之和。因为 $(\boldsymbol{E}_1-\boldsymbol{E}_2)^2\geqslant 0$,所以有 $\frac{E_1^2}{2}+\frac{E_2^2}{2}\geqslant \boldsymbol{E}_1\cdot\boldsymbol{E}_2$,因此总有 $W_1+W_2\geqslant W_{12}$。也就是说,不管互能是正是负,由 $W_e=\int_V w_e \mathrm{d}V=\int_V \frac{\varepsilon_0 E^2}{2}\mathrm{d}V$ 计算的电场总能量不可能为负值。

4.1.3 静电场中的导体

1. 各种形状的带电导体中,是否只有球形导体内部场强才为零?为什么?

答 不是。任意形状导体在静电平衡状态下其内部场强均为零。否则,导体内部的自由电荷将在电场力作用下保持运动,即导体没有达到静电平衡。

2. 一带电量为 Q 的导体球壳中心放一点电荷 q,若此球壳的电势为 φ_0,有人说:“根据电势叠加,任一 P 点(距中心为 r)的电势 $\varphi_P=\frac{q}{4\pi\varepsilon_0 r}+\varphi_0$。”这种说法对吗?

答 不对。如图4.5所示,导体球壳内表面带电量为 $-q$,外表面带电量为 $Q+q$。以无穷远为电势零点,它们和点电荷 q 在 $R_1\leqslant r\leqslant R_2$($r$ 为场点距中心的距离)区域的电势为

$$\varphi_0=\frac{-q}{4\varepsilon_0\pi r}+\frac{q+Q}{4\varepsilon_0\pi R_2}+\frac{q}{4\varepsilon_0\pi r}=\frac{q+Q}{4\varepsilon_0\pi R_2}$$

在 $r>R_2$ 区域的电势为

$$\varphi_P=\frac{q+Q}{4\varepsilon_0\pi r}=\frac{q}{4\varepsilon_0\pi r}+\frac{Q}{4\varepsilon_0\pi r}$$

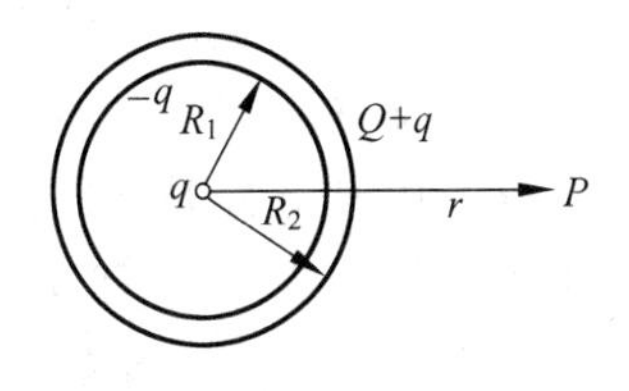

图　4.5

在 $0<r<R_1$ 区域的电势为

$$\varphi_P=\frac{-q}{4\varepsilon_0\pi R_1}+\frac{q+Q}{4\varepsilon_0\pi R_2}+\frac{q}{4\varepsilon_0\pi r}=\frac{-q}{4\varepsilon_0\pi R_1}+\frac{q}{4\varepsilon_0\pi r}+\varphi_0$$

所以,“任一 P 点(距中心为 r)的电势 $\varphi_P=\dfrac{q}{4\pi\varepsilon_0 r}+\varphi_0$”的说法不对。

3. 使一孤立导体球带正电荷,该孤立导体球的质量是增加、减少还是不变?

答　导体一般指金属,金属导体的电结构特征是其内部具有大量“自由电子”。取走一些自由电子,导体就带上正电,其电量的多少和被取走自由电子的数目成正比。电子的质量 $m_e=9.1\times10^{-31}$ kg,因为电子被取走,所以该孤立导体球的质量就会减少,减少的质量是电子质量的整数倍。

4. 在一孤立导体球壳的中心放一点电荷,球壳内外表面的电荷分布是否均匀?如果点电荷偏离球心,情况如何?

答　中心放一点电荷,由于电场中心对称分布,球壳内表面上每一个空间点相对点电荷来讲又都是等价的,所以面上感应电荷的分布具有同样的中心对称性,在内表面上分布是均匀的。球壳外表面上的电荷没有受其他电荷作用影响,所以在具有中心对称球面上的分布也是均匀的。如果点电荷偏离球心,球壳内表面对点电荷将失去中心对称,但还具备沿点电荷和球心连线的轴对称,所以在内表面上受点电荷影响的感应电荷分布不再均匀,离点电荷较近的地方面电荷密度较大,离点电荷较远的地方面电荷密度较小,对点电荷和球心连线轴对称。但由于导体腔的静电屏蔽作用,球壳外表面上的电荷不受点电荷偏离球心的影响,所以球壳外表面上的电荷分布的中心对称性没有受到破坏,面上电荷分布仍然均匀。

5. 把一个带电物体移近一个导体壳,带电体单独在导体壳的腔内产生的电场是否为零?静电屏蔽效应是如何发生的?

答　把一个带电物体移近一个导体壳,带电体单独在导体壳的腔内产生的电场并不为零。在把带电物体移近导体壳的过程中,导体空腔的外表面将出现感应电荷,感应电荷产生的电场与带电体在导体壳空腔内产生的电场大小相等、方向相反,相互抵消。不管导体壳外带电体的位置发生何种变化,因导体空腔的外表面感应电荷分布都会跟着改变,其结果是在导体壳空腔内二者的场强叠加始终保持为零,导体壳起到屏蔽外部电荷在腔内的电场作用。同样,导体壳也会起到屏蔽腔内电荷在导体壳外面的电场作用。

6. 设一带电导体表面上某点附近面电荷密度为 σ,则紧靠该处表面外侧的场强为 $E=\sigma/\varepsilon_0$。若将另一带电体移近,该处场强是否改变?此场强与该处导体表面的面电荷密度的关系是否仍具有 $E=\sigma/\varepsilon_0$ 的形式?

答　该处场强改变。但场强与该处导体表面的面电荷密度的关系仍具有 $E=\sigma/\varepsilon_0$ 的形式,只不过 σ 将发生变化,因为另一带电体的移近会引起导体表面的电荷分布的变化。

7. 空间有两个带电导体,试说明其中至少有一个导体表面上各点所带电荷都是同号的。

答 设空间有两个带电导体 A、B,各自带电量为 Q_1 和 Q_2,如图4.6所示。如果 $Q_1+Q_2>0$,从远处看,可把 A、B 作为一个电量为 Q_1+Q_2 的正电荷系统,正电荷的电场线终止于无限远处,不会有发自无限远处的电场线终止于两个导体上;如果 $Q_1+Q_2<0$,无限远处不会接收到由导体发出的电场线;如果 $Q_1+Q_2=0$,无限远处不会有电场线的发出和终止。设两个带电导体 A、B 表面上各点所带电荷都不是同号的,即都是一部分表面上带正电荷,一部分表面上带负电荷,如图4.6所示,正电荷处要发出电场线,负电荷处要接收电场线。因导体是等势体,每个导体上终止于负电荷处的电场线不能是来自自身的正电荷处,由正电荷发出的电场线同样不能终止于自身负电荷处。

所以,对于 $Q_1+Q_2>0$ 情况,图4.6中终止于导体 B 表面上负电荷 b 处的电场线只能是来自导体 A 表面上某正电荷 a 处,终止于导体 A 表面上负电荷 a' 处的电场线只能是来自 B 表面上某 b' 处的正电荷。沿电场线的指向是电势降落的方向,由 $a\to b$ 的电场线说明导体 A 的电势高于 B,由 $b'\to a'$ 的电场线说明导体 B 的电势高于 A,显然矛盾。

对于 $Q_1+Q_2<0$ 和 $Q_1+Q_2=0$ 的情况,两个带电导体 A、B 表面上正电荷发出的电场线不能终止在无穷远处,从 A 上 a 点正电荷发出的电场线又不能终止在自身,它只能终止在导体 B 上,而导体 B 上各点正电荷发出的电场线也只能终止在导体 A 上,和上面一样,在导体是等势体时必然引起矛盾的结果。因此,空间两个带电导体表面上各点所带电荷不可能同时都是异号的,至少其中有一个导体表面上各点所带电荷应是同号的。

8. 无限大均匀带电平面(面电荷密度为 σ)两侧场强为 $E=\sigma/2\varepsilon_0$,而在静电平衡状态下,导体表面(该处表面面电荷密度为 σ)附近场强为 $E=\sigma/\varepsilon_0$,为什么前者比后者小一半?

答 如图4.7所示,设导体表面某处面元 ΔS 的面电荷密度为 σ,对于导体内外紧靠面元 ΔS 的场点,面元 ΔS 可被看做无限大均匀带电平面,ΔS 上的电荷在它两侧紧靠面元的场点产生沿着其法线 $\boldsymbol{n}$、大小为 $E_1=\sigma/2\varepsilon_0$ 的场强 $\boldsymbol{E}_1=\frac{\sigma}{2\varepsilon_0}\boldsymbol{n}$ 和 $\boldsymbol{E}_1'=-\frac{\sigma}{2\varepsilon_0}\boldsymbol{n}$。设除面元 ΔS 上电荷以外的导体表面的其他电荷在上述场点产生的场强为 $\boldsymbol{E}_2$ 和 $\boldsymbol{E}_2'$,那么它们与面元 ΔS 上电荷的场强的叠加结果应是使面元 ΔS 内侧(导体内)的场强为零,有 $\boldsymbol{E}_1'+\boldsymbol{E}_2'=-\frac{\sigma}{2\varepsilon_0}\boldsymbol{n}+\boldsymbol{E}_2'=\boldsymbol{0}$,即有 $\boldsymbol{E}_2'=\frac{\sigma}{2\varepsilon_0}\boldsymbol{n}$(沿着面元 ΔS 法线 $\boldsymbol{n}$ 方向)。而导体表面的其他电荷在面元 ΔS 处附近的场强应具有连续性,有 $\boldsymbol{E}_2=\boldsymbol{E}_2'$。所以,紧靠面元 ΔS 的导体外场点的场强为 $\boldsymbol{E}_2$ 和 $\boldsymbol{E}_1$ 的叠加,有 $\boldsymbol{E}_1+\boldsymbol{E}_2=\frac{\sigma}{2\varepsilon_0}\boldsymbol{n}+\frac{\sigma}{2\varepsilon_0}\boldsymbol{n}=\frac{\sigma}{\varepsilon_0}\boldsymbol{n}$,比 $\boldsymbol{E}_1=\frac{\sigma}{2\varepsilon_0}\boldsymbol{n}$ 大了1倍,这是导体表面的其他电荷贡献的结果。

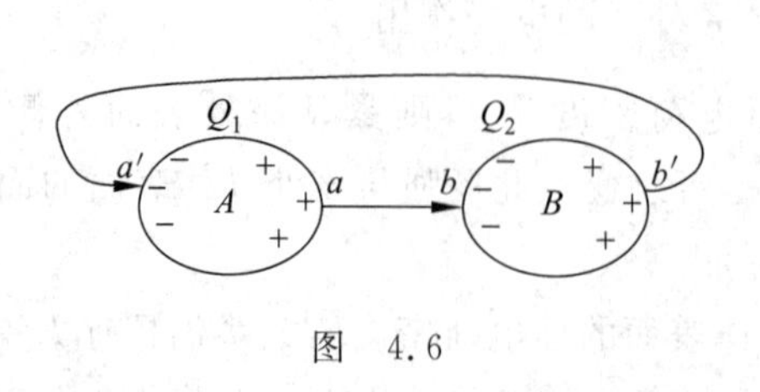

图 4.6

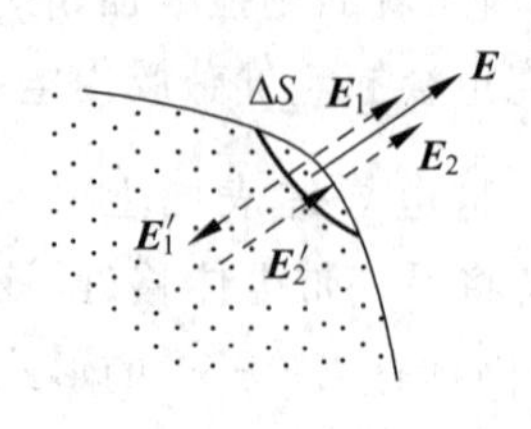

图 4.7

9. 两块平行放置的导体大平板带电后，其相对的两表面上的面电荷密度是否一定大小相等、符号相反？为什么？

答　一定。由高斯定理可简单得以证明。如图4.8所示，设两块平行放置的导体大平板相对的两表面上的面电荷密度分别为σ_1和σ_2。由于平行带电大平板相对的两表面间的场强是垂直板面的均匀场，所以作底面(其面积为ΔS)在两导体中侧面垂直于板面的闭合柱面为高斯面，如图中S。由于两底面上$\boldsymbol{E}=\mathbf{0}$，侧面上$\boldsymbol{E}\cdot \mathrm{d}\boldsymbol{S}=0$，根据高斯定理有

$$\oint_S \boldsymbol{E}\cdot \mathrm{d}\boldsymbol{S}=\sum_i q_i=\Delta S\sigma_1+\Delta S\sigma_2=0$$

得$\sigma_1=-\sigma_2$，即相对的两表面上的面电荷密度一定大小相等、符号相反。

10. 在距一个原来不带电的导体球的中心r处放置一电量为q的点电荷，如图4.9所示。此导体球的电势多大？

答　当放置点电荷q后，平衡后的导体球表面上出现感应电荷的分布。且由于导体球原来不带电，虽然表面上有的地方可能具有正感应电荷分布，有的地方具有负感应电荷分布，但表面的感应电荷代数和等于零($q'=0$)。导体为等势体，导体球的电势可由球心处的电势求出。以无穷远处为电势零点，由电势叠加原理可得导体球的电势为

$$U_{导体球}=U_0=\frac{q}{4\varepsilon_0\pi r}+\frac{q'}{4\varepsilon_0\pi R}=\frac{q}{4\varepsilon_0\pi r}$$

11. 如图4.10所示，用导线连接着的金属球A和B原来都不带电，今在其近旁各放一金属球C和D，并使两者分别带上等量异号电荷，则A和B上感应出电荷。如果用导线将C和D连起来，各导体球带电情况是否改变？可能由于正负电荷相互吸引而保持带电状态不变吗？

答　如果用导线将C和D连起来，各导体球带电情况会改变，不可能由于正负电荷相互吸引而保持带电状态不变。设C带正电，D带等量负电，它们分别靠近用导线连接着的A和B，A上感应出等量负电荷，B上感应出等量正电荷。对于此A、B、C、D电量为零的电荷系统，无限远处没有任何电场线发出或终止。因此，由于A和B相连，它们是等势体，B上感应正电荷的电场线不能终止于A上，它只能终止于导体D上的负电荷，由此可判断导体B的电势高于导体D(电场线指向电势降落的方向)。而终止于导体A上负电荷的电场线只能来自C上正电荷，由此可判断导体C的电势高于导体A。所以有C的电势高于导体D的结论。用导线将C和D连起来后，C和D成为等势体，显然上述的图示电场线分布必须改变，即各导体球带电情况一定改变，否则与C和D为等势体相矛盾。

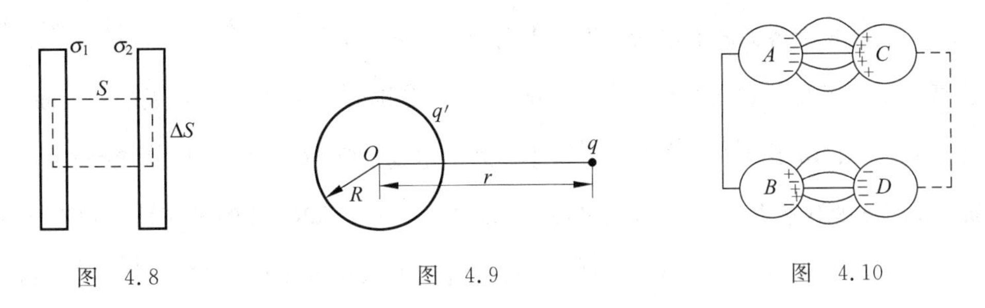

图　4.8　　　图　4.9　　　图　4.10

4.1.4　静电场中的电介质

1. 通过计算可知地球的电容约为700 μF，为什么实验室内有的电容器的电容(如

1000 μF)比地球的还大？

答 球形电容器的电容

$$C=\frac{4\pi\varepsilon_0\varepsilon_r}{\dfrac{1}{R_1}-\dfrac{1}{R_2}}=\frac{4\pi\varepsilon_0\varepsilon_r R_1 R_2}{R_2-R_1}$$

它与电容器外内两极的半径之差 R_2-R_1 成反比，与充满两极间的电介质的相对介电常量 ε_r 成正比。只要选用 ε_r 大的电介质，控制半径之差 R_2-R_1，1000 μF 的球形电容器是不难制造出来的(制造大电容的平行板、柱形电容器也是同样道理)。

地球的电容可视作地球和一个半径无穷大的同心导体球壳组成的球形电容器的电容，为

$$C=\frac{4\pi\varepsilon_0\varepsilon_r}{\dfrac{1}{R_e}-\dfrac{1}{\infty}}=4\pi\varepsilon_0\varepsilon_r R_e$$

把地球半径 $R_e\approx 6.4\times10^6$ m，$\varepsilon_0=8.85\times10^{-12}$ F/m 代入，取空气的 $\varepsilon_r=1$，可得地球的电容约为 700 μF。

2. 平行板电容器的电容公式表示，当两板间距 $d\to0$ 时，电容 $C\to\infty$，在实际中我们为什么不能用尽量减少 d 的方法来制造大电容？(提示：分析当电势差 ΔV 保持不变而 $d\to0$ 时，场强 $\boldsymbol{E}$ 会发生什么变化)

答 平行板电容器的电容公式为

$$C=\frac{\varepsilon_0\varepsilon_r S}{d}$$

在极板面积 S 不变的情况下，当两板间距 $d\to0$ 时，电容公式给出平行板电容器的电容 $C\to\infty$。

在电路中的电容器，其两极处在一定的电压 ΔV 之下。当两极间电势差 ΔV 保持不变而板间距 $d\to0$ 时，板间的场强 $\boldsymbol{E}(E=\Delta V/d)$将变得非常大，而电容器极板间电介质的介电强度是一有限的值，介质将被击穿使电容器失去电容作用而损坏。所以，对电容器耐压的要求使得不能用尽量减少 d 的方法来制造大电容。

3. 如果你在平行板电容器的一板上放上比另一板更多的电荷，这额外的电荷将会怎样？

答 设平行板电容器的两个极板如图 4.11 所示，且设 A 板上带电 Q_1，B 板上带电 Q_2，σ_1、σ_2、σ_3、σ_4 为极板上各面的面电荷密度。电荷分布为 $\sigma_1=\sigma_4=\dfrac{Q_1+Q_2}{2S}$，$\sigma_2=-\sigma_3=\dfrac{Q_1-Q_2}{2S}$，其中 S 为板面积。当 $Q_1=Q_2$ 时，板内表面无电荷，电荷分别分布在 A 板和 B 板的外表面上。

如果 $Q_1>Q_2$，$\sigma_2 S=\dfrac{Q_1-Q_2}{2S}S=\dfrac{\Delta Q}{2}$，这额外的电荷 $\Delta Q=Q_1-Q_2$ 的一半就分布在 A 的内表面上，它必然引起 B 板内表面上出现 $-\Delta Q/2=-(Q_1-Q_2)/2$ 的电荷。因电荷守恒，A 的外表面上的电荷为 $Q_1-\dfrac{\Delta Q}{2}=\dfrac{Q_1+Q_2}{2}$，$B$ 板外表面上电荷分布 $Q_2+\dfrac{\Delta Q}{2}=\dfrac{Q_1+Q_2}{2}$，$A$ 板和 B 板外表面上电荷数相等。

4. 根据静电场环路积分为零证明：平行板电容器边缘的电场不可能像图 4.12 中所画的那样突然由均匀电场变为零，一定存在着逐渐减弱的电场，即边缘电场。

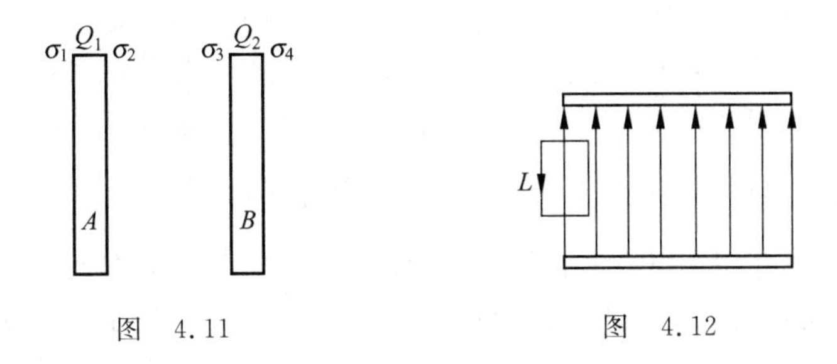

图　4.11　　　　图　4.12

证明　作如图4.12所示的矩形积分环路L。若电容器间电场线如图所示，则有环路的上、下两边垂直电场线，竖直的左边线上场强为零，竖直的右边线上各点$\boldsymbol{E}/\!/\mathrm{d}\boldsymbol{l}$，所以此环路积分为

$$\oint_L \boldsymbol{E}\cdot\mathrm{d}\boldsymbol{l}=0+0+0+\int_{\text{右}} E\mathrm{d}l=El\neq 0$$

它违背静电场的环路定理，所以上述假设不成立。即平行板电容器中的电场不能突然由均匀电场变为零，一定存在着逐渐减弱的边缘电场。

5. 如果考虑平行板电容器的边缘电场，其电容比不考虑边缘电场时的电容大还是小？

答　如果考虑平行板电容器的边缘电场(见图4.13(b))，其电容比不考虑边缘电场时(见图4.13(a))的电容大。设极板A、B分别带有$\pm Q$电荷，在两种情况下取如图所示的高斯面，由高斯定理和电势差定义式，电容器电容公式可写成

$$C=\frac{Q}{U_{AB}}=\frac{\varepsilon_0\oint_S \boldsymbol{E}\cdot\mathrm{d}\boldsymbol{S}}{\int_A^B \boldsymbol{E}\cdot\mathrm{d}\boldsymbol{l}}$$

由图可以看出，虽然图4.13(a)和图4.13(b)中电通量$\oint_S \boldsymbol{E}\cdot\mathrm{d}\boldsymbol{S}=Q/\varepsilon_0$一样，但考虑边缘电场后，对极板间的同一截面，图4.13(b)中的电场线变得比图4.13(a)中稀疏些，即场强$\boldsymbol{E}$变得相对小些，导致两极板电势差$U_{AB}=\int_A^B \boldsymbol{E}\cdot\mathrm{d}\boldsymbol{l}$变小。因此考虑平行板电容器的边缘电场后电容会变大一点。一般由于两极板相距很近，边缘效应可以忽略。

6. 图4.14所示为一电介质板置于平行板电容器的两板之间。作用在电介质板的电力是把它拉进还是推出电容器两板间的区域(这时必须考虑边缘电场的作用)？

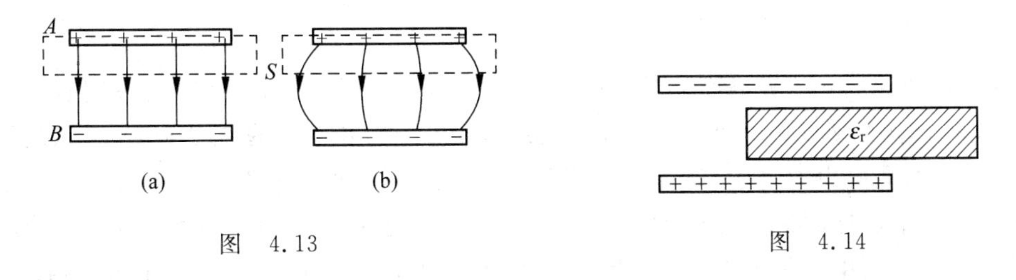

图　4.13　　　　图　4.14

答　作用在电介质板的电力是把它拉进电容器两板间的区域。

设平行板电容器的两极板上电荷分别为$\pm Q$，它是个定量。电容器的能量是$W=\dfrac{Q^2}{2C}$，

这就是平行板电容器储存的电场能量。随着介质板的插进,电容器的电容 C 在不断增大,静电场能量在不断减少。场能的不断减少说明电容器把介质板拉进过程中不断消耗自身能量对介质板做正功。当然,如果电容器作用在介质板的电力是推力,推出介质板也要做正功,但随着介质板的移出,电容器的电容将减小,电容器的自身能量 $W=\dfrac{Q^2}{2C}$反而增大,这显然是不可能的。所以作用在电介质板的电力一定是把它拉进电容器两板间的区域。

在如图4.14所示的上负下正的电容器极板电荷的作用下,置于其中的电介质板受到极化,正的极化电荷出现在电介质板的上表面,负的极化电荷出现在下表面。如果不考虑电容器的边缘电场,电容器极板电荷形成的均匀电场对极化电荷的电力将垂直极板,不会存在拉进(或推出)介质板的指向电容器内部(或外部)方向的分力,所以在分析介质板被电力拉进(或被推出)问题时,一定要考虑电容器的边缘电场的作用。正是边缘电场对极化电荷的电力在指向电容器内部方向的分力把介质板拉进电容器内部的。

7. 图4.15中画出了一个具有保护环的电容器,两个保护环分别紧靠地包围着电容器的两个极板,但并没有和它们连接在一起。给电容器带电的同时使两保护环分别与电容器两极板的电势相等。说明为什么这样就可以有效地消除电容器的边缘效应。

答 因为在极板和保护环的交界区,电容器极板的边缘场线向外(向保护环)弯曲,保护环的边缘场线向内(向极板)弯曲,且由于极板和保护环的电势相同,保护环又是分别紧靠地包围着电容器的两个极板,所以两个边缘场的电场线的横向弯曲程度相同,对电容器极板间的边缘处而言,这两个边缘场的电场线是对称的。这样,在电容器极板间的边缘处每一点的场强由于这两个边缘场叠加,横向分量抵消,使得此处场强沿竖直方向,从而有效地消除了电容器的边缘效应。

8. 两种电介质的分界面两侧的电极化强度分别是 $\boldsymbol{P}_1$ 和 $\boldsymbol{P}_2$,在这一分界面上的面束缚电荷密度多大?

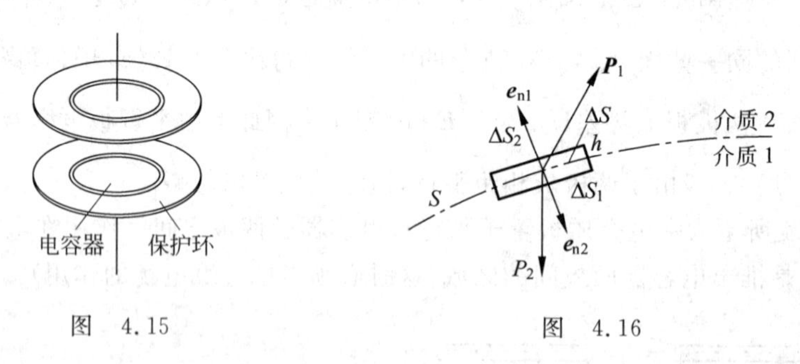

图 4.15　　　　图 4.16

答 在两种电介质分界面的某一面元 ΔS 处,取分别居于界面两侧与 ΔS 对称的两个面元 ΔS_1 和 ΔS_2(见图4.16),形成一介质薄层,其厚度 h 很小。只有被 ΔS_1、ΔS_2 和侧面截取的偶极子才对界面束缚电荷有贡献。由于厚度 h 很小,侧面的贡献可以忽略。对于介质1中的 ΔS_1,因电极化而越过 ΔS_1 的偶极子产生的束缚电荷 $\Delta q_1'=\boldsymbol{P}_1\cdot \mathrm{d}S_1\boldsymbol{e}_{n1}$,由于侧面非常薄,可认为此束缚电荷集中于界面 ΔS 上。同理,对于介质2中 ΔS_2,由于电极化留给 ΔS 面元的束缚电荷 $\Delta q_2'=\boldsymbol{P}_2\cdot \mathrm{d}S\boldsymbol{e}_{n2}$。对于面元 ΔS 有 $\boldsymbol{e}_{n2}=-\boldsymbol{e}_{n1}$,所以界面面元 ΔS 处的束缚电荷 $\Delta q'$ 为

$$\Delta q'=\Delta q_1'+\Delta q_2'=\boldsymbol{P}_1\cdot \mathrm{d}S\boldsymbol{e}_{n1}-\boldsymbol{P}_2\cdot \mathrm{d}S\boldsymbol{e}_{n1}=(\boldsymbol{P}_1-\boldsymbol{P}_2)\cdot\boldsymbol{e}_{n1}\mathrm{d}S$$

即界面上面束缚电荷密度为

$$\sigma_{束缚} = (\boldsymbol{P}_1 - \boldsymbol{P}_2) \cdot \boldsymbol{e}_{n1}$$

式中，$\boldsymbol{e}_{n1}$ 为从介质 1 指向介质 2 的法线单位矢量。

9. 在有固定分布的自由电荷的电场中放有一块电介质。当移动此电介质的位置后，电场中 $\boldsymbol{D}$ 的分布是否改变？$\boldsymbol{E}$ 的分布是否改变？通过某一特定封闭曲面的 $\boldsymbol{D}$ 的通量是否改变？$\boldsymbol{E}$ 的通量是否改变？

答　$\boldsymbol{D}$ 的分布会发生变化，因为 $\boldsymbol{D}$ 不仅取决于自由电荷，还和极化电荷有关。在介质均匀充满电场不为零的空间，或均匀介质分区充满电场空间且分界面都是等位面的情况下，$\boldsymbol{D}$ 只取决于自由电荷。现整个场内介质不均匀(只有一块电介质)，介质内将出现极化电荷，随着它的移动 $\boldsymbol{D}$ 的分布将会发生变化。$\boldsymbol{E}$ 的分布由自由电荷及极化电荷分布来确定，移动此介质就等于改变极化电荷分布，当然 $\boldsymbol{E}$ 的分布会改变。

通过某一特定封闭曲面的 $\boldsymbol{D}$ 的通量只与面内空间自由电荷的代数和有关，在固定分布的自由电荷的电场中，电介质的移动不会对特定封闭曲面的 $\boldsymbol{D}$ 的通量产生任何影响。所以介质移动时，通过一特定封闭曲面的 $\boldsymbol{D}$ 的通量不变。而通过此特定封闭曲面 $\boldsymbol{E}$ 的通量是与面内自由电荷和极化电荷的代数和有关的，如果介质的移动改变了特定封闭曲面内的极化电荷的代数和，那么此曲面上的 $\boldsymbol{E}$ 的通量一定发生改变，否则就不变。比如，如果此块介质的位置变化都是在面外或都是在面内，那么此封闭曲面上的 $\boldsymbol{E}$ 的通量不会改变。

10. 由极性分子组成的液态电介质，其相对介电常数在温度升高时是增大还是减少？

答　由极性分子组成的液态电介质可视为各向同性的电介质，在外场 $\boldsymbol{E}_0$ 作用下发生电极化现象。介质中的电极化强度和此处的电场 $\boldsymbol{E}$ 的关系为

$$\boldsymbol{P} = \varepsilon_0(\varepsilon_r - 1)\boldsymbol{E}$$

由于温度升高，极性分子的无序热运动能量增大，无规热运动总是降低分子电偶极矩的方向的有序排列，引起电极化强度 $\boldsymbol{P}$ 的减小。$\boldsymbol{P}$ 的减小必引起由极化电荷在介质内部产生的退极化场 $\boldsymbol{E}'$ 的减弱，因为 $\boldsymbol{E}'$ 和 $\boldsymbol{E}_0$ 在介质内部的方向基本相反，所以介质中的电场强度 $\boldsymbol{E}$($E=E_0-E'$)会因温度的升高而增强。由于以上两个因素，上式中的 ε_r 一定减小，即温度升高时由极性分子组成的液态电介质的相对介电常数是减少的。

11. 为什么带电的胶木棒能把中性的纸屑吸引起来？

答　带电的胶木棒靠近纸屑时，纸屑被极化而出现极化电荷。靠近胶木棒的一边的极化电荷和胶木棒所带电荷异号，在远端的极化电荷和胶木棒所带电荷同号。如果纸屑的质量很小，胶木棒所带电荷和极化电荷的作用总效果有可能会克服重力把纸屑吸引起来。

12. 用 $\boldsymbol{D}$ 的高斯定理证明下述的实验结果。如图 4.17(a)所示，分别带有等量、异号电荷 $\pm Q$ 的两个平行放置的金属板，未充介质时静电计指示出两板间的电压为 U_0。当极板间充满相对介电常数为 ε_r 的电介质时静电计的偏转减小了，指示出两极板间的电压为 U，U 与 U_0 的关系可以写成

$$U = U_0/\varepsilon_r$$

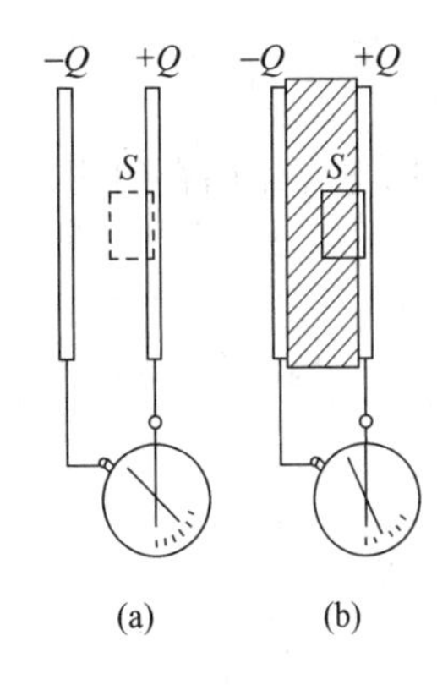

图　4.17

证明　设平行板电容器极板面积为 A，极板间距为 d，实验过程中保持两极板上电量

$\pm Q$不变。如图4.17(b)所示,取闭合柱面S为高斯面,一底面处于金属板中,一底面处于介质中,侧面垂直于金属板,底面面积取为ΔS。由$\boldsymbol{D}$的高斯定理

$$\oint_S \boldsymbol{D}\cdot \mathrm{d}\boldsymbol{S} = D\Delta S = \sum_i q_{i内} = \frac{Q}{A}\Delta S$$

得$D=\dfrac{Q}{A}$。对于各向同性介质,因为$\boldsymbol{D}=\varepsilon_0\varepsilon_r\boldsymbol{E}$,得$E=\dfrac{D}{\varepsilon_0\varepsilon_r}$。那么两板之间的电压$U$为

$$U = Ed = \frac{D}{\varepsilon_0\varepsilon_r}d$$

同样,在图4.17(a)中取同样的一个高斯面,由$\boldsymbol{D}$的高斯定理有

$$\oint_S \boldsymbol{D}\cdot \mathrm{d}\boldsymbol{S} = D\Delta S = \sum_i q_{i内} = \frac{Q}{A}\Delta S$$

也得$D=\dfrac{Q}{A}$。因为$\boldsymbol{D}=\varepsilon_0\boldsymbol{E}_0+\boldsymbol{P}$,无介质即极化强度矢量$\boldsymbol{P}=\boldsymbol{0}$,有$\boldsymbol{D}=\varepsilon_0\boldsymbol{E}_0$,由此得$E_0=\dfrac{D}{\varepsilon_0}$。此时两金属板间的电压$U_0$为

$$U_0 = E_0 d = \frac{D}{\varepsilon_0}d$$

与图4.17(b)中的金属板间的电压U相比较,得到$U=U_0/\varepsilon_r$,即实验结果得证。

13. 用$W=\int w_e \mathrm{d}V = \int \dfrac{\varepsilon E^2}{2}\mathrm{d}V$求圆柱形电容器带电$Q$时储存的能量,并和式$W=\dfrac{1}{2}\dfrac{Q^2}{C}=\dfrac{1}{2}CU^2=\dfrac{1}{2}QU$对比求出圆柱形电容器的电容。

解 如图4.18所示,设圆柱形电容器的内外极板半径分别为R_1、R_2,高为L。极板间充满介电常数为ε的电介质。当圆柱形电容器两极板分别带电$\pm Q$时,忽略边缘效应,其电场存在于两极之间,在两极之间距轴线r处介质中一点的场强为

$$E = \frac{Q}{2\pi r\varepsilon L}$$

如图取半径为r、长为L、厚为$\mathrm{d}r$的同轴圆柱壳,圆柱壳中场能为$\mathrm{d}W=\dfrac{\varepsilon E^2}{2}L2\pi r\mathrm{d}r$,所以电容器储存的能量为

$$W = \int_V w_e \mathrm{d}V = \int_{R_1}^{R_2} \frac{\varepsilon}{2}\left(\frac{Q}{2\pi r\varepsilon L}\right)^2 L2\pi r\mathrm{d}r = \frac{Q^2}{4\pi L\varepsilon}\ln\frac{R_2}{R_1}$$

又因电容器储存的能量$W=\dfrac{Q^2}{2C}$,所以得到电容器的电容为$C=\dfrac{2\pi L\varepsilon}{\ln(R_2/R_1)}$。

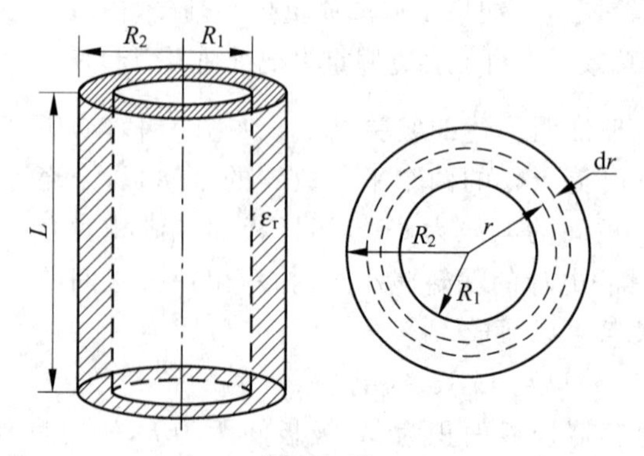

图 4.18

*14. 一长直导线电阻率为 ρ。在面积为 A 的截面上均匀通有电流 I 时，导线外紧邻导线表面处的电场强度的大小和方向各如何？

答　通有稳恒电流的导线中有稳恒电场，它平行于导线表面且与电流密度的关系为 $\boldsymbol{E}_1=\boldsymbol{J}/\sigma(\sigma=1/\rho$ 为电导率$)$，所以有

$$E_1=E_{1/\!/}=\rho\frac{I}{A}$$

设导线外紧邻导线表面处的电场强度为 $\boldsymbol{E}_2$，它可分解为如图 4.19 的右图所示的平行于导线表面和垂直于导线表面的两个分量，$\boldsymbol{E}_2=\boldsymbol{E}_{2/\!/}+\boldsymbol{E}_{2\perp}$。取右图所示非常靠近导体表面的矩形回路 L，此 L 的环路定理为

$$\oint_L \boldsymbol{E}\cdot\mathrm{d}\boldsymbol{l}=E_{1/\!/}\Delta l-E_{2/\!/}\Delta l=0$$

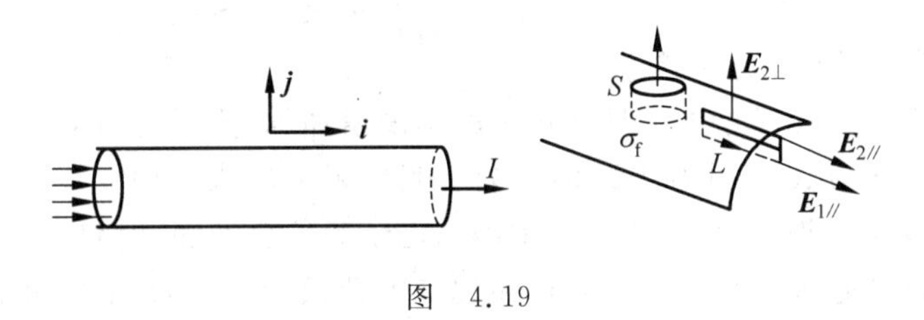

图　4.19

得 $E_{2/\!/}=E_{1/\!/}=\rho\dfrac{I}{A}$。再在导体表面取两底面非常靠近导体表面的扁盒状高斯面 S，如图所示。直导线的截面上均匀通有稳恒电流 I 时，导线表面会有净电荷 σ_f，设 $D_{1\perp}$ 为导体表面内的垂直表面的电位移的分量，$D_{2\perp}$ 为紧靠导体表面外的垂直表面的电位移的分量，对所取高斯面 S 有

$$\oint_S \boldsymbol{D}\cdot\boldsymbol{S}=D_{2\perp}\Delta S-D_{1\perp}\Delta S=\sigma_f\Delta S$$

可得 $D_{2\perp}-D_{1\perp}=\sigma_f$，由于导线表面内只有平行于表面的稳恒电场，所以 $D_{1\perp}=0$，有 $D_{2\perp}=\sigma_f=\varepsilon_0 E_{2\perp}$，得 $E_{2\perp}=\dfrac{\sigma_f}{\varepsilon_0}$。所以紧靠导体表面外的电场强度为

$$\boldsymbol{E}_2=\rho\frac{I}{A}\boldsymbol{i}+\frac{\sigma_f}{\varepsilon_0}\boldsymbol{j}$$

平行表面分量供给该处导体内消耗的焦耳热，垂直分量导致有能量贴近表面传播。

4.1.5　恒定电流

1. 当导体中没有电场时，其中能否有电流？当导体中无电流时，其中能否存在电场？

答　由一般导体中电流密度与电场的关系 $\boldsymbol{j}=\sigma(\boldsymbol{E}_{电场}+\boldsymbol{E}_{非})$（其中 $\boldsymbol{E}_{非}$ 为导体中单位正电荷所受的非电场力，例如化学力、磁场分力等）可知，即便导体中无电场，但有其他力，导体中的自由电荷仍能作定向移动，形成电流。当导体中无电流时，其中可以存在电场，不过同时导体内也会存在其他力场，且 $\boldsymbol{E}_{电场}=-\boldsymbol{E}_{非}$，使导体中自由电荷不能作定向移动形成电流。

2. 证明：用给定物质做成的一定长度的导线，它的电阻和它的质量成反比。

证明　截取 $\mathrm{d}l$ 长导线，因 $\mathrm{d}l$ 很短，$\mathrm{d}l$ 长导线可看做截面积(S)均匀的柱体，此 $\mathrm{d}l$ 长柱体导线的电阻 $\mathrm{d}R$ 为

$$dR = \rho \frac{dl}{S} = \rho \frac{(dl)^2}{Sdl} = \rho\rho_m \frac{(dl)^2}{Sdl\rho_m} = \rho\rho_m \frac{(dl)^2}{dm}$$

对于给定物质,电阻率 ρ、材料的质量密度 ρ_m 看做一定,dl 长导线的电阻和其质量 $dm=\rho_m Sdl$ 成反比。

对于做成的一定长度 L 的导线,只要导线粗细均匀,则其电阻 R 为

$$R = \int_L dR = \rho \frac{L}{S} = \rho\rho_m \frac{L^2}{SL\rho m} = \rho\rho_m \frac{L^2}{m}$$

R 与其质量成反比。但如果导线粗细不均匀,则无此结论。

3. 半导体和绝缘体的电阻随温度增加而减小,能给出大概的解释吗?

答 半导体和绝缘体的电阻大小仍可用欧姆定律来定义。有

$$dR = dU/dI = \frac{dU}{\boldsymbol{J} \cdot d\boldsymbol{S}} = \frac{dU}{nq < \boldsymbol{v} > \cdot d\boldsymbol{S}}$$

式中$<\boldsymbol{v}>$表示载流子平均定向漂移速度。

温度的增加会使固体晶格的无规热运动的程度增加,载流子与晶格的"碰撞"频率增加,其结果是$<\boldsymbol{v}>$减小,由上式可看出此因素会引起电阻的增大。但温度的增加又会使得核外电子的热运动能量增加,因而脱离原子束缚的电子数即会增加,引起半导体和绝缘体单位体积中的载流子的数目 n 增加。原来单位体积中的载流子的数目很小,稍微增加会产生较大的影响,使其电阻有较明显的减小。因为后一种因素的影响大于前一种因素的影响,所以半导体和绝缘体的电阻随温度增加而减小。(注:用能带理论将会给出更好的解答)

4. 试解释基尔霍夫第二方程与电路中的能量守恒等价。

答 在直流电路中,恒定电场具有保守性,即$\oint_L \boldsymbol{E} \cdot d\boldsymbol{r} = 0$,$\boldsymbol{E} \cdot d\boldsymbol{r}$表示通过线元$d\boldsymbol{r}$发生的电势降落,即在稳恒电流电路中,沿任何闭合回路一周的电势降落的代数和总等于零。也就是说,对一正电荷 q,$q\boldsymbol{E} \cdot d\boldsymbol{r}$ 表示场做功引起电势能的降落,$q\oint_L \boldsymbol{E} \cdot d\boldsymbol{r} = 0$ 表示此回路中电势能降落的代数和总等于零。电势能的变化表征电路中能量的转化,电势能的减小表征电能向其他形式能的转化(如热能),电势能的增加表征其他形式能向电能的转化(如电源的化学能),所以回路中电势能降落的代数和总等于零表示能量守恒。

当此电荷 q 经过一段电阻为R 的电路时,电势能降落为$q\int_L \boldsymbol{E} \cdot d\boldsymbol{r} = q\Delta U = \pm qIR$,之所以加上正负号,是因为$\boldsymbol{E}$和$d\boldsymbol{r}$的点积可能出现正负号。如果回路含有电动势,当电荷 q 沿电动势方向运动时,恒定场做负功,引起电势能的降落为$-q\varepsilon$;当电荷q逆电动势方向运动时,恒定场做正功,引起电势能的降落为 $q\varepsilon$。一个回路可以有多个电阻(包括电源内阻)和几个电源,由于恒定场的保守性,应有 $q\sum_i \mp \varepsilon_i + q\sum_i \pm I_i R_i = 0$,即有基尔霍夫第二方程

$$\sum_i \mp \varepsilon_i + \sum_i \pm I_i R_i = 0$$

由电路中的能量守恒(恒定电场的保守性)得出基尔霍夫第二方程,从这个意义上说,基尔霍夫第二方程与电路中的能量守恒等价。

5. 电动势与电势差有什么区别?

答 这是两个完全不同的物理概念。电动势表示将单位正电荷经电源内部从负极移到正极过程中非静电力对其做的功,表征的是电源中非静电力做功的本领,它是表征电源本身

特征的量；电势差为恒定电场中两点之间的电势之差，表征将单位正电荷在这两点之间移动时恒定电场力所做的功，反映恒定电场力做功的本领。

6. 试想出一个用 RC 电路测量高电阻的方法。

答　将被测电阻 R_x 和已知电容 C_0 并联，如图 4.20 所示。先将电容器 C_0 充电，此时电容器所储电量为 $Q_0=C_0U$，然后将充放电开关 K_2 放在中间位置，使其既不与 a 接触也不与 b 接触，电容器上的电量将通过高电阻 R_x 泄漏（故此法称为电容器漏电法）。放电时的方程为

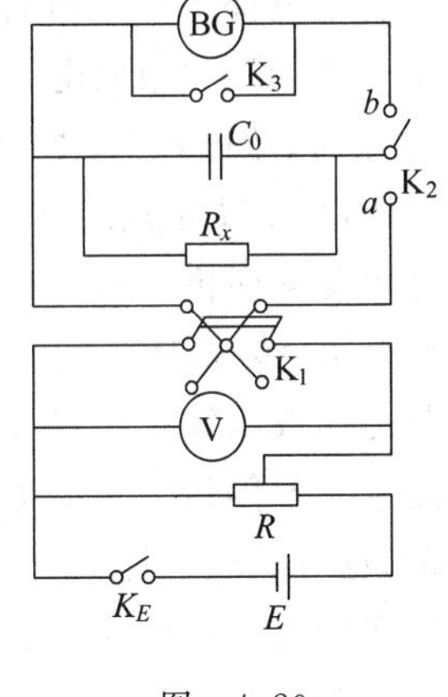

图　4.20

$$-\frac{Q}{C_0}+iR_x=0$$

其中电流（即泄漏电流）$i=-\frac{\mathrm{d}Q}{\mathrm{d}t}$。所以 Q 随时间变化的函数为

$$Q=Q_0\mathrm{e}^{-\frac{t}{C_0R_x}}$$

当充放电开关 K_2 合向 b 侧时，电容器将通过冲击电流计放电。使用灵敏电流计时读的是它的稳定偏转角，使用冲击电流计时读的是它的第一次最大的摆角（叫做冲掷角）。因为冲掷角的大小正比于流过冲击电流计的电量，也就是 K_2 合向 b 时电容器极板上的电量 Q，因此冲击电流计标尺上光标的偏移距离 d_m 正比于 Q，即有 $d_\mathrm{m}=d_{\mathrm{m}0}\mathrm{e}^{-\frac{t}{C_0R_x}}$，对它取对数有

$$\ln d_\mathrm{m}=-\frac{t}{R_xC_0}+\ln d_{\mathrm{m}0}$$

此式为时间 t 的线性函数。在 K_2 接通 a 处于稳态后，断开 a 使 RC 放电一定时间 t，再使 K_2 接通 b 使电容器极板剩下的电量 Q 通过冲击电流计，记录下光标的偏移距离 d_m，得到一组数据（t,d_m）。对不同的时间 t，会获得不同的 d_m，从而测得高电阻 R_x。

7. 你能很快估计出图 4.21 所示的电路中 A、B 之间的电阻值吗?

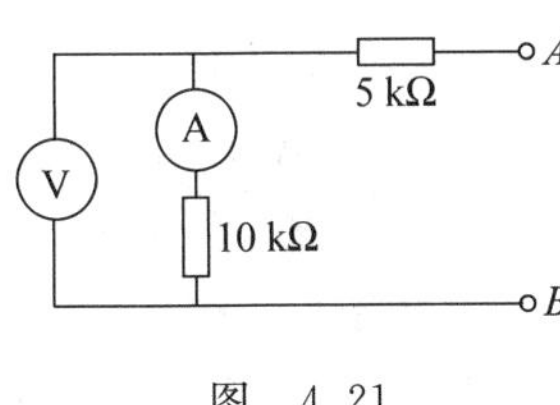

图　4.21

答　15 kΩ。电流表内阻很小，和 10 kΩ 电阻串联支路的电阻按 10 kΩ 计算；电压表内阻很大，和电流表支路的并联电阻不大于电流表支路电阻，并联回路的电阻按 10 kΩ 估算，而它又和 5 kΩ 串联，所以 A、B 之间的估计电阻就是 15 kΩ。

8. 大约 0.02 A 的电流从手到脚流过时就会引起胸肌收缩从而使人窒息而死。人体从手到脚的电阻约为 10 kΩ，试分析人应避免手触多大电压的线路。（注意：有时甚至十几伏的电压也会导致神经系统严重损伤而丧命）

答　由欧姆定律 $I=\Delta U/R$，有

$$\Delta U=IR=0.02\times10\times10^3\ \mathrm{V}=200\ \mathrm{V}$$

对于交流电压线路，还要注意它的峰值电压。理论计算是 200 V，实际中要考虑安全系数，一般讲安全电压也就是三十几伏。

9. 范德格拉夫静电加速器工作时，上部金属球带电后，由于周围空气的弱导电性，会在空气中产生由球到地的微弱电流，从而与传送带上的电荷一起形成了一个闭合恒定电流回路。在这个回路中，电动势在何处？在有的演示用范德格拉夫静电加速器内，是用手转动皮

带轮使导体球带电的。这里产生电动势的非静电力是什么力?是什么能量转化成了电能?

答 范德格拉夫静电加速器的分析示意如图4.22所示。上部金属球带电后,在空气中产生由球到地的微弱电流时,图中正电荷由金属球 A 经空气到地,正电荷又由地经高压直流电源 H、放电针 E、传送带 C、刮电针 F 到达金属球 A,形成了一个闭合恒定电流回路。高压直流电源 H 是接地的,所以这个回路中范德格拉夫静电加速器就成为电源。地和金属球 A 是电源的两极,金属球 A、空气和地形成闭合恒定电流回路的外电路;高压直流电源 H、放电针 E、传送带 C、刮电针 F、金属球 A 组成了电源内部通路。由于高压直流电源 H 的作用只是使放电针产生尖端放电,使传送带带上正电荷,把电荷不断地从低势区运送到高电势区是依靠不停运转的传送带,是靠传送带对电荷的吸附力,因此电源电动势存在于传送带的两端(也就是放电针 E 和刮电针 F 之间)。相应的非静电力就是使传送带不停运转的力,是电动机的转子和传送带之间的摩擦力。如果范德格拉夫静电加速器内是用手转动皮带轮使导体球带电的,产生传送带两端电动势的非静电力可以说是手力,是手力使传送带转动在"电源内部"传送电荷。此时可以说是通过手转动皮带轮使人体储存的能量转化成了电能。

4.2 例题

4.2.1 真空中的静电场

1. 电荷 $+Q$ 均匀分布在半径为 R 的球面上,球心在坐标原点,现在球面与 x 轴相交处挖面元 ΔS 移至无穷远处(设无穷远处 $\varphi=0$,且挖去面元后,电荷分布不变),如图4.23所示。问:球心 O 处的 $E_0=$? 该处的电势 $\varphi_0=$? 挖去面元处的场强 $\boldsymbol{E}=$?(设 $\Delta S \ll 4\pi R^2$)

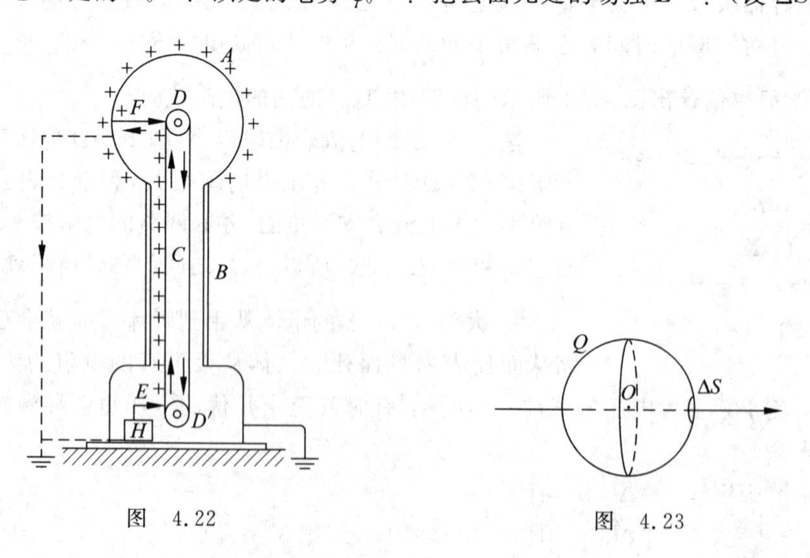

图 4.22　　　　图 4.23

解 用补偿法求解。将 ΔS 面元挖走的电荷补上,则空间电场为

$$\boldsymbol{E} = \boldsymbol{E}_{\text{完整球面}} - \boldsymbol{E}_{\Delta S}$$

由于 $\Delta S \ll 4\pi R^2$,故对 O 点,ΔS 相当于点电荷,球心 O 处的场强为

$$\boldsymbol{E}_0 = \boldsymbol{E}_{\text{完整球面}_0} - \boldsymbol{E}_{\Delta S_0} = \boldsymbol{0} - \frac{\Delta q}{4\pi\varepsilon_0 R^2}(-\hat{\boldsymbol{x}}) = \frac{Q/(4\pi R^2)\Delta S}{4\pi\varepsilon_0 R^2}\hat{\boldsymbol{x}} = \frac{Q\Delta S}{(4\pi R^2)^2\varepsilon_0}\hat{\boldsymbol{x}}$$

球面各点与 O 点等距离，O 点的电势可由电势叠加得出，即

$$\varphi_0 = \varphi_{完整球面_0} - \varphi_{\Delta S_0} = \frac{Q}{4\pi\varepsilon_0 R} - \frac{Q\Delta S}{(4\pi)^2\varepsilon_0 R^3}$$

在 ΔS 处的场点，由于离 ΔS 极近，$\boldsymbol{E}_{\Delta S}$ 相当于无限大带电平面产生的场强，且 $E_{\Delta S}=\frac{\sigma}{2\varepsilon_0}$。由于在球表面，$\boldsymbol{E}_{完整球面}=\frac{\sigma}{\varepsilon_0}\hat{x}$，故挖去面元 ΔS 处的场强

$$\boldsymbol{E} = \boldsymbol{E}_{完整球面} - \boldsymbol{E}_{\Delta S} = \frac{\sigma}{\varepsilon_0}\hat{x} - \frac{\sigma}{2\varepsilon_0}\hat{x} = \frac{Q/(4\pi R^2)}{2\varepsilon_0}\hat{x} = \frac{Q}{8\pi\varepsilon_0 R^2}\hat{x}$$

2. 宽度为 b 的无限长均匀带电平面，面电荷密度为 σ，与带电平面共面的一点 P 到平面相邻边的垂直距离为 a（P 点在带电平面外）。求 P 点的电场强度。

解　将带电平面分成无数小窄条，如图 4.24 所示，其中任意一条宽 $\mathrm{d}x$，在 P 点产生的场强相当于无限长带电直棒的场强，有

$$\mathrm{d}E = \frac{\lambda}{2\pi\varepsilon_0 r} = \frac{\sigma\mathrm{d}x}{2\pi\varepsilon_0(a+b-x)}$$

方向沿 x 轴正方向。由场强叠加原理求 P 点合场强为

$$E = \int\mathrm{d}E = \int_0^b \frac{\sigma\mathrm{d}x}{2\pi\varepsilon_0(a+b-x)} = \frac{\sigma}{2\pi\varepsilon_0}\ln\left(\frac{a+b}{a}\right)$$

3. 一无限长带电圆柱面，面电荷密度为 $\sigma=\sigma_0\cos\varphi$，式中 φ 为圆柱面上对应点的半径与 x 轴的夹角，如图 4.25 所示。求圆柱轴线（z 轴）上任意点的场强。

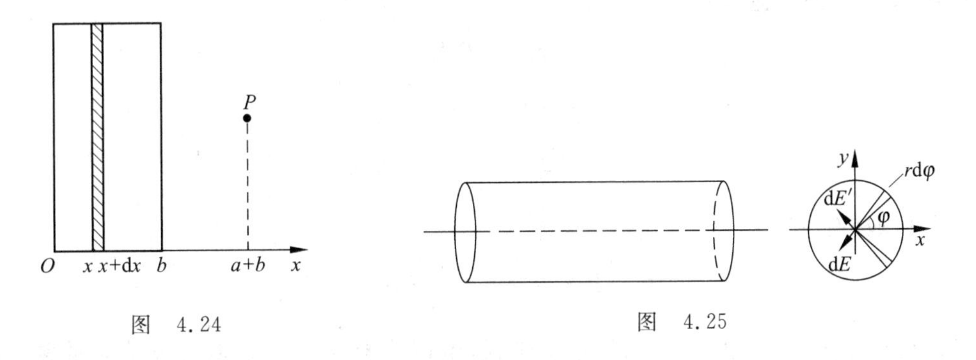

图　4.24　　　　图　4.25

解　由于 $\sigma=\sigma_0\cos\varphi$，可知此圆柱面一半带正电荷，一半带负电荷。设圆柱面半径为 r。将圆柱面对称于轴分成无数平行于 z 轴的窄条，每个窄条相当于无限长带电直棒。设各窄条等宽。取两对称窄条如图 4.25 所示，每条带电线密度为 $\mathrm{d}\lambda=\sigma r\mathrm{d}\varphi=r\sigma_0\cos\varphi\mathrm{d}\varphi$，在轴线上产生场强大小为

$$\mathrm{d}E = \frac{\mathrm{d}\lambda}{2\pi\varepsilon_0 r} = \frac{\sigma_0}{2\pi\varepsilon_0}\cos\varphi\mathrm{d}\varphi$$

沿 x 轴分量为

$$\mathrm{d}E_x = \frac{\sigma_0}{2\pi\varepsilon_0}\cos^2\varphi\mathrm{d}\varphi$$

两窄条的合场强方向为 x 轴负方向，y 方向分量抵消，故带电圆柱面在轴上产生的场强为

$$E_{总} = \int\mathrm{d}E_x = \int_0^{2\pi}\frac{\sigma_0}{2\pi\varepsilon_0}\cos^2\varphi\mathrm{d}\varphi = \frac{\sigma_0}{2\varepsilon_0}$$

方向沿 x 轴负方向。

4. 半径为 R 的带电球体,其电荷体密度为 $\rho=Kr$,K 为正的常数,r 为球心到球内任意点的矢径大小。求:

(1) 球内外的场强分布;

(2) 球内外的电势分布。

解 由于电荷分布的球心对称性,其电场分布亦具有球心对称性,即离球心等距离的点场强大小相等、方向沿径向。

(1) 求场强分布。如图4.26中虚线所示,作半径 $r<R$ 和 $r>R$ 的同心球面为高斯面,由高斯定理 $\oint_S \boldsymbol{E}\cdot \mathrm{d}\boldsymbol{S}=\frac{q_{内}}{\varepsilon_0}$,左侧积分为

$$\oint_S \boldsymbol{E}\cdot \mathrm{d}\boldsymbol{S}=4\pi r^2 E$$

在 $r<R$ 区域,高斯定理右侧有

$$q_{内}=\int_0^r 4\pi r^2\rho \mathrm{d}r=\int_0^r 4\pi r^2 Kr\mathrm{d}r=\pi Kr^4$$

所以,$r<R$ 区域的场强为

$$E_{内}=Kr^2/(4\varepsilon_0)$$

在 $r>R$ 区域,高斯定理右侧有

$$q_{内}=\int_0^R 4\pi r^2\rho \mathrm{d}r=\int_0^R 4\pi r^2 Kr\mathrm{d}r=\pi KR^4$$

所以,$r>R$ 区域的场强为

$$E_{外}=\frac{KR^4}{4\varepsilon_0 r^2}$$

(2) 求电势分布。以无穷远为电势零势点,在 $r<R$ 区域,有

$$\varphi_{内}=\int_r^\infty \boldsymbol{E}\cdot \mathrm{d}\boldsymbol{r}=\int_r^R \frac{Kr^2}{4\varepsilon_0}\mathrm{d}r+\int_R^\infty \frac{KR^4}{4\varepsilon_0 r^2}\mathrm{d}r=\frac{KR^3}{3\varepsilon_0}-\frac{Kr^3}{12\varepsilon_0}$$

在 $r>R$ 区域,有

$$\varphi_{外}=\int_r^\infty \boldsymbol{E}\cdot \mathrm{d}\boldsymbol{r}=\int_r^\infty \frac{KR^4}{4\varepsilon_0 r^2}\mathrm{d}r=\frac{KR^4}{4\varepsilon_0 r}$$

5. 厚度为 b 的"无限大"非均匀带电平板,电荷体密度 $\rho=kx$,其中 k 为正的常数,如图4.27所示。讨论其电场强度分布;若取 $x=0$ 处为电势零点,求电势分布。

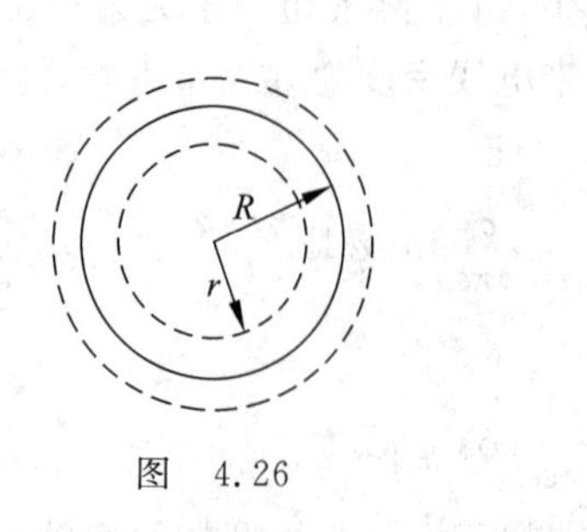

图 4.26

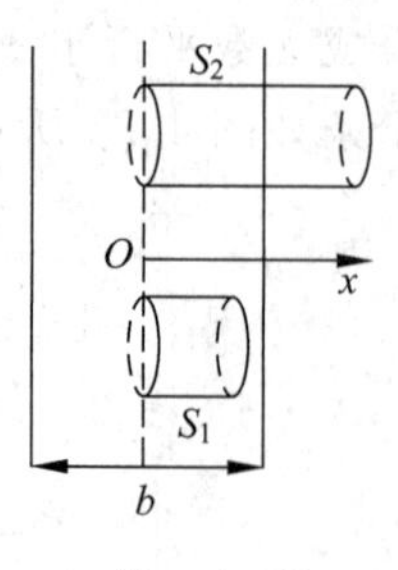

图 4.27

解 对称性分析:将平板沿垂直于 x 轴方向分成无数彼此平行的薄面,则各面可视为无限大带电平面,$x<0$ 的面带负电,产生的电场为垂直于平面指向带电面的均匀电场;$x>$

0 的面带正电，产生的电场为沿垂直于平面指离带电面的均匀电场。由叠加原理，合场强方向沿 x 轴负方向，x 相同的点场强大小相等，x 不相同的点场强大小不相等。在 $x=0$ 的平面上，场强可视为由两带等量异号电荷的无限大带电平板（$x<0$，$x>0$）共同产生，两板带电面密度 $\sigma_+=|\sigma_-|=\int_0^{b/2} kx\times 1\times \mathrm{d}x=\frac{1}{8}kb^2$，由无限大带电平面产生的电场 $E=\frac{\sigma}{2\varepsilon_0}$，可得 $x=0$ 处的场强分布为

$$\boldsymbol{E}_0=\boldsymbol{E}_+ + \boldsymbol{E}_- = \frac{\sigma_+}{2\varepsilon_0}(-\hat{\boldsymbol{x}})+\frac{|\sigma_-|}{2\varepsilon_0}(-\hat{\boldsymbol{x}})=-\frac{kb^2}{8\varepsilon_0}\hat{\boldsymbol{x}}$$

如图 4.27 所示，取两底面平行于 $x=0$ 面的圆柱面 S_1、S_2 为高斯面，其下底在 $x=0$ 面上。由高斯定理 $\oint_S \boldsymbol{E}\cdot\mathrm{d}\boldsymbol{S}=q_{内}/\varepsilon_0$，可得在 S_1 面上有

$$\oint_S \boldsymbol{E}\cdot\mathrm{d}\boldsymbol{S}=\int_{下底}\boldsymbol{E}\cdot\mathrm{d}\boldsymbol{S}+\int_{上底}\boldsymbol{E}\cdot\mathrm{d}\boldsymbol{S}+\int_{侧面}\boldsymbol{E}\cdot\mathrm{d}\boldsymbol{S}=\frac{kb^2}{8\varepsilon_0}S_{底}+E_1S_{底}+0$$

$$q_{内}=\int_0^x kxS_{底}\,\mathrm{d}x=\frac{1}{2}kx^2S_{底}$$

有 $\frac{kb^2}{8\varepsilon_0}+E_1=\frac{kx^2}{2\varepsilon_0}$。从而得到 $0\leqslant x\leqslant b/2$ 区间的场强为

$$E_1=\frac{k}{2\varepsilon_0}\left(x^2-\frac{b^2}{4}\right)$$

方向沿 x 轴负方向。同样分析可知，在 $-b/2\leqslant x\leqslant 0$ 区间，其结果与上式相同，即在带电板内部有

$$\boldsymbol{E}_{内}=-\frac{k}{2\varepsilon_0}\left(x^2-\frac{b^2}{4}\right)\hat{\boldsymbol{x}},\quad |x|<\frac{b}{2}$$

在 S_2 面上有 $\oint_S \boldsymbol{E}\cdot\mathrm{d}\boldsymbol{S}=\frac{kb^2}{8\varepsilon_0}S_{底}+E_2S_{底}+0$，$q_{内}=\int_0^{b/2}kxS_{底}\,\mathrm{d}x=\frac{1}{8}kb^2S_{底}$，可得 $\frac{kb^2}{8\varepsilon_0}+E_2=\frac{kb^2}{8\varepsilon_0}$，解出 $E_2=0$。同样可得在 $x\leqslant 0$ 区间，有同样结果，即有

$$\boldsymbol{E}_{外}=\boldsymbol{0},\quad |x|\geqslant b/2$$

由场强积分可以求得电势分布。在 $0\leqslant x\leqslant\frac{b}{2}$ 区域有

$$\varphi_x=\int_x^0\boldsymbol{E}\cdot\mathrm{d}\boldsymbol{l}=\int_0^x E\mathrm{d}x=\frac{k}{2\varepsilon_0}\left(\frac{b^2}{4}x-\frac{1}{3}x^3\right)$$

在 $0\geqslant x\geqslant-\frac{b}{2}$ 区域有

$$\varphi_x=\int_x^0\boldsymbol{E}\cdot\mathrm{d}\boldsymbol{l}=-\int_0^x|E|\,\mathrm{d}x=\frac{k}{2\varepsilon_0}\left(\frac{b^2}{4}x-\frac{1}{3}x^3\right)$$

在 $x<-\frac{b}{2}$ 和 $x>\frac{b}{2}$ 的区域，场强为零，为等势区，各点电势与带电板表面等势，即

在 $x\leqslant-\frac{b}{2}$ 区域，$\varphi=-\frac{kb^3}{24\varepsilon_0}$；

在 $x\geqslant\frac{b}{2}$ 区域，$\varphi=\frac{kb^3}{24\varepsilon_0}$。

6. 半径为 R 的半圆形棒一半均匀带正电 q，一半均匀带负电 $-q$，如图 4.28 所示。

(1) 求圆心处的场强；

(2) 取无穷远为电势零点,求圆心处的电势。

解 如图4.28所示,取电荷元dq,dq在圆心处产生的场强$dE=\frac{dq}{4\pi\varepsilon_0 R^2}$,方向沿径向。设$dq$与圆心的连线与$y$轴的夹角为$\varphi$,$dq$对应的棒长为$Rd\varphi$,$dq=\lambda dl=\frac{qRd\varphi}{2\pi R/4}$,得出：$dE=\frac{qd\varphi}{2\pi^2\varepsilon_0 R^2}$。

对带负电的带电棒,任取与dq位置对称的电荷元$-dq$,它产生的场强沿径向指向$-dq$,大小等于dq产生的场强大小。显然x方向有$\boldsymbol{E}_{x+}+\boldsymbol{E}_{x-}=\mathbf{0}$,圆心处的合场强沿$y$轴负方向,有

$$\boldsymbol{E}_O=\int d\boldsymbol{E}_y=2\int_0^{\frac{\pi}{2}}-\frac{q}{2\pi^2R^2\varepsilon_0}\cos\varphi d\varphi\boldsymbol{j}=-\frac{q}{\pi^2\varepsilon_0R^2}\boldsymbol{j}$$

圆心处的电势可用叠加法求出,为

$$\varphi_O=\int d\varphi=\int\frac{dq}{4\pi\varepsilon_0R}=\frac{q}{4\pi\varepsilon_0R}+\frac{-q}{4\pi\varepsilon_0R}=0$$

7. 半径为R的球体均匀带电q_1,沿球的径向放一长为l、均匀带电q_2的细直棒,球心距带电细棒近端的距离为$L(L>R)$,如图4.29所示。求带电直棒给带电球的作用力。

图 4.28 图 4.29

解 球对棒的作用力与棒对球的作用力为一对作用力与反作用力,大小相等、方向相反。可通过求球对棒的作用力来求棒对球的作用力。

均匀带电球在球外任意点产生的场强$\boldsymbol{E}=\frac{q_1}{4\pi\varepsilon_0r^2}\hat{\boldsymbol{r}}$,将带电棒分成无数电荷元,其中任意电荷元离球心距离为r,长为dr,带电量为$dq=\frac{q_2}{l}dr$,受力为

$$dF=Edq=\frac{q_1}{4\pi\varepsilon_0r^2}\frac{q_2}{l}dr$$

方向沿径向向外,水平向右。棒所受合力为

$$F=\int dF=\int_L^{L+l}\frac{q_1q_2}{4\pi\varepsilon_0l}\frac{1}{r^2}dr=\frac{q_1q_2}{4\pi\varepsilon_0l}\left(\frac{1}{L}-\frac{1}{L+l}\right)=\frac{q_1q_2}{4\pi\varepsilon_0L(L+l)}$$

所以,带电棒对带电球的作用力为

$$F=\frac{q_1q_2}{4\pi\varepsilon_0L(L+l)}$$

方向水平向左。

8. 一半球面开口向下放置，其上均匀分布着电荷 Q_1。另有电量均为 Q_2 的无数点电荷位于半球面的下部沿过球心的轴线摆放，其中第 k 个点电荷到球心的距离为 $R\times2^{k-1}$，其中 R 为半球面半径，$k=1,2,3,\cdots$，如图4.30所示。设取无限远为零势点时，球心处的电势亦为零，且周围无其他电荷，若 Q_1 已知，求 Q_2。

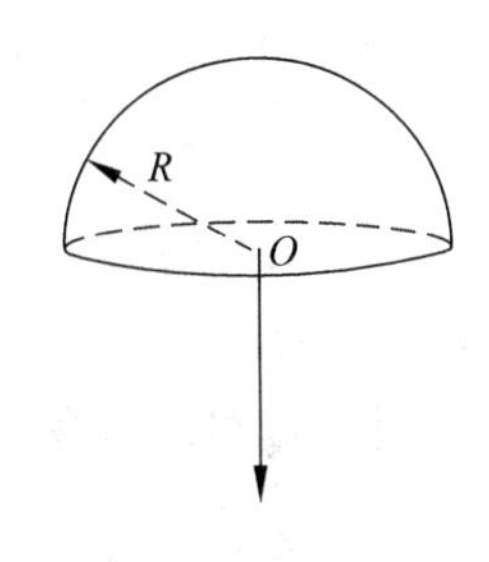

图 4.30

解 取无穷远为零势点时，由电势叠加原理，球心处电势

$$\varphi_0=\varphi_{Q_1}+\sum_k\varphi_{Q_{2k}}=\frac{Q_1}{4\pi\varepsilon_0R}+\sum_{k=1}^{\infty}\frac{Q_2}{4\pi\varepsilon_0R\times2^{k-1}}$$

$$=\frac{1}{4\pi\varepsilon_0R}\left(Q_1+Q_2\times\frac{1}{1-\frac{1}{2}}\right)=\frac{1}{4\pi\varepsilon_0R}(Q_1+2Q_2)$$

由题意，$\varphi_0=0$，可得 $Q_2=-\dfrac{Q_1}{2}$。

9. 两共轴长直圆柱面均匀带有等量异号电荷，设内柱面带有正电荷，内、外柱面半径分别为 R_1、R_2，已知两柱面间电势差 U_0，试求空间电场分布。

解 设两圆柱面带电线密度（单位长度圆柱面带电量）为 $\pm\lambda$，则空间电场为两均匀带电圆柱面共同产生。半径为 R 的均匀带电圆柱面产生的电场为 $E=0(r<R)$ 和 $E=\lambda/(2\pi\varepsilon_0r)(r>R)$。由场强叠加原理可得同轴圆柱面产生的合场强为

$$E=0,\quad r<R_1;\quad E=\lambda/(2\pi\varepsilon_0r),\quad R_1<r<R_2;\quad E=0,\quad r>R_2$$

由场强积分可求出两柱面间电势差为

$$\varphi_{内外}=\int_{内}^{外}\boldsymbol{E}\cdot\mathrm{d}\boldsymbol{l}=\int_{R_1}^{R_2}\frac{\lambda}{2\pi\varepsilon_0r}\mathrm{d}r=\frac{\lambda}{2\pi\varepsilon_0}\ln\frac{R_2}{R_1}$$

由题意 $\varphi_{内外}=U_0$，可得

$$\lambda=\frac{2\pi\varepsilon_0U_0}{\ln(R_2/R_1)}$$

空间场强分布

$$E=\frac{U_0}{\ln(R_2/R_1)}\cdot\frac{1}{r},\quad R_1<r<R_2$$

方向指向电势降低的方向。其他区域 $E=0$。

10. 真空中某一带电系统在 $-a<x<a$ 范围内的电势 $\varphi(x)$-x 曲线如图4.31(a)所示。

(1) 画出相应的 $E(x)$-x 曲线图；

(2) 画出实现上述电场的带电系统的示意图。

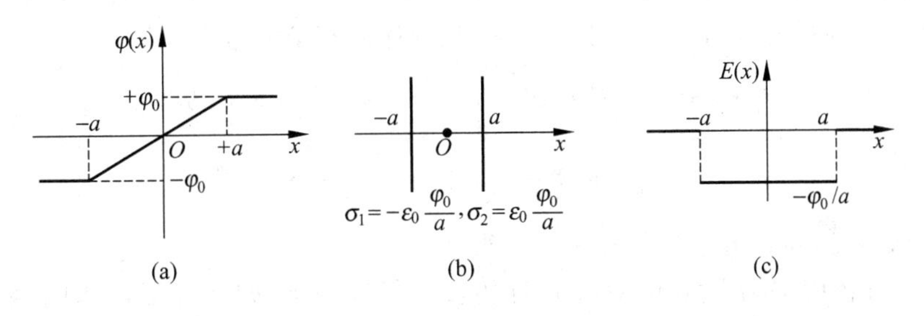

图 4.31

解 由 $\varphi(x)$-x 曲线可知,势函数 $\varphi(x)$ 满足:

在 $|x|\geqslant a$ 区域, $|\varphi|=\varphi_0$

在 $-a<x<a$ 区域, $\varphi(x)=\dfrac{\varphi_0}{a}x$

由电势梯度可求得场强 $\boldsymbol{E}(x)=-\dfrac{\partial\varphi}{\partial x}\boldsymbol{i}$,有

在 $|x|\geqslant a$ 区域, $\boldsymbol{E}=\boldsymbol{0}$

在 $-a<x<a$ 区域, $\boldsymbol{E}(x)=-\dfrac{\varphi_0}{a}\boldsymbol{i}$

带电体系电荷分布如图 4.31(b)所示,$E(x)$-x 曲线如图 4.31(c)所示。

4.2.2 静电场中的导体

1. 有两块无限大平行平面带电导体板,如图 4.32(a)所示。

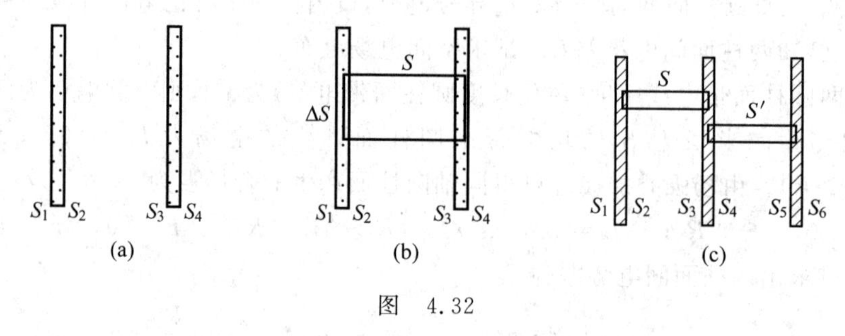

图 4.32

(1)证明:相向的两个面上,面电荷密度总是大小相等而符号相反;

(2)证明:相背的两个面上,面电荷密度总是大小相等而符号相同;

(3)若有三个无限大平面带电导体板,证明(1)、(2)。

证明 静电平衡时,导体上的电荷全部都分布在外表面上,设面电荷密度分别为 σ_1、σ_2、σ_3、σ_4。

(1) 作高斯柱面 S,其两底面 ΔS 分别在导体中平行于导体表面、侧面垂直于导体表面,如图 4.32(b)所示,则由高斯定理有

$$\oint_S \boldsymbol{E}\cdot\mathrm{d}\boldsymbol{S}=\frac{q_{\text{内}}}{\varepsilon_0}=\frac{\sigma_2\Delta S+\sigma_3\Delta S}{\varepsilon_0}$$

此两带电平板相当于四个均匀带电无限大平面,故空间场强为四个均匀带电无限大平面产生的场强的矢量和。由于均匀带电无限大平面产生场强的方向垂直于带电平面,故此带电系统产生的场强的方向亦垂直于带电板,且导体内部场强为零,即

$$\begin{aligned}\oint_S \boldsymbol{E}\cdot\mathrm{d}\boldsymbol{S}&=\int_{\Delta S}\boldsymbol{E}\cdot\mathrm{d}\boldsymbol{S}+\int_{\Delta S}\boldsymbol{E}\cdot\mathrm{d}\boldsymbol{S}+\int_{\text{侧面}}\boldsymbol{E}\cdot\mathrm{d}\boldsymbol{S}\\&=\int_{\Delta S}0\mathrm{d}S+\int_{\Delta S}0\mathrm{d}S+\int_{\text{侧面}}E\mathrm{d}S\cos\frac{\pi}{2}=0\end{aligned}$$

对照上述两式,可得 $\sigma_2+\sigma_3=0$,即 $\sigma_3=-\sigma_2$ 得证。

(2) 由于导体内部场强为零,在左边导体板中任选一点,如前分析,空间电场由四个无限大均匀带电平面产生,有

$$\frac{\sigma_1}{2\varepsilon_0}-\frac{\sigma_2}{2\varepsilon_0}-\frac{\sigma_3}{2\varepsilon_0}-\frac{\sigma_4}{2\varepsilon_0}=0$$

由(1)的结论可得 $\sigma_1=\sigma_4$，即相背的两个面上，面电荷密度总是大小相等而符号相同。

(3) 若有三块无限大平行平面带电导体板，如图4.32(c)所示，如(1)所证，作高斯面 S、S'，同样可证得

$$\sigma_2=-\sigma_3,\quad \sigma_4=-\sigma_5$$

考虑金属板中场强为零，由场强叠加原理，同样可证得

$$\sigma_1=\sigma_6$$

显然，三块板与两块板的结论相同：相对的表面带有等量异号的面电荷密度；最外面的 S_1 和 S_6 面带有等量同号的面电荷密度。此结论可推广到 n 块平行金属平板的带电体。

2. 半径分别为 R_1、R_2 的两导体球 A、B 相距很远且离地面亦很远(可视为两孤立导体球)，A 原来带电 Q，B 不带电。现用一根导线将两球连接，静电平衡后忽略导线带电，问 A、B 各带多少电量？在电荷移动过程中，放出多少热能？

解 两孤立导体球用导线连接，意味着两导体等电势。由于忽略导线带电，空间带电体为两孤立带电导体球，由孤立导体球的电势公式 $\varphi=\frac{q}{4\pi\varepsilon_0 R}$，得 $\frac{q_A}{4\pi\varepsilon_0 R_1}=\frac{q_B}{4\pi\varepsilon_0 R_2}$。由电荷守恒定律 $q_A+q_B=Q$，可得

$$q_A=\frac{QR_1}{R_1+R_2},\quad q_B=\frac{QR_2}{R_1+R_2}$$

孤立导体周围的电场所储电场能量 $W_e=\frac{1}{2}QU$，电荷移动前，A、B 电场储存的电场能为

$$W_e=\frac{1}{2}Q\frac{Q}{4\pi\varepsilon_0 R_1}=\frac{Q^2}{8\pi\varepsilon_0 R_1}$$

电荷移动后，A、B 电场储存的电场能为

$$W'_e=\frac{1}{2}q_A\frac{q_A}{4\pi\varepsilon_0 R_1}+\frac{1}{2}q_B\frac{q_B}{4\pi\varepsilon_0 R_2}$$

由能量守恒，电场能的减少等于移动电荷放出的热能，即

$$W_{热}=W_e-W'_e=\frac{Q^2R_2}{8\pi\varepsilon_0 R_1(R_1+R_2)}$$

3. 有一金属球壳，其内外半径分别为 R_1 和 R_2，带电量为 Q。问：

(1) 球心处的电势 $\varphi_1=$?

(2) 若再在球壳空腔内绝缘地放置一个电量为 q_0 的点电荷，点电荷离球心的距离为 r_0，球心处的电势 $\varphi_2=$?

(3) 若又在球壳外离球心距离为 r 处放置一电量为 q 的点电荷，球心处的电势 $\varphi_3=$?

解 (1) 静电平衡时球壳带电全部在外表面上。由电势叠加原理得

$$\varphi_1=\int_Q\frac{\mathrm{d}q}{4\pi\varepsilon_0 R_2}=\frac{1}{4\pi\varepsilon_0 R_2}\int_Q\mathrm{d}q=\frac{Q}{4\pi\varepsilon_0 R_2}$$

(2) 若在球壳空腔内离球心 r_0 处绝缘地放置一个电量为 q_0 的点电荷，则电荷重新分布为：球壳空腔内表面带电 $-q_0$，外表面带电 $Q+q_0$。由电势叠加原理得

$$\varphi_2=\frac{q_0}{4\pi\varepsilon_0 r_0}+\frac{-q_0}{4\pi\varepsilon_0 R_1}+\frac{Q+q_0}{4\pi\varepsilon_0 R_2}$$

(3) 若又在球壳外离球心距离为 r 处放置一电量为 q 的点电荷，则球壳电荷分布与(2)情况相同，由电势叠加原理得

$$\varphi_3=\frac{q_0}{4\pi\varepsilon_0 r_0}+\frac{-q_0}{4\pi\varepsilon_0 R_1}+\frac{Q+q_0}{4\pi\varepsilon_0 R_2}+\frac{q}{4\pi\varepsilon_0 r}$$

4.2.3 静电场中的电介质

1. 一平行板电容器一半充有两种电介质，介电常数分别为 ε_1 和 ε_2，另一半为空气。已知平行板面积为 S，板间距离为 $2d$，ε_1 和 ε_2 两种介质厚度相同，均为 d。求其电容。

解 此电容可视为右半部为两个电容串联然后与左半部电容并联而成的，充满电介质的平行板电容器电容 $C=\frac{\varepsilon S}{d}$($\varepsilon$ 为介质介电常数)，即

$$C_{左}=\frac{\varepsilon_0 S/2}{2d}=\frac{\varepsilon_0 S}{4d},\quad C_{右1}=\frac{\varepsilon_1 S/2}{d}=\frac{\varepsilon_1 S}{2d},\quad C_{右2}=\frac{\varepsilon_2 S/2}{d}=\frac{\varepsilon_2 S}{2d}$$

右边电容为串联，有

$$C_{右}=\frac{1}{\frac{1}{C_{右1}}+\frac{1}{C_{右2}}}=\frac{S\varepsilon_1\varepsilon_2}{2d(\varepsilon_1+\varepsilon_2)}$$

所以，所求电容为

$$C=C_{左}+C_{右}=\frac{S}{2d}\left(\frac{\varepsilon_0}{2}+\frac{\varepsilon_1\varepsilon_2}{\varepsilon_1+\varepsilon_2}\right)$$

2. 一空气平行板电容器的两板稍有不平行，板面积皆为 a^2，最小板距为 d，夹角 $\theta\ll\frac{d}{a}\ll 1$，如图 4.33 所示。求电容 C。

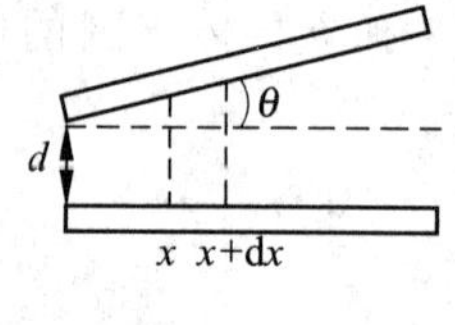

图 4.33

解 将板间平行于夹角边分成无数小窄条，每个窄条近似于一个上下底板平行的平行板电容器。图 4.33 所示为其中任意一个小电容器，其位置距窄边为 x，宽为 $\mathrm{d}x$，此电容器的电容 $\mathrm{d}C=\frac{\varepsilon_0\mathrm{d}S}{d+x\tan\theta}=\frac{\varepsilon_0 a\mathrm{d}x}{d+x\tan\theta}$。题中电容器为无数小电容器的并联，故电容器的电容

$$C=\int\mathrm{d}C=\int_0^a\frac{\varepsilon_0 a\mathrm{d}x}{d+x\tan\theta}=\frac{\varepsilon_0 a}{\tan\theta}\ln\frac{d+a\tan\theta}{d}=\frac{\varepsilon_0 a}{\tan\theta}\ln\left(1+\frac{a}{d}\tan\theta\right)$$

由于 $\theta\ll\frac{d}{a}\ll 1$，近似计算可得

$$C\approx\frac{\varepsilon_0 a}{\theta}\ln\left(1+\frac{\theta}{d/a}\right)\approx\frac{\varepsilon_0 a}{\theta}\left[\frac{\theta}{d/a}-\frac{1}{2}\left(\frac{\theta}{d/a}\right)^2\right]\approx\frac{\varepsilon_0 a^2}{d}\left(1-\frac{\theta a}{2d}\right)$$

3. 中间一个半径为 R_1 的导体球带电量为 q_0，外部由相对介电常数为 ε_r 的电介质球壳所包围，球壳的半径为 R_2，如图 4.34 所示(图中 $\boldsymbol{n}$ 表示外法线方向)。求：

(1) 空间的电场分布；

(2) 电介质的极化电荷分布；

(3) 导体球的电势。

解　全空间可以分为三个区域：导体球内部、介质中和外部空间。因为导体球及均匀电介质球壳的球对称性，可知空间电场的分布也具有球对称性。

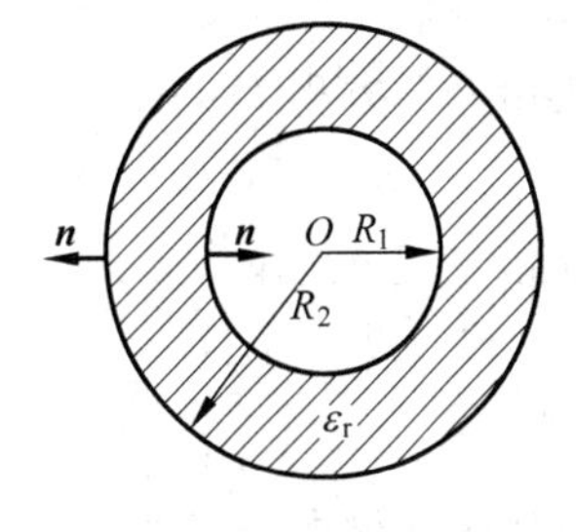

图　4.34

(1) 选取以 O 为球心的高斯面，根据高斯定理：$\oint_S \boldsymbol{D}\cdot d\boldsymbol{S}=q_{内}$，得

$$D\cdot 4\pi r^2 = q_{内}$$

在导体球内，$r<R_1$，有

$$\boldsymbol{D}=\boldsymbol{0},\quad \boldsymbol{E}=\boldsymbol{0}$$

在电介质中，$R_1<r<R_2$，有

$$\boldsymbol{D}=\frac{q_0}{4\pi r^2}\hat{\boldsymbol{r}},\quad \boldsymbol{E}=\frac{q_0}{4\pi\varepsilon r^2}\hat{\boldsymbol{r}}$$

在外部空气中，$r>R_2$，有

$$\boldsymbol{D}=\frac{q_0}{4\pi r^2}\hat{\boldsymbol{r}},\quad \boldsymbol{E}=\frac{q_0}{4\pi\varepsilon_0 r^2}\hat{\boldsymbol{r}}$$

(2) 在电介质中，电极化强度 $\boldsymbol{P}=\varepsilon_0(\varepsilon_r-1)\boldsymbol{E}$，极化面电荷密度 $\sigma'=\boldsymbol{P}\cdot\boldsymbol{n}$，则在 $r=R_1$ 的电介质面上，有

$$\boldsymbol{P}_1=\varepsilon_0(\varepsilon_r-1)\cdot\frac{q_0}{4\pi\varepsilon_0\varepsilon_r R_1^2}\hat{\boldsymbol{r}}$$

$$\sigma'_1=\boldsymbol{P}_1\cdot\boldsymbol{n}=P_1\cos\pi=-\varepsilon_0(\varepsilon_r-1)\cdot\frac{q_0}{4\pi\varepsilon_0\varepsilon_r R_1^2}=-\frac{\varepsilon_r-1}{\varepsilon_r}\sigma_0$$

其中，$\sigma_0=q_0/(4\pi R_1^2)$是导体球表面均匀分布的自由面电荷密度。

在 $r=R_2$ 的电介质面上，有

$$\boldsymbol{P}_2=\varepsilon_0(\varepsilon_r-1)\cdot\frac{q_0}{4\pi\varepsilon_0\varepsilon_r R_2^2}\hat{\boldsymbol{r}}$$

$$\sigma'_2=\boldsymbol{P}_2\cdot\boldsymbol{n}=P_2\cos0^\circ=\frac{(\varepsilon_r-1)R_1^2}{\varepsilon_r R_2^2}\sigma_0$$

(3) 导体球是等电势的，有

$$\varphi=\int_{R_1}^{\infty}\boldsymbol{E}\cdot d\boldsymbol{r}=\int_{R_1}^{R_2}\frac{q_0}{4\pi\varepsilon_0\varepsilon_r r^2}dr+\int_{R_2}^{\infty}\frac{q_0}{4\pi\varepsilon_0 r^2}dr=\frac{q_0}{4\pi\varepsilon_0\varepsilon_r}\left(\frac{1}{R_1}-\frac{1}{R_2}\right)+\frac{q_0}{4\pi\varepsilon_0 R_2}$$

4. 无限大带电导体板两侧面上的面电荷密度为 σ_0，当在导体板两侧分别充以介电常数为 ε_1 和 ε_2（且 $\varepsilon_1\neq\varepsilon_2$）的各向同性均匀电介质时，求导体板两侧电场强度的大小。

解　静电平衡时，导体板带电全部在表面。设左面面电荷密度为 σ_1，右面面电荷密度为 σ_2。又由于电极化现象，导体板两侧各向同性均匀电介质表面将分别带有极化电荷。设导体板左面介质表面面电荷密度为 σ'_1，导体板右面介质表面面电荷密度为 σ'_2，则空间的电场相当于由四块无限大带电平面电场叠加的结果。由于无限大平面的电场是均匀电场，所以，在导体板两侧各向同性均匀电介质中的电场强度应相等。即

$$E_1=E_2$$

根据电荷守恒定律，得

$$\sigma_1+\sigma_2=2\sigma_0$$

根据有电介质时的高斯定理，有

$$D_1=\sigma_1,\quad D_2=\sigma_2$$

再由介质方程 $D=\varepsilon E$ 得

$$D_1=\varepsilon_1 E_1,\quad D_2=\varepsilon_2 E_2$$

解出 $\dfrac{\sigma_1}{\varepsilon_1}=\dfrac{\sigma_2}{\varepsilon_2}$,代入 $\sigma_1+\sigma_2=2\sigma_0$ 中,有

$$\sigma_1=\frac{2\sigma_0\varepsilon_1}{\varepsilon_1+\varepsilon_2},\quad \sigma_2=\frac{2\sigma_0\varepsilon_2}{\varepsilon_1+\varepsilon_2}$$

导体板两侧电场强度的大小

$$E_1=E_2=E=\frac{\sigma_1}{\varepsilon_1}=\frac{2\sigma_0}{\varepsilon_1+\varepsilon_2}$$

5. 球形电容器的两个极板为两同心金属球壳,其间充满均匀各向同性的线性介质,其相对介电常数为 ε_r。当电极带电后,极板上电荷量将因介质漏电而逐渐减少。设介质的电阻率为 ρ,$t=0$ 时内、外电极上的电量分别为 $\pm Q_0$。求电极上电量随时间减少的规律 $Q(t)$ 以及两极板间与球心相距为 r 的任一点处的传导电流密度 $\boldsymbol{j}(r,t)$。

解 取包围内球、小于外球、半径为 r 的任意同心球面 S,由电流连续性方程有

$$\oint_S \boldsymbol{j}\cdot \mathrm{d}\boldsymbol{S}=-\frac{\mathrm{d}Q_{内}}{\mathrm{d}t}$$

由欧姆定律微分形式 $\boldsymbol{j}=\dfrac{1}{\rho}\boldsymbol{E}$,均匀各向同性的线性介质中 $\boldsymbol{D}=\varepsilon_0\varepsilon_r\boldsymbol{E}$,代入上述方程得

$$\frac{1}{\varepsilon_0\varepsilon_r\rho}\oint_S \boldsymbol{D}\cdot \mathrm{d}\boldsymbol{S}=-\frac{\mathrm{d}Q_{内}}{\mathrm{d}t}$$

由高斯定理 $\oint_S \boldsymbol{D}\cdot \mathrm{d}\boldsymbol{S}=Q_{内}$ 可得,$\dfrac{1}{\varepsilon_0\varepsilon_r\rho}Q_{内}=-\dfrac{\mathrm{d}Q_{内}}{\mathrm{d}t}$,即 $\dfrac{\mathrm{d}Q_{内}}{Q_{内}}=-\dfrac{1}{\varepsilon_0\varepsilon_r\rho}\mathrm{d}t$。因为 $t=0$ 时,$Q=Q_0$,解微分方程可得

$$Q=Q_0\mathrm{e}^{-\frac{1}{\varepsilon_0\varepsilon_r\rho}t}$$

由于极板电荷分布呈球心对称,故 $\boldsymbol{E}$ 沿径向,$\boldsymbol{j}$ 亦沿径向。设两极板间的漏电流为 I,则

$$I=4\pi r^2 j=-\frac{\mathrm{d}Q}{\mathrm{d}t}$$

所以,所求电流密度为

$$\boldsymbol{j}=\frac{Q_0}{4\pi\varepsilon_0\varepsilon_r\rho r^2}\mathrm{e}^{-\frac{1}{\varepsilon_0\varepsilon_r\rho}t}\,\hat{\boldsymbol{r}}$$

4.3 几个问题的说明

4.3.1 均匀带电导体球球面上的电场强度

对于静电平衡下的半径为 R 的均匀带电 Q 的导体球,由高斯定理可求出其球面内($r<R$)$\boldsymbol{E}=0$,面外($r>R$)$\boldsymbol{E}=\dfrac{Q}{4\pi\varepsilon_0 r^3}\boldsymbol{r}$。考察带电导体球球面上($r=R$)的场强,一般有两种观点即两种模型,一是“球面模型”,一是“球壳模型”。模型是一种近似方法,是对实际问题的简化,是对复杂计算的近似取舍,此带电导体球球面上的场强的两种模型会给出两种不同程度的近似结果。

1. 球面模型

在求 $r=R$ 处的场强时，仍然认为带电导体球的电荷是均匀分布在导体球的几何外表面上，电荷分布是一个半径为 R、面电荷密度为 $\sigma=\dfrac{Q}{4\pi\varepsilon_0 R^2}$ 的球面。

(1) 把均匀带电球面看做由许多半径不同的均匀带电细圆环所组成，如图 4.35(a)所示，它们的圆心都在场点 P 与球心的连线上，即场点与球心的连线是它们的轴线。半径 $r=R\sin\theta$、宽 $\mathrm{d}l=R\mathrm{d}\theta$ 的细环元在轴线上 P 点产生的场强为

$$\mathrm{d}E_R=\frac{(2\pi R^2\sin\theta\mathrm{d}\theta)\sigma\cdot(R+R\cos\theta)}{4\pi\varepsilon_0[r^2+(R+R\cos\theta)^2]^{3/2}}$$

从 0 到 π 对 θ 积分，得整个带电球面在球面 P 点产生的场强大小为

$$E_R=\int_0^{\pi}\mathrm{d}E_R=\frac{Q}{8\pi\varepsilon_0 R^2}=\frac{\sigma}{2\varepsilon_0}$$

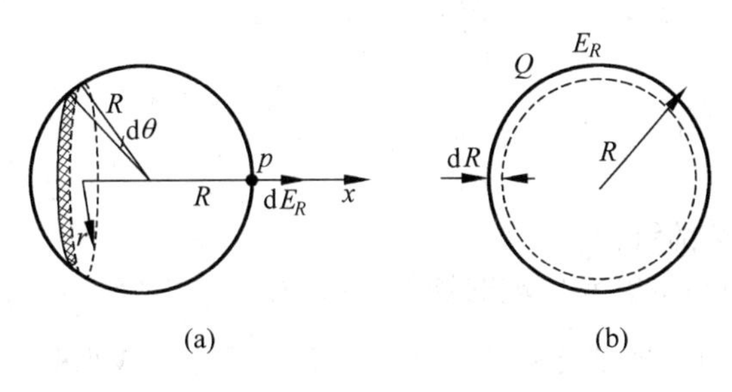

图　4.35

(2) 设想将半径为 R 的带电球面缓慢地收缩到半径 $R-\mathrm{d}R$，如图 4.35(b)所示，其中外力克服静电场力做的功($QE_R\mathrm{d}R$)等于所收缩区域内增加的静电能($\mathrm{d}W$)，有

$$\mathrm{d}W=\frac{1}{2}\varepsilon_0 E^2(4\pi R^2\mathrm{d}R)=QE_R\mathrm{d}R$$

E 为收缩以后带电球面外 R 处的场强，应有 $E=\dfrac{Q}{4\pi\varepsilon_0 R^2}$，代入上式，得

$$E_R=\frac{Q}{8\pi\varepsilon_0 R^2}=\frac{\sigma}{2\varepsilon_0}$$

(3) 把整个面电荷密度为 σ 的带电面 S 分成两部分，如图 4.36 所示，一部分是所求面上场点为中心的电荷面元 $\sigma\Delta S$，另一部分是 $\sigma\Delta S$ 以外的全空间电荷。一方面 $\sigma\Delta S$ 在宏观上可被看做是一个小的均匀带电的圆平面，在场点产生的场强为零，因此该点的电场强度是 $\sigma\Delta S$ 以外的其他电荷产生的；另一方面在考虑紧靠导体外一点的场强时，$\sigma\Delta S$ 又可看做很大的均匀带电平面，其两侧的场强为$\dfrac{\sigma}{2\varepsilon_0}$。由于面内场强为零，而紧靠导体外一点的场强是$\dfrac{\sigma}{\varepsilon_0}$，且 ΔS 处附近场应具有连续性，所以 $\sigma\Delta S$ 以外的其他电荷在 ΔS 处的场强一定为$\dfrac{\sigma}{2\varepsilon_0}$，即得面电荷所在处的场强 $E_R=\dfrac{\sigma}{2\varepsilon_0}$。

以上利用叠加的方法或利用虚功方法或采用分析方法都得出，在面电荷模型下，电荷面上某点 P 的电场强度有一个确定的值，$\boldsymbol{E}=\dfrac{Q}{8\pi\varepsilon_0 R^3}\boldsymbol{R}=\dfrac{\sigma}{2\varepsilon_0}\boldsymbol{n}$，其中 $\boldsymbol{n}$ 为球面外法线的单位矢量。

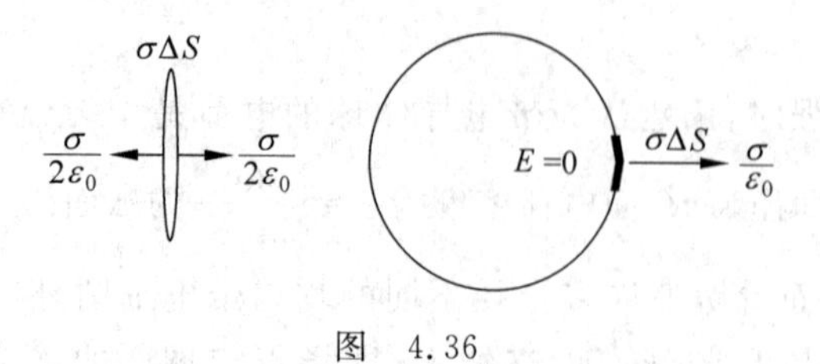

图 4.36

2. 球壳模型

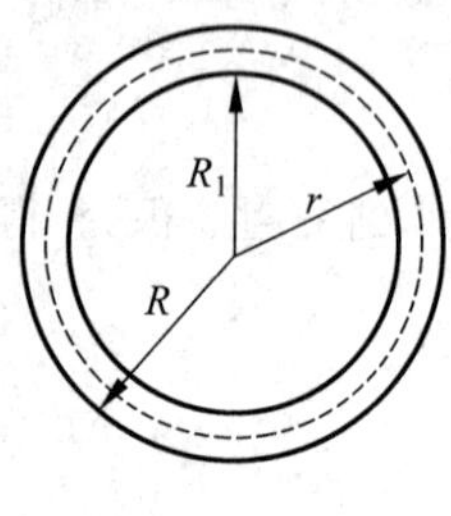

图 4.37

在求 $r=R$ 处的场强时,认为电荷是分布在球面处的一个薄球壳内,即带电导体球的电荷以体电荷密度 ρ 分布在一个内半径 R_1、外半径为 R 的厚度为 $\Delta R=R-R_1$ 的球壳层内,如图 4.37 所示。在此模型下,层内的场强可由高斯定理求得:

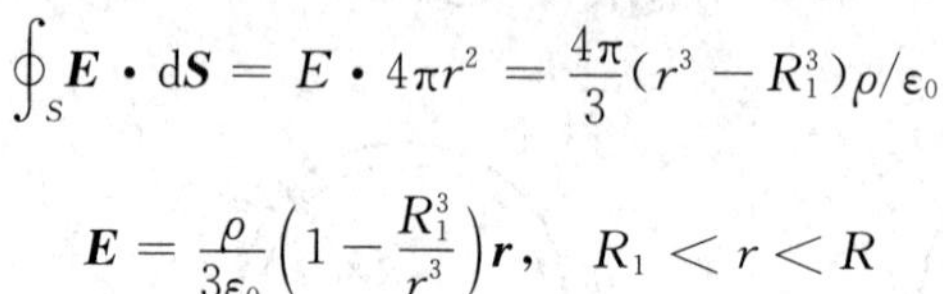

$$\oint_S \boldsymbol{E}\cdot \mathrm{d}\boldsymbol{S} = E\cdot 4\pi r^2 = \frac{4\pi}{3}(r^3-R_1^3)\rho/\varepsilon_0$$

$$\boldsymbol{E} = \frac{\rho}{3\varepsilon_0}\left(1-\frac{R_1^3}{r^3}\right)\boldsymbol{r},\quad R_1<r<R$$

3. 对上面两种模型的讨论

(1) 静电平衡的均匀带电导体球的场强分布,对于球内($\boldsymbol{E}=\boldsymbol{0}$)和球外非紧邻点($r>R$)的场强$\left(\boldsymbol{E}=\frac{Q}{4\pi\varepsilon_0 r^3}\boldsymbol{r}\right)$,两个模型有同样的结果。而紧邻导体表面外一点的场强是指宏观上从导体外无限靠近球表面处的场强,具有数学上的极限概念,即 $r\to R$ 时的极限,它们也给出同样的结果:$\boldsymbol{E}=\frac{Q}{4\pi\varepsilon_0 R^3}\boldsymbol{R}=\frac{\sigma}{\varepsilon_0}\boldsymbol{n}$。

面模型中,由于导体内部场强为零,球面处从体内趋于 R 的左极限($\boldsymbol{E}=\boldsymbol{0}$)和从体外趋于 R 的右极限$\left(\boldsymbol{E}=\frac{\sigma}{\varepsilon_0}\boldsymbol{n}\right)$的场强不相等,球面处为场分布的间断点,面模型给出球面处场强不连续的结果,是左极限和右极限的平均,如图 4.38(a)所示。在薄球壳模型中,如把球壳内电荷分布 ρ 看做均匀的,$\rho=\frac{Q}{4\pi R^2\cdot\Delta R}$,令$\frac{Q}{4\pi R^2}=\sigma$,有 $\sigma=\rho\Delta R$,它是面电荷密度,表示以面积度量的电荷分布。其模型中,球面处的场强右极限为 $\boldsymbol{E}=\frac{\sigma}{\varepsilon_0}\boldsymbol{n}$,而由 $\boldsymbol{E}=\frac{\rho}{3\varepsilon_0}\left(1-\frac{R_1^3}{r^3}\right)\boldsymbol{r}$ 可求出球面处的左极限($r\to R$)在忽略 ΔR 的高次项时,同样为 $\boldsymbol{E}=\frac{\sigma}{\varepsilon_0}\boldsymbol{n}$,因此薄球壳模型给出 R 处场连续的结论,如图 4.38(b)所示。

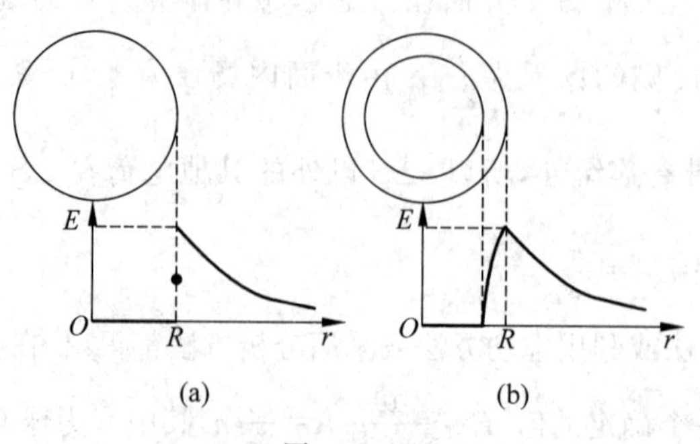

图 4.38

(2) 微观上导体球"表面"是指几个或十几个 Å(1Å=0.1 nm)数量级厚度的原子层,其电荷的分布一般可以认为在表面处有相对很大的值,向体内是振荡地指数衰减,向体外是迅速地指数衰减。上面所选用的两个模型都是对带电导体球实际电荷分布的一种近似,不过薄壳模型的近似程度会好一些。

考虑薄壳模型 $r=R_1+\Delta R/2$ 处的场强,宏观上厚度 ΔR 很小,由上面薄壳模型的电场强度结果,近似有

$$\boldsymbol{E}=\frac{\rho}{3\varepsilon_0}\left(1-\frac{R_1^3}{r^3}\right)\boldsymbol{r}=\frac{\frac{\sigma}{\Delta R}}{3\varepsilon_0}\left(1-\frac{R_1^3}{r^3}\right)\boldsymbol{r}=\frac{\sigma}{3\varepsilon_0\Delta R\cdot R_1^2}\left(3R_1^2\cdot\frac{\Delta R}{2}\right)\boldsymbol{n}=\frac{\sigma}{2\varepsilon_0}\boldsymbol{n}$$

$\boldsymbol{E}=\frac{\rho}{3\varepsilon_0}\left(1-\frac{R_1^3}{r^3}\right)\boldsymbol{r}$ 虽不是线性分布,但此结果说明面模型所得结果可以看做是薄壳模型厚度内场强的一种平均,是薄壳模型的一种近似。

(3) 在实际设计静电计或电容器计算极板受力时,两种模型下的结果差异引起的极板受力的不同可通过导体球面的面元 ΔS 受力反映出来。面模型中,电荷面上的面元 ΔS 的电荷是 $\sigma\Delta S$,受力 $\boldsymbol{f}_1=\sigma\Delta S\boldsymbol{E}_R$,$\boldsymbol{E}_R=\frac{\sigma}{2\varepsilon_0}\boldsymbol{n}$,故 $\boldsymbol{f}_1=\frac{\sigma^2}{2\varepsilon_0}\Delta S\boldsymbol{n}$。而薄球壳模型中,以 ΔS 为底、ΔR 为高的小扁盒的电荷是 $\sigma\Delta S$,但由于球壳中场强有一分布,面元受到的静电力应为(见图 4.39)

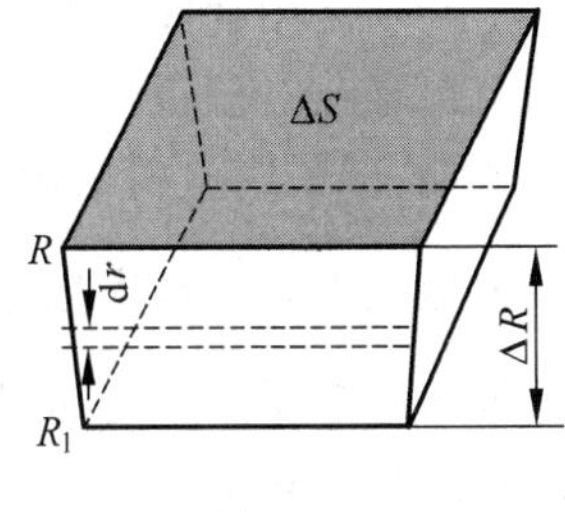

图 4.39

$$\boldsymbol{f}_2=\frac{\rho^2}{3\varepsilon_0}\Delta S\int_{R_1}^{R}\left(r-\frac{R_1^3}{r^2}\right)\mathrm{d}r\boldsymbol{n}$$

其中,$\rho=\frac{\sigma}{\Delta R}$,$R_1=R-\Delta R$,积分得

$$\boldsymbol{f}_2=\frac{\sigma^2}{\varepsilon_0}\Delta S\left(\frac{1}{2}-\frac{\Delta R}{3R}\right)\boldsymbol{n}$$

宏观上,ΔR 很小,$\boldsymbol{f}_1$、$\boldsymbol{f}_2$ 二者差别不大,$\frac{|f_1-f_2|}{f_1}=\frac{\Delta R}{3R}$。一般 $f_1=\frac{\sigma^2}{2\varepsilon_0}\Delta S$ 足以满足宏观实际中的要求。

结论:面电荷处的电场强度是有其实际意义的,谈及面电荷处电场强度时既可采取面模型,也可采用不同电荷分布区域、不同电荷密度 $\rho(r)$ 的各种球壳模型。当然不同模型会导致结果的差异,但结果的差异不能说明哪一个模型就一定不能成立,模型能否选用得标准要看其结果是否满足实际的要求。考虑实际问题应以简单模型为先,不能满足需要时再进行修正以选取另外的模型。

4.3.2　电势零点的选取

电势是一个相对量,电势差才有确定的意义。a、b 两点的电势差按定义为 $\Delta U=U_a-U_b=\int_a^b\boldsymbol{E}\cdot\mathrm{d}\boldsymbol{l}$。如果讲某点的电势,必先选定一确定的参考点,此场点的电势就是与参考点的电势差。如果把 b 作为参考点,此参考点的电势定为多大没有什么关系,因为$\int_a^b\boldsymbol{E}\cdot\mathrm{d}\boldsymbol{l}$ 是定值,不过把它确定为零却更方便。如把 b 处电势定为 U_0,a 点的电势为 $U_a=\int_a^b\boldsymbol{E}\cdot\mathrm{d}\boldsymbol{l}+U_0$; 如

果把 b 处电势定为零，a 点的电势可方便地写成 $U_a=\int_a^b \boldsymbol{E}\cdot \mathrm{d}\boldsymbol{l}$。

1. 场中电势零点的选择要利于问题简化

电势是一个相对量，电势零点的选取具有一定的任意性，可以选 b 点，也可以选 a 点，也可以选其他点。因为不同的电势零点的选取，只不过是把场中各点的电势同时抬高或降低同一个常数而已，场中电势分布不会因此而改变。尽管如此，恰当地选取电势零点会使问题简化。比如，点电荷电场中选取无穷远处为电势零点，场中任一点 p 的电势写成 $U_p=\frac{q}{4\varepsilon_0\pi r_p}$，若不选在无穷远处，电势的公式就会复杂一些。所以，在不同的电荷分布、不同的问题中要注意零点的选取。

2. 同一个问题中同时选取大地、无穷远处两个电势零点是因为它们等价

对一个场中的同一个问题，各点的电势必须有一个统一的比较，即只能选取一个确定点作为电势零点。但也经常遇到同一个问题中同时选取了大地、无穷远处两个电势零点的情况。比如，各带有电荷的同心导体壳，使内导体壳接地后，求系统电量分布及电势分布的问题。内球接地是选择大地为电势零点，求壳外电势分布时使用公式 $U_r=k\frac{Q}{r}$，是选取了无穷远处为电势零点。这是可以的，因为问题中两个电势零点是等价的。

在这种问题中，都是鉴于对地球的认识，即认为地球是一个非常大的、不带电的良导体。对于地面上任何有限体积的带电体，地球半径都可以看做无限大，地球可被看做是一个无限大的平面导体。正因为地球无限大，由带电体接地引起的电荷转移不会改变地球不带电的特性。任何有限的电荷系统都会在地面上感应出异号电荷，这些感应异号电荷产生的电场与以地面为镜面的有限电荷系统的"镜像电荷"系统产生的电场完全相同，如图4.40所示。地面上每一点的电势都是由有限电荷系统 Q 和 $-Q$ 的镜像电荷系统共同产生的。任何电荷分布系统都可以看做由点电荷 q_i 所组成，所以在选定无穷远处为电势零点后，地面上每一点的电势为

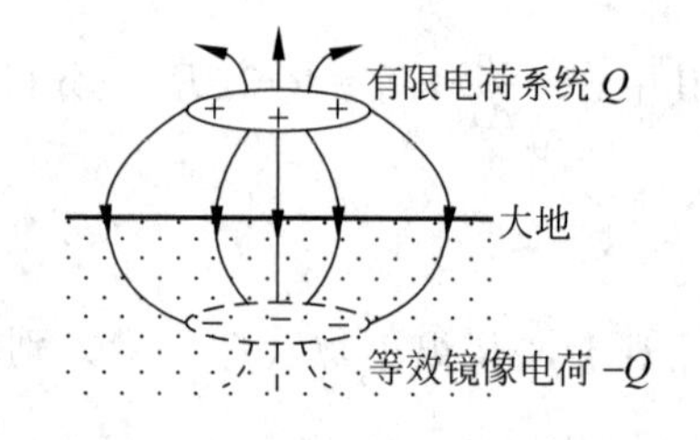

图 4.40

$$\varphi=\sum_{Q}\frac{q_i}{4\varepsilon_0\pi r_i}+\sum_{-Q}\frac{-q_i}{4\varepsilon_0\pi r_i}=0$$

也就是说，只要能够把大地看成一个无限大的、不带电的平面导体，大地的电势总与无限远处的电势相等，选定无穷远处为电势零点时大地的电势自然为零，这和同一问题选一个电势零点不矛盾。

3. 在电荷系统中，不能取点电荷所在点为电势零点

由点电荷的电场分布 $\boldsymbol{E}=\frac{q}{4\pi\varepsilon_0 r^2}\hat{\boldsymbol{r}}$，若取 $r=0$ 处为电势零点，则离点电荷距离为 r 的任一点的电势 $U_{r\neq 0}=\int_r^0\boldsymbol{E}\cdot\mathrm{d}\boldsymbol{l}=-\int_0^r\frac{q}{4\pi\varepsilon_0 r^2}\mathrm{d}r=\frac{1}{4\pi\varepsilon_0 r}-\infty=-\infty$。除了 $r=0$ 的点外，其他各点的电势都是无穷大，无法区别和比较，因此失去了电势的意义。

4. 对于无限区域电荷分布的场中电势零点的选取

对有限区域的电荷分布，一般将无限远处取为电势零点，这有它的方便之处。但是，当

电荷分布为无限区域时，如电荷系统包含无限大带电平面、无限长带电柱等，选无限远为电势零点会出现问题。例如，均匀带电（电荷线密度为 λ）无限长直导线，若取无限远为零势点，则离轴距离 r 的任一点的电势按定义为 $U_r=\int_r^{\infty}\boldsymbol{E}\cdot\mathrm{d}\boldsymbol{l}$，若沿电场线积分有

$$U_r=\int_r^{\infty}\frac{\lambda}{2\pi\varepsilon_0 r}\mathrm{d}r=\frac{\lambda}{2\pi\varepsilon_0}\ln\frac{\infty}{r}=\infty$$

若积分路径沿平行于轴的直线，由于 $\boldsymbol{E}\perp\mathrm{d}\boldsymbol{l}$，所以 $U_r=0$。即若取无限远为电势零点，上述场中任意一点的电势或者是零，或者是无穷，既无法确定亦无法比较各点电势的大小。场线积分与积分路径有关，违背了静电场的环路定理，故此时不能再选取无限远处为电势零点。可选场中其他点作为电势零点，它的选取只是视方便而定。

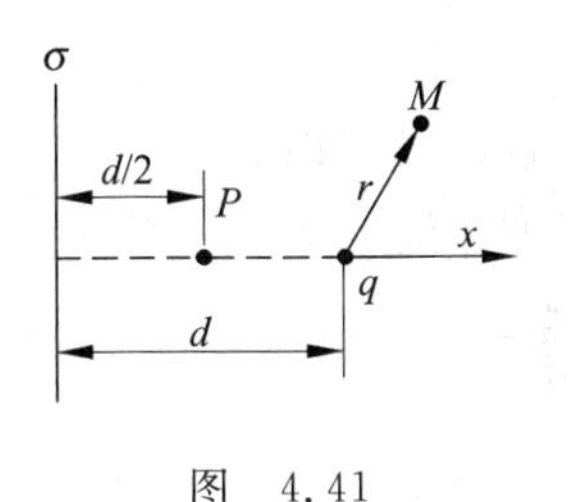

图　4.41

例　空间有一无限大均匀带电平面和一点电荷 q，如图 4.41 所示，求图中 M 点的电势。

解　此时不能取 q 所在处、无限远处为电势零点，可取 q 到带电平面垂直距离的中点（图中 P 点）为电势零点。如图，空间任一点 M 相对 q 的矢径为 $\boldsymbol{r}$，x 方向是垂直于带电平面的。q 对 M 点电势的贡献为 $U_M^q=\frac{q}{4\pi\varepsilon_0 r}+C$，式中 C 是因为不是选无限远处为电势零点而引起的电势升高或降低的一个常数。因为选 $U_P=0$，所以 q 在 P 点产生的电势 $U_P^q=\frac{q}{4\varepsilon_0\pi(d/2)}+C=0$，得 $C=-\frac{q}{2\varepsilon_0\pi d}$，因此 q 对 M 点电势的贡献为

$$U_M^q=\frac{q}{4\pi\varepsilon_0 r}-\frac{q}{2\varepsilon_0\pi d}$$

进行类似分析或直接按电势定义 $\left(U_M=\int_M^P\boldsymbol{E}\cdot\mathrm{d}\boldsymbol{l}\right)$ 都可以得到在选定 P 点为电势零点后无限大带电面对 M 点电势的贡献为

$$U_M^{\text{平面}}=-\frac{\sigma}{2\varepsilon_0}\left(\frac{d}{2}+\boldsymbol{r}\cdot\hat{\boldsymbol{x}}\right)$$

则由带电平面和点电荷组成的电荷系统中 M 点的电势为（$U_P=0$）

$$U_M=-\frac{\sigma}{2\varepsilon_0}\left(\frac{d}{2}+\boldsymbol{r}\cdot\hat{\boldsymbol{x}}\right)+\frac{q}{4\pi\varepsilon_0 r}-\frac{q}{2\pi\varepsilon_0 d}$$

4.3.3　电容器的能量转化问题

电容器在物理过程中经常伴随能量转化，不同的情况，能量转化的形式和大小不同。下面分几种情况讨论。

1. 电容器充放电过程中的能量转化问题

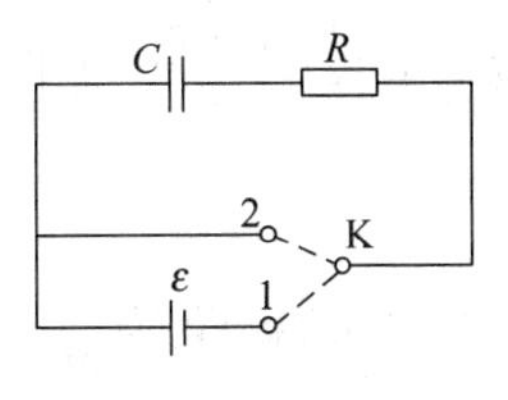

图　4.42

图 4.42 中，如将 K 接到 1 的位置，则电容器被充电。基尔霍夫第二方程为 $-\varepsilon+U+iR=0$，其中 $i=\frac{\mathrm{d}Q}{\mathrm{d}t}$，$U\left(U=\frac{Q}{C}\right)$ 为电容器两端电压。设 $t=0$ 时，电容器极板电荷 $Q=0$，可解得 t 时刻的电量 $Q=C\varepsilon(1-\mathrm{e}^{-t/RC})$，电流变化为 $i=\frac{\varepsilon}{R}\mathrm{e}^{-t/RC}$，电容器电压变化为

$U=\varepsilon(1-e^{-t/RC})$。$t=0$ 时电容器两端电压 $U=0$,电容器储能为零;$t=\infty$时(实际上约为 $t=10\tau=10RC$),电容器两端电压 $U=\varepsilon$,电容器极板带电量 $Q=C\varepsilon$,电容器储能为

$$W_1 = C\varepsilon^2/2$$

在此过程中,电源做功

$$A = \varepsilon Q = C\varepsilon^2$$

电阻 R 上放出的热能为

$$W_2 = \int_0^\infty i^2 R\mathrm{d}t = \int_0^\infty iR\frac{\mathrm{d}q}{\mathrm{d}t}\mathrm{d}t = \int_0^Q \frac{U}{R}R\,\mathrm{d}q = \int_0^Q \frac{q}{C}\mathrm{d}q = \frac{1}{2}\frac{Q^2}{C} = \frac{1}{2}C\varepsilon^2$$

显然,电源做的功等于电容器储能与电阻 R 上放出的热能之和,符合能量守恒定律。

如将 K 接到 2 的位置,则电容器被放电。基尔霍夫第二方程为 $-U+iR=0$,其中 $i=-\frac{\mathrm{d}Q}{\mathrm{d}t}$。因 $t=0$ 时,$Q=C\varepsilon$,可解得 $Q=C\varepsilon e^{-t/RC}$,电流变化为 $i=\frac{\varepsilon}{R}e^{-t/RC}$,电压变化为 $U=\varepsilon e^{-t/RC}$。$t=0$ 时电容器两端电压 $U=\varepsilon$,电容器储能为

$$W_1' = C\varepsilon^2/2$$

$t=\infty$时有 $U=0$,电容器储能为零。此放电过程中电阻 R 上放出的热能为

$$W_2' = \int_0^\infty i^2 R\mathrm{d}t = \int_0^\infty iR\frac{\mathrm{d}q}{\mathrm{d}t}\mathrm{d}t = \int_0^Q \frac{U}{R}R\,\mathrm{d}q = \int_0^Q \frac{q}{C}\mathrm{d}q = \frac{1}{2}\frac{Q^2}{C} = \frac{1}{2}C\varepsilon^2$$

电容器储能等于电阻 R 上放出的热能,符合能量守恒定律。

2. 极板间介质情况发生变化过程中的能量转化

设平行板电容器极板间距为 d,极板面积为 S,其间为真空,如图 4.43 所示。

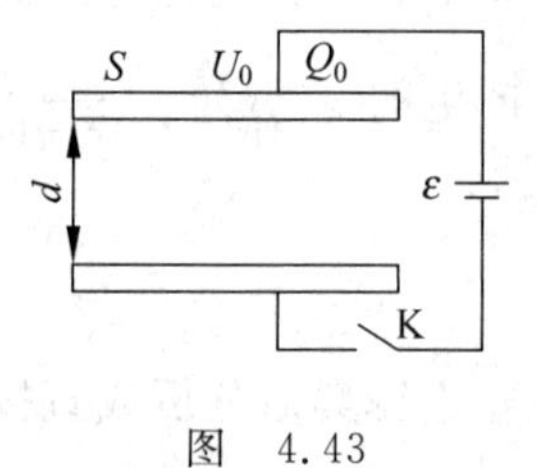

图 4.43

若电容器充电后将电源断开,极板带电量 Q_0 将保持不变。把电容器浸入相对介电常数为 ε_r 的液体电介质中,介质被极化而出现极化电荷,极板上的 Q_0 对极化电荷有静电吸力。在将介质吸入极板间时,电场力做正功。起始,电容器储能为 $W_1=\frac{Q_0^2}{2C_0}=\frac{Q_0^2 d}{2\varepsilon_0 S}$,充满介质后电容器储能为 $W_2=\frac{Q_0^2}{2C}=\frac{Q_0^2 d}{2\varepsilon_0\varepsilon_r S}$,电容器储能下降为

$$W_1 - W_2 = \frac{1}{2}\frac{Q_0^2 d}{\varepsilon_0 S}\left(1-\frac{1}{\varepsilon_r}\right)$$

此时介质分子被极化,分子能量增加,介质增加极化能 W_1';介质进入极板间与极板摩擦产生热能 W_2'。由能量守恒有 $W_1-W_2=W_1'+W_2'$。即电能的减少用于生热和增加介质的极化能。

若 K 始终处于接通状态,初始极板带电量 $Q_0=C_0\varepsilon=\frac{\varepsilon_0 S}{d}\varepsilon$;电介质浸满电容器时,极板带电量 $Q=\frac{\varepsilon_0\varepsilon_r S}{d}\varepsilon$,极板带电量增加 $\Delta Q=\frac{\varepsilon_0 S}{d}\varepsilon(\varepsilon_r-1)$。所以在此过程中,电源做功为

$$A = \Delta Q\varepsilon = \frac{\varepsilon_0 S}{d}(\varepsilon_r - 1)\varepsilon^2$$

电容器储能变化为

$$W_2'' - W_1'' = \frac{1}{2}C\varepsilon^2 - \frac{1}{2}C_0\varepsilon^2 = \frac{1}{2}\cdot\frac{\varepsilon_0 S}{d}\varepsilon^2(\varepsilon_r - 1) > 0$$

电源做的功一部分增加了电容器储存的电场能，一部分用于介质被吸入极板间过程中放出的热能和介质增加的极化能，同时，由于电路中有电流流过，还有一部分功转变成导线产生的焦耳热。

4.3.4　静电场与恒定电场的异同

静电场和恒定电场的场强 $\boldsymbol{E}$ 都不随时间改变，是因为它们都是由恒定的电荷分布产生的。两者都满足高斯定理和环路定理，都是保守场，都可以引入电势的概念。当两种场的边界条件相同时，它们的电势分布、场的数值是完全一样的。但它们还是有区别的。

(1) 产生两种电场的电荷分布虽然都是恒定的，但产生静电场的恒定电荷分布中的电荷本身是静止的，而激发恒定电场的电荷可以是运动的，只要达到电荷的动态稳定即可。

(2) 在静电平衡下，导体内部场强为零，各点净电荷密度为零，也就是产生静电场的电荷不会处于导体内部，导体内部不会有静电场。而在恒定电路中，恒定电场存在于导体中，且产生恒定电场的电荷也可能分布于导体(导线)内部。当导体为均匀材料时，导体内部没有净电荷；当导体不均匀时，电荷不仅会分布在导体表面，还会有体密度分布。例如图 4.44 中的导体是由 A、B 两种不同材料的导线相接而成的，MN 为两种材料导线的接触面。若导线中通有恒定电流时，如图所示，由电流连续性定理，对恒定电流有 $\boldsymbol{j}_1=\boldsymbol{j}_2$，因为 $\boldsymbol{j}=\sigma\boldsymbol{E}$，$\sigma_1\neq\sigma_2$，所以有 $E_1\neq E_2$。取如图所示的底面平行于接触面的柱面为高斯面，由高斯定理 $\oiint_S \boldsymbol{E}\cdot \mathrm{d}\boldsymbol{S}=E_2\Delta S-E_1\Delta S\neq 0$，得 $q_{内}\neq 0$，即在导线交界面上有电荷积累。界面积累的这些电荷是运动的，只是保持一个稳定的积累。此时，它也正是产生恒定电场的恒定电荷分布(电源两端、导线表面、不均匀导线内部)的一部分。

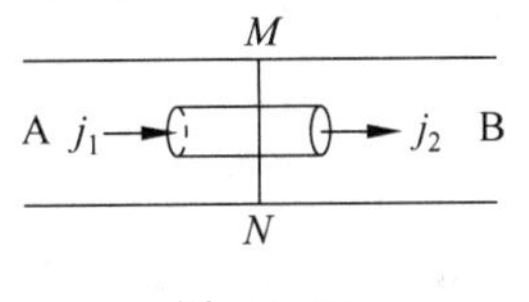

图　4.44

4.4　测验题

4.4.1　选择题

1. 已知空间某区域为匀强电场区，下面说法中正确的是(　　)。

(A) 该区域内，电势差相等的各等势面距离不等

(B) 该区域内，电势差相等的各等势面距离不一定相等

(C) 该区域内，电势差相等的各等势面距离一定相等

(D) 该区域内，电势差相等的各等势面一定相交

2. 关于由高斯定理得出的下述结论中，正确的是(　　)。

(A) 闭合曲面内的电荷代数和为零，则闭合曲面上任一点的电场强度必为零

(B) 闭合曲面上各点的电场强度为零，则闭合曲面内一定没有电荷

(C) 闭合曲面上各点的电场强度仅由曲面内的电荷决定

(D) 通过闭合曲面的电通量仅由曲面内的电荷决定

3. 一带有电荷 Q 的肥皂泡在静电力的作用下半径逐渐变大，设在变大过程中其位置不变，其形状保持为球面，电荷沿球面均匀分布。则在肥皂泡逐渐变大的过程中，(　　)。

(A) 始终在泡内的点的场强变小　　(B) 始终在泡外的点的场强不变

(C) 被泡面掠过的点的场强变大　　(D) 以上说法都不对

4. 下列静电场电场强度公式正确的是(　　)。

(A) 点电荷电场：$\boldsymbol{E}=\dfrac{q}{4\pi\varepsilon_0 r^2}$

(B)“无限长”均匀带电直线的电场：$\boldsymbol{E}=\dfrac{q}{2\pi\varepsilon_0 r^3}\boldsymbol{r}$

(C)“无限大”均匀带电平面的电场：$\boldsymbol{E}=\dfrac{\sigma}{2\varepsilon_0}$

(D) 半径为 R 的均匀带电球面(面电荷密度为 σ)外的电场：$\boldsymbol{E}=\dfrac{\sigma R^2}{\varepsilon_0 r^3}\boldsymbol{r}$

5. 边长为 a 的正方形四个顶角上各有一点电荷 q，如图 4.45 所示，则其中垂线上与中心相距也为 a 的 P 点的电场强度大小为(　　)。

(A) $\dfrac{2\sqrt{6}q}{9\pi\varepsilon_0 a^2}$　　(B) $\dfrac{\sqrt{3}q}{18\pi\varepsilon_0 a^2}$　　(C) $\dfrac{2q}{3\pi\varepsilon_0 a^2}$　　(D) 0

6. 将一正点电荷从无限远处移入电场中 M 点，电场力做功为 8.0×10^{-9} J；若将另一个等量的负点电荷从无限远处移入该电场中 N 点，电场力做功为 -9.0×10^{-9} J。则可确定(　　)。

(A) $\varphi_N>\varphi_M>0$　　(B) $\varphi_N<\varphi_M<0$　　(C) $\varphi_M>\varphi_N<0$　　(D) $\varphi_M<\varphi_N<0$

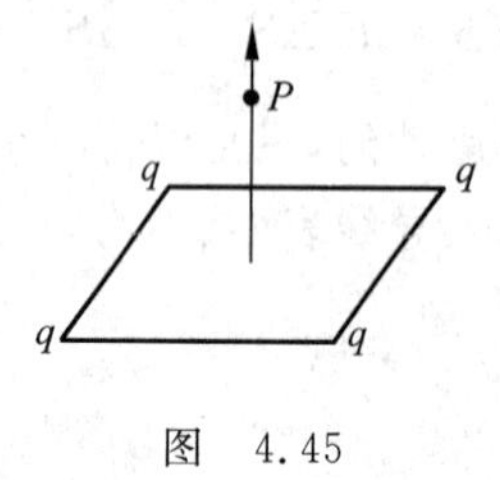

图　4.45

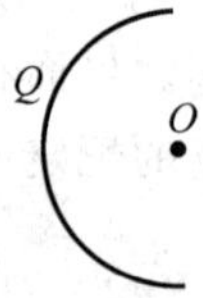

Q
O

图　4.46

7. 真空中有一半径为 R 的半圆细环，均匀带电 Q，如图 4.46 所示。若设无穷远处为电势零点，则圆心 O 处的场强和电势分别为(　　)。

(A) $E_0=0,\varphi_0=0$　　(B) $E_0=0,\varphi_0=\dfrac{Q}{4\pi\varepsilon_0 R}$

(C) $E_0=\dfrac{Q}{2\pi^2\varepsilon_0 R^2},\varphi_0=\dfrac{Q}{4\pi\varepsilon_0 R}$　　(D) $E_0=\dfrac{Q}{2\pi^2\varepsilon_0 R^2},\varphi_0=\dfrac{Q}{2\pi^2\varepsilon_0 R}$

8. 一无限长带电圆柱体，半径为 b，其电荷体密度 $\rho=kr$，其中 k 为大于零的常数，r 为由柱体轴线到任意点的距离，则此带电圆柱体所激发电场的电场强度大小为(　　)。

(A) 圆柱内：0；圆柱外：$\dfrac{kb^3}{3\varepsilon_0 r}$　　(B) 圆柱内：0；圆柱外：$\dfrac{\rho b^2}{2\varepsilon_0 r}$

(C) 圆柱内：$\dfrac{kr^2}{3\varepsilon_0}$；圆柱外：$\dfrac{kb^3}{3\varepsilon_0 r}$　　(D) 圆柱内：$\dfrac{kr^2}{3\varepsilon_0}$；圆柱外：$\dfrac{\rho b^2}{2\varepsilon_0 r}$

9. 电荷线密度分别为 λ_1 和 λ_2 的两条均匀带电的平行长直导线，相距为 d，则每条导线上单位长度所受的静电力大小为(　　)。

(A) 0　　(B) $\frac{\lambda_1}{2\pi\varepsilon_0 d}$　　(C) $\frac{\lambda_2}{2\pi\varepsilon_0 d}$　　(D) $\frac{\lambda_1\lambda_2}{2\pi\varepsilon_0 d}$

10. 一无限长均匀带电直线，电荷线密度为$\lambda(\lambda>0)$，A、B 两点到直线的垂直距离分别为 a 和 b，若以 A 点为电势零点，B 点的电势为(　　)。

(A) 0　　(B) $\frac{\lambda}{2\pi\varepsilon_0}\ln\frac{a}{b}$　　(C) $\frac{\lambda}{2\pi\varepsilon_0}\ln\frac{b}{a}$　　(D) 无法确定

11. 两个完全相同的导体球，皆带等量正电荷 Q，现使两球互相接近到一定程度时，有(　　)。

(A) 两球表面都将有正、负两种电荷分布

(B) 两球中至少有一个表面有正、负两种电荷分布

(C) 无论接近到什么程度，两球表面都不会有负电荷分布

(D) 结果不能判断，要视电荷 Q 的大小而定

12. 两个半径分别为 R_1 和 $R_2(R_2>R_1)$的同心金属薄球壳，如果外球壳带电量为 Q，内球壳接地，则内球壳上带电量为(　　)。

(A) 0　　(B) $-Q$　　(C) $-\frac{R_1}{R_2}Q$　　(D) $\frac{R_1}{R_2-2R_1}Q$

13. 对于一个绝缘导体屏蔽空腔内部的电场和电势可作如下判断：(　　)。

(A) 场强不受腔外电荷的影响，但电势要受腔外电荷的影响

(B) 电势不受腔外电荷的影响，但场强要受腔外电荷的影响

(C) 场强和电势都不受腔外电荷的影响

(D) 场强和电势都受腔外电荷的影响

14. 在一个由点电荷 q_0 产生的静电场中，有一块任意形状的各向同性均匀电介质。以 q_0 所在处为球心，作一穿过电介质的球形高斯面 S。则对此高斯面，下列说法中正确的是(　　)。

(A) $\oint\!\!\oint_S \boldsymbol{E}\cdot \mathrm{d}\boldsymbol{S} = q_0/\varepsilon_0$ 成立，且可用它求出高斯面 S 上各点的场强

(B) $\oint\!\!\oint_S \boldsymbol{E}\cdot \mathrm{d}\boldsymbol{S} = q_0/\varepsilon_0$ 成立，但不能用它求出高斯面 S 上各点的场强

(C) $\oint\!\!\oint_S \boldsymbol{E}\cdot \mathrm{d}\boldsymbol{S} = q_0/\varepsilon_0$ 不成立，但通过高斯面 S 的电位移通量与电介质无关

(D) 高斯面上各点的电位移与电介质无关，大小仍为 $q_0/4\pi r^2$，但场强与电介质有关

15. 在半径为 R 的金属球内偏心地挖出一个半径为 r 的球型空腔，如图 4.47 所示，在距空腔中心 O 点 d 处放一点电荷 q，金属球带电 $-q$。设无穷远处为电势零点，则 O 点的电势为(　　)。

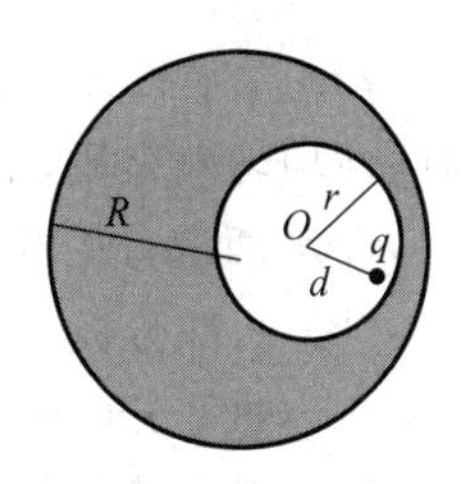

图　4.47

(A) 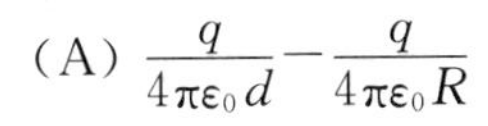 $\frac{q}{4\pi\varepsilon_0 d}-\frac{q}{4\pi\varepsilon_0 R}$

(B) $\frac{q}{4\pi\varepsilon_0 d}-\frac{q}{4\pi\varepsilon_0 r}$

(C) 0

(D) 因 q 偏离球心而无法确定

16. 无限大带电导体板两侧面上的面电荷密度为 σ_0,现在导体板两侧分别充以无限大的介电常数为 ε_1 与 $\varepsilon_2(\varepsilon_1 \neq \varepsilon_2)$ 的各向同性均匀电介质,则导体两侧的电场强度大小分别为(　　)。

(A) $E_1=\dfrac{\sigma_0}{\varepsilon_1}, E_2=\dfrac{\sigma_0}{\varepsilon_2}$　　(B) $E_1=\dfrac{\sigma_0}{2\varepsilon_1}, E_2=\dfrac{\sigma_0}{2\varepsilon_2}$

(C) $E_1=\dfrac{2\sigma_0}{\varepsilon_1+\varepsilon_2}, E_2=\dfrac{2\sigma_0}{\varepsilon_1+\varepsilon_2}$　　(D) $E_1=0, E_2=0$

17. 在半径为 R 的接地金属球外有一电量为 q 的点电荷,如图 4.48 所示,已知点电荷与金属球球心的距离为 r,则金属球上的感应电荷为(　　)。

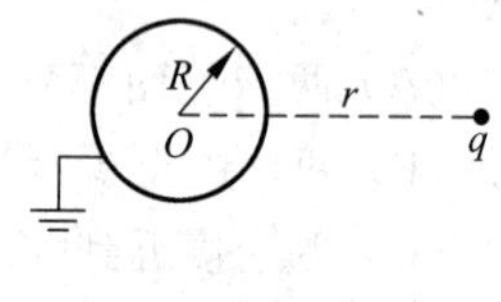

图 4.48

(A) 0　　(B) $-\dfrac{R}{r}q$

(C) $-\dfrac{R^2}{r^2}q$　　(D) 无法确定

18. 真空中边长为 $2a$ 的立方体形导体带有电量 Q,静电平衡时全空间的电场总能量为 W_1;真空中半径为 a 的球形导体带有电量 Q,静电平衡时全空间的电场总能量为 W_2。则有(　　)。

(A) $W_1<W_2$　　(B) $W_1=W_2$

(C) $W_1>W_2$　　(D) W_1、W_2 的大小无法判断

19. 如图 4.49 所示,将一个带电 $+q$、半径为 R_B 的大导体球 B 移近一个半径为 R_A 而不带电的小导体球 A。(1)B 球电势高于 A 球电势;(2)以无限远为电势零点,A 球的电势 $U_A<0$;(3)B 球在 P 点的场强为 $\dfrac{q}{4\pi\varepsilon_0 r^2}$,其中 r 为 P 点距 B 球球心的距离,且 $r \gg R_B$;(4)B 球表面附近任意点的场强为 $\dfrac{\sigma_B}{\varepsilon_0}$,其中 $\sigma_B=\dfrac{q}{4\pi R_B^2}$。在上述说法中,正确的是(　　)。

(A) 只有(3)　　(B) 只有(4)　　(C)(1)、(3)　　(D) (1)、(4)

(E) (2)、(3)　　(F) (3)、(4)

图 4.49　　图 4.50

20. 一平行板电容器充电后与电源断开,然后将其一半体积中充满介电常数为 ε 的各向同性均匀电介质,如图 4.50 所示,则(　　)。

(A) 两部分中的电场强度相等

(B) 两部分极板上的自由面电荷密度相等

(C) 两部分中的电位移矢量相等

(D) 以上三量都不相等

21. 图 4.51 所示为一具有球对称性分布的静电场的 E-r 关系曲线。该静电场是由下列

哪种带电体产生的?(　　)。

(A) 半径为 R 的均匀带电球面

(B) 半径为 R 的均匀带电球体

(C) 半径为 R、电荷体密度为 A/r(A 为常数)的非均匀带电球体

(D) 半径为 R、电荷体密度为 Ar(A 为常数)的非均匀带电球体

22. 两个同心薄金属球壳,半径分别为 R_1 和 R_2($R_2>R_1$),若分别带上电荷 q_1 和 q_2,则两者的电势分别为 U_1 和 U_2(选无穷远处为电势零点)。现用导线将两球壳相连接,则它们的电势为(　　)。

(A) U_1　　(B) U_2　　(C) U_1+U_2　　(D) $\frac{1}{2}(U_1+U_2)$

23. 有两只电容器,$C_1=8\ \mu F$,$C_2=2\ \mu F$。分别把它们充电到 1000 V,然后将它们反接(如图 4.52 所示),此时两极板间的电势差为(　　)。

(A) 0 V　　(B) 200 V

(C) 600 V　　(D) 1000 V

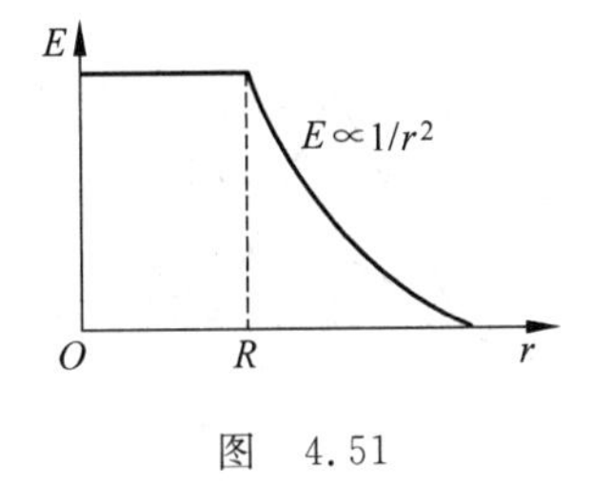

图　4.51

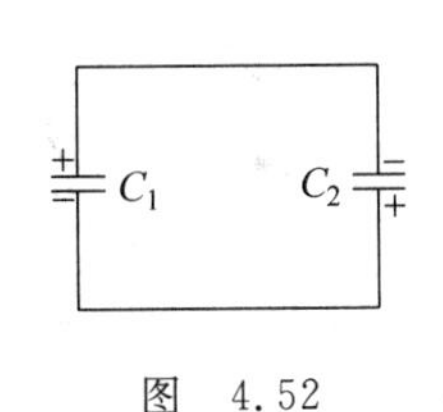

图　4.52

24. 充了电的平行板电容器两极板(看做无限大的平板)间的静电作用力 F 与两极板间的电压 U 的关系是(　　)。

(A) $F\propto U$　　(B) $F\propto\frac{1}{U}$　　(C) $F\propto U^2$　　(D) $F\propto\frac{1}{U^2}$

4.4.2　填空题

1. 实验表明,在靠近地面处有相当强的电场,场强 $\boldsymbol{E}$ 垂直于地面向下,大小约为 100 V/m。在离地面 1.5 km 高的地方,电场 $\boldsymbol{E}$ 也垂直于地面向下,大小约为 25 V/m。则地面附近大气中电荷的平均密度 $\bar{\rho}=$________。

2. 将细棒弯成半径为 R 的圆弧形,圆弧对圆心张角为 α,电荷线密度为 λ,则圆心的场强为________。

3. 半径为 R 的细圆环,圆心在 xOy 坐标系的原点上。圆环所带电荷的线密度 $\lambda=A\cos\theta$,其中 A 为常量,如图 4.53 所示,则圆心处的电场强度 $\boldsymbol{E}=$________。

4. 在场强为 $\boldsymbol{E}$ 的均匀电场中,有一半径为 R、长为 l 的圆柱面,其轴线与 $\boldsymbol{E}$ 的方向垂直。在通过轴线并垂直 $\boldsymbol{E}$ 的方向将此柱面切去一半,如图 4.54 所示。则穿过剩下的半圆柱面的电场强度通量为________。

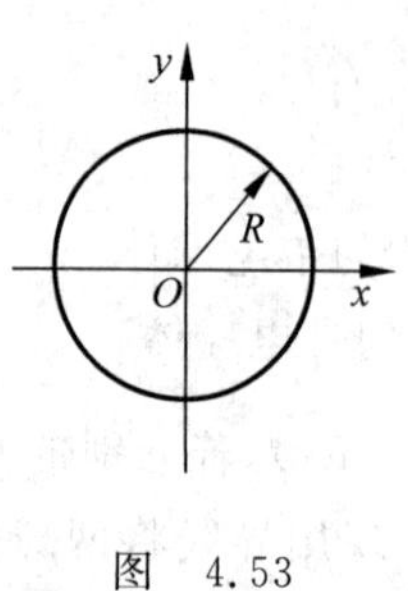

图 4.53

图 4.54

5. 在点电荷 q 的电场中,取一半径为 R 的圆形平面,设 q 在垂直于平面并通过圆心的轴线上 A 点处,圆形边缘和 q 的连线与轴的夹角为 α,如图 4.55 所示,则通过此平面的电通量(取平面法线背离 q)为________。

6. 三根等长绝缘棒连成正三角形,如图 4.56 所示。每根棒上均匀分布等量同号电荷,测得图中 P、Q 两点(分别为相应正三角形 ABC 与 ADC 的重心)的电势分别为 φ_P 和 φ_Q,若撤去 BC 棒,则 P、Q 两点的电势为 $\varphi'_P=$________,$\varphi'_Q=$________。

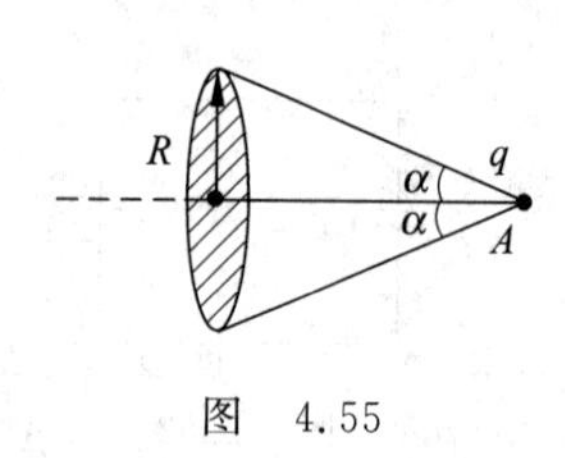

图 4.55

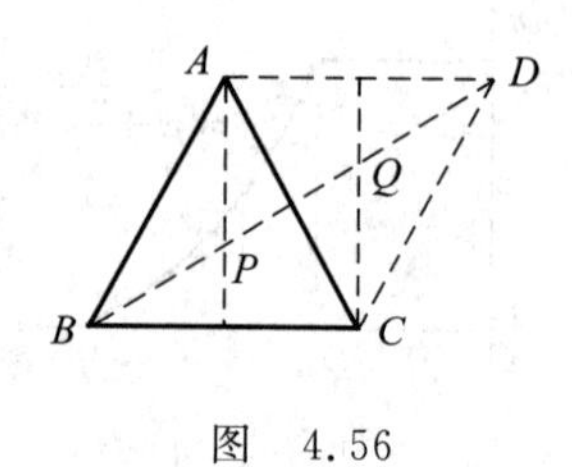

图 4.56

7. 两同心均匀带电圆弧,带电线密度分别为 λ 和 $-\lambda$,两圆弧所张圆心角为 θ,半径分别为 R_1、R_2,如图 4.57 所示,则两圆弧在圆心处产生电场的电场强度大小为________,电势为________。

8. 均匀带电圆环,带有电量 $q(q>0)$,半径为 R,放在周围无其他电场的空间中。现有一质量为 m、带电量为 $q'(q'<0)$ 的带电粒子,在沿圆环轴线远离圆环的某处由静止释放,则粒子在运动过程中,最大运动速度 $v_{\max}=$________,最小运动速度 $v_{\min}=$________。(粒子运动过程中,忽略万有引力的影响)

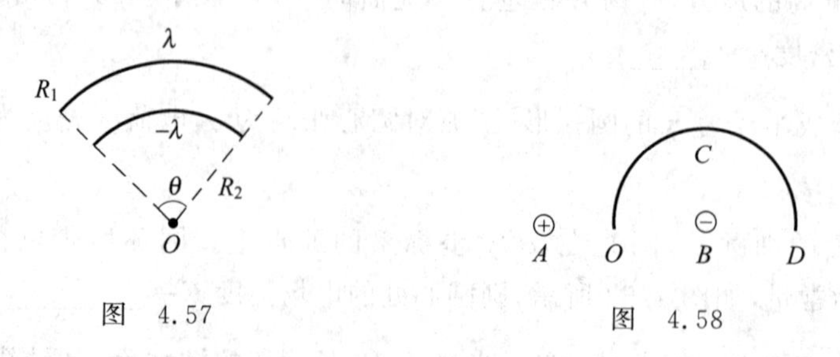

图 4.57　　图 4.58

9. 设 A、B 两点分别有点电荷 $+q$ 和 $-q$,A、B 相距 $2L$,OCD 是以 B 点为圆心、L 为半径的半圆,如图 4.58 所示。将单位正电荷从 O 点处沿 OCD 移到 D 点,电场力做功 $A_1=$________;

将单位负电荷从 D 点处沿 AD 的延长线移到无穷远，电场力做功 $A_2=$________。

10. 真空中一均匀带电线如图 4.59 所示，其中 $\overline{AB}=\overline{DE}=R$（$R$ 为图中半圆的半径），线电荷密度为 λ。设无穷远处为电势零点，则圆心 O 点的电势为________。

11. 长为 l 的直导线均匀带电，电荷线密度为 λ。设无穷远处为电势零点，求：

(1) 在导线延长线上与导线近端相距为 a 的一点的电势 $\varphi_P=$________；

(2) 在导线垂直平分线上与导线中点相距为 b 的一点的电势 $\varphi_{P'}=$________。

12. 一无限大平面上有一半径为 R 的圆孔，如图 4.60 所示，假设电量在此有孔的平面上均匀分布，电量面密度为 σ，计算通过孔中并与圆面垂直的轴上任意两点 A、B 之间的电势差（设 $OA=a$，$OB=b$）$\varphi_A-\varphi_B=$________。

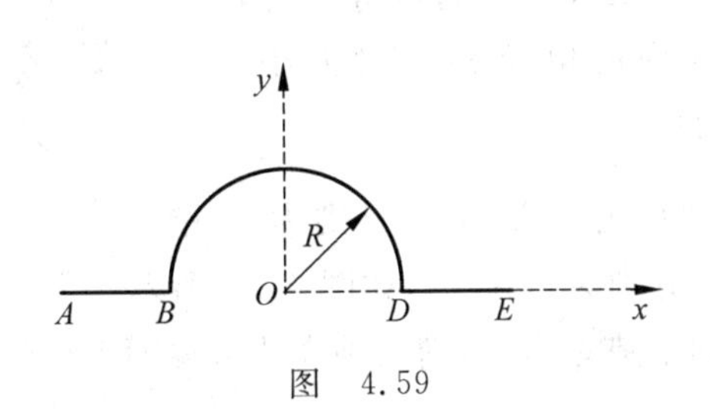

图　4.59

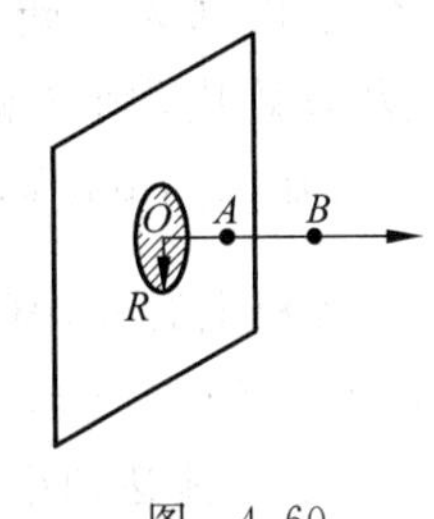

图　4.60

13. 一半径为 R 的带电球体，带电量为 Q，当电荷均匀分布在球面上时，球体内任意点 P（离球心距离为 r）的场强大小为 $E_{P1}=$________；当电荷均匀分布在球体上时，球体内任意点 P（离球心距离为 r）的场强大小为 $E_{P2}=$________；当电荷体密度 $\rho\propto r$ 时，球体内任意点 P（离球心距离为 r）的场强大小为 $E_{P3}=$________。

14. 一均匀静电场，电场强度 $\boldsymbol{E}=(400\boldsymbol{i}+600\boldsymbol{j})$ V/m，则点 $a(3,2)$ 和点 $b(1,0)$ 之间的电势差为________。（点的坐标 x、y 以 m 计）

15. 已知某静电场的电势函数 $U=6x-6x^2y-7y^2$（SI），则点 $(2,3,0)$ 处的电场强度 $\boldsymbol{E}=$________。（点的坐标 x、y、z 以 m 计）

16. 半径为 R 的导体球原不带电。在离球心为 $a(a>R)$ 的一点处放一个点电荷 q，则导体球的电势为________。（设无穷远的电势为零）

17. 把一块原来不带电的金属板 B 移近一块已带有正电荷 Q 的金属板 A，平行放置，如图 4.61 所示。设两板面积都是 S，板间距离为 d，忽略边缘效应。当 B 板不接地时，两板间电势差为________，B 板接地时两板间电势差为________。

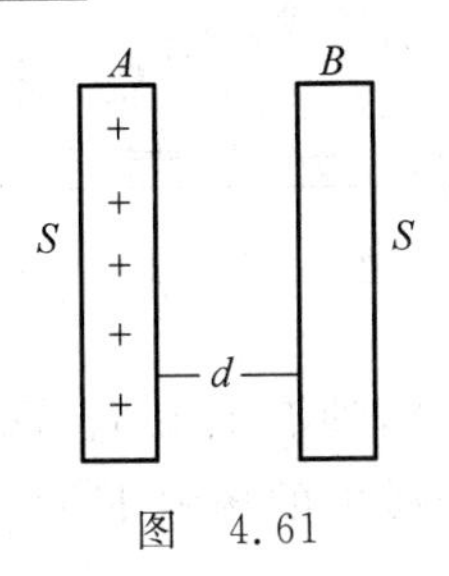

图　4.61

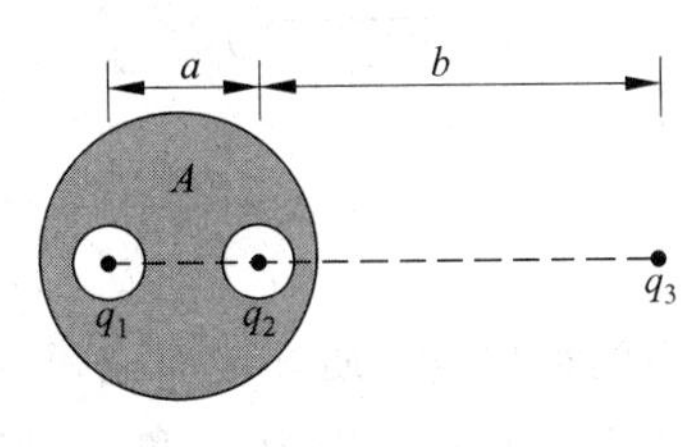

图　4.62

18. 金属球 A 内有两个球形空腔,金属球不带电。现将点电荷 q_1、q_2 分别放在空腔中心,另有一个点电荷 q_3 放在金属球外。各部分尺寸如图 4.62 所示,则

(1) q_2 对 q_1 的作用力为________;

(2) q_3 对 q_1 的作用力为________;

(3) A 对 q_1 的作用力为________;

(4) q_1 所受合力为________。

19. 半径为 R 的导体球带电 Q,放在介电常数为 ε 的无限大各向同性均匀介质中,则其电场能为________。

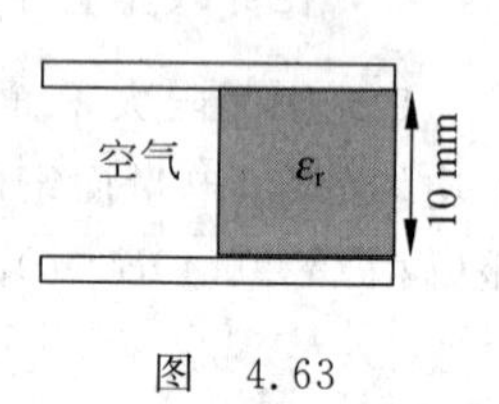

图 4.63

20. 一平行板电容器左半边是空气,右半边充满 $\varepsilon_r=3.0$ 的均匀电介质,如图 4.63 所示。两板间距为 10 mm,两板的电势差为 100 V。略去边缘效应,则两极板间空气内的电位移矢量大小 $D_1=$________,介质内的电位移矢量大小 $D_2=$________。

21. 有一平行板电容器,其间充有两层均匀介质,厚度分别为 l_1 和 l_2。设介质是漏电的,电阻率分别为 ρ_1 和 ρ_2,介质的介电常数分别为 ε_1 和 ε_2,如图 4.64 所示。今在电容器两极板间接上电池,设电流达到稳定时极板间电势差为 U,则两种介质分界面上所带的自由面电荷密度 $\sigma'=$________。

22. 内外半径分别为 R_1 和 R_2 的金属球壳带有电量 Q,设无穷远的电势为零,则球心处的电势 $\varphi_1=$________;若再在球壳腔内绝缘地放置一电量为 q_0 的点电荷,点电荷离球心的距离为 r_0,则球心处的电势 $\varphi_2=$________;若又在球外离球心距离为 r 处放置一电量为 q 的点电荷,则球心处的电势 $\varphi_3=$________。

23. 两同心薄导体球壳均接地,内球壳半径为 a,外球壳半径为 b。另有一电量为 Q 的点电荷置于两球壳之间距球心为 $r(a<r<b)$ 处,则内球上的感应电荷 $q_1=$________,外球上的感应电荷 $q_2=$________。

24. 板间距为 $2d$ 的大平行板电容器水平放置,如图 4.65 所示,电容器的右半部分充满相对介电常数为 ε_r 的固态电介质,左半部分空间的正中位置有一带电小球 P,电容器充电后 P 恰好处于平衡状态。拆去充电电源,随后将固态电介质快速抽出,略去静电平衡经历的时间,不计带电小球 P 的电场,则 P 将经过 $t=$________时间与电容器的一个极板相碰。

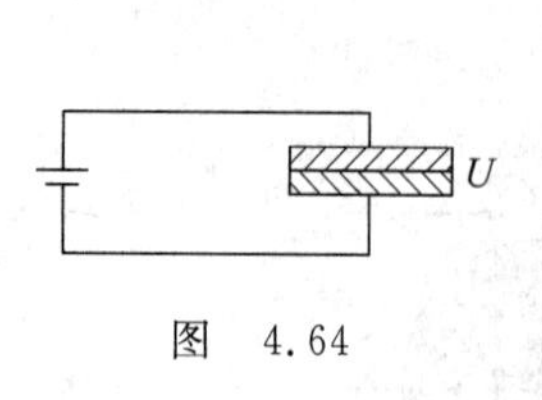

图 4.64

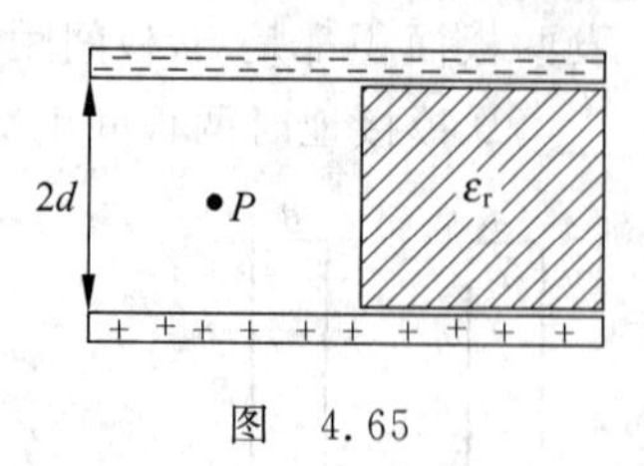

图 4.65

25. 某导线由两种导电介质连接而成,导线截面积为 S,通有电流 I。两种介质的电导率分别为 σ_1 和 σ_2,介电常数分别为 ε_1 和 ε_2,则两种导电介质中的场强 $E_1=$________,$E_2=$________;两种导电介质交界面上的自由面电荷密度 $\sigma_e=$________。

4.4.3　计算题

1. 一个均匀带电球层，电荷体密度为 ρ，球层内表面半径为 R_1，外表面半径为 R_2，如图4.66所示。设无穷远处为电势零点，求球层中半径为 r 处的电势。

2. 如图4.67所示一半径为 a 的带电金属球，其面电荷密度为 σ。球外同心地套一内半径为 b、外半径为 c 的各向同性均匀的电介质球壳，其相对介电常数为 ε_r。试求：

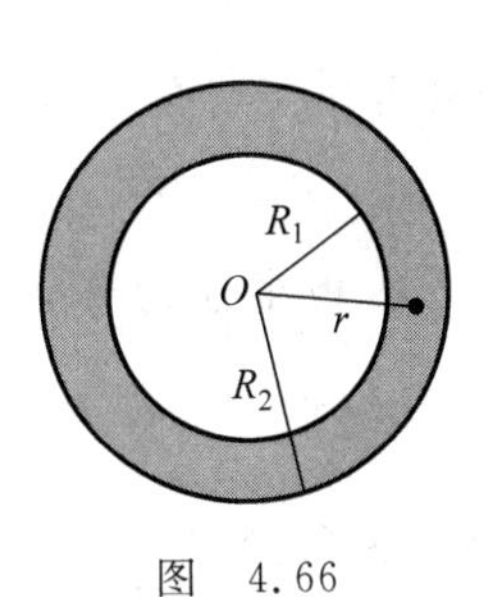

图　4.66

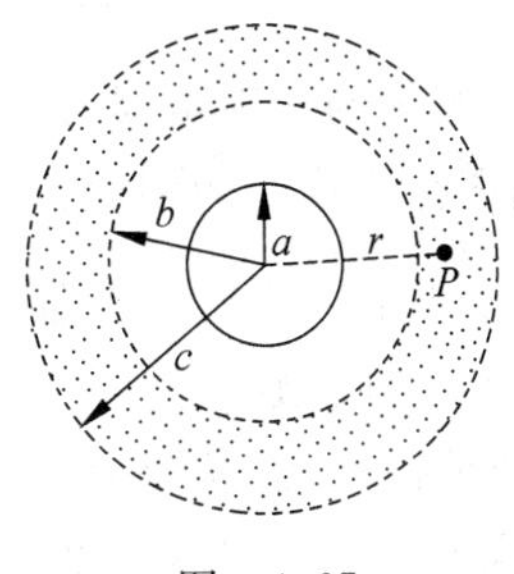

图　4.67

(1) 介质球壳内距离球心为 r 处的 P 点的电场强度；

(2) 金属球的电势(设无限远处电势为零)。

3. 设有一均匀带电球体，半径为 R，电荷体密度为 $+\rho$，今沿直径挖一贯穿球体的细轴型洞(设其极细以致挖洞前后电场分布不变)。在洞口处由静止释放一点电荷 $-q$，其质量为 m(忽略重力)，求此点电荷的运动规律。若为简谐振动，求其周期。

4. 已知均匀带电圆环轴线上的电势分布为

$$\varphi_x = \frac{q}{4\pi\varepsilon_0\sqrt{R^2+x^2}}$$

式中，q 为圆环带电量(设为正值)；R 为圆环半径；x 为场点到环心的距离。求：

(1) 轴线上的场强分布；

(2) 若将一质量为 m 的负点电荷 $-q'$ 放在环心 O 处，将其沿轴线拉开一小段距离 $l(l \ll R)$，证明 $-q'$ 将在 O 点附近作简谐振动，并求其振动周期(忽略重力)。

5. 半径分别为 R_1 与 R_2 的二同心均匀带电半球面相对放置如图4.68所示，两半球面上的电荷密度 σ_1 与 σ_2 满足关系 $\sigma_1 R_1 = -\sigma_2 R_2$。

(1) 证明：小球面所对的圆截面 S 为一等势面。

(2) 以无穷远处为电势零点，求等势面 S 上的电势值。

6. 两个固定的均匀带电球面A、B的球心间距 d 远大于A、B的半径，A的带电量为 $4Q(Q>0)$，B的带电量为 Q。由两球心确定的直线记为 MN，在 MN 与球面相交处均开出一个足够小的孔，随小孔挖去的电荷量可忽略不计。将一带负电 $q(q<0)$ 的质点 P 静止地放在A球面的左侧某处，如图4.69所示，假设 P 被释放后恰能穿经三个小孔而越过B球面的球心，试确定开始时 P 与A球面球心的距离 x。

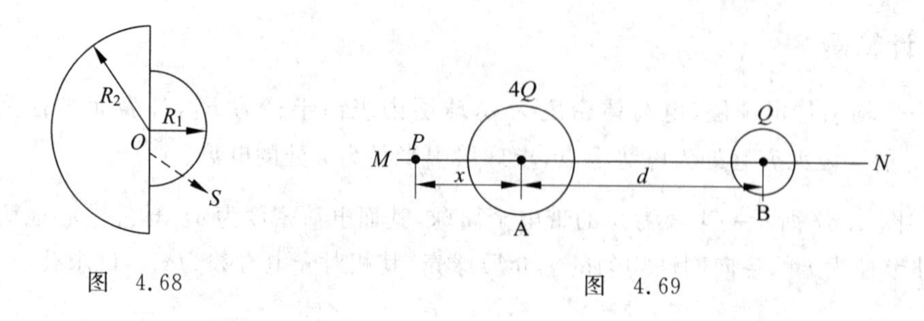

图 4.68　　图 4.69

7. 有一面积为 S 的接地金属板,距板为 d(d 很小)处有一点电荷 $+q$,则板上离点电荷最近处的感应面电荷密度 σ 为多少?

8. 如图 4.70 所示一球形电容器,内极板半径为 r,外极板半径为 $2r$,其中充以空气介质,接上电动势为 U 的电源。

(1) 电容器所储存的电场能量为多少?

(2) 将电容器的一半充以 $\varepsilon_r=2$ 的液体介质,电场能量为多少?

(3) 先拆去电源,再充一半 $\varepsilon_r=2$ 的液体介质,电场能量为多少?

9. 一平行板电容器极板充电 $\pm Q$,极板面积为 S,两极板相距为 d,忽略边缘效应。

(1) 求各极板所受静电力;

(2) 若维持 $\pm Q$ 不变,将某一极板缓慢拉开,使得两板间距离增大一倍,求外力做的功,并用场能的变化来验证所得结果;

(3) 若维持极板电势差不变,将某一极板缓慢拉开,使得两板间距离增大一倍,求外力做的功。

10. 在场强为 $\boldsymbol{E}$ 的均匀电场中,静止地放入一电矩为 $\boldsymbol{p}$、转动惯量为 J 的电偶极子,如图 4.71 所示。若电矩 $\boldsymbol{p}$ 与场强 $\boldsymbol{E}$ 之间的夹角 θ 很小,试分析电偶极子将作什么运动,并计算电偶极子从静止出发运动到 $\boldsymbol{p}$ 与 $\boldsymbol{E}$ 方向一致时所经历的最短时间。

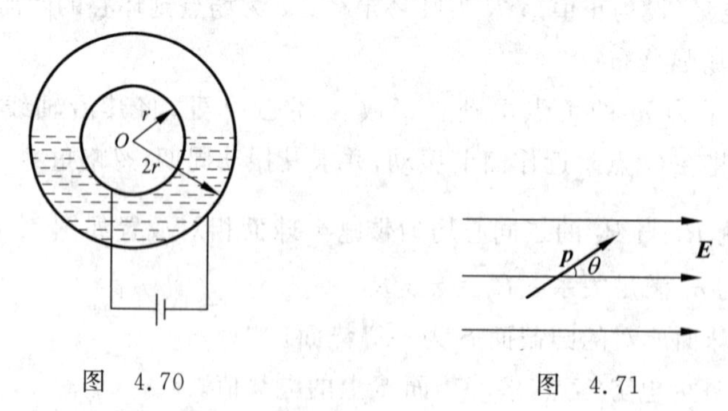

图 4.70　　图 4.71

参考答案

4.4.1 1. C; 2. D; 3. B; 4. D; 5. A; 6. B; 7. C; 8. C; 9. D; 10. B; 11. C; 12. C; 13. A; 14. C; 15. B; 16. C; 17. B; 18. A; 19. C; 20. A; 21. C; 22. B;

23. C；24. C。

4.4.2　1. $4.43\times10^{-13}\ \mathrm{C/m^3}$；　2. $E=\dfrac{\lambda}{2\pi\varepsilon_0 R}\sin\dfrac{\alpha}{2}$；　3. $-\dfrac{A}{4\varepsilon_0 R}\boldsymbol{i}$；　4. $2RlE$；

5. $\Phi=\dfrac{q}{2\varepsilon_0}(1-\cos\alpha)$；　6. $\dfrac{2}{3}\varphi_P,\dfrac{1}{6}\varphi_P+\dfrac{1}{2}\varphi_Q$；　7. $E_0=\dfrac{\lambda}{2\pi\varepsilon_0}\sin\dfrac{\theta}{2}\left(\dfrac{1}{R_2}-\dfrac{1}{R_1}\right),\varphi_0=0$；

8. $\sqrt{\dfrac{|qq'|}{2\pi m\varepsilon_0 R}},0$；　9. $\dfrac{q}{6\pi L\varepsilon_0},\dfrac{q}{6\pi L\varepsilon_0}$；　10. $\dfrac{\lambda}{4\pi\varepsilon_0}(\pi+2\ln2)$；　11. (1) $\dfrac{\lambda}{4\pi\varepsilon_0}\ln\dfrac{a+l}{a}$，

(2) $\dfrac{\lambda}{4\pi\varepsilon_0}\ln\dfrac{\sqrt{4b^2+l^2}+l}{\sqrt{4b^2+l^2}-l}$；　12. $\dfrac{\sigma}{2\varepsilon_0}(\sqrt{R^2+b^2}-\sqrt{R^2+a^2})$；　13. $0,\dfrac{Qr}{4\pi\varepsilon_0 R^3},\dfrac{Qr^2}{4\pi\varepsilon_0 R^4}$；

14. -2000 V；　15. $66\boldsymbol{i}+66\boldsymbol{j}+0\boldsymbol{k}$(SI)；　16. $\dfrac{q}{4\pi\varepsilon_0 a}$；　17. $\dfrac{Qd}{2\varepsilon_0 S},\dfrac{Qd}{\varepsilon_0 S}$；

18. (1) $\dfrac{q_1q_2}{4\pi\varepsilon_0 a^2}$，(2) $\dfrac{q_1q_3}{4\pi\varepsilon_0(a+b)^2}$，(3) $-\dfrac{q_1q_2}{4\pi\varepsilon_0 a^2}-\dfrac{q_1q_3}{4\pi\varepsilon_0(a+b)^2}$，(4) 0；

19. $W_e=\dfrac{Q^2}{8\pi\varepsilon R}$；　20. $8.85\times10^{-8}\ \mathrm{C/m^2}$，$2.66\times10^{-7}\ \mathrm{C/m^2}$；

21. $\dfrac{\varepsilon_2\rho_2-\varepsilon_1\rho_1}{\rho_1 l_1+\rho_2 l_2}U$(提示：两层介质中的电流密度相等，$j_1=j_2$)；

22. $\dfrac{Q}{4\pi\varepsilon_0 R_2},\dfrac{q_0}{4\pi\varepsilon_0 r_0}-\dfrac{q_0}{4\pi\varepsilon_0 R_1}+\dfrac{Q+q_0}{4\pi\varepsilon_0 R_2},\varphi_2+\dfrac{q}{4\pi\varepsilon_0 r}$；　23. $-\dfrac{a(b-r)}{r(b-a)}Q,-\dfrac{b(r-a)}{r(b-a)}Q$(提示：球心处 $\varphi_O=0,q_1+q_2+Q=0$)；　24. $\sqrt{\dfrac{4d}{(\varepsilon_r-1)g}}$；　25. $\dfrac{I}{\sigma_1 S},\dfrac{I}{\sigma_2 S},\left(\dfrac{\varepsilon_2}{\sigma_2}-\dfrac{\varepsilon_1}{\sigma_1}\right)\dfrac{I}{S}$。

4.4.3　1. $\dfrac{\rho}{6\varepsilon_0}\left(3R_2^2-r^2-\dfrac{2R_1^3}{r}\right)$。　2. $\dfrac{a^2\sigma}{\varepsilon_0\varepsilon_r r^2},\dfrac{a^2\sigma}{\varepsilon_0}\left(\dfrac{b-a}{ab}+\dfrac{c-b}{\varepsilon_r bc}+\dfrac{1}{c}\right)$。

3. $-q$ 作以球心为谐振中心的简谐振动，振动周期：$T=\dfrac{2\pi}{\omega}=2\pi\sqrt{\dfrac{3\varepsilon_0 m}{\rho q}}$。

4. (1) $E=\dfrac{qx}{4\pi\varepsilon_0(R^2+x^2)^{3/2}}$；(2) $T=2\pi\sqrt{\dfrac{4\pi\varepsilon_0 R^3 m}{qq'}}$。　5. (1) 因为带电半球面产生的场强只可能垂直于直径，所以小球面所对的圆截面 S 为一等势面；(2) S 面上各点电势等于球心电势：$\varphi_{球心}=\dfrac{q_1}{4\pi\varepsilon_0 R_1}+\dfrac{q_2}{4\pi\varepsilon_0 R_2}=0$。　6. $x=\dfrac{2}{9}(\sqrt{10}-1)d$(提示：两球心间距 d 远大于 A、B 的半径，故其内外电场均可看做均匀带电球面产生的电场，内部场强为零。q 只要处在其受力平衡点右侧即可到达 B 球球心)。　7. $\sigma_i=\dfrac{-q}{2\pi d^2}$(提示：紧邻金属板外一点的场强 σ_i/ε_0 等于 q 和它的镜像电荷场的叠加)。　8. (1) $W_e=4\pi\varepsilon_0 rU^2$；(2) $W_e=6\pi\varepsilon_0 rU^2$；(3) $W_e=\dfrac{8}{3}\pi\varepsilon_0 rU^2$。　9. (1) $F=\dfrac{Q^2}{2\varepsilon_0 S}$；(2) $\Delta W=A=\dfrac{Q^2}{2\varepsilon_0 S}d$(提示：保持 Q 不变，每个极板产生的场强不变，极板所受静电力不变)；(3) $A'=\int_d^{2d}F_x\mathrm{d}x=\dfrac{Q^2}{4\varepsilon_0 S}d$。　10. 谐振动；$\dfrac{\pi}{2}\sqrt{\dfrac{J}{pE}}$。

第5章

磁场和它的源　磁力
磁场中的磁介质

5.1　思考题解答

5.1.1　磁场和它的源

1. 在电子仪器中,为了减弱与电源相连的两条导线的磁场,通常总是把它们扭在一起。为什么?

答　两条导线中流有相反方向的电流,两条导线周围的场是它们各自场的叠加。扭在一起之后,它们靠得很近,在稍远处它们所产生的磁场就接近相等,并且方向相反,几乎可以互相抵消,从而使它们的合磁场减小到最小,以避免对其他元件造成影响。

2. 两根通有同样电流 I 的长直导线十字交叉放在一起,交叉点相互绝缘(见图 5.1(a))。试判断何处的合磁场为零。

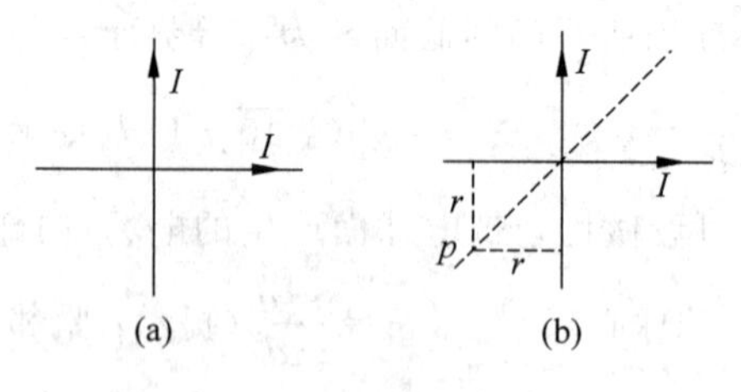

图　5.1

答　此二导线组成一个平面,在第1、3象限的角平分线上它们的合磁场为零。

第1、3象限的角平分线上任意点 p 到此二导线的距离都一样,设为 r,如图 5.1(b)所示。两个载流长直导线(可以看做无限长直电流)在任意点 p 的磁场方向相反、大小相等,合磁场为零,$B=\frac{\mu_0 I}{2\pi r}-\frac{\mu_0 I}{2\pi r}=0$。

3. 一根导线中间分成相同的两支,形成一个菱形(见图 5.2(a))。通入电流后,菱形两条对角线上的合磁场如何?

答　设 P 点是菱形的水平对角线 AC 上任意一点，如图 5.2(b)所示，两边的半无限长直导线对该点磁场为零，因 P 点在它们的延长线上。对于菱形部分，设 $I_1\mathrm{d}\boldsymbol{l}$、$I_2\mathrm{d}\boldsymbol{l}$ 是其中两边对应的电流元，它们在 P 点产生的磁场抵消，那么 AB、AD 上所有对应电流元在 P 点产生的磁场都会两两抵消，所以 AB、AD 中电流对水平对角线上任意点的合磁场为零；同样取 $I_3\mathrm{d}\boldsymbol{l}$、$I_4\mathrm{d}\boldsymbol{l}$ 为 BC、DC 两边对应的电流元，它们在 P 点产生的磁场也抵消，可判断 BC、DC 两边电流对 AC 上任意点磁场的合贡献也为零。因此可知菱形的水平对角线上磁场为零。

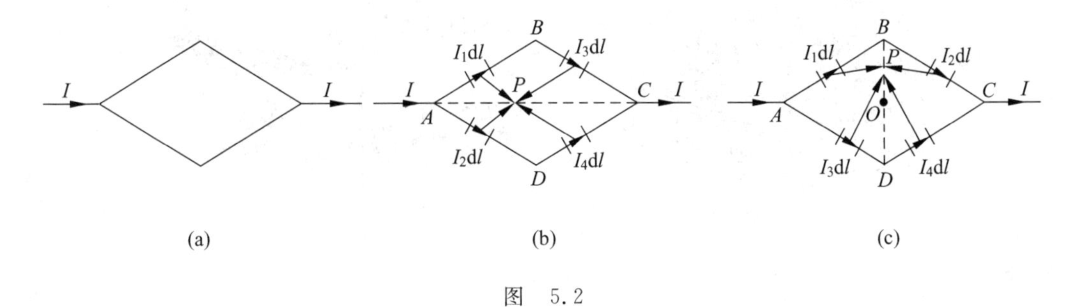

图　5.2

对于 BD 对角线上任意一点 P，如图 5.2(c)所示，图中 $I_1\mathrm{d}\boldsymbol{l}$、$I_2\mathrm{d}\boldsymbol{l}$ 对应电流元在点 P 的磁场大小相等、方向相同，所以 AB、BC 边的电流在点 P 的磁场大小相等、方向相同(垂直纸面向里)；同样 AD、DC 两边电流在 P 点产生的磁场也是大小相等、方向相同(垂直纸面向外)；而两边半无限长直导线对该点也产生大小相等、方向相同(垂直纸面向外)的磁场。它们的合磁场在 BO 间各点的磁场方向垂直纸面向外，且沿 BO 磁场逐渐减小，直到对角线上中点 O 的磁场为零。由 O 点开始，磁场方向垂直纸面向里，沿 OD 各点的磁场逐渐增大。

4. 解释等离子体电流的箍缩效应，即等离子柱中通以电流时(见图 5.3(a))，它会受到自身电流的磁场的作用而向轴心收缩的现象。

答　等离子柱中的电流 I，是柱中正负粒子沿纵向相反方向运动形成的体电流，自身体电流周围的磁场就如同截面上电流均匀分布的通电圆柱体的磁场，如图 5.3(b)所示。如果等离子体柱的半径为 R，设 r 为场点到圆柱中心轴的距离，由安培环路定理可求出等离子体横向截面内的磁场分布为

$$B=\frac{\mu_0 Ir}{2\pi R^2},\quad r\leqslant R$$

其方向和电流流向遵从右手螺旋法则。根据安培定理，$\mathrm{d}\boldsymbol{F}=I\mathrm{d}\boldsymbol{l}\times\boldsymbol{B}$，可判断出等离子柱中外层体电流都受到自身体电流的磁场的指向轴心的安培力，因而产生了等离子体电流的箍缩效应。

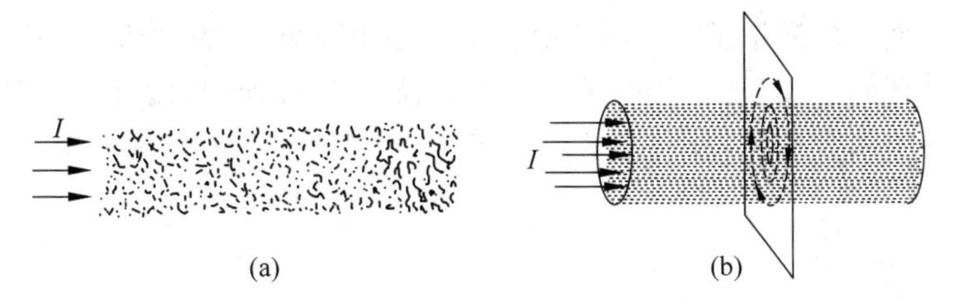

图　5.3

5. 研究受控热核反应的托卡马克装置中,等离子体除了受到螺绕环电流的磁约束外,也受到自身的感应电流(由中心感应线圈中的变化电流引起,等离子体中产生的感应电流常超过10^6 A)产生的磁场的约束,如图5.4(a)所示。试说明这两种磁场的合磁场的磁感线是绕着等离子体环轴线的螺旋线(这样的磁场更有利于约束等离子体)。

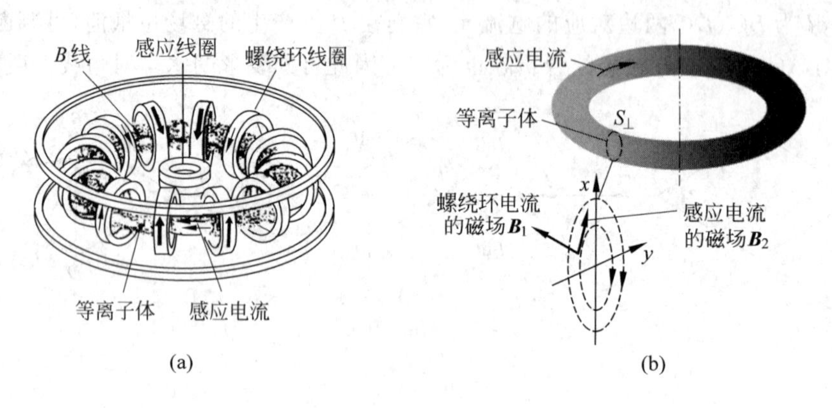

(a) (b)

图 5.4

答 在螺线管内部的反应室中有两种电流的磁场:一种磁场(图5.4(b)中的$\boldsymbol{B}_1$)沿着等离子体环线,是由一个个螺绕环电流产生的,它们是一个个磁镜;中心感应线圈中的变化电流产生一个中心变化的磁场,变化的磁场周围伴随着电场,它驱动等离子体的正负载流子相向运动而形成自身的感应电流,它是以感应线圈为中心的环形体电流,会在自身的体感应电流截面($S_\perp$)上产生磁感线以体电流环轴线上的点为圆心的一簇簇同心圆的另一种磁场(图5.4(b)中的$\boldsymbol{B}_2$所示)。

在图5.4(b)所示的体感应电流截面$S_\perp$上,任一点的磁场都是上述两种磁场的叠加。截面内同一磁感线圆周上各处z向$\boldsymbol{B}_1$和切向$\boldsymbol{B}_2$的大小都可看做常数,并且$\boldsymbol{B}_2$在截面内可分解为互相垂直的x向和y向的两个分量,有

$$\boldsymbol{B}=\boldsymbol{B}_2+\boldsymbol{B}_1=a\cos\theta\boldsymbol{i}+a\sin\theta\boldsymbol{j}+b\boldsymbol{k}$$

式中,a、b是常数;θ是$\boldsymbol{B}_2$与x轴的夹角,θ在$0\sim2\pi$之间变化,表示同一磁感线圆周上各处的$\boldsymbol{B}_2$与$\boldsymbol{B}_1$的合成。此式在数学上就是圆柱螺旋线方程,物理上表示同一磁感线圆周上各处$\boldsymbol{B}_2$与$\boldsymbol{B}_1$的合成矢量的方向就是空间圆柱螺旋线的切线方向。截面上不同的磁感线圆周上的$\boldsymbol{B}_2$和对应的$\boldsymbol{B}_1$的合成磁场方向也都是各自的空间圆柱螺旋线的切线方向。感应电流截面$S_\perp$是任意的,不过截面$S_\perp$的方位是沿绕着等离子体环线变化的,所以以上所述的两种磁场的合磁场的磁感应线基本上是绕等离子体环轴线的一簇螺旋线。

6. 考虑一个闭合的面,它包围磁铁棒的一个磁极。通过该闭合面的磁通量是多少?

答 该闭合面的磁通量是零。因为磁感线总是闭合线,由磁铁棒N极发出的任何一条磁感线都是以外部到S极,再经磁铁棒内部从S极到N极而闭合。因此,对于包围磁铁棒一个磁极的任一个闭合的面,一定是穿出(为正)和穿入(为负)的磁感线条数的代数和(磁通量)为零。

7. 磁场是不是保守场?

答 磁场不是保守场,因为磁感线是闭合的,沿任何闭合磁感线的磁场环流$\oint_L \boldsymbol{B}\cdot\mathrm{d}\boldsymbol{l}$不

等于零。

8. 在无电流的空间区域内，如果磁感线是平行直线，那么磁场一定是均匀场。试证明之。

证明　作如图 5.5 所示的矩形环路 $abcd$，因为磁感线是平行直线，磁场沿直线一定具有平移对称性，ab 段上各点的磁感应强度应相等且方向相同，同样，cd 上各点的磁感应强度大小和方向也应都一样。由于该空间区域无电流，由安培环路定理有

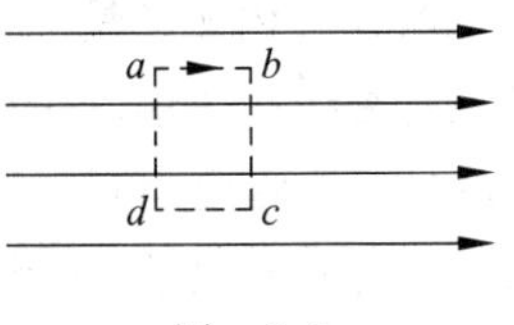

图　5.5

$$\oint_{abcd} \boldsymbol{B} \cdot \mathrm{d}\boldsymbol{l} = B_{ab}\,\overline{ab} - B_{cd}\,\overline{cd} = 0$$

即有 $B_{ab}=B_{cd}$。由于 bc 和 da 段的长度是任意选取的，所以垂直平行直线方向各处磁感应强度大小相等。由以上两个结论的结合，可以得出空间各处磁感应强度大小都相等和方向都相同的结论，所以说此磁场一定是均匀场。

9. 试证明：在两磁极间的磁场不可能像图 5.6(a)中那样突然降到零。

证明　如果两磁极间的磁场突然降到零，则作如图 5.6(b)中所示的矩形回路 $abcd$，使其一个边沿磁场的边缘，进行环路积分，有

$$\oint_L \boldsymbol{B} \cdot \mathrm{d}\boldsymbol{l} = B\,\overline{ab} \neq 0$$

这与磁场环路定理相违背。因为无电流穿过环路围成的面积，环路定理要求此时磁场的环流应等于零，$\oint_L \boldsymbol{B} \cdot \mathrm{d}\boldsymbol{l} = \mu_0 I = 0$。所以，如图的两磁极间的磁场不可能突然降到零，应有一过渡区(图中虚线所示)，使得上述回路积分等于零。

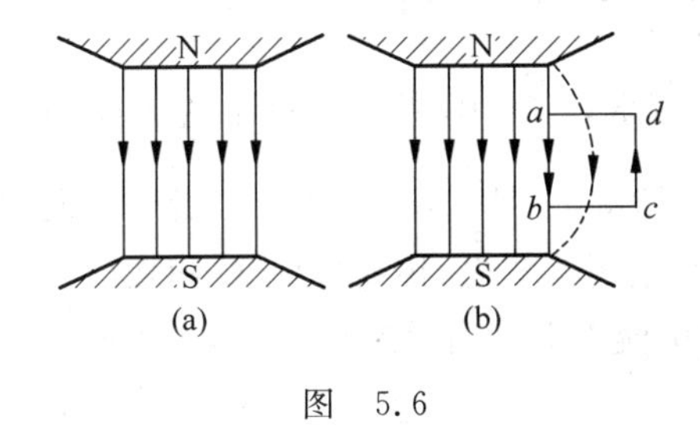

图　5.6

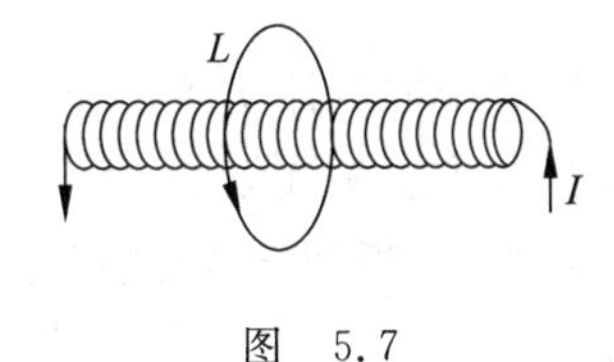

图　5.7

10. 如图 5.7 所示，一长直密绕螺线管，通有电流 I。对于闭合回路 L，求 $\oint_L \boldsymbol{B} \cdot \mathrm{d}\boldsymbol{r}$ 的值。

答　一长直密绕螺线管如果是无限长的，对于图示的管外闭合回路 L 为边界的任何曲面，总有与回路 L 环绕方向成左手螺旋的电流 I 穿过铰链，所以安培环路定理给出 L 上磁场环流为

$$\oint_L \boldsymbol{B} \cdot \mathrm{d}\boldsymbol{l} = -\mu_0 I$$

我们曾经把通电长直密绕螺线管看做是由一个个圆电流紧密排列而成的一个无限长圆电流的组合，则管内的磁感应强度 $B=\mu_0 nI$，管外的 $B=0$。在此模型下沿图示管外闭合回路 L 的磁感强度环流为零，有

$$\oint_L \boldsymbol{B} \cdot \mathrm{d}\boldsymbol{r} = 0$$

这是忽略管外磁场所选模型下的一种近似结果。实际上,长直密绕螺线管管外磁场不为零。

11. 如图5.8所示的截面是任意形状的长直密绕螺线管,管内磁场是否是均匀场?其磁感应强度是否仍可按照 $B=\mu_0 nI$ 计算?

答 管内磁场是均匀场,其磁感应强度仍按 $B=\mu_0 nI$ 计算。虽然截面是任意形状的,但对于长直密绕螺线管,它的电流分布对称性决定了管内磁场一定是沿着管长方向且同一磁感线上的磁感应强度相同。类似于截面为圆形的长直密绕螺线管,可作一矩形回路,使其一边在管内且沿管向磁感线,利用安培环路定理同样可以证得管内是均匀场,且大小为 $B=\mu_0 nI$。

12. 图5.9中的电容器充电(电流 I_c 方向如图示)和放电(电流 I_c 的方向与图示方向相反)时,板间位移电流的方向各如何?r_1 处的磁场方向又各如何?

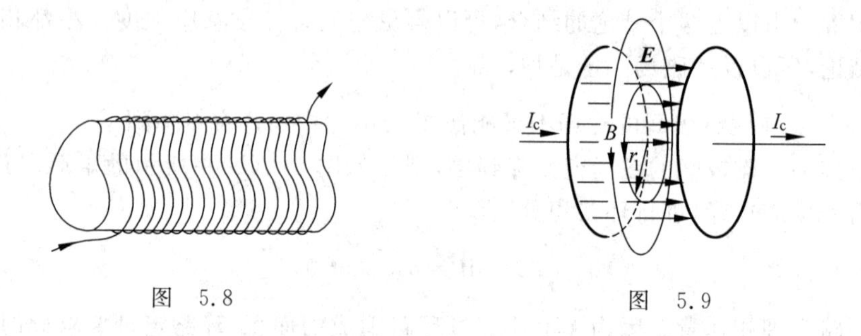

图 5.8　　　　图 5.9

答 位移电流密度与电场的变化相联系,$\boldsymbol{J}_d=\varepsilon_0\dfrac{\partial \boldsymbol{E}}{\partial t}$。充电时,电场强度增加,位移电流密度与板间场强 $\boldsymbol{E}$ 同向,板间位移电流 $I_d=\int_S \boldsymbol{j}_d\cdot d\boldsymbol{S}$ 的方向向右,此时导线中的传导电流 I_c 如图示也是向右的,二者同向。放电时电场减弱,$\dfrac{\partial \boldsymbol{E}}{\partial t}<\boldsymbol{0}$,板间位移电流方向和 $\boldsymbol{E}$ 反向而向左,此时导线中的电流 I_c 的方向与图示方向相反,也是向左的,所以二者还是同向。

总之,全电流总是连续的,不管电容器是充电还是放电,传导电流 I_c 和板间位移电流 I_d 总是同向连续的。板间 r_1 处磁场方向与位移电流方向为右手螺旋关系,图中画出了充电时板间磁场的分布。

5.1.2 磁力

1. 说明:如果测得以速度 $\boldsymbol{v}$ 运动的电荷 q 经过磁场中某点时受的磁场力最大值为 $\boldsymbol{F}_{m,\max}$,则该点的磁感应强度 $\boldsymbol{B}$ 可用下式定义:

$$\boldsymbol{B}=\boldsymbol{F}_{m,\max}\times\boldsymbol{v}/(qv^2)$$

答 一般情况下,$\boldsymbol{F}_m=q\boldsymbol{v}\times\boldsymbol{B}$,两端同时叉乘 $\boldsymbol{v}$,有

$$\boldsymbol{F}\times\boldsymbol{v}=q(\boldsymbol{v}\times\boldsymbol{B})\times\boldsymbol{v}=q\boldsymbol{B}(\boldsymbol{v}\cdot\boldsymbol{v})-q\boldsymbol{v}(\boldsymbol{v}\cdot\boldsymbol{B})$$

当运动电荷受磁场力最大时,$\boldsymbol{v}\perp\boldsymbol{B}$,有 $\boldsymbol{v}\cdot\boldsymbol{B}=0$。此时 $\boldsymbol{F}_{m,\max}\times\boldsymbol{v}=q\boldsymbol{B}v^2$,因此可定义磁感应强度

$$\boldsymbol{B}=\boldsymbol{F}_{m,\max}\times\boldsymbol{v}/(qv^2)$$

2. 宇宙射线是高速带电粒子流(基本上是质子),它们交叉来往于星际空间并从各个方

向撞击着地球。为什么宇宙射线穿入地球磁场时,接近两磁极比其他任何地方都容易?

答 因为地球磁场不均匀,除两极外的其他地方磁感应强度沿平行于地面的分量较强,而在地磁两极附近磁感线近似与地面垂直,如图 5.10 所示。当宇宙射线从两极接近地球时,粒子流的速度方向与磁场方向接近平行,所受的洛伦兹力很小,速度方向几乎不变,因此粒子可从两极直射地球表面。

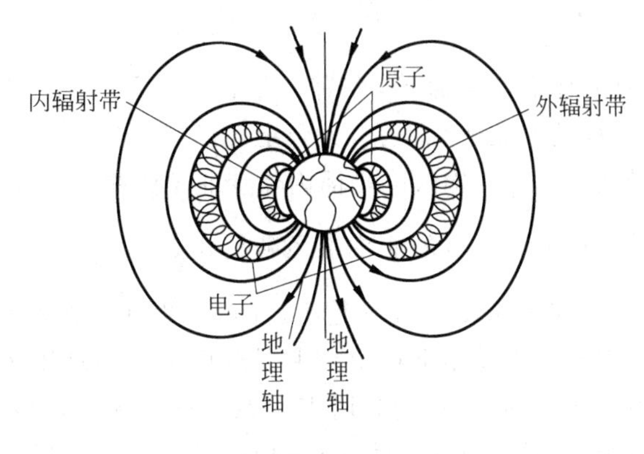

图 5.10

3. 如果我们想让一个质子在地磁场中一直沿着赤道运动,应该是向东还是向西发射它呢?

答 要让质子在地磁场中一直沿赤道运动,须由洛伦兹力提供绕地球运动的向心力。而在赤道处地磁场沿水平面指向北,所以由洛伦兹力的方向判断,应向西发射质子。

4. 赤道处的地磁场沿水平面并指向北。假设大气电场指向地面,因而电场和磁场互相垂直。我们必须沿什么方向发射电子,使它的运动不发生偏斜?

答 欲使电子的运动不偏斜,要求它所受的洛伦兹力与电场力大小相等、方向相反。由于大气电场指向地面,电子所受的电场力背离地面,因此要求洛伦兹力指向地面,即应向东发射电子。

5. 能否利用磁场对带电粒子的作用力来增大粒子的动能?

答 静磁场不能。因为静磁场对带电粒子的洛伦兹力 $\boldsymbol{f}_{\mathrm{m}}=q\boldsymbol{v}\times\boldsymbol{B}$ 不做功,它的方向一直和速度垂直,它只改变速度的方向,不改变速度的大小。而变化的磁场可以,变化的磁场伴随着电场,电场可对带电粒子做功以增大粒子动能。

6. 当带电粒子由弱磁场区向强磁场区作螺旋运动时,平行于磁场方向的速度分量如何变化?动能如何变化?垂直于磁场方向的速度分量如何变化?

答 带电粒子由弱磁场区向强磁场区作螺旋运动时,平行于磁场方向的速度分量减小,动能不变,垂直磁感线方向的速度分量增大。带电粒子在非均匀磁场中所受的洛伦兹力 $\boldsymbol{f}_{\mathrm{m}}$ 总有一个指向磁场较弱方向的轴向分力 $\boldsymbol{f}_{11}$,如图 5.11 所示,该分力有可能最终使粒子的前进速度(磁场梯度不太大时的平行于磁场方向的速度分量)减小到零,并继而又沿一定的螺线向弱磁场区返回。由于洛伦兹力不做功,只改变速度方向,不改变速度的大小,因此带电粒子的总动能$\frac{1}{2}mv^2=\frac{1}{2}m(v_{\perp}^2+v_{/\!/}^2)$不变,伴随平行于磁场方向的速度分量的减小,垂直磁场方向的速度分量必然增大。

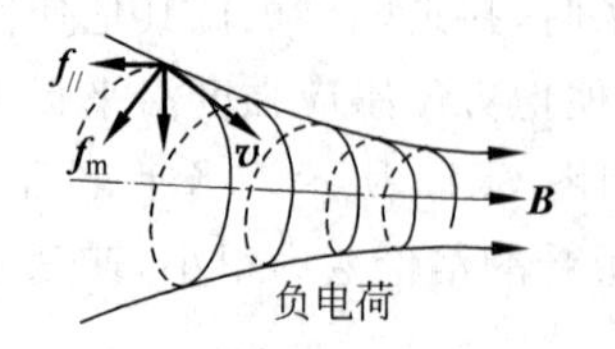

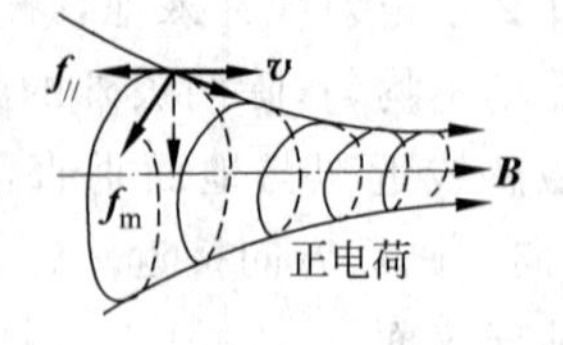

图 5.11

7. 一根长直导线周围有不均匀磁场,今有一带正电粒子平行于导线方向射入该磁场中,它此后的运动将是怎样的? 轨迹如何?(大致定性说明)

答 带电粒子在导线和速度 $\boldsymbol{v}$ 构成的平面内作变曲率的曲线运动。由于洛伦兹力不做功,粒子速率不变,运动轨迹上每一点的曲率半径满足 $qvB=m\dfrac{v^2}{\rho}$,即 $\rho=\dfrac{mv^2}{qvB}=\dfrac{mv\cdot 2\pi a}{q\mu_0 I}=ka$,它与离开导线的距离 a 成正比,a 越小 ρ 越小。图 5.12 中三个虚线圆分别是 A、B、C 处的曲率圆。由于起始在洛伦兹力作用下粒子是由弱磁场区向强磁场区运动,洛伦兹力有一个阻碍粒子平行于导线方向运动的力,而且随着 a 减小而增大,最终有可能在图中的 B 点使得此方向速度分量为零,此时垂直向导线运动的速率就是 v。此后,粒子运动轨道的曲率半径会更小,但逆电流方向粒子速度分量会越来越大,而垂直向导线中运动粒子速度分量越来越小,直到 C 处只有逆电流方向的粒子速度分量。而且,$A\to B\to C$ 阶段,以图中定点 O 来看,$A\to B\to C$ 阶段粒子受到的洛伦兹力力矩除 A、B、C 三点外(力矩为零)都是垂直纸面向里,使垂直纸面向里的角动量一直增加,所以对于 A、B、C 三点的角动量有 $d_C mv>d_B mv>d_A mv$,即有 $d_C>d_B>d_A$。因此 $A\to B\to C$ 阶段粒子运动轨迹如图所示。根据对称性,粒子以后的轨迹应和 $A\to B\to C$ 的轨迹对称,沿 $CB'A$ 连线返回到 A 点。

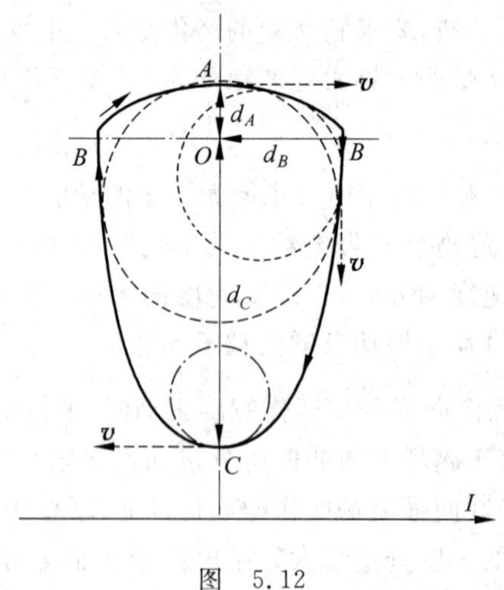

图 5.12

8. 利用相互垂直的电场 $\boldsymbol{E}$ 和磁场 $\boldsymbol{B}$ 可做成一个带电粒子的速度选择器,它能使选定速度的带电粒子垂直于电场和磁场射入后无偏转地前进。试求此带电粒子的速度与 $\boldsymbol{E}$ 和 $\boldsymbol{B}$ 的关系。

答 要想使垂直于电场和磁场射入后的带电粒子无偏转地前进,电场力和磁场力必须大小相等、方向相反。所以，此带电粒子的速度 $\boldsymbol{v}$ 一定满足 $q\boldsymbol{E}=-q\boldsymbol{v}\times\boldsymbol{B}$，即有 $\boldsymbol{E}=-\boldsymbol{v}\times\boldsymbol{B}$。带电粒子的速度方向一定是在垂直于 $\boldsymbol{E}$ 的平面内，其大小由 $vB\sin\theta=E$ 确定，其中 $v=\dfrac{E}{B\sin\theta}$，θ 为 $\boldsymbol{v}$ 和 $\boldsymbol{B}$ 的夹角 $(0<\theta<\pi)$，如图5.13所示。当带电粒子垂直电场和磁场射入时，$\theta=\dfrac{\pi}{2}$，$v=\dfrac{E}{B}$。

9. 在磁场方向和电流方向一定的条件下，导体所受的安培力的方向与载流子的种类有无关系？霍尔电压的正负与载流子的种类有无关系？

答　导体所受的安培力的方向与载流子的种类无关，因为 $\mathrm{d}\boldsymbol{f}=I\mathrm{d}\boldsymbol{l}\times\boldsymbol{B}$，安培力的方向只与电流流向和磁场方向有关。然而在一定的电流方向下，载有正负电荷的不同载流子的速度方向正好相反，使得两种载流子在磁场方向一定的条件下所受到的洛伦兹力的方向相同，$\boldsymbol{f}_{\mathrm{m}}=q\boldsymbol{v}\times\boldsymbol{B}$，它们都向垂直于电流和磁场的同一方向偏聚，因而形成正负相反的霍尔电压，所以霍尔电压的正负与载流子的种类有关。正因如此，实验中常根据霍尔系数的符号判断导电材料的载流子是带正电荷还是带负电荷。

10. 图5.14示出在一气泡室中产生的一对正、负电子的轨迹图，磁场垂直图面向内。试问：哪一条是负电子的轨迹，哪一条是正电子的轨迹？为何轨迹呈螺旋线？

答　用所受洛伦兹力 $\boldsymbol{f}_{\mathrm{m}}=q\boldsymbol{v}\times\boldsymbol{B}$ 来判断：右边为正电子轨迹，左边为负电子轨迹。质量为 m 的带电粒子 q 在垂直磁场 B 的纸面内运动的圆周半径 R 为

$$R=\frac{mv}{qB}$$

正负电子在云室运动时，使云室气体电离，这需要不断消耗它们自身的动能，其动量（也就是它们的速度 v）越来越小，则上式中的"半径 R"（在纸面内的轨迹曲线的曲率半径）连续地不断变小，因此形成了它们螺旋线的运动轨迹。

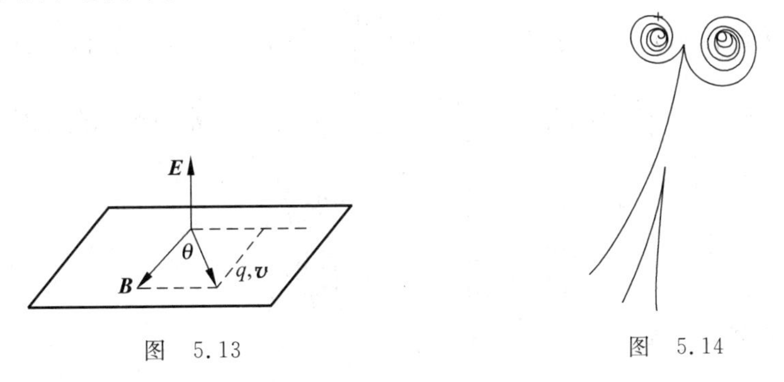

图　5.13　　　　图　5.14

11. 如图5.15(a)所示，均匀电场 $\boldsymbol{E}=E\boldsymbol{j}$，均匀磁场 $\boldsymbol{B}=B\boldsymbol{k}$。试定性说明一质子由静止从原点出发，将沿图示的曲线（这样的曲线叫旋轮线或摆线）运动，而且不断沿 x 方向重复下去。质子的速率变化情况如何？

答　在电场力 $\boldsymbol{F}_{\mathrm{e}}=qE\boldsymbol{j}$ 的作用下，质子开始运动（位置1），然后在电场力和洛伦兹力的共同作用下运动，如图5.15(b)所示，$\sum\boldsymbol{F}=qE\boldsymbol{j}+q\boldsymbol{v}\times\boldsymbol{B}$。其中电场力的大小及方向不变，而洛伦兹力使质子偏转，是质子运动轨迹的法向力。因为洛伦兹力不做功，只有 $\boldsymbol{F}_{\mathrm{e}}=qE\boldsymbol{j}$ 做功，所以由动能定理 $qEy=\dfrac{1}{2}mv^2$ 得 $v^2=\dfrac{2Eq}{m}y$，$y=0$ 时质子速率 $v=0$（图中1、3位

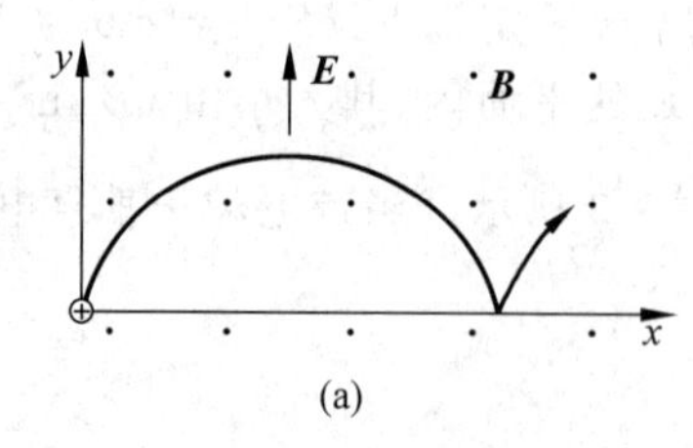

(a)

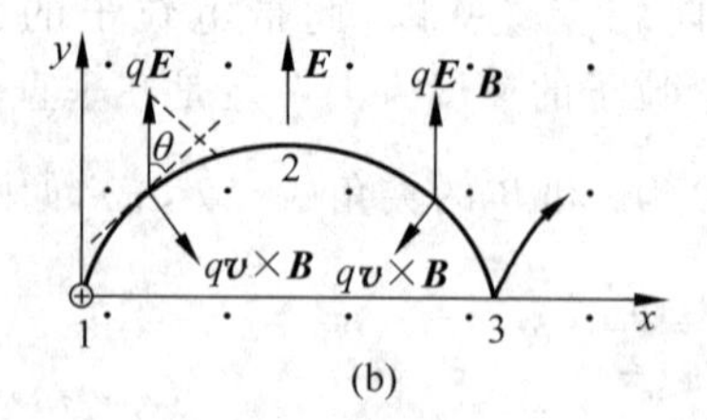

(b)

图 5.15

置),y 最大时质子速率 v 也最大(图中 2 位置)。沿运动轨迹切向,质点受到来自电场力的分力 $f_t=qE\cos\theta=m\dfrac{dv}{dt}$,$0\leqslant\theta\leqslant\pi$。$\theta$ 不能大于 π,因为大于 π 意味着脱离磁场区。在 $0\to\pi/2$ 区间,因为 $f_t>0$,质子速率 v 一直增加(图中 1→2 过程),但它的增加率在减小(因 $f_t=qE\cos\theta$ 一直减小);在 $\pi/2\to\pi$ 区间,$f_t<0$,质子速率 v 一直减小(图中 2→3 过程),且减小率越来越大,当到 $y=0$ 时质子速率减为零(图中 3 位置)。这样,质子在图中 3 位置又处于和原点一样速率为零的状态,它又要在图中 3 位置重新开始另一个"1→2→3"的过程,其运动就不断地沿 x 方向循环重复下去。

具有以上运动状态的质子运动轨迹一定是旋轮线(或摆线)。设质子处于 1 位置时 $t=0$,此时有 $x=0,y=0,v_x=v_y=0$。t 时刻,质子 x 向运动的微分方程为

$$qBv_y=qB\frac{dy}{dt}=m\frac{d^2x}{dt^2}$$

质子 y 向运动的微分方程为

$$qE-qBv_x=qE-qB\frac{dx}{dt}=m\frac{d^2y}{dt^2}$$

分别对它们两边进行积分可以得到$\dfrac{dx}{dt}=\dfrac{qB}{m}y$ 和$\dfrac{dy}{dt}=\dfrac{qE}{m}t-\dfrac{qB}{m}x$,将$\dfrac{dy}{dt}$和$\dfrac{dx}{dt}$分别代入上面两式,得到$\dfrac{d^2x}{dt^2}+\dfrac{q^2B^2}{m^2}x=\dfrac{q^2EB}{m^2}t$ 及$\dfrac{d^2y}{dt^2}+\dfrac{q^2B^2}{m^2}y=\dfrac{qE}{m}$。解这两个常系数二阶线性微分方程可得

$$\begin{cases}x=\dfrac{mE}{qB^2}\left[\dfrac{qB}{m}t-\sin\left(\dfrac{qB}{m}t\right)\right]\\y=\dfrac{mE}{qB^2}\left[1-\cos\left(\dfrac{qB}{m}t\right)\right]\end{cases}$$

这就是旋轮线的参数方程。

5.1.3 磁场中的磁介质

1. 下面几种说法是否正确?试说明理由。

(1) $\boldsymbol{H}$ 仅与传导电流(自由电流)有关;

(2) 不论抗磁质与顺磁质,$\boldsymbol{B}$ 总与 $\boldsymbol{H}$ 同向;

(3) 通过以闭合曲线 L 为边线的任意曲面的 $\boldsymbol{B}$ 通量均相等;

(4) 通过以闭合曲线 L 为边线的任意曲面的 $\boldsymbol{H}$ 通量均相等。

答 (1) $\boldsymbol{H}$ 仅与传导电流(自由电流)有关的说法不正确。因为 $\boldsymbol{H}=\dfrac{\boldsymbol{B}}{\mu_0}-\boldsymbol{M}$,显然式中

含有磁化电流的影响，另外“位移电流”存在对它也有影响。

(2) 不论抗磁质与顺磁质，$\boldsymbol{B}$ 总与 $\boldsymbol{H}$ 同向的说法不正确。由 $\boldsymbol{H}=\frac{\boldsymbol{B}}{\mu_0}-\boldsymbol{M}$ 可知，$\boldsymbol{B}$ 与 $\boldsymbol{H}$ 是否同向还与 $\boldsymbol{M}$ 有关。对各向同性的抗磁质与顺磁质 $\boldsymbol{H}=\frac{\boldsymbol{B}}{\mu_0\mu_r}=\frac{\boldsymbol{B}}{\mu}$，$\boldsymbol{B}$ 与 $\boldsymbol{H}$ 同向。

(3) 通过以闭合曲线 L 为边线的任意曲面的 $\boldsymbol{B}$ 通量均相等的说法在不考虑正负情况下是正确的。通过以闭合曲线 L 为边线的任意两个曲面 S_1 和 S_2 都会组成闭合面 S，总有 $S=S_1+S_2$。根据磁高斯定理，有

$$\oint_S \boldsymbol{B}\cdot \mathrm{d}\boldsymbol{S}=\int_{S_1}\boldsymbol{B}\cdot \mathrm{d}\boldsymbol{S}+\int_{S_2}\boldsymbol{B}\cdot \mathrm{d}\boldsymbol{S}=0$$

得 $\int_{S_1}\boldsymbol{B}\cdot \mathrm{d}\boldsymbol{S}=-\int_{S_2}\boldsymbol{B}\cdot \mathrm{d}\boldsymbol{S}$，因此必有 $\left|\int_{S_1}\boldsymbol{B}\cdot \mathrm{d}\boldsymbol{S}\right|=\left|-\int_{S_2}\boldsymbol{B}\cdot \mathrm{d}\boldsymbol{S}\right|$，这说明通过曲面 S_1 和 S_2 的 $\boldsymbol{B}$ 通量的多少是一样的。因此在只注意穿过任意曲面的磁感线的净条数的数目时，命题正确。

(4) 通过以闭合曲线 L 为边线的任意曲面的 $\boldsymbol{H}$ 通量均相等的说法不正确。例如有一永磁棒，磁化强度 $\boldsymbol{M}$ 存在于棒内，如图 5.16 所示。对以 L 为边界的两曲面 S_1 和 S_2，$\boldsymbol{B}$ 线是闭合的，穿过曲面 S_1 的 $\boldsymbol{B}$ 线一定穿过 S_2，所以它们的 $\boldsymbol{B}$ 通量相等，有 $\Phi=\int_{S_1}\boldsymbol{B}\cdot \mathrm{d}\boldsymbol{S}=\int_{S_2}\boldsymbol{B}\cdot \mathrm{d}\boldsymbol{S}$。对 S_1 面上各点，$\boldsymbol{H}=\frac{\boldsymbol{B}}{\mu_0}-\boldsymbol{M}$，有

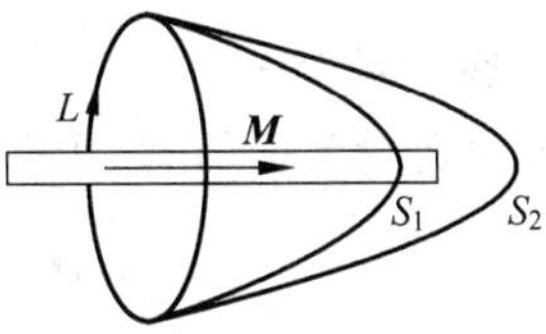

图 5.16

$$\int_{S_1}\boldsymbol{H}\cdot \mathrm{d}\boldsymbol{S}=\int_{S_1}\frac{\boldsymbol{B}}{\mu_0}\cdot \mathrm{d}\boldsymbol{S}-\int_{S_1}\boldsymbol{M}\cdot \mathrm{d}\boldsymbol{S}=\frac{\Phi}{\mu_0}-\int_{S_1}\boldsymbol{M}\cdot \mathrm{d}\boldsymbol{S}$$

对 S_2 面上各点，因 $\boldsymbol{M}=\boldsymbol{0}$，故有

$$\int_{S_2}\boldsymbol{H}\cdot \mathrm{d}\boldsymbol{S}=\int_{S_2}\frac{\boldsymbol{B}}{\mu_0}\cdot \mathrm{d}\boldsymbol{S}=\frac{\Phi}{\mu_0}$$

显然 $\int_{S_1}\boldsymbol{H}\cdot \mathrm{d}\boldsymbol{S}\neq\int_{S_2}\boldsymbol{H}\cdot \mathrm{d}\boldsymbol{S}$。

$\boldsymbol{B}$ 线是连续的闭合曲线，而 $\boldsymbol{H}$ 线不一定是连续的闭合曲线。如果介质的磁导率 μ 在所讨论的区域内为常量，根据 $\boldsymbol{B}=\mu\boldsymbol{H}$ 的关系，$\boldsymbol{H}$ 线也将和 $\boldsymbol{B}$ 线一样是一些连续的闭合曲线。但如果介质分布不均匀，在 μ 不为常量的地方，特别是在两种介质的分界面上，由 $\boldsymbol{B}$ 的连续性必然会导致 $\boldsymbol{H}$ 的不连续性。$\boldsymbol{H}$ 线不连续时，自然也就不闭合了。正因为 $\boldsymbol{H}$ 线不一定是连续的闭合曲线，所以命题不正确，正如上面的例子所论证的。

2. 将磁介质样品装入试管中，用弹簧吊起来挂到一竖直螺线管的上端开口处(如图 5.17 所示)。当螺线管通电流后，则可发现随样品的不同，它可能受到该处不均匀磁场的向上或向下的磁力。这是一种区分样品是顺磁质还是抗磁质的精细的实验。问受到向上的磁力的样品是顺磁质还是抗磁质?

答　如果是顺磁质，在外磁场中样品内部会产生与外磁场方向一致的磁化场；如果是抗磁质，在外磁场中样品内部会产生与外磁场方向相反的磁化场。根据题意，把直螺线管看做磁铁，其上端开口处相当于 N 极，图示样品受到向上的磁力，说明样品下端也相当于 N 极，样品内部的磁化场方向一定是由上到下，和螺线管的外磁场方向相反，因此可以判断该

样品为抗磁质。

3. 设想一个封闭曲面包围住永磁体的N极(见图5.18),通过此封闭面的磁通量是多少?通过此封闭面的$\boldsymbol{H}$通量如何?

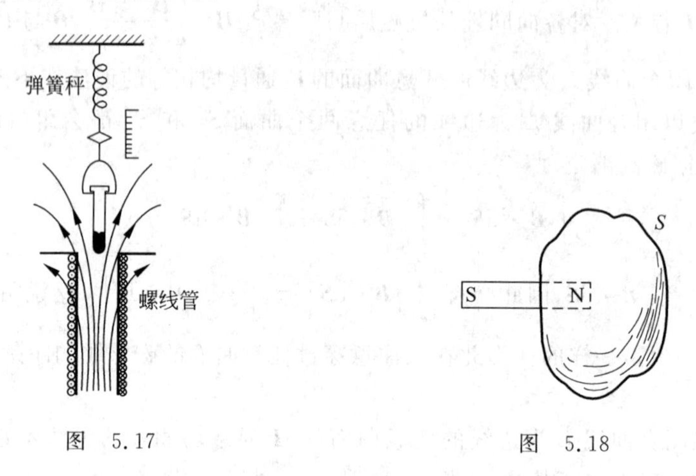

图 5.17　　图 5.18

答　因为S是一个封闭的曲面,而磁感线是闭合的,所以通过S面的磁通量为零。但是通过此封闭面的$\boldsymbol{H}$通量不为零,因为

$$\oint_S \boldsymbol{H}\cdot \mathrm{d}\boldsymbol{S}=\oint_S \frac{\boldsymbol{B}}{\mu_0}\cdot \mathrm{d}\boldsymbol{S}-\oint_S \boldsymbol{M}\cdot \mathrm{d}\boldsymbol{S}=-\oint_S \boldsymbol{M}\cdot \mathrm{d}\boldsymbol{S}$$

而磁体外面$\boldsymbol{M}=\boldsymbol{0}$,磁体内部$\boldsymbol{M}$方向由S极指向N极,积分中的$\boldsymbol{M}\cdot \mathrm{d}\boldsymbol{S}<0$,所以此封闭面的$\boldsymbol{H}$通量大于零。N极就像$\boldsymbol{H}$线的源,向磁体内部和外部发出$\boldsymbol{H}$线,在外部$\boldsymbol{H}$线等于$\boldsymbol{B}$线的$1/\mu_0$,在磁体内部$\boldsymbol{H}$线不同程度地和$\boldsymbol{B}$线相反。

4. 一块永磁铁落到地板上就可能部分退磁,为什么?把一根铁条南北放置,敲它几下,就可能使其磁化,又为什么?

答　永磁铁的磁畴排列比较有序,如果永磁铁落到地板上,有序的磁畴可能会因激烈振动而变得无序,导致部分退磁。另一方面,铁条属于铁磁体,如果南北放置敲几下,给予磁畴动量,在地磁场作用下它可能会转向,使铁条原来无序的磁畴排列有可能变得相对有序而被磁化。

5. 为什么一块磁铁能吸引一块原来并未磁化的铁块?

答　因为铁块是铁磁材料,未被磁化时,其本身对外不显磁性,但是如果有磁铁靠近,在磁场作用下其本身的磁畴排列会趋向有序,从而具有磁性,并且靠近磁铁处的极性与磁铁的相对端极性相反,二者相吸。磁铁吸引铁块的过程实际上是铁块被磁化的过程。

6. 马蹄形磁铁不用时,要用一铁片吸到两极上,条形磁铁不用时,要成对地且N、S极方向相反地靠在一起放置,为什么?这有什么作用?

答　这种做法主要是为了减小磁铁本身的退磁作用。一切有缺口的磁路中的两个磁极表面都会在磁铁内部产生一个与磁化方向相反的退磁场,它会使本身的剩余磁性慢慢退掉。上述做法就是形成闭合磁路,尽量不形成磁路的空气间隙以避免产生自退化场,使磁铁本身的磁性保留得久些。

7. 顺磁质和铁磁质的磁导率明显地依赖于温度,而抗磁质的磁导率则几乎与温度无关，为什么？

答　顺磁质存在固有磁矩，铁磁质存在磁畴，它们在外磁场中受到磁力矩作用转向于和外磁场一致的方向(有序排列)，但这种排列要受分子热运动的干扰影响，温度越高干扰影响越大，顺磁性和铁磁性就越弱，即磁导率明显地依赖于温度。而抗磁质不存在固有磁矩，不存在固有磁矩转向问题，因此其磁导率几乎与温度无关。

8. 磁路中磁通量 Φ 具有和恒定电流 I 相同的“性质”：串联磁路的 Φ 各处相同，并联磁路各分路的 Φ_i 之和等于干路的 Φ。这有什么根据？

答　其根据是磁通连续定理。磁路是由铁芯(或有一定的间隙)构成的磁感线集中的通路。铁磁材料的磁导率很大，铁芯具有使磁感应线集中到自己内部的作用。铁芯的边界几乎构成一个磁感应线管，它基本上把磁场都集中到这个管子中，这和一个电路的电流被控制在连接电路的导体内部一样。所以如果磁路串联，由于磁感线闭合，通过串联磁路铁芯各个截面的磁通量相同，即串联磁路的 Φ 各处相同。如果是并联磁路，围绕节点作一磁高斯面，流进的磁通量应等于流出的磁通量，即干路的 Φ 等于并联磁路各分路的 Φ_i 之和。

*__9.__ 磁冷却。将顺磁样品(如硝酸铈镁)在低温下磁化，其固有磁矩沿磁场排列时要放出能量，以热量的形式向周围环境排出。然后在绝热情况下撤去外磁场，这时样品温度就会降低，实验中可降低到 10^{-3} K。如果使核自旋磁矩先排列，然后再绝热地撤去磁场，则温度可降到 10^{-6} K。试解释为什么样品绝热退磁时温度会降低。

答　顺磁样品具有无序排列的分子固有磁矩 $\boldsymbol{\mu}_m$，无磁场时顺磁样品与温度有关的能量主要是这些具有固有磁矩 $\boldsymbol{\mu}_m$ 分子的无序热运动动能。在外磁场中，分子固有磁矩 $\boldsymbol{\mu}_m$ 产生 $\boldsymbol{B}$ 方向的有序排列，产生分子磁势能 $-\boldsymbol{\mu}_m\cdot\boldsymbol{B}$，系统势能降低。如果是等温磁化，分子的无序热运动动能不变，因系统势能降低而多出的能量就会以热量的形式向周围环境排出，以保持系统温度不变。如果这时在绝热情况下撤去外磁场，$\boldsymbol{\mu}_m$ 分布就将变得无序，磁势能就会升高，升高磁势能所需的能量必然来源于分子的无序热运动(点阵振动)动能。无序热运动动能的减少意味着温度降低，磁性材料被冷却。

10. 北宋初年(1044 年)曾公亮主编的《武经总要》前集卷十五介绍了指南鱼的做法：“鱼法以薄铁叶剪裁，长二寸阔五分，首尾锐如鱼形，置炭火中烧之，候通赤，以铁钤钤[钳]鱼首出火，以尾正对子位[正北]，蘸水盆中，没尾数分[鱼尾斜向下]则止。以密器[铁盒]收之。用时置水碗于无风处，平放鱼在水面令浮，其首常南向午[正南]也。”这段生动的描述(参见图 5.19)包含了对铁磁性的哪些认识？又包含了对地磁场的哪些认识？

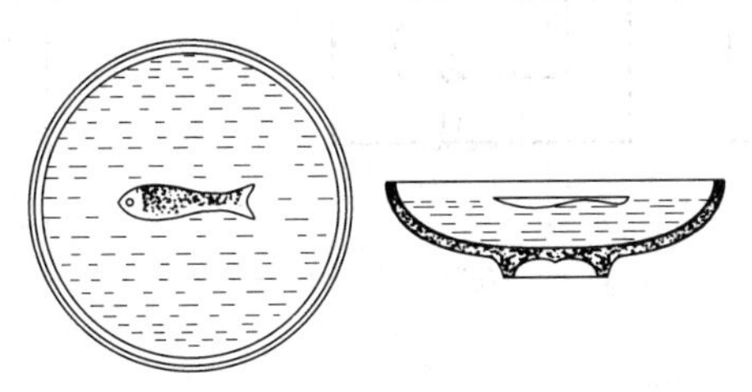

图　5.19

答 这段话包含了对薄铁片的热处理,对地磁、对铁磁性物质及其磁化过程等的认知。自然界中的铁片多少有一点磁化,为了重新按要求磁化,需首先退磁,最好的方法是使铁片温度超过一定温度(居里点),使铁片回到未磁化的原始状态。蘸水盆中降温且鱼尾斜向下正好使头尾沿着北半球的地球磁场线而易于磁化。磁化过程结束后铁片会保留下不少剩磁,而且具有一定的抗矫顽能力,这也正是选铁片制作磁鱼的原因。铁盒收之,是因为铁盒有磁屏蔽作用以减少退磁作用。用时"其首常南向午"是地磁南北极与磁鱼的相互作用结果,南北向水面浮着的磁鱼显示的是地磁场的方向。

11. (1) 如图5.20(a)所示,电磁铁的气隙很窄,气隙中的B和铁芯中的B是否相同?

(2) 如图5.20(b)所示,电磁铁的气隙较宽,气隙中的B和铁芯中的B是否相同?

(3) 就图5.20(a)和(b)比较,两线圈中的安匝数(即NI)相同,两个气隙中的B是否相同?为什么?

答 (1) 由于电磁铁的气隙很窄,气隙内磁场虽有所散开,但散开程度不大,仍可认为磁场集中于其截面与铁芯截面相等的空间内。忽略漏磁通,根据磁连通定理,可得出气隙中的B和铁芯中的B相同的结论。

(2) 电磁铁气隙较宽时,由于气隙处的磁感应管的膨胀不可忽视,漏磁效应存在,气隙处的磁感应管截面积比铁芯处截面积要大,气隙中的B和铁芯中的B不会再相同而变小了。

(3) 设δ为气隙的宽度。取一条沿着电磁铁轴线而穿过气隙的封闭曲线作为安培环路$L(L=l+\delta)$,如图5.21所示,则有

$$\oint_L \boldsymbol{H}\cdot \mathrm{d}\boldsymbol{l}=\int_l H\,\mathrm{d}r+\int_\delta H_0\,\mathrm{d}r=NI$$

式中,H是铁芯中的磁场强度;H_0是气隙空间的磁场强度。不考虑铁芯的磁漏通,可得

$$Hl+H_0\delta=NI$$

由$H=\dfrac{B}{\mu_0\mu_r}$,$H_0=\dfrac{B_0}{\mu_0}$,可得$\dfrac{Bl}{\mu_0\mu_r}+\dfrac{B_0\delta}{\mu_0}=NI$。如果不考虑气隙中磁场的散开,有$B=B_0$,由上式可得气隙中磁场$B_0$,有

$$B_0=\frac{\mu_0\mu_r NI}{l+\mu_r\delta}$$

由此可以看出,即便NI相同,由于μ_r很大,图5.20(a)和(b)中δ不同引起的气隙中磁场B_0的变化还是相当大的。

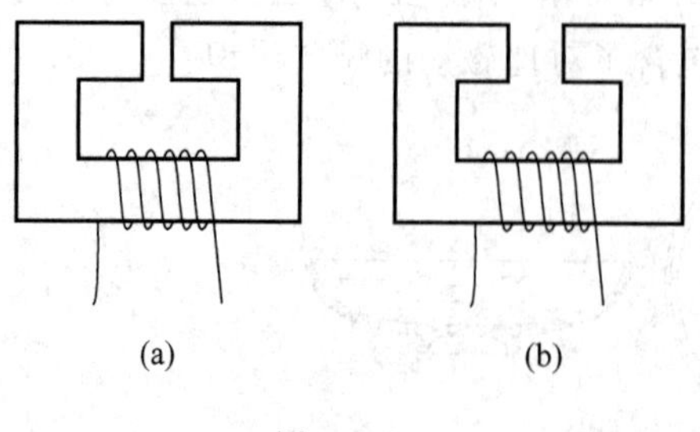

图 5.20

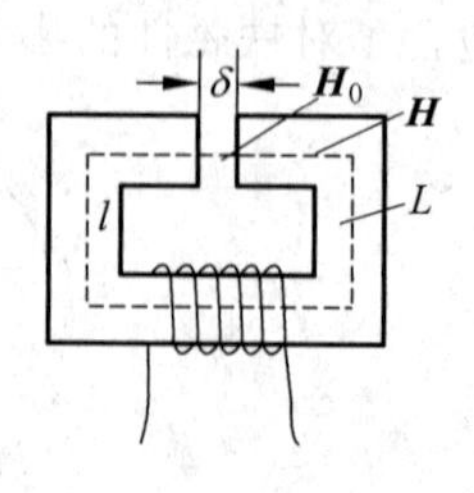

图 5.21

5.2 例题

5.2.1 磁场的源

1. 如图5.22所示，在一半径为 R 的无限长半圆柱形金属薄片中，自上而下地流过电流 I，并且电流在金属薄片中均匀分布，试求圆柱轴线上任一点 P 处的磁感应强度。

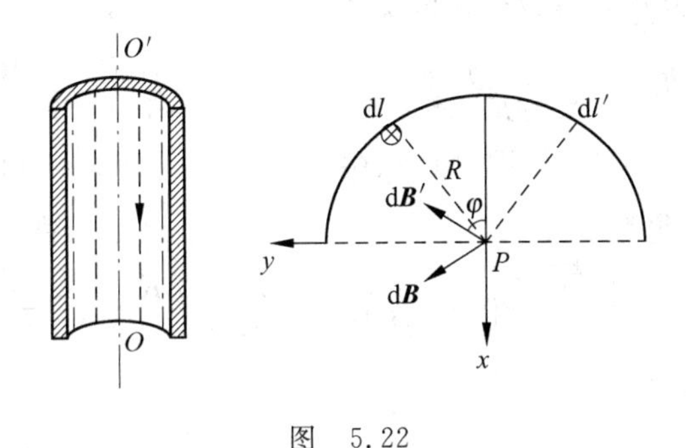

图　5.22

解　在半圆形薄片上取一平行于轴线、宽为 $\mathrm{d}l$ 的无限长金属条，由于电流在金属薄片中均匀分布，所以宽为 $\mathrm{d}l$ 的金属条的电流强度为 $\mathrm{d}I=\dfrac{I}{\pi R}\mathrm{d}l$，该电流在 P 点产生的磁感应强度为 $\mathrm{d}B=\dfrac{\mu_0\mathrm{d}I}{2\pi R}=\dfrac{\mu_0 I}{2\pi^2R^2}\mathrm{d}l$，方向如图所示。

在金属薄片的横截面上，由于电流相对于 x 轴是对称分布的，因此与 $\mathrm{d}l$ 对称的宽为 $\mathrm{d}l'(=\mathrm{d}l)$ 的无限长金属条中的电流在 P 点产生的磁感应强度 $\mathrm{d}\boldsymbol{B}'$ 的大小与 $\mathrm{d}\boldsymbol{B}$ 的大小相等，方向与 $\mathrm{d}\boldsymbol{B}$ 的方向相对于 y 轴对称，它们的 x 分量相互抵消，$\mathrm{d}B_x+\mathrm{d}B'_x=0$，$y$ 分量加强，即

$$\mathrm{d}B_y=\mathrm{d}B'_y=\mathrm{d}B\sin\varphi=\frac{\mu_0 I}{2\pi^2R^2}\sin\varphi\mathrm{d}l=\frac{\mu_0 I}{2\pi^2R}\sin\varphi\mathrm{d}\varphi$$

因此，整个无限长半圆柱形金属薄片中电流在其轴线上一点产生的磁感应强度为

$$B=2\int\mathrm{d}B_y=2x\int_0^{\pi/2}\frac{\mu_0 I}{2\pi^2R}\sin\varphi\mathrm{d}\varphi=\frac{\mu_0 I}{\pi^2R}$$

方向为图中 y 的正向。

2. 如图5.23所示，一半径为 R 的薄圆盘上均匀带电，其总电量为 q。如果此盘绕通过盘心 O 且垂直于盘面的轴线匀速转动，角速度为 ω，试求轴线上距盘心 x 处的 P 点的磁感应强度及圆盘的磁矩的大小。

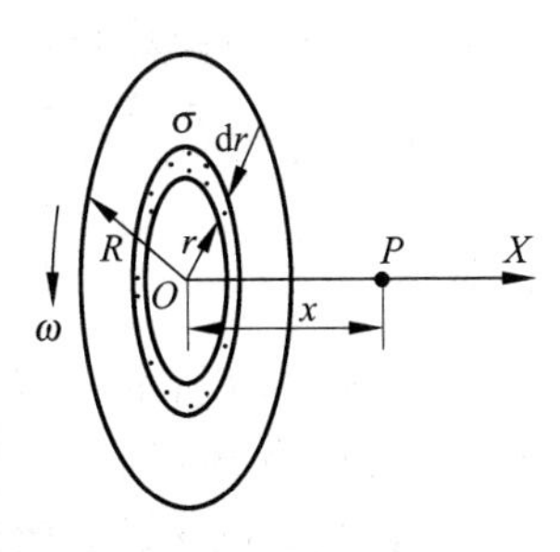

图　5.23

解　由于带电圆盘绕轴旋转，因此在其轴线上某点产生的磁感应强度应等于一系列半径不同的同心圆电流在该点所产生的磁感应强度之和。

如图5.23所示，在圆盘上取半径为 r、宽为 $\mathrm{d}r$ 的圆环，当圆盘以角速度 ω 匀速转动时，环上的等效电流为

$$dI = \frac{\sigma \cdot 2\pi r dr}{2\pi/\omega} = \sigma\omega r dr$$

其中 $\sigma=\frac{q}{\pi R^2}$ 是圆盘的面电荷密度。根据环电流在其中心轴线上某点处所产生磁感应强度方法计算,可知电流 dI 在 P 点产生的磁感应强度为

$$dB = \frac{\mu_0}{2}\frac{r^2 dI}{(r^2+x^2)^{3/2}} = \frac{\mu_0}{2}\frac{\sigma r^3\omega}{(r^2+x^2)^{3/2}}dr = \frac{\mu_0\omega q r^3}{2\pi R^2(r^2+x^2)^{3/2}}dr$$

其方向沿轴线,因此 P 点总的磁感应强度为

$$B = \int dB = \int_0^R \frac{\mu_0\omega q r^3}{2\pi R^2(r^2+x^2)^{3/2}}dr = \frac{\mu_0\omega q}{8\pi R^2}\int_0^R \frac{d(r^4)}{(r^2+x^2)^{3/2}}$$

令 $\lambda^2=r^2+x^2$,则 $r^4=(\lambda^2-x^2)^2$,$d(r^4)=4(\lambda^3-x^2\lambda)d\lambda$。当 $r=0$ 时,$\lambda=x$;$r=R$ 时,$\lambda=\sqrt{R^2+x^2}$。于是上式可化为

$$B = \frac{\mu_0\omega q}{2\pi R^2}\int_x^{\sqrt{R^2+x^2}}\left(1-\frac{x^2}{\lambda^2}\right)d\lambda = \frac{\mu_0\omega q}{2\pi R^2}\left(\frac{R^2+2x^2}{\sqrt{R^2+x^2}}-2x\right)$$

宽为 dr 的圆环的磁矩大小为

$$dp_m = SdI = \pi r^2\sigma\omega r dr = \frac{\omega q}{R^2}r^3 dr$$

所以整个圆盘的磁矩大小为

$$p_m = \int dp_m = \frac{\omega q}{R^2}\int_0^R r^3 dr = \frac{1}{4}\omega q R^2$$

3. 如图5.24所示,一半径为 a 的导体球,球面上均匀分布着电荷 Q,如果使导体球以一恒定的速度 v(远远小于真空光速)运动,试求导体球内、外的磁场分布。

解 由于带电导体球的速度 v 远远小于真空光速,即 $v \ll c$,所以,此均匀带电球面在球内、外产生的电场强度为

$$\boldsymbol{E} = \begin{cases} \boldsymbol{0}, & r<a \\ \dfrac{Q\boldsymbol{r}_0}{4\pi\varepsilon_0 r^2}, & r>a \end{cases}$$

因为 $\boldsymbol{B}=\frac{1}{c^2}\boldsymbol{v}\times\boldsymbol{E}$,注意到 $c^2=\frac{1}{\mu_0\varepsilon_0}$,所以导体球内、外的磁场分布为

$$\boldsymbol{B} = \begin{cases} \boldsymbol{0}, & r<a \\ \dfrac{\mu_0 Q\boldsymbol{v}\times\boldsymbol{r}_0}{4\pi r^2}, & r>a \end{cases}$$

4. 如图5.25所示,一无限大均匀载流平面置于一均匀磁场 $\boldsymbol{B}_0$ 中,使得载流平面左侧的磁感应强度为 B_1($B_1>0$ 为已知量),右侧的磁感应强度为 $B_2=3B_1$,且二者方向如图所示。已知此均匀磁场的磁感应强度 $\boldsymbol{B}_0$ 在 xz 平面内,试求载流平面上的面电流密度及该均匀磁场的磁感应强度。

解 如图5.25所示,作闭合回路 $abcda$,由安培环路定理可知

$$\oint_L \boldsymbol{B}\cdot d\boldsymbol{l} = B_2\Delta l - B_1\Delta l = (3B_1-B_1)\Delta l = \mu_0 j\Delta l$$

环路积分为正值,表明环路所包围的电流是从里向外穿出,其中 j 为面电流密度,由环路积分得其大小

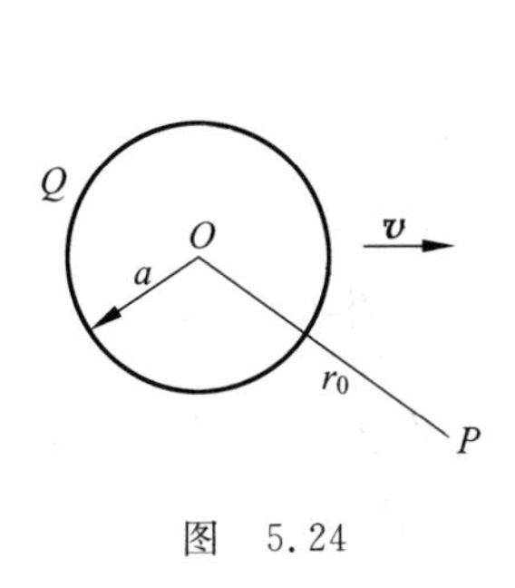

图　5.24

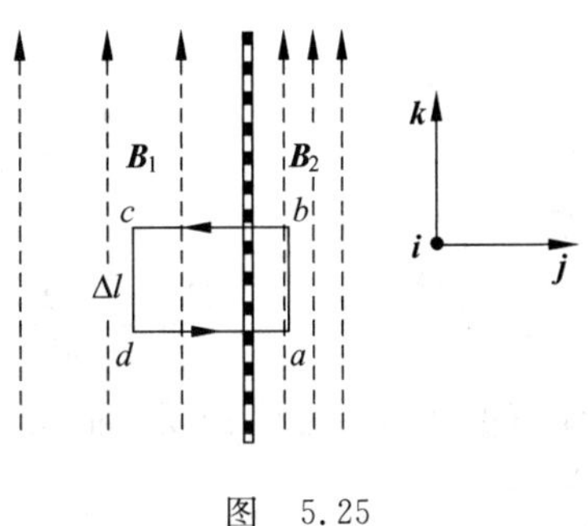

图　5.25

$$j = \frac{2B_1}{\mu_0}$$

无限大均匀载流平面在两侧产生匀强磁场，方向与平面平行而与电流垂直，且两侧方向相反，大小相等。因载流平面的磁场一定在 xz 平面内，所以其磁感应强度 $\boldsymbol{B}'$ 设为

左侧：　　$\boldsymbol{B}'_1 = B'_1\boldsymbol{i} + B'_2\boldsymbol{k}$

右侧：　　$-\boldsymbol{B}'_1 = -B'_1\boldsymbol{i} - B'_2\boldsymbol{k}$

原均匀磁场的磁感应强度 $\boldsymbol{B}_0$ 也在 xz 平面内，所以设

$$\boldsymbol{B}_0 = B_{01}\boldsymbol{i} + B_{02}\boldsymbol{k}$$

它们叠加的结果使得载流平面左侧的磁场为 $\boldsymbol{B}_1 = B_1\boldsymbol{k} = (B'_1 + B_{01})\boldsymbol{i} + (B'_2 + B_{02})\boldsymbol{k}$，可得

$$B'_1 + B_{01} = 0, \quad B'_2 + B_{02} = B_1$$

右侧的磁场为 $\boldsymbol{B}'_2 = 3B_1\boldsymbol{k} = (-B'_1 + B_{01})\boldsymbol{i} + (-B'_2 + B_{02})\boldsymbol{k}$，从而有

$$-B'_1 + B_{01} = 0, \quad -B'_2 + B_{02} = 3B_1$$

再由上面公式可得

$$B'_1 = B_{01} = 0, \quad B'_2 = -B_1, \quad B_{02} = 2B_1$$

因此，载流平面左侧的磁场为 $-B_1\boldsymbol{k}$，右侧为 $B_1\boldsymbol{k}$，其电流流向一定是 x 方向，面电流密度 $\boldsymbol{j} = \dfrac{2B_1}{\mu_0}\boldsymbol{i}$，原均匀磁场的磁感应强度 $\boldsymbol{B}_0 = 2B_1\boldsymbol{k}$。

5. 有一半径为 a 的金属带电小球，其周围充满介电常数为 ε、电导率为 σ 的无限大各向同性均匀介质。设小球有漏电现象，且 $t=0$ 时，小球带电为 Q_0，求 t 时刻介质中距球心 r 处的传导电流密度和位移电流密度以及该处的磁感应强度。

解　带电量为 q 的小球在离球心 r 处的电场强度为

$$\boldsymbol{E} = \frac{q}{4\pi\varepsilon r^2}\boldsymbol{r}_0$$

根据欧姆定律，该处的传导电流密度为

$$\boldsymbol{j}_c = \sigma\boldsymbol{E} = \frac{\sigma q}{4\pi\varepsilon r^2}\boldsymbol{r}_0$$

此传导电流使小球的电量随时间减少，即有

$$-\frac{\mathrm{d}q}{\mathrm{d}t} = j_c 4\pi r^2 = \frac{\sigma q}{\varepsilon}$$

考虑初始条件 $t=0$ 时，$q=Q_0$，解上式可得 $q = Q_0\mathrm{e}^{-\sigma t/\varepsilon}$。将其代入 $\boldsymbol{j}_c = \dfrac{\sigma q}{4\pi\varepsilon r^2}\boldsymbol{r}_0$，即得传导电

流密度矢量

$$\boldsymbol{j}_c = \frac{\sigma Q_0}{4\pi\varepsilon r^2} e^{-\sigma t/\varepsilon} \boldsymbol{r}_0$$

位移电流密度

$$\boldsymbol{j}_d = \frac{\partial \boldsymbol{D}}{\partial t} = \varepsilon \frac{\partial E}{\partial t} = \varepsilon \frac{\partial}{\partial t}\left(\frac{Q_0}{4\pi\varepsilon r^2} e^{-\sigma t/\varepsilon}\right)\boldsymbol{r}_0 = -\frac{\sigma Q_0}{4\pi\varepsilon r^2} e^{-\sigma t/\varepsilon} \boldsymbol{r}_0$$

位移电流密度和传导电流密度等值反向,所以全电流密度 $\boldsymbol{j}=\boldsymbol{j}_c+\boldsymbol{j}_d=\boldsymbol{0}$,即任一处的磁感应强度都为零。

6. 电容器充电电路中的位移电流及磁场分析。

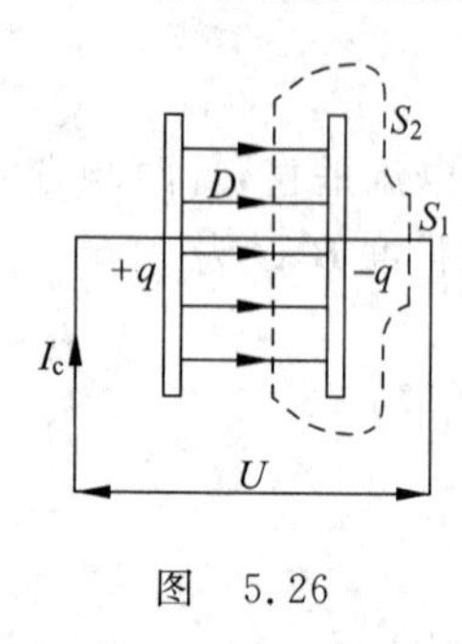

图 5.26

解 如图 5.26 所示,S_1、S_2 是以环绕导线的曲线回路为边界的两个面。通过 S_1 的电流有传导电流 I_c 和位移电流 I_d。充电过程中 $I_c=\frac{dq}{dt}$,导线内位移电流为 $I_d=S\frac{\partial D}{\partial t}$($S$ 为导线截面积)。由欧姆定律可知,传导电流密度 $j_c=\sigma E$,所以导线内位移电流 $I_d=S\frac{\partial D}{\partial t}=S\frac{\varepsilon}{\sigma}\cdot\frac{\partial j_c}{\partial t}=\frac{\varepsilon}{\sigma}\cdot\frac{\partial(j_cS)}{\partial t}=\frac{\varepsilon}{\sigma}\cdot\frac{\partial I_c}{\partial t}$。在国际单位制中估计一下以上各量的数量级。铜的电阻率数量级取 10^{-8},$\varepsilon_r\approx1$,$\varepsilon_0\approx10^{-11}$,50 Hz 的交流电的$\frac{dI_c}{dt}$用 $2v$ 估计为 10^2,则有$\frac{I_d}{I_c}\approx10^{-17}$。导线内位移电流相对于传导电流完全可忽略不计,通常用导线中的传导电流计算磁场是足够精确的。

通过 S_2 的电流只有位移电流,没有传导电流。电容器内电位移强度 $D=\frac{q}{A}$(A 是极板面积),忽略边缘效应,其对应的位移电流 $I_d=A\frac{\partial D}{\partial t}=\frac{\partial q}{\partial t}=I_c$。严格地讲,通过 S_1 和 S_2 的全电流是相同的,用安培环路定理计算的磁场是 I_c 和 I_d 的总磁场。电容器内部各点的磁场由安培环路定理可求得为 $B=\frac{\mu_0 I_d'}{2\pi r}$,其中 r 是场点到中心轴的距离,I_d'是通过面积 πr^2 的位移电流。因为 $I_d'=j_d\pi r^2=\frac{I_d}{A}\pi r^2=\frac{I_c}{A}\pi r^2$,所以 $B(r)=\frac{\mu_0 I_c}{2A}r$ 与 r 成正比。不能认为这个磁场仅仅是由位移电流产生的,而是由全电流产生的,不过是在安培环路定理中只用了所取回路所包围的位移电流进行计算而已。

5.2.2 磁力

1. 已知在某一空间存在相互垂直的电场 $\boldsymbol{E}$ 和磁场 $\boldsymbol{B}$,且二者都是均匀场,如图 5.27 所示。今有一带电粒子进入电磁场,设粒子的初速度为$\boldsymbol{v}_0$,且与 $\boldsymbol{E}$ 平行,求该带电粒子的运动方程。

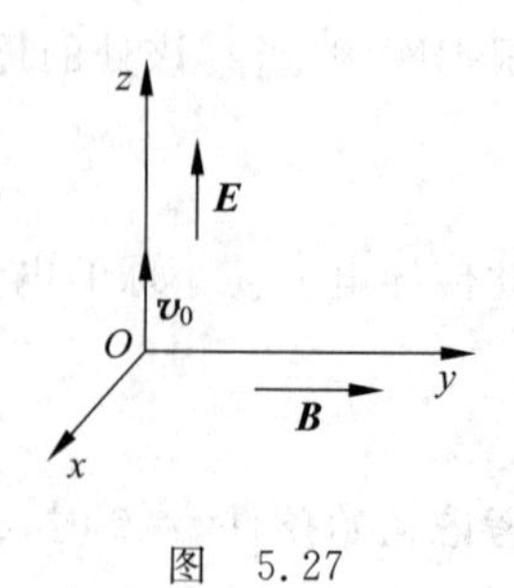

图 5.27

解 建立如图 5.27 所示的坐标系,使 $\boldsymbol{E}=E\boldsymbol{k}$,$\boldsymbol{B}=B\boldsymbol{j}$,$\boldsymbol{v}_0=v_0\boldsymbol{k}$,则粒子在电磁场中运动受到的作用力为

$$\begin{aligned}\boldsymbol{F} &= q\boldsymbol{E} + q\boldsymbol{v}\times\boldsymbol{B}\\ &= qE\boldsymbol{k} + q(v_x\boldsymbol{i}+v_y\boldsymbol{j}+v_z\boldsymbol{k})\times B\boldsymbol{j}\end{aligned}$$

$$= -qv_zB\boldsymbol{i} + (qE + qv_xB)\boldsymbol{k}$$

根据牛顿第二定律 $\boldsymbol{F}=m\boldsymbol{a}$ 可知

$$a_x = -\frac{qv_zB}{m},\quad a_y = 0,\quad a_z = \frac{q}{m}(E + v_xB)$$

因为 $v_{0y}=0$,而 $a_y=0$,所以有 $v_y=0$,即粒子在 Oxz 平面上运动。对 a_z 表达式两边再求导可得

$$\frac{\mathrm{d}^2 v_z}{\mathrm{d}t^2} = \frac{qB}{m}a_x = -\left(\frac{qB}{m}\right)^2 v_z$$

令 $\omega=\dfrac{qB}{m}$,上式变为$\dfrac{\mathrm{d}^2 v_z}{\mathrm{d}t^2}=-\omega^2 v_z$,这是简谐振动表达式。所以 z 方向的速度和加速度具有

$$v_z = v_{zm}\cos(\omega t + \varphi)$$
$$a_z = -\omega v_{zm}\sin(\omega t + \varphi)$$

的形式。根据初始条件,$t=0$ 时,有 $v_z=v_0$,$a_z=\dfrac{qE}{m}$,得

$$v_0 = v_{zm}\cos\varphi$$
$$\frac{qE}{m} = -\omega v_{zm}\sin\varphi = -\frac{qB}{m}v_{zm}\sin\varphi$$

由此两式可解出:$v_{zm}=\sqrt{v_0^2+\left(\dfrac{E}{B}\right)^2}$,$\varphi=\arctan\left(-\dfrac{E}{Bv_0}\right)$。将式 $v_z=v_{zm}\cos(\omega t+\varphi)$两边积分,且利用 $t=0$ 时,$z=0$,求得带电粒子 z 向的运动方程为

$$z = \int_0^t v_z\mathrm{d}t = \frac{v_{zm}}{\omega}[\sin(\omega t + \varphi) - \sin\varphi] = \frac{mv_{zm}}{qB}\sin(\omega t + \varphi) + \frac{mE}{qB^2}$$

将 v_z 的表达式代入 a_x 的表达式有 $a_x=-\dfrac{qB}{m}v_z=-\dfrac{qB}{m}v_{zm}\cos(\omega t+\varphi)$,两边积分且利用初始条件($t=0$ 时,$v_x=0$)得

$$v_x = -v_{zm}\sin(\omega t + \varphi) + \frac{E}{B}$$

考虑初始条件 $t=0$ 时,$x=0$,两边再积分得到 x 向的粒子运动方程

$$x = \frac{mv_{zm}}{qB}\cos(\omega t + \varphi) - \frac{mv_0}{qB} - \frac{E}{B}t$$

2. 如图 5.28(a)所示,在垂直于长直电流 I_1 的平面内放置扇形载流线圈 $abcd$,扇形载流线圈通过的电流为 I_2,其半径分别为 R_1 和 R_2,张角为 θ。试求:

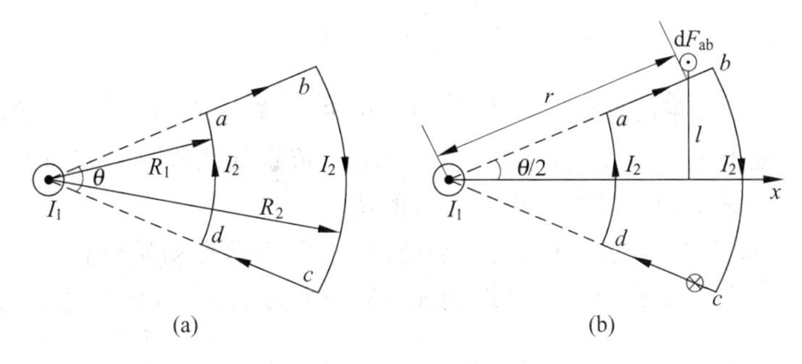

图　5.28

(1) 扇形载流线圈各边所受的力;

(2) 扇形载流线圈所受的力矩。

解 (1) 长直电流 I_1 在周围空间激发的磁感应强度为 $B_1=\frac{\mu_0 I_1}{2\pi r}$,由于 B_1 沿弧线 ad、bc 的切线方向,因此 $F_{ad}=F_{bc}=0$。在 ab 上取电流元 $I_2\mathrm{d}r$,该电流元受电流 I_1 作用的磁场力为 $\mathrm{d}F_{ab}=I_2\mathrm{d}lB_1=\frac{\mu_0 I_1 I_2}{2\pi}\cdot\frac{\mathrm{d}r}{r}$,方向垂直纸面向外,积分可得

$$F_{ab}=\int\mathrm{d}F_{ab}=\int_{R_1}^{R_2}\frac{\mu_0 I_1 I_2}{2\pi}\cdot\frac{\mathrm{d}r}{r}=\frac{\mu_0 I_1 I_2}{2\pi}\ln\frac{R_2}{R_1}$$

同理可求得

$$F_{cd}=\frac{\mu_0 I_1 I_2}{2\pi}\ln\frac{R_2}{R_1}$$

方向垂直纸面向里。

(2) $\boldsymbol{F}_{ab}$ 与 $\boldsymbol{F}_{cd}$ 大小相等,方向相反,由于不在一条直线上,因此形成一力偶使线圈绕 x 轴转动。

ab 上距电流 I_1 为 r 处的电流元 $I_2\mathrm{d}r$ 所受的磁场力 $\mathrm{d}F_{ab}$ 对 x 轴的力矩为(见图 5.28(b))

$$\mathrm{d}M_1=\mathrm{d}F_{ab}\cdot l=\frac{\mu_0 I_1 I_2}{2\pi}\frac{\mathrm{d}r}{r}r\sin\frac{\theta}{2}=\frac{\mu_0 I_1 I_2}{2\pi}\sin\frac{\theta}{2}\mathrm{d}r$$

$$M_1=\int\mathrm{d}M_1=\int_{R_1}^{R_2}\frac{\mu_0 I_1 I_2}{2\pi}\sin\frac{\theta}{2}\mathrm{d}r=\frac{\mu_0 I_1 I_2}{2\pi}\sin\frac{\theta}{2}(R_2-R_1)$$

因此可求出整个线圈所受的磁力矩为

$$M=2M_1=\frac{\mu_0 I_1 I_2}{\pi}\sin\frac{\theta}{2}(R_2-R_1)$$

方向沿 x 轴正向。

3. 如图 5.29 所示,将一通有电流 I 的导线圆环放置在匀强磁场 B 中,其中导线圆环所在平面与磁场方向垂直,试求此导线圆环中的张力。

解 可以将导线环分成左右两半,并考虑右半圆环的受力,如图所示,上下端分别受到左边半圆环的张力 T。根据对称性,右半环上受到的磁场力在 y 方向上相互抵消,合磁场力 f 沿 x 方向,其大小为

$$f=\int\mathrm{d}f_x=\int BI\cos\theta\mathrm{d}l=\int_{-\pi/2}^{\pi/2}BIR\cos\theta\mathrm{d}\theta=2IBR$$

圆环平衡时 $f-2T=0$,所以导线圆环中的张力为

$$T=\frac{f}{2}=IBR$$

4. 如图 5.30 所示,在长直载流导线 I_1 的磁场中,放置一直角边长为 a 的等腰直角三角形线圈,三角形线圈通过的电流为 I_2,开始时线圈和长直导线在同一平面内。如果将线圈绕 AB 边转动 180°,试求转动过程中磁力所做的功。

解 可以取线圈平面的法线方向垂直纸面向外,即线圈在初始位置时通过它的磁通量为正值。如图所示,在距长直导线 x 处取面元 $\mathrm{d}S$,则通过面元 $\mathrm{d}S$ 的磁通量为

$$\mathrm{d}\Phi=\frac{\mu_0 I_1}{2\pi x}y\mathrm{d}x=\frac{\mu_0 I_1}{2\pi x}(a+b-x)\tan45^\circ\mathrm{d}x$$

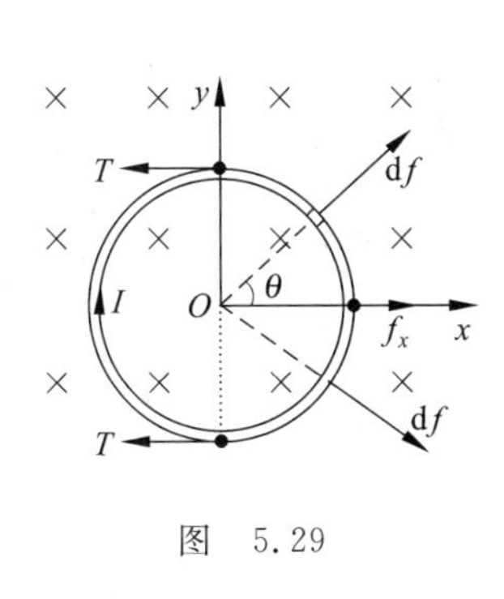

图　5.29

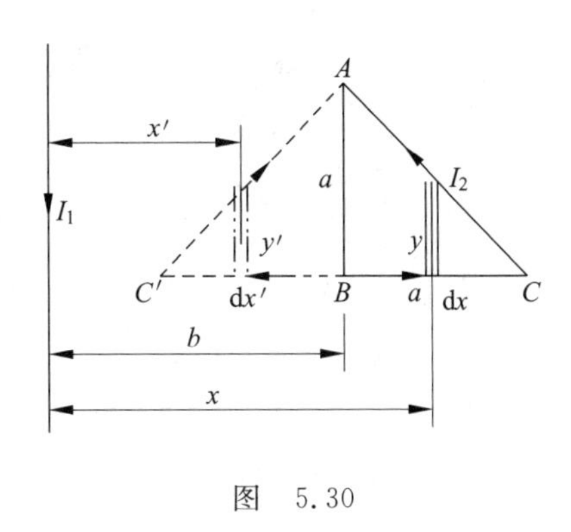

图　5.30

积分可以求出通过整个线圈的磁通量

$$\Phi_1=\int_b^{a+b}\frac{\mu_0 I_1}{2\pi x}(a+b-x)\mathrm{d}x=\frac{\mu_0 I_1}{2\pi}\left[(a+b)\ln\frac{a+b}{b}-a\right]$$

当线圈转到 $AC'B$ 位置时,同样可以求出通过线圈的磁通量

$$\Phi_2=\int_{b-a}^{b}\frac{\mu_0 I_1}{2\pi x'}[x'-(b-a)]\mathrm{d}x'=-\frac{\mu_0 I_1}{2\pi}\left[a-(b-a)\ln\frac{b}{b-a}\right]$$

因此在转动的过程中,磁力做功为

$$A=I_2\Delta\Phi=I_2(\Phi_2-\Phi_1)=-\frac{\mu_0 I_1 I_2}{2\pi}\left[(a+b)\ln\frac{a+b}{b}-(b-a)\ln\frac{b}{b-a}\right]$$

负号表示磁力做负功。

5.2.3　磁场中的磁介质

1. 如图 5.31 所示,半径分别为 R_1、R_2 的同轴电缆管,在 $R_1<r<R_2$ 空间内均匀充满相对磁导率为 μ_r 的磁介质,内外筒都通有电流 I,其中内筒电流方向向上,外筒电流方向向下。试求:

(1) 同轴电缆管所在空间的 B、H 分布;

(2) 磁介质表面的束缚电流密度。

解　(1) 由安培环路定理 $\oint \boldsymbol{H}\cdot\mathrm{d}\boldsymbol{l}=\sum I$ 可知,当 $0<r<R_1$ 时,$H_1=0$,根据 B 与 H 之间的关系 $B=\frac{H}{\mu_0\mu_r}$,有 $B_1=0$。同理由安培环路定理求得,当 $R_1\leqslant r\leqslant R_2$ 时,$H_2=\frac{I}{2\pi r}$,$B_2=\frac{\mu_0\mu_r I}{2\pi r}$;当 $r>R_3$ 时,$H_3=0$,$B_3=0$。

(2) 根据磁化强度与磁感应强度的关系,即

$$\boldsymbol{M}=\frac{\mu_r-1}{\mu_0\mu_r}\boldsymbol{B}$$

由(1)中所得 B 可知 $M=\frac{(\mu_r-1)I}{2\pi r}(R_1\leqslant r\leqslant R_2)$,则内外表面束缚电流密度分别为

$$\sigma_{S1}=\frac{(\mu_r-1)I}{2\pi R_1},\quad \sigma_{S2}=\frac{(\mu_r-1)I}{2\pi R_2}$$

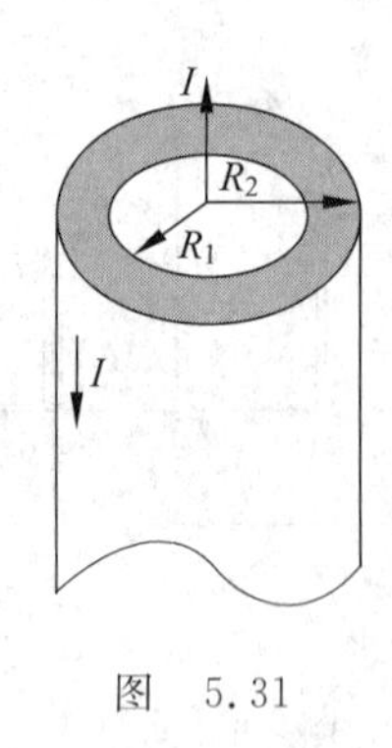

图 5.31

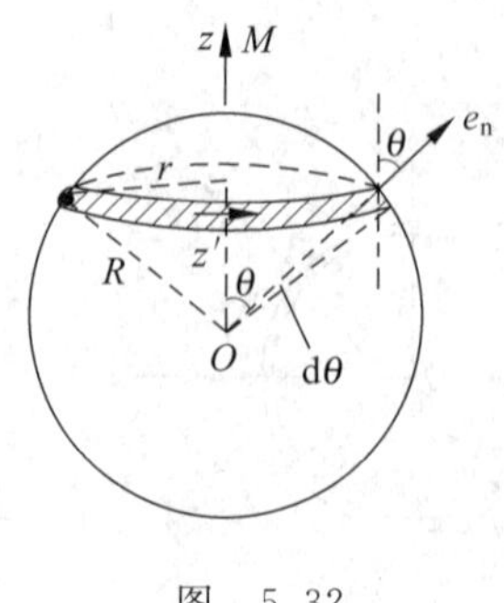

图 5.32

2. 半径为 R 的介质球均匀磁化,已知磁化强度为 M,试求球心的 B 和 H。

解 在球面上任取一条环带,如图 5.32 所示,环宽 $\mathrm{d}L=R\mathrm{d}\theta$,其上束缚电流密度为 $i'=M\sin\theta$,束缚电流强度 $\mathrm{d}I'=i'\mathrm{d}L=M\sin\theta R\mathrm{d}\theta$,此电流环在球心 O 产生的磁感应强度为

$$\mathrm{d}B=\frac{\mu_0}{2}\cdot\frac{r^2\mathrm{d}I'}{(r^2+z'^2)^{3/2}}$$

其中 z' 为 z 轴上球心到环带平面的距离,并有 $R^2=r^2+z'^2$,$r/R=\sin\theta$,所以

$$\mathrm{d}B=\frac{\mu_0}{2R}\sin^2\theta\mathrm{d}I'=\frac{\mu_0}{2}M\sin^3\theta\mathrm{d}\theta$$

对该式进行积分可得

$$B=\frac{2}{3}\mu_0M$$

其方向沿 z 轴方向。由此可知此点 $H=B/\mu_0-M=2M/3-M=-M/3$,方向沿 z 轴负向。

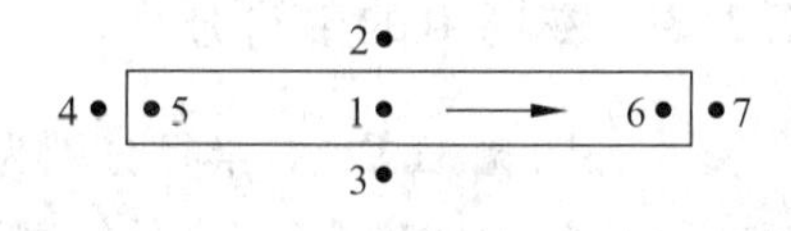

图 5.33

3. 如图 5.33 所示,一根细长的永磁棒沿轴向均匀磁化,磁化强度为 $\boldsymbol{M}$。试求图中所示的 1、2、3、4、5、6、7 各点的磁感应强度 $\boldsymbol{B}$ 和磁场强度 $\boldsymbol{H}$。

解 永磁棒被磁化,可以认为表面出现磁化电流,由磁化电流密度与磁化强度的关系,可知 $i_S=M$,并且磁化电流产生的磁感应强度可与一细长螺线管产生的磁场等效,所以由细长螺线管磁场分布可知

$$B_1=\mu_0 i_S=\mu_0 M,\quad B_2=B_3=0$$

在细长螺线管轴线上,其端部的磁感应强度恰为其中部的一半,故

$$B_4=B_5=B_6=B_7=\frac{B_1}{2}=\frac{\mu_0 M}{2}$$

表明磁力线连续。因为 $\boldsymbol{H}=\frac{\boldsymbol{B}}{\mu_0}-\boldsymbol{M}$ 沿 $\boldsymbol{M}$ 方向的投影为 $H=\frac{B}{\mu_0}-M$,所以

$$H_1=0,\quad H_2=H_3=0,\quad H_4=H_7=M/2,\quad H_5=H_6=-M/2$$

表明磁场 $\boldsymbol{H}$ 线不连续。

说明 一般情况下,磁介质比电介质复杂,特别是铁磁质中的磁感应强度 $\boldsymbol{B}$ 和磁场强度 $\boldsymbol{H}$ 不成正比关系,χ_m 和 μ_r 也不是常量,$\boldsymbol{B}$ 值不能由 $\boldsymbol{H}$ 唯一确定,而且还与磁化历史有关。因此本题中不能用 $\boldsymbol{B}=\mu_0\mu_r\boldsymbol{H}$ 来求解 $\boldsymbol{H}$,因为此式只适用于一般均匀磁介质充满磁场

的情况，但是在磁介质中，$\boldsymbol{H}=\frac{\boldsymbol{B}}{\mu_0}-\boldsymbol{M}$ 总是成立的，所以本题采用这一公式求解。结果表明，磁场强度 $\boldsymbol{H}$ 在交界面处发生突变，磁棒外 $\boldsymbol{H}$ 与 $\boldsymbol{B}$ 同向，而在磁棒内 $\boldsymbol{H}$ 与 $\boldsymbol{B}$、$\boldsymbol{M}$ 反向。

4. (1) 由于 $\boldsymbol{B}=\mu\boldsymbol{H}$，能否将介质中的安培环路定理 $\oint\boldsymbol{H}\cdot \mathrm{d}\boldsymbol{l}=I$ 改写成 $\oint\boldsymbol{B}\cdot \mathrm{d}\boldsymbol{l}=\mu I$，使之在形式上与真空中的安培环路定理 $\oint\boldsymbol{B}\cdot \mathrm{d}\boldsymbol{l}=\mu_0 I$ 完全一样？

(2) 介质中的安培环路定理 $\oint\boldsymbol{H}\cdot \mathrm{d}\boldsymbol{l}=I$ 表明，稳恒磁场中 H 的环流只与穿过环路的传导电流有关，这是否意味着磁场强度 H 是一个与磁化电流无关，只与传导电流有关的物理量？

(3) 在电流分布对称时，为什么还必须满足介质各向同性、介质分布对称或均匀介质充满磁场所在空间的条件，才能由安培环路定理计算介质中的磁感应强度 $\boldsymbol{B}$？

答　(1) 不能。$\oint\boldsymbol{H}\cdot \mathrm{d}\boldsymbol{l}=I$ 适用于任意介质中的稳恒磁场。当介质不均匀或介质没有充满整个空间时，在任意确定的一条回路上，不可能保证每一点的 μ 都为同一常量，因而在用 B/μ 代替 H 后，不能将 μ 从积分号内提出并移到等式右端，写成 $\oint\boldsymbol{B}\cdot \mathrm{d}\boldsymbol{l}=\mu I$ 的形式。

(2) $\oint\boldsymbol{H}\cdot \mathrm{d}\boldsymbol{l}=I$ 表示的是整个环路上 H 的环流与穿过环路电流的整体定量关系，并不说明环路上各点的 H 只由穿过环路的电流决定。事实上，磁场中任意点的 $\boldsymbol{B}$ 以及 $\boldsymbol{H}=\boldsymbol{B}/\mu$ 都由载流系统中的全部传导电流和磁化电流共同决定，根据磁场强度的定义 $\boldsymbol{H}=\frac{\boldsymbol{B}}{\mu_0}-\boldsymbol{M}$ 也很容易看出，$\boldsymbol{M}$ 直接与磁化电流相联系，$\boldsymbol{B}$ 也包含了磁化电流的附加磁场，两项都反映了磁化电流的影响。

(3) 只有各向同性的介质，磁感应强度 $\boldsymbol{B}$ 和磁场强度 $\boldsymbol{H}$ 之间才有简单的关系 $\boldsymbol{B}=\mu\boldsymbol{H}$，才能通过安培环路定理求出 $\boldsymbol{H}$ 后得到 $\boldsymbol{B}$。和在真空中用安培环路定理求 $\boldsymbol{B}$ 一样，要想只由安培环路定理求 $\boldsymbol{H}$，$\boldsymbol{H}$ 的分布也要有足够的对称性才行。由于 $\boldsymbol{H}$、$\boldsymbol{B}$ 由传导电流和介质的磁化电流共同决定，这就不仅要求传导电流分布对称，也要求磁化电流分布对称；而要求磁化电流分布对称，就必须要求介质分布也对称，或均匀介质充满磁场空间。

5.3　几个问题的说明

5.3.1　安培力和洛伦兹力是否做功的问题

通电导体在安培力的作用下发生侧向移动，表示安培力做了功。然而，安培力是洛伦兹力的宏观表现，洛伦兹力始终与形成电流的运动电荷的运动方向垂直，是不做功的，这一矛盾如何解释？

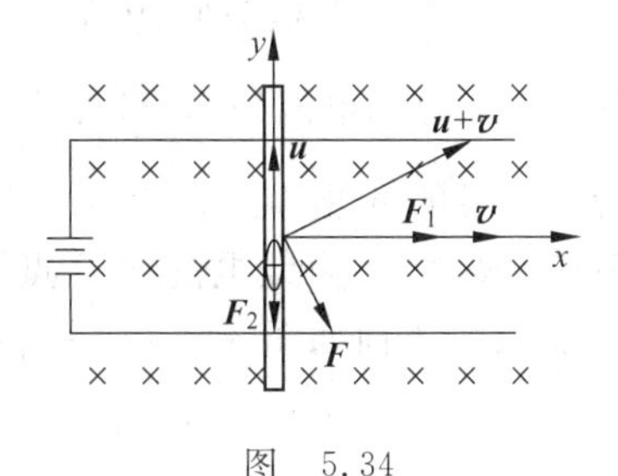

图　5.34

如图 5.34 所示，导线中的电子以速度 $\boldsymbol{u}$ 向上运动，同时导线又在安培力的作用下以速度 $\boldsymbol{v}$ 向右运动，则电子的合速度是 $\boldsymbol{u}+\boldsymbol{v}$。所受到的总洛伦兹力为斜向右下，对电子不做功,但与 $\boldsymbol{u}$ 对应的分力 $\boldsymbol{F}_1$(即宏观上的安培力)对电子做正功,与 $\boldsymbol{v}$ 对应的分力 $\boldsymbol{F}_2$ 与电子运动的速度 $\boldsymbol{u}$ 方向相反,对电子做负功。这意味着,要维持电子随导线一起在安培力的作用下向右运动,电源提供的电场力必须克服 $\boldsymbol{F}_2$ 做功,才能把电场能转化为导线向右运动的机械能。可见,电场力克服总洛伦兹力的一个分力所做的负功经另一分力对外做功,转化为机械能,即安培力做功。但从整体上看,总洛伦兹力不对外做功,只起到能量传递的作用。

5.3.2 洛伦兹力公式中的速度是相对观测者的速度

洛伦兹力公式 $\boldsymbol{F}=q\boldsymbol{E}+q\boldsymbol{v}\times\boldsymbol{B}$ 包括两部分:一部分是电场力 $q\boldsymbol{E}$($\boldsymbol{E}$ 包括电荷激发的库仑电场和变化磁场激发的涡旋电场),另一部分是磁场力 $q\boldsymbol{v}\times\boldsymbol{B}$($\boldsymbol{B}$ 为全电流激发的磁场)。式中的速度 $\boldsymbol{v}$ 是电荷相对于与观察者固接的参考系的速度。下面通过一例进行证实。

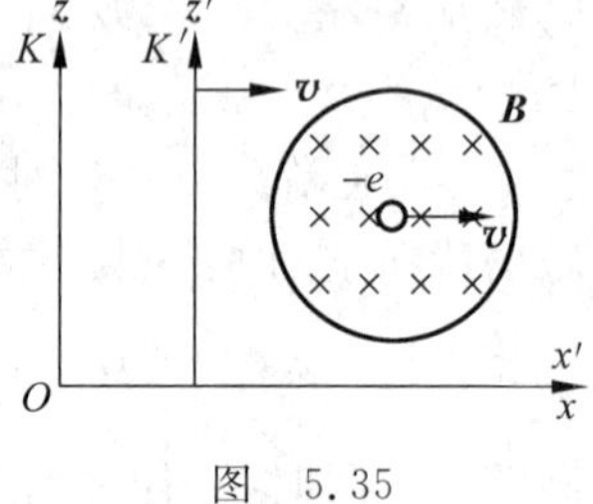

图 5.35

如图 5.35 所示,在一个载有恒定电流的长直螺线管磁场中,有一个电子($-e$)相对于螺线管以速度 $\boldsymbol{v}$ 沿 x 正方向运动。设 K 参考系相对于螺线管静止,K' 系与电子保持相对静止。

在 K 系中,磁场为 $B_y\boldsymbol{j}$,电场 $E=0$,速度为 $\boldsymbol{v}=v\boldsymbol{i}$,电荷受力为 $\boldsymbol{F}=-e\,\boldsymbol{v}\times\boldsymbol{B}=-e\,v\mathrm{B}\boldsymbol{k}$。

在 K' 系中,首先要通过电磁场变换式求出此参考系中的电磁场。因属于低速情况,相对论因子 $\gamma=1/\sqrt{1-v^2/c^2}\approx 1$,所以 K' 系中的磁场和电场分别为 $B'_y=B_y$,$E'_z=vB_y$。虽然 $\boldsymbol{v}'=\boldsymbol{0}$,不受磁力,但受电力。电荷受力为 $\boldsymbol{F}'=q\boldsymbol{E}'+q\,\boldsymbol{v}'\times\boldsymbol{B}'=-evB\boldsymbol{k}'$。

比较上面结果有 $\boldsymbol{F}=\boldsymbol{F}'$。这正是所期望的结果,因为它满足低速情况下伽利略变换的要求。这也证实了"速度 $\boldsymbol{v}$ 是电荷相对于与观察者固接的参考系的速度"这一说法的正确性。否则就会得出错误的结果。

洛伦兹力公式 $\boldsymbol{F}=q\boldsymbol{E}+q\,\boldsymbol{v}\times\boldsymbol{B}$ 具有洛伦兹变换不变性,即各惯性系中具有相同形式。有两点要加以注意:①公式中的各物理量必须是对同一惯性系而言的。因为除 q 是不变量以外,$\boldsymbol{v}$、$\boldsymbol{E}$、$\boldsymbol{B}$ 均是相对量,随参考系而变化。②公式中的各物理量必须是对同一瞬时而言的。$\boldsymbol{v}$、$\boldsymbol{E}$、$\boldsymbol{B}$ 可以随时间变化,但无论它们怎样变化,在给定瞬时,它们都有确定的值。洛伦兹关系反映了给定参考系中电荷在某一瞬时受到的场力与同一瞬时电荷的运动、电荷所在位置电磁场的关系。

5.3.3 均匀圆柱面上面电流所在处的磁感应强度

设半径为 R 的无限长圆柱面上均匀分布着平行于轴线流动的电流,电流强度为 I。柱面上任一点 P 的磁感应强度不能直接使用安培环路定理求出。

取过 P 点的横截面,电流强度 I 均匀分布在截面周长 $2\pi R$ 上,如图 5.36 所示。设单位周长上流过的电流为 K(可称为线电流密度),$K=\dfrac{I}{2\pi R}$。将该圆柱面电流分成无限多条平行于轴线的线电流,如图 5.36(a)所示,在 θ 处的一条线电流的电流强度可表示为 $\mathrm{d}I=KR\mathrm{d}\theta$。该直线电流到 P 点的距离为 r,由毕奥-萨伐尔定律可得出它在 P 点的磁感应强度 $\mathrm{d}B_\theta$(方向如图 5.36(a)所示)如下:

$$\mathrm{d}B_\theta=\frac{\mu_0\mathrm{d}I}{2\pi r}=\frac{\mu_0 KR\mathrm{d}\theta}{2\pi 2R\cos(\theta/2)}=\frac{\mu_0 K}{4\pi}\,\frac{\mathrm{d}\theta}{\cos(\theta/2)}$$

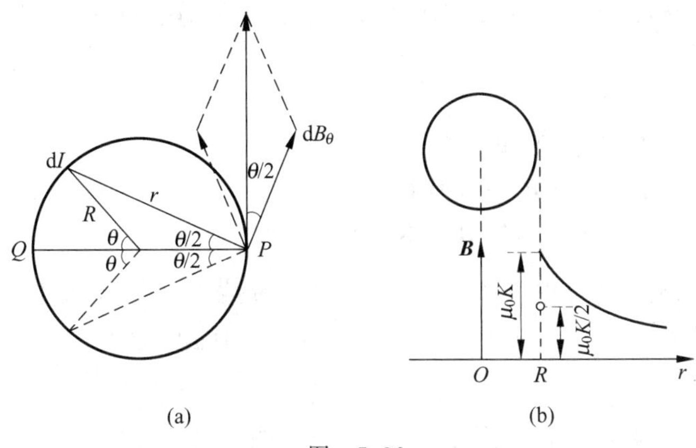

(a)　(b)

图　5.36

以 PQ 为对称轴，下边相应对称处的一条线电流在 P 点产生的磁感应强度的大小也由上式表示，其方向在图中以虚线箭头表示。两条对称的直线电流在 P 点产生的磁感应强度为

$$2\mathrm{d}B_\theta \cdot \cos\frac{\theta}{2} = \frac{\mu_0 K}{2\pi}\mathrm{d}\theta$$

其方向是通过 P 点的切线向上的方向。注意到 P 点所在处的线电流在 P 点不产生磁场，将此式对 θ 从零到 π(无限靠近 π)积分，便得到整个圆柱面电流在 P 点产生的磁感应强度 $\boldsymbol{B}$ 的大小为

$$B = \frac{\mu_0 K}{2\pi}\int_0^\pi \mathrm{d}\theta = \frac{\mu_0 K}{2} = \frac{\mu_0 I}{4\pi R}$$

其方向和圆柱面电流成右手螺旋。图 5.36(b)显示了圆柱面电流产生的空间 $\boldsymbol{B}$ 的大小与 r 的关系。在 $r=R$ 处，$\boldsymbol{B}$ 有一个且仅有一个确定的值，紧邻圆柱面内外，磁感应强度的值发生 $\mu_0 K$ 的突变。

5.4　测验题

5.4.1　选择题

1. 设电量为 q 的粒子在均匀磁场中运动，下列说法正确的是(　　)。

(A) 只要速度大小相同，其所受的洛伦兹力就一定相同

(B) 速度相同、带电量大小相同、符号相反的两个粒子，它们受磁场力的方向相反，大小相等

(C) 质量为 m、电量为 q 的粒子受洛伦兹力作用，其动能和动量都不变

(D) 洛伦兹力总与速度方向垂直，所以带电粒子的运动轨迹必定是圆

2. 如图 5.37 所示，由电阻均匀的导线构成的正三角形导线框 abc，通过彼此平行的长直导线 1 和 2 与电源相连，导线 1 和 2 分别与导线框在 a 点和 b 点相接，导线 1 和线框 ac 边的延长线重合。导线 1 和 2 上的电流为 I，令长直导线 1、2 和导

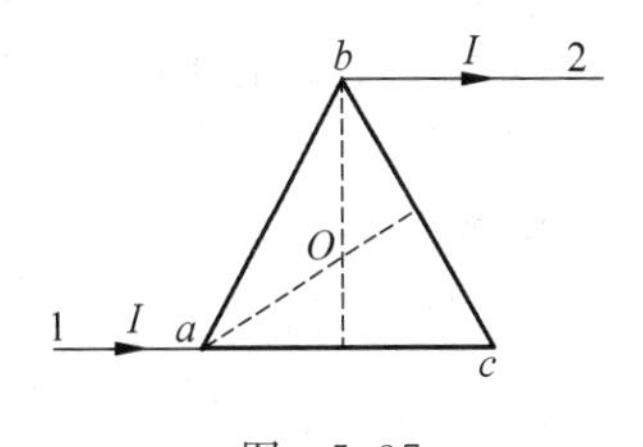

图　5.37

线框中电流在线框中心 O 点产生的磁感应强度分别为 $\boldsymbol{B}_1$、$\boldsymbol{B}_2$ 和 $\boldsymbol{B}_3$，则 O 点的磁感应强度大小(　　)。

(A) $B=0$，因为 $B_1=B_2=B_3=0$

(B) $B=0$，因为 $\boldsymbol{B}_1+\boldsymbol{B}_2=\boldsymbol{0}$，$\boldsymbol{B}_3=\boldsymbol{0}$

(C) $B\neq0$，因为虽然 $\boldsymbol{B}_1+\boldsymbol{B}_2=\boldsymbol{0}$，但 $\boldsymbol{B}_3\neq\boldsymbol{0}$

(D) $B\neq0$，因为虽然 $\boldsymbol{B}_3=\boldsymbol{0}$，但 $\boldsymbol{B}_1+\boldsymbol{B}_2\neq\boldsymbol{0}$

3. 从实验上判断某种导电材料的载流子带正电荷或负电荷，可根据(　　)。

(A) 电阻的大小　　(B) 电阻随温度增加或减少

(C) 霍尔系数的大小　　(D) 霍尔系数的符号

4. 电荷为 $+q$ 的离子以速度 $0.01c$ 沿 $+x$ 方向运动，磁感应强度为 B，方向沿 $+y$ 方向。要使离子不偏转，所加电场的大小和方向为(　　)。

(A) $E=B$，沿 $-y$ 方向　　(B) $E=vB$，沿 $-y$ 方向

(C) $E=vB$，沿 $-z$ 方向　　(D) $E=vB$，沿 $+z$ 方向

5. 载电流为 I、磁矩为 P_m 的线圈，置于磁感应强度为 B 的均匀磁场中。若 P_m 与 B 方向相同，则通过线圈的磁通 Φ 与线圈所受的磁力矩 M 的大小分别为(　　)。

(A) $\Phi=IBP_m$，$M=0$　　(B) $\Phi=\dfrac{BP_m}{I}$，$M=0$

(C) $\Phi=IBP_m$，$M=BP_m$　　(D) $\Phi=\dfrac{BP_m}{I}$，$M=BP_m$

6. 如图 5.38 所示，两根长直载流导线垂直纸面放置，电流 $I_1=1$ A，方向垂直纸面向外；电流 $I_2=2$ A，方向垂直纸面向内。则 P 点的磁感应强度 B 的方向与 x 轴的夹角为(　　)。

(A) 30°　　(B) 60°　　(C) 120°　　(D) 210°

7. 如图 5.39 所示，在一圆形电流 I 的平面内选取一个同心圆形闭合回路 L。则由安培环路定律可知(　　)。

(A) $\oint_L \boldsymbol{B}\cdot d\boldsymbol{l}=0$，且环路上任意一点 $B=0$

(B) $\oint_L \boldsymbol{B}\cdot d\boldsymbol{l}=0$，且环路上任意一点 $B\neq0$

(C) $\oint_L \boldsymbol{B}\cdot d\boldsymbol{l}\neq0$，且环路上任意一点 $B\neq0$

(D) $\oint_L \boldsymbol{B}\cdot d\boldsymbol{l}\neq0$，且环路上任意一点 $B=0$

8. 边长为 a 的正方形的 4 个角上固定有 4 个电量为 q 的点电荷，如图 5.40 所示，当正方形以角速度 ω 绕连接 AC 的轴旋转时，在正方形中心 O 点产生的磁场为 $\boldsymbol{B}_1$；若以同样的角速度 ω 绕过 O 点垂直于正方形平面的轴旋转时，在 O 点产生的磁场为 $\boldsymbol{B}_2$。则 $\boldsymbol{B}_1$ 与 $\boldsymbol{B}_2$ 的数值关系应为(　　)。

(A) $B_1=B_2$　　(B) $B_1=2B_2$

(C) $B_1=\dfrac{1}{2}B_2$　　(D) $B_1=\dfrac{1}{4}B_2$

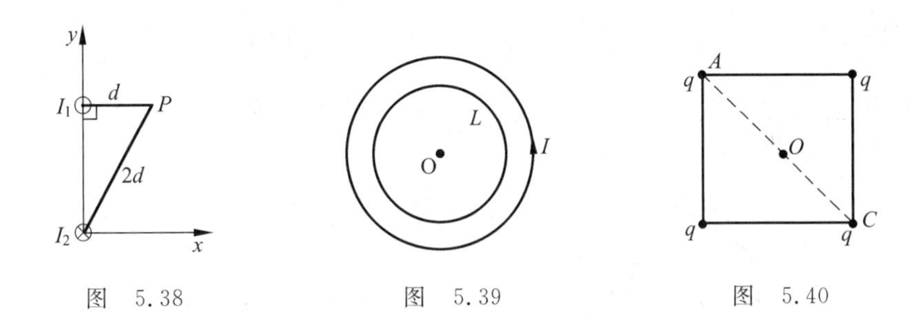

图　5.38　　　　图　5.39　　　　图　5.40

9. 图 5.41 中哪个图正确地描述了半径为 R 的无限长均匀载流圆柱体沿径向的磁场分布？(　　)

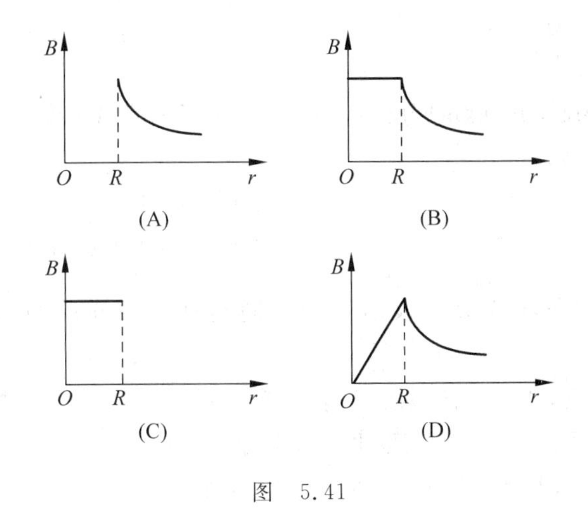

图　5.41

10. 将两个平面线圈平行放置在均匀磁场中，其面积之比 $S_1/S_2=2$，电流之比为 $I_1/I_2=2$，则它们所受最大磁力矩之比 M_1/M_2 为(　　)。

(A) 1　　(B) 2　　(C) 4　　(D) 1/4

11. 一个球形电容器中间充有均匀介质，当电容器充电后，由于介质绝缘不良，发生缓慢漏电。在介质内下列答案中正确的是(　　)。

(A) 位移电流激发的磁场 $B_d=0$　　(B) 位移电流激发的磁场 $B_d\neq 0$

(C) 传导电流激发的磁场 $B_c=0$　　(D) 传导电流激发的磁场 $B_c\neq 0$

(提示：电容器中无论是传导电流或位移电流都是沿径向的，只是两者方向相反)

12. 通有电流为 I 的“无限长”导线弯成如图 5.42 所示的形状，其中半圆段的半径为 R，直线 CA 和 DB 平等地延伸到无限远，则圆心 O 点处的磁感应强度大小为(　　)。

(A) $\frac{\mu_0 I}{4\pi R}+\frac{3\mu_0 I}{8R}$　　(B) $\frac{\mu_0 I}{4R}+\frac{\mu_0 I}{2\pi R}$　　(C) $\frac{\mu_0 I}{\pi R}$　　(D) $\frac{\mu_0 I}{2R}+\frac{\mu_0 I}{\pi R}$

13. 在竖直放置的长直导线 AB 附近，有一水平放置的有限长直导线 CD，如图 5.43 所示，C 端到长直导线的距离为 a，CD 长为 b。若 AB 中通以电流 I_1，CD 中通以电流 I_2，则导线 CD 受的安培力的大小为(　　)。

(A) $\frac{\mu_0 I_1}{2\pi a}I_2 b$　　(B) $\frac{\mu_0 I_1}{\pi(a+b)}I_2 b$

(C) $\frac{\mu_0 I_1 I_2}{2\pi}\ln\frac{a+b}{a}$　　(D) $\frac{\mu_0 I_1 I_2}{2\pi}\ln\frac{b}{a}$

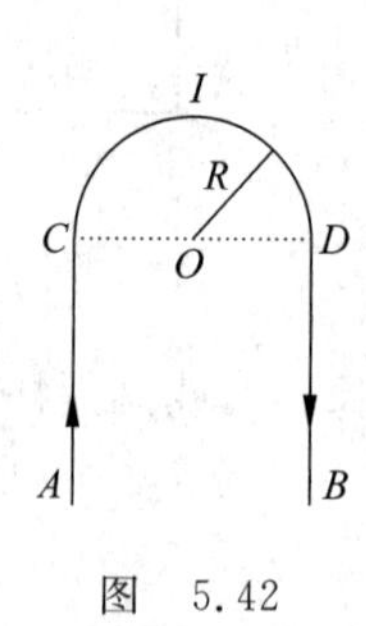

图 5.42

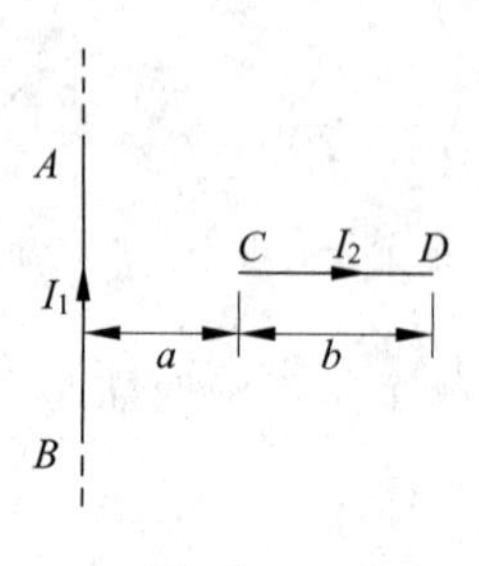

图 5.43

14. 真空中一均匀磁场的能量密度 ω_m 与一均匀电场的能量密度 ω_e 相等,已知 $B=0.5$ T,则电场强度 E 为(　　)。

(A) 1.5×10^6 V/m　　(B) 1.5×10^8 V/m

(C) 3.0×10^6 V/m　　(D) 3.0×10^8 V/m

15. 图 5.44 中三条实线分别表示三种不同类型的磁介质的 B-H 关系,虚线表示 $B=\mu_0 H$的关系,则(　　)。

(A) Ⅰ表示顺磁质,Ⅱ表示抗磁质,Ⅲ表示铁磁质

(B) Ⅰ表示抗磁质,Ⅱ表示顺磁质,Ⅲ表示铁磁质

(C) Ⅰ表示铁磁质,Ⅱ表示顺磁质,Ⅲ表示抗磁质

(D) Ⅰ表示抗磁质,Ⅱ表示铁磁质,Ⅲ表示顺磁质

16. 用一根很细的线把一根未经磁化的顺磁质针在其中心处悬挂起来(如图 5.45 所示),当加上与针成锐角 θ 的磁场后,则(　　)。

(A) 针的转向使 θ 角增大　　(B) 针的转向使 θ 角减小

(C) 不能判断 θ 角的增减　　(D) 针保持不动

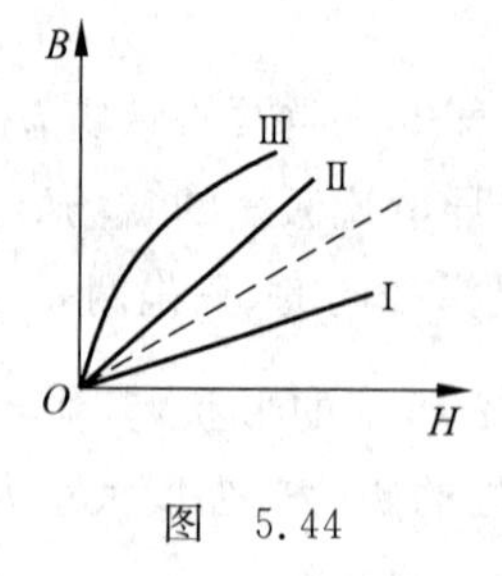

图 5.44

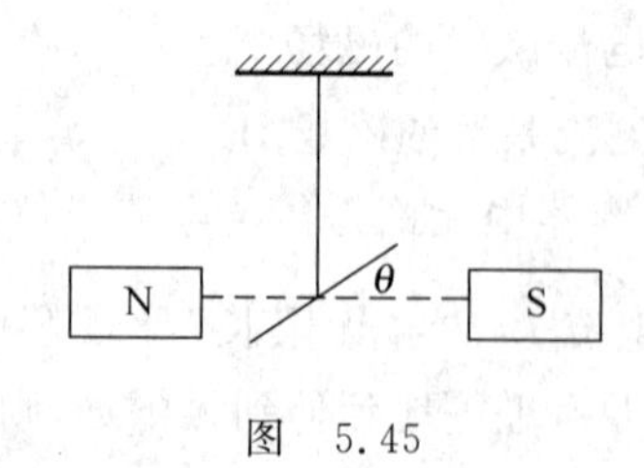

图 5.45

5.4.2 填空题

1. 一圆形载流导线圆心处的磁感应强度为 B_1,若保持导线中的电流强度不变,而将导线变成正方形,此时回路中心处的磁感应强度为 B_2,则 $B_2/B_1=$ ________。

2. 半径为 r 的导线圆环中载有电流 I，置于磁感应强度为 B 的均匀磁场中，若磁场方向与环面垂直，则圆环所受的合力为________，导线所受的张力为________。

3. 如图 5.46 所示形状的导线通有电流 I，将其放在一个与均匀磁场 B 垂直的平面上，则此导线受到的磁场力的大小为________，方向为________。

4. 图 5.47 所示为一内半径为 a、外半径为 b 的均匀带电薄绝缘环片，该环片以角速度 ω 绕过中心 O 并与环片平面垂直的轴旋转，环片上总电量为 Q，则环片中心 O 处的磁感应强度值 $B=$________。

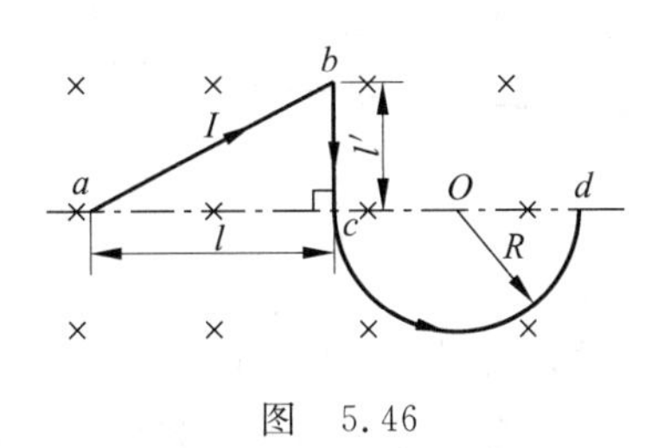

图　5.46

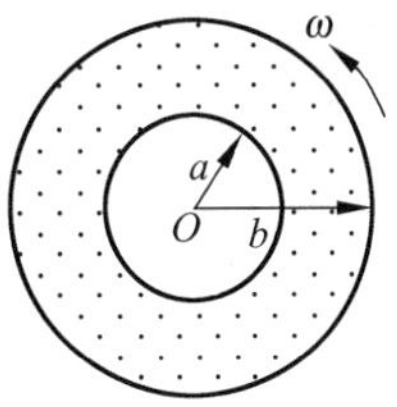

图　5.47

5. 被电势差 U 加速的电子从电子枪口 T 发射出来，其初速度指向 x 方向，如图 5.48 所示。为使电子束能击中目标 M 点（直线 TM 与 x 轴间夹角为 θ），在电子枪外空间加一均匀磁场 B，其方向与 TM 平行。已知从 T 到 M 点的距离为 d，电子质量为 m，带电量为 e。为使电子恰能击中 M 点，应使磁感应强度 $B=$________。

（提示：先分析电子从枪口射出后在磁场中的运动形式，然后求出电子绕一周的周期 T 和转圈半径。再注意电子击中 M 点的条件为 $t=kT$，其中 k 为整数，而 $t=d/v_{/\!/}$ 为电子从枪口到 M 所需时间）

6. 在同一平面上有三根等距离放置的长直通电导线，如图 5.49 所示，导线 1、2、3 分别载有 1 A、2 A、3 A 电流，则导线 1 和导线 2 受力 F_1 和 F_2 之比 $F_1/F_2=$________。

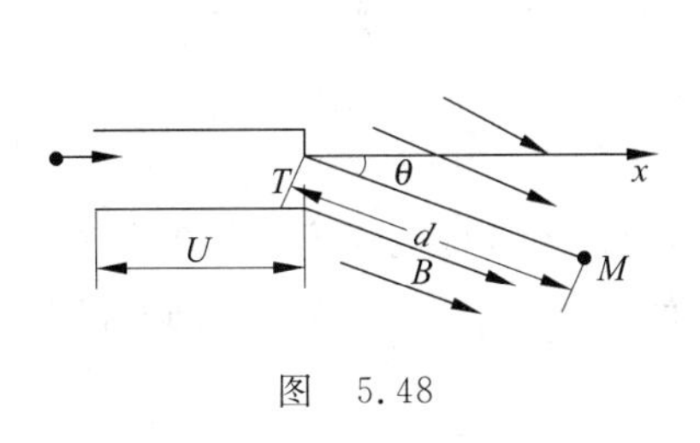

图　5.48

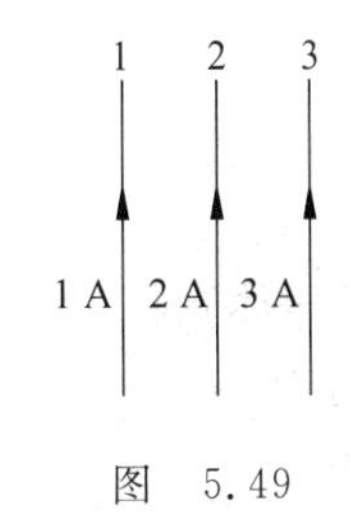

图　5.49

7. 设在讨论的空间范围内有匀强磁场 B 如图 5.50 所示，方向垂直纸面朝里。在纸平面上有一长为 h 的光滑绝缘空心细管 MN，管的 M 端内有一质量为 m、带电量为 $q>0$ 的小球 P。开始时 P 相对管静止，而后如图所示，管带着 P 朝垂直于管的长度方向始终以匀速度 u 运动。那么，小球 P 从 N 端离开管后，在磁场中作圆周运动的半径 $R=$________。忽略重力及各种阻力。$\left(\right.$提示：$R=\dfrac{mv_{总}}{qB}$，小球 P 从 N 端离开管后 $v_{总}^2=v^2+u^2$，其中 v 为 P 离开 N 时相对管 MN 的速度；P 所受沿管的力只来源于 u，$\boldsymbol{f}=q\boldsymbol{u}\times\boldsymbol{B}$ 为常量，P 沿管作匀加速直线运动$\left.\right)$

8. 如图5.51所示，夹角为θ的平面S_1与S_2相交于直线MN，磁感应强度为B的空间匀强磁场的磁感线与S_1面平行，且与直线MN垂直。今取半径为R的半圆导线ab，并通以电流I，将它整体放置在平面S_2的不同部位，则它可能受到的最大安培力的大小为________，最小安培力的大小为________。(提示：等效直导线(直径ab)在S_2面上分别与MN平行和垂直时为安培力最大和最小)

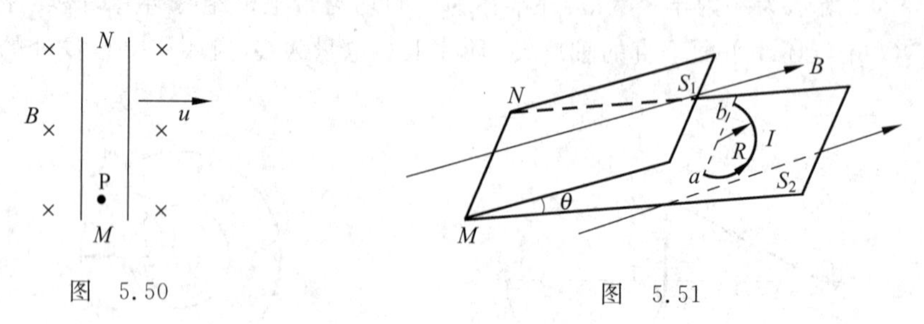

图 5.50　　　　图 5.51

9. 如图5.52所示，一半径为a的无限长直载流导线，沿轴向均匀地流有电流I。若作一个半径为$5a$、高为l的柱形曲面，已知此柱形曲面的轴与载流导线的轴平行且相距$3a$，则$\boldsymbol{B}$在圆柱侧面S上的积分$\iint_S \boldsymbol{B}\cdot \mathrm{d}\boldsymbol{S}=$________。

10. 如图5.53所示，均匀带电细直线AB绕垂直于直线的轴O以角速度ω匀速转动(线形状不变，O点在AB延长线上)，电荷线密度为λ。则O点的磁感应强度大小$B=$________。

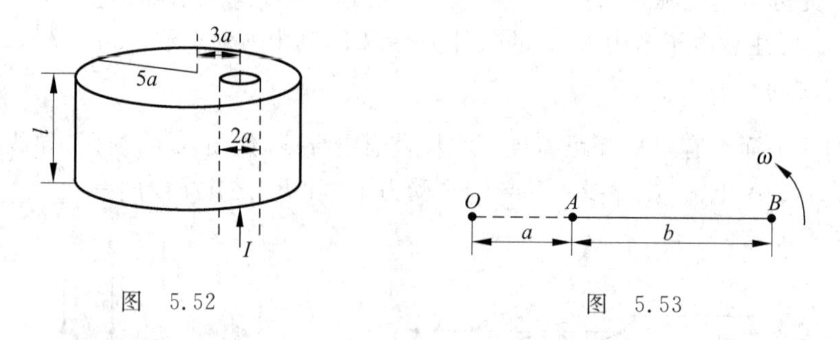

图 5.52　　　　图 5.53

11. 无限长导体圆柱沿轴向通有电流I，截面上各处电流密度均匀分布，柱半径为R，则柱内的磁场分布为________，柱外的磁场分布为________，在长为l的一段圆柱内环绕中心轴线的磁通量为________。

12. 两个在同一平面内的同心圆线圈，大圈半径为R，通有电流I_1，小圈半径为$r(r\ll R)$，通有电流I_2，电流方向如图5.54所示。在小线圈从图示位置转到两线圈平面相互垂直位置的过程中，磁力矩所做的功$A=$________。(小线圈内磁场可视作均匀场)

13. 如图5.55所示，N匝半径均为R的同轴圆形线圈通有电流I，电流方向如图所示。将其放在磁感应强度为B的均匀磁场中，磁场方向与线圈平面平行且指向右端，则线圈所受磁力矩的大小为________，磁力矩的方向为________。

14. 图5.56中画出的曲线称为铁磁质的________，H_c称________，硬磁材料的

H_c ________(填大于或小于)软磁材料的 H_c。

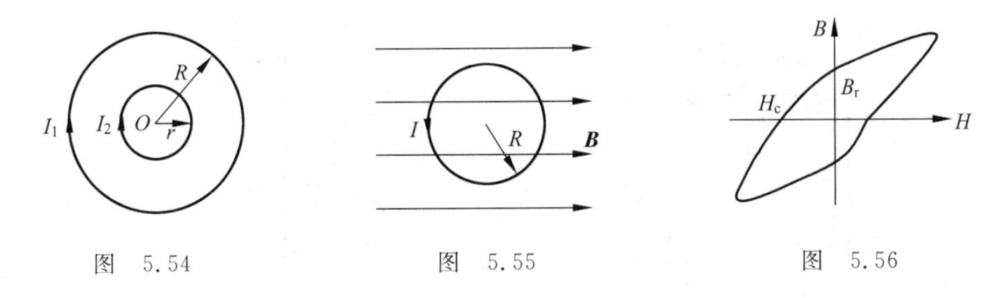

图　5.54　　图　5.55　　图　5.56

15. 如图 5.57 所示,在无限长直载流导线的右侧有面积为 S_1 和 S_2 的两个矩形回路,两回路与长直载流导线在同一平面内,且矩形回路的一边与长直载流导线平行,则通过面积为 S_1 的矩形回路的磁通量与通过面积为 S_2 的矩形回路的磁通量之比为________。

16. 宽度为 a 的无限长均匀载流薄铜板 S 与一无限长载流直导线共面,且相距为 a,如图 5.58 所示,两者通以等值反向电流 I,则长直导线单位长度的受力大小为________。

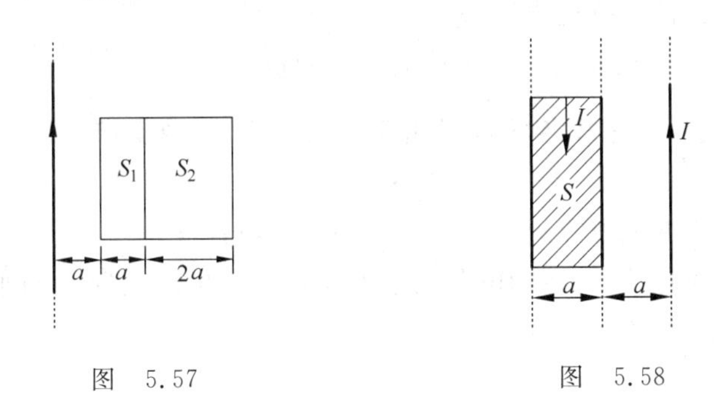

图　5.57　　图　5.58

5.4.3　计算题

1. 如图 5.59 所示,一无限长圆柱形直导体,横截面半径为 R。在导体内有与其轴 O 对称分布、半径为 a 的两个圆柱形孔,它们的轴 O'、O'' 平行于导体轴 O 并与导体轴相距为 b。设导体载有均匀分布的电流 I,求圆柱形孔的轴线 O' 上的磁感应强度。

2. 半径为 R 的无限长半圆柱导体上均匀地流过电流 I,求半圆柱轴线(原完整圆柱体的中心轴线)处的磁感应强度。

3. 在一通有电流 I 的长直导线附近,有一半径为 a、质量为 m 的细小线圈,其中细小线圈可绕通过其中心与直导线平行的轴转动,开始时线圈静止,与直导线在同一平面内,其单位正法线矢量 $\boldsymbol{n}_0$ 的方向与纸面垂直。如果长直电线与细小导线中心相距为 d(远远大于 a),通过小线圈的电流为 I,试问线圈平面转过角 θ 时,其角速度的值是多少?(提示:考虑小线圈所受力矩,利用转动定律)

4. 如图 5.60 所示,一通有电流 I_1 的无限长直导线,放在线圈 $abcd$ 的轴线上,其中 ad 与 bc 分别为两段半径为 R 的半圆弧,a 与 b 以及 d 与 c 之间的距离为 l。如果线圈中通过的电流为 I_2,试求作用在线圈上的力的大小。

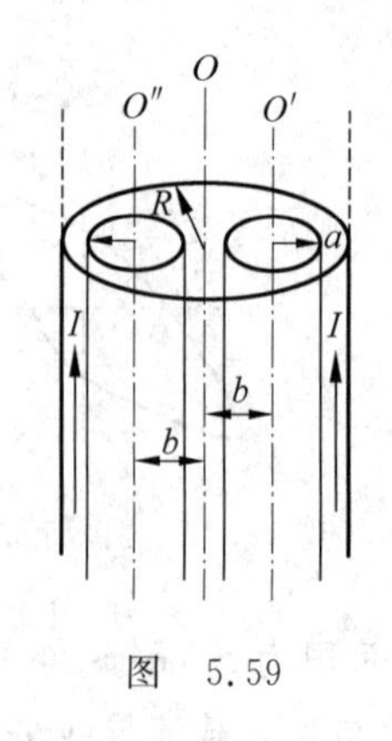

图 5.59

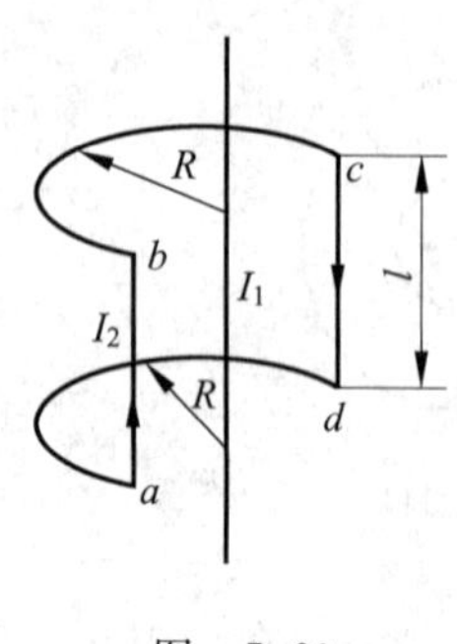

图 5.60

5. 有一半径为 R 的圆柱形无限长载流导体,其相对磁导率为 μ_r,今有电流 I 沿其轴线方向均匀分布,试求:

(1) 导体内任一点的磁感应强度 B;

(2) 导体外任一点的磁感应强度 B;

(3) 通过长为 L 的圆柱体的一半纵截面的磁通量。

6. 如图 5.61 所示,一橡皮传输带以速度 v 匀速运动,橡皮带上均匀带有电荷,面电荷密度为 σ。

(1) 试求橡皮带中部上方靠近表面一点处的磁感应强度;

(2) 证明对非相对论情形,运动电荷的速度 $\boldsymbol{v}$ 及其产生的磁场 $\boldsymbol{B}$ 与电场 $\boldsymbol{E}$ 之间满足关系:$\boldsymbol{B}=\frac{1}{c^2}\boldsymbol{v}\times\boldsymbol{E}$,其中 $c=\frac{1}{\sqrt{\varepsilon_0\mu_0}}$。

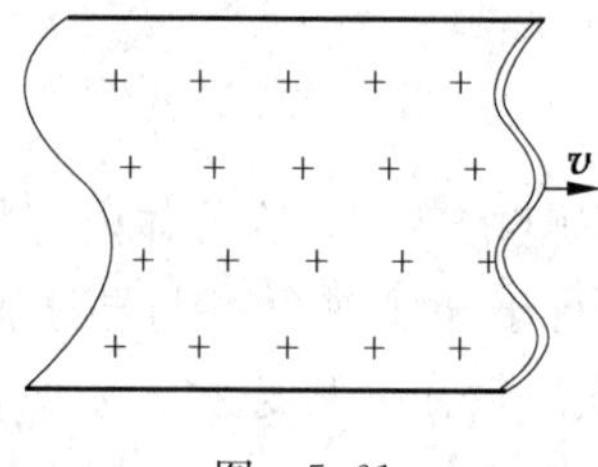

图 5.61

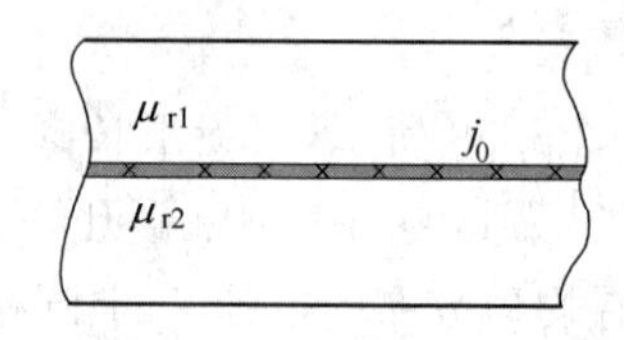

图 5.62

7. 如图 5.62 所示,一无限大薄金属板上均匀地分布着电流,其面电流密度为 j_0,在金属板的两侧各紧贴一相对磁导率分别为 μ_{r1} 和 μ_{r2} 的无限大(有限厚)均匀介质板,试分别求两介质板内的磁场强度及两介质板表面上的磁化面电流密度。

参考答案

5.4.1 1. B; 2. D; 3. D; 4. C; 5. B; 6. A; 7. B; 8. C; 9. D; 10. C; 11. A,C; 12. B; 13. C; 14. B; 15. B; 16. B。

5.4.2 1. $8\sqrt{2}/\pi^2$。 2. 0,IBr。 3. $BI(l+2R)$;在纸面内,竖直向上。

4. $\dfrac{\mu_0 Q\omega}{2\pi(a+b)}$。 5. $k\dfrac{2\pi\cos\theta}{d}\sqrt{\dfrac{2mU}{e}}$，$k$为正整数。 6. $\dfrac{7}{8}$。 7. $\dfrac{mu}{qB}\sqrt{1+\dfrac{2qBh}{mu}}$。

8. $2IBR$，$2IBR\sin\theta$。 9. 0。 10. $\dfrac{\mu_0\lambda\omega}{4\pi}\ln\dfrac{a+b}{a}$。 11. $\dfrac{\mu_0 Ir}{2\pi R^2}$，$\dfrac{\mu_0 I}{2\pi r}$，$\dfrac{\mu_0 Il}{4\pi}$。

12. $-I_2\dfrac{\mu_0 I_1}{2R}\pi r^2$。 13. $N\pi R^2 IB$，竖直向上。 14. 磁滞回线，矫顽力，大于。

15. 1∶1。 16. $\dfrac{\mu_0 I^2}{2\pi a}\ln 2$。

5.4.3 1. $\dfrac{\mu_0 I(2b^2-a^2)}{4\pi b(R^2-2a^2)}$。 2. $\dfrac{2\mu_0 I}{\pi^2 R}$。 3. $\omega=\sqrt{\dfrac{2\mu_0 I^2}{md}(1-\cos\theta)}$。 4. $\dfrac{\mu_0}{\pi R}I_1 I_2 l$。

5. (1) $B=\dfrac{\mu_0\mu_r Ir}{2\pi R^2}$，$r<R$；(2) $B=\dfrac{\mu_0 I}{2\pi r}$，$r>R$；(3) $\Phi=\dfrac{\mu_0\mu_r IL}{4\pi}$。 6. $B=\dfrac{1}{2}\mu_0\sigma\boldsymbol{v}\times\boldsymbol{n}^0$。

7. $H_1=H_2=j_0/2$，$j_1'=(\mu_{r1}-1)j_0/2$，$j_2'=(\mu_{r2}-1)j_0/2$。

第6章

电磁感应 麦克斯韦方程组和电磁辐射

6.1 思考题解答

6.1.1 电磁感应

1. 灵敏电流计的线圈处于永磁体的磁场中，通入电流，线圈就发生偏转；切断电流后，线圈在回复原来位置前总要来回摆动好多次。这时如果用导线把线圈的两个接头短路，则摆动会马上停止。这是什么缘故？

答 灵敏电流计是一种磁电式电流计，其构造原理如图 6.1 所示。灵敏电流计的动圈是用细导线绕制成的线圈，是用一根悬丝悬挂起来的，处于如图所示的永久磁铁两个磁极和固定铁芯的气隙中。通入电流，线圈受永磁场的磁力矩作用发生偏转。当磁力矩和悬丝的弹性扭转力矩平衡时线圈偏转一稳定的角度。切断电流后，线圈在悬丝的扭转力矩作用下进行回复转动，虽然这时会有其他阻力矩（空气等影响）存在，但线圈处于欠阻尼（阻尼振荡）状态，总会在原来平衡位置摆动好多次。线圈的摆动会引起线圈切割磁感线的动生电动势产生，如果此时用导线把线圈的两个接头短路，就会形成一个电阻很小的闭合回路，在闭合回路中就会产生相当的感应电流，它在永磁场中的作用会对线圈形成一个电磁阻力矩，使线圈回转处于一个过阻尼状态。所以，摆动时只要用导线把线圈的两个接头短路，线圈摆动就会马上停止。

2. 熔化金属的一种方法是用“高频炉”。它的主要部件是一个铜制线圈，线圈中有一坩埚，埚中放待熔的金属块。当线圈中通以高频交流电时，埚中金属就可以被熔化。这是什么缘故？

答 如图 6.2 所示，当坩埚外缘所绕线圈中通以高频交流电时，使埚中待熔的金属块处于高频交变磁场中，在金属块内部形成自闭合的很强的感应涡电流，这种涡电流在金属块内部的热效应会使金属块自身熔化。

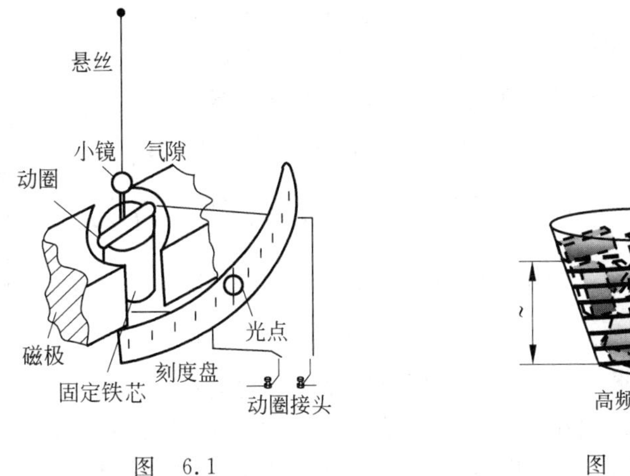

图　6.1

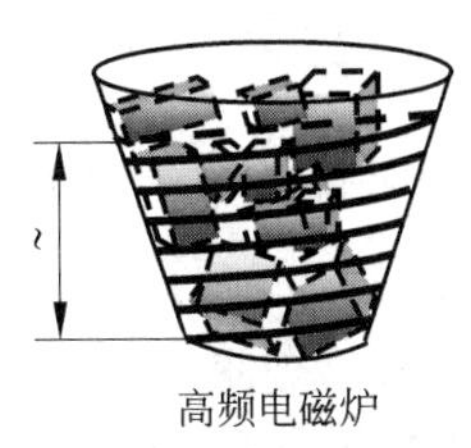

图　6.2

3. 变压器的铁芯为什么总做成片状的，而且涂上绝缘漆相互隔开？铁片放置的方向应和线圈中磁场的方向成什么关系？

答　如图 6.3(a)所示，当变压器的线圈中通以交变电流时，磁通量的变化除了在变压器原、副线圈内产生感应电动势之外，也将在铁芯的每个横截面内产生循环的涡电流。

若铁芯是整块的，电阻很小，铁芯中将产生很大的涡流，如图 6.3(b)所示，因涡流而产生的焦耳热就很大，有可能烧毁线圈，损坏仪器。若铁芯是片状的，并且由于铁芯叠片各片之间涂有绝缘漆，把涡流限制在各薄片横截面内，如图 6.3(c)所示，电阻增大会使涡流大大减小，从而减小了电能损耗。铁芯的放置方向应使叠片铁芯平面与线圈中磁场方向平行，如图 6.3(a)所示。除此之外，一般选用电阻率大的铁氧体材料作为铁芯以减少涡流。

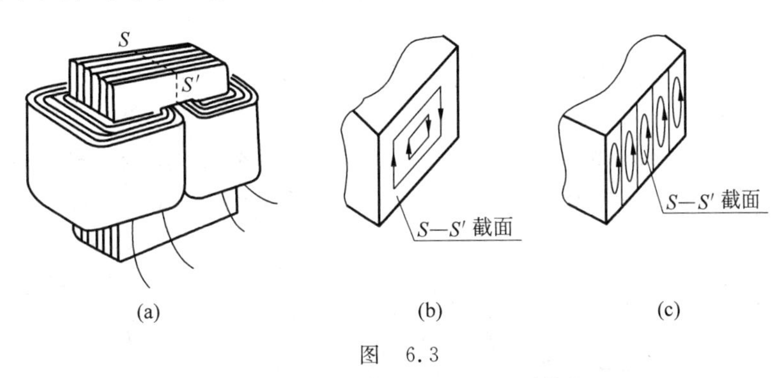

图　6.3

(a) 变压器；(b) 整块铁芯；(c) 叠片铁芯

4. 将尺寸完全相同的铜环和铝环适当放置，使通过两环内的磁通量的变化率相等。问这两个环中的感应电流及感生电场是否相等？

答　通过尺寸完全相同的铜环和铝环的磁通量的变化率相同，也即两环的感应电动势 $\varepsilon_i=-\mathrm{d}\Phi/\mathrm{d}t$ 相同。由于两环的电阻不同，则感应电流不相同；但在同样环路中激发的感生电场相同，因为 $\varepsilon_i=\oint_L \boldsymbol{E}\cdot\mathrm{d}\boldsymbol{l}=-\oint_L \frac{\partial \boldsymbol{B}}{\partial t}\cdot\mathrm{d}\boldsymbol{S}$，同样的环路、同样的磁场变化率，环路中的感生电场是相等的。

5. 电子感应加速器中，电子加速所得到的能量是哪里来的？试定性解释。

答 电子感应加速器是利用感生电场加速电子的装置，如图6.4所示。在圆形磁铁的两极之间有一半径为 R 的环形真空室，用交变电流励磁的电磁铁在两极之间产生交变磁场，从而在环形真空室内感生出沿环形管道很强的涡旋电场。用电子枪将电子注入环形室，它们在涡旋电场 $E=\frac{1}{2\pi R}\cdot\frac{d\varphi_m}{dt}$ 的作用下被加速，同时在洛伦兹力 $Bev=m\frac{v^2}{R}$ 的作用下沿半径为 R 的圆形轨道运动。所以，其一要求涡旋电场的方向与电子运动方向相反，其二要求电子运动方向与磁场方向配合好，使得洛伦兹力成为向心力。在励磁电流交变的一个周期内，如果把它分成4个1/4周期看，第一个1/4周期可同时满足上面两个要求，实际上也是在第一个1/4周期末就让被加速电子脱离圆形轨道而被导出。一般从电子枪射入的电子的速率已很大，在第一个1/4周期的时间内电子已经能够绕轨道回旋数十万圈，从而获得了很高的能量，得到很高的电子速度。例如，100 MeV的大型电子感应加速器可以将电子加速到0.999 986c。此能量当然来源于励磁电流的电源，包括因电子加速运动而辐射的能量。

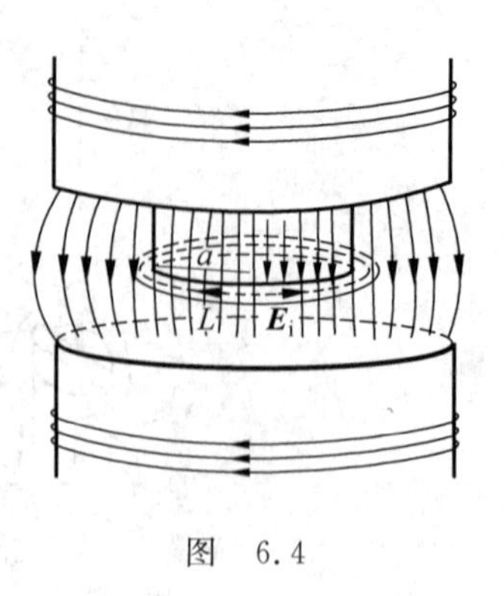

图 6.4

6. 三个线圈中心在一条直线上，相隔的距离很近，如何放置可使它们两两之间的互感系数为零?

答 可使三个线圈两两互相垂直放置。即直角坐标系中，一个线圈平面在 xOy、一个在 xOz、一个在 yOz 坐标平面内，如图6.5所示。因为它们中心相隔的距离很近，当一个线圈中有电流时，它在空间产生的磁场不能穿过其他两个线圈，则它们两两之间的互感系数 M 为零。

7. 有两个金属环，一个环的半径略小于另一个。为了得到最大互感，应把两环面对面放置还是一环套在另一环中? 如何套?

答 一环套在另一环中的组合可以得到最大互感，如图6.6所示。当里面金属环有电流 I 时，外面金属环可获得最大的磁通量 $\psi_m=MI$，因而得到最大互感。

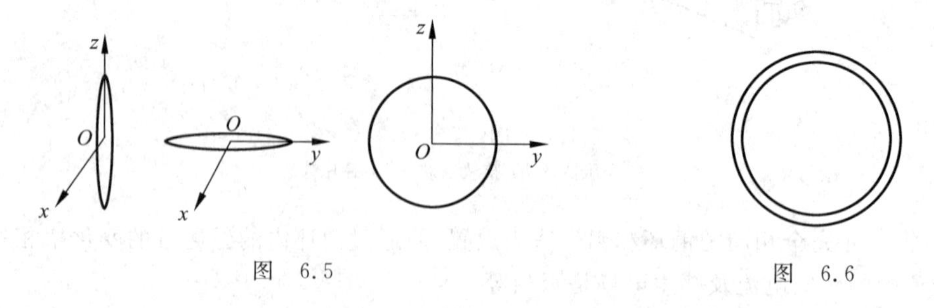

图 6.5　　图 6.6

8. 如果电路中通有强电流，当突然打开刀闸断电时，就有一大火花跳过刀闸。试解释这一现象。

答 电路中通以强电流时，如果突然打开刀闸断电，引起电路中的电流变化 $|di/dt|$ 会很大，电路回路磁通量就会有较大的变化率，$\varepsilon=\oint_L \boldsymbol{E}\cdot d\boldsymbol{l}=-\frac{d\Phi}{dt}=-\oint_L\frac{\partial \boldsymbol{B}}{\partial t}\cdot d\boldsymbol{S}$，因而导致回路产生很大的自感电动势，刀闸处会存在较强的感生电场。大火花跳过刀闸，是因为此感

生电场大于刀闸断开处空气的击穿场强,空气被电离而出现的现象。

9. 利用楞次定律说明为什么一个小的条形磁铁能悬浮在用超导材料做成的盘子上(见图 6.7(a))。

答　目前演示此实验是先往盘中注入液氮,使超导材料做成的盘子显示出超导特性,如图 6.7(a)所示。此后使一个小的条形磁铁在重力作用下下落,在超导盘子中由于磁通量的变化,必然形成持续的涡流,如图 6.7(b)所示。楞次定律是说,涡旋电流的磁场一定是阻碍引起涡旋电流产生的原因。左边的涡流是由于条形磁铁 N 极的靠近,右面的涡流是由于 S 极的靠近,而涡旋电流的磁场则阻碍它们的靠近,两边分别给予条形磁铁向上的力,最终使得小的条形磁铁受力平衡而悬浮在用超导材料做成的盘子上。

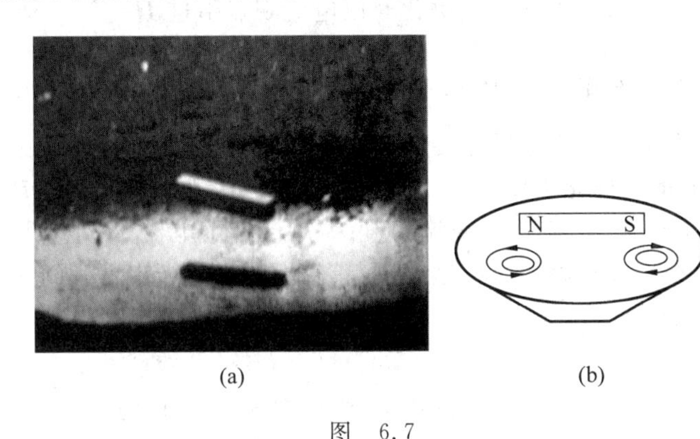

(a)　　(b)

图 6.7

10. 金属探测器的探头内通入脉冲电流,才能测到埋在地下的金属物品发回的电磁信号(见图 6.8)。能否用恒定电流来探测?埋在地下的金属为什么能发回电磁信号?

答　探头内的脉冲电流向埋在地下的金属物品发出变化的磁场,使埋在地下的金属本身产生变化的感生电场,金属体内出现脉冲涡流。同样,金属体内出现脉冲涡流又可向探头发回电磁信号被金属探测器接收,由此人们可以得知在地下有金属物品。如果是恒定电流,地下的金属物品上不会产生变化的磁场,其体内也就不存在变化的感应电流,因此也就不能向探头发回电磁信号,所以不能用恒定电流来探测。

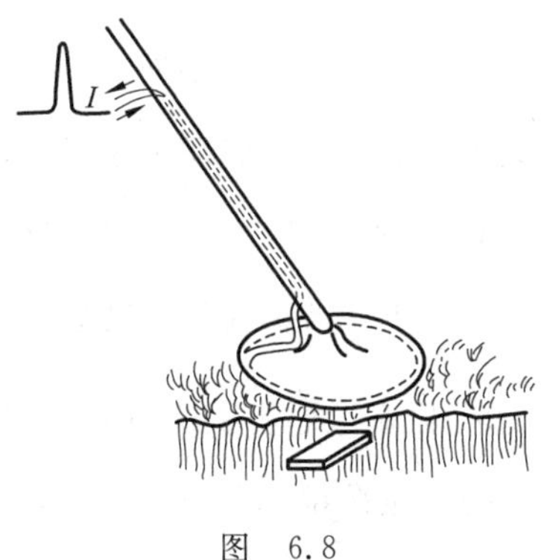

图 6.8

6.1.2　麦克斯韦方程组和电磁辐射

1. 麦克斯韦方程组中各方程的物理意义是什么?

答　$\oint_S \boldsymbol{D} \cdot \mathrm{d}\boldsymbol{S} = \int_V \rho \mathrm{d}V$ 是电场的高斯定理。说明总的电场(静电场和感生电场)和源电荷的联系。

$\oint_S \boldsymbol{B} \cdot \mathrm{d}\boldsymbol{S} = 0$ 是磁通连续定理。说明磁场是无源场,目前自然界中没有单一“磁荷”存在。

$\oint_L \boldsymbol{E} \cdot \mathrm{d}\boldsymbol{l} = -\int_S \frac{\partial \boldsymbol{B}}{\partial t} \cdot \mathrm{d}\boldsymbol{S}$ 是法拉第电磁感应定律。说明电场和磁场的联系,显示了变化的磁场周围伴随着电场的规律。

$\oint_L \boldsymbol{H} \cdot \mathrm{d}\boldsymbol{l} = \int_S \left(\boldsymbol{j} + \frac{\partial \boldsymbol{D}}{\partial t}\right) \cdot \mathrm{d}\boldsymbol{S}$ 是一般形式下的安培环路定理。说明磁场和电流以及变化电场的联系,包含了变化的电场周围伴随着磁场的规律。

2. 如果真有"磁荷"存在,那么根据电和磁的对称性,麦克斯韦方程组应如何修改?(以 g 表示磁荷)

答 如果真有"磁荷"存在,那么自由电荷对应自由磁荷,极化电荷对应磁化磁荷。电介质极化引进电位移 $\boldsymbol{D}=\varepsilon_0\boldsymbol{E}+\boldsymbol{P}$,而介质磁化时以电流观点引进 $\boldsymbol{H}=\frac{\boldsymbol{B}}{\mu_0}-\boldsymbol{M}$,如果真有"磁荷"存在,那么引进量应具有和电位移 $\boldsymbol{D}=\varepsilon_0\boldsymbol{E}+\boldsymbol{P}$ 相同的形式。如果把 $\boldsymbol{H}=\frac{\boldsymbol{B}}{\mu_0}-\boldsymbol{M}$ 写成 $\boldsymbol{B}=\mu_0\boldsymbol{H}+\mu_0\boldsymbol{M}$,把 $\mu_0\boldsymbol{M}$ 看做是和极化强度矢量 $\boldsymbol{P}$ 一样相同的物理图像,看做是由正负磁荷组成的分子磁偶极子引起的磁极化强度矢量 $\boldsymbol{J}$,有 $\boldsymbol{B}=\mu_0\boldsymbol{H}+\boldsymbol{J}$。这样,$\boldsymbol{D}$ 就和 $\boldsymbol{B}$ 对应,$\boldsymbol{H}$ 和 $\boldsymbol{E}$ 对应。自由磁荷的移动形成"磁流"(设磁流密度为 $\boldsymbol{j}_g$),借用电流磁效应和全电流总是连续(位移电流)的概念,根据电和磁的对称性,"磁荷"存在时麦克斯韦方程组应修改为

$$\oint_S \boldsymbol{D} \cdot \mathrm{d}\boldsymbol{S} = \int_V \rho_q \mathrm{d}V, \qquad \oint_S \boldsymbol{B} \cdot \mathrm{d}\boldsymbol{S} = \int_V \rho_g \mathrm{d}V$$

$$\oint_L \boldsymbol{E} \cdot \mathrm{d}\boldsymbol{l} = -\int_S \left(\boldsymbol{j}_g + \frac{\partial \boldsymbol{B}}{\partial t}\right) \cdot \mathrm{d}\boldsymbol{S}, \qquad \oint_L \boldsymbol{H} \cdot \mathrm{d}\boldsymbol{l} = \int_S \left(\boldsymbol{j} + \frac{\partial \boldsymbol{D}}{\partial t}\right) \cdot \mathrm{d}\boldsymbol{S}$$

***3.** 加速电荷在某处产生的横向电场、横向磁场与电荷的加速度以及该处离电荷的距离有何关系?

答 加速电荷在某处产生的横向电场 $E_\theta=\frac{qa\sin\theta}{4\varepsilon_0\pi c^2 r}$,横向磁场 $B_\varphi=\frac{qa\sin\theta}{4\varepsilon_0\pi c^3 r}$,它们都随该处离电荷的距离 r 成反比地减少,随电荷的加速度 a 成正比地增大。

***4.** 什么是坡印亭矢量?它和电场、磁场有什么关系?

答 电磁波的能流密度矢量叫坡印亭矢量,它和电场与磁场的关系为 $\boldsymbol{S}=\frac{1}{\mu_0}\boldsymbol{E}\times\boldsymbol{B}$。

***5.** 振荡电偶极子的辐射功率和频率有何关系?

答 振荡电偶极子 $p=ql\cos\omega t$ 的辐射功率 $P=\frac{q^2 l^2 \omega^4}{12\varepsilon_0\pi c^3}$,它与电偶极子的振荡频率 $\nu=\omega/2\pi$ 的4次方成正比。

***6.** 同步辐射是怎样产生的?它有哪些特点?

答 只要使电子(电荷)作高速圆周运动,由于向心加速度的存在,电子作高速圆周运动的同时就伴随着不断向外辐射电磁波,电子作圆周运动的速率越大,其辐射能量越大,这就是同步辐射。电子在回旋加速器中可以实现一面作高速圆周运动,一面同时不断地向外辐射电磁波的过程。

同步辐射具有功率大的特点,电子的能量越大,辐射能量越大。同步辐射光具有很高的准直性,其发散角是很小的。同步辐射具有较宽的连续频谱,因为利用辐射光源的观测仪器接收到的总是同步辐射脉冲,它包含了一系列波长连续的电磁波。同步辐射光具有高度偏

振性，因为它的电场方向是被限定在电子运转轨道平面内的，磁场方向与此平面垂直。

*7. 电磁波可视为由光子组成，一个光子的能量 $E_1=h\nu$。由于光子静止质量为零，所以它的动量 $p_1=E/c$。设单位体积内有 n 个光子，试证明单位体积的电磁波具有的动量即动量密度为 $p=w/c$，其中 w 为单位体积电磁波所具有的能量。

证明　单位体积电磁波所具有的能量 w 应等于单位体积内 n 个光子的能量，有

$$w = nh\nu = nE_1 = ncp_1 = c\cdot np_1 = cp$$

其中 np_1 是 n 个光子的动量，即单位体积电磁波具有的动量 p。所以有 $p=w/c$ 成立。

6.2　例题

1. 如图 6.9 所示，在均匀磁场 $\boldsymbol{B}$ 中，金属棒 ab 长为 L，它绕棒长 1/5 处的垂直轴 O 在水平面内逆时针转动，其角速度为 ω。求金属棒 ab 两端的电势差。

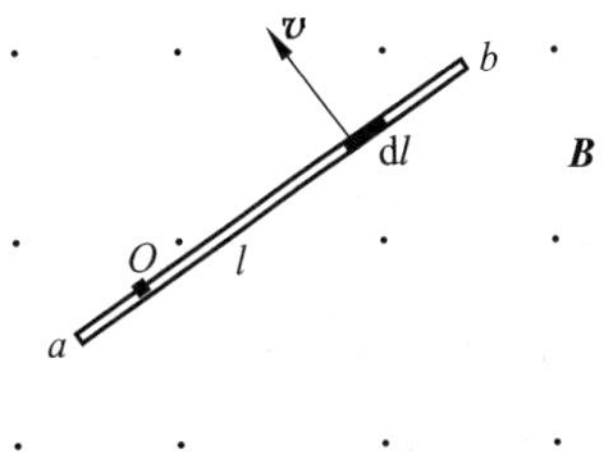

图　6.9

解　先求 Oa、Ob 两段上的动生电动势。在 Ob 段上距 O 轴 l 远处任取一长度元 $\mathrm{d}l$，方向沿 Ob，则

$$\mathrm{d}\varepsilon = (\boldsymbol{v}\times\boldsymbol{B})\cdot\mathrm{d}\boldsymbol{l} = vB\,\mathrm{d}l = \omega lB\,\mathrm{d}l$$

$$\varepsilon_{Ob} = \int\mathrm{d}\varepsilon = \int_0^{4L/5}\omega Bl\,\mathrm{d}l = \frac{8}{25}BL^2\omega$$

方向从 $O\to b$。说明 b 端电压高于 O 端电压，有

$$U_{Ob} = -\varepsilon_{Ob} = -\frac{8}{25}\omega BL^2$$

同理有 $\varepsilon_{Oa}=\int\mathrm{d}\varepsilon=\int_0^{L/5}\omega Bl\,\mathrm{d}l=\frac{1}{50}\omega BL^2$，方向从 $O\to a$。说明 a 端电压高于 O 端电压，有

$$U_{aO} = \frac{1}{50}\omega BL^2$$

则 a、b 端电势差

$$U_{ab} = U_{aO}+U_{Ob} = -\frac{3}{10}\omega BL^2$$

可见，b 端电压高于 a 端电压。

2. 如图 6.10(a)所示，半径为 R 的圆形区域内，充满磁感应强度为 $\boldsymbol{B}$ 的均匀磁场，$\boldsymbol{B}$ 以恒定的 $\mathrm{d}B/\mathrm{d}t$ 减小，金属棒 MN 长为 $2R$，其中一半在圆内。求金属棒的感应电动势。

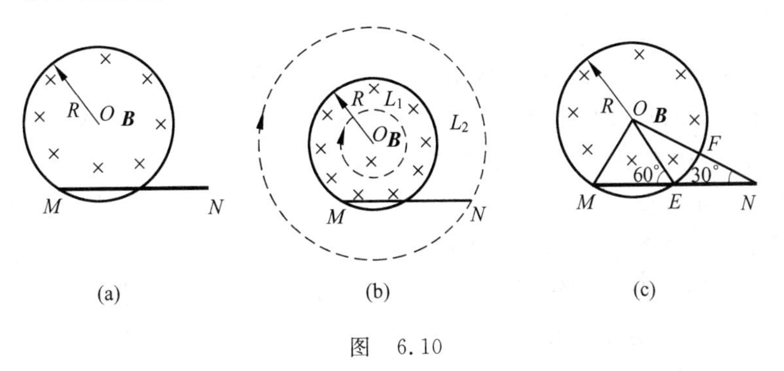

图　6.10

解 由$\oint_L \boldsymbol{E}_i \cdot \mathrm{d}\boldsymbol{l} = -\iint_S \frac{\partial \boldsymbol{B}}{\partial t} \cdot \mathrm{d}\boldsymbol{S}$,变化的磁场在其周围空间激发涡旋电场(涡旋电场不局限于磁场所在区域)。当把金属导体置于涡旋电场中时,导体上的自由电子在涡旋电场的作用下重新分布,在导体中形成感生电动势。

首先确定涡旋电场的分布。因为磁场的方向垂直纸面向内,$\mathrm{d}\boldsymbol{B}/\mathrm{d}t$ 的方向垂直纸面向外,由 $\mathrm{d}\boldsymbol{B}/\mathrm{d}t$ 与涡旋电场 $\boldsymbol{E}_i$ 的左旋关系可知,涡旋电场的电场线是一系列顺时针方向的同心圆,如图6.10(b)中的虚线圆所示。以 O 为圆心,作半径为 r 的圆形回路 L_1(设图6.10(b)中的虚线圆就是取的圆形回路),其正向也为顺时针方向。当 $r<R$ 时,

$$\oint_{L_1} \boldsymbol{E}_{i1} \cdot \mathrm{d}\boldsymbol{l} = E_{i1} 2\pi r = -\iint_{S_1} \frac{\partial \boldsymbol{B}}{\partial t} \cdot \mathrm{d}\boldsymbol{S} = \pi r^2 \left| \frac{\mathrm{d}B}{\mathrm{d}t} \right|$$

得 $E_{i1} = \frac{r}{2} \left| \frac{\mathrm{d}B}{\mathrm{d}t} \right|$。当 $r>R$ 时,

$$\oint_{L_2} \boldsymbol{E}_{i2} \cdot \mathrm{d}\boldsymbol{l} = E_{i2} 2\pi r = -\iint_{S_{21}} \frac{\partial \boldsymbol{B}}{\partial t} \cdot \mathrm{d}\boldsymbol{S} = \pi R^2 \left| \frac{\mathrm{d}B}{\mathrm{d}t} \right|$$

得 $E_{i2} = \frac{R^2}{2r} \left| \frac{\mathrm{d}B}{\mathrm{d}t} \right|$。

计算 MN 上的感应电动势,直接利用法拉第电磁感应定律比较方便。选择一个回路,使导体棒成为回路的一部分。先求出回路中磁通量的变化,可得出回路上的感应电动势,进而求出导体棒上的感应电动势。

作辅助线 OM 和 ON,这样 $ONMO$ 就构成了一个闭合回路,如图6.10(c)所示。通过此闭合回路 $ONMO$ 的磁通量等于通过扇形 OFE 面积和正三角形 OEM 上的磁通量,有

$$\Phi_{\mathrm{m}} = \left(\frac{1}{2} R^2 \sin 60° + \frac{1}{2} R^2 \frac{30°}{360°/2\pi} \right) B$$

闭合回路 $ONMO$ 上的感应电动势为

$$\varepsilon_i = -\frac{\mathrm{d}\Phi_{\mathrm{m}}}{\mathrm{d}t} = -\left(\frac{1}{2} R^2 \sin 60° + \frac{1}{2} R^2 \frac{30°}{360°/2\pi} \right) \frac{\mathrm{d}B}{\mathrm{d}t}$$

因为$\frac{\mathrm{d}B}{\mathrm{d}t}<0$,所以,$\varepsilon_i$ 的方向为顺时针方向。由于 OM 和 ON 段都垂直于涡旋电场的电场线,所以其上无感应电动势,则闭合回路 $ONMO$ 上的感应电动势就是 NM 导体棒上的感应电动势。即

$$\varepsilon_{iNM} = -\left(\frac{1}{2} R^2 \sin 60° + \frac{1}{2} R^2 \frac{30°}{360°/2\pi} \right) \frac{\mathrm{d}B}{\mathrm{d}t} = -\frac{1}{4}\left(\sqrt{3} + \frac{\pi}{3} \right) R^2 \frac{\mathrm{d}B}{\mathrm{d}t}$$

电动势的方向由 N 指向 M。

3. 如图6.11所示,一细导线弯成半径为 R 的半圆形状,均匀磁场 $\boldsymbol{B}$ 垂直纸面向外。当导线绕通过 A 点垂直于半圆面的轴在纸平面内逆时针以匀角速率 ω 旋转时,求半圆形导线 AC 间的电动势 ε_{AC}。

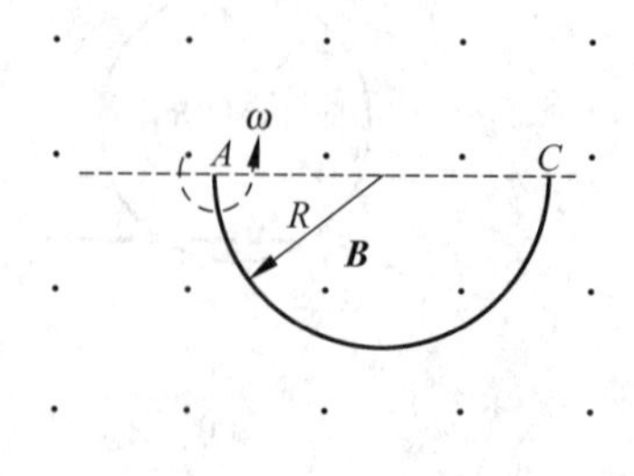

图 6.11

解 设想有一直导线连接 AC,则半圆形导线 AC 与直导线 CA 构成一封闭回路。旋转时,穿过此线圈平面的磁通量不变,所以,感应电动势应为零。则

$$\varepsilon_{\widehat{AC}} + \varepsilon_{\overline{CA}} = 0$$

所以

$$\varepsilon_{\widehat{AC}} = -\varepsilon_{\overline{CA}} = -\int_C^A (\boldsymbol{v} \times \boldsymbol{B}) \cdot \mathrm{d}\boldsymbol{l} = \int_0^{2R} \omega r B \mathrm{d}r = 2\omega B R^2$$

方向从 $A \to C$，且 $U_C > U_A$。

4. 如图 6.12(a)所示，有一弯成 θ 角的三角形金属框架 DOC，一直导线 l 以恒定速度 v 在金属框架上滑动，设 v 垂直于 l 向右。已知磁场的方向垂直纸面向外，分别求下列两种情况下框架内的感应电动势 ε_i 的变化规律。设 $t=0$ 时，$x=0$。

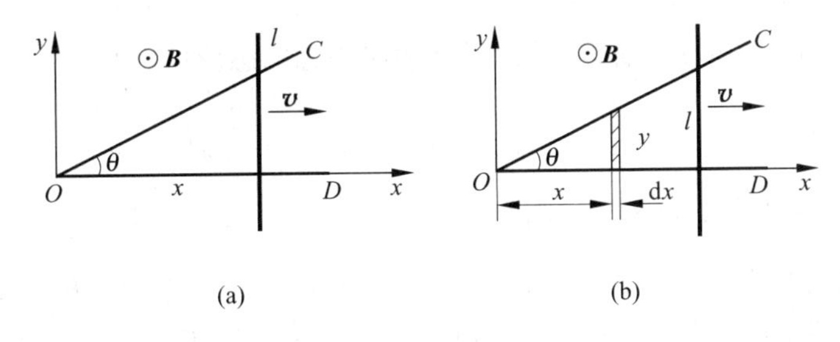

图　6.12

(1) 磁场均匀分布，且 $\boldsymbol{B}$ 不随时间改变。

(2) 非均匀变化的磁场 $B = kx\cos\omega t$。

解　(1) 直导线在均匀磁场中运动，产生的动生电动势即为框架中的感应电动势。设三角形框架回路顺时针为正，t 时刻直导线处于 x 位置，见图 6.12(a)。$l = x\tan\theta$，则该时刻直导线中产生的动生电动势为

$$\varepsilon_i = Bvl = Bvx\tan\theta = B\tan\theta v^2 t$$

其中 $x = vt$，框架中的电动势方向为顺时针方向。

(2) 当磁场作非均匀变化，且直导线 l 也以恒定速度 v 在金属框架上滑动时，框架中既产生动生电动势，也产生感生电动势。所以，可以由法拉第电磁感应定律计算总的感应电动势，见解法 1；也可以分别计算动生电动势和感生电动势，然后再进行代数相加求出总的感应电动势，见解法 2。

解法 1　设回路顺时针方向为正。如图 6.12(b)所示，取小面积元 $\mathrm{d}S = y\mathrm{d}x = x\tan\theta\mathrm{d}x$。$t$ 时刻穿过小面积元 $\mathrm{d}S$ 的磁通量为

$$\begin{aligned}\mathrm{d}\Phi &= -B\mathrm{d}S = -kx\cos\omega t \cdot x\tan\theta\mathrm{d}x \\ &= -kx^2\cos\omega t \cdot \tan\theta\mathrm{d}x\end{aligned}$$

t 时刻穿过框架中的磁通量为

$$\begin{aligned}\Phi &= \int \mathrm{d}\Phi = \int_0^x -kx^2\cos\omega t \cdot \tan\theta\mathrm{d}x \\ &= -\frac{1}{3}kx^3\cos\omega t \cdot \tan\theta\end{aligned}$$

由法拉第电磁感应定律，求得框架回路中感应电动势的值为

$$\varepsilon_i = -\frac{\mathrm{d}\Phi}{\mathrm{d}t} = kv^3\tan\theta\left(t^2\cos\omega t - \frac{1}{3}\omega t^3\sin\omega t\right)$$

若 $\varepsilon_i>0$,其方向为顺时针;若 $\varepsilon_i<0$,则其方向为逆时针。

解法2 首先假定磁场不变,回路正方向为顺时针。直导线 l 向右运动产生动生电动势 ε_{i1}。由(1)中的结果,得

$$\varepsilon_{i1}=\int_L(\boldsymbol{v}\times\boldsymbol{B})\cdot\mathrm{d}\boldsymbol{l}=Bvl=Bvx\tan\theta=kx\cos\omega t\cdot vx\tan\theta=kv^3t^2\tan\theta\cos\omega t$$

再假定三角形框架回路不动,回路正方向仍为顺时针,磁场按 $B=kx\cos\omega t$ 规律变化。产生的感生电动势的大小为

$$\varepsilon_{i2}=-\iint_S\frac{\mathrm{d}\boldsymbol{B}}{\mathrm{d}t}\cdot\mathrm{d}\boldsymbol{S}=-\int_0^x kx\omega(\sin\omega t)(x\tan\theta)\mathrm{d}x=-\frac{1}{3}k\omega x^3\tan\theta\sin\omega t$$

即 $\varepsilon_{i2}=-\frac{1}{3}k\omega v^3t^3\tan\theta\sin\omega t$。所以,三角形框架回路总的感应电动势为

$$\varepsilon_i=(\varepsilon_{i1}+\varepsilon_{i2})=kv^3\tan\theta\left(t^2\cos\omega t-\frac{1}{3}\omega t^3\sin\omega t\right)$$

若 $\varepsilon_i>0$,其方向为顺时针;若 $\varepsilon_i<0$,则其方向为逆时针。

5. 长直导线与矩形单匝线圈共面放置,导线与线圈的短边平行。矩形线圈的边长分别为 a、b,它到直导线的距离为 c,如图6.13所示。当矩形线圈中通有电流 $I=I_0\sin\omega t$ 时,求直导线中的感应电动势。

解 一般先计算通过回路的磁通量 Φ,然后将 Φ 对时间 t 求导,即得到感应电动势。但在此题中,长直导线只能视为一无限大的闭合线圈的一部分,无法计算穿过它的磁通量。所以,先计算直导线与矩形线圈的互感系数,再计算互感电动势,即得所求感应电动势。为求互感系数,设长直导线中通有电流 I_1,其周围磁场分布为 $B=\mu_0I_1/2\pi r$,通过矩形线圈的磁场方向垂直纸面向内。穿过矩形线圈的矩形面积上的磁通量为

$$\Phi=\int_S\mathrm{d}\Phi=\int_c^{c+a}\frac{\mu_0I_1}{2\pi r}b\,\mathrm{d}r=\frac{\mu_0I_1b}{2\pi}\ln\frac{c+a}{c}$$

由互感系数定义,得

$$M=\frac{\Phi}{I_1}=\frac{\mu_0b}{2\pi}\ln\frac{c+a}{c}$$

当矩形线圈中通有电流 $I=I_0\sin\omega t$ 时,长直导线中产生的感应电动势为

$$\varepsilon_i=-M\frac{\mathrm{d}I}{\mathrm{d}t}=-\frac{\mu_0I_0b\omega}{2\pi}\ln\frac{c+a}{c}\cos\omega t$$

6. 真空中两个相距为 $2a$ 的平行长直导线,通有方向相反、大小相等的电流 I,导线外两点 O、P 与两导线在同一平面上,与导线的距离如图6.14所示。求 O、P 两点的磁场能量密度。

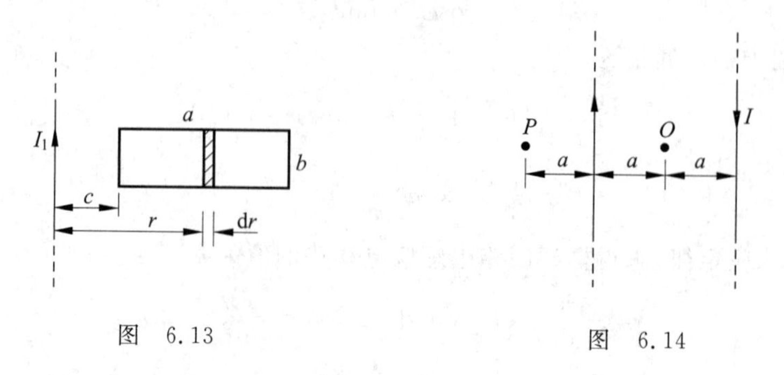

图 6.13　　　　图 6.14

解　O、P 两点的磁感应强度可由两根长直载流导线产生的磁感应强度叠加而成。对 O 点，两电流产生的磁感应强度大小相等，方向相同，垂直纸面向内。所以有

$$B_0=\frac{\mu_0 I}{2\pi a}+\frac{\mu_0 I}{2\pi a}=\frac{\mu_0 I}{\pi a}$$

对 P 点，两电流产生的磁感应强度方向相反，其大小为

$$B_P=\frac{\mu_0 I}{2\pi(3a)}-\frac{\mu_0 I}{2\pi a}=-\frac{\mu_0 I}{3\pi a}$$

方向垂直纸面向外。由磁场能量密度公式 $w_m=\frac{1}{2}\frac{B^2}{\mu_0}$ 得

$$w_{mO}=\frac{1}{2}\mu_0\left(\frac{I}{\pi a}\right)^2$$

$$w_{mP}=\frac{1}{2}\mu_0\left(\frac{I}{3\pi a}\right)^2$$

7.　一半径为 a 的小圆线圈，电阻为 R，开始时与一个半径为 $b(b\gg a)$ 的大圆线圈共面而且同心，如图 6.15 所示。固定大圆线圈，并且在其中维持恒定电流 I，使小圆线圈绕其直径以匀角速度 ω 转动(设线圈的自感可忽略)。求：

(1) 小圆线圈中的电流；

(2) 为了使小圆线圈保持匀角速度转动，需要对它施加的外力矩；

(3) 大圆线圈中的感应电动势。

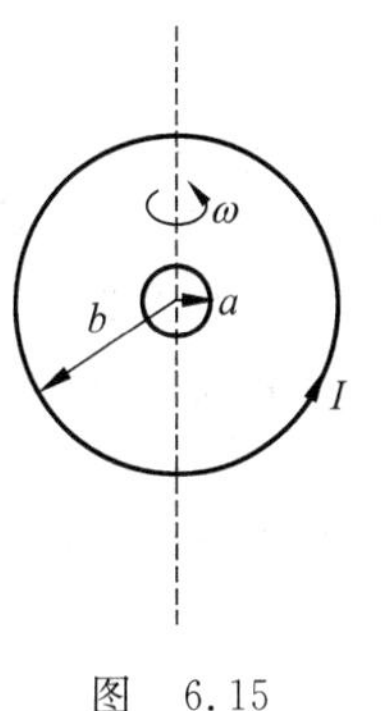

图　6.15

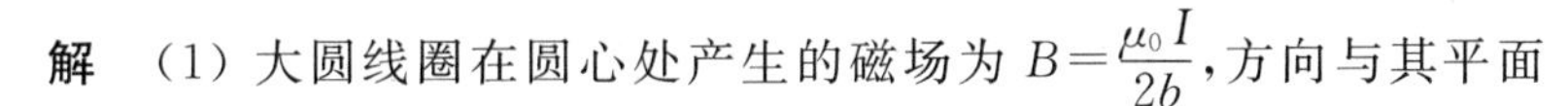

解　(1) 大圆线圈在圆心处产生的磁场为 $B=\frac{\mu_0 I}{2b}$，方向与其平面垂直。由于 $b\gg a$，则小圆线圈处的磁场可近似看成是均匀的，而且和圆心处磁场相同。小圆线圈转动时，通过它的磁通量为

$$\Phi=\boldsymbol{B}\cdot\boldsymbol{S}=BS\cos\theta=\frac{\mu_0 I}{2b}\pi a^2\cos\omega t$$

其中 θ 是大圆线圈平面与小圆线圈平面的夹角或两线圈平面法线之间的夹角。小圆线圈中感应电动势的大小为

$$\varepsilon_i=-\frac{\mathrm{d}\Phi}{\mathrm{d}t}=\frac{\mu_0 I}{2b}\pi a^2\omega\sin\omega t$$

小圆线圈中感应电流的大小为

$$i=\frac{\varepsilon}{R}=\frac{\mu_0 I}{2bR}\pi a^2\omega\sin\omega t$$

(2) 为使小圆线圈保持匀角速度转动，需要对它施加的外力矩大小必须等于它所受的磁力矩，而方向相反。外力矩的大小为

$$M_{外}=M_{磁}=p_m B\sin\omega t=iSB\sin\omega t=\frac{\omega}{R}\left(\frac{\mu_0 I\pi a^2}{2b}\right)^2\sin^2\omega t$$

(3) 两线圈的互感

$$M=\frac{\Phi}{I}=\frac{\mu_0\pi a^2}{2b}\cos\omega t$$

因为小圆线圈中有感应电流，则通过大圆线圈的磁通量为

$$\Phi' = iM = \frac{\mu_0^2 \pi^2 a^4 \omega I}{8b^2 R}\sin 2\omega t$$

所以大圆线圈中产生的感应电动势为

$$\varepsilon_i = -\frac{\mathrm{d}\Phi'}{\mathrm{d}t} = -\frac{\mu_0^2 \pi^2 a^4 \omega^2 I}{4b^2 R}\cos 2\omega t$$

8. 如图 6.16 所示,自感系数为 L、边长为 a 的正方形线圈,其匝数为 N,电阻可忽略。线圈以角速度 ω 绕 y 轴匀速转动,线圈处在磁感应强度为 $\boldsymbol{B}$ 的均匀磁场中。求:

(1) 线圈中感应电流随时间变化的函数关系(设开始时线圈静止,线圈平面与磁场方向平行);

(2) 线圈中的感应电动势。

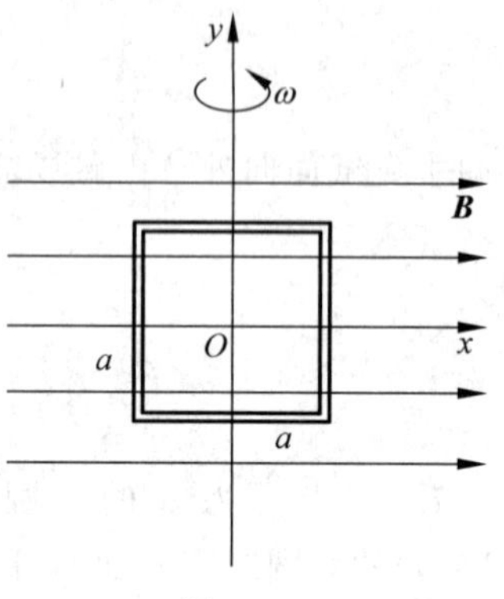

图 6.16

解 当线圈转过 θ 角时,线圈的面法向方向与磁场方向的夹角为 $90°-\theta$,而且 $\theta=\omega t$。

(1) 通过 N 匝线圈的磁通量为

$$\Phi_{\mathrm{m}} = N\boldsymbol{B}\cdot\boldsymbol{S} = NB\cos(90° - \omega t)a^2 = NBa^2\sin\omega t$$

由于线圈在磁场中运动,线圈中产生感应电流 I,穿过线圈回路所围面积的磁通量也与感应电流成正比,即

$$\Phi_{\mathrm{m}} = NLI$$

由上述两式,得

$$I = \frac{Ba^2}{L}\sin\omega t$$

(2) 线圈中的感应电动势可以由法拉第电磁感应定律求出:

$$\varepsilon_i = -\frac{\mathrm{d}\Phi_{\mathrm{m}}}{\mathrm{d}t} = -NBa^2\omega\cos\omega t$$

也可以由自感电动势公式求出:

$$\varepsilon_i = -NL\frac{\mathrm{d}I}{\mathrm{d}t} = -NBa^2\omega\cos\omega t$$

6.3 几个问题的说明

6.3.1 导体回路中的动生、感生电动势

1831 年,法拉第通过实验发现了电磁感应现象,其满足的规律称为法拉第电磁感应定律。在国际单位制中,此定律写为 $\varepsilon_i = -\frac{\mathrm{d}\Phi}{\mathrm{d}t}$,因为 $\Phi = \int_S \boldsymbol{B}\cdot\mathrm{d}\boldsymbol{S}$,上式又可以写为

$$\varepsilon_i = -\frac{\mathrm{d}\Phi}{\mathrm{d}t} = -\frac{\mathrm{d}}{\mathrm{d}t}\int_S \boldsymbol{B}\cdot\mathrm{d}\boldsymbol{S} \tag{1}$$

感应电动势 ε_i 的大小与通过导体回路(一般细导体的横截面积可以忽略)的磁通量 Φ 随时间的变化率成正比。

外磁场不变,当导体回路整体或局部运动引起回路磁通量变化时,导体中的自由电子受磁场的洛伦兹力作用,$\boldsymbol{F}=e\boldsymbol{v}\times\boldsymbol{B}$,它可以被看做是一种等效"非静电场"的作用,即 $\boldsymbol{E}'=$

$\boldsymbol{v}\times\boldsymbol{B}$,在导体上产生的电动势称为动生电动势:$\varepsilon_{i1}=\oint_L \boldsymbol{E}'\cdot \mathrm{d}\boldsymbol{l}=\oint_L(\boldsymbol{v}\times\boldsymbol{B})\cdot\mathrm{d}\boldsymbol{l}$。当导体回路静止,外磁场变化时,穿过它的磁通量也会发生变化,回路中产生的感应电动势称为感生电动势:$\varepsilon_{i2}=-\iint_S \frac{\partial \boldsymbol{B}}{\partial t}\cdot\mathrm{d}\boldsymbol{S}=\oint_L \boldsymbol{E}_i\cdot\mathrm{d}\boldsymbol{l}$。一般情况下,导体回路可能既有动生电动势又有感生电动势,所以导体回路的电动势可写成

$$\varepsilon_i=\varepsilon_{i1}+\varepsilon_{i2}=-\iint_S \frac{\partial \boldsymbol{B}}{\partial t}\cdot\mathrm{d}\boldsymbol{S}+\oint_L(\boldsymbol{v}\times\boldsymbol{B})\cdot\mathrm{d}\boldsymbol{l} \tag{2}$$

ε_{i1}是认为导体回路在该时刻保持位形不变而只考虑磁场变化时的感生电动势,ε_{i2}是该时刻磁场下导体回路(或一部分)切割磁感线形成的动生电动势。

因此,求导体回路的电动势可以依据式(1),它集"动生"和"感生"两种现象于一式,确实有其方便之处,尤其对于恒定磁场更是如此。求导体回路的电动势也可以依据式(2),式(2)是将"动生"和"感生"电动势分项列出,反映出它们的根源:导体切割磁感线(洛伦兹力)和磁场的变化(感生电场)。可以说,在阐明事物本质方面式(2)比式(1)深入了一步,因此在较复杂情况下,利用式(2)求出的电动势其物理意义更清楚一些。

另外,如果回路不是闭合的,在两种情况下用式(1)求解问题可能会更简便,不过需用虚构的路段补成闭合回路。一是在恒定磁场中导体的运动(平动、转动、软体导线的连续形变),需虚构恒定磁场中静止不动的路段;二是在非恒定磁场中求不动导体上的感生电动势,此时需虚构与涡旋电场处处正交的路段,使其上不会产生电动势。对于其他较复杂情况,建议直接利用式(2)求解。例如,圆柱形空间充满 $\boldsymbol{B}$ 的均匀磁场,而以$\frac{\partial \boldsymbol{B}}{\partial t}$的速率变化$\left(设\frac{\mathrm{d}B}{\mathrm{d}t}>0\right)$,有一长 L 的金属细棒在其中以速度 $\boldsymbol{v}$ 运动切割磁感线,t 时刻距中心距离为 h,如图 6.17 所示,求此时金属细棒的电动势。

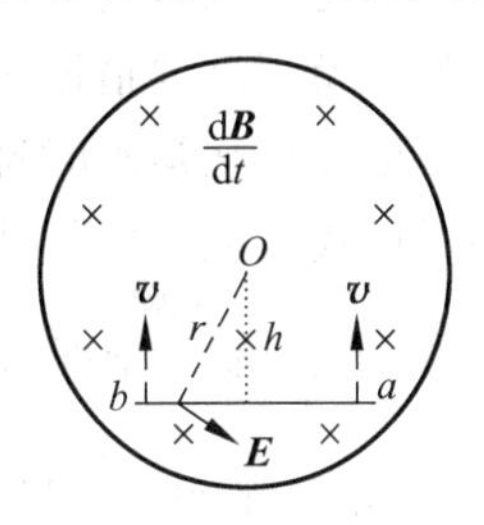

图　6.17

已知感生电场具有轴对称性,大小为 $E_i=\frac{r}{2}\cdot\frac{\mathrm{d}B}{\mathrm{d}t}$,方向如图 6.17 所示。金属细棒上动生电动势为 $\varepsilon_{i1}=\varepsilon_{ab}=\int_a^b vB\,\mathrm{d}l=vBL$,由感生电场求得感生电动势为 $\varepsilon_{i2}=\int_a^b \boldsymbol{E}\cdot\mathrm{d}\boldsymbol{l}=-\frac{Lh}{2}\cdot\frac{\mathrm{d}B}{\mathrm{d}t}$,所以,金属细棒的电动势为 $\varepsilon_{ab}=vBL-\frac{Lh}{2}\cdot\frac{\mathrm{d}B}{\mathrm{d}t}$。此题如选 Oa、Ob 虚构路段组成 $OabO$ 闭合回路,可以认为回路不动,穿过回路磁通的变化只是由于变化的磁场引起,由式(1)可求出感生电动势 $\varepsilon_{i2}=-\frac{\mathrm{d}\Phi}{\mathrm{d}t}=-\frac{Lh}{2}\cdot\frac{\mathrm{d}B}{\mathrm{d}t}$,但动生电动势部分由式(1)则较难求出。

6.3.2　涡旋电场和静电场

静电场是由静止电荷产生的,电场线从正电荷出发(或来自无限远处),终止于负电荷(或延伸到无限远处),它遵守高斯定理和环路定理:

$$\oint_S \boldsymbol{E}_{静}\cdot\mathrm{d}\boldsymbol{S}=\frac{1}{\varepsilon_0}\sum_i Q_i$$

$$\oint_L \boldsymbol{E}_{静}\cdot\mathrm{d}\boldsymbol{l}=0$$

它是有源场,是无旋场。静电场力做功与路径无关,可以引入“电势”的概念。对场中电荷有作用力 $\boldsymbol{f}_e=q\boldsymbol{E}_{静}$,对导体产生静电感应现象,平衡时导体表面会有感应电荷出现,导体内部电场为零。

涡旋电场是由变化的磁场产生的,其电场线是无头无尾的闭合曲线。因而有

$$\oint_S \boldsymbol{E}_i \cdot \mathrm{d}\boldsymbol{S} = 0$$

$$\oint_L \boldsymbol{E}_i \cdot \mathrm{d}\boldsymbol{l} = -\iint_S \frac{\partial \boldsymbol{B}}{\partial t} \cdot \mathrm{d}\boldsymbol{S}$$

它是无源场,是有旋场,是关于磁场和电场关系的基本定律。不能建立“电势”的概念。对场中电荷有作用力 $\boldsymbol{f}_e=q\boldsymbol{E}_i$,对导体有电磁感应现象,在导体内出现感应电动势和感生电流(如涡流等)。

6.3.3 电磁场的物质性与电磁波

静电场和恒定磁场与场源紧密联系,无场源(静电荷和恒定电流)时电磁场(静电场和恒定磁场)也就不存在。但在场随时间变化情况下,电磁场一经产生,即使场源消失,电磁场的相互转化使电磁场还可以继续存在,在空间以一定速度、一定规律传播(电磁波)。此电磁过程的转换不需要借助其他物质来传递,具有完全独立存在的性质,是物质存在的一种形态。

电磁场在运动时遵守能量守恒和动量守恒定律。电磁场的能流密度矢量 $\boldsymbol{S}=\boldsymbol{E}\times\boldsymbol{H}$,$\boldsymbol{S}$ 的方向代表能量的传播方向,大小等于单位时间内流过与能量传播方向垂直的单位横截面积的能量;能量密度 $w=\frac{1}{2}(\boldsymbol{E}\cdot\boldsymbol{D}+\boldsymbol{H}\cdot\boldsymbol{B})$,它表示电磁场单位体积内的能量。由质能关系,场单位体积的质量为 $m=\frac{w}{c^2}$;由动量能量关系,可知其单位体积的动量为 $\boldsymbol{p}=\frac{1}{c^2}\boldsymbol{S}$。电磁场与实物粒子电子、质子、中子、原子等一样具有质量、能量和动量,从而可以确认电磁场的物质性。但它也有自己的特有属性,它在真空中传播的速度为 c,是洛伦兹变换下的不变量,正因为传播的速度为 c,它不可能具有静质量;电磁场具有叠加性,即空间同一个场点可以由几个场共同占据。另外,在1932年就发现了一对正负电子结合后可以转化为 γ 光子,当然光子也可以转化成一对正负电子,说明电磁场和实物粒子可以互相转化。

由加速运动电荷的电磁场可知,电磁场和运动电荷的加速度成正比。如果电荷作简谐振动,离它较远处各点的电磁场随时间简谐变化,会不断向外传播形成简谐(平面)电磁波。其特点有:(1)电磁波是横波。$\boldsymbol{S}=\boldsymbol{E}\times\boldsymbol{H}$,$\boldsymbol{E}$ 和 $\boldsymbol{H}$ 互相垂直,且均垂直于传播方向。(2)$\boldsymbol{E}$ 和 $\boldsymbol{H}$ 在量值上有关系 $\sqrt{\varepsilon}E=\sqrt{\mu}H$。如果小范围内 $\boldsymbol{E}$ 和 $\boldsymbol{H}$ 的振幅可以看做恒量,那么 E、H 可表示为

$$E = E_0\cos\omega\left(t-\frac{r}{v}\right)$$

$$H = H_0\cos\omega\left(t-\frac{r}{v}\right)$$

其中 r 是传播距离。振幅也有 $\sqrt{\varepsilon}E_0=\sqrt{\mu}H_0$ 的关系。$\boldsymbol{E}$ 和 $\boldsymbol{H}$ 都是周期性函数,而且变化是同相的,同时达到自己的正极大值,又同时达到各自的负极大值。它们的频率等于简谐振动电荷的频率,它们的振幅与频率的平方成正比。简谐振动电荷的平均辐射总功率与频率的

4 次方成正比。(3)电磁波具有偏振性，$\boldsymbol{E}$ 和 $\boldsymbol{H}$ 分别在各自的平面内振动。作简谐振动电荷所辐射的电磁波总是偏振的。(4)传播速度 $v=\frac{1}{\sqrt{\mu\varepsilon}}$。真空中 $c=\frac{1}{\sqrt{\mu_0\varepsilon_0}}=2.9979\times10^8\ \mathrm{m/s}\approx 3\times10^8\ \mathrm{m/s}$，与实验测得的光速恰巧相符，因此光是一种电磁波。

6.3.4　似稳条件下位移电流的磁场问题

麦克斯韦于 1861—1862 年以“感应电场”和“位移电流”两个假说为基础，继牛顿力学和能量守恒与转化定律提出之后完成了物理学发展史上的第三次大综合，建立了自洽的完整经典电磁场理论。近些年来，国内于《大学物理》以及其他学术杂志上展开了“位移电流是否与传导电流以同样规律激发磁场”的讨论，其中有几个似稳条件下有关位移电流激发磁场的简例对我们理解位移电流激发磁场有着直观上的帮助。

位移电流的提出使得全电流总是连续的，把稳恒电流的安培环路定理推广到非稳恒的情况，推广的安培环路定理与法拉第感应定律具有了对称性。似稳条件是指一般所讲的电流虽不是稳恒电流，但电流随时间变化率很小，电流密度可以看做不变$\left(\frac{\partial j}{\partial t}=0\right)$，在此情况下辐射效应可忽略；既然不是稳恒电流，那么电流往往不连续，会有电荷积累现象，但电荷积累是稳定的$\left(\frac{\partial \rho}{\partial t}=常数\right)$。

1. 如图 6.18 所示，无限长细载流导线中通有低频交变电流 $\boldsymbol{I}=\boldsymbol{I}(t)$，其间截去一小段长度 l

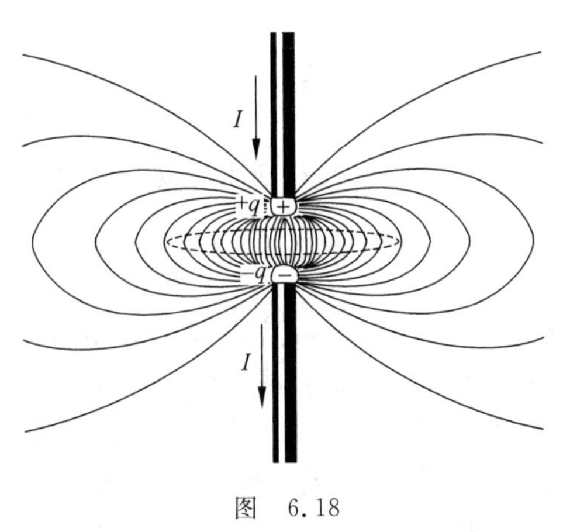

图　6.18

(1) 由毕奥-萨伐尔定律(简称毕-萨定律)求传导电流在 l 中垂面上激发的磁场。首先要说明的是似稳条件下毕奥-萨伐尔定律仍成立，那么所求场点的磁场是两个半无限长直电流场强的叠加。利用一段直电流激发磁场公式 $B_l=\frac{\mu_0 I}{4\pi R}(\cos\theta_1-\cos\theta_2)$，两个半无限长直电流激发的磁场为

$$B=2\cdot\frac{\mu_0 I}{4\pi R}(\cos\theta_1-\cos\theta_2)=\frac{\mu_0 I}{2\pi R}\left[1-\frac{l/2}{\sqrt{R^2+(l/2)^2}}\right]$$

方向符合电流 I 的右手螺旋法则。

文献(赵凯华.位移电流不激发磁场简例.大学物理,2001,20(6):44-45)采用的是补偿法,很巧妙地求出了上面的结果。考虑如果补上截去的一小段直电流就成为无限长载流直导线,所求场点的磁场就是无限长直电流激发的磁场减去长 l 一段直电流的磁场。对于长 l 一段直电流中垂面上激发的磁场有

$$B_l = \frac{\mu_0 I}{4\pi R}(\cos\theta_1 - \cos\theta_2) = \frac{\mu_0 I}{4\pi R}\cdot 2\cdot\frac{l/2}{\sqrt{R^2+(l/2)^2}} = \frac{\mu_0 I}{2\pi R}\cdot\frac{l/2}{\sqrt{R^2+(l/2)^2}}$$

所以有

$$B = \frac{\mu_0 I}{2\pi R} - \frac{\mu_0 I}{2\pi R}\cdot\frac{l/2}{\sqrt{R^2+(l/2)^2}} = \frac{\mu_0 I}{2\pi R}\left[1-\frac{l/2}{\sqrt{R^2+(l/2)^2}}\right]$$

(2) 利用全电流环路定理求此处的磁场。由对称性,在中垂面上取一半径为 R 的圆形环路 L,见图 6.19。穿过此环路为边界的圆平面只有位移电流,全电流定理为

$$\oint_L \boldsymbol{B}\cdot \mathrm{d}\boldsymbol{l} = \mu_0(I+I_\mathrm{d}) = \mu_0 I_\mathrm{d}$$

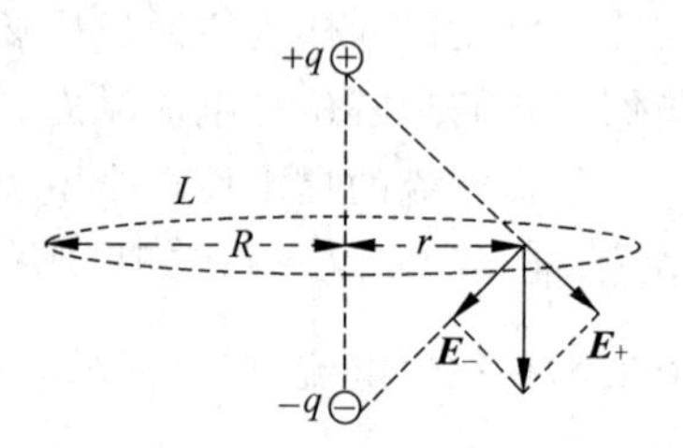

图 6.19

此时导线两端上电量为 $\pm q(t)$,作为电偶极子其中垂面上电场为 $E=\frac{1}{4\pi\varepsilon_0}\cdot\frac{ql}{[r^2+(l/2)]^{3/2}}$,通过 L 环路为边界圆平面的电通量为

$$\Phi_\mathrm{e} = \int_0^R 2\pi r E\,\mathrm{d}r = \frac{q}{\varepsilon_0}\left[1-\frac{l/2}{\sqrt{R^2+(l/2)^2}}\right]$$

通过此环路为边界圆平面的位移电流

$$I_\mathrm{d} = \varepsilon_0\frac{\mathrm{d}\Phi_\mathrm{e}}{\mathrm{d}t} = \frac{\mathrm{d}q}{\mathrm{d}t}\left[1-\frac{l/2}{\sqrt{R^2+(l/2)^2}}\right] = I\left[1-\frac{l/2}{\sqrt{R^2+(l/2)^2}}\right]$$

由全电流定理 $\oint_L \boldsymbol{B}\cdot\mathrm{d}\boldsymbol{l} = 2\pi RB = \mu_0 I_\mathrm{d}$,可得所求磁场大小为

$$B = \frac{\mu_0 I}{2\pi R}\left[1-\frac{l/2}{\sqrt{R^2+(l/2)^2}}\right]$$

其方向符合电流 I 的右手螺旋法则,这和上面用毕-萨定律所求得的结果是一样的。

场点的磁场是确定的,不过谁是场的源?毕-萨定律是以实验为基础的,传导电流激发周围的磁场是没有异议的,因此我们可以合理地认为此空间磁场是传导电流所激发。虽以全电流定理通过位移电流也同样可以求出场点的磁场,但只是说明场的环流与位移电流有关,而不能确定位移电流就是场的源,此种情况下位移电流对磁场的贡献为零。

2. 低速运动电荷的磁场

如图 6.20 所示,真空中有一电荷 $+q$ 在 x 向以速度 $v(v\ll c)$ 运动,t 时刻位于坐标原点 O,而经 $\mathrm{d}t$ 时间运动到 A 点,$\mathrm{d}x=\overline{OA}=v\mathrm{d}t$。

(1) 由毕-萨定律可以直接得到此运动电荷在 p 点激发的磁场为

$$B = \frac{\mu_0}{4\pi}\cdot\frac{qv\sin\theta}{r^2}$$

方向为 x 向的右手螺旋方向。

(2) 利用全电流环路定理求此处的磁场。考虑问题的对称性,取圆心在 x 轴上,其圆面

垂直 x 轴的圆周回路 L，其半径为 $r\sin\theta$。圆周上各点的 $\boldsymbol{B}$ 的大小相等。全电流定理 $\oint_L \boldsymbol{B}\cdot \mathrm{d}\boldsymbol{l} = \mu_0(I+I_\mathrm{d})$ 中，其左边环流积分 $\oint_L \boldsymbol{B}\cdot \mathrm{d}\boldsymbol{l} = 2\pi r\sin\theta B$。取以回路为边界的如图 6.20 所示的 S 面，它是以 O 为球心、半径为 r 的球面的一部分。显然 S 面没有电流（运流）通过，全电流定理右边 $\oint_L \boldsymbol{B}\cdot \mathrm{d}\boldsymbol{l} = \mu_0 I_\mathrm{d}$ 只有位移电流项。因为 S 对原点 O 所张的立体角

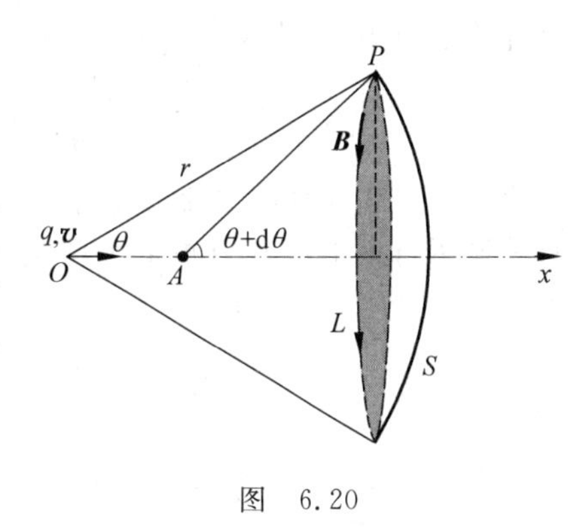

图　6.20

$$\Omega_O = \frac{2\pi r^2(1-\cos\theta)}{r^2} = 2\pi(1-\cos\theta)$$

低速运动电荷的电场分布的相对论效应可忽略，所以 t 时刻通过 S 面的电通量应为

$$\Phi_\mathrm{e} = \int_S \boldsymbol{E}_\mathrm{t}\cdot \mathrm{d}\boldsymbol{S} = \frac{q}{\varepsilon_0}\cdot\frac{\Omega_O}{4\pi} = \frac{q}{2\varepsilon_0}(1-\cos\theta)$$

因为 $r\mathrm{d}\theta = \mathrm{d}x\sin\theta = v\mathrm{d}t\sin\theta$，所以有 $\mathrm{d}\Phi_\mathrm{e} = \frac{q}{2\varepsilon_0}\sin\theta\mathrm{d}\theta = \frac{q}{2\varepsilon_0 r}\sin^2\theta v\mathrm{d}t$，对应的位移电流为

$$I_\mathrm{d} = \varepsilon_0\frac{\mathrm{d}\Phi_\mathrm{e}}{\mathrm{d}t} = \frac{qv}{2r}\sin^2\theta$$

因此有

$$\oint_L \boldsymbol{B}\cdot \mathrm{d}\boldsymbol{l} = 2\pi r\sin\theta B = \mu_0 I_\mathrm{d} = \mu_0\frac{qv}{2r}\sin^2\theta$$

同样得到 p 点的磁场 $B = \frac{\mu_0}{4\pi}\cdot\frac{qv\sin\theta}{r^2}$，方向与 x 正向成右手螺旋。

此例中，毕-萨定律给出的是运动电荷（运流）的磁场，由全电流定律通过位移电流也得出了同样的结果。空间场是确定的，应该说此场是运动电荷所激发，运动电荷（真实电流）是场的源，而位移电流在此例中同样对空间磁场的贡献为零。

3. 圆平板电容器充电时极板间的磁场

如图 6.21 所示，极板半径为 R 的圆平行板电容器，以沿电容器轴线延长到无限远的馈电导线中的传导电流 I 充电，I 随时间的变化率很小（似稳情况），且两极间距离和半径 R 相比很小（忽略边缘效应）。

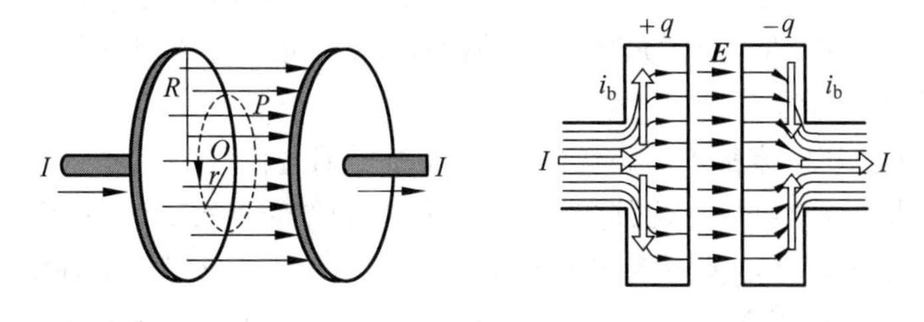

图　6.21

(1) 由毕-萨定律直接求传导电流在极板间 p 点激发的磁场。传导电流在 p 点的磁场是馈线电流 I 和沿极板径向流动的电流 i_b 在 p 点产生的磁场的叠加。馈线电流 I 是两个

半无限长直电流,在 p 点(距轴线 r)产生的磁场为

$$B_c = 2\times\frac{\mu_0 I}{4\pi r}(\cos\theta_1-\cos\theta_2)=\frac{\mu_0 I}{2\pi r}\left(1-\frac{a}{\sqrt{r^2+a^2}}\right)$$

而沿极板径向流动的电流 i_b 在 p 点产生的磁场计算较为复杂,文献(李元勋.用毕-萨定律计算圆平行板电容器极板上电流的磁场.大学物理,1996,15(1):21-24)给出在 $r\gg R$ 和 $r\ll R$ 的场点的计算结果为

$$B_b=-\frac{\mu_0 I}{2\pi r}\left(1-\frac{a}{\sqrt{r^2+a^2}}\right)+\frac{\mu_0 I}{2\pi r},\quad r\gg R$$

$$B_b=-\frac{\mu_0 I}{2\pi r}\left(1-\frac{a}{\sqrt{r^2+a^2}}\right)+\frac{\mu_0 Ir}{2\pi R^2},\quad r\ll R$$

两极板上电流在 p 点产生的磁场方向与馈线电流 I 的磁场方向相反。在 $r\gg R$ 和 $r\ll R$ 的场点二者叠加($B=B_c+B_b$)的结果为

$$B=\begin{cases}\dfrac{\mu_0 Ir}{2\pi R^2}, & r\ll R\\[2ex] \dfrac{\mu_0 I}{2\pi r}, & r\gg R\end{cases}$$

(2) 利用全电流环路定理求此处的磁场。分析过 p 点垂直于电场的圆心在中心轴线上半径为 r 的圆面,穿过此圆面的传导电流为零,而当 $r\leqslant R$ 时的位移电流为

$$I_d=\oint_S\varepsilon_0\frac{\partial \boldsymbol{E}}{\partial t}\cdot d\boldsymbol{S}=\pi r^2\varepsilon_0\frac{dE}{dt}=\varepsilon_0\pi r^2\frac{1}{\varepsilon_0\pi R^2}\cdot\frac{dq}{dt}=\frac{r^2}{R^2}I$$

由于全电流的连续性,当 $r\geqslant R$ 时穿过上述圆面的位移电流为 $I_d=\oint_S\varepsilon_0\dfrac{\partial \boldsymbol{E}}{\partial t}\cdot d\boldsymbol{S}=I$。由真空中全电流定理给出

$$\oint_L\boldsymbol{B}\cdot d\boldsymbol{l}=2\pi rB=\begin{cases}\dfrac{r^2}{R^2}I, & r\leqslant R\\[2ex] I, & r\geqslant R\end{cases}$$

得

$$B=\begin{cases}\dfrac{\mu_0 Ir}{2\pi R^2}, & r\leqslant R\\[2ex] \dfrac{\mu_0 I}{2\pi r}, & r\geqslant R\end{cases}$$

由毕-萨定律直接求传导电流的磁场和通过位移电流利用全电流环路定理求空间磁场这两种方法给出了在 $r\gg R$ 及 $r\ll R$ 的场点的同样结果,再一次说明在似稳情况下全空间的位移电流对磁场的贡献为零。

在以上例子中位移电流都不是磁场的源,但又都是通过位移电流计算出了空间磁场,就是说似稳情况下计算磁场时可以把位移电流(变化的电场)作为真实电流的"替代工具",从"替代工具"的意义上可以说位移电流与真实电流在产生磁场方面"等效"。上面的例子中位移电流对激发磁场没有贡献,说明它和真实电流不是以同样的方式激发磁场,但并没有说位移电流不激发磁场。有介质时,一般位移电流密度用 $\boldsymbol{j}_d=\dfrac{\partial \boldsymbol{D}}{\partial t}=\varepsilon_0\dfrac{\partial \boldsymbol{E}}{\partial t}+\dfrac{\partial \boldsymbol{P}}{\partial t}$(其中 $\boldsymbol{P}$ 是电极化强度)表示,$\varepsilon_0\dfrac{\partial \boldsymbol{E}}{\partial t}$这一部分位移电流不伴随着电荷的运动,似稳情况下它对空间磁场的贡献为零;

而$\frac{\partial \boldsymbol{P}}{\partial t}$这一部分位移电流是电极化强度随时间的变化率，它伴随着极化电荷的微观运动，对空间磁场是有贡献的。我们再看既无真实电流又无电荷的自由空间情况，麦克斯韦积分方程为

$$\begin{cases}\oint\!\!\!\oint_S \boldsymbol{E}\cdot \mathrm{d}\boldsymbol{S}=0\\ \oint\!\!\!\oint_S \boldsymbol{B}\cdot \mathrm{d}\boldsymbol{S}=0\\ \oint_L \boldsymbol{E}\cdot \mathrm{d}\boldsymbol{l}=-\iint_S \frac{\partial \boldsymbol{B}}{\partial t}\cdot \mathrm{d}\boldsymbol{S}\\ \oint_L \boldsymbol{B}\cdot \mathrm{d}\boldsymbol{l}=\mu_0\iint_S\left(\varepsilon_0\frac{\partial \boldsymbol{E}}{\partial t}\right)\cdot \mathrm{d}\boldsymbol{S}\end{cases}$$

尽管由全电流环路定理的积分形式不能确定到底谁是磁场的源，不过自由空间麦克斯韦方程中的涡旋磁场的源也只能是唯一的变化电场(位移电流)，其中法拉第电磁定律表明这个电场是涡旋的感应电场，而此感应电场唯一的源又是变化的涡旋磁场。这说明：变化的涡旋电场激发涡旋磁场，变化的涡旋磁场又会激发涡旋电场，这正是电磁波传播的基本机制。而在上面例子中，似稳情况下变化的不是涡旋电场，因此全空间位移电流对磁场的贡献为零。不过需说明的一点是，关于位移电流激发磁场的问题现在还存在着争论，物理学也正是在争论中发展的。

6.4　测验题

6.4.1　选择题

1. 一闭合正方形线圈置于均匀磁场中，绕通过其中心且与一边平行的转轴 OO' 转动，转轴与磁场方向垂直，转动角速度为 ω，如图 6.22 所示。为使线圈中感应电流的幅值增加到原来的两倍(导线的电阻不能忽略)，就必须(　　)。

(A) 把线圈的匝数增加到原来的 2 倍

(B) 把线圈的面积增加到原来的 2 倍，但形状不变

(C) 把线圈切割磁感线的两条边增长到原来的 2 倍

(D) 把线圈的角速度增大到原来的 2 倍

2. 在圆柱形空间内有一磁感应强度为 $\boldsymbol{B}$ 的均匀磁场，它随时间的变化率为$\frac{\mathrm{d}B}{\mathrm{d}t}=k$，此处 k 为非零的常量。有一长度为 L 的金属棒先后放在磁场的两个不同位置 ab 和 $a'b'$处，如图 6.23 所示，则金属棒在这两个位置时，棒内感应电动势的大小关系为(　　)。

(A) $\varepsilon_{a'b'}=\varepsilon_{ab}\neq 0$　　(B) $\varepsilon_{a'b'}>\varepsilon_{ab}$

(C) $\varepsilon_{a'b'}<\varepsilon_{ab}$　　(D) $\varepsilon_{a'b'}=\varepsilon_{ab}=0$

3. 一个电阻为 R、自感系数为 L 的线圈，接在一个电动势为 $\varepsilon(t)$的交变电源上，线圈的自感电动势为 $\varepsilon_L=-L\frac{\mathrm{d}I}{\mathrm{d}t}$，则流过此线圈的电流为(　　)。

(A) $\varepsilon(t)/R$　　(B) $(\varepsilon(t)-\varepsilon_L)/R$

(C) $(\varepsilon(t)+\varepsilon_L)/R$　　(D) ε_L/R

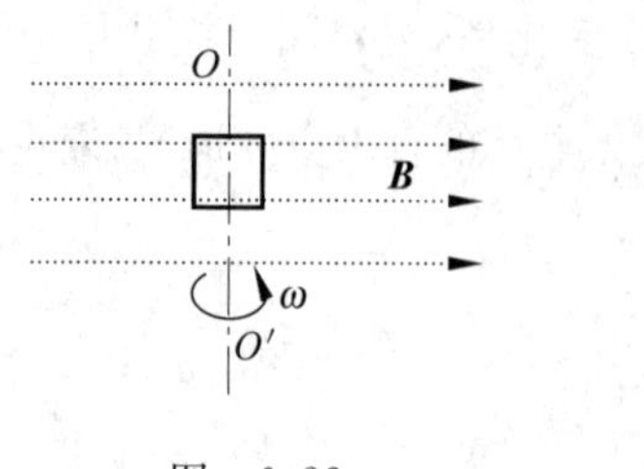

图 6.22

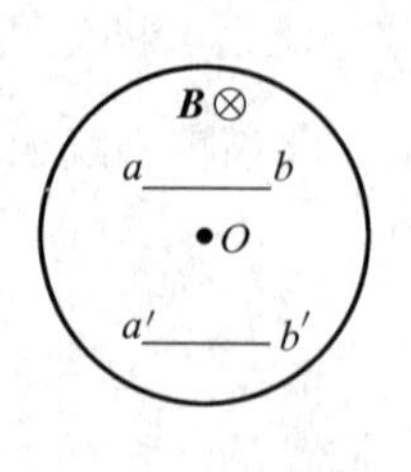

图 6.23

4. 在感生电场中电磁感应定律可写成$\oint_L \boldsymbol{E}_k \cdot d\boldsymbol{r} = -d\Phi/dt$,式中$\boldsymbol{E}_k$为感生电场的电场强度。此式表明(　　)。

(A) 闭合曲线L上$\boldsymbol{E}_k$处处相等

(B) 感生电场是非保守力场

(C) 感生电场的电场线是非闭合曲线

(D) 在感生电场中可以像静电场那样引入电势的概念

5. 如图6.24所示,平板电容器(忽略边缘效应)充电时,考虑沿环路L_1、L_2的磁场强度$\boldsymbol{H}$的环流,必有(　　)。

(A) $\oint_{L_1} \boldsymbol{H} \cdot d\boldsymbol{l} > \oint_{L_2} \boldsymbol{H} \cdot d\boldsymbol{l}$　　(B) $\oint_{L_1} \boldsymbol{H} \cdot d\boldsymbol{l} = \oint_{L_2} \boldsymbol{H} \cdot d\boldsymbol{l}$

(C) $\oint_{L_1} \boldsymbol{H} \cdot d\boldsymbol{l} < \oint_{L_2} \boldsymbol{H} \cdot d\boldsymbol{l}$　　(D) $\oint_{L_1} \boldsymbol{H} \cdot d\boldsymbol{l} = 0$

6. 如图6.25所示,导体棒AB在均匀磁场$\boldsymbol{B}$中绕通过C点的垂直于棒长且沿磁场方向的轴OO'转动(角速度$\boldsymbol{\omega}$与$\boldsymbol{B}$同方向),BC的长度为棒长的1/3,则(　　)。

(A) A点比B点电势高　　(B) A点与B点电势相等

(C) A点比B点电势低　　(D) 有稳恒电流从A点流向B点

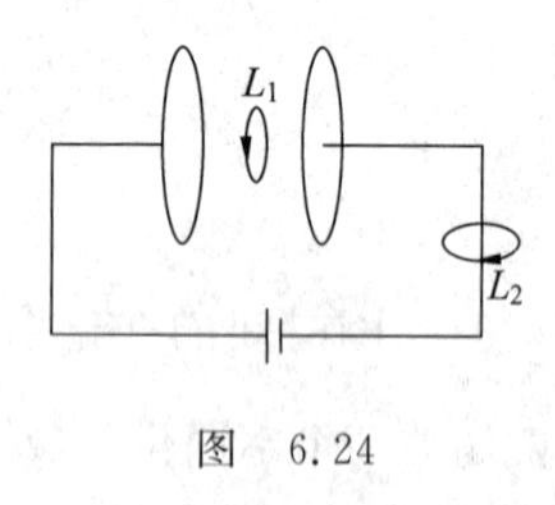

图 6.24

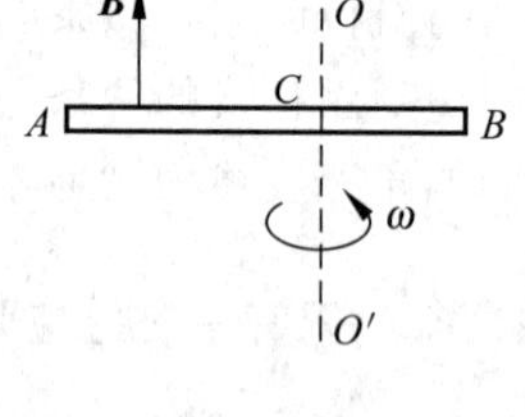

图 6.25

7. 在长直导线附近,有一长方形金属薄片P(重量极轻)与导线共面,如图6.26所示。当导线中突然通过大电流时,由于电磁感应,薄片中将产生涡电流,则薄片将(　　)。

(A) 向右运动　(B) 向左运动　(C) 发生转动　(D) 静止不动

8. 如图6.27所示,一导体棒ab在均匀磁场中沿金属导轨向右作匀加速运动,则在电容器的M极板上(　　)。

(A) 带有一定量的正电荷　　(B) 带有一定量的负电荷

(C) 带有越来越多的正电荷　　(D) 带有越来越多的负电荷

9. 图 6.28 所示为一圆柱体的横截面,圆柱体内有一均匀电场 $\boldsymbol{E}$,其方向垂直纸面向里,$\boldsymbol{E}$ 的大小随时间 t 线性增加。P 为圆柱体内与轴线相距为 r 的一点,则(　　)。

(A) P 点位移电流方向垂直纸面向外,感生磁场方向竖直向下

(B) P 点位移电流方向垂直纸面向里,感生磁场方向竖直向下

(C) P 点位移电流方向垂直纸面向外,感生磁场方向竖直向上

(D) P 点位移电流方向垂直纸面向里,感生磁场方向竖直向上

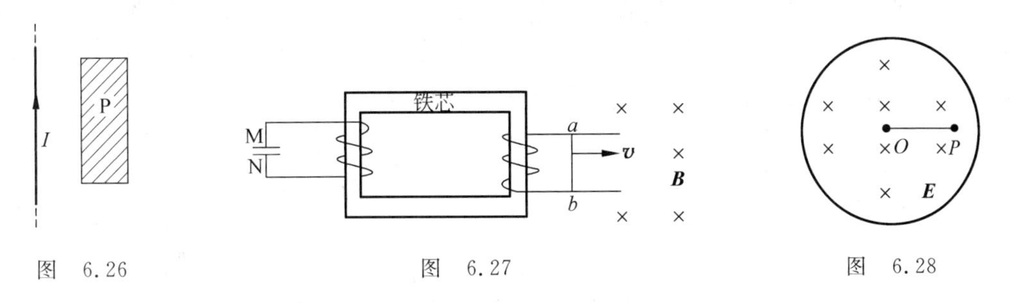

图　6.26　　　图　6.27　　　图　6.28

6.4.2　填空题

1. 如图 6.29 所示,在一长直导线中通有电流 I,$ABCD$ 为一矩形线圈,它与长直导线皆在纸面内,且 AB 边与长直导线平行。若矩形线圈绕 AD 边旋转,当 BC 边已离开纸面正向外运动时,线圈中感应电动势的方向为________。

2. 平行板电容器的电容 $C=10\times10^{-6}$ F,两板的电压变化率为 $\mathrm{d}V/\mathrm{d}t=1.5\times10^{5}$ V/s,则该平板电容器上的位移电流 $I_\mathrm{d}=$________。

3. 有两个长直密绕螺线管,长度及线圈匝数均相同,半径分别为 r_1 和 r_2,管内充满均匀介质,其磁导率分别为 μ_1 和 μ_2,设 $r_1:r_2=1:2$,$\mu_1:\mu_2=2:1$。当将两只螺线管串联在电路中通电流稳定后,其自感系数之比 $L_1:L_2=$________,自感磁能之比 $W_{\mathrm{m1}}:W_{\mathrm{m2}}=$________。

4. 如图 6.30 所示,电量 Q 均匀分布在一半径为 R、长为 $L(L\gg R)$的绝缘长圆筒上。一单匝矩形线圈的一个边与圆筒的轴线重合。若筒以角速度 $\omega=\omega_0(1-t/t_0)$线性减速旋转,则线圈中的感应电流为________。

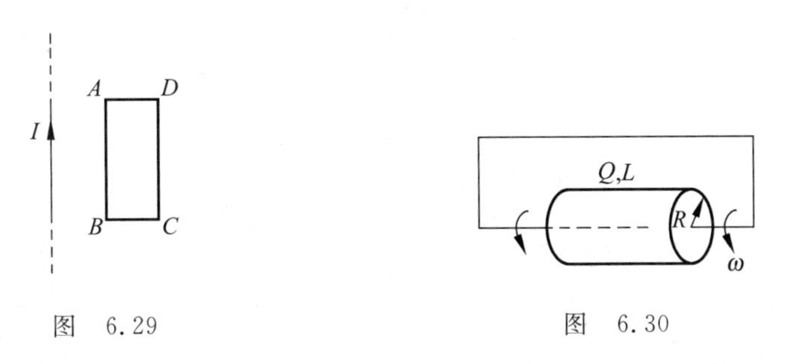

图　6.29　　　图　6.30

5. 在某一时刻,半径为 R 的无限长通电螺线管的截面上的磁场方向如图 6.31 所示。现有两根长为 $2R$ 的金属棒 AA_1、BB_1,一根(AA_1)放在圆柱截面的直径位置,另一根(BB_1)与 AA_1 平行,放在圆柱体外。金属棒 AA_1、BB_1 又分别用导线和电流计连成回路。当磁感应强度以 $\mathrm{d}B/\mathrm{d}t\neq0$ 变化时,金属棒 AA_1 的电动势 $\varepsilon_1=$________,BB_1 所连接的回路中的电

流 i_2=________。

6. 如图6.32所示,在光滑的水平面上,有一可绕竖直的固定轴 O 自由转动的刚性扇形封闭导体回路 $OACO$,其半径 $OA=l$,回路总电阻为 R,在 MON 区域内为均匀磁场 B,其方向垂直水平面向下。已知 OA 边进入磁场时的角速度为 ω,则此时导体回路内的电流大小为________,因此导体回路所受的电磁阻力矩大小为________。

7. 如图6.33所示,半径为 R 的圆形区域内有垂直纸面向里的匀强磁场 B,它随时间的变化率为 $dB/dt=k$,此处 k 是一个正的常量。导体棒 MN 的长度为 $2R$,其中一半在圆内,因电磁感应,棒的________端为正极,棒的感应电动势大小为________。

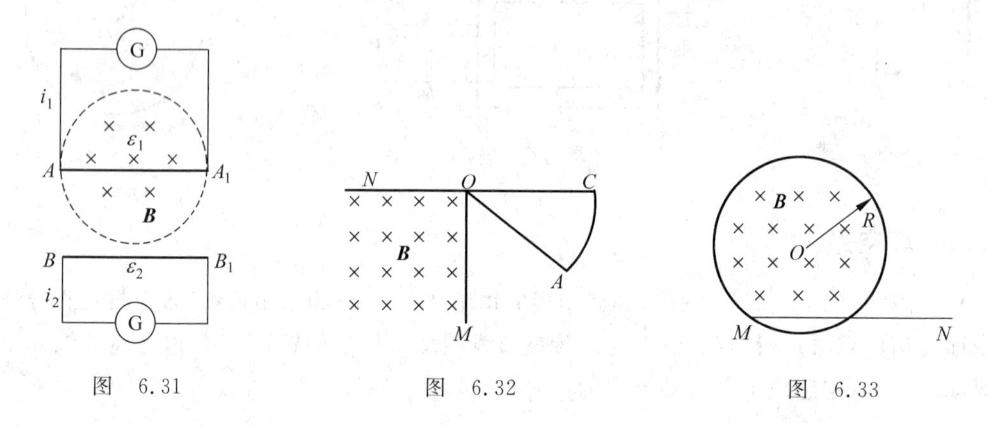

图 6.31　　图 6.32　　图 6.33

6.4.3 计算题

1. 一半径为 a、电阻为 R 的平面圆环置于磁场 $\boldsymbol{B}$ 中,磁场的大小为 $B=B_0e^{-bt}$(b 为常数),各点的磁场方向一致,均垂直于圆环平面,如图6.34所示。试计算通过圆环某一截面的电量。

2. 如图6.35所示,长为 l 的导体棒 OP 处于均匀磁场中,绕轴 OO' 以角速度 ω 旋转,棒与转轴间夹角恒为 θ,磁感应强度 B 与转轴平行。求 OP 棒在图示位置处的电动势。

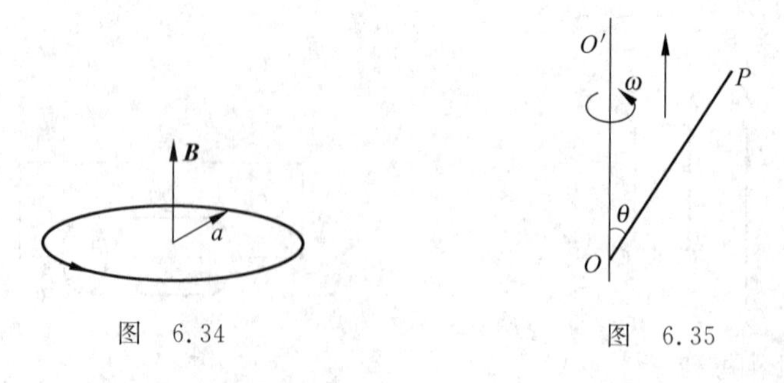

图 6.34　　图 6.35

3. 如图6.36所示,用一根硬导线弯成一个半径为 r 的半圆,使这根半圆形导线在磁感应强度为 B 的匀强磁场中以角速度 ω 旋转,整个电路的电阻为 R。求感应电流的表达式。

4. 如图6.37所示,金属杆 AOC 以恒定速度 $\boldsymbol{v}$ 在均匀磁场 $\boldsymbol{B}$ 中垂直于磁场方向运动,已知 $AO=OC=L$,求杆中的动生电动势。

5. 如图 6.38 所示，一长圆柱状磁场，磁场方向沿轴线并垂直纸面向里，磁场大小既随到轴线的距离 r 成正比而变化，又随时间 t 作正弦变化，即 $\boldsymbol{B}=\boldsymbol{B}_0 r\sin\omega t$，$B_0$、$\omega$ 为不为零的常数。若在磁场中放一半径为 a 的金属圆环，环心在圆柱状磁场的轴线上，求金属环中的感应电动势。

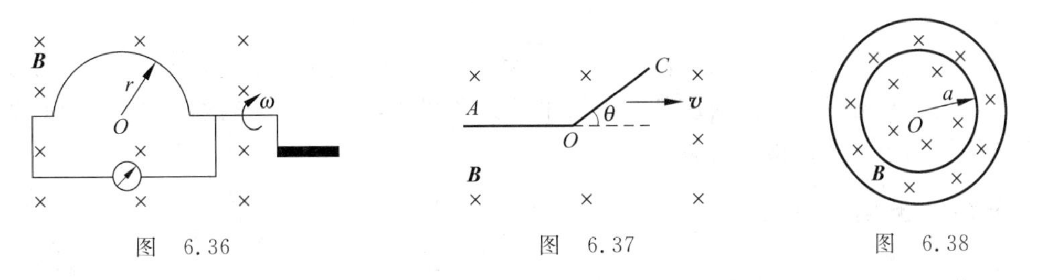

图　6.36　　图　6.37　　图　6.38

参考答案

6.4.1　1. D；　2. B；　3. C；　4. B；　5. C；　6. A；　7. A；　8. B；　9. B。

6.4.2　1. $ADCBA$ 绕向；　2. 1.5 A；　3. 1∶2，1∶2；　4. 0；　5. 0，0；　6. $\dfrac{\omega Bl^2}{2R}$，$\dfrac{\omega B^2 l^4}{4R}$；　7. N，$\dfrac{1}{4}\left(\sqrt{3}+\dfrac{\pi}{3}\right)kR^2$。

6.4.3　1. $q=\dfrac{\pi a^2 B_0}{R}(1-e^{-bt})$；　2. $\varepsilon_i=\dfrac{1}{2}\omega B(l\sin\theta)^2$；　3. $i(t)=\dfrac{\pi r^2 B\omega}{2R}\sin\omega t$；　4. $\varepsilon_i=vBL\sin\theta$，方向：$O\to C$；　5. $\varepsilon_i=-\dfrac{2}{3}\pi B_0\omega a^3\cos\omega t$。

*基于相对论的电磁学的思考题解答

(说明：因为张三慧先生编著的第3版《大学物理学　基于相对论的电磁学》一册的思考题中很大一部分已在前边对应章节中给出了参考解答，下面只是按此册的章节顺序对前面尚未解答的思考题的参考解答。)

一、电荷　电场　静电场

1. 电场是通过什么现象认定的？电场强度又是通过什么定义的？

答　在法拉第之前，人们认为两个电荷之间的电力是超距作用，一个电荷对另一电荷的电力是隔着一定的空间直接给予的，不需要中间物质，也不需要时间。19世纪30年代，法拉第通过自己发现的电磁感应现象认定电荷周围存在着由它产生的电场，其他电荷受到这一电荷作用力是通过此电场给予的，即电荷间的相互作用是通过中间介质"场"来传递的，这种传递是需要时间的。近代物理学理论和实验完全证实了法拉第的"场"的认定是正确的，电(磁)场可以脱离电荷(或电流)独立存在，以有限速度在运动(传播)，在真空中就是光速，它和实物一样具有能量、动量等属性，是客观世界物质的一种形态。

电场强度定义为

$$\boldsymbol{E}=\lim_{q_0\to 0}\frac{\boldsymbol{F}}{q_0}$$

式中，q_0 是检验电荷，$\boldsymbol{F}$ 是检验电荷受到的力。从物理上讲，式中的"极限"至少目前不能要求检验电荷小于 e，只是要求电荷要足够小，使得它的置入不引起原有电荷的重新分布。从数学上讲，"极限"要求其线度足够小以致可以看做点电荷，以便确定空间点的性质。在检验电荷满足这两个条件下，电场强度操作定义又可写为

$$\boldsymbol{E}=\frac{\boldsymbol{F}}{q_0}$$

2. 电场叠加原理是建立在电荷相互作用的什么特点的基础上的？

答　电荷相互作用特点(实验事实)是：当空间有两个以上点电荷时，作用在每一个电荷上的总静电力等于其他点电荷单独存在时作用于该电荷的静电力的矢量和，即

$$\boldsymbol{F}=\boldsymbol{F}_1+\boldsymbol{F}_2+\cdots+\boldsymbol{F}_n$$

这就是静电力的叠加原理。那么，根据上题所叙述的电场强度的操作定义 $\boldsymbol{E}=\boldsymbol{F}/q_0$，一定有

$$\boldsymbol{E}=\frac{\boldsymbol{F}}{q_0}=\frac{\boldsymbol{F}_1}{q_0}+\frac{\boldsymbol{F}_2}{q_0}+\cdots+\frac{\boldsymbol{F}_n}{q_0}=\boldsymbol{E}_1+\boldsymbol{E}_2+\cdots+\boldsymbol{E}_n=\sum_i\boldsymbol{E}_i$$

在 n 个点电荷产生的电场中，某点的电场强度等于各个点电荷单独存在时在该点产生的电场场强的矢量叠加，这就是电场叠加原理。

3. 通过一个封闭面的电通量和电场线的关系如何？

答　对闭合曲面，规定自内向外的方向为各处面元法向的正方向，如图1所示。用电场

线的图像来说，这表示当电场线从内部穿出，图中 $0\leqslant\theta\leqslant\pi/2$，通过此处面元的电通量 $\mathrm{d}\Phi_e$ 为正；当电场线从外面穿入，图中 $\pi/2<\theta\leqslant\pi$，通过此处面元的电通量 $\mathrm{d}\Phi_e$ 为负。通过整个封闭面的电通量 Φ_e 就等于穿入与穿出封闭面的电场线的条数之差，也就是净穿出封闭面的电场线的总条数。

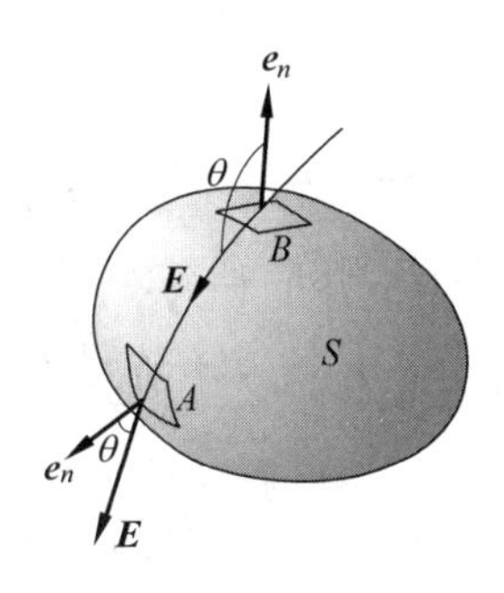

图　1

4. 高斯定理的内容如何？其结论和封闭面内电荷的运动是否有关？

答　高斯定理是用电通量表示电场和场源电荷关系的定理，其内容为通过一个任意闭合曲面 S 的电通量 Φ_e 等于该面所包围的所有电量的代数和 $q\left(\sum_i q_i\right)$ 除以 ε_0，与闭合面外的电荷无关。

高斯定理的数学表达式为

$$\oint_S \boldsymbol{E}\cdot \mathrm{d}\boldsymbol{S} = q/\varepsilon_0$$

$\oint_S$ 表示沿一个闭合曲面 S 的积分，闭合曲面 S 习惯上称为高斯面。

因为高斯定理中闭合曲面 S 上各处的 $\boldsymbol{E}$ 既可以是惯性系中静电荷的电场，又可以是运动电荷的电场，也就是说对任何电场高斯定理都适用，所以封闭面内的电荷是否运动不影响高斯定理的结论。

5. 如何用高斯定理说明，在空间无电荷处电场线是连续的？又如何说明正电荷总是电场线的起点，而负电荷总是电场线的终点？

答　假设某处无电荷，但电场线在此处中断，可在此处作一很小的闭合曲面包围电场线断头，如图2(a)所示。由于有电场线只穿入而未穿出闭合曲面，其电通量 $\oint_S \boldsymbol{E}\cdot \mathrm{d}\boldsymbol{S}$ 不等于零；而此处又无电荷，闭合曲面内的电荷代数和 $q=\sum_i q_i=0$，这将使得高斯定理

$$\oint_S \boldsymbol{E}\cdot \mathrm{d}\boldsymbol{S} = \sum_i q_{i内}/\varepsilon_0$$

不成立。所以上述假设不成立，即电场线不能在无电荷处中断，空间无电荷处电场线一定是连续的。

同样把电场线的起点或终点用小的封闭面（高斯面）包围起来，则必然有电场线从前者穿出（图2(b)），电通量 $\Phi_e>0$；有电场线从后者穿入（见图2(c)），电通量 $\Phi_e<0$。根据高斯定理，$\Phi_e>0$ 说明图2(b)中小的高斯面内必有正电荷；$\Phi_e<0$ 说明图2(c)的小高斯面内必有负电荷。可见正电荷总是电场线的起点，而负电荷总是电场线的终点。

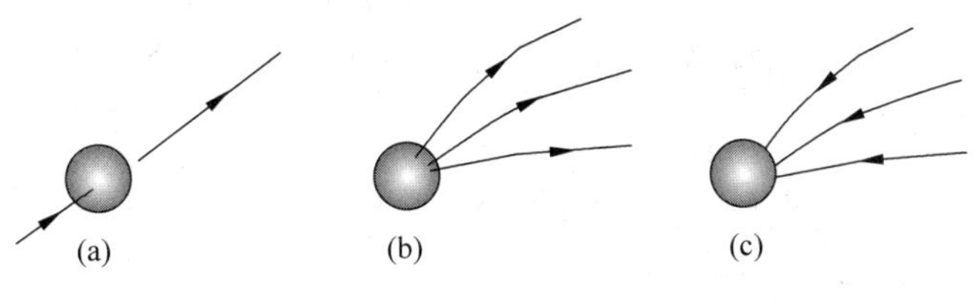

图　2

6. 可否直接用高斯定理求一个电偶极子的电场分布？通过包围一个电偶极子的高斯面的电通量是多少？

答 在一个参考系内能够用高斯定理求出电场的分布，要求场源电荷具有某种对称性，比如球对称、轴对称、镜像反射对称等，在它们的电场分布中可以找到合适的高斯面能够使积分$\oint_S \boldsymbol{E}\cdot\mathrm{d}\boldsymbol{S}$中的$\boldsymbol{E}$以标量形式从积分号内提出来。这样的带电体系并不多。

一个电偶极子的电场分布如图3所示，我们找不到上面所说的高斯面，所以不可以用高斯定理求一个电偶极子的电场分布。当然高斯定理是适用于电偶极子电场的，通过包围一个电偶极子的高斯面的电通量是零，因为此高斯面内的电荷代数和等于零。

7. 库仑定律的内容是什么？如何由高斯定理导出库仑定律？请找另一本物理书看一下如何由库仑定律导出关于静电场的高斯定理。

答 如图4所示，库仑定律的内容是：在真空中，两个静止点电荷q_1与q_2之间相互作用力的大小与其带电量q_1和q_2的乘积成正比，与它们之间距离r的平方成反比；作用力的方向沿着它们的连线；同号电荷相斥，异号电荷相吸。其数学表达式为

$$\boldsymbol{F}_{21}=k\frac{q_1q_2}{r^2}\boldsymbol{e}_{21}$$

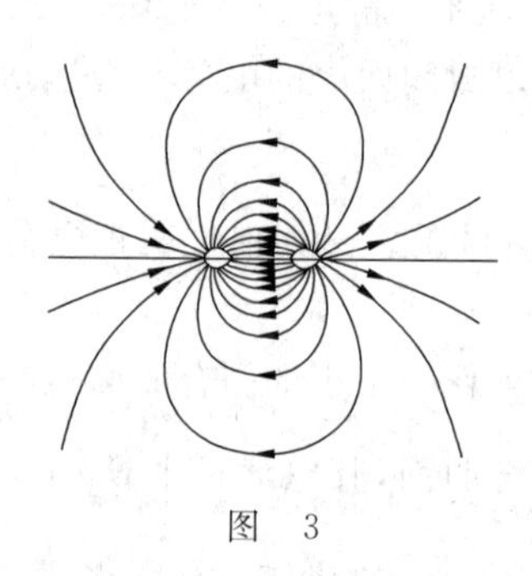

图 3

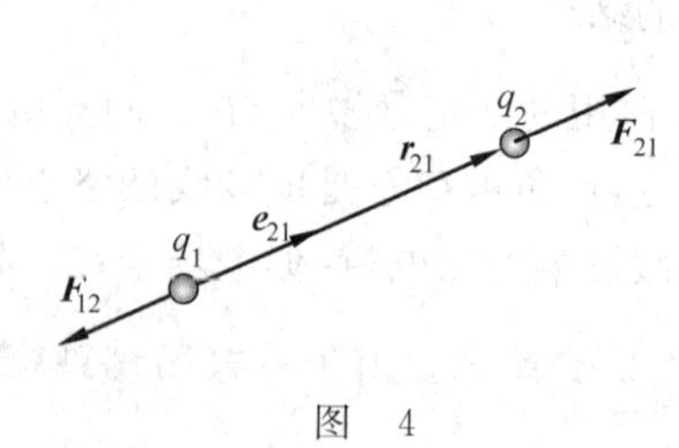

图 4

$\boldsymbol{F}_{21}$为q_2受到q_1的库仑力，$\boldsymbol{e}_{21}$为施力电荷指向受力电荷的单位矢量。通常引入另一个常数ε_0代替k，使$k=\frac{1}{4\pi\varepsilon_0}$，上面库仑定律的数学形式可写成

$$\boldsymbol{F}_{21}=\frac{q_1q_2}{4\pi\varepsilon_0r^2}\boldsymbol{e}_{21}$$

ε_0称为真空介电常数，也叫真空电容率，其近似值为$\varepsilon_0=8.85\times10^{-12}\mathrm{C}^2/(\mathrm{N}\cdot\mathrm{m}^2)$。

下面由高斯定理导出库仑定律。

自由空间是均匀且各向同性的。由于点电荷q具有以自身为中心的球对称分布，因此它的电场分布也具有以自身为中心的球对称性。因此，取以q为中心、半径为r的闭合球面S为高斯面，高斯面上每点的场强都相等，其方向沿矢径$\boldsymbol{r}$的方向而与球面S处处垂直。通过高斯面S的电通量为

$$\Phi_e=\oint_S\boldsymbol{E}\cdot\mathrm{d}\boldsymbol{S}=\oint_S E\mathrm{d}S=E\oint_S\mathrm{d}S=E\cdot4\pi r^2$$

面内包围的电荷为q，由高斯定理有

$$E\cdot4\pi r^2=q/\varepsilon_0$$

得

$$E=\frac{q}{4\pi\varepsilon_0 r^2}$$

考虑到方向，点电荷 q 在自由空间内的电场分布为

$$\boldsymbol{E}=\frac{q}{4\pi\varepsilon_0 r^2}\boldsymbol{e}_r$$

这就是点电荷的场强公式。如果把另一点电荷 q_0 放在距 q 为 r 的一点上，它所受到的库仑力为

$$\boldsymbol{F}_{\mathrm{e}}=q_0\boldsymbol{E}=\frac{qq_0}{4\pi\varepsilon_0 r^2}\boldsymbol{e}_r$$

这就是库仑定律。

下面由库仑定律和场叠加原理导出静电场的高斯定理。

(1) 通过包围点电荷 q 的闭合曲面的电通量都等于 q/ε_0。如图 5(a)所示，设电场由点电荷 q 激发，以 q 为中心作半径为 r 的球面 S，球面 S 上每点由 q 产生的场强由库仑定律给出为

$$\boldsymbol{E}=\frac{1}{4\pi\varepsilon_0}\frac{q}{r^2}\boldsymbol{e}_r$$

球面 S 上每点场强大小都相等，方向沿矢径 $\boldsymbol{r}$ 的方向而与球面 S 处处垂直。取面元 $\mathrm{d}\boldsymbol{S}$，通过面元 $\mathrm{d}\boldsymbol{S}$ 的电通量为

$$\mathrm{d}\Phi_{\mathrm{e}}=\boldsymbol{E}\cdot\mathrm{d}\boldsymbol{S}=E\mathrm{d}S=\frac{q}{4\pi\varepsilon_0 r^2}\mathrm{d}S$$

所以，通过以 q 为中心、半径为 r 的球面 S 的电通量为

$$\Phi_{\mathrm{e}}=\oint_S\boldsymbol{E}\cdot\mathrm{d}\boldsymbol{S}=\oint_S\frac{q}{4\pi\varepsilon_0 r^2}\mathrm{d}S=\frac{q}{4\pi\varepsilon_0 r^2}\oint_S\mathrm{d}S=\frac{q}{\varepsilon_0}$$

它只与包围的电荷 q 有关，而与半径 r 无关，故通过包围电荷 q 的所有同心球面的电通量都为 q/ε_0。由于从点电荷发出的电场线连续延伸到无限远处，并且又无其他电荷存在，穿过图中包围电荷 q 的任意形状的闭合曲面 S' 的电场线的条数也就是穿过包围同一点电荷 q 的上述同心球面 S 的电场线条数。所以，通过包围点电荷 q 任意闭合曲面的电通量都为 q/ε_0。

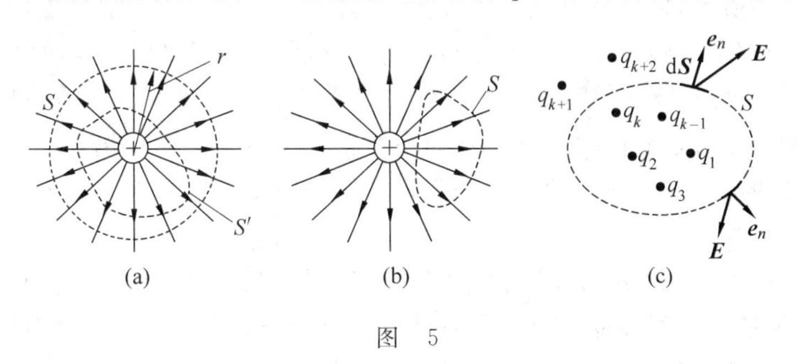

图　5

(2) 通过不包围点电荷 q 的任意闭合曲面 S 的电通量恒为零。如果是一个不包围点电荷 q 的闭合曲面 S，如图 5(b)所示，由于电场线的连续性，穿进的电场线一定要穿出，穿进的电场线的条数等于穿出的电场线条数，亦即穿过闭合曲面 S 的电通量为零。有

$$\Phi_e = \oint_S \boldsymbol{E} \cdot d\boldsymbol{S} = 0$$

(3) 由多个电荷组成的电荷系电场中的闭合曲面 S 的电通量等于它们单独存在时的电通量的代数和。如图5(c)所示,闭合曲面 S 每个面元 $d\boldsymbol{S}$ 上的电场强度 $\boldsymbol{E}$ 是各个电荷产生的电场 $\boldsymbol{E}_1, \boldsymbol{E}_2, \cdots$ 的叠加,即 $\boldsymbol{E}=\boldsymbol{E}_1+\boldsymbol{E}_2+\cdots$,通过闭合曲面 S 的电通量为

$$\begin{aligned}\Phi_e &= \int_S \boldsymbol{E} \cdot d\boldsymbol{S} = \int_S (\boldsymbol{E}_1 + \boldsymbol{E}_2 + \cdots) \cdot d\boldsymbol{S} \\ &= \int_S \boldsymbol{E}_1 \cdot d\boldsymbol{S} + \int_S \boldsymbol{E}_2 \cdot d\boldsymbol{S} + \cdots \\ &= \Phi_1 + \Phi_2 + \cdots\end{aligned}$$

由上面关于点电荷的结论,$q_{k+1}, q_{k+2}, \cdots$ 虽然对 S 面上的电场强度有贡献,但引起 S 面上的电通量为零,所以 S 面上的电通量 Φ_e 为

$$\begin{aligned}\Phi_e &= \int \boldsymbol{E} \cdot d\boldsymbol{S} = \Phi_1 + \Phi_2 + \cdots + \Phi_k \\ &= \frac{q_1}{\varepsilon_0} + \frac{q_2}{\varepsilon_0} + \cdots + \frac{q_k}{\varepsilon_0} = \frac{1}{\varepsilon_0}\sum_1^k q_i = \frac{1}{\varepsilon_0}\sum_{(\text{面内})} q_i\end{aligned}$$

这说明:真空中,通过任意闭合曲面 S 的电通量 Φ_e 等于该曲面所包围电荷的电量代数和 $\sum q_{\text{int}}$ 除以 ε_0,这个结论就是真空中静电场的高斯定理。

由库仑定律和场叠加原理可导出静电场高斯定理,也可由高斯定理和空间各向同性(即对应空间球对称性)导出库仑定律,从此点讲静电场中的高斯定理和库仑定律是等价的。不过要注意的是,库仑定律是静电场的定律,它已包含了空间各向同性,而高斯定理不但适用于静电场而且适用于静电场以外的场,是关于电场的普遍的基本规律。

8. 试根据对称性分析:均匀带电细圆环所围的平面上电场强度处处为零。

答 把一个系统从一个状态变到另一个状态的过程叫做"变换"或者"操作"。如果系统状态在某种操作下不变(完全复原),就说系统具有这种操作下的对称性(或不变性),这种操作称为对称操作。对于事物之间的"因果关系",自然界对称性原理给出:对称的原因必定产生对称的结果。

(1) 如图6(a)所示,取圆环平面上半径为 r 的圆周上一点 p,一般该点电场强度 $\boldsymbol{E}$ 有3个分量,设它们分别为在圆环平面内沿矢径 $\boldsymbol{r}$ 向的分量 $\boldsymbol{E}_r$,沿着圆周切向的分量 $\boldsymbol{E}_t$,垂直平面的 z 向分量 $\boldsymbol{E}_z$。均匀带电细圆环的电荷分布对通过 p 点的环平面具有镜像反射对称性,其电场分布也必定具有这样的对称性。然而在此变换下 p 点 z 向分量 $\boldsymbol{E}_z$ 变为反向,这违背了此处电场分布的不变性。只有此分量等于零才不违反对称性原理,所以 p 点电场强度方向一定在圆环平面内。

(2) 如图6(b)所示,过 p 点和 z 轴作细圆环环平面的垂面,图中 $A—A'$ 为与环平面的交线。同样,均匀带电细圆环的电荷分布对此垂面具有镜像反射对称性,它的电场分布也必定具有这样的对称性。和(1)一样,也只有沿着圆周切向的分量 $\boldsymbol{E}_t$ 等于零才不违反对称性原理,所以 p 点电场强度方向一定是在圆环平面内沿矢径 $\boldsymbol{r}$ 向,且圆心 O 处的场强一定为零。

(3) 对于均匀带电细圆环的轴线,电荷分布具有轴对称性,其电场分布也具有此轴对称性,因此半径为 r 的圆周上各点的场强大小都是一样的。

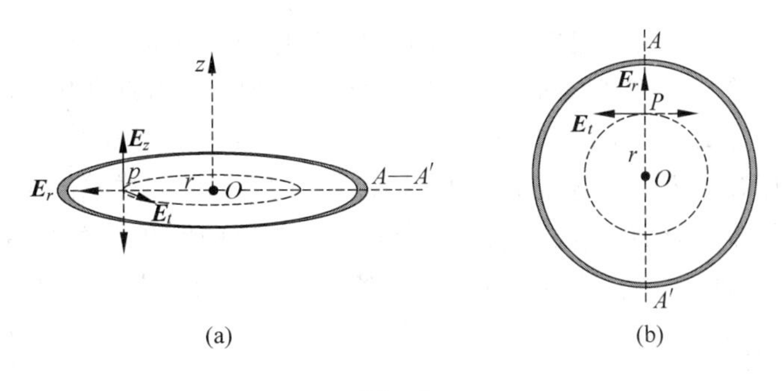

(a)　(b)

图　6

上面从对称性角度定性分析了环平面的场强分布图像。圆心 O 处的场强为零，而靠近细圆环处场强应该很大，圆环环平面上没电荷处沿径向的场强应该是连续的，所以环平面上 $r\neq 0$ 处的场强**不应为零**。其确切大小可由点电荷公式和叠加原理通过对源电荷贡献的积分计算求出。不过，我们对不靠近细圆环处的环平面上的场还是可以作一下近似估计的。

过图 6 中所示的虚线圆周作一个高斯柱面，使两底圆面紧贴细圆环环平面。在忽略环面外的场对高斯面电通量的贡献时（它们的贡献应该较小），由高斯定理给出

$$\oint_S \boldsymbol{E}\cdot \mathrm{d}\boldsymbol{S}=\int_{侧面}E_r\mathrm{d}S=E_r\Delta S_{侧面}=0$$

即 $E_r=0$。也就是说，**在不靠近细圆环处的环平面上场应该是很小的**。

9. 用对称分析和叠加原理证明：均匀带电半球面边缘所围的圆平面上的电场强度处处与该平面垂直。（提示：可设想另一相同带电半球面盖上原半球面形成一个均匀带电球面，然后再分析）

证明　设图 7 中的两个均匀带电半球面 a、b 是一个均匀带电球面被通过球心的截面 π 分开的两部分。对于带电半球面 a，设由其自身电荷在边缘所围的圆平面上一点 p 处所产生的电场强度为 $\boldsymbol{E}$（如图所示），它的 3 个分量分别为圆平面内的 $\boldsymbol{E}_x$、$\boldsymbol{E}_y$ 和垂直圆平面的 $\boldsymbol{E}_z$。设图中平面 π 是两个半球面的球心连线的中垂面，两个均匀分布的半球面电荷对 π 具有镜像反射对称性，它们各自的电场也具有同样对称性。所以，p 的镜面对称点 p' 由 b 的半球面电荷产生的电场强度 $\boldsymbol{E}'$ 的 3 个分量应为

$$E'_x=E_x,\quad E'_y=E_y,\quad E'_z=-E_z$$

它们大小相同，只是 z 向分量反向。

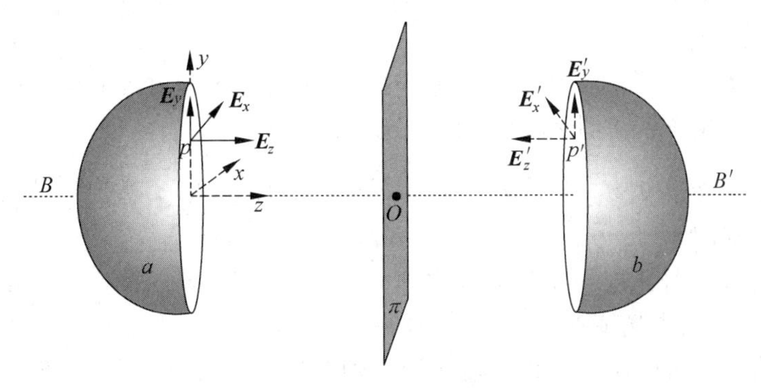

图　7

当把这两个半球面对在一起形成一个均匀带电球面时，球面内 $p(p')$ 点电场是均匀带电球面所有电荷(它等于两个半球面电荷之和)产生的，均匀带电球面内的场强为零，所以有

$$\boldsymbol{E}+\boldsymbol{E}'=(E_x+E'_x)\boldsymbol{i}+(E_y+E'_y)\boldsymbol{j}+(E_z-E'_z)\boldsymbol{k}=\boldsymbol{0}$$

因为 $E'_x=E_x$，只有 $E'_x=E_x=0$ 才能满足 $E'_x+E_x=0$ 的要求；同样只有 $E'_y=E_y=0$ 才能满足 $E'_y+E_y=0$ 的要求。这就是说，均匀带电半球面边缘所围的圆平面上不存在圆平面内分量，只存在垂直圆平面的分量，即该平面上的电场强度处处与该平面垂直。命题得证。

二、运动电荷的电场

1. 一个点电荷的电场线分布，在相对于它静止的参考系内是什么图像？在相对于它作匀速直线运动的参考系内又是什么图像？

答 在相对静止的参考系内，一个点电荷 Q 的电场线分布是以点电荷为中心沿矢径的球对称的，$\boldsymbol{E}=\dfrac{Q}{4\pi\varepsilon_0 r^2}\boldsymbol{e}_r$，反映了空间的各向同性。图8(a)显示了正电荷的电场线的分布。

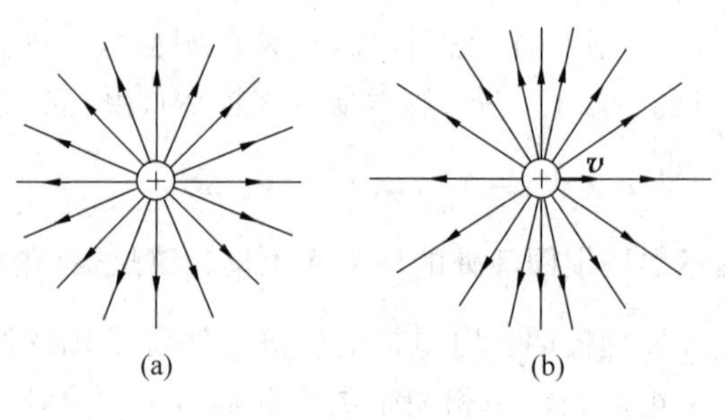

图 8

在相对于它作匀速直线运动的参考系内，电荷 Q 匀速运动，运动方向就是空间的一个特殊方向，表现出空间的各向异性。其电场线从电荷运动的前方和后方向在垂直于运动方向的平面附近集聚，总电场线的条数和相对静止的参考系内的一样，如图8(b)所示。在运动电荷的前方和后方电场强度的大小为 $E_{0,\pi}=\dfrac{Q}{4\pi\varepsilon_0 r^2}(1-\beta^2)$，在垂直于其运动方向的平面内的电场强度的大小为 $E_{\pi/2}=\dfrac{Q}{4\pi\varepsilon_0 r^2(1-\beta^2)^{1/2}}$，其中 $\beta=v/c$。

2. 用 $\boldsymbol{F}=q\boldsymbol{E}$ 求电荷 q 受另一电荷 Q 的作用力时，对 q 的运动状态有何要求？对场源电荷 Q 的运动状态有何要求？

答 用 $\boldsymbol{F}=q\boldsymbol{E}$ 求电荷 q 受的电场力时，对 q 的运动状态和对场源电荷的运动状态均无什么要求。只要是用 $\boldsymbol{F}=q\boldsymbol{E}$ 求得的力都叫做电场($\boldsymbol{E}$)力。

3. 从静止电荷 q 受电场力公式 $\boldsymbol{F}=q\boldsymbol{E}$ 出发，是经过怎样的变换步骤导出静电场对运动电荷的作用力公式的？

答 静电场 $\boldsymbol{E}$ 对静止电荷 q 的静电力为 $\boldsymbol{F}=q\boldsymbol{E}$，从它出发求静电场对运动电荷 q 的作用力，涉及惯性系间的电场变换和相对论力的变换。

设运动电荷 q 相对惯性系 S 以速度 $\boldsymbol{v}$ 沿 x 轴向运动，在相对惯性系 S 以速度 $\boldsymbol{v}$ 沿 x 轴向匀速运动的惯性系 S' 中电荷 q 是静止的。在 S 中由静止场源电荷产生的静电场是 $\boldsymbol{E}$，在

惯性系 S' 中则是运动的场源电荷的电场 $\boldsymbol{E}'$，由 $\boldsymbol{E}$ 变换到 $\boldsymbol{E}'$ 需利用狭义相对论的惯性系间的场强变换式，S' 中 $\boldsymbol{E}'$ 对静止电荷 q 的作用力按定义是 $\boldsymbol{F}'=q\boldsymbol{E}'$。

再利用相对论力的变换，把电荷 q 在自身静止的参考系 S' 中的受力 $\boldsymbol{F}'$ 变换到惯性系 S 中的力 $\boldsymbol{F}$，$\boldsymbol{F}$ 就是 S 中静电场对运动电荷 q 的作用力。最后的结果仍然是 $\boldsymbol{F}=q\boldsymbol{E}$ 的形式，说明静电场对电荷 q 的作用力与电荷 q 的运动速度无关，都可以用 $\boldsymbol{F}=q\boldsymbol{E}$ 计算。

4. 何谓推迟效应？它和场的传播速率有限有何关系？

答　根据相对论对场的阐述，电荷间的相互作用是通过场以有限速度 c（光速大小）传递的，所以这种传递是需要时间的。如图 9 所示，t 时刻电荷 Q 运动到 A 点，处于距 A 点 r 处场点 P 的静止电荷 q 受到速度为 $\boldsymbol{v}$ 的运动电荷 Q 的作用力为

$$\boldsymbol{F}=q\boldsymbol{E}=\frac{qQ(1-\beta^2)}{4\pi\varepsilon_0 r^2(1-\beta^2\sin^2\theta)^{3/2}}\boldsymbol{e}_r$$

式中，$\beta=v/c$，θ 为 $\boldsymbol{v}$ 与 $\boldsymbol{r}$ 之间的夹角，$\boldsymbol{e}_r$ 是沿 $\boldsymbol{r}$ 向的单位矢量。

这个力作用不是 t 时刻运动到 A 点电荷 Q 对静止电荷 q 的作用，而是 $\Delta t=\dfrac{\overline{A'p}}{c}=\dfrac{\overline{A'A}}{v}$ 以前即电荷 Q 处在 A' 位置时对电荷 q 的作用。它只不过是 t 时刻电荷 Q 运动到 A 点的同时，电荷 Q 处在 A' 位置时对电荷 q 的作用信号传到了场点 P。这种以“过去确定现在”的现象称为推迟效应。由相对论因子 $\gamma=1/\sqrt{1-\beta^2}$ 可以看出，当运动电荷 Q 的速度越大时，γ 越大（相对论效应越明显），推迟效应越严重。

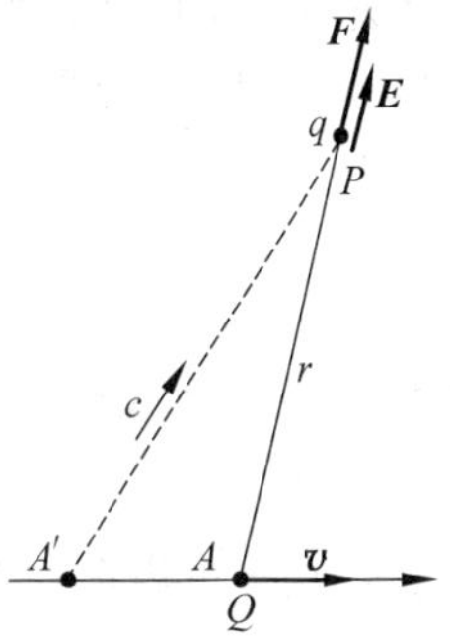

图　9

推迟效应是场的传播速率有限所确定的。如果场的传播速率无限大，推迟时间 $\Delta t=\overline{A'p}/c=0$，推迟效应将不存在，上述公式中 $\beta=v/c=0$，$\boldsymbol{F}=q\boldsymbol{E}=\dfrac{Q}{4\pi\varepsilon_0 r^2}\boldsymbol{e}_r$，运动电荷 Q 的电场将和静止电荷场一样。

三、其他章节

1. 估算地球的电容。

解　地球的电容是孤立导体的电容，可视作地球和一个半径无穷大的同心导体球壳组成的球型电容器，有

$$C=\frac{4\pi\varepsilon_0\varepsilon_r}{\dfrac{1}{R_e}-\dfrac{1}{\infty}}=4\pi\varepsilon_0\varepsilon_r R_e$$

式中，R_e 是地球半径，取 $R_e=6370\ \text{km}$；$\varepsilon_0=8.85\times10^{12}\ \text{F/m}$。取空气的 $\varepsilon_r=1$，代入上式，可估算出地球的电容约为 $700\ \mu\text{F}$。

2. 证明：只有静电场不可能维持一个电荷的稳定平衡状态（考虑电荷的受力情况，再利用高斯定理）。

证明　如果一电荷 q 在静电场中的 P 点处于稳定平衡状态，那么它向任意方向作稍微移动，都会受到指向 P 点的静电力使它回到 P 点，这要求邻近 P 点周围静电场的方向都指向（q 为负时都指离）P 点。此种情况下，作一包围 P 点很小的闭合高斯面，通过高斯面的通量将不为零，说明 P 点一定存在产生所述静电场的场源电荷。因为电荷 q 所在处的 P 点是

不可能存在任何场源电荷的，所以只有静电场不可能维持一个电荷的稳定平衡状态。

3. 证明：长直载流均匀密绕螺线管内各处的磁场方向都平行于螺线管的轴线，并且管内是一均匀磁场。

证明 如图10所示，密绕螺线管各匝线圈都是螺旋形的，但在密绕情况下，可以把它看成由许多匝圆形载流线圈沿OO'轴紧密排列而成。沿OO'轴向很长排列的圆电流具有轴向的平移对称性，它们产生的磁场也必具有这样的平移对称性，也就是说密绕螺线管内OO'轴线上各点磁场处处相等，平行于轴线的各直线上的磁场也处处相等，并且它们的方向和圆电流应符合右手螺线法则，即管内磁场方向都沿着各自所处的直线上。作如图的环路，环路定理给出

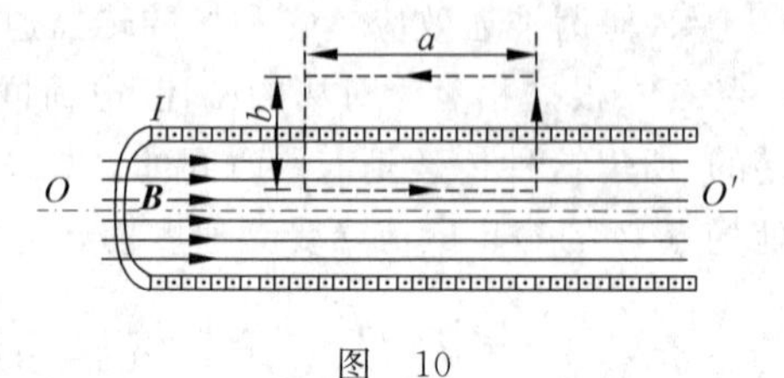

图 10

$$\oint_L \boldsymbol{B} \cdot \mathrm{d}\boldsymbol{l} = Ba = \mu_0 nIa$$

式中，n为密绕螺线管单位长度的匝数。由上式得

$$B = \mu_0 nI$$

它与矩形环路边长b无关，这说明管内的磁场是一均匀磁场，因此得证。

4. 半径为R的球面均匀带有电荷Q，静止于参考系S'中，球心与原点O'重合。相对于参考系S，S'系以速度$\boldsymbol{v}=v\boldsymbol{i}$运动。在$S$中观察，在任意时刻$Q$的电场和磁场的分布如何？画出一草图表明$S$系的$E$线和$B$线的分布。

答 电荷Q静止于参考系S'中，在S'中电荷Q的电场由高斯定理可求得为

$$r' > R:\quad \boldsymbol{E}' = \frac{Q}{4\pi\varepsilon_0 r'^2}\boldsymbol{e}'_r$$

$$r' < R:\quad \boldsymbol{E}' = 0$$

其电场分布如图11(a)所示。相对于参考系S，S'系以速度$\boldsymbol{v}=v\boldsymbol{i}$运动，电磁场相对论变换式为

$$E_x = E'_x,\quad E_y = \gamma(E'_y + vB'_x),\quad E_z = \gamma(E'_z - vB'_y)$$

$$B_x = B'_x,\quad B_y = \gamma\left(B'_y - \frac{v}{c^2}E'_z\right),\quad B_z = \gamma\left(B'_z + \frac{v}{c^2}E'_y\right)$$

由于在参考系S'中不存在磁场，所以在参考系S中的电磁场为

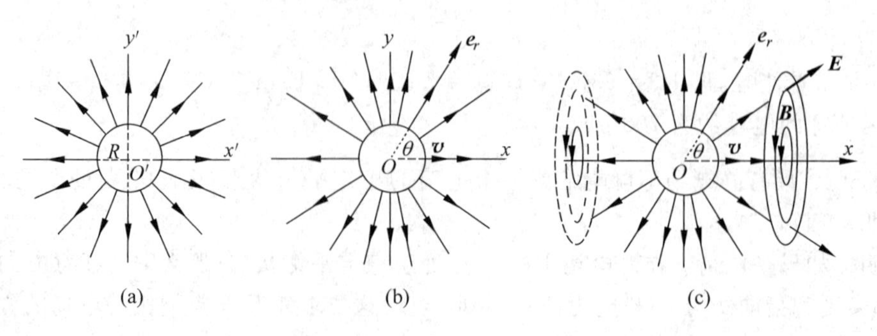

图 11

$$E_x = E'_x,\quad E_y = \gamma E'_y,\quad E_z = \gamma E'_z$$

$$B_x = B'_x = 0,\quad B_y = -\gamma\frac{v}{c^2}E'_z = -\frac{v}{c^2}E_z,\quad B_z = \gamma\frac{v}{c^2}E'_y = \frac{v}{c^2}E_y$$

由上式第二行，参考系 S 中的电磁场关系可合并为一个矢量的矢积公式

$$\boldsymbol{B} = \frac{1}{c^2}\boldsymbol{v}\times\boldsymbol{E}$$

(1) S 中的球面内的电磁场。因 S' 中球面内 $E'_x = E'_y = E'_z = 0$，所以 S 中的球面内的电场 $E_x = E_y = E_z = 0$，球面内无电场。同样由上面 S 中的电磁场表达式得球面内也无磁场，$B_x = B_y = B_z = 0$。

(2) S 中的球面外的电磁场。把 $E'_x = \dfrac{Qx'}{4\pi\varepsilon_0 r'^3}$，$E'_y = \dfrac{Qy'}{4\pi\varepsilon_0 r'^3}$，$E'_z = \dfrac{Qz'}{4\pi\varepsilon_0 r'^3}$（$r' = \sqrt{x'^2 + y'^2 + z'^2}$）代入参考系 S 中的电磁场表达式，并利用洛伦兹坐标变换，可得 S 中的电场为

$$\boldsymbol{E} = \frac{Q(1-\beta^2)}{4\pi\varepsilon_0 r^2(1-\beta^2\sin^2\theta)^{3/2}}\boldsymbol{e}_r$$

图 11(b) 为其 E 线分布示意图。$\beta = v/c$，r 是球心的瞬时位置到场点的矢径的大小，$\boldsymbol{e}_r$ 是沿此矢径的单位矢量，θ 是此矢径与 $\boldsymbol{v}$ 向的夹角。

由上面给出的参考系 S 中电磁场分量的矢积公式，可得 S 中球面外的磁场分布为

$$\boldsymbol{B} = \frac{1}{c^2}\boldsymbol{v}\times\boldsymbol{E} = \frac{Q(1-\beta^2)}{4\pi\varepsilon_0 c^2 r^2(1-\beta^2\sin^2\theta)^{3/2}}\boldsymbol{v}\times\boldsymbol{e}_r$$

图 11(c) 给出了其 B 线分布示意图。

***5.** 考虑一个以恒速运动的正电荷的电场。在该电荷运动的正前方垂直于电荷速度的圆面积所截的位移电流方向如何？在该电荷运动的正后方呢？

答　如图 12 所示，设 x 的正向为正电荷恒速运动的方向。运动的正电荷形成电流（称为运流），位移电流概念的引入是为了保证空间电流的连续性。从此意义上可以判断该电荷运动的正前方垂直于电荷速度的圆面积 S 所截的位移电流方向是指向 x 的正方向，在该电荷运动的正后方的位移电流方向也是指向 x 的正方向。

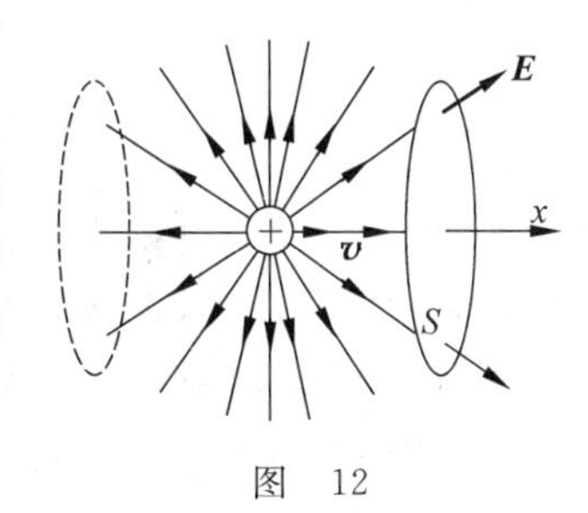

图　12

图中圆面积 S 上的位移电流为

$$I_d = \int_S \boldsymbol{J}_d\cdot d\boldsymbol{S} = \varepsilon_0\frac{d\Phi_e}{dt} = \varepsilon_0\frac{d}{dt}\int_S \boldsymbol{E}\cdot d\boldsymbol{S}$$

式中，$\boldsymbol{J}_d$ 是位移电流密度。圆面积 S 的法向正向也是 x 的正向，穿过此圆面积上的电通量 $\Phi_e > 0$，且随着正电荷向前运动，穿过此圆面积上的电场线条数将会增多，所以有 $I_d = \dfrac{d\Phi_e}{dt} > 0$，$I_d > 0$ 说圆面积上的位移电流指向 x 的正方向。对于正电荷运动正后方同样的一个面积圆，取其法线正向是 x 的负方向，穿过此圆面积上的电通量 $\Phi_e > 0$，但随着正电荷向前运动，穿过此圆面积上的电场线条数将会减少，有 $I_d = \dfrac{d\Phi_e}{dt} < 0$，$I_d < 0$ 说明该圆面积上的位移电流仍指向 x 的正方向。但是，这不是说圆面积上各 $d\boldsymbol{S}$ 上的位移电流元都指向 x 的

正方向。

例如圆面积 S 上 $\mathrm{d}\boldsymbol{S}$ 的位移电流元为

$$\mathrm{d}I_{\mathrm{d}}=\boldsymbol{J}_{\mathrm{d}}\cdot\mathrm{d}\boldsymbol{S}=\varepsilon_0\frac{\partial\boldsymbol{E}}{\partial t}\cdot\mathrm{d}S\boldsymbol{i}=\varepsilon_0\frac{\partial E_x}{\partial t}\mathrm{d}S$$

其中$\frac{\partial E_x}{\partial t}$是圆面积上各处的位移电流密度$\boldsymbol{J}_{\mathrm{d}}=\varepsilon_0\frac{\partial\boldsymbol{E}}{\partial t}$的 x 方向分量。数学上可以由匀速运动电荷电场公式计算$\frac{\partial E_x}{\partial t}$,它具有以电荷运动方向为轴的轴对称性,取决于匀速运动电荷的速度 $\boldsymbol{v}$ 和图中的矢径与 $\boldsymbol{v}$ 向的夹角 θ。速度不大时,在 $\theta<55^{\circ}$范围内有$\frac{\partial E_x}{\partial t}>0$,$\mathrm{d}I>0$,位移电流元指向 x 的正方向;$\theta>55^{\circ}$圆面积的外围上有$\frac{\partial E_x}{\partial t}<0$,$\mathrm{d}I<0$,其方向为 x 的负方向。速度增大,θ 角的界限将扩大,当速度 $v=0.8c$ 时,θ 角的界限约为 67°,即在 $\theta>67^{\circ}$圆面积的外围上有 $\mathrm{d}I<0$。不过,整个圆面积上的位移电流总有 $I_{\mathrm{d}}=\int\mathrm{d}I_{\mathrm{d}}>0$,指向 x 的正方向。

6. 如图 13(a)所示,把一根柔软导线接在 a、b 两个接线柱上。通入电流后,导线的形状将有什么变化?

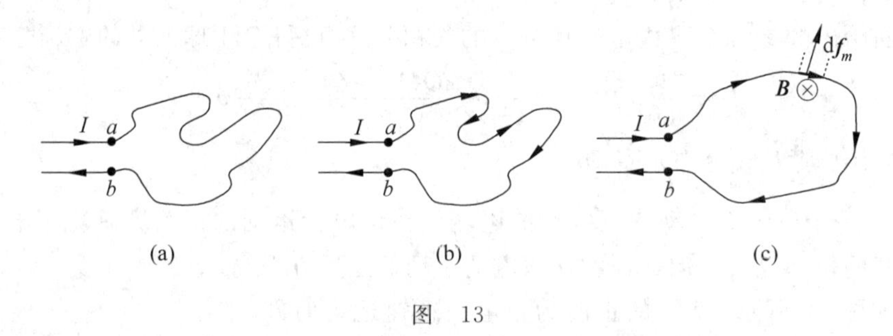

图 13

答 柔软导线的形状将逐渐变成圆形。如图 13(b)所示,在弯度明显处基本上形成一对对反向电流,反向电流的相互作用力是排斥力,正是这些排斥力的存在使得弯度变小。当弯度小到一定程度时,柔软电流导线就基本趋于一个平面(图中纸面),此时由毕奥-萨伐尔定律可以判断出,导线上任一电流元 $I\mathrm{d}\boldsymbol{l}$ 都基本处在其他导线电流元所产生的垂直纸面里的合磁场中(如图 13(c)所示),由安培定律可以判断其所受到的安培力方向垂直电流元本身而指向导线回路外侧。导线上各电流元所受到的安培力指向导线回路外侧的结果,使得导线所围的平面面积越来越大,直到定长柔软导线变成圆形。

7. 如图 14(a)所示,在参考系 S 内,有沿 z 方向的均匀磁场 $\boldsymbol{B}$。一金属直棒,其长度方向沿 x 方向,正以速度 $\boldsymbol{v}$ 沿 y 方向运动。在此参考系内观察,棒两端会有电荷集聚,正、负电荷将如何分布?这些电荷的电场又如何分布?金属棒内有电场吗?在和金属棒一起运动的参考系 S'内,观察出的结果又如何?这该如何解释?

答 在参考系 S 内,如图 14(a)所示,由于金属直棒沿 y 方向运动,切割磁感线产生动生电动势

$$\varepsilon=\int_a^b(\boldsymbol{v}\times\boldsymbol{B})\cdot\mathrm{d}\boldsymbol{l}=vb\,\overline{ab}>0$$

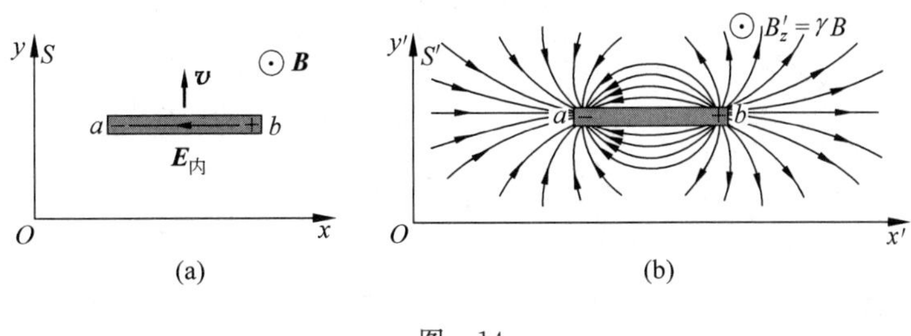

图　14

电动势由 a 指向 b，b 端有正电荷积累，a 端有负电荷积累。这些电荷在离金属棒稍远处的空间的电场近似地可以看做是连线平行于 x 轴的以同样速度 $\boldsymbol{v}$ 沿 y 向运动的两个异号电荷电场的叠加。金属棒内也有它们的电场，其大小使得金属棒内自由电子所受的电力和洛伦兹力平衡，有 $evB=eE_{内}$，棒内电场大小为 $E_{内}=vB$，方向由 b 指向 a。

对于空间电磁场，在 S 中观察它是均匀的磁场 $B\boldsymbol{k}$，它对运动金属棒的作用产生了上述现象。和金属棒一起运动的参考系 S' 是以速度 $\boldsymbol{v}$ 沿 S 系 y 正向运动的惯性系，在 S' 中是空间电磁场对静止金属棒发生作用。注意 S' 系是沿着 S 系的 y 轴正向运动，此两惯性系的电磁场相对论变换关系式为

$$E'_x=\gamma(E_x+vB_z),\quad E'_y=E_y,\quad E'_z=\gamma(E_z-vB_x)$$

$$B'_x=\gamma\left(-B_x+\frac{v}{c^2}E_z\right),\quad B'_y=B_y,\quad B'_z=\gamma\left(B_z+\frac{v}{c^2}E_x\right)$$

在 S 系中观察到的只是 z 方向的均匀磁场 $\boldsymbol{B}$，有 $B_x=B_y=0$，$B_z=B$，由上面变换式得

$$E'_x=\gamma vB,\quad E'_y=0,\quad E'_z=0$$

$$B'_x=0,\quad B'_y=0,\quad B'_z=\gamma B$$

在 S' 系中不但观察到了 z' 方向相比增大了的均匀磁场 $B'_z=\gamma B$，而且还观察到了方向为 x' 正向的电场 $E'_x=\gamma vB$。正是这 x' 正向的电场使得静止金属棒内的自由电子向 a 端积累，b 端产生了正电荷积累，积累的电荷在棒内产生反向的静电场，使得金属棒内的总电场为零。电荷具有相对论变换不变性，两个参考系积累的电荷应是一样的。S' 系中这积累电荷的电场在离金属棒稍远处可近似看做是电偶极子的电场分布，如图 14(b)所示。

第3篇

热　学

第7章

温度和气体动理论
热力学第一定律　热力学第二定律

7.1　思考题解答

7.1.1　温度和气体动理论

1. 什么是热力学系统的平衡态？为什么说平衡态是热动平衡？

答　在不受外界影响的情况下，一个热力学系统的宏观性质不随时间改变的状态叫做系统的平衡态。热学中研究的平衡态包括力学平衡，也要求系统其他性质(如冷热性质)保持不变，此时系统的状态可用少数几个可以直接测量的物理量来描述。比如气体在平衡状态时，如果忽略重力影响，其宏观性质处处均匀，此时可用压强 p、温度 T、体积 V 宏观描述它的状态，且三者之间的关系由 $pV=\nu RT$ 确定。其内部不再有扩散、热量传递、电离或化学反应等，与外部也无能量交换。

平衡态只是系统宏观上的一种寂静状态，在微观上系统并不是寂静的，因为组成系统的大量分子还在不停地无规则地运动着(称为热运动)，只不过是大量分子微观运动的总的平均效果(比如气体系统的宏观性质压强和温度)不随时间变化而已。因此平衡态从微观角度讲是热动平衡。

2. 怎样根据平衡态定性地引进温度的概念？对于非平衡态能否用温度概念？

答　将两个物体(或多个物体)放到一起并使之接触并不受外界干扰(例如将热水倒入玻璃杯放入保温箱内)，由于相互能量的传递，经过足够长的时间，两个物体(热力学系统)各自的状态都不再随时间改变，同时达到平衡态(说它们处于热平衡)，处于热平衡的它们必有某种共同的宏观性质。因为我们直觉认为它们的冷热一样，所以把它们此时的共同的宏观性质称为系统的温度。这样就给出了温度的定性定义：共处于平衡态的物体，它们的温度相等。

处于平衡态的系统，其内部各处之间都处于热平衡。由温度的定性定义，系统内部处处温度相同，因此系统才有了整体的表示自身处于平衡态的温度概念。也就是说，只有系统的平衡态才有温度的概念，对于内部没有达到热平衡的系统非平衡态，不能使用温度的概念。

虽然对于非平衡态的系统不会有同一个温度，但如果各局部处于平衡态，那么各局部可用温度的概念，只是各局部的温度不同而已。

3. 用温度计测量温度是根据什么原理？

答 热力学第零定律。测量时，使温度计与待测系统接触，达到热平衡后，温度计的温度就是待测系统的温度。

热力学第零定律指出：如果物体A和物体B分别与物体C的同一状态处于热平衡，那么此时将A和B放在一起，二者也必定处于热平衡。温度计是以测温物质随温度有明显变化的某一性质作为温度的标志，再建立起温度的标准(简称温标)，从而给出温度的数值的。比如水银体温计，是把水银作为测温物质，利用水银的体积随温度的明显变化作为温度的标志(实际上是把水银装入一个毛细管内观测水银液面高度的变化)，如果以摄氏温标对水银液面高度的变化标以数值(刻度)，测体温时水银液面的刻度就给出人体的摄氏温度。当然测温时水银并未和人体接触，是人体和内装水银的玻璃接触，不过经过足够长的时间后(一般5 min)待测人体部位和玻璃、玻璃和水银之间都处于热平衡，由热力学第零定律，体温计刻度所表示的水银的温度一定就是待测人体部位的温度。

4. 理想气体温标是利用气体的什么性质建立的？

答 一定温度下，一定量的各种实际气体，当压强趋于零时(理想气体)，其压强与体积的乘积是个常量。对于不同的温度，这个常量的数值不同，即理想气体的 pV 乘积只决定于温度(玻意耳定律)。由 $pV \propto T$ 和标准温度(水的三相点温度)就确定了某一温度的数值，从而建立起理想气体温标。

5. 图7.1是用扫描隧道显微镜(STM)取得的石墨晶体表面碳原子排列队形的照片。试根据此照片估算一个碳原子的直径。

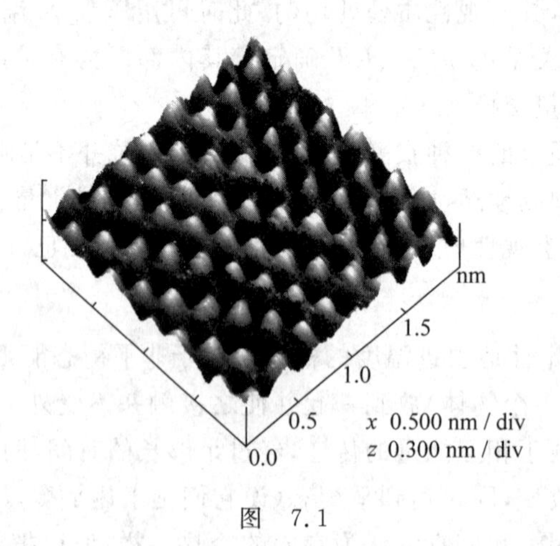

图 7.1

答 扫描隧道显微镜(scanning tunneling microscope，STM)是利用量子隧道效应在原子尺度观察物质表面结构的显微镜，它能观察单个原子在物质表面的排列状态与表面电子的分布细节。若以金属针尖为一电极，被测固体样品为另一电极，在它们之间加一适当操作电压，当它们之间的距离小到1 nm左右时，就会出现量子隧道效应，电子通过“隧道”从一个电极到达另一电极而形成隧道电流。此隧道电流对针尖和样品之间距离的变化非常敏感，因此当针尖在被测样品表面作平面扫描时，原子尺度的起伏会导致隧道电流发生非常显著的变化。图7.2所示的是STM的两种运行模式。如图7.2(a)所示，扫描过程中为保持隧道电流I不变，针尖随样品表面起伏而在z向上下移动，针尖上下运动的轨迹表征了样品表面的形貌，这称为恒流模式。如图7.2(b)所示，在针尖扫描过程中，保持针尖z向高度恒定，隧道电流I将随表面原子与针尖之间距离的变化而明显变化，变化的隧道电流表征了样品表面上原子尺度的起伏，这称为等高模式。

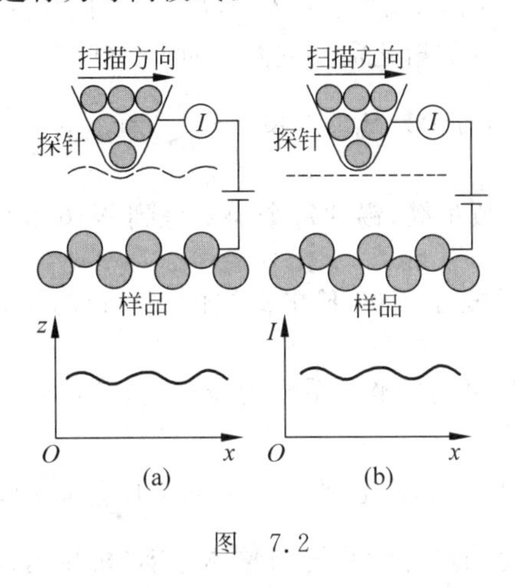

图　7.2

石墨是碳质元素结晶矿物，它的结晶格架如图7.3(a)所示，为六边形层状结构，其表面单层原子排列如图7.3(b)所示。根据图7.1所标，此STM图是对石墨样品表面全面沿x横向多重扫描。设原子直径为a，有

$$(6+0.5)\sqrt{3}a=2.000$$

可估算出石墨中的碳原子直径约为0.178 nm。

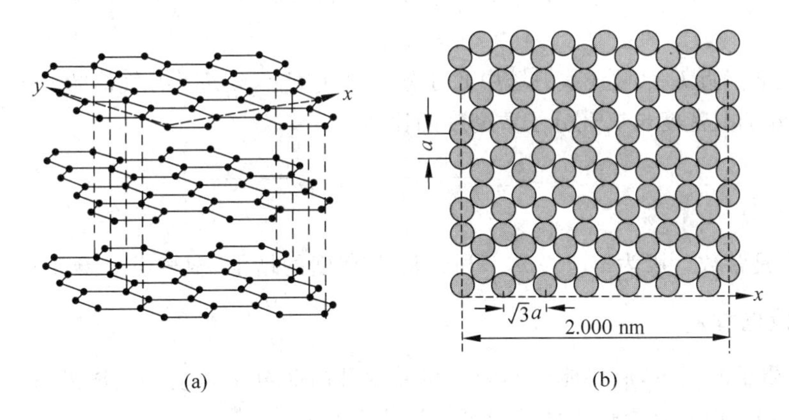

图　7.3

6. 地球大气层上层的电离层中，电离气体的温度可达2000 K，但每立方厘米中的分子数不过10^5个。这温度是什么意思？一块锡放到该处会不会被熔化？已知锡的熔点是505 K。

答　电离气体的温度可达2000 K，只表明电离气体分子热运动能量大。但是一块锡放到该处不会被熔化。虽电离气体的热运动能量大，但每立方厘米中的分子数太少，锡得不到足够热量，不足以使内能增加到使之熔化的地步。

锡的密度 $\rho\approx6\times10^3\ \mathrm{kg/m^3}$,1 $\mathrm{cm^3}$ 体积锡的质量为 6 g,锡的熔化热 $\lambda\approx7\times10^3\ \mathrm{J/kg}$,6 g 锡熔化所需热量 $Q=\lambda m\approx40$ J。电离气体分子的分子热运动能量 $\frac{3}{2}kT\approx4\times10^{-20}$ J,即使一个气体分子的能量可以全部给予锡,6 g 锡熔化需要 $N=\frac{Q}{(3/2)kT}\approx1\times10^{21}$ 个气体分子。设放到 2000 K 电离层 1 $\mathrm{cm^3}$ 的锡为正方体,每面面积 $S=1\ \mathrm{cm^2}=10^{-4}\ \mathrm{m^2}$,由于分子热运动的各向同性,垂直向着每面运动的分子数是以 1 $\mathrm{cm^2}$ 面积为底、高 l 气柱体积中的总分子数的 1/6,所以 1 $\mathrm{cm^3}$ 体积锡的熔化需要它每个面所对应气柱内有 N 个气体分子。电离层的分子数密度 $n=10^5\ \mathrm{m^{-3}}$,每个气柱的长度 $l=\frac{N}{nS}\approx1\times10^{20}$ m 的数量级。电离气体分子的平均速率 $\bar{v}=\sqrt{\frac{8kT}{\pi m}}\approx10^3$ 数量级,锡的每个面要得到 $N/6$ 气体分子的全部能量需要时间 $t=\frac{l}{\bar{v}}\approx3\times10^9$ 年。其意是说放在 2000 K 电离层的 1 $\mathrm{cm^3}$ 的锡是不会熔化的。

7. 如果盛有气体的容器相对某坐标系作匀速运动,容器内的分子速度相对该坐标系也增大了,温度会因此升高吗?

答 不会。因为温度反映的是质心系中分子的无序热运动,是对分子无序热运动激烈程度的量度,$\overline{\varepsilon_t}=\frac{3}{2}kT$。温度和热力学系统的整体运动(机械运动)无关,而盛有气体的容器相对某坐标系的匀速运动只是使大量分子热运动上附加了有序的定向运动(机械运动),这定向运动没有加剧分子的无规热运动,因此温度不会升高。

8. 在大气中随着高度的增加,氮气分子数密度与氧气分子数密度的比值也增大,为什么?

答 设大气的温度 T 不随高度改变,则分子数密度随高度 h 按指数规律减小,为

$$n=n_0\mathrm{e}^{-\frac{mgh}{kT}}$$

式中,n_0 是地面附近 $h=0$ 处(重力场中此处分子势能 $E_p=mgh=0$)气体的分子数密度。高度 h 处氮气分子数密度与氧气分子数密度的比值为

$$\frac{n_{N_2}}{n_{O_2}}=\frac{n_{0N_2}}{n_{0O_2}}\mathrm{e}^{-\frac{m_{N_2}gh}{kT}+\frac{m_{O_2}gh}{kT}}=c\mathrm{e}^{\frac{(m_{O_2}-m_{N_2})gh}{kT}}$$

其中,$c=\frac{n_{0N_2}}{n_{0O_2}}$是常数。因为 $m_{O_2}>m_{N_2}$,所以随着高度的增加,氮气分子数密度与氧气分子数密度的比值也增大。

9. 一定质量的气体,保持体积不变。当温度升高时分子运动得更剧烈,因而平均碰撞次数增多,平均自由程是否也因此而减少?为什么?

答 否。温度反映的是质心系中分子的无序热运动,温度升高时分子运动得更剧烈,分子速率的统计平均值 $\bar{v}=\sqrt{\frac{8kT}{\pi m}}$ 增大了,所以平均碰撞次数 $\bar{z}=\sqrt{2}\pi d^2n\bar{v}$ 增多了。但是分子的平均自由程

$$\bar{\lambda}=\frac{\bar{v}}{\bar{z}}=\frac{1}{\sqrt{2}\pi d^2n}=\frac{V}{\sqrt{2}\pi d^2N}$$

它只与体积 V 有关，因为一定质量气体的分子数 N 和分子直径 d 是一定的。所以，当温度升高时分子的平均自由程不减少而保持不变。

10. 在平衡态下，气体分子速度 $\boldsymbol{v}$ 沿各坐标方向的分量的平均值$\bar{v}_x$、$\bar{v}_y$、$\bar{v}_z$ 各应是多少?

答　在平衡态下，气体分子速度 $\boldsymbol{v}$ 沿各坐标方向的分量的平均值为

$$\bar{v}_x = \bar{v}_y = \bar{v}_z = 0$$

分子速度按方向的分布是均匀的。如气体中的每个分子，它单位时间内沿 x 正方向与 x 负方向运动的概率相等，并且正负 x 方向上所具有的各种可能的速率的概率也相等。对大量分子而言，沿 x 正方向与 x 负方向运动的分子数是相等的，而且分子数相等的大量分子的速率分布也是相同的。每个分子的速度

$$\boldsymbol{v}_i = v_{ix}\boldsymbol{i} + \boldsymbol{v}_{iy}\boldsymbol{j} + v_{iz}\boldsymbol{k}$$

$v_{ix}>0$ 表示它沿 x 正方向运动，$v_{ix}<0$ 表示它沿 x 负方向运动。因此，在平衡态下大量(N 个)气体分子此时在 x 向速率的代数和一定为零，即代数平均

$$\bar{v}_x = \frac{v_{1x} + v_{2x} + v_{3x} + \cdots}{N} = \frac{1}{N}\sum_i v_{ix} = 0$$

如果它不等于零，说明大量气体分子在 x 方向上会产生定向运动，这显然违背了质心系中气体分子热运动无序性的统计假说。也正因为分子速度按方向的分布是均匀的，y、z 向的情况和 x 向是一样的，所以有$\bar{v}_x=\bar{v}_y=\bar{v}_z=0$。实际上，因为分子数 N 非常之大，求$\bar{x}$代数平均必须用统计方法，所以$\bar{v}_x$($\bar{v}_y$、$\bar{v}_z$)称为统计平均值。

11. 对一定量的气体来说，当温度不变时，气体的压强随体积的减小而增大；当体积不变时，压强随温度的升高而增大。从宏观来看，这两种变化同样使压强增大，从微观来看它们有何区别?

答　压强公式为 $p=\dfrac{2}{3}n\bar{\varepsilon}_t$，而$\bar{\varepsilon}_t=\dfrac{3}{2}kT$。当温度不变时，分子的平均平动能不变，而体积的减小使得一定量气体的分子数密度 n 增大，结果导致单位时间碰撞器壁单位面积的分子数增加，因而压强增大。当体积不变而温度升高时，分子的平均平动能增加，不但使得分子对器壁的平均碰撞次数增加，而且每次碰撞对压强的贡献也增大，结果导致压强随温度的升高而增大。

12. 根据下述思路粗略地推导理想气体压强微观公式。设想在四方盒子内装有处于平衡态的理想气体，从统计平均效果讲，可认为所有气体分子的平均速率都是$\bar{v}$，且分子总数 N 中有 1/6 垂直地向某一器壁运动而冲击器壁。计算动量变化以及压强(忽略$\bar{v}$与$\sqrt{\overline{v^2}}$ 的差别)。

解　一个分子碰壁一次动量变化$-2m\bar{v}$，$N/6$ 个垂直地向某一器壁运动的分子都碰撞后将产生动量变化为

$$\Delta P = -2m\bar{v}\frac{N}{6} = -\frac{N}{3}m\bar{v}$$

这些动量变化产生于 $a/\bar{v}$时间之内，是面积为 a^2 的整个某器壁对 $N/6$ 分子的冲量结果，其中 a 为四方盒子的边长。所以，面积为 a^2 的容器壁在此时间内受到的冲量为

$$I = \frac{N}{3}m\bar{v}$$

单位时间单位面积上此器壁所受冲力,即压强为

$$p=\frac{I}{a^2a/\bar{v}}=\frac{1}{3}\frac{N}{a^3}m\bar{v}^2=\frac{2}{3}n\left(\frac{1}{2}m\bar{v}^2\right)$$

其中 n 为分子数密度。如果忽略$\bar{v}$与$\sqrt{\overline{v^2}}$的差别,有

$$p=\frac{2}{3}n\left(\frac{1}{2}m\overline{v^2}\right)=\frac{2}{3}n\bar{\varepsilon}_t$$

式中,$\bar{\varepsilon}_t$ 为分子平均平动能。

13. 试用气体动理论说明,一定体积的氢和氧的混合气体的总压强等于氢气和氧气单独存在于该体积内时所产生的压强之和。

证明 此命题又叫道耳顿分压定律,即混合气体的压强等于组成混合气体的各成分的分压强之和。设有几种不同的气体,混合储存在容器中,它们的温度相同,分子平均平动能相同。设单位体积内各种气体分子数为 $n_{01},n_{02},n_{03},\cdots$,则单位体积内混合气体分子数 n_0 为

$$n_0=n_{01}+n_{02}+n_{03}+\cdots$$

代入压强公式,有

$$\begin{aligned}p&=\frac{2}{3}n_0\bar{\varepsilon}_t=\frac{2}{3}(n_{01}+n_{02}+n_{03}+\cdots)\bar{\varepsilon}_t\\&=\frac{2}{3}n_{01}\bar{\varepsilon}_t+\frac{2}{3}n_{02}\bar{\varepsilon}_t+\frac{2}{3}n_{03}\bar{\varepsilon}_t+\cdots\\&=p_1+p_2+p_3+\cdots\end{aligned}$$

命题得证,此题也得证。

14. 在相同温度下氢气和氧气分子的速率分布的概率密度是否一样?试比较它们的 v_p 值以及 v_p 处概率密度的大小。

答 麦克斯韦气体分子的速率分布的概率密度为

$$f(v)=4\pi\left(\frac{m}{2\pi kT}\right)^{3/2}v^2\mathrm{e}^{-mv^2/2kT}$$

相同温度下,氢气和氧气分子的质量 m 不同,它们的速率分布的概率密度不同,如图 7.4 所示。由于$f(v)$的归一性,它们各自分布曲线和横轴之间的面积应都是1,故氢气的速率分布的概率密度曲线要平坦些。

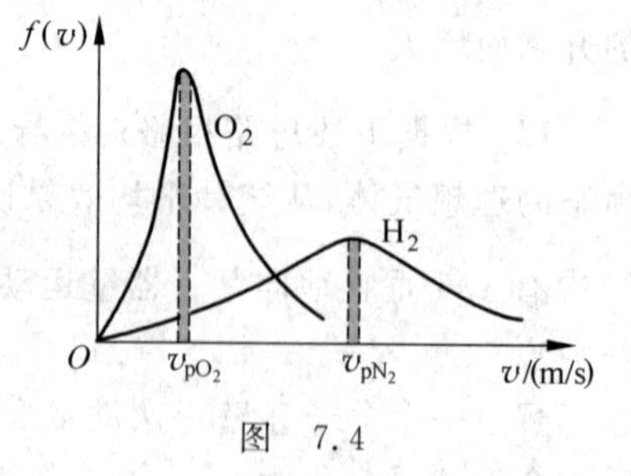

图 7.4

最概然速率 $v_p=\sqrt{\frac{2kT}{m}}$,相同温度下氢气和氧气分子的最概然速率值之比为

$$\frac{v_{pH_2}}{v_{pO_2}}=\sqrt{\frac{m_{O_2}}{m_{H_2}}}=4$$

v_p 处概率密度的大小为

$$f(v_p)=4\pi\left(\frac{m}{2\pi kT}\right)^{3/2}v_p^2\mathrm{e}^{-mv_p^2/2kT}=\left(\frac{8m}{\pi kT}\right)^{1/2}\mathrm{e}^{-1}$$

所以,在相同温度下,氢气和氧气分子 v_p 处的概率密度大小之比为

$$\frac{f(v_{\mathrm{pH_2}})}{f(v_{\mathrm{pO_2}})}=\frac{\sqrt{m_{\mathrm{H_2}}}}{\sqrt{m_{\mathrm{O_2}}}}=\frac{1}{4}$$

15. 证明 $v_{\mathrm{rms}}=\sqrt{3p/\rho}$，其中 ρ 为气体的质量密度。

证明　因为 $\rho=nm$，由压强公式

$$p=\frac{2}{3}n\bar{\varepsilon}_{\mathrm{t}}=\frac{1}{3}nm\,\overline{v^2}=\frac{1}{3}\rho\overline{v^2}$$

得 $\overline{v^2}=3p/\rho$，所以有

$$v_{\mathrm{rms}}=\sqrt{\overline{v^2}}=\sqrt{3p/\rho}$$

16. 在深秋或冬日的清晨，有时我们会看到蓝天上一条笔直的白线在不断延伸。再仔细看去，那是一架飞行的喷气式飞机留下的径迹(见图7.5)，喷气式飞机在飞行时的"废气"中充满了带电粒子，那条白线实际上是小水珠形成的雾条。你能解释这白色雾条形成的原因吗?

图　7.5

答　在深秋或冬日的清晨，有时虽然看到的是蓝天，但高空水蒸气可能已达饱和状态，只是由于没有"核心"而没有凝结成水滴。如果喷气式飞机在此饱和水蒸气中高速飞行，机翼会对蒸汽产生一定压缩，被压缩的蒸汽处于一种过饱和状态。喷气式飞机的"废气"中充满了带电粒子，蒸汽分子就以它们为核心迅速凝结而形成了水珠雾条，气液共存的雾条的散射光看上去像一条白线，它显示的是废气中带电粒子的径迹。所以，白色雾条形成的原因是喷气式飞机的"废气"提供了饱和水蒸气凝结的"核心"。

17. 试根据热导率的微观公式说明：当容器内的气体温度不变而压强降低时，它的热导率将保持不变；当压强降低到分子运动的平均自由程和容器线度可比或更低时，气体的热导率将随压强的降低而减小。

答　c_V 是常数，温度不变平均速率 $\bar{v}$ 也不变，由热导率的微观公式得

$$\kappa=\frac{1}{3}nm\,\bar{v}\bar{\lambda}c_V=\frac{1}{3}\cdot\frac{p}{kT}m\,\bar{v}\,\frac{kT}{\sqrt{2}\,\pi d^2p}c_V=\frac{m\,\bar{v}c_V}{3\sqrt{2}\,\pi d^2}\propto\sqrt{T}$$

可知热导率与压强无关。所以，容器内的气体温度不变而压强降低时，它的热导率将保持不变。可是，当压强降到一定程度以后，气体分子的平均自由程就是容器的线度，是个定值，压强再低它也不再变化；而 n 随压强降低却一直减少，由热导率的微观公式

$$\kappa=\frac{1}{3}nm\,\bar{v}\bar{\lambda}c_V=\frac{1}{3}\cdot\frac{p}{kT}m\,\bar{v}\bar{\lambda}c_V$$

可知，温度不变时 $\bar{v}$ 也不变，气体的热导率将随压强的降低而减小。

7.1.2　热力学第一定律

1. 内能和热量的概念有何不同？下面两种说法是否正确？

(1) 物体的温度越高，则热量越多；

(2) 物体的温度越高，则内能越大。

答 内能是系统内部所具有的能量,包括组成系统分子本身的能量(比如热运动能等)以及它们之间相互作用能的能量(比如势能等)。在一定状态下,热力学系统的内能有确定的值,它是系统状态的单值函数。热量则是过程量,不是状态量,它是指系统和系统之间或系统内部各部分之间在传热过程中所传递的能量多少,离开热交换过程它是毫无意义的。

(1) 此说法不正确。物体的温度越高,说明系统内分子热运动越激烈,它反映的是系统的状态,不是一个过程。况且,温度越高的物体也不一定能向其他系统传递越多的能量。比如气体绝热压缩过程,本身温度可越来越高,但不和外界交换能量,传递的热量为零。

(2) 此说法也欠妥。一定量的理想气体的内能只是温度的函数,温度越高,则内能越大,对一定量的理想气体此说法是对的;但对于真实气体,情况可能不是这样,真实气体的内能不只与温度有关,还与体积(或压强)有关。温度升高,真实气体的热运动动能增加了,但体积的变化可使分子间相互作用势能降低,结果有可能使系统总内能减少。

*2. 在 p-V 图上用一条曲线表示的过程是否一定是准静态过程?理想气体经过自由膨胀由状态(p_1,V_1)改变到状态(p_2,V_2)而温度复原这一过程能否用一条等温线表示?

答 p-V 图上一条曲线的每一点都有确定的坐标 p、V 值,由 $pV=\nu RT$ 可求得确定的温度 T,这说明曲线上每一点都表示系统处于平衡态,因此 p-V 图上用一条曲线表示的过程一定是准静态过程。

自由膨胀是向真空膨胀,过程很快,可以看做绝热自由膨胀过程。由热力学第一定律

$$Q = \Delta E + A$$

理想气体经自由膨胀由平衡态(p_1,V_1)变到平衡态(p_2,V_2)过程中,$Q=A=0$,有 $\Delta E=0$,初末两个平衡态内能相等,理想气体的内能只是温度的函数,因此二者温度相等。此外,其他任一时刻理想气体都不是处于平衡态,因而过程不是准静态过程,非平衡态没有整体温度概念,所以不能用一条等温线表示。

3. 汽缸内有单原子理想气体,若绝热压缩使体积减半,问气体分子的平均速率变为原来平均速率的几倍?若为双原子理想气体,又为几倍?

解 绝热压缩使体积减半,根据准静态绝热过程方程 $TV^{\gamma-1}=c$,有

$$T_1V_1^{\gamma-1} = T_2V_2^{\gamma-1}$$

$$T_2/T_1 = (V_1/V_2)^{\gamma-1} = 2^{\gamma-1}$$

理想气体的平均速率 $\bar{v}=\sqrt{\dfrac{8kT}{m}}$,单原子理想气体的 $\gamma=5/3$,所以有

$$\bar{v}_2/\bar{v}_1 = \sqrt{T_2}/\sqrt{T_1} = 2^{(\gamma-1)/2} = 2^{1/3}$$

若为双原子理想气体(刚性),$\gamma=7/5$,则有

$$\bar{v}_2/\bar{v}_1 = \sqrt{T_2}/\sqrt{T_1} = 2^{(7/5-1)/2} = 2^{1/5}$$

4. 有可能对系统加热而不致升高系统的温度吗?有可能不作任何热交换,而使系统的温度发生变化吗?

答 有可能对系统加热而不致升高系统的温度。比如加热一气体系统,使系统吸收热量的同时对外做功而完成一个等温膨胀过程就可以达到这样的目的。等温膨胀过程中热力学第一定律为

$$\mathrm{d}Q = \mathrm{d}E + \mathrm{d}A$$

$\mathrm{d}E=0$ 时,有 $\mathrm{d}Q=\mathrm{d}A$,说明只要气体吸收的热量全部用来对外做功,系统虽被加热但本身

的温度并不升高。实际的熔化、汽化过程也是这样的例子。

也有可能不作任何热交换，而使系统的温度发生变化。由式 $Q=\Delta E+A$，$Q=0$，有 $\Delta E=-A$，通过对系统做功可以实现此目的。绝热情况下对系统做正功，系统的温度可以升高；对系统做负功，系统的温度可以降低。如汽缸内的气体的急速压缩和膨胀就是这样的例子。

5. 一定量的理想气体对外做了 500 J 的功。

(1) 如果过程是等温的，气体吸了多少热？

(2) 如果过程是绝热的，气体的内能改变了多少？是增加了，还是减少了？

答　(1) 500 J。由热力学第一定律 $Q=\Delta E+A$，理想气体的等温过程 $\Delta E=0$，故

$$Q=A=500\ \mathrm{J}$$

(2) -500 J。理想气体绝热过程 $Q=0$，故

$$\Delta E=-A=-500\ \mathrm{J}$$

即内能减少了 500 J。

6. 试计算 ν(mol)理想气体在下表所列的准静态过程中的 A、Q 和 ΔE，以分子的自由度数和系统初、末态参量表示之，并填入下表。

过程	A	Q	ΔE
等体			
等温			
绝热			
等压			

答　利用热力学第一定律方程 $Q=\Delta E+A$，理想气体状态方程 $pV=\nu RT$，理想气体内能表示式 $E=\frac{i}{2}\nu RT$（i 是理想气体自由度），并设 $\Delta T=T_2-T_1$，$\Delta V=V_2-V_1$，可作如下计算。

等体过程：$\mathrm{d}V=0$，$A=\int_V p\,\mathrm{d}V=0$，$Q=\Delta E=\frac{i}{2}\nu R\Delta T$。

等温过程：$\mathrm{d}T=0$，$\Delta E=\int_T \mathrm{d}E=0$，$Q=A=\int_T P\,\mathrm{d}V=\int_V \frac{\nu RT}{V}\mathrm{d}V=\nu RT\ln\frac{V_2}{V_1}$。

绝热过程：$đQ=0$，$Q=\int_Q đQ=0$，$A=-\Delta E=-\frac{i}{2}\nu R\Delta T$。

等压过程：$\mathrm{d}p=0$，$A=\int_p p\,\mathrm{d}V=p\Delta V=\nu R\Delta T$，$\Delta E=\frac{i}{2}\nu R\Delta T$，$Q=\left(\frac{i}{2}+1\right)\nu R\Delta T$。

下面的表格则是对以上计算结果的汇总。

过程	A	Q	ΔE
等体	0	$(i/2)\nu RT$	$(i/2)\nu RT$
等温	$\nu RT\ln(V_2/V_1)$	$\nu RT\ln(V_2/V_1)$	0
绝热	$-(i/2)\nu R\Delta T$	0	$(i/2)\nu R\Delta T$
等压	$\nu R\Delta T$	$(1+i/2)\nu R\Delta T$	$(i/2)\nu R\Delta T$

7. 有两个卡诺机共同使用同一个低温热库，但高温热库的温度不同。在 p-V 图上，它们的循环曲线所包围的面积相等，它们对外所做的净功是否相同？热循环效率是否相同？

答 在 p-V 图上(见图7.6),整个循环过程中系统对外做的净功等于循环曲线所包围的面积。两个卡诺机 p-V 图上循环曲线所包围的面积相等,则它们对外所做的净功相同。

卡诺循环效率只由热库的温度确定,$\eta_{卡}=1-T_2/T_1$。这两个卡诺机低温热库的温度 T_2 一样,但高温热库的温度不同,所以它们的热循环效率不相同。

8. 一个卡诺机在两个温度一定的热库间工作时,如果工质体积膨胀得多些,它做的净功是否就多些?它的效率是否就高些?

答 如果工质体积膨胀得多些,在 p-V 图上(见图7.7),它的循环曲线所包围的面积就大些,它做的净功就会多些。但效率保持不变,因两个热库温度未变。

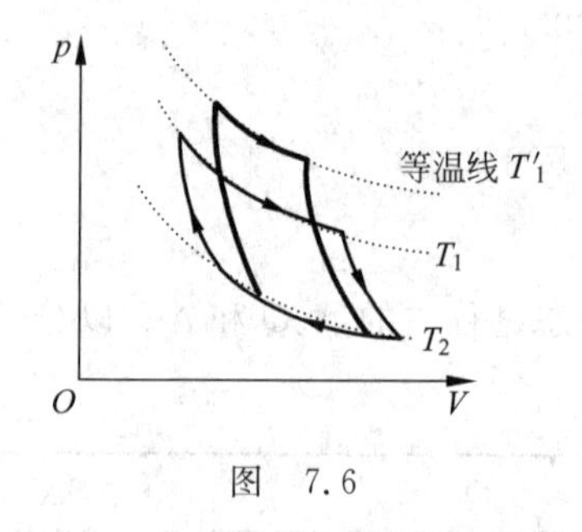

图 7.6

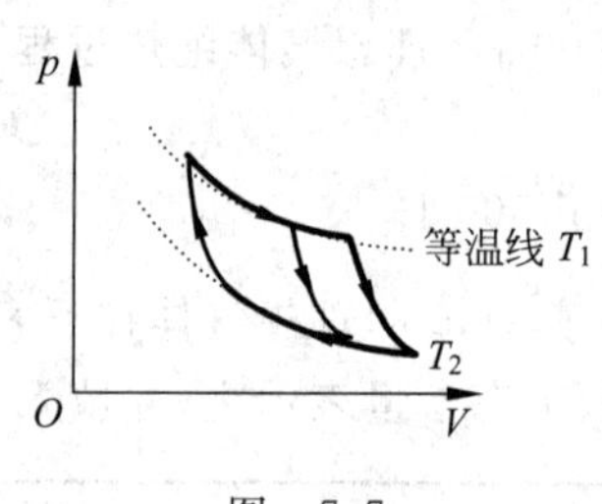

图 7.7

9. 在一个房间里,有一台电冰箱正在工作。如果打开冰箱的门,会不会使房间降温?会使房间升温吗?用一台热泵为什么能使房间降温?

答 因为对于电冰箱而言,两个热库都在房间内,向高温热源放热 Q_1 大于从低温热源吸的热 Q_2,有 $Q_1=Q_2+A$,不但不会使房间降温,反而会使房间升温。热泵的高温热源是室外,低温热源是房间,逆循环从低温热源房间吸热在室外放热,就可以使房间降温。

10. 某理想气体按 $pV^2=$ 恒量的规律膨胀,问此理想气体的温度是升高了,还是降低了?其热容是正还是负?

答 由状态方程 $pV=\nu RT$,得 $p=\nu RT/V$,代入 $pV^2=c_1$,得

$$TV=c_2$$

TV 乘积等于常量,所以体积膨胀时温度下降。和绝热体积膨胀过程的温度下降比较,此过程温度下降更快一些,如图7.8所示。

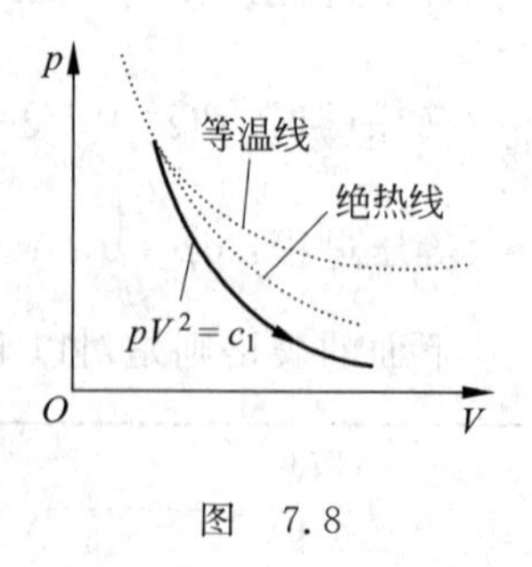

图 7.8

对于图示绝热膨胀过程,$đQ=0$,$dT<0$,$0=đA_1+dE_1$,热容 $C_Q=\dfrac{đQ}{dT}=0$;按 $pV^2=$ 恒量的规律膨胀过程,$dT<0$,$đQ=dE_2+đA_2$,和绝热过程相比,作同样膨胀时对外做的正功少,而内能下降得更多,即负多正少,一定有 $đQ<0$,所以它的热容一定为正值,即 $C_2=\dfrac{đQ}{dT}>0$。

7.1.3 热力学第二定律

1. 试设想一个过程,说明:如果功变热的不可逆性消失了,则理想气体自由膨胀的不可逆性也随之消失。

答　如果功变热的不可逆性消失了，即热量可以完全转化为功而不引起其他变化，这样可设计一热机，它从单一热源吸热，使之完全变为有用功，而又不造成任何其他影响。为说明功变热的不可逆性的消失将导致理想气体自由膨胀的不可逆性也随之消失，对只有底部与热库接触导热并装有理想气体的汽缸可设计这样一个过程：气体由图 7.9(a)自由膨胀到图 7.9(b)后，通过这种假想热机从热库 T 吸热 Q 而对气体做功，使气体等温压缩。

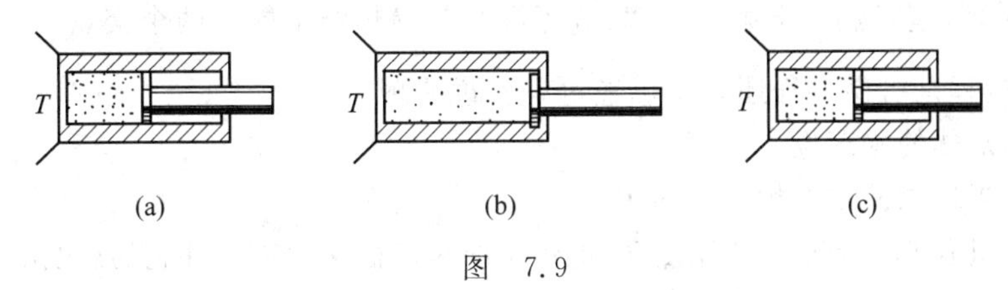

图　7.9

(a) 初态；(b) 自由膨胀后；(c) 自动压缩

因为这种热机把从单一热库 T 吸收的热 Q 全部用来做功，所以它对气体所做的功 $A=Q$。功 A 使气体等温压缩，气体向热库放热，热库又吸热 $Q=A$。这个过程的唯一效果是理想气体“自动”收缩到原来体积(见图 7.9(c))，未引起其他任何变化，理想气体自由膨胀的不可逆性也随之消失。

2. 试根据热力学第二定律判断下列两种说法是否正确。

(1) 功可以全部转化为热，但热不能全部转化为功。

(2) 热量能够从高温物体传到低温物体，但不能从低温物体传到高温物体。

答　都不正确。

(1) 热可以全部转化为功，但要引起其他影响。如等温膨胀过程中，系统吸收的热量全部转化为功，但体积的膨胀对外界产生了影响。

(2) 当通过外力对系统做功时(如制冷机)，热量能从低温物体传到高温物体，但不能自动地从低温物体传到高温物体。

3. 瓶子里装一些水，然后密闭起来。表面的一些水忽然温度升高而蒸发成气体，余下的水温度变低，这件事可能吗？它违反热力学第一定律吗？它违反热力学第二定律吗？

答　这件事不可能。它不违反热力学第一定律，因为此过程可以满足能量守恒，但它违反热力学第二定律。因为处于平衡态的水，内部各处(包括表面)温度均匀，表面下面水不会有净热量传递给表面使之温度升高，否则就不是平衡态。其二，即便有一特殊原因(如涨落)使表面水温稍微升高一点，也不可能靠余下的水提供热量维持或继续升高表面水的温度，因为热量不能自动地从低温部分传到高温处。除非内部有一制冷机存在，从表层下面水吸热供表面的一些水温度升高而蒸发成汽，而“密闭”之意是不存在制冷机的。

4. 一条等温线与一条绝热线是否能有两个交点？为什么？

答　理想气体的等温线与绝热线不能有两个交点。

(1) 由状态、过程方程，二者要交于两点，如图 7.10 所示，那么

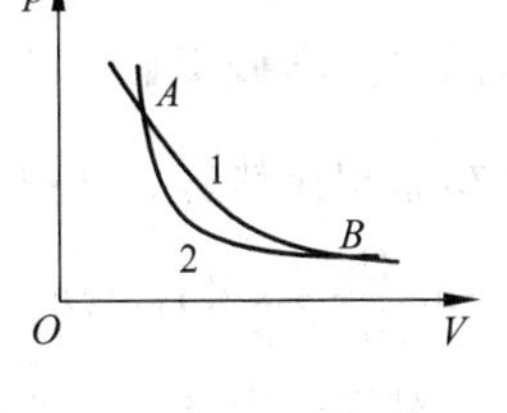

图　7.10

$$\text{等温线：} p_A V_A = p_B V_B$$

$$\text{绝热线：} p_A V_A^{\gamma} = p_B V_B^{\gamma}$$

应同时成立，A 和 B 必是一个点。

(2) 由热力学第一定律,可知

等温过程应有：$T_A = T_B$

绝热过程应有：$T_A \neq T_B$

二者矛盾,所以等温线与绝热线不能有两个交点。

(3) 由热力学第二定律,如果等温线与绝热线有两个交点,可组成一循环,但此循环构成单源热机循环,违背热力学第二定律,故等温线与绝热线不能有两个交点。

5. 下列过程是可逆过程还是不可逆过程？说明理由。

(1) 恒温加热使水蒸发。

(2) 由外界做功使水在恒温下蒸发。

(3) 在体积不变的情况下,用温度 T_2 的炉子加热容器中的空气,使它的温度由 T_1 升到 T_2。

(4) 高速行驶的卡车突然刹车停止。

答 (1) 不可逆过程。因为过程中存在热功转换现象。即使把恒温加热看做是无限小温差的热传导过程,水蒸发却是一个热通过液态水体积膨胀蒸发为汽而转化为功的不可逆过程。

(2) 不可逆过程。因为过程中存在功热及热功转换现象。

(3) 不可逆过程。因为过程中存在有一定温差的热传导现象。

(4) 不可逆过程。因为过程中存在摩擦耗散因素,即功热转换现象。

与热现象有关的实际过程都是不可逆的,也就是说,自然界能实现的宏观过程必然含有功热转换、热传导、气体绝热自由膨胀等不可逆因素,所以上述过程都是不可逆的。

6. 一杯热水置于空气中,它总是要冷却到与周围环境相同的温度。在这一自然过程中,水的熵减少了,与熵增加原理矛盾吗？

答 不矛盾。熵增加原理是指一个孤立系统内发生任何不可逆过程都导致熵增加。对水而言,它不是一个孤立系统,而和周围环境有能量的交换,冷却过程本身熵是减小了,但周围环境却因得到热量而熵增加了。如果把水和周围环境作为一孤立系统,二者都发生了熵变,虽然水的熵减少了,但整个孤立系统的不可逆过程的熵增一定是大于零的。

7. 一定量气体经历绝热自由膨胀。既然是绝热的,有 $đQ=0$,那么熵变也应该为零。对吗？为什么？

答 不对。因为这是孤立系的不可逆过程,熵是增加的,$\Delta S>0$。对于一定量气体的绝热膨胀的可逆过程才有 $\Delta S=0$。

一定量理想气体的绝热自由膨胀过程,其初末状态均为平衡态,初末态温度复原说明分子速度分布不变,只有位置分布改变,因此可以只按位置分布来计算气体的热力学概率 Ω。设一个方形容器的体积为 V,分成左右相等的两个空间,N 个理想气体分子处于容器左半部空间的初始宏观态对应微观态数 $\Omega_1 = C_N^N = 1$,经历绝热自由膨胀均匀充满整个容器的末态时的热力学概率 $\Omega = C_N^{N/2} = \dfrac{N!}{(N/2)!\ (N-N/2)!}$,它是膨胀过程中各种宏观态的极大值。和初态相比热容力学概率增加了,玻耳兹曼熵也就增加了,N 是很大的,可以证明熵增 $\Delta S = k\ln\dfrac{\Omega}{\Omega_0} = Nk\ln 2$。所以,虽然有 $đQ=0$,但熵变不为零。

对于一定量气体的绝热膨胀的可逆过程,因为它是一个孤立系统,在可逆过程中系统总处于平衡态,平衡态对应于热力学概率 Ω 取极值的状态。在不受外界干扰的情况下,系统

的 Ω 极大值是不会改变的，所以对一定量气体的绝热膨胀的可逆过程有 $\Delta S = 0$。

*8. 现在已确认原子核都具有自旋角动量，好像它们都在作围绕自己轴线的旋转运动。这种运动叫自旋（见图 7.11），自旋角动量是**量子化**的。在磁场中其自旋轴的方向只能取某些特定方向，如与外磁场平行或反平行的方向。由于原子核具有电荷，所以伴随着自旋，它们都有**自旋磁矩**，如小磁针那样。通常以 $\boldsymbol{\mu}_0$ 表示自旋磁矩。磁矩在磁场中具有和磁场相联系的能量。例如，$\boldsymbol{\mu}_0$ 和磁场 $\boldsymbol{B}$ 平行时能量为 $-\mu_0 B$，其值较低；$\boldsymbol{\mu}_0$ 和磁场 $\boldsymbol{B}$ 反平行时能量为 $+\mu_0 B$，其值较高。

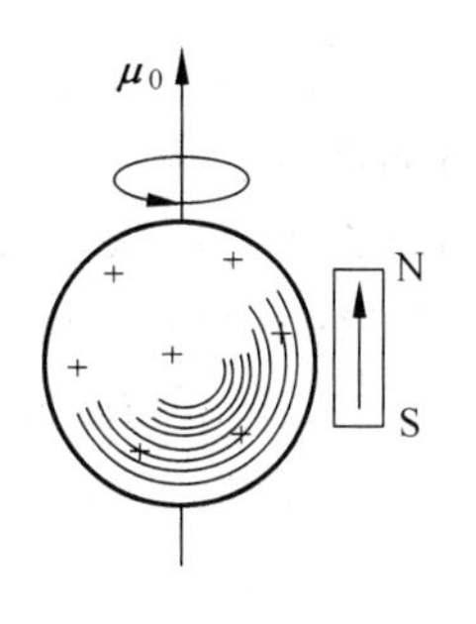

图　7.11

现在考虑某种晶体中由 N 个原子核组成的系统，并假定磁矩只能取与外磁场平行或反平行两个方向。对此系统加一磁场后，最低能量的状态应是所有磁矩的方向都平行于磁场 $\boldsymbol{B}$ 的状态，如图 7.12(a)所示，其中小箭头表示核的磁矩。这时系统的总能量为 $E=-N\mu_0 B$。当逐渐增大系统的能量时（如用频率适当的电磁波照射），磁矩与 $\boldsymbol{B}$ 的方向相同的核数 n 将逐渐减少，而磁矩与 $\boldsymbol{B}$ 反平行的能量较高的核的数目将增多，依次如图 7.12(b)、(c)、(d)所示。当所有核的磁矩方向都和磁场 $\boldsymbol{B}$ 相反时（见图 7.12(e)），系统的能量到了最大值 $E=+N\mu_0 B$，系统就不可能具有更大能量了。

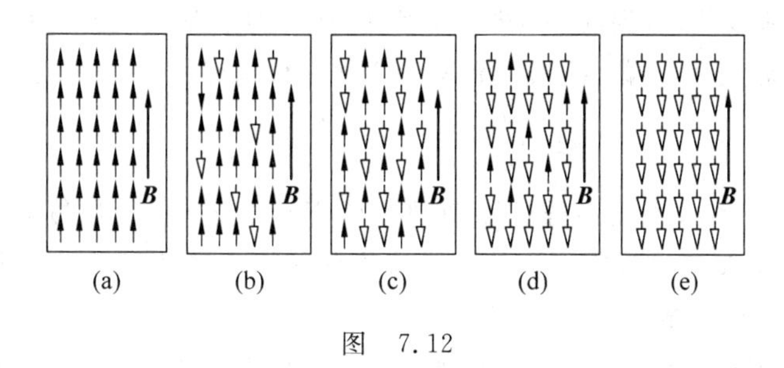

图　7.12

(1) 用核的取向的无序性大小或热力学概率大小判断，从(a)到(e)的变化过程中，此核自旋系统的熵是怎样变化的？何状态熵最大？(a)、(e)两状态的熵各是多少？

(2) 对于从(a)到(c)各个状态，系统的温度 $T>0$。对于从(c)到(e)各状态，系统的温度 $T<0$，即系统处于负热力学温度状态（此温度称自旋温度）。试用玻耳兹曼分布律（能量为 E 的粒子数和 $e^{-E/kT}$ 成正比，从而具有较高能量 E_2 的粒子数 N_2 和具有较低能量 E_1 的粒子数 N_1 的比为 $N_2/N_1=e^{-(E_2-E_1)/kT}$）加以解释。

(3) 由热力学第二定律，热量只能从高温物体自动传向低温物体。试分析以下关于系统温度的论断是否正确。状态(a)的能量最低，因而再不能从系统传出能量（指相关的磁矩-磁场能量），所以其（自旋）温度是最低的。状态(e)的能量最高，因而再不能传给系统能量，所以系统的温度是最高的。将(a)到(c)各状态和(c)到(e)各状态进行对比可知，$T<0$ 的状态的温度比 $T>0$ 的状态的温度还要高。

答　(1) 从(a)到(c)，随着方向相反的磁矩数目增多，系统磁矩排列从最整齐、最有序逐渐变化到最无序，无序度从(a)状态的零逐渐增大到(c)状态的最大。从(c)到(e)，随着方向相反磁矩的数目继续增多，磁矩排列从最无序逐渐变化到和 $\boldsymbol{B}$ 反平行排列的最整齐、最有序，无序度从(c)状态的最大逐渐减少到(e)状态的零。无序度表明了系统每个宏观态的微观状态数，即热力学概率 Ω。(a)状态，晶体系统中 N 个原子核磁矩方向都向上，$\Omega_a=1$，其

熵 $S_a = k\ln\Omega_a = 0$；(c)状态，因为每个粒子磁矩方向不是向上就是向下，$\Omega_c = C_N^{N/2} = \frac{N!}{(N/2)!\ (N-N/2)!}$，其熵 $S_c = k\ln\Omega_c = Nk\ln 2$，是极值；(e)状态，晶体系统中 N 个核磁矩方向都向下，微观状态数 $\Omega_e = 1$，其熵 $S_e = k\ln\Omega_e = 0$。所以，从(a)到(e)的变化过程中，此核自旋系统的熵从零逐渐增加到最大，再由最大逐渐减少到零；(c)状态系统熵最大，为 $Nk\ln 2$；(a)和(e)状态系统熵为零。

(2) 玻耳兹曼分布是系统的粒子按能量的分布，能量为 E 的粒子数正比于 $e^{-E/kT}$。对于一定能量的区间间隔，较高能量(E_2)的粒子数 N_2 和能量较低(E_1)的粒子数 N_1 的比为 $N_2/N_1 = e^{-(E_2-E_1)/kT}$，有

$$\ln\frac{N_2}{N_1} = -\frac{E_2 - E_1}{kT}$$

对于从(a)到(c)各个状态，是外界向系统输送能量(如通过电磁波照射)，系统能量逐渐增大，核自旋磁矩 $\boldsymbol{\mu}_0$ 与 $\boldsymbol{B}$ 方向相同的能量低的核数 N_1 由 N 逐渐减少到 $N/2$，而磁矩与 $\boldsymbol{B}$ 反平行的能量较高的核的数目 N_2 由零逐渐增加到 $N/2$，过程中其他各状态有 $N_2 < N_1$。因此

$$\ln\frac{N_2}{N_1} = -\frac{E_2 - E_1}{kT} < 0$$

其中，$E_2 - E_1 > 0$，所以从(a)到(c)系统的温度 $T > 0$。对于从(c)到(e)中各状态，随着外界向系统能量的继续输送，N_2 增 N_1 减，有 $N_2 > N_1$(此种情况称为粒子数布居反转)，因此

$$\ln\frac{N_2}{N_1} = -\frac{E_2 - E_1}{kT} > 0$$

$E_2 - E_1 > 0$，一定有 $T < 0$，说明系统处于负热力学温度状态(自旋温度)。由于是外界向系统能量的继续输送引起 $T < 0$，所以负热力学温度状态下系统比 $T > 0$ 时具有更大的能量。

(3) 此关于系统温度的论断是正确的。

由热力学第二定律，热量只能从高温物体自动传向低温物体，说明温度高的系统具有较高的能量。状态(a)所有磁矩都与 $\boldsymbol{B}$ 平行，不会再有磁矩从较高能量的反平行变为与 $\boldsymbol{B}$ 平行的状态而释放一点能量被外界取走，所以此状态能量最低，温度最低，因而再不能从系统传出能量。同样，状态(e)所有磁矩都与 $\boldsymbol{B}$ 反平行，不会再有磁矩需要外界供给能量从较低能量的平行状态变为与 $\boldsymbol{B}$ 反平行的状态，所以状态(e)的能量最高，温度最高，因而再不能传给系统能量。从(a)到(e)外界一直向系统输送能量，系统的能量 E 是逐渐增加的，温度一直在升高，所以(c)到(e) $T < 0$ 的状态的温度比(a)到(c) $T > 0$ 的状态的温度还要高。

对于式 $\ln\frac{N_2}{N_1} = -\frac{E_2 - E_1}{kT}$，当 $N_2 \to 0$ 时，对数 $\to -\infty$，$T \to +0$，所以最低温度的(a)状态的 $T_a = +0$ K。当 $N_1 \to 0$ 时，对数 $\to +\infty$，$T \to -0$，所以最高温度的状态(e)的 $T_e = -0$ K。当 $N_1 \to N/2$ 或 $N_2 \to N/2$ 时，对数 $\to 0$，$T \to \pm\infty$，所以作为正温度和负温度过渡点的状态(c)的 $T_c = \pm\infty$，在(c)到(a)侧取 $+\infty$，在(c)到(e)侧取 $-\infty$，如图 7.13 所示。

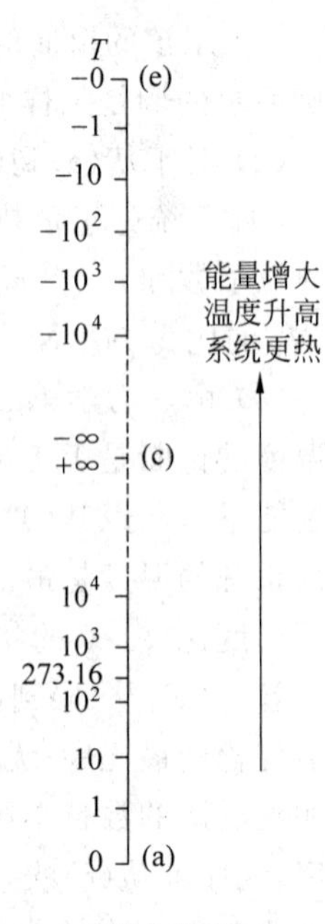

图 7.13

* **9.** 热力学第零定律指出：分别和系统 C 处于热平衡的系统 A 和系统 B 接触时，二者也必定处于热平衡状态。利用温度的概念，则有：温度相同的系统 A 和系统 B 相接触时必定处于热平衡状态。试说明：如果这一结论不成立，则热力学第二定律，特别是克劳修斯表述也将不成立。从这个意义上说，热力学第零定律已暗含在热力学第二定律之中了。

答　决定系统热平衡的宏观性质为温度。如果温度相同的系统 A 和系统 B 相接触时不是处于热平衡状态，不可避免要发生热传递，失热的一方温度降低，得热的一方温度升高，此过程本身一开始就包含了热自动从低温向高温系统传递。如果这是事实，那么热力学第二定律，特别是克劳修斯表述将不再成立。

克劳修斯表述是热不能自动地从低温物体传向高温物体，如果温度相同的系统 A 和系统 B 相接触，因为没有温差，它们之间不会发生热传递，一定处于热平衡状态。所以从这个意义上说，热力学第零定律已暗含在热力学第二定律之中了。

* **10.** 热力学第三定律的说法是：热力学绝对零度不能达到。试说明，如果这一结论不成立，则热力学第二定律，特别是开尔文表述也将不成立。从这个意义上说，热力学第三定律已暗含在热力学第二定律之中了。

答　由卡诺热机效率

$$\eta=\frac{Q_1-Q_2}{Q_1}=1-\frac{T_2}{T_1}$$

可知，如果低温热源可以达到零度，$T_2=0\ \mathrm{K}$，即效率可以达到 100%，则有 $Q_2=0$，这意味着可以制造一种循环热机，不需要向冷源放热，从单一热源吸热 Q_1 就可以做功，并且可以全部转化为功而不产生其他影响。那热力学第二定律，特别是开尔文表述也就不成立了。

热力学第二定律的开尔文表述是不可能制造一种循环热机，只使单一热源冷却而不放出热量给其他物体，也就是卡诺热机的效率不能达到 100%，意指热力学绝对零度不能达到。所以从这个意义上说，热力学第三定律已暗含在热力学第二定律之中了。

11. 熵的负值($-S$)被定义为负熵。有人说“人们在地球上的日常活动中并没有消耗能量，而是不断地消耗负熵”。此话对吗？

答　对。人体是开放系统，不断地与周围环境进行物质与能量的交换，对物质流和能量流是收支平衡。人体内部的不可逆过程引起熵产生 $\mathrm{d}S_\mathrm{i}$，和外界交换能量或物质而引起熵流 $\mathrm{d}S_\mathrm{e}$，人体熵变为

$$\mathrm{d}S=\mathrm{d}S_\mathrm{i}+\mathrm{d}S_\mathrm{e}$$

其中熵产生 $\mathrm{d}S_\mathrm{i}>0$。为了维持生存，人体必须从自然界吸收高品质的低熵的物质能量，输出低品位高熵的物质能量，使熵流 $\mathrm{d}S_\mathrm{e}<0$(负熵流)，使得人体熵变

$$\mathrm{d}S=\mathrm{d}S_\mathrm{i}+\mathrm{d}S_\mathrm{e}\leqslant 0$$

这样人体可以维持在一个低熵的有序状态。“负熵流”是人体维持生命的基础，但是周围环境的熵增加了，这相当于人体从周围环境取走了“负熵”。所以说“人们在地球上的日常活动中并没有消耗能量，而是不断地消耗负熵”这句话是对的。

7.2　例题

7.2.1　气体动理论

1. 一容器内储有氮气，其温度为 27 ℃，压强为 1.013×10^5 Pa，可以将其看做刚性理想

气体。求：

(1) 氮气的分子数密度；

(2) 氮气的质量密度；

(3) 氮气的分子质量；

(4) 分子的平均平动能；

(5) 分子的平均转动动能；

(6) 分子的平均动能。

解 刚性理想气体的氮气，其温度 $T=273+27\ \text{K}=300\ \text{K}$。

(1) 根据状态方程 $p=nkT$，分子数密度

$$n=\frac{p}{kT}=\frac{1.013\times10^{5}}{1.38\times10^{-23}\times300}\ \text{m}^{-3}=2.45\times10^{25}\ \text{m}^{-3}$$

(2) 由状态方程 $pV=\dfrac{M}{\mu_{\text{mol}}}RT$，其中 μ_{mol} 为摩尔质量，得

$$\rho=\frac{M}{V}=\frac{\mu_{\text{mol}}p}{RT}=\frac{28\times10^{-3}\times1.013\times10^{5}}{8.31\times300}\ \text{kg/m}^3=1.14\ \text{kg/m}^3$$

(3) 氮气的分子质量为

$$m=\frac{\rho}{n}=\frac{1.14}{2.45\times10^{25}}\ \text{kg}=4.65\times10^{-26}\ \text{kg}$$

(4) 分子的平均平动能为

$$\overline{\varepsilon_{\text{t}}}=\frac{3}{2}kT=\frac{3}{2}\times1.38\times10^{-23}\times300\ \text{J}=6.21\times10^{-21}\ \text{J}$$

(5) 刚性双原子的自由度是5，其中3个是平动自由度，2个是转动自由度。根据能量均分定理，氮气分子的平均转动动能为

$$\overline{\varepsilon_{\text{r}}}=\frac{2}{2}kT=1.38\times10^{-23}\times300\ \text{J}=4.14\times10^{-21}\ \text{J}$$

(6) 分子的平均动能为

$$\bar{\varepsilon}_{\text{k}}=\frac{i}{2}kT=\frac{5}{2}\times1.38\times10^{-23}\times300\ \text{J}=1.035\times10^{-20}\ \text{J}$$

2. 上题中，该气体有 0.5 mol。

(1) 求这些氮气分子的总平均动能和内能；

(2) 若容器正以 10 m/s 速率运动，这些氮气分子的总平均动能和内能又是多少？

解 (1) 由于理想气体没有分子间相互作用能，其内能就是这些分子的动能，即总平均动能，所以有

$$\begin{aligned}E_{\text{k}}=E_{\text{内}}&=\nu\cdot\frac{i}{2}RT\\&=\frac{5}{2}\times0.5\times8.31\times300\ \text{J}=3.12\times10^{3}\ \text{J}\end{aligned}$$

(2) 上式中的温度与容器的整体运动无关，理想气体的内能即分子总的平均动能是在质心系中测量的，是质心系的内动能，所以它还是上面的值，即 3.12×10^{3} J。和整体运动有关的是轨道动能，整个气体的动能是

$$E_{k系} = E_{内} + \frac{1}{2}MV_{系}^2 = \left(3.12 \times 10^3 + \frac{1}{2} \times 0.5 \times 28 \times 10^{-3} \times 10^2\right)\ \mathrm{J}$$
$$= (3.12 \times 10^3 + 0.7)\ \mathrm{J} \approx 3.12 \times 10^3\ \mathrm{J}$$

3. 有 N 个分子，其速率分布曲线如图 7.14 所示，求：

(1) 速率分布函数；

(2) 速率大于 v_0 和小于 v_0 的分子数；

(3) 分子的平均速率和分子速率倒数的统计平均值；

(4) 分子的方均根速率和分子的最概然速率。

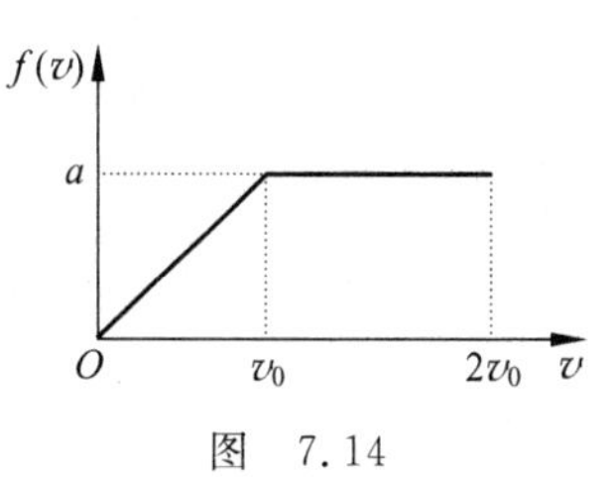

图　7.14

解　(1) 速率分布函数为

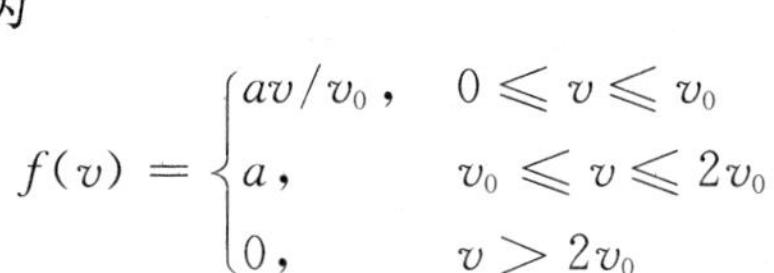

$$f(v) = \begin{cases} av/v_0, & 0 \leqslant v \leqslant v_0 \\ a, & v_0 \leqslant v \leqslant 2v_0 \\ 0, & v > 2v_0 \end{cases}$$

由归一化条件：

$$\int_0^\infty f(v)\mathrm{d}v = \int_0^{v_0} \frac{av}{v_0}\mathrm{d}v + \int_{v_0}^{2v_0} a\,\mathrm{d}v = \frac{av_0}{2} + av_0 = \frac{3}{2}av_0 = 1$$

可得

$$a = 2/(3v_0)$$

(2) $v>v_0$ 的分子数

$$\Delta N_1 = \int_{v_0}^\infty Nf(v)\mathrm{d}v = \int_{v_0}^{2v_0} Na\,\mathrm{d}v = 2N/3$$

$v<v_0$ 的分子数

$$\Delta N_2 = N - 2N/3 = N/3$$

(3) 分子的平均速率为

$$\bar{v} = \int_0^\infty vf(v)\mathrm{d}v = \int_0^{v_0} v\frac{av}{v_0}\mathrm{d}v + \int_{v_0}^{2v_0} va\,\mathrm{d}v = 11v_0/9$$

分子速率倒数的统计平均值为

$$\overline{\left(\frac{1}{v}\right)} = \int_0^\infty \frac{1}{v}f(v)\mathrm{d}v = \int_0^{v_0} \frac{1}{v}\frac{av}{v_0}\mathrm{d}v + \int_{v_0}^{2v_0} \frac{1}{v}a\,\mathrm{d}v = 2(1+\ln 2)/(3v_0)$$

(4) 因为分子的方均速率为

$$\overline{v^2} = \int_0^\infty v^2 f(v)\mathrm{d}v = \int_0^{v_0} v^2 \frac{av}{v_0}\mathrm{d}v + \int_{v_0}^{2v_0} v^2 a\,\mathrm{d}v = 31v_0^2/18$$

所以，得方均根速率

$$\sqrt{\overline{v^2}} = \sqrt{31}\,v_0/\sqrt{18} = 1.31v_0$$

由 $f(v)$-v 曲线图 7.14 可知，分子的最概然速率不存在。

需要注意的是，在以上求所有分子的平均速率、方均根速率等统计平均值时，或者是归一化条件中，速率的区间都取 $0\sim\infty$，气体中真的有速率为无穷大的分子吗？答案不会有的，由狭义相对论已经得知，任何物体的速度均不会超过光速 c。分子的最大速率应小于 c，但由于分子粒子本身的特性，分子最大速率是不能确定的。既然这样，利用积分运算的可加性，上述各种运算中的速率的区间取 $0\sim\infty$是合理的。

4. 平衡态下 27 ℃的空气分子可按理想气体考虑。试求：

(1) 它的最概然速率及速率处在415～440 m/s范围内的分子数占总分子数的百分比;

(2) 分子在$v_p \to \bar{v}$区间出现的概率;

(3) 空气分子的最概然平动能量。

解 平衡态下的理想空气分子的速率分布服从麦克斯韦速率分布。分子在$v \to v+\Delta v$速率区间出现的概率为

$$\frac{\Delta N}{N}=f(v)\Delta v=4\pi\left(\frac{m}{2\pi kT}\right)^{3/2}v^2\exp(-mv^2/2kT)\Delta v$$

由于$v_p=\sqrt{2kT/m}$,上式可写为

$$\frac{\Delta N}{N}=\frac{4}{\sqrt{\pi}}\left(\frac{v}{v_p}\right)^2\mathrm{e}^{-\left(\frac{v}{v_p}\right)^2}\frac{\Delta v}{v_p}$$

(1) 空气分子的摩尔质量$\mu_{mol}=29\times10^{-3}$ kg,最概然速率

$$v_p=\sqrt{\frac{2RT}{\mu_{mol}}}=\sqrt{\frac{2\times8.31\times300}{29\times10^{-3}}}\ \mathrm{m/s}=415\ \mathrm{m/s}$$

因为415～440 m/s范围正是$v_p \to v_p+\Delta v$范围($\Delta v=25$ m/s$=0.06v_p$),所以,在此范围内的分子数占总分子数的百分比为

$$\begin{aligned}\frac{\Delta N}{N}&=\frac{4}{\sqrt{\pi}}\left(\frac{v_p}{v_p}\right)^2\mathrm{e}^{-\left(\frac{v_p}{v_p}\right)^2}\frac{\Delta v}{v_p}\\&=\frac{4}{\sqrt{\pi}}\times\mathrm{e}^{-1}\times0.06=\frac{0.24}{\sqrt{\pi}}\times\mathrm{e}^{-1}=5\%\end{aligned}$$

这是近似计算,也是常用的近似方法。随着速率区间的增大,误差也增大。严格计算要用积分求解。

(2) 由于$\bar{v}=\sqrt{\frac{8kT}{\pi m}}=\frac{2}{\sqrt{\pi}}v_p$,所以有$\Delta v=\bar{v}-v_p=\left(\frac{2}{\sqrt{\pi}}-1\right)v_p$,把它们代入上面概率表达式可得

$$\frac{\Delta N}{N}=\frac{4}{\sqrt{\pi}}\mathrm{e}^{-1}\left(\frac{2}{\sqrt{\pi}}-1\right)=10.8\%$$

注意它是个常数。

(3) 由于$\varepsilon_t=\frac{1}{2}mv^2$,$v^2=\frac{2\varepsilon_t}{m}$,$\mathrm{d}v=\frac{\mathrm{d}\varepsilon_t}{\sqrt{2m\varepsilon_t}}$,代入麦克斯韦速率分布率,得

$$\begin{aligned}\frac{\mathrm{d}N}{N}&=4\pi\left(\frac{m}{2\pi kT}\right)^{3/2}v^2\exp(-mv^2/2kT)\mathrm{d}v=4\pi\left(\frac{m}{2\pi kT}\right)^{3/2}\frac{2\varepsilon_t}{m}\exp(-\varepsilon_t/kT)\frac{\mathrm{d}\varepsilon_t}{\sqrt{2m\varepsilon_t}}\\&=\frac{2}{\sqrt{\pi}}(kT)^{-3/2}\varepsilon_t^{1/2}\exp(-\varepsilon_t/kT)\mathrm{d}\varepsilon_t\end{aligned}$$

得到按平动能的分布函数

$$f(\varepsilon_t)=\frac{2}{\sqrt{\pi}}(kT)^{-3/2}\varepsilon_t^{1/2}\exp(-\varepsilon_t/kT)$$

对大量分子,上面函数极大值应满足$\mathrm{d}f/\mathrm{d}\varepsilon_t=0$,有

$$\frac{1}{2}\varepsilon_t^{-1/2}\exp(-\varepsilon_t/kT)-\varepsilon_t^{1/2}(kT)^{-1}\exp(-\varepsilon_t/kT)=0$$

$$\varepsilon_t = \frac{1}{2}kT = 0.5 \times 1.38 \times 10^{-23} \times 300 \text{ J} = 2.07 \times 10^{-21} \text{ J}$$

气体分子的最概然平动能 $\varepsilon_t = \frac{1}{2}kT$，而平均平动能是 $\bar{\varepsilon}_t = \frac{3}{2}kT$，具有最概然速率分子的平动能是 $\frac{1}{2}mv_p^2 = kT$。

5. 导体中自由电子的运动可看做类似于气体分子的运动，故称做电子气。设导体中共有 N 个自由电子，电子的最大速率为 v_F（称为费米速率），电子速率的分布函数为

$$f(v) = \begin{cases} \frac{4\pi A}{N}v^2, & v_F \geqslant v > 0 \\ 0, & v > v_F \end{cases}$$

其中 A 为一常数。求：

(1) 分布函数的示意图；

(2) 以 N、v_F 表示，定出常数 A；

(3) 电子气中电子的平均动能和具有最概然速率的电子动能。

解 (1) 在 $v \leqslant v_F$ 时，分布函数是抛物线方程；在 $v > v_F$ 时，分布函数突降为零，电子的速率不大于 v_F。示意图如图 7.15 所示。

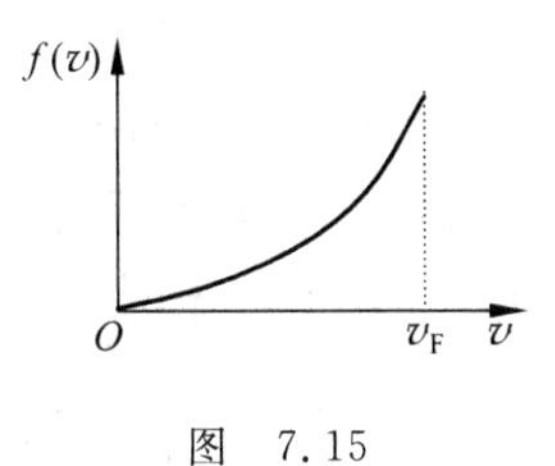

图 7.15

(2) 由归一化条件

$$\int_0^\infty f(v)\mathrm{d}v = \int_0^{v_F} \frac{4\pi A}{N}v^2 \mathrm{d}v = \frac{4\pi A}{N}\frac{v_F^3}{3} = 1$$

得

$$A = 3N/(4\pi v_F^3)$$

(3) 电子的平均动能为 $\bar{\varepsilon}_k = \frac{1}{2}m_e \overline{v^2}$，而

$$\overline{v^2} = \int_0^\infty v^2 f(v)\mathrm{d}v = \int_0^{v_F} v^2 \frac{3}{v_F^3}v^2 \mathrm{d}v = \frac{3}{5}v_F^2$$

所以，有

$$\bar{\varepsilon}_k = \frac{1}{2}m_e \overline{v^2} = \frac{3}{5}\left(\frac{1}{2}m_e v_F^2\right) = \frac{3}{5}\varepsilon_F$$

即它等于费米能量 ε_F 的 3/5，式中 m_e 是电子质量。因为电子的分布函数极大值对应的速率是 v_F，v_F 亦即电子的最概然速率。具有最概然速率的电子动能为

$$\varepsilon_p = \frac{1}{2}m_e v_p^2 = \frac{1}{2}m_e v_F^2 = \varepsilon_F$$

它是电子的最大能量。

6. 假定大气层温度是等温的，且温度为 T。由重力场中粒子数按高度的玻耳兹曼分布，证明高度 h 和压强的关系是

$$h = \frac{RT}{\mu g}\ln\frac{p_0}{p}$$

式中，p_0、p 为海平面和高度 h 处的压强；μ 是空气的摩尔质量。

证明 空气分子质量为 m，有

$$n = n_0 \exp(-mgh/kT) = n_0 \exp[-(N_A mgh)/(N_A kT)]$$
$$= n_0 \exp[-(\mu gh)/(RT)]$$

由 $p=nkT$,得

$$p = nkT = n_0 kT \exp[-(\mu gh)/(RT)] = p_0 \exp[-(\mu gh)/(RT)]$$

这就是恒温气压公式。移项并取对数得

$$\ln \frac{p}{p_0} = -\frac{\mu gh}{RT}$$

由此,得

$$h = \frac{RT}{\mu g} \ln \frac{p_0}{p}$$

此式常被用于航测、登山、地质考察等活动中对高度的估计。

7. 一真空管的线度为 10^{-2} m,真空度为 1.33×10^{-3} Pa。设空气分子的有效直径为 3×10^{-10} m。求 27 ℃时管内空气分子数密度、平均自由程和碰撞频率。

解 对于稀薄气体,求分子数密度可根据理想气体模型,有

$$n = \frac{p}{kT} = \frac{1.33\times10^{-3}}{1.38\times10^{-23}\times300}\ \text{m}^{-3} = 3.21\times10^{17}\ \text{m}^{-3}$$

求分子的平均自由程和碰撞次数时,是用近似的方法描述分子自由运动。把分子看做具有一定体积的刚球,分子之间相互作用的过程看做刚球之间的弹性碰撞,两个分子质心之间最小距离平均值看做刚球的直径。在此模型下平均自由程为

$$\bar{\lambda} = \frac{1}{\sqrt{2}\pi d^2 n} = \frac{1}{\sqrt{2}\times3.14\times9\times10^{-20}\times3.21\times10^{17}}\ \text{m} = 7.82\ \text{m} > 10^{-2}\ \text{m}$$

因 $7.82\ \text{m}>10^{-2}$ m,取管的线度 10^{-2} m 为管内气体的平均自由程。气体碰撞频率为

$$\bar{Z} = \frac{\bar{v}}{\bar{\lambda}} = \frac{\sqrt{(8RT)/(\pi\mu)}}{\bar{\lambda}}$$
$$= \frac{\sqrt{(8\times8.31\times300)/(3.14\times29\times10^{-3})}}{10^{-2}}\ \text{s}^{-1} = 4.68\times10^4\ \text{s}^{-1}$$

7.2.2 热力学第一定律

1. 一容器被中间的隔板分成相等的两半,一半装有氦气,温度为 250 K;另一半装有氧气,温度为 310 K。二者压强相等。把气体分子作为理想刚性分子,求去掉隔板后两种气体混合后的温度。

解 由于 $A=0, Q=0$,前后两种气体系统内能应相等。混合前系统内能为

$$E_0 = E_{10} + E_{20} = \frac{3}{2}\nu_1 RT_1 + \frac{5}{2}\nu_2 RT_2$$

由于混合前两种气体压强和体积相等,有 $p_1V_1=p_2V_2$,即 $\nu_1 RT_1=\nu_2 RT_2$,则

$$E_0 = \frac{8}{2}\nu_1 RT_1$$

设混合后系统的温度为 T,系统内能

$$E = \frac{3}{2}\nu_1 RT + \frac{5}{2}\nu_2 RT = \left(\frac{3}{2} + \frac{5T_1}{2T_2}\right)\nu_1 RT$$

由 $E=E_0$，有

$$\frac{8}{2}\nu_1 RT_1 = \left(\frac{3}{2}+\frac{5T_1}{2T_2}\right)\nu_1 RT$$

$$T = \frac{8T_1}{3+5T_1/T_2} = \frac{8\times 250}{3+5\times 250/310}\ \mathrm{K} = 284\ \mathrm{K}$$

2. 1 mol 氧气，温度为 300 K 时，体积为 $2\times10^{-3}\ \mathrm{m}^3$。试求下面两过程中外界对氧气做功的多少。

(1) 绝热膨胀至体积 $20\times10^{-3}\ \mathrm{m}^3$；

(2) 等温膨胀至体积 $20\times10^{-3}\ \mathrm{m}^3$，后又等体冷却至和(1)膨胀后同样温度。

解　两过程在 p-V 图上的显示如图 7.16 所示。

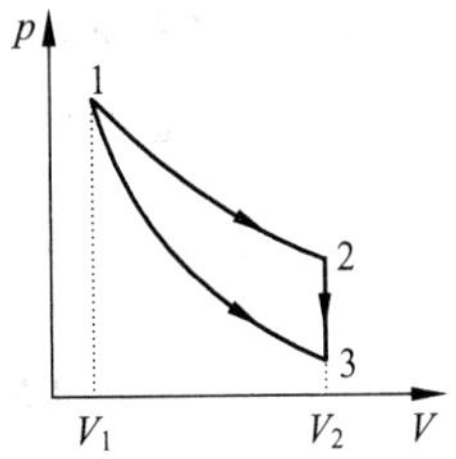

(1) 绝热过程(1→3)，双原子刚性分子的 $\gamma=7/5=1.4$，由泊松公式

$$T_1V_1^{\gamma-1} = T_3V_2^{\gamma-1}$$

可求出

$$T_3 = T_1\left(\frac{V_1}{V_2}\right)^{\gamma-1} = 300\times(0.1)^{0.4}\ \mathrm{K} = 119\ \mathrm{K}$$

图　7.16

绝热过程，外界做功等于氧气对外做功的负值，有

$$A_{外} = -A_{氧} = \Delta E = C_V\Delta T = \frac{5}{2}\times 8.31\times(119-300)\ \mathrm{J}$$

$$= -3.76\times10^3\ \mathrm{J}$$

(2) 对于第二过程(1→2→3)，氧气对外做功等于等温过程的功(1→2)，所以有

$$A_{外} = -A_{氧} = -RT\ln\frac{V_2}{V_1} = -8.31\times300\times\ln10\ \mathrm{J} = -5.74\times10^3\ \mathrm{J}$$

3. 一定量理想气体，从一平衡态经准静态过程到另一平衡态，如果摩尔热容是常量，其他条件不作限制，则此过程叫理想气体准静态多方过程。试推导其过程方程。

解　由热力学第一定律的微变过程有

$$đQ = \mathrm{d}E + đA$$

因为是理想气体，$\mathrm{d}E=\nu C_V\mathrm{d}T$，其中 ν 是摩尔数，C_V 是气体定容摩尔热容。准静态过程有：$đA=p\mathrm{d}V$。如果用 C 表示多方过程的摩尔热容，根据摩尔热容定义有：$đQ=\nu C\mathrm{d}T$。把这些都代入热力学第一定律微变过程的式子，有

$$\nu C\mathrm{d}T = \nu C_V\mathrm{d}T + p\mathrm{d}V \tag{1}$$

对理想气体状态方程 $pV=\nu RT$ 微分得

$$p\mathrm{d}V + V\mathrm{d}p = \nu R\mathrm{d}T \tag{2}$$

由式(1)、(2)消去 $\mathrm{d}T$ 得

$$\left(1-\frac{R}{C-C_V}\right)p\mathrm{d}V + V\mathrm{d}p = 0$$

令 $n=1-R/(C-C_V)$，则 $C=C_V-R/(n-1)$，n 是常量，上式变为

$$n\frac{\mathrm{d}V}{V} = -\frac{\mathrm{d}p}{p} \tag{3}$$

对(3)式积分得多方过程方程

$$pV^n = c\text{(常量)}$$

利用理想气体状态方程可对上式进行变换，得出 T-V 和 T-p 表示的形式 $TV^{n-1}=c$ 和 $p^{1-n}T^n=c$。这是多数情况下气体进行的实际过程，n 值介于 1 和 γ 之间。

当 $n=0$ 时，$C=C_p$，p 是常量，为等压过程；

当 $n=1$ 时，$C=\infty$，pV 是常量，为等温过程；

当 $n=\gamma$ 时，$C=0$，pV^γ 是常量，为绝热过程；

当 $n=\infty$ 时，$C=C_V$，V 是常量，为等容过程。

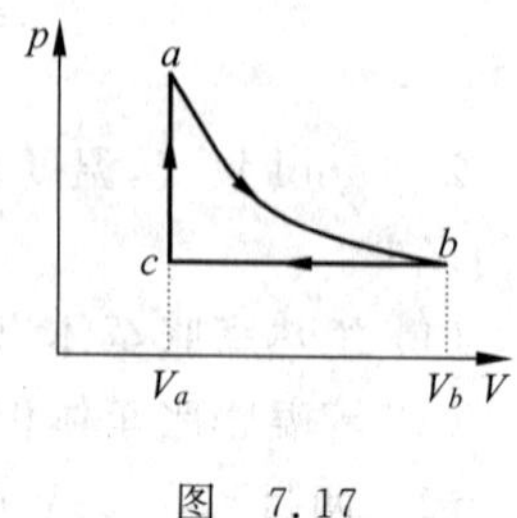

图 7.17

4. 一定量双原子刚性分子，经历如图 7.17 所示的循环过程。其中 ab 为等温过程，bc 为等压过程，ca 为等容过程。已知 $V_b=3V_a$，求循环效率。

解 依题意，有

$$Q_{ab} = A_{ab} = \frac{M}{\mu}RT_a\ln\frac{V_b}{V_a} = p_aV_a\ln 3 > 0,\quad \text{吸热}$$

$$Q_{bc} = \frac{M}{\mu}C_p(T_c - T_b) = \frac{M}{\mu}C_pT_a(T_c/T_b - 1)$$

$$= \frac{7}{2}p_aV_a(V_a/V_b - 1) = -\frac{7}{3}p_aV_a < 0,\quad \text{放热}$$

$$Q_{ab} = \Delta E = \frac{M}{\mu}C_V(T_a - T_c) = \frac{M}{\mu}C_VT_a(1 - T_c/T_b)$$

$$= \frac{5}{2}p_aV_a\left(1 - \frac{V_a}{V_b}\right) = \frac{5}{3}p_aV_a > 0,\quad \text{吸热}$$

所以，其效率为

$$\eta = 1 - \frac{Q_2}{Q_1} = 1 - \frac{(7/3)p_aV_a}{p_aV_a\ln 3 + (5/3)p_aV_a} = 1 - \frac{7}{3\ln 3 + 5} = 15.6\%$$

5. 一理想卡诺机在温度为 27 ℃和 127 ℃的两个热源之间运转。

(1) 在正循环中，如从高温热源吸收 1200 J 的热量，将向低温热源放出多少热量？对外做多少功？

(2) 若使该机逆循环运转，如从低温热源吸收 1200 J 的热量，将向高温热源放出多少热量？对外做多少功？

解 (1) 卡诺机效率为

$$\eta = \frac{A}{Q_1} = 1 - \frac{Q_2}{Q_1} = 1 - \frac{T_2}{T_1}$$

向低温热源放出的热量为

$$Q_2 = \frac{T_2}{T_1}Q_1 = \frac{300}{400}\times 1200\ \text{J} = 900\ \text{J}$$

对外做功为

$$A = Q_1\left(1 - \frac{T_2}{T_1}\right) = 1200\times\frac{1}{4}\ \text{J} = 300\ \text{J}$$

(2) 卡诺制冷机的制冷系数

$$\omega = \frac{Q_2}{A} = \frac{Q_2}{Q_1 - Q_2} = \frac{T_2}{T_1 - T_2}$$

向高温热源放出的热量为

$$Q_1 = Q_2\left(1+\frac{T_1-T_2}{T_2}\right) = 1200\times\left(1+\frac{400-300}{300}\right)\text{ J} = 1600\text{ J}$$

对外做功为

$$-A = -Q_2\frac{T_1-T_2}{T_2} = -1200\times\frac{100}{300}\text{ J} = -400\text{ J}$$

6. 1 mol 双原子刚性理想气体从初态($p_1=3$ Pa，$V_1=2\text{ m}^3$)经 p-V 图上的直线过程到达 2 态($p_2=1$ Pa，$V_2=4\text{ m}^3$)，再经等压和等容过程回到初态，如图 7.18 所示。求此循环过程的效率。

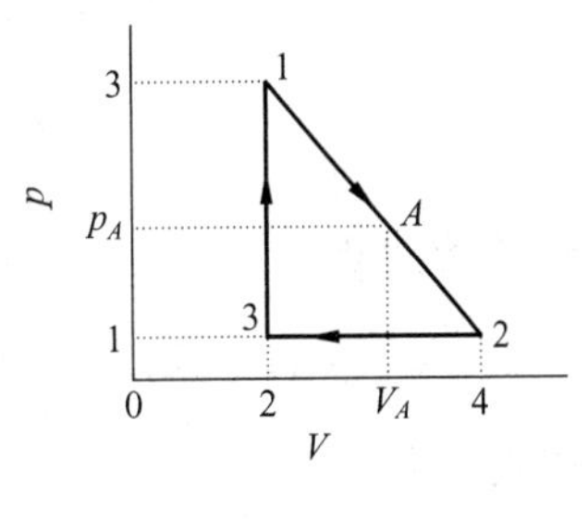

图 7.18

解 在直线过程中，吸热与放热均发生。先求吸热和放热的转折点 A 的状态参量 p_A、V_A。1→2 直线的斜率为-1，此过程方程为

$$p = 5 - V \tag{1}$$

由热力学第一定律

$$đQ = dE + pdV = d\left(\frac{i}{2}\nu RT\right) + pdV$$

对于 1 mol 双原子刚性理想气体，$i=5$；式(1)微分得 $dp=-dV$，且状态方程 $pV=\nu RT$，则上式变为

$$\begin{aligned} đQ &= d\left(\frac{i}{2}\nu RT\right) + pdV = d\left(\frac{i}{2}pV\right) + pdV \\ &= \frac{i+2}{2}pdV + \frac{i}{2}Vdp = \frac{5+2}{2}(5-V)dV - \frac{5}{2}VdV = \left(\frac{35}{2}-\frac{12}{2}V\right)dV \end{aligned}$$

转折点 A 附近应有 $đQ=0$，即有

$$\frac{35}{2}-\frac{12}{2}V_A = 0$$

解得 V_A，代入(1)式可得 p_A，结果为

$$V_A = \frac{35}{12} = 2.92\text{m}^3 \approx 3\text{ m}^3$$

$$p_A = 5 - V_A = 2.08\text{ Pa} \approx 2\text{ Pa} \tag{2}$$

由此可看出，当 $V<V_A$ 时，有 $đQ>0$，系统由初态到 A 态是吸热过程；$V>V_A$ 时，有 $đQ<0$，系统由 A 态到终态是放热过程。由热力学第一定律，可求得 1→A 过程的热量

$$\begin{aligned} Q_1 &= \nu C_V(T_A-T_1) + \frac{1}{2}(p_1+p_A)(V_A-V_1) \\ &= \frac{5}{2}(p_AV_A-p_1V_1) + \frac{1}{2}(p_1+p_A)(V_A-V_1) \\ &= \left[\frac{5}{2}\times(6-6)+\frac{1}{2}\times5\times1\right]\text{ J} = 2.5\text{ J} > 0 \end{aligned}$$

A→2 过程

$$Q_2 = \nu C_V(T_2-T_A) + \frac{1}{2}(p_A+p_2)(V_2-V_A)$$

$$= \frac{5}{2}(p_2V_2 - p_AV_A) + \frac{1}{2}(p_A + p_2)(V_2 - V_A)$$

$$= \left[\frac{5}{2} \times (4-6) + \frac{1}{2} \times 3 \times 1\right] \text{J} = -3.5 \text{ J} < 0$$

2→3 等压过程

$$Q_3 = \nu C_V(T_3 - T_2) + p_2(V_3 - V_2)$$

$$= \frac{5}{2}(p_3V_3 - p_2V_2) + p_2(V_3 - V_2)$$

$$= \left[\frac{5}{2} \times (2-4) + (2-4)\right] \text{J} = -7 \text{ J} < 0$$

3→1 等容过程

$$Q_4 = \nu C_V(T_1 - T_3) = \frac{5}{2}(p_1V_1 - p_3V_3) = \frac{5}{2} \times (6-2) \text{ J} = 10 \text{ J} > 0$$

所以效率为

$$\eta = 1 - \frac{Q_{放}}{Q_{吸}} = 1 - \frac{3.5+7}{2.5+10} \approx 16\%$$

7.2.3 热力学第二定律

1. 设理想气体的热容量为常量。求：

(1) 理想气体经可逆等温、等压、等体、绝热过程的熵变；

(2) 1 mol 理想气体由初态(T_1, V_1)经某一过程到达末态(T_2, V_2)的熵变。

解 (1) 对于 ν mol 理想气体，系统由初态经可逆过程到末态。

对于等温过程，有

$$\Delta S = \int_1^2 \frac{dE + pdV}{T} = \int_1^2 \frac{pdV}{T} = \int_{V_1}^{V_2} \nu R \frac{dV}{V} = \nu R \ln \frac{V_2}{V_1}$$

对于等体过程，有

$$\Delta S = \int_1^2 \frac{dE + pdV}{T} = \int_1^2 \frac{dE}{T} = \int_{T_1}^{T_2} \frac{\nu C_V dT}{T} = \nu C_V \ln \frac{T_2}{T_1}$$

对于等压过程，有

$$\Delta S = \nu C_p \int_{T_1}^{T_2} \frac{dT}{T} = \nu C_p \ln \frac{T_2}{T_1}$$

对于绝热过程，有

$$\Delta S = \int_1^2 \frac{đQ}{T} = 0$$

(2) 为求 1 mol 理想气体由初态(T_1, V_1)经某一过程到达末态(T_2, V_2)的熵变，设计一个可逆过程连接初末态，有 $\Delta S = \int_1^2 \frac{đQ}{T}$。

先等容变温，即$(T_1, V_1) \to (T_2, V_1)$，有

$$đQ = C_V dT$$

$$\Delta S_1 = \int_1^2 \frac{đQ}{T} = \int_{T_1}^{T_2} \frac{C_V dT}{T} = C_V \ln \frac{T_2}{T_1}$$

再等温变容，即$(T_2, V_1) \to (T_2, V_2)$，有

$$\Delta S_2 = \int_2^3 \frac{đQ}{T_2} = \frac{1}{T_2}\int_2^3 đQ = R\ln\frac{V_2}{V_1}$$

则总熵变为

$$\Delta S = \Delta S_1 + \Delta S_2 = C_V \ln\frac{T_2}{T_1} + R\ln\frac{V_2}{V_1}$$

当然,可设计其他形式的可逆过程,比如先等压后等容等。

其实,由 $đQ = \mathrm{d}E + p\mathrm{d}V$ 可知,由初态到终态不管设计怎样的可逆过程,都有

$$\Delta S = \int_1^2 \frac{\mathrm{d}E + p\mathrm{d}V}{T} = \int_1^2 \frac{\mathrm{d}E}{T} + \int_1^2 \frac{p\mathrm{d}V}{T} = \int_1^2 \frac{C_V\mathrm{d}T}{T} + \int_1^2 R\frac{\mathrm{d}V}{V}$$

$$= C_V\ln\frac{T_2}{T_1} + R\ln\frac{V_2}{V_1}$$

2. 求理想气体自由膨胀的熵变。

解 理想气体自由膨胀是一个不可逆的绝热过程,有

$$\mathrm{d}S > \frac{đQ}{T}$$

即使系统对外界既无热交换也不做功,其熵变也不为零。在系统状态的变化过程中,不可逆因素产生熵。由于熵是态函数,熵变总是确定的,所以可设想理想气体从初态(T_0,V_1)经一可逆等温过程到达终态(T_0,V_2),其熵变

$$\Delta S = \int_1^2 \frac{\mathrm{d}E + p\mathrm{d}V}{T} = \int_1^2 \frac{p\mathrm{d}V}{T_0} = \int_{V_1}^{V_2} \nu R\frac{\mathrm{d}V}{V} = \nu R\ln\frac{V_2}{V_1}$$

就是理想气体自由膨胀不可逆绝热过程中的熵变。

3. 相变的熵。水蒸气在 24 ℃时的饱和气压为 0.0298×10^5 Pa。在此条件下,1 kg 的蒸汽凝结成水放热 2.44×10^6 J,求此过程中相变的熵增。

解 设想系统经一可逆等温放热过程到达终态,则所求相变过程中的熵增为

$$\Delta S = \int_{气}^{水} \frac{đQ}{T} = \frac{1}{T}\int_{气}^{水} đQ = \frac{Q}{T} = \frac{-2.44\times10^6}{273+24}\ \mathrm{J/K} = -8.22\times10^3\ \mathrm{J/K}$$

4. 混合物的熵。质量为 0.4 kg、温度为 30 ℃的水与质量为 0.5 kg、温度为 90 ℃的水放入一绝热容器中混合起来达到平衡,求此系统的熵变。

解 设混合后的温度为 t,则由能量守恒,得

$$0.4\times c\times(t-30) = 0.5\times c\times(90-t)$$

$$t = 63.3\ ℃$$

式中,c 是水的比热容,为 4.2×10^3 J/(kg·K)。设想可逆变温过程,$đQ = mc\mathrm{d}T$,则

$$\Delta S = \int_1^2 \frac{đQ}{T} = \int_1^2 \frac{mc\mathrm{d}T}{T} = mc\ln\frac{T_2}{T_1}$$

对于 0.4 kg、温度为 30 ℃的水,温度升到 63.3 ℃的熵变

$$\Delta S_1 = 0.4\times4.2\times10^3\times\ln\frac{336.3}{303}\ \mathrm{J/K} = 1.75\times10^2\ \mathrm{J/K}$$

对于 0.5 kg、温度为 90 ℃的水,温度变到 63.3 ℃的熵变

$$\Delta S_2 = 0.5\times4.2\times10^3\times\ln\frac{336.3}{363}\ \mathrm{J/K} = -1.60\times10^2\ \mathrm{J/K}$$

系统总的熵变

$$\Delta S = \Delta S_1 + \Delta S_2 = 0.15 \times 10^2 \text{ J/K}$$

5. 设一绝热刚性容器内装有温度为 T_1 的 1 mol 氩气。用一制冷机，从温度为 T_0 的恒温热源吸热，向容器内放热，使气体温度升至 T_2，如图 7.19 所示。求该过程中制冷机必须消耗的最小功。

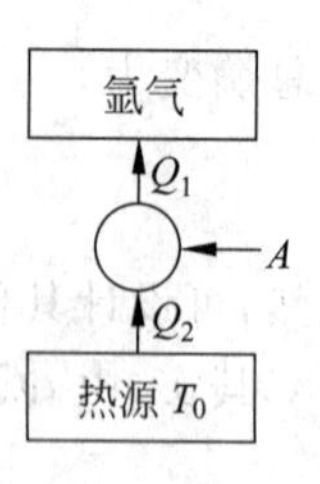

图 7.19

解 容器是刚性的，气体由 $T_1 \to T_2$ 是等容过程，有

$$Q_1 = \int_{T_1}^{T_2} C_V \mathrm{d}T = C_V(T_2 - T_1)$$

式中，C_V 是等体摩尔热容，对于氩气，$C_V = \frac{3}{2}R$，所以

$$Q_1 = \frac{3}{2}R(T_2 - T_1)$$

为求出从热源吸热 Q_2，先求整个系统的熵变。该过程中热源的熵变为

$$\Delta S_{热源} = -\frac{Q_2}{T_0}$$

对氩气，设计一个可逆过程，其熵变为

$$\Delta S_{氩气} = \int_1^2 \frac{\text{đ}Q}{T} = \int_{T_1}^{T_2} \frac{C_V \mathrm{d}T}{T} = \frac{3}{2}R\ln\frac{T_2}{T_1}$$

制冷机工作物质的熵变

$$\Delta S_{制冷机} = 0$$

热源、氩气、制冷机为一系统，由熵增原理应有

$$\Delta S = \Delta S_{热源} + \Delta S_{氩气} + \Delta S_{制冷机} = -\frac{Q_2}{T_0} + \frac{3}{2}R\ln\frac{T_2}{T_1} \geqslant 0$$

所以有

$$Q_2 \leqslant \frac{3}{2}RT_0\ln\frac{T_2}{T_1}$$

由热力学第一定律，制冷机需要的功

$$A = Q_1 - Q_2 \geqslant \frac{3}{2}R(T_2 - T_1) - \frac{3}{2}RT_0\ln\frac{T_2}{T_1}$$

所以，整个过程中制冷机必须消耗的最小功为

$$A_{\min} = \frac{3}{2}R\left(T_2 - T_1 - T_0\ln\frac{T_2}{T_1}\right)$$

6. 一实际制冷机工作于两恒温热源之间，热源温度分别为 $T_1 = 400$ K 和 $T_2 = 200$ K。设工作物质在每一循环中，从低温热源吸收热量为 200 J，向高温热源释放热量为 600 J。

(1) 在工作物质进行的每一循环中，外界对制冷机做了多少功?

(2) 制冷机经过一循环后，热源和工作物质熵的总变化 ΔS 是多少?

(3) 如果上述制冷机为可逆机，仍从低温热源吸收热量 200 J，则经过一循环后，外界对制冷机做了多少功? 热源和工作物质熵的总变化是多少?

(4) 用上面计算值检验：实际制冷机比可逆制冷机额外需要外界的功值恰好等于 $T_1\Delta S$；这额外需要的外界功最后转换为高温热源的内能，如果在这两个恒温热源之间利用一可逆热机，用这部分内能对外做功，其有用功值又是多少?

解 (1) 由热力学第一定律 $Q_1 - Q_2 = A$，每一循环中外界对制冷机做功为

$$A = (600 - 200)\ \mathrm{J} = 400\ \mathrm{J}$$

(2) 熵是态函数，所以对于经过一循环后的工作物质，其熵变

$$\Delta S_1 = 0$$

对于低温热源有

$$\Delta S_2 = \int_1^2 \frac{đQ}{T_2} = \frac{\Delta Q}{T_2} = \frac{-200}{200}\ \mathrm{J/K} = -1\ \mathrm{J/K}$$

同样对于高温热源有

$$\Delta S_3 = \frac{\Delta Q}{T_1} = \frac{600}{400}\ \mathrm{J/K} = 1.5\ \mathrm{J/K}$$

总熵变为

$$\Delta S = \Delta S_1 + \Delta S_2 + \Delta S_3 = 0.5\ \mathrm{J/K}$$

(3) 因为工作于两个恒温热源之间的可逆制冷机是卡诺制冷机，其制冷系数

$$\omega = \frac{Q_{R2}}{A_R} = \frac{T_2}{T_1 - T_2} = \frac{200}{400 - 200} = 1$$

外界对制冷机做功为

$$A_R = Q_{R2}/\omega = 200/1\ \mathrm{J} = 200\ \mathrm{J}$$

由热力学第一定律，向高温放热

$$Q_{R1} = A_R + Q_{R2} = (200 + 200)\ \mathrm{J} = 400\ \mathrm{J}$$

热源、工作物质的总熵变为

$$\Delta S_R = \frac{\Delta Q_{R1}}{T_1} - \frac{\Delta Q_{R2}}{T_2} + \Delta S_{\text{工质}} = \left(\frac{400}{400} - \frac{200}{200} + 0\right)\ \mathrm{J/K} = 0\ \mathrm{J/K}$$

(4) 实际制冷机比可逆制冷机额外需要外界的功值为

$$\Delta A = A - A_R = (400 - 200)\ \mathrm{J} = 200\ \mathrm{J}$$

而 $T_1\Delta S = 400 \times 0.5\ \mathrm{J} = 200\ \mathrm{J}$，所以有

$$A - A_R = T_1\Delta S$$

成立。

额外需要的外界功最后转换为高温热源的内能，利用卡诺机可以使这 200 J 的热能做的功最大。工作于两恒温热源之间的可逆热机一定是卡诺热机，所以从高温热源吸收 200 J 的热量，它可以对外做功

$$A_{\text{热机}} = \eta_{\text{卡}}\, Q_{\text{吸}} = \frac{T_1 - T_2}{T_1} Q_{\text{吸}} = \frac{400 - 200}{400} \times 200\ \mathrm{J} = 100\ \mathrm{J}$$

另外的 100 J 给了低温热源，这是必需的，否则不能得到 100 J 的有用功。对于原来不可逆过程额外的 200 J 的功而言，这 100 J 的有用功当然是少了，但整个过程却有了熵的增加。能量是守恒的，但随着不可逆过程的不断进行，熵的不断增加，有用功会越来越少，亦即能量品质会越来越低。

7.3　几个问题的说明

7.3.1　自由度和能量均分定理

运动自由度表征一个物体在空间运动的能量，是对应一个物体经典能量表示的“平方

项”。物体经典能量中独立的速度和坐标的平方项的数目叫物体能量的自由度数，简称自由度。比如，一个质点运动的经典能量为

$$E=\frac{1}{2}mv^2=\frac{1}{2}mv_x^2+\frac{1}{2}mv_y^2+\frac{1}{2}mv_z^2$$

有3个平动自由度(t)。

一个作自由运动的刚体的运动有质心C的平动和绕通过质心C的x、y、z轴的转动，其能量为

$$E=E_{k,t}+E_{k,r}=\left(\frac{1}{2}mv_x^2+\frac{1}{2}mv_y^2+\frac{1}{2}mv_z^2\right)+\left(\frac{1}{2}J_x\omega_x^2+\frac{1}{2}J_y\omega_y^2+\frac{1}{2}J_z\omega_z^2\right)$$

所以它有6个运动自由度，3个平动自由度，3个转动(r)自由度。

一个固定质心的刚体运动自由度数是3个，因为它的经典能量只有绕通过质心的x、y、z轴的3个平方项的转动能量，即

$$E=E_{k,r}=\frac{1}{2}J_x\omega_x^2+\frac{1}{2}J_y\omega_y^2+\frac{1}{2}J_z\omega_z^2$$

一个绕固定z轴转动的刚体只有一个自由度，因为它的经典能量只有绕z轴的转动动能

$$E=\frac{1}{2}J_z\omega_z^2$$

又如一维谐振子的经典能量为

$$E=\frac{1}{2}kx^2+\frac{1}{2}mv_x^2$$

其中一个为坐标的平方项(振动自由度 s)，一个为速度平方项(平动自由度)，其自由度数为2。

有两个质点m_1与m_2，它们之间用一不计质量的刚性细杆相连，并设细杆为x轴。因为绕x轴的J_x可视为零，那么它的运动能量有5个平方项，其中3个是有关质心的速度平方项，2个是绕通过质心的y、z轴的转动平方项，即

$$E=E_{k,t}+E_{k,r}=\left(\frac{1}{2}mv_x^2+\frac{1}{2}mv_y^2+\frac{1}{2}mv_z^2\right)+\left(\frac{1}{2}J_y\omega_y^2+\frac{1}{2}J_z\omega_z^2\right)$$

其中$m=m_1+m_2$。它有5个自由度，3个平动自由度，2个转动自由度。如果这两质点之间不是由刚性细杆相连，而是由不计质量的弹簧相连，并设两质点在x轴作一维简谐振动，那么它的能量将有7个独立的平方项。除上面5个平方项能量外，还有沿x轴向的2个振动项能量，一个是两质点沿x向的振动势能项$(1/2)kx^2$(x是两质点振动的相对位移)，一个是两质点相对质心沿x轴的动能平方项。由力学部分两体问题可知，此相对质心的动能项为$(1/2)\mu v_{相对}^2$，其中$\mu=\frac{m_1m_2}{m_1+m_2}$为约化质量，$v_{相对}$是两质点沿$x$轴的相对速度。所以它们的能量是

$$\begin{aligned}E&=E_{k,t}+E_{k,r}+E_{k,s}\\&=\left(\frac{1}{2}mv_x^2+\frac{1}{2}mv_y^2+\frac{1}{2}mv_z^2\right)+\left(\frac{1}{2}J_y\omega_y^2+\frac{1}{2}J_z\omega_z^2\right)+\left(\frac{1}{2}\mu v_{相对}^2+\frac{1}{2}kx^2\right)\end{aligned}$$

其中包含6个独立的速度平方项，1个独立的坐标平方项。有7个自由度，其中包括3个平动(t)、2个转动(r)、2个振动(s)自由度。

由于在常温下，把气体分子内部原子间看做用不计质量的刚性细杆相连(即刚性分子模型)能得出较好的结果，并且对分子振动能量经典物理也不能给出正确的说明，所以在考虑

气体分子的运动能量时一般不考虑气体分子内部的振动而认为气体分子都是刚性的。分子中的原子看做质点,在判断气体分子的自由度时应注意分析分子的结构。单原子气体分子只能有3个平动自由度;双原子刚性分子,自由度是5个;多原子刚性分子一般有6个自由度,但是对于像两个氧原子对称附在碳原子两侧的CO_2刚性多原子分子,其自由度是5个。

按能量均分定理,热平衡状态下气体分子的每一个自由度都具有相同的平均动能,其大小都等于$(1/2)kT$。所以,刚性气体分子的平均平动能为$(t/2)kT$,平均转动动能为$(r/2)kT$,平均动能为$(i/2)kT$,$i=t+r$为刚性分子自由度数。由此可得理想气体的内能只是温度的函数,即有

$$E=N\bar{\varepsilon}_{\mathrm{k}}=\frac{M}{\mu_{\mathrm{mol}}}N_0\frac{i}{2}kT=\frac{i}{2}\frac{M}{\mu_{\mathrm{mol}}}RT=\frac{i}{2}\nu RT$$

其中ν是气体分子的摩尔数。刚性的理想气体内能由每个分子的平均动能确定,是质点系的内动能。平衡态下,一定量真实气体的内能应是分子自身的能量和分子间势能之和,是温度和体积的函数,因为分子间势能与分子的相互位置有关。一定量真实气体的内能函数形式可由实验测定,也可对分子间的相互作用提出模型,由理论推导而得。

能量均分定理是分子能量的统计规律,是大量分子无规则碰撞的一种集体表现。对一个分子来讲,其动能取什么值完全是偶然的,每个自由度的动能也是偶然的,但碰撞可使一个分子的能量传递给另一个分子,一种形式的能量可以转化为另一种形式,可以从一个自由度转移到另一个自由度。如果某一个自由度或某一形式的能量被分配得多了,碰撞时能量由这一自由度或这一种形式转化为其他自由度或其他形式的概率就较大。因此,平衡时动能按自由度均分。

7.3.2 热力学第一定律——热力学过程中的能量转化关系

1. 热力学第一定律适用于任何系统的任何过程

热力学第一定律可写成

$$Q=(E_2-E_1)+A$$

的形式,可以对它有广义的理解,即热力学第一定律就是普遍的能量转化和守恒定律。式中的E是系统所含有的一切能量(热的、电磁的、化学的等),A是广义功(机械的、电磁的、化学的等),那它当然适用于任何系统的任何过程。其中包括任何热力学系统的任何热力学过程,不管初末状态是否是平衡态,也不管过程是否是准静态过程。

狭义理解,上式中的E是热力学系统的内能,包括分子热运动的动能、分子间的势能以及原子间的振动势能等,是状态函数,状态一定(平衡态)内能便确定。A是系统在过程中对外所做各种功的代数和,和Q都是传递能量的量度。上式明显地选择了质心系,要求初末态为平衡态(过程可以是非准静态过程)。

(1) 系统如有整体的宏观机械运动,则系统不仅有内能E,还具有整体运动动能E_{k},系统能量是二者之和。当系统由能量(E_1+E_{k1})初态经历某一过程到达能量(E_2+E_{k2})末态,能量守恒,热力学第一定律写成

$$Q=(E_2-E_1)+(E_{\mathrm{k2}}-E_{\mathrm{k1}})+A$$

只不过是参考系发生了变化而已。如选质心系,热力学第一定律的形式还是

$$Q=(E_2-E_1)+A_{\text{质心}}$$

只不过对外做功有所变化而已。

(2) 如果一个热力学系统由若干部分组成,各部分之间并未达到平衡,但各部分本身分别保持在平衡态,则质心系热力学第一定律的形式也可如上所述,不过要注意的是系统总内能既包括各部分内能之和 $\sum E_i$,也包括系统内各部分相对质心的机械动能之和 $\sum E_{ki}$。Q 还是整个系统吸收的热量,A 是系统各部分对外做功之和。

(3) 如果一个热力学系统的各部分都不处于平衡态,即系统初末状态不是平衡态,可以把系统分成许多个"宏观小,微观大"部分,每一部分近似地看成处在平衡态。因而,每一小部分都有一定的内能 ε_i,同时还具有由于不平衡引起的动能 ε_{ki},$\varepsilon_{ki}=(1/2)\Delta M_i v_i^2$,其中 ΔM_i 是该部分的质量,v_i 是该部分相对质心的运动速度。那么和上面一样,原则上用热力学第一定律形式也可解决整个系统非平衡态的热力学能量转化问题。

2. 热力学第一定律和热力学第二定律

热力学第一定律指出了热功等效和转化关系,系统状态的变化可能是做功和传递热量的共同结果,它指出任何过程中能量必须守恒,所以热机效率 $\eta\not>100\%$。做功是有序的能量(机械能)转化为热能的方式,热机循环是把热能转化为机械能。功可以全部转化为热能,通过热机把吸收的热量全部用来做功,对此热力学第一定律是允许的,所以热力学第一定律中机械能和热能没什么特殊的区别。

而热力学第二定律指出,并非能量守恒过程都能实现,机械能和热能有很大的区别。功(机械能)可以全部转化为热能,热能不能全部转化为功(机械能)而对外不产生影响,所以热机效率 $\eta\neq100\%$。热力学第二定律指出一切实际的热力学过程都只能按一定的方向进行,并且还指出热能是分"品位"的,在不同的温差下相同的热量效果是不一样的。如卡诺热机,工作于高、低两热源之间,其效率 $\eta=1-\dfrac{T_2}{T_1}=\dfrac{A}{Q_1}$。设两个低温热源温度相同,两个高温热源温度不同,高低热源之间形成不同的温差。那么卡诺机的效率不同,从高温热源吸收相同的热量,不管工作物质性质怎样,它对外做功不同。温差大的对外做功多,说明温度高的高温热源的热能的"品位"高。

7.3.3 熵的认识

1. 玻耳兹曼熵和克劳修斯熵是等价的

根据热力学第二定律,一切与热现象有关的实际宏观过程都是不可逆的。也就是说,一个不可逆过程产生的效果,无论用什么曲折复杂的方法,都不能使系统恢复原状而不引起其他变化。一切与热现象有关的实际宏观过程的共同特点是:当系统处于非平衡态时,总要发生从非平衡态向平衡态的自发性过渡;如果系统处于平衡态,则不可能发生从平衡态向非平衡态的自发性过渡。这种不可逆过程的初态与末态不等当性,蕴涵着应该有一个物理量能明确表达其自发过程的不可逆性。这个物理量就是熵变。

在一个孤立系中,热力学概率是系统任一宏观态对应的微观状态数,在一定条件下的平衡态是对应热力学概率 Ω 最大值的宏观态。如果系统初态不是对应 Ω 的最大值,系统处于非平衡态,系统将随时间箭头向 Ω 增大的宏观态过渡。引进玻耳兹曼熵函数 $S=k\ln\Omega$,系统初态的熵是 $S_1=k\ln\Omega_1$,末态 $S_2=k\ln\Omega_2$,对于系统内部实际能发生的热力学过程一定有 $\Delta S=S_2-S_1=k\ln(\Omega_2/\Omega_1)>0$(熵增原理),否则它就不会发生。热力学概率 Ω 代表了系统分子热运动的无序性或混乱度，所以玻耳兹曼熵就是系统宏观态无序度的量度。

克劳修斯从热力学宏观角度对系统平衡态定义了一种态函数熵，强调的是系统从一个平衡态变化到另一平衡态的过程中的熵变，系统每一平衡态的熵值是相对某一参考平衡态熵的差值。熵变 ΔS 只与初末状态有关而与过程无关，因此计算克劳修斯熵变时可把系统变化过程理想化为可逆过程，有 $\Delta S=S_2-S_1=\left(\int_1^2\frac{đQ}{T}\right)_{可逆}$，对于孤立系统内部实际能发生的热力学过程克劳修斯熵变也给出 $\Delta S=\left(\int_1^2\frac{đQ}{T}\right)_{可逆}>0$。对于同一系统热力学过程，尽管玻耳兹曼熵和克劳修斯熵概念不同，但它们的熵变给出了同样的结果，在表明不可逆过程进行方向上它们是等价的，是统一的。

例如，若理想气体由 N 个分子组成，通过绝热自由膨胀由平衡态(T_1,V_0)达到平衡态(T_2,V)，由热力学第一定律 $Q=\Delta E+A$ 可以得出系统初末态温度相同，$T_1=T_2=T$(因为 $Q=A=0$，有 $\Delta E=0$)。对玻耳兹曼熵来讲，N 个分子都处于空间 V_0，而其他空间没有分子占据的初态系统是非平衡态，也是最有序的状态，此时热力学概率 $\Omega_0=1$。当分子均匀充满整个空间 V 时，系统是平衡态，热力学概率最大。设 $V=nV_0$，空间由 n 个 V_0 格子空间组成，每一个分子都可以占据 n 个格子中每一个格子，又有 N 个分子，所以系统(T,V)宏观态对应的微观态数 $\Omega=n^N=(V/V_0)^N$，玻耳兹曼熵变公式给出为

$$\Delta S=S_2-S_1=k\ln\frac{\Omega}{\Omega_0}=kN\ln\frac{V}{V_0}$$

对于克劳修斯熵，N 个分子都处于 V_0 时系统达到平衡态，当它们均匀充满整个空间 V 时系统达到另一平衡态，相对某一平衡态参考值它们分别具有的熵为 S_1 和 S_2。设系统的变化过程理想化为一可逆等温膨胀过程，克劳修斯熵变为

$$\Delta S=S_2-S_1=\int_1^2\frac{đQ}{T}=\int_1^2\frac{p\mathrm{d}V}{T}=\int_1^2\frac{\nu R}{V}\mathrm{d}V=\nu R\ln\frac{V_2}{V_0}=kN\ln\frac{V}{V_0}$$

给出了同样结果。

2. 熵与能量

熵与能量都是状态函数，而意义不同。能量不仅有形式上的不同，而且还有质的差别。机械能和电磁能是可以被全部利用的有序能量，而内能则是不能全部转化的无序能量。无序能量的可资用部分要视系统对外界的温差而定，其比例最大为$(T_1-T_2)/T_1$。熵却是从另一方面度量系统能量转化的能力，熵越大，系统的能量将有越来越多的部分不再可供利用，它表征系统内部能量的“退化”或“贬值”，是能量不可用程度的度量。能量是做功的潜在能力，然而能量却不一定都能做功。系统中可用来做功的那一部分能量称为自由能，而不能做功的无效用的那一部分能量就用熵来度量。

若系统在等温中吸收热量，使系统宏观态由(T,S_1)变到(T,S_2)，因为 $\Delta S=\frac{Q}{T}$，故有

$$Q=T(S_2-S_1)$$

应用热力学第一定律有

$$Q=E_2-E_1+A=T(S_2-S_1)$$

$$A=-[(E_2-TS_2)-(E_1-TS_1)]$$

那么系统内能可以看做被分成了两部分，TS 表征系统的退化能量，$(E-TS)$表征系统的资

用能或可用能。资用能用 F 表示,又称为系统的自由能,即

$$F = E - TS$$

代入功的式子,有

$$A = -(F_2 - F_1) = -\Delta F$$

即系统在等温过程中对外做功等于系统自由能的减少。

上式表明,可用来做功的仅是内能中自由能部分,并不是系统所有内能都能用来做功。而内能中另一部分 TS 是不能用来做功的,它与熵成正比。所以熵是系统不可用能的量度。下面通过一例题说明熵是系统不可用能的量度。

例 设有3个均为热容量足够大的恒温热源,且 $T_A > T_B > T_C$,如图7.20所示。

(1) 有热量 Q 从 A 传递到 B,求 A、B 系统的熵变;

(2) 一理想卡诺机从 A 取热量 Q,向低温热源 C 传递热量,求其对外做的功;

(3) 一理想卡诺机从 B 取热量 Q,向低温热源 C 传递热量,求其对外做的功;

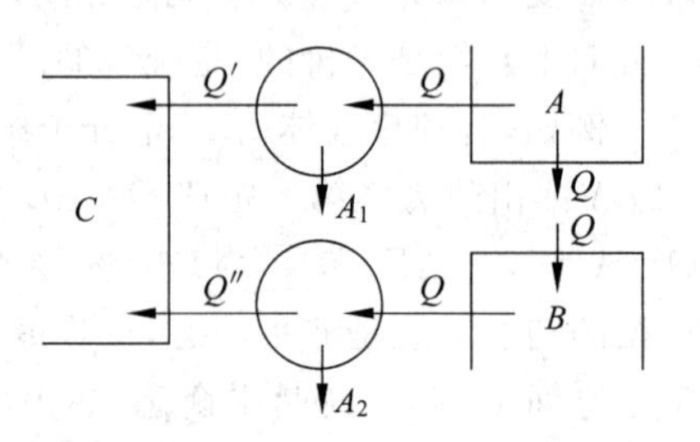

图 7.20

(4) 比较以上求得的熵变和两次做功的差值,说明熵增的宏观意义。

解 (1) 两个恒温热源,它们的熵变

$$\Delta S = \frac{Q}{T_B} - \frac{Q}{T_A} > 0$$

(2) 因 $\eta_{卡} = 1 - \frac{T_2}{T_1} = \frac{A}{Q_1}$,所以对外做功为

$$A_1 = \eta Q = \left(1 - \frac{T_C}{T_A}\right)Q$$

(3) 同样,从 B 取热量 Q 向低温热源 C 放热,卡诺机对外做的功为

$$A_2 = \eta Q = \left(1 - \frac{T_C}{T_B}\right)Q$$

(4) 两个功的差值为

$$A_1 - A_2 = T_C\left(\frac{Q}{T_B} - \frac{Q}{T_A}\right)$$

显然有

$$A_1 - A_2 = T_C\left(\frac{Q}{T_B} - \frac{Q}{T_A}\right) = T_C \Delta S > 0$$

或 $\Delta S = \frac{A_1 - A_2}{T_C} > 0$。$A$、$B$ 接触,发生一不可逆过程,使热量 Q 由 A 传到 B。这份能量在 A 内借助低温热源 C,利用卡诺热机可以做功的最大值是 A_1。经传热,Q 到了 B 内,再利用它做功的最大值变成了 A_2。相比之下,转化为功的能量减少了。能转化为功的能量差值是 $A_1 - A_2$,其数值

$$E_d = T_C \Delta S$$

正比于 Q 经不可逆热传递产生的熵增。

所以,熵的增加表示一部分能量 E_d 丧失了转变为功的能力。能量是守恒的,但由于熵

增，系统能量转化率降低了。熵增是退降了的能量（不可用能）的量度，这也是熵增的宏观意义。它说明，熵是热量转化为功能力的量度，系统熵越大其热量转化为功的能力越小。熵是能量利用价值的量度，低熵能源利用价值高，反之则低。

3. 熵与膨胀的宇宙

对于膨胀着的系统，每一瞬时熵可达到的极大值 S_m 是与时俱增的。当膨胀得足够快时，系统不能每时每刻跟上进程以达到新的平衡，熵值 S 的增长将落后于 S_m 的增长，二者的差距越来越大。宇宙的熵虽不断增加，但距平衡态（热寂）越来越远，宇宙充满了由无序向有序的发展与变化，生气勃勃。

4. 负熵

对于孤立系统而言，其内部所进行的自然过程总是沿熵增加的方向进行，直到达到熵的极大值，系统达到平衡态。对于非孤立系统，熵变有两部分：其内部不可逆过程引起的叫熵产生（entropy production），为 d_iS，应有 $d_iS\geqslant 0$（熵增原理）；其与外界交换能量与物质引起的叫熵流（entropy flow），为 d_eS。如果 $d_eS<0$（负熵流），可能引起 $dS=d_iS+d_eS\leqslant 0$。也就是说，封闭系统（非孤立系统，只与外界交换能量）或开放系统（和外界既有能量又有物质交换的系统）的熵可能会减少（负熵增加），存在着由无序到有序转化的可能性。

系统的有序化程度越高，所含的信息量也越多。信息的特征在于消除事物的不确定性，如果把信息量定义为负熵的增加量，熵就从热力学进入了信息领域。无论生物系统、自然界还是社会，都希望提高有序程度，降低熵值，需要从环境中得到"负熵"，使自身熵外流，使系统处于低熵状态。

7.4 测验题

7.4.1 选择题

1. 温度与气体动理论

(1) 一瓶氦气和一瓶氮气质量密度相同，分子平均平动动能相同，而且它们都处于平衡态，则它们的（　　）。

(A) 温度相同、压强相同

(B) 温度、压强都不同

(C) 温度相同，但氦气的压强大于氮气的压强

(D) 温度相同，但氦气的压强小于氮气的压强

(2) 有一个边长为 10 cm 的立方体容器，内盛处于标准状态下的 He 气，则单位时间内原子碰撞一个器壁面的次数的数量级为（　　）。

(A) $10^{20}\ s^{-1}$　　(B) $10^{25}\ s^{-1}$　　(C) $10^{32}\ s^{-1}$　　(D) $10^{38}\ s^{-1}$

(3) 一定量的理想气体，在温度不变的情况下，当容积增大时，分子的平均碰撞次数 $\bar{Z}$ 和平均自由程 $\bar{\lambda}$ 的变化情况是（　　）。

(A) $\bar{Z}$ 减小而 $\bar{\lambda}$ 不变　　(B) $\bar{Z}$ 减小而 $\bar{\lambda}$ 增大

(C) $\bar{Z}$ 增大而 $\bar{\lambda}$ 减小　　(D) $\bar{Z}$ 不变而 $\bar{\lambda}$ 增大

(4) 摩尔数相同的氦(He)和氢(H_2),其压强和分子数密度相同,则它们的(　　)。

(A) 分子平均速率相同　　(B) 分子平均动能相等

(C) 内能相等　　(D) 平均平动动能相等

(5) 在标准状态下,若氧气(视为刚性双原子分子的理想气体)和氦气的体积比 $V_1/V_2=1/2$,则其内能之比 E_1/E_2 为(　　)。

(A) 1/2　　(B) 5/3　　(C) 5/6　　(D) 3/10

(6) 一定量的理想气体盛于容器中,则该气体分子热运动的平均自由程仅决定于(　　)。

(A) 压强 p　　(B) 体积 V

(C) 温度 T　　(D) 分子的平均碰撞频率

(7) 在下面4种情况中,何种一定能使理想气体分子平均碰撞频率增大?(　　)

(A) 增大压强,提高温度　　(B) 增大压强,降低温度

(C) 降低压强,提高温度　　(D) 降低压强,保持温度不变

(8) 图7.21所示的曲线分别表示氢气和氦气在同一温度下的麦克斯韦分子速率的分布情况。由图可知,氢气分子的最概然速率为(　　)。

(A) 1000 m/s　　(B) 1414 m/s

(C) 1732 m/s　　(D) 2000 m/s

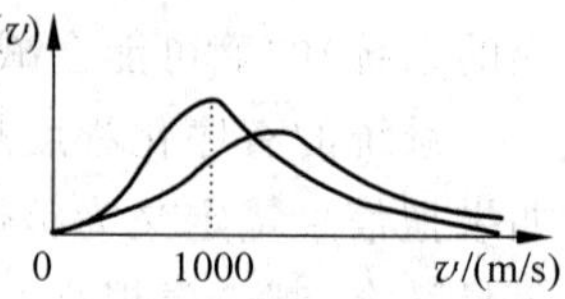

图 7.21

(9) 气体分子速率分布函数为 $f(v)=\dfrac{dN}{N dv}$,设 v_p 为最概然速率,则 $\int_{v_p}^{\infty} v^2 f(v) dv$ 的物理意义是(　　)。

(A) 表示速率处在 $v_p \to \infty$ 区间中的分子速率平方的平均值

(B) 表示速率处在 $v_p \to \infty$ 区间中的分子数

(C) 表示速率处在 $v_p \to \infty$ 区间的概率

(D) 表示速率处在 $v_p \to \infty$ 区间中所有的分子速率平方总和被总分子数除

(10) N 个气体分子速率分布函数为 $f(v)$,下面哪个表示 $0 \sim v_p$ 速率区间分子的速率平均值?(　　)

(A) $\dfrac{\int_0^{\infty} v f(v) dv}{\int_0^{\infty} N f(v) dv}$　　(B) $\dfrac{\int_0^{v_p} v f(v) dv}{\int_0^{\infty} N f(v) dv}$

(C) $\dfrac{\int_0^{v_p} v f(v) dv}{\int_0^{v_p} f(v) dv}$　　(D) $\dfrac{\int_0^{v_p} v f(v) dv}{\int_0^{v_p} N f(v) dv}$

(11) 金属导体中的电子在金属内部作无规则运动,与容器中的气体分子很类似。设金属中共有 N 个自由电子,其中电子的最大速率为 v_m(称费米速率)。已知电子速率在 $v \sim v+dv$ 之间的概率为

$$\frac{\mathrm{d}N}{N}=\begin{cases}Av^2\mathrm{d}v, & 0\leqslant v\leqslant v_{\mathrm{m}}\\ 0, & v>v_{\mathrm{m}}\end{cases}$$

式中 A 是常数，则该电子的平均速率为(　　)。

(A) $\frac{A}{3}v_{\mathrm{m}}^3$　　(B) $\frac{A}{4}v_{\mathrm{m}}^4$　　(C) v_{m}　　(D) $\frac{A}{3}v_{\mathrm{m}}^2$

(12) 下列说法中正确的是(　　)。

(A) 温标就是温度的数值表示方法

(B) 一个处于平衡态的热力学系统一定处于热平衡状态

(C) 理想气体温标就是热力学温标，也就是国际温标

(D) 由于热力学零度是不能达到的，所以任何热力学系统的温度都是大于零的

(13) 三个容器 A、B、C 中装有同种理想气体，其分子数密度 n 相同，而方均根速率之比为 $\sqrt{\overline{v_A^2}}:\sqrt{\overline{v_B^2}}:\sqrt{\overline{v_C^2}}=1:2:4$，则其压强之比 $p_A:p_B:p_C$ 为(　　)。

(A) 1∶2∶4　　(B) 1∶4∶8　　(C) 1∶4∶16　　(D) 4∶2∶1

(14) 容积恒定的容器内盛有一定量的某种理想气体，其分子热运动的平均自由程为 $\overline{\lambda_0}$，平均碰撞频率为 $\overline{Z_0}$。若气体的热力学温度降低为原来的1/4，则此时分子平均自由程 $\bar{\lambda}$ 和平均碰撞频率 $\bar{Z}$ 分别为(　　)。

(A) $\bar{\lambda}=\overline{\lambda_0}, \bar{Z}=\frac{1}{2}\overline{Z_0}$　　(B) $\bar{\lambda}=\overline{\lambda_0}, \bar{Z}=\overline{Z_0}$

(C) $\bar{\lambda}=\sqrt{2}\ \overline{\lambda_0}, \bar{Z}=\frac{1}{2}\overline{Z_0}$　　(D) $\bar{\lambda}=2\ \overline{\lambda_0}, \bar{Z}=2\ \overline{Z_0}$

(15) 一定量的理想气体储于某一容器中，温度为 T，气体分子的质量为 m。根据理想气体的分子模型和统计假设，分子速度在 x 方向的分量平方的平均值 $\overline{v_x^2}$ 为(　　)。

(A) $\frac{1}{3}\sqrt{\frac{3kT}{m}}$　　(B) $\sqrt{\frac{3kT}{m}}$　　(C) $\frac{kT}{m}$　　(D) $\frac{3kT}{m}$

2. 热力学第一定律

(1) 两个相同的容器，一个盛氢气，一个盛氦气(均视为刚性分子理想气体)。开始时它们的压强和温度都相等，现将6 J热量传给氦气，使之升高到一定温度。若使氢气也升高同样温度，则应向氢气传递热量(　　)。

(A) 6 J　　(B) 10 J　　(C) 12 J　　(D) 5 J

(2) 某理想气体状态变化时，内能随体积的变化关系如图7.22中直线 AB 所示。$A\rightarrow B$ 表示的过程是(　　)。

(A) 等压过程　　(B) 等容过程　　(C) 等温过程　　(D) 绝热过程

(3) 如图7.23所示，一定量的理想气体，沿着图中直线从状态 a(压强 $p_1=0.4$ MPa，体积 $V_1=2$ L)变到状态 b(压强 $p_2=0.2$ MPa，体积 $V_2=4$ L)，则在此过程中(　　)。

(A) 气体对外做正功，向外界放出热量　　(B) 气体对外做正功，从外界吸热

(C) 气体对外做负功，向外界放出热量　　(D) 气体对外做正功，内能减少

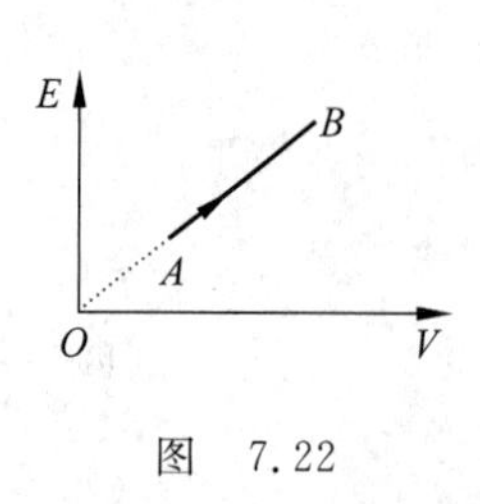

图 7.22

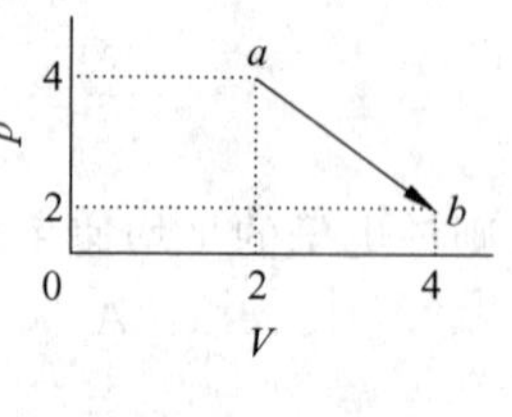

图 7.23

(4) 一热机由温度为727 ℃的高温热源吸热,向温度为527 ℃的低温热源放热。若热机在最大效率下工作,且每一循环吸热2000 J,则此热机每一循环做功(　　)。

(A) 1600 J　　(B) 1457 J　　(C) 550 J　　(D) 400 J

(5) 某理想气体分别进行了如图7.24所示的两个卡诺循环:Ⅰ($abcda$)和Ⅱ($a'b'c'd'a'$),且两个循环曲线所围面积相等。设循环Ⅰ的效率为η,每次循环从高温热源吸热Q;循环Ⅱ的效率为η',每次循环从高温热源吸热Q'。则(　　)。

(A) $\eta<\eta', Q < Q'$　　(B) $\eta<\eta', Q > Q'$

(C) $\eta>\eta', Q < Q'$　　(D) $\eta>\eta', Q > Q'$

(6) 如图7.25所示,某热力学系统经历$c\to d\to e$过程,其中,e、c在绝热曲线ab上。由热力学定律可知,该系统在$c\to d\to e$过程中(　　)。

(A) 不断向外界放出热量

(B) 不断从外界吸收热量

(C) 有的阶段吸热,有的阶段放热,整个过程中吸收的热量小于放出的热量

(D) 有的阶段吸热,有的阶段放热,整个过程中吸收的热量大于放出的热量

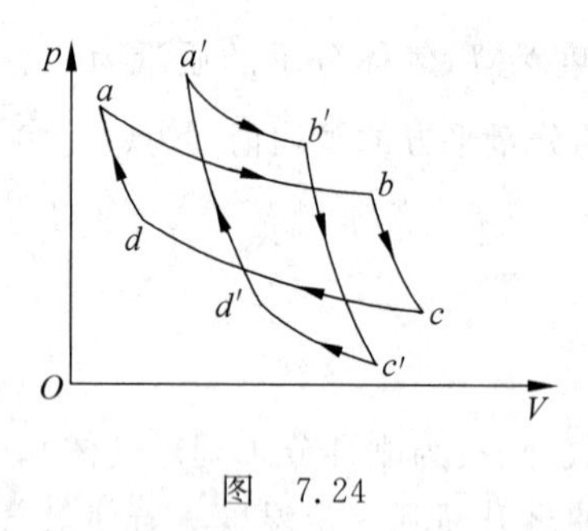

图 7.24

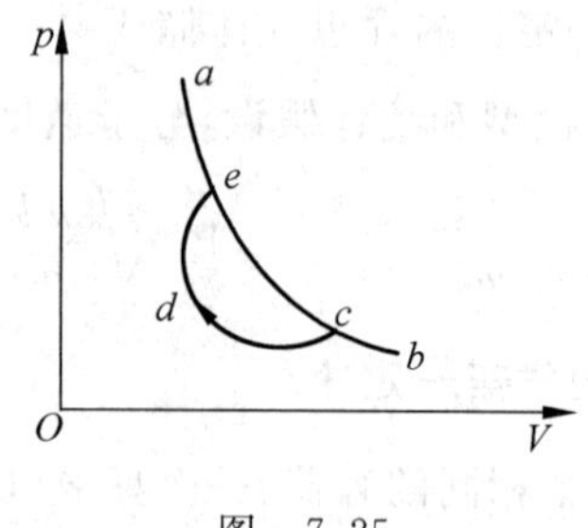

图 7.25

3. 热力学第二定律

(1) 假设某一循环由等温过程和绝热过程组成(即等温线和绝热线交于两点组成循环),可以认为(　　)。

(A) 此循环过程仅违反热力学第一定律

(B) 此循环过程仅违反热力学第二定律

(C) 它既违反热力学第一定律,也违反热力学第二定律

(D) 它既不违反热力学第一定律,也不违反热力学第二定律

(2) 下面说法正确的是(　　)。

(A) 功可以完全转换为热,但热不能完全转换为功

(B) 热量能从高温物体传向低温物体，但不能从低温物体传向高温物体

(C) 孤立系所进行的任何过程总是沿着熵增大的方向

(D) 孤立系所进行的自然过程总是沿着熵增大的方向

(3) 设 T_1、T_2 分别表示一个高温热库和一个低温热库的温度。下列说法正确的是(　　)。

(A) 由热力学第一定律可以证明理想气体卡诺热机循环的效率 $\eta=1-T_2/T_1$

(B) 由热力学第一定律可以证明任何可逆热机循环的效率 $\eta=1-T_2/T_1$

(C) 由热力学第一定律可以证明实际热机可能效率的最大值是 $\eta=1-T_2/T_1$

(D) 由热力学第一定律可以证明任何热机的效率不可能等于 1

(4) 以下关于可逆和不可逆过程的判断中：

① 准静态过程一定是可逆过程；

② 可逆的热力学过程一定是准静态过程；

③ 不可逆过程就是不能向相反方向进行的过程；

④ 凡有摩擦的过程，一定是不可逆过程。

正确的是(　　)。

(A) ①,②,③　　(B) ①,②,④　　(C) ②,④　　(D) ①,④

(5) 下列一些过程中：

① 两种不同气体在等温下混合；　　② 理想气体在定容下降温；

③ 液体在等温下汽化；　　④ 理想气体在等温下压缩。

哪些过程使系统熵增加？(　　)

(A) ①,②,③　　(B) ②,③,④　　(C) ③,④　　(D) ①,③

(6) 如图 7.26 所示，阴影部分 S_1 和 S_2 为理想气体卡诺循环过程的两条绝热线下的面积，则二者的大小关系为(　　)。

(A) $S_1<S_2$

(B) $S_1=S_2$

(C) $S_1>S_2$

(D) 无法确定

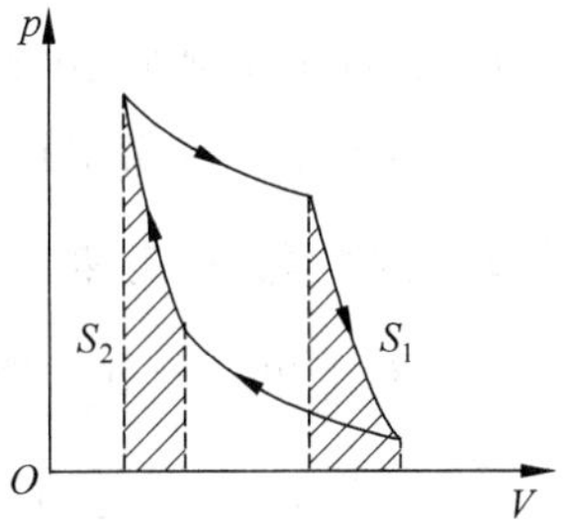

图　7.26

7.4.2　填空题

1. 温度与气体动理论

(1) 选择适当的温度计。测量液氮的温度用________，测量白炽灯钨丝的温度用________。

(2) 一正方体容器，内有质量为 m 的理想气体分子，分子数密度为 n。可以设想，容器的每壁都有 1/6 的分子数以速率 v(平均值)垂直地向自己运动，气体分子和容器壁的碰撞为完全弹性碰撞，则：

① 每个分子作用于器壁的冲量 $\Delta p=$________；

② 每秒碰在一器壁单位面积上的分子数 $n_0=$________；

③ 作用于器壁上的压强 $p=$________。

(3) 若某容器内温度为 300 K 的甲烷气体(为刚性分子理想气体)的内能为 3.74×10^3 J,则该容器内气体分子总数为________(玻耳兹曼常量 $k=1.38\times10^{-23}$ J/K)。

(4) 氧气在温度为 27 ℃、压强为 0.1 MPa 时,分子的方均根速率为 485 m/s,那么在温度 27 ℃、压强为 0.05 MPa 时,分子的方均根速率为________ m/s,分子的最概然速率为________ m/s,分子的平均速率________ m/s。

(5) 在平衡状态下,已知理想气体分子的麦克斯韦速率分布函数为 $f(v)$、分子质量为 m、最概然速率为 v_p,试说明下列各式的物理意义:

① $\int_{v_p}^{\infty} f(v)\mathrm{d}v$ 表示________;

② $\int_{0}^{\infty} \frac{1}{2}mv^2 f(v)\mathrm{d}v$ 表示________。

(6) 已知 $f(v)$ 为麦克斯韦速率分布函数,v_p 为分子的最概然速率。则 $0\sim v_p$ 速率区间的分子数表示式为________;速率 $v>v_p$ 的分子的平均速率表达式为________。

(7) 在某时刻,1 mol 气体中速率处在 495~505 m/s 之间的有 6020 个分子。在速率为 500 m/s 处的速率分布函数值是________。

(8) 设气体分子服从麦克斯韦速率分布律,$\bar{v}$ 表示平均速率,v_p 表示最概然速率,Δv 为一固定的速率间隔,则速率在 $\bar{v}\pm\Delta v$ 范围内的分子的百分率随着温度的增加将________,速率在 v_p 到 $\bar{v}$ 之间的分子的百分率随着温度的增加将________。

(9) 在温度为 T 的平衡状态下,在重力场中分子质量为 m 的气体,当分子数密度减少一半时的高度 $h=$________。

(10) 对于压强为 10^{-6} Pa 的高真空,液氮温度(77 K)下分子数密度的数量级(估算)为________,分子平均自由程 $\bar{\lambda}$ 的数量级(估算)为________。

2. 热力学第一定律

(1) 对于单原子分子理想气体,下面各式分别代表什么物理意义?

① $\frac{3}{2}RT$:________;

② $\frac{3}{2}R$:________;

③ $\frac{5}{2}R$:________。

(式中 R 为摩尔气体常量,T 为气体的温度)

(2) 如果理想气体的体积按照 $pV^3=C$(C 为正的常数)的规律从 V_1 膨胀到 V_2,则它所做的功 $A=$________;膨胀过程中气体的温度________(填升高、降低或不变)。

(3) 摩尔数相同的两种刚性理想气体,第一种由单原子分子组成,第二种由双原子分子组成。现两种气体从同一初态出发,经历一准静态等压过程,体积膨胀到原来的两倍(假定气体的温度在室温附近)。在两种气体经历的过程中,外界对气体做的功 A_1 与 A_2 之比

A_1/A_2 为________；两种气体内能的变化 ΔE_1 与 ΔE_2 之比 $\Delta E_1/\Delta E_2$ 为________。

(4) 设高温热源的温度为低温热源的温度的 n 倍，理想气体经卡诺循环后，从高温热源吸收的热量与向低温热源放出的热量之比为________。

(5) 有一卡诺循环，当热源温度为 100 ℃、冷却器温度为 0 ℃时，一个循环做净功 8000 J，今维持冷却器温度不变，提高热源温度，使净功增为 10 000 J。若此两循环都工作于相同的二绝热线之间，工作物质为同质量的理想气体，则热源温度增为________℃，效率增为________%。

(6) 以可逆卡诺循环方式工作的制冷机，在某环境下其制冷系数为 $\omega=30.3$，在同样环境下把它用作热机，则其效率为________%。

3. 热力学第二定律

(1) 从单一热源吸热并将其完全用来做功，是不违反热力学第二定律的。例如________过程就是这种情况。

(2) 如图 7.27 所示。单原子理想气体在 $a\to b$ 过程中，状态________系统熵最大；$b\to c$ 过程中，状态________系统熵最大；$c\to a$ 过程中，状态________系统熵最大。

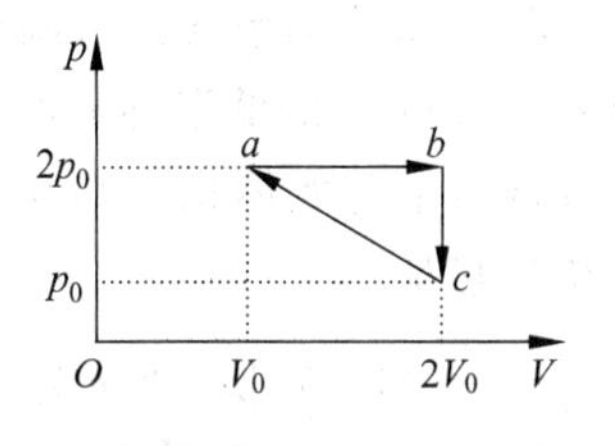

图 7.27

(3) 有一热容为 C_1、温度为 T_1 的固体与热容为 C_2、温度为 T_2 的液体共置于一绝热容器内。平衡建立后，系统最后的温度 T 是________，系统总的熵变为________。

(4) 熵是________的定量量度。熵和能量的关系是________。

(5) 由绝热材料包围的容器被隔板隔为两半，左边是理想气体，右边是真空。如果把隔板撤去，气体将进行自由膨胀过程，达到平衡后气体的温度________(填升高、降低或不变)，气体的熵________(填增加、减小或不变)。

7.4.3　计算题

1. 体积为 $V=1.20\times10^{-2}\ \mathrm{m}^3$ 的容器中储有氧气，其压强 $p=8.31\times10^5\ \mathrm{Pa}$，温度为 $T=300\ \mathrm{K}$，求：

(1) 单位体积中的分子数 n；

(2) 分子的平均平动动能；

(3) 气体分子的总平均动能。

2. 设声音在空气中的传播是准静态绝热过程。它的速度可按 $u=\sqrt{\dfrac{p\gamma}{\rho}}$ 计算，式中 γ 是空气的比热容比，p 是空气压强，ρ 是空气的密度。

(1) 试证明声音在空气中的传播速度仅是温度的函数；

(2) 如果在温度 0 ℃、压强 $1.0\times10^5\ \mathrm{Pa}$ 情况下空气中的声速是 332 m/s，空气密度是 $1.29\ \mathrm{kg/m^3}$，求空气的 γ。

3. 1 mol的氢气,在压强为1.0×10^5 Pa、温度为20 ℃时,其体积是V_0。使它分别经下面两种过程到达同一状态,试分别计算两种过程中吸收的热量、气体对外做的功和内能增量,并作出p-V图。

(1) 保持体积不变,加热使气体温度升高到80 ℃,然后令气体作等温膨胀,体积变为原体积的2倍;

(2) 先使气体等温膨胀至原体积的2倍,然后保持体积不变加热到80 ℃。

4. 1 mol的单原子理想气体的循环过程如T-V图(见图7.28)所示,其中c点的温度为$T_c=600$ K。试求:

(1) 经一循环,系统所做的净功;

(2) 循环效率。($\ln2=0.693$)

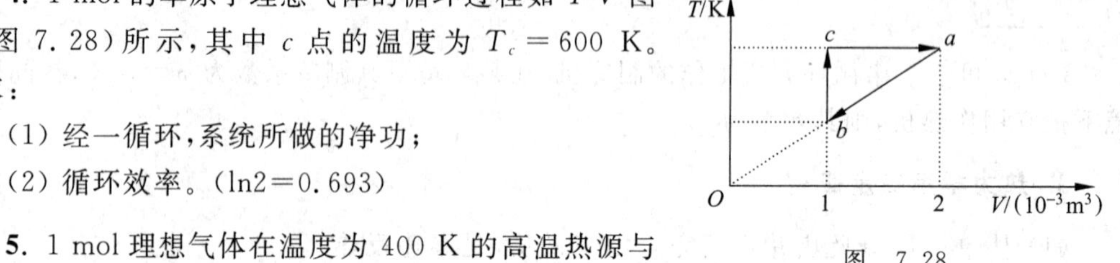

图 7.28

5. 1 mol理想气体在温度为400 K的高温热源与温度为300 K的低温热源间作可逆卡诺循环,在400 K的等温线上起始体积为0.01 m^3,终止体积为0.05 m^3。试求此气体在每一循环中传给低温热源的热量。

6. 一固态物质,质量为m,熔点为T_m,熔解热为L,比热容(单位质量物质的热容)为c。如对它缓慢加热,使其温度从T_0上升为T_m,试求熵的变化。假设供给物质的热量恰好使它全部熔化。

7. 一个人的体温为36 ℃,环境温度为0 ℃时,其大约一天向周围散发8×10^6 J热量。如果忽略进食带进体内的熵,试估算一天之内熵的产生量。

参考答案

7.4.1 1. (1) C; (2) B; (3) B; (4) D; (5) C; (6) B; (7) B; (8) B; (9) D; (10) C; (11) B; (12) A; (13) C; (14) A; (15) C。 2. (1) B; (2) A; (3) B; (4) D; (5) B; (6) D。 3. (1) C; (2) D; (3) A; (4) C; (5) D; (6) B。

7.4.2 1. (1) 热电阻(或热电偶),光学高温计; (2) $2mv, nv/6, nmv^2/3$; (3) 3.01×10^{23}个; (4) 485,396,447; (5) 最概然速率到无穷速率区间的分子数占总分子数的百分比,分子的平均平动能; (6) $\int_0^{v_p} Nf(v)\mathrm{d}v, \int_{v_p}^{\infty} v\cdot Nf(v)\mathrm{d}v \Big/ \int_{v_p}^{\infty} Nf(v)\mathrm{d}v$; (7) 10^{-21} s/m; (8) 减少,不变(10.8%); (9) $\dfrac{kT\ln2}{mg}$; (10) 10^{15} m^{-3},10^4 m。

2. (1) $\frac{3}{2}RT$表示1 mol单原子理想气体的内能,$\frac{3}{2}R$表示它的定容摩尔热容,$\frac{5}{2}R$表示它的定压摩尔热容; (2) $\frac{C}{2}(V_1^{-2}-V_2^{-2})=\frac{1}{2}(p_1V_1-p_2V_2)$,降低; (3) 1,3/5; (4) n; (5) 125,31.4; (6)3.2。

3. (1) 无摩擦的等温膨胀; (2) $b,b,(15V_0/8,9p_0/8)$; (3) $\dfrac{C_1T_1+C_2T_2}{C_1+C_2}, C_1\ln\dfrac{T}{T_1}+$

$C_2\ln\frac{T}{T_2}$； (4) 熵是系统宏观态的无序度的定量量度，$E_d=T_0\mathrm{d}S$； (5) 不变，增加。

7.4.3 1. (1) $2.00\times10^{26}\ \mathrm{m}^{-3}$； (2) $\bar{\varepsilon}_t=6.21\times10^{-21}$ J； (3) $E_k=\nu\frac{i}{2}RT=\frac{i}{2}pV=2.49\times10^4$ J。 2. (1) 略； (2) $\gamma=1.42$。 3. (1) $Q_1=3279$ J，$A_1=2033$ J，$\Delta E_1=1246$ J；(2) $Q_2=2933$ J，$A_2=1687$ J，$\Delta E_2=1246$ J。 4. (1) $A=963$ J；(2) $\eta=13.4\%$。 5. $Q_2=4.01\times10^3$ J。 6. $\Delta S_1=mc\ln\frac{T_m}{T_0}$，$\Delta S_2=\frac{mL}{T_m}$，$\Delta S=mc\ln\frac{T_m}{T_0}+\frac{mL}{T_m}$。 7. $\Delta S=3.4\times10^3$ J/K。

第4篇

光　学

第8章

振动　波动

8.1 思考题解答

8.1.1 振动

1. 什么是简谐振动？下列运动中哪个是简谐振动？

(1) 拍皮球时球的运动；

(2) 锥摆的运动；

(3) 一小球在半径很大的光滑凹球面底部的小幅度摆动。

答　质点运动时，如果离开平衡位置的位移 x(或角位移 θ)按正弦或余弦规律随时间变化，这种运动就叫简谐振动。质点的简谐振动一定要有平衡位置，以平衡位置作为坐标原点，以 x 表示质点偏离平衡位置的位移，质点受的合外力一定具有 $F=-kx$ 回复力的形式。

(1) 不是简谐振动。忽略空气阻力，皮球在手与地面间运动的过程中，始终受到竖直向下的重力作用，任一时刻所受合外力不具有 $F=-kx$ 的形式，因此皮球的运动不是简谐振动。

(2) 不是简谐振动。如图 8.1(a)所示，用细线悬挂一小球，令其在水平面内作匀速率圆周运动，构成一锥摆。显然，小球在任一位置所受合力(圆周运动的向心力)的大小为恒量，但方向却在不断改变，而且没有平衡位置，不具有 $F=-kx$ 形式。因此这种锥摆的运动也不是简谐振动。

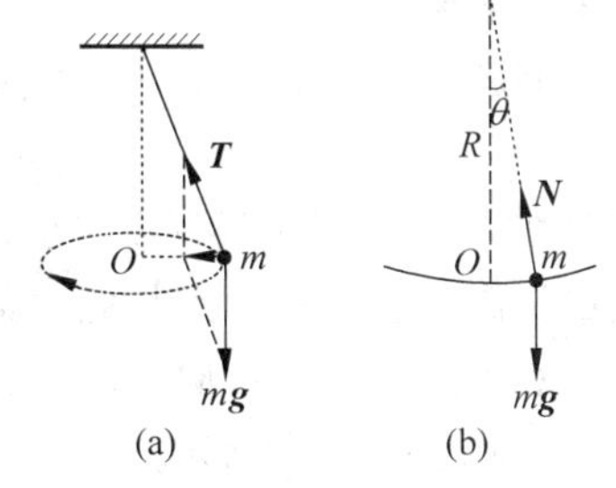

图　8.1

(3) 是简谐振动。如图 8.1(b)所示，R 为球面半径。小球的运动类似单摆运动，凹球面底部 O 为平衡位置。忽略空气阻力，当小球在半径很大的光滑凹球面底部于纸面内摆动时，所受沿圆弧切线的回到平衡位置的回复力为

$$f_t=-mg\sin\theta\approx-mg\theta$$

满足此回复力关系的角位移 θ 一定是简谐变化。因为 $f_t=ma_\tau=mR\dfrac{d^2\theta}{dt^2}=-mg\theta$，有

$$\frac{d^2\theta}{dt^2}+\frac{g}{R}\theta=0$$

此方程的解 θ 是时间的正弦或余弦函数，所以小球的小幅度摆动是角频率 $\omega=\sqrt{g/R}$ 的简谐振动。

2. 如果把一弹簧振子和一单摆拿到月球上去，它们的振动周期将如何改变?

答 弹簧振子的周期为 $T=2\pi\sqrt{m/k}$，单摆小角度振动的周期为 $T=2\pi\sqrt{l/g}$；月球表面上的重力加速度比地球小，约为地球表面重力加速度的 1/6，而上两式中的其他量与地球相同，因此将两个振动系统拿到月球上以后，弹簧振子的周期不变，而单摆的周期变大，约为地球上振动周期的 $\sqrt{6}$ 倍。

3. 当一弹簧振子的振幅增大到原来的两倍时，试分析它的下列物理量将受到什么影响：振动的周期、最大速度、最大加速度和振动的能量。

答 弹簧振子作简谐振动，设其振动表达式为 $x=A\cos(\omega t+\varphi)$，振子的振动周期 $T=2\pi\sqrt{m/k}$，速度 $v=-\omega A\sin(\omega t+\varphi)$，加速度 $a=-\omega^2A\cos(\omega t+\varphi)$，最大速度 $v_{\max}=\omega A$，最大加速度 $a=\omega^2A$，简谐振动的能量 $E=\frac{1}{2}kA^2$；因此当振幅 A 增大到原来的两倍时，振子的周期不变，最大速度和最大加速度均增大到原来的两倍，而振动的能量增大到原来的 4 倍。

4. 把一单摆从其平衡位置拉开，使悬线与竖直方向成一小角度 φ，然后放手任其摆动。如果从放手时开始计算时间，此 φ 角是否为振动的初相? 单摆的角速度是否为振动的角频率?

答 φ 角不是振动的初相 φ_0，单摆的角速度 $\omega(t)$ 也不是振动的角频率 ω。

小角度下摆长为 l 的单摆摆动是简谐振动，其摆角 $\theta(t)$ 的变化规律为

$$\theta(t)=\theta_0\cos(\omega t+\varphi_0)$$

其中 ω 为角频率，$\omega=\sqrt{g/l}=2\pi/T$，是系统的不变量，表示 2π 秒内系统完成完全振动的次数。而角速度 $\omega(t)$ 为

$$\omega(t)=\frac{\mathrm{d}\theta(t)}{\mathrm{d}t}=-\omega\theta_0\sin(\omega t+\varphi_0)$$

是摆角(角位移)的变化率，是随时间周期性变化的函数。角频率 ω 和角速度 $\omega(t)$ 是两个概念不同的物理量。

开始计时即 $t=0$ 时刻，上两式变为

$$\theta_{(t=0)}=\theta_0\cos\varphi_0,\quad \omega_{(t=0)}=-\omega\theta_0\sin\varphi_0$$

说明在振幅 θ_0 确定情况下，初相 φ_0 是确定摆球初始时刻运动状态(角位移和角速度)的物理量。而题意中的 φ 则是此时刻的角位移，$\theta_{(t=0)}=\varphi$，它们两个的概念也不相同。

对于图 8.2 所示例子，设角位移向右偏离平衡位置为正，依题意有 $\omega_{(t=0)}=0$，$\theta_{(t=0)}=\varphi$，那么有

$$\varphi=\theta_0\cos\varphi_0,\quad 0=\sin\varphi_0$$

由此可得 $\varphi=\theta_0$，说明此时的角位移是角位移的最大值即振幅，而初相 $\varphi_0=0$。

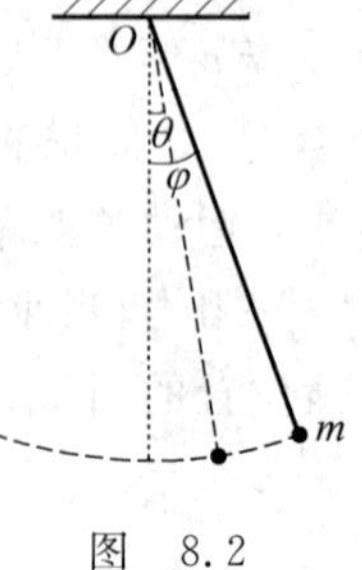

图 8.2

5. 已知一简谐振动在 $t=0$ 时物体正越过平衡位置，试结合相量图说明由此条件能否确定物体振动的初相。

答 不能确定物体振动的初相。要确定物体振动的初相，还需知道物体的运动速度方向。如图 8.3 所示，两种情形下物体均在 $t=0$ 时刻经过平衡位置，但前者的初相 $\varphi_0=\pi/2$，后者的初相 $\varphi_0=3\pi/2$。

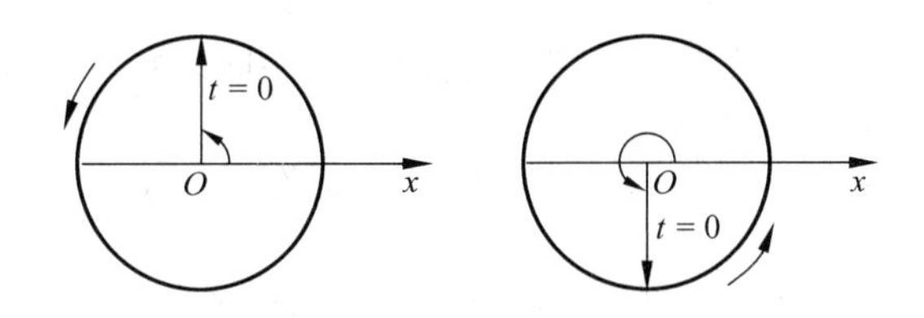

图　8.3

6. 稳态受迫振动的频率由什么决定？改变这个频率时，受迫振动的振幅会受到什么影响？

答　稳态的受迫振动是周期性外力($F_{外}=H\cos\omega t$)提供的能量等于振动系统因阻尼而消耗的能量时的周期性等幅振动，它遵从

$$x = A\cos(\omega t+\varphi)$$

的关系，它的角频率ω就是驱动外力的角频率，也就是其频率$\nu=\omega/2\pi$由驱动外力的频率所确定，这个振动频率与系统本身的性质无关。与系统本身的性质相关的频率是固有角频率ω_0，它是系统自由振动时的角频率，是系统既无外力又无阻力只有系统回复力(如无阻力的弹簧振子和单摆)时所确定的振动角频率。改变驱动力的频率时，其振幅A随ω的变化函数为

$$A = \frac{h}{[(\omega_0^2-\omega^2)^2+4\beta^2\omega^2]^{1/2}}$$

其中$h=\dfrac{H}{m}$，$\beta=\dfrac{\gamma}{2m}$。γ为阻力系数，β称为阻尼因数。

(1) 当$\omega=0$时，外力是恒力，有

$$A = \frac{h}{\omega_0^2}$$

这种情况犹如竖直弹簧振子，恒力是重力，此式表示重力使得弹簧最后有稳定的伸长$\dfrac{mg}{k}$。

(2) 当$\omega\to\infty$时，驱动力的频率很高，远大于固有频率ω_0，有

$$A \approx \frac{h}{\omega^2}\to 0$$

系统由于惯性跟不上驱动外力的迅速变化，几乎静止在平衡位置($x=0$)。

(3) 当$\omega=\omega_r=\sqrt{\omega_0^2-2\beta^2}$时，相应振幅为

$$A_r = \frac{h}{2\beta\sqrt{\omega_0^2-\beta^2}}$$

即外加周期力的角频率等于ω_r时，出现位移共振现象，稳态振动振幅达到最大极值。

7. 弹簧振子的无阻尼自由振动是简谐振动，同一弹簧振子在简谐驱动力持续作用下的稳态受迫振动也是简谐振动，这两种简谐振动有什么不同？

答　(1) 振动的角频率不同。前者由系统本身的性质决定，是振子系统的固有角频率$\omega_0=\sqrt{\dfrac{k}{m}}$；而后者是驱动力($F=H\cos\omega t$)的角频率$\omega$。

(2) 振动的振幅不同。前者由初始条件决定(初始的位移x_0和初始速度v_0)，$A=$

$\sqrt{x_0^2+\frac{v_0^2}{\omega_0^2}}$；后者由驱动力、阻尼系数 γ、谐振系统的性质共同决定，$A=\frac{h}{[(\omega_0^2-\omega^2)^2+4\beta^2\omega^2]^{1/2}}$ $\left(其中 m 为振子质量，h=\frac{H}{m},\beta=\frac{\gamma}{2m}\right)$，而与初始条件无关。

(3) 振动的初相不同。前者由初始条件决定，$\varphi_0=\arctan\left(-\frac{v_0}{\omega_0 x_0}\right)$；后者由系统的固有频率、阻尼系数和周期性外力的频率决定，$\varphi=\arctan\frac{-2\beta\omega}{\omega_0^2-\omega^2}$，而与初始条件无关。

(4) 准弹性回复力的构成不同。前者是弹性力，$f=-kx$，有 $-kx=m\frac{d^2x}{dt^2}$；后者由弹性力 $f=-kx$、阻尼力 $f_r=-\gamma\frac{dx}{dt}$、简谐驱动力 $F=H\cos\omega t$ 共同作用构成，有 $-kx-\gamma\frac{dx}{dt}+H\cos\omega t=m\frac{d^2x}{dt^2}$。

(5) 系统的能量特征也不一样。以物体和弹簧为研究对象时，前者的机械能守恒；后者的机械能一般不守恒，是随时间而变化的，因为是等幅振动，一周内的能量平均值是常数。阻力一直是消耗系统机械能的，驱动力则有时向系统提供能量，有时从系统取回能量，但在一周期内是向系统供给能量的。只有在共振时，驱动力才最大限度地一直向系统提供能量。

8. 任何一个实际的弹簧都是有质量的，如果考虑弹簧的质量，弹簧振子的振动周期将变大还是变小？

答 当考虑弹簧的质量时，其固有角频率的近似值为 $\omega_n=\sqrt{\frac{k}{m+m_e/3}}$(请参考8.3.1节"弹簧质量对弹簧振子振动周期的影响"的讨论)，因为弹簧质量 $m_e\neq0$，弹簧振子的振动角频率比不计弹簧质量时的 $\omega_0=\sqrt{\frac{k}{m}}$ 减小了，因此其周期 $T=\frac{2\pi}{\omega_n}=2\pi\sqrt{\frac{m+m_e/3}{k}}$ 变大了。

9. 简谐振动的一般表达式为

$$x=A\cos(\omega t+\varphi)$$

此式可以改写成

$$x=B\cos\omega t+C\sin\omega t$$

试用振幅 A 和初相 φ 表示振幅 B 和 C，并用相量图说明此表示形式的意义。

解 由两角和三角关系式

$$\begin{aligned}x&=A\cos\omega t\cos\varphi-A\sin\omega t\sin\varphi\\&=A\cos\omega t\cos\varphi+A\sin\omega t\sin(-\varphi)\\&=B\cos\omega t+C\sin\omega t\end{aligned}$$

可得

$$B=A\cos\varphi$$
$$C=-A\sin\varphi$$

依题意，既然已把 B、C 看做振幅，振幅无负值，简谐振动 $x=A\cos(\omega t+\varphi)$ 的初相 φ 只能是第四象限的角。因此振动表达式可写成

$$x=B\cos\omega t+C\sin\omega t=B\cos\omega t+C\cos(\omega t-\pi/2)=x_1+x_2$$

简谐振动 $x=A\cos(\omega t+\varphi)$可看做同频同向的两个简谐振动的合成。在相量图8.4中这两个简谐振动分别表示为旋转矢量 $\boldsymbol{B}$ 和 $\boldsymbol{C}$，它们的振幅分别是 B 和 C，而 $\boldsymbol{C}$ 的相位落后 $\boldsymbol{B}$ 的相位 $\frac{\pi}{2}$。尽管相量图8.4表示的是 $t=0$ 时刻三个矢量的关系，但因为它们同角速度旋转，所以总有

$$\boldsymbol{A}=\boldsymbol{B}+\boldsymbol{C}$$

说明当 φ 初相是第四象限的角时，一个简谐振动总可以分解为两个振幅分别是上述 B、C 的相位差为 $\pi/2$ 的同频同向的简谐振动。

10. 一个弹簧，劲度系数为 k，一质量为 m 的物体挂在它的下面。若把该弹簧分割成两半，物体挂在分割后的一根弹簧上，问分割前后两个弹簧振子的振动频率是否一样？二者的关系如何？

答 弹簧分割成两半后，单根弹簧的劲度系数是分割前弹簧劲度系数的两倍，而悬挂物体的质量未变，根据 $\nu=\frac{1}{2\pi}\sqrt{\frac{k}{m}}$ 可知，分割前后两个弹簧振子的振动频率不一样，后者的频率增大，是前者的$\sqrt{2}$倍。

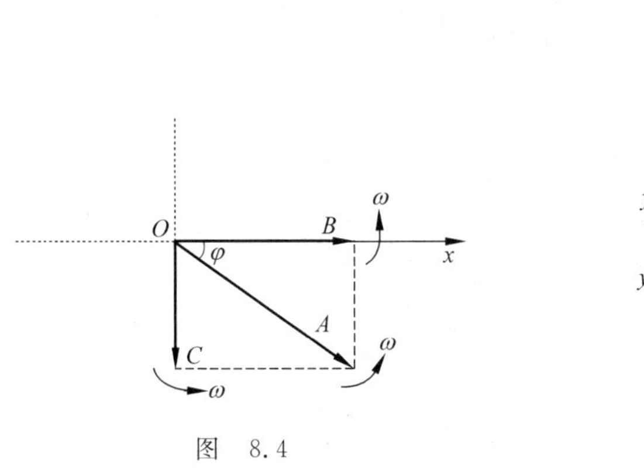

图 8.4

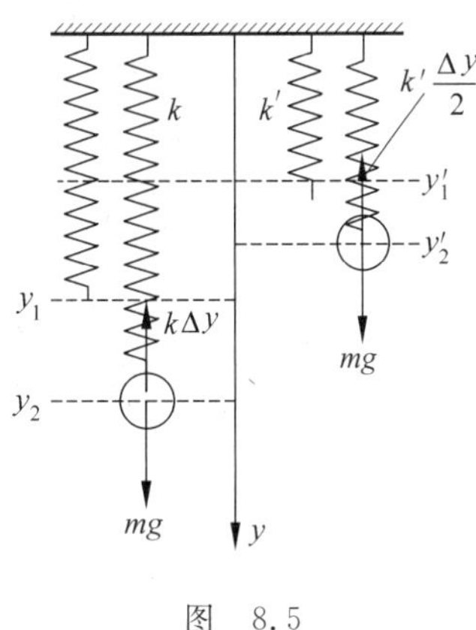

图 8.5

如图8.5所示，设分割前弹簧的劲度系数为 k，挂上重物平衡时它伸长了 $\Delta y=y_2-y_1$，有 $mg-k\Delta y=0$，得

$$mg=k\Delta y$$

此时其上下两半截弹簧各伸长了 $\Delta y/2$。也就是说，此物体若挂在弹簧分割成两半后的其中一根弹簧上，平衡时这根弹簧伸长量为 $\Delta y/2$。设其劲度系数为 k'，有

$$mg=\frac{k'}{2}\Delta y$$

和上面式 $mg=k\Delta y$ 比较得 $k'=2k$。忽略空气阻力，弹簧和重物系统是简谐振动系统，其固有角频率 $\omega_0'=\sqrt{\frac{k'}{m}}$，频率为 $\nu'=\frac{1}{2\pi}\sqrt{\frac{k'}{m}}=\frac{1}{2\pi}\sqrt{\frac{2k}{m}}=\sqrt{2}\nu$，是未分割弹簧系统固有频率 ν 的$\sqrt{2}$倍。

8.1.2 波动

1. 设某时刻横波波形曲线如图8.6所示，试分别用箭头表示出图中 A、B、C、D、E、F、

G、H、I 等质点在该时刻的运动方向,并画出经过 1/4 周期后的波形曲线。

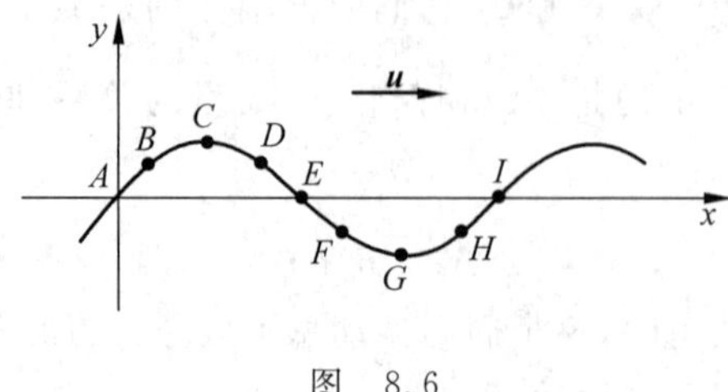

图 8.6

答 由于是横波,所以该时刻各质点的运动方向均发生在 y 轴方向。考虑经过 Δt 时间后的波形,如图 8.7(a)所示,其中 C、G 质点已到达最大位移,瞬间静止,其他质点的运动方向如箭头所示。经过 1/4 周期后的波形曲线如图 8.7(b)所示,相当于 t 时刻的波形图沿波传播方向平移了 $\lambda/4$(λ 为波长)的距离,因为一个周期内波传播一个 λ 的距离。

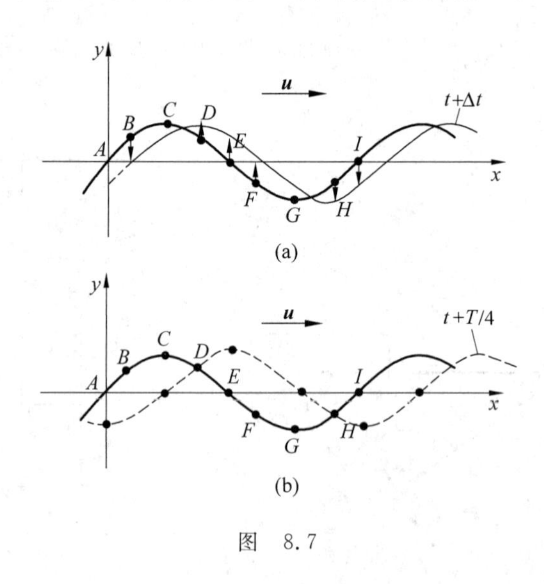

图 8.7

2. 沿简谐波的传播方向相隔 Δx 的两质点在同一时刻的相差是多少?分别以波长 λ 和波数 k 表示之。

答 简谐波的传播可以说是相位的传播。设波沿 x 轴正向传播,因为沿传播方向相隔一个波长 λ 的两质点相位相差是 2π,所以相隔 Δx 的两质点在同一时刻的相差以波长 λ 表示为

$$\Delta\varphi = -\frac{2\pi}{\lambda}\Delta x$$

沿波传播方向质点的相位依次落后。$k=\frac{2\pi}{\lambda}$称为波数,则上述相差以波数表示为

$$\Delta\varphi = -k\Delta x$$

其中 Δx 是两质点的 x 坐标差。

3. 在相同温度下氢气和氦气中的声速哪个大些?

答 理想气体中声波的波速为 $u=\sqrt{\frac{\gamma RT}{M}}$,其中 γ 为比热容比,M 是气体的摩尔质量。

对于氢气：$\gamma=\dfrac{7}{5}=1.4, M=2\ \text{g/mol}$；对于氦气：$\gamma=\dfrac{5}{3}=1.67, M=4\ \text{g/mol}$。相同温度下，$\dfrac{u_{氢气}^2}{u_{氦气}^2}=\dfrac{1.4}{2}\times\dfrac{4}{1.67}\approx 1.68$，显然氢气中的声速大。

4. 拉紧的橡皮绳上传播横波时，在同一时刻，何处动能密度最大？何处弹性势能密度最大？何处总能量密度最大？何处这些能量密度最小？

答　在同一时刻，刚好经过平衡位置处的质元速率最大（图 8.8 中的 O、B、D、F 各处），因此动能密度最大，此时质元的切变也最大，因此该处的弹性势能密度也最大，显然该处质元的总能量密度也最大；而刚好处在正或负最大位移处的质元（图 8.8 中的 A、C、E 各处）的能量密度最小，因为这些质元速度为零且几乎没有形变。

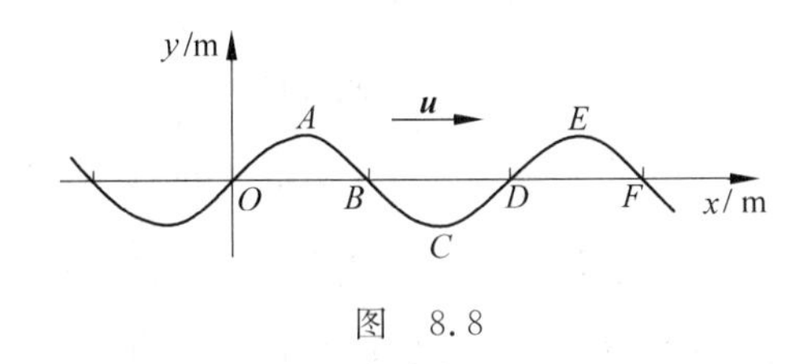

图　8.8

5. 驻波中各质元的相有什么关系？为什么说相没有传播？

答　驻波中相邻两波节之间的质元振动周相相同，波节两侧的质元振动周相相反，波线上形成分段振动，各分段的振动相互独立，驻波函数不满足 $y(t+\Delta t, x+u\Delta t)=y(t,x)$ 所表示的行波形式，因此说驻波中没有相位的传播。

行波波函数具有 $y(t+\Delta t, x+u\Delta t)=y(t,x)$ 性质，此式之意为 t 时刻、x 处的相位在 $t+\Delta t$ 时刻传到了 $x+\Delta x$ 处，它表示了行波中振动状态即相位的传播。

6. 在图 8.9 所示的驻波形成图中，在 $t=T/4$ 时，各质元的能量是什么能？大小分布如何？在 $t=T/2$ 时，各质元的能量是什么能？大小分布又如何？波节和波腹处的质元的能量各是如何变化的？

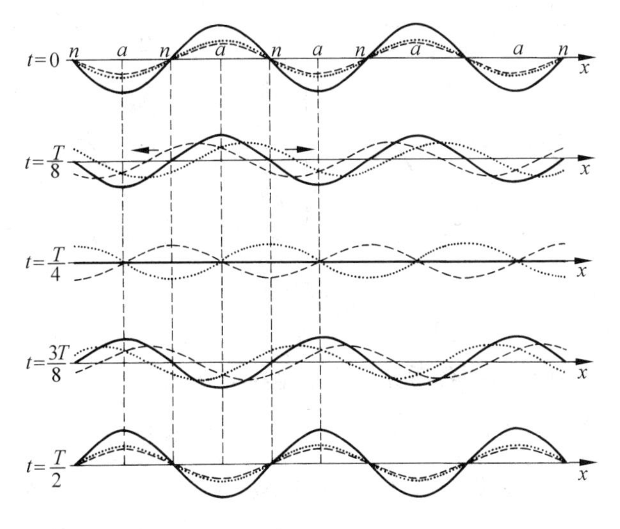

图　8.9

答 设图8.9所示的两列相向传播的行波分别是 $y_1 = A\cos\left(\omega t - \frac{2\pi}{\lambda}x\right)$ 和 $y_2 = A\cos\left(\omega t + \frac{2\pi}{\lambda}x\right)$，则叠加形成的驻波方程为

$$y = 2A\cos\frac{2\pi}{\lambda}x\cos\omega t$$

x 处质元速度为

$$v = \frac{\partial y}{\partial t} = -2A\omega\cos\frac{2\pi}{\lambda}x\sin\omega t$$

t 时刻各 x 处质元 Δm 的动能为

$$E_k = \frac{1}{2}\Delta m v^2 = 2\Delta m A^2\omega^2\cos^2\frac{2\pi}{\lambda}x\sin^2\omega t$$

在 $t=T/4$ 时，$\omega t=\pi/2$，上式中 $\sin^2\omega t=1$，各 x 处质元的动能具有最大值，为

$$E_{k,\max}(T/4) = \frac{1}{2}\Delta m v^2 = 2\Delta m A^2\omega^2\cos^2\frac{2\pi}{\lambda}x$$

因为此时各质元均在自己的平衡位置，各质元没有形变，不具有势能，所以此时质元的机械能是动能。波节处质元速度为零，动能为零，令上式中 $\cos^2\frac{2\pi}{\lambda}x=0$，可求得波节坐标为

$$x = \pm(2k+1)\frac{1}{4}\lambda, \quad k = 0,1,2,\cdots$$

波腹处质元的速度最大，动能也最大，令上式中 $\cos^2\frac{2\pi}{\lambda}x=1$，可求得波腹位置坐标为

$$x = \pm\frac{k}{2}\lambda, \quad k = 0,1,2,\cdots$$

图8.10(a)给出了此时的各 x 处质元动能(也就是能量)的分布曲线。

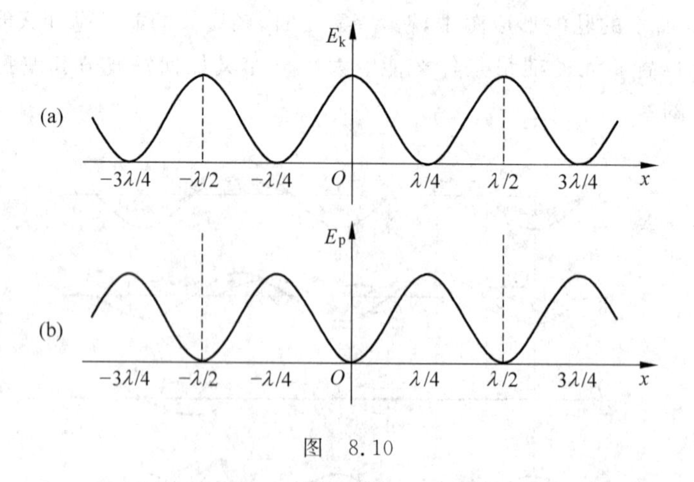

图 8.10

设驻波波动引起弹性介质的各质元的形变是线应变，为

$$\frac{\partial y}{\partial x} = -2A\frac{2\pi}{\lambda}\sin\frac{2\pi}{\lambda}x\cos\omega t = -2A\frac{\omega}{u}\sin\frac{2\pi}{\lambda}x\cos\omega t$$

式中，u 为介质中的波速。如果弹性介质的质量密度为 ρ，介质的杨氏模量为 k，则波速 $u=\sqrt{k/\rho}$，t 时刻 x 处体积 ΔV 的质元($\Delta m=\rho\Delta V$)因形变具有的弹性势能为

$$E_p = \frac{1}{2}k\left(\frac{\partial y}{\partial x}\right)^2 \Delta V = \frac{1}{2}\rho u^2 \frac{4A^2\omega^2}{u^2}\sin^2\frac{2\pi}{\lambda}x\cos^2\omega t\Delta V$$

$$= 2\Delta m A^2\omega^2\sin^2\frac{2\pi}{\lambda}x\cos^2\omega t$$

在 $t=T/2$ 时，$\omega t=\pi$，$\cos^2\omega t=1$，各 x 处质元的势能具有最大值，为

$$E_{p,\max} = 2\Delta m A^2\omega^2\sin^2\frac{2\pi}{\lambda}x$$

因为此时各质元均在自己的最大位移处，各质元速度为零，不具有动能，所以此时质元的机械能是势能。位于 $x=\pm\frac{k}{2}\lambda(k=0,1,2,\cdots)$ 波腹处的质元，由于 $\frac{2\pi}{\lambda}x=\pm k\pi$，$\sin^2\frac{2\pi}{\lambda}x=0$，它们势能为零，势能为零说明它们此时没有形变；而位于 $x=\pm(2k+1)\frac{1}{4}\lambda(k=0,1,2,\cdots)$ 波节处的质元，由于 $\frac{2\pi}{\lambda}x=\pm(2k+1)\frac{\pi}{2}$，$\sin^2\frac{2\pi}{\lambda}x=1$，相比具有最大的势能，说明它们此时的形变也最大。图 8.10(b)给出了此时的各 x 处质元势能(也就是能量)的分布曲线。

波节和波腹处的质元以及其他质元的能量都是时间的周期性变化函数。在驻波波动过程中，波节处质元的能量始终是势能，在 $t=T/4$ 到 $t=T/2$ 的四分之一周期中，它不断地从周围质元得到能量使自己的势能由零到最大；而波腹处质元的能量始终是动能，在这四分之一周期中它不断地向其周围质元提供能量使自己的动能由最大连续地减少到零。在这期间，其他质元则是动能(靠近波腹的质元动能较大)逐渐减少到零，势能逐渐增大到最大值(靠近波节的质元势能较大)。驻波波动中，相邻腹波和波节间的动能和势能相互转换，在转换过程中能量就在它们之间进行着转移，不存在像行波一样的能量定向传播。

7. 二胡调音时，要旋动上面的旋杆，演奏时手指压触弦线的不同部位，就能发出各种音调不同的声音。这都是什么缘故？

答　如图 8.11 所示，演奏二胡时，二胡弦简正振动模式的频率

$$\nu_n = n\frac{u}{2L},\quad n=1,2,3,\cdots$$

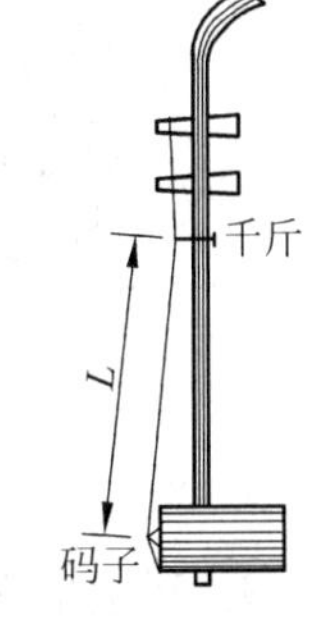

图　8.11

弦上的波速 u 与弦张力 F 有关，$u=\sqrt{\frac{F}{\rho_l}}$，$\rho_l$ 是弦的质量线密度。因此有

$$\nu_n = n\frac{1}{2L}\sqrt{\frac{F}{\rho_l}}$$

决定声音音调的是基频 ν_1，谐频($\nu_2,\nu_3,\cdots$)及其强度决定声音的音色。

旋动二胡上面的旋杆是为了改变弦的张力 F，演奏时手指压触弦线的不同部位主要是确定节点的位置以改变振动弦的长度 L，它们都相当于在调整弦本征频率的基频和谐频。因而演奏二胡时，随着压触弦手指的移动，振动弦就能发出各种音调不同的悦耳的声音。

8. 哨子和管乐器如风琴管、笛子、箫等发声时，吹入的空气湍流使管内的空气柱产生驻波振动。管口处是“自由端”形成纵波波腹。另一端如果封闭(见图 8.12)，则为“固定端”，形成纵波波节；如果开放，则也是“自由端”，形成波腹。图 8.12(a)还画出了闭管中空气柱的基频简正振动模式曲线，表示 $L=\lambda_1/4$。你能画出下两个波长较短的谐频简正振动模式曲线

吗?试在图8.12(b)、(c)中画出。此闭管可能发出的声音的频率和管长应该有什么关系?

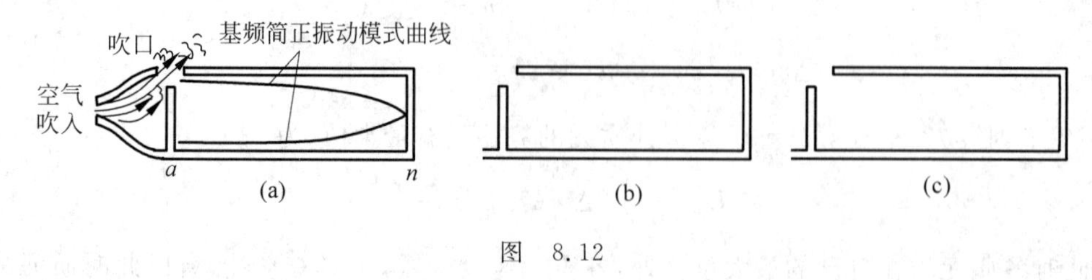

图 8.12

答 如图8.13(a)所示,吹入的空气湍流使管内的空气柱产生驻波振动,“自由端”管口是空气柱的纵波波腹处,封闭的“固定端”是空气柱的纵波波节处。由于相邻的波腹和波节之间的距离是$\lambda/4$(λ是驻波的波长),设空气柱的纵长为L,驻波的波长必须满足的条件是

$$L = n\frac{\lambda_n}{4},\quad n = 1,3,5,\cdots$$

由此,图中乐器所能发出乐声的波长为

$$\lambda_n = \frac{4L}{n},\quad n = 1,3,5,\cdots$$

其中对应$n=1$的是确定音调的基频波长$\lambda_1=4L$,有$L=\lambda_1/4$。$n=3$和$n=5$就是下两个谐频简正振动模式对应的较短波长,它们为$\lambda_3=\frac{4L}{3}$和$\lambda_5=\frac{4L}{5}$,分别对应$L=\frac{3\lambda_3}{4}$和$L=\frac{5\lambda_5}{4}$,故它们对应的简正振动模式曲线分别如图8.13(b)和(c)所示。

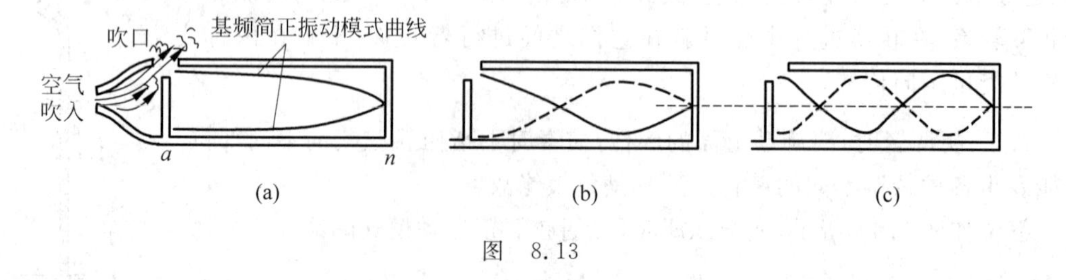

图 8.13

9. 利用拍现象可以根据标准音叉的频率测出另一待测音叉的频率。但拍频只给出二者的频率差,不能肯定哪个音叉的频率较高。如果给你一块橡皮泥,你能肯定地测出待测音叉的频率吗?

答 能。设标准音叉的频率为$\nu_{标准}$,待测音叉频率为$\nu_{待测}$,待测音叉未贴橡皮泥时测得的拍频为

$$\Delta\nu = |\nu_{标准} - \nu_{待测}|$$

这存在如图8.14(a)和(b)所示$\nu_{标准}<\nu_{待测}$或$\nu_{标准}>\nu_{待测}$的两种情况。

将橡皮泥粘在待测音叉上,音叉质量增加,因振动的惯性增加其频率$\nu_{待测}$将减小。如果此时测得的拍频$\Delta\nu'<\Delta\nu$,表明一定是图8.14(a)的情况($\nu_{标准}<\nu_{待测}$),因为$\nu_{待测}$的减小将使得图8.14(b)($\nu_{标准}>\nu_{待测}$)的情况只能出现$\Delta\nu'>\Delta\nu$。所以有

$$\Delta\nu = |\nu_{标准} - \nu_{待测}| = \nu_{待测} - \nu_{标准}$$

可得

$$\nu_{待测} = \nu_{标准} + \Delta\nu$$

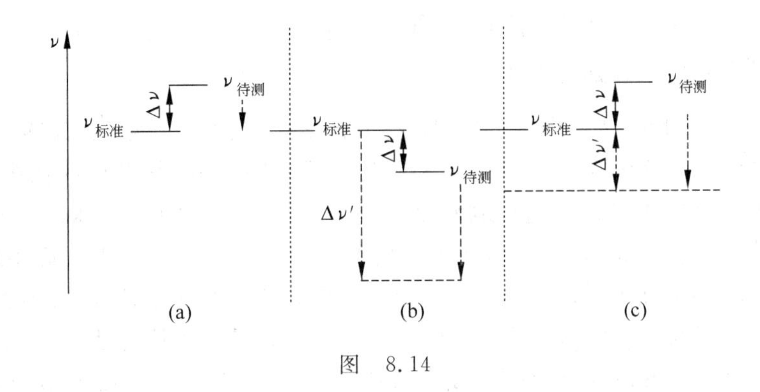

图 8.14

如果测得的拍频 $\Delta\nu' > \Delta\nu$，图 8.14(b)和(c)所示的 $\nu_{标准} > \nu_{待测}$ 和 $\nu_{标准} < \nu_{待测}$ 两种情况都有可能出现。此时可采取逐步地减少贴在待测音叉上橡皮泥的质量到零，并测每一步相应的拍频。如果所测拍频 $\Delta\nu'$ 随着橡皮泥质量的减少而减少到 $\Delta\nu$，这表明一定是图 8.14(b)的情况（$\nu_{标准} > \nu_{待测}$），有

$$\Delta\nu = |\nu_{标准} - \nu_{待测}| = \nu_{标准} - \nu_{待测}$$

可得

$$\nu_{待测} = \nu_{标准} - \Delta\nu$$

如果随着橡皮泥的质量减少所测拍频 $\Delta\nu'$ 出现先减少后又增加现象，则表明一定是图 8.14(c)的情况（$\nu_{标准} < \nu_{待测}$），则有 $\nu_{待测} = \nu_{标准} + \Delta\nu$。

10. 两个喇叭并排放置，由同一话筒驱动，以相同的功率向前发送声波。下述两种情况下，在它们前方较远处的 P 点的声强和单独一个喇叭发声时在该点的声强相比如何？（用倍数或分数说明）

(1) P 点到两个喇叭的距离相等；

(2) P 点到两个喇叭的距离差半个波长。

答 (1) P 点的振动是两个喇叭发出的两列声波在该点引起的振动的叠加。由于两个喇叭由同一话筒驱动，这两列声波源任何时刻都具有相同的波幅、频率和相位。由于 P 点距两个喇叭较远，可以认为两喇叭声源发出的声波在 P 点引起的是两个同方向的纵振动。并且由于 P 点到两个喇叭的距离相等，两波源到 P 点的波程相同，所以两个喇叭发出的两列声波引起 P 点空气质元的两分振动在任何时间都是同振幅、同振动方向、同频率、同相位（相位差恒为零，即 $\Delta\varphi = 0$）的。因此，P 点空气质元的合振动的振幅 A 是单个喇叭在该点引起的振动振幅 A_0 的两倍，有

$$A = \sqrt{A_0^2 + A_0^2 + 2A_0A_0\cos\Delta\varphi} = 2A_0$$

而声强与振幅的平方成正比，所以声强 I 变为原来 I_0 的四倍。有

$$I = 4A_0^2 = 4I_0$$

(2) 因为 P 点到两个喇叭的距离差半个波长，即两个喇叭发出的两列声波到 P 点的波程差 $\delta = \pm\lambda/2$，引起的两分振动相差 $\Delta\varphi$ 为

$$\Delta\varphi = \varphi_{20} - \varphi_{10} \pm \frac{2\pi}{\lambda}\delta = \pm\pi$$

即两分振动反相，叠加后振幅为零

$$A=\sqrt{A_0^2+A_0^2+2A_0A_0\cos\Delta\varphi}=\sqrt{2A_0^2-2A_0^2}=0$$

因此任何时刻 P 点的声强都为零。

*11. 如果地震发生时，人站在地面上，P波怎样摇晃？S波怎样摇晃？人先感到哪种摇晃？

答 地震震源一般在地表以下几千米到几百千米的地方，其发出的地震波包括P波(纵波)和S波(横波)，P波的波速从地幔深处的14 km/s到地表内的5 km/s，S波的波速较小，在8～3 km/s。因此地震发生时，如果人所在位置位于地震源正上方震中附近，P纵波使人上下颠动，S横波使人横向摇晃；先感受到的是P波的上下摇晃，而后感受到的是S波的左右摇晃和P波的上下摇晃的叠加。如果人位于地表震中的较远处，则主要感受到的是因震中地表对P波和S波的反射而形成的沿地面传播的表面波，它既使地面发生扭曲，又使地面上下波动，所以人的感受会更复杂一些。

*12. 曾经说过，波在传播时，介质的质元并不随波迁移，但水面上有波形成时，可以看到漂在水面上的树叶沿水波前进的方向移动，这是为什么？

答 因为不管是浅水波还是深水波，表面上水的质元运动并不是上下的简谐运动而是在竖直平面内的圆运动，正是由于它们有沿水波传播方向的纵向运动，使得水面上的树叶沿水波前进的方向产生了移动，如图8.15所示。

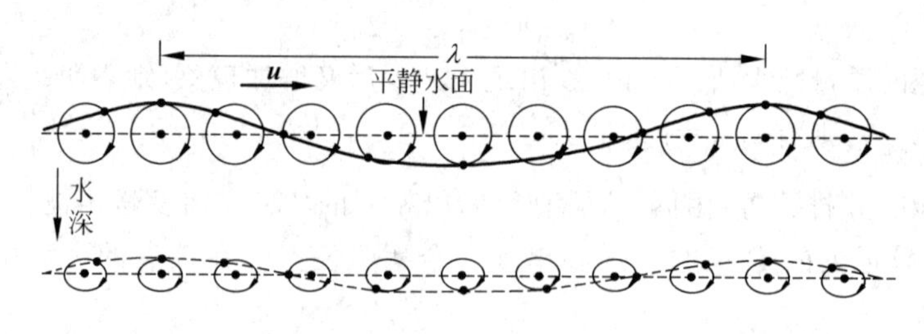

图 8.15

图中也示意画出了水面下质元的椭圆运动，随着离水面深度的增加这种椭圆运动的范围会变得越来越小。

13. 如果在做健身操时，头顶有飞机飞过，你会发现你向下弯腰和向上直起时所听到的飞机声音音调不同。为什么？何时听到的音调高些？

答 向下弯腰和向上直起时所听到的飞机声音音调不同，是由于多普勒效应的存在，向上直起腰时所听到的音调高些。

设飞机是声源 S，人是接收声波的接收器 R，多普勒效应公式为

$$\nu_R=\frac{u+v_R}{u-v_S}\nu_S$$

其中 u 为波速，v_R 和 v_S 分别是接收器和波源沿纵向(它们的连线方向)的速度。一般情况下，它们的速度并不沿连线方向，v_R 和 v_S 分别是它们的速度在纵向的分量。

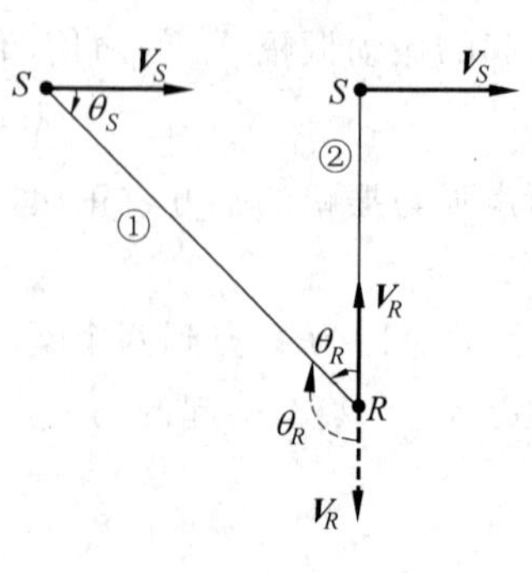

图 8.16

如图8.16中①所示，飞机在人头上飞时，S 的速度 $\boldsymbol{V}_S$ 与“它们的连线方向”的夹角为 θ_S，接收器 R 的速度 $\boldsymbol{V}_R$ 与

“它们的连线方向”的夹角为 θ_R(其中虚线是人向下弯腰时 θ_R 的标示)。此时 $v_S=V_S\cos\theta_S$,$v_R=V_R\cos\theta_R$,多普勒效应公式给出

$$\nu_R=\frac{u+v_R\cos\theta_R}{u-v_S\cos\theta_S}\nu_S$$

如果 $\theta_S=\frac{\pi}{2}$,$\theta_R=\frac{\pi}{2}$,即 S 和 R 的纵向速度分量都是零,纵向没有相对运动,一定有 $\nu_R=\nu_S$,也就是说机械波不存在横向多普勒效应。

“头顶有飞机飞过”,如图中②所示,此时飞机声源的 $\theta_S=\frac{\pi}{2}$,$v_S=V_S\cos\theta_S=0$,在纵向无速度;接收器即人弯腰时,$\theta_R=\pi$,$v_R=V_R\cos\theta_R=-V_R$。因此有

$$\nu_R=\frac{u-V_R}{u}\nu_S$$

所以人弯腰时有 $\nu_R<\nu_S$,听到的比声源发出的声音音调低一些。当直身时,接收器与“纵向”的夹角 $\theta_R=0$,$v_R=V_R\cos\theta_R=V_R$,接收器(即人)的纵向速度是接近声源,故有

$$\nu_R=\frac{u+V_R}{u}\nu_S$$

有 $\nu_R>\nu_S$,此时人听到的声音比声源发出的声音音调高一些。

14. 在有北风的情况下,站在南方的人听到在北方的警笛发出的声音和无风的情况下听到的有何不同?你能导出一个相应的公式吗?

答 听警笛发出的声音实际上是对声波频率的测量。因为频率的倒数是周期,对频率的测量也就是对时间周期的测量,绝对时空观下周期的测量与参考系无关,所以接收频率 ν_R 的测量在所有惯性系中都是一样的。在介质参考系中,机械波的多普勒效应公式为

$$\nu_R=\frac{u+v_R}{u-v_S}\nu_S$$

式中,u 是波在介质中的传播速度;v_R 和 v_S 分别是接收器和波源沿它们的连线方向(纵向)相对介质的速度。要比较所听到的在有北风和无风两种情况下警笛声音的差别,于介质参考系中只不过是考察“风”对多普勒效应公式中的 v_R 和 v_S 的影响而已。

(1) 无风情况。

如果警笛相对地面静止。以空气介质为参考系,警笛声源的速度 $v_S=0$,静止接收器的速度 $v_R=0$,多普勒效应公式给出

$$\nu_R=\frac{u+v_R}{u-v_S}\nu_S=\nu_S$$

此时听到的声音(频率)就是声源发出的声音。

如果警笛以速度 $V_{S,地}$ 相对地面沿南北向运动。以空气介质为参考系,$v_S=V_{S,地}$,$v_R=0$,多普勒效应公式给出

$$\nu_R=\frac{u}{u-V_{S,地}}\nu_S$$

此时听到的声音(频率)不同于声源发出的声音。警笛向南运动靠近 R 时,$V_{S,地}>0$,$\nu_R>\nu_S$,听到的音调偏高;警笛向北运动背离 R 时,$V_{S,地}<0$,有 $\nu_R<\nu_S$,听到的音调偏低。

(2) 有北风的情况。设风相对地面的速度大小为 u'。

如果警笛相对地面静止。在空气介质参考系中,警笛及人均以速度 u' 向北同向运动,

此时 $v_R=u'$(靠近 S),$v_S=-u'$(背离 R),有

$$\nu_R=\frac{u+u'}{u-(-u')}\nu_S=\nu_S$$

此时听到的声音(频率)就是声源发出的声音,和无北风情况相同。

如果警笛以速度 $V_{S,地}$ 相对地面沿南北向运动。在空气介质参考系中,"北风"意指地面以 $-u'$(向北)运动,所以警笛(声源)的速度 $v_S=V_{S,地}-u'$,接收器(人)的速度 $v_R=u'$(靠近 S),则人接收到的声音频率为

$$\nu_R=\frac{u+u'}{u-(V_{S,地}-u')}\nu_S$$

这就是在有北风的情况下,人听到的由北方纵向运动的警笛发出的声音频率公式。其中 $u>0,u'>0$,警笛向南运动靠近 R 时 $V_{S,地}>0$,警笛向北运动背离 R 时 $V_{S,地}<0$。如果是南风,只要把得到公式中的 u' 换成 $-u'$ 即可。

15. 声源向接收器运动和接收器向声源运动,都会产生接收声波频率增高的效果。这两种情况有何区别?如果两种情况下的运动速度相同,接收器接收的频率会有不同吗?若声源换为光源,接收器接收光的频率又如何?

答 声源以 v_S 向着静止的接收器运动。声源在单位时间内发出的完整波的个数是 ν_S,波单位时间内在介质中向前传播的距离是 u,由于声源每秒向前移动 v_S 的距离,因此在声源运动前方 $u-v_S$ 介质范围内有 ν_S 个完整的波数。此时介质中的声波波长 $\lambda=\frac{u-v_S}{\nu_S}$,和声源不动时的 $\lambda_0=\frac{u}{\nu_S}$ 相比,在声源运动前方波的波长发生了缩短。波长变短等于波的频率增加,波频为

$$\nu=\frac{u}{\lambda}=\frac{u}{u-v_S}\nu_S$$

它是单位时间通过波线上某一个定点的完整声波的个数。因为接收器静止,所以波的频率也就是接收器接收到的频率(单位时间接收到的完整声波的个数),有 $\nu_{1R}=\nu>\nu_S$,接收到的声波频率增高了,其增高的物理图像是声源运动前方的声波波长发生了缩短。

接收器以速度 v_R 向着静止的声源运动。接收器不动时,它接收声波的范围是声波单位时间内传播的距离 u;当它以速度 v_R 向声源运动时,在单位时间内它的接收波的范围增大为 $u+v_R$。由于声源静止,声波波长 $\lambda_0=\frac{u}{\nu_S}$,介质中 $u+v_R$ 范围内完整声波的个数也就是接收器的接收频率,为

$$\nu_{2R}=\frac{u+v_R}{u/\nu_S}=\frac{u+v_R}{u}\nu_S$$

$\nu_{R2}>\nu_S$,接收到的声波频率也增高了,其增高的物理图像是接收器接收波的范围增大了。

如果以上声源向静止接收器运动和接收器向着静止声源运动两种情况下的运动速度大小相同,即 $v_R=v_S=v$,那么接收器的接收频率分别为 $\nu_{1R}=\frac{u}{u-v}\nu_S$,$\nu_{2R}=\frac{u+v}{u}\nu_S$。可以看出 $\nu_{1R}\neq\nu_{2R}$,且 $\frac{\nu_{1R}}{\nu_{2R}}=\frac{u^2}{u^2-v^2}$,有 $\nu_{1R}>\nu_{2R}$,说明此两种情况下的接收频率是不同的,声源向着接收器运动时的多普勒效应相对较强些。

若声源换为光源，光可以在真空中传播，介质的存在并不是光传播的必要条件，因此不能和上面一样再把介质作为参考系。我们以接收器为参考系测量光源和接收器的运动，接收器是静止的，如果光源以速度 v 向着接收器运动，这和上面机械波声源以速度 v_S 向静止接收器运动的图像完全相同。设光速为 c，在接收器参考系中测得的光源频率为 ν_0（注意它不是接收器接收到的频率，而是接收器参考系中对光源频率的测量值。机械波情况，因为波源速度远小于光速 c，接收器参考系中的 ν_0 和波源参考系中测得的波源频率 ν_S 一样，$\nu_0=\nu_S$。波源速度很大时，由于相对论效应，二者的差异就明显显现出来），在光源运动前方 $c-v$ 范围内有 ν_0 个光波的完整波数，c 范围内的光波的完整波数就是静止接收器的接收频率 ν_R，所以有

$$\nu_R=\frac{c}{c-v}\nu_0$$

当光源背离接收器运动时，此式中的 v 取负值即可。接收频率只由光源相对接收器的运动速度 v 决定，这是光波和机械波在多普勒效应上的重要区别。

ν_0 为接收器参考系中测得的光源频率，其对应的光源振动周期 $T_0=1/\nu_0$。设光源参考系中测得的光源频率为 ν_S，对应周期为 $T_S=1/\nu_S$。在狭义相对论中，T_S 为固有时，T_0 和 T_S 的相对论关系为

$$T_0=\gamma T_S=\frac{T_S}{\sqrt{1-v^2/c^2}}$$

得 $\nu_0=\dfrac{1}{T_0}=\dfrac{\sqrt{1-v^2/c^2}}{T_S}=\sqrt{1-v^2/c^2}\,\nu_S$，因此上面的接收频率为

$$\nu_R=\frac{c}{c-v}\nu_0=\sqrt{\frac{1+v/c}{1-v/c}}\nu_S$$

式中 v 是光源沿光源和接收器连线上的纵向速度，所以此式称为光的纵向多普勒效应公式。同样，当光源背离接收器运动时，此式中的 v 取负值即可。

如果纵向 $v=0$，$\nu_R=\nu_0=\nu_S$，说明无纵向多普勒效应。但如果此时光源沿垂直连线方向上横向运动，即虽然纵向 $v=0$ 但光源的横向速度 $v_\perp\neq0$，由于相对论效应的存在，也会引起接收频率 ν_R 与 ν_S 有所不同。如上面的推导，有

$$\nu_R=\sqrt{1-v_\perp^2/c^2}\,\nu_S$$

这被称为光的横向多普勒效应。以上所述光波的多普勒效应反映了时间测量的不同时性，它是不同参考系对光源周期测量上的相对论效应。

*__16.__ 2004 年圣诞节泰国避暑胜地普吉岛遭遇海啸袭击，损失惨重。报道称涌上岸的海浪高达 10 米以上。这是从远洋传来的波浪靠近岸边时后浪推前浪拥塞堆集的结果。你能用浅海水面波速公式 $u_s=\sqrt{gh}$ 来解释这种海啸高浪头的形成过程吗?

答 海啸的波长一般为 100～400 km，海洋的平均深度约为 4 km，和海啸的波长相比海洋算是浅水。由浅海水面波速公式

$$u_s=\sqrt{gh}$$

可知海啸波向岸边的传播速度只由水深确定，在远离岸边的开阔海洋水面的速度大约是 200 m/s。海水深度 h 越靠近岸边越小，因而随着海啸波向岸边的传播波速 u_s 也越来越小。

海底的强烈地震会引起海啸波,海啸波是一个复波,其浪头可以看做是它的“波包”。浅海水面波速 u_s 指的是相速,它与海啸波波长无关,浅海水是无色散介质,开阔海洋水面上海啸波的浪头具有稳定的形状。由浅海水面波速公式可得海啸波的群速度为

$$u_{s,g} = u_s - \lambda \frac{du_s}{d\lambda} = u_s$$

说明 u_s 也是海啸波浪头的传播速度。这样,虽然开阔海洋水面上海啸波的浪高不过1 m左右,但由于靠近岸边的海啸波传播波速小,后面的波速大,后面速度大的海啸波的浪头会赶上前面的浪头,形成后浪赶前浪,靠近岸边的海啸波浪头因此会越集越高,有的可达几十米。

“波包”的移动就是能量的移动,所以因后浪赶前浪堆集而成的靠近岸边的高浪头具有很大的能量,既可形成排山倒海、巨浪拍岸的壮观场面,对沿岸设施也具有很大的危险性。

*17. 二硫化碳对钠黄光的折射率为1.64,由此算得光在二硫化碳中的速度为 1.83×10^8 m/s,但用光信号的传播直接测出的二硫化碳中钠黄光的速度为 1.70×10^8 m/s。你能解释这个差别吗?

答 1.83×10^8 m/s 是由 $u=\frac{c}{n}$ 计算出来的,是钠黄光在二硫化碳中的相速度。而 1.70×10^8 m/s是直接测出的,是钠黄光在二硫化碳中的群速度,本题中的二硫化碳是一种色散媒质,光波在其中的相速度和群速度不相等。

8.2 例题

8.2.1 振动

1. 求振动函数。已知一物体沿 x 轴作简谐振动,其振幅 $A=0.14$ m,周期 $T=2$ s,而且在 $t=0$ s 时,$x=0.07$ m,此时物体向 x 轴正方向运动。试求:

(1) 此简谐振动的表达式;

(2) 物体从 $x=-0.07$ m 向 x 轴负方向运动,第一次回到平衡位置所需的时间。

解 (1) 设该简谐振动的表达式为

$$x = A\cos(\omega t + \varphi_0)$$

其中 $A=0.14$ m,$\omega=\frac{2\pi}{T}=\pi$ rad/s。由初始条件 $t=0$ s 时,$x=0.07$ m,有

$$\cos\varphi_0 = 1/2$$

即 $\varphi_0=\pm\frac{\pi}{3}$。又因为 $v_0>0$,所以取

$$\varphi_0 = -\pi/3$$

它直接显示在旋转矢量图8.17(a)中。所以该简谐振动的表达式为

$$x = 0.14\cos\left(\pi t - \frac{\pi}{3}\right)\ (\mathrm{m})$$

(2) 参考图8.17(b),设 t_1 时刻 $x=-0.07$ m,物体向 x 轴负方向运动,有

$$0.14\cos\left(\pi t_1 - \frac{\pi}{3}\right) = -0.07, \quad v\Big|_{t=t_1} < 0$$

得 $\pi t_1-\pi/3=2\pi/3$。设 t_2 时刻第一次回到平衡位置 $x=0$，有

$$0.14\cos\left(\pi t_2-\frac{\pi}{3}\right)=0,\quad v\Big|_{t=t_2}>0$$

得 $\pi t_2-\pi/3=3\pi/2$。所以，有

$$(\pi t_2-\pi/3)-(\pi t_1-\pi/3)=5\pi/6$$

所求时间为

$$\Delta t=t_2-t_1=5/6\ \text{s}=0.83\ \text{s}$$

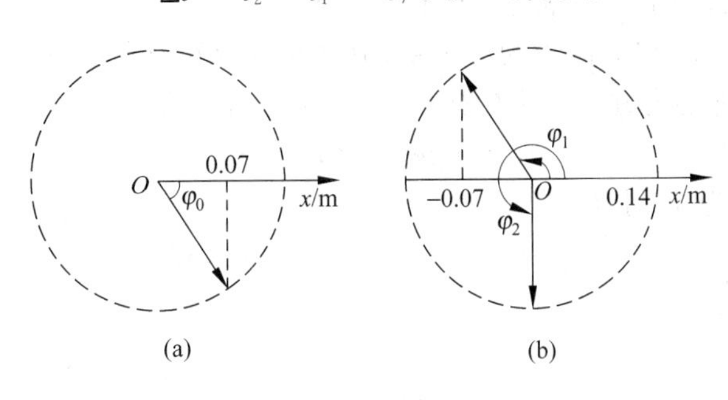

图　8.17

2. 已知一振动质点的振动曲线如图 8.18 所示，试求：

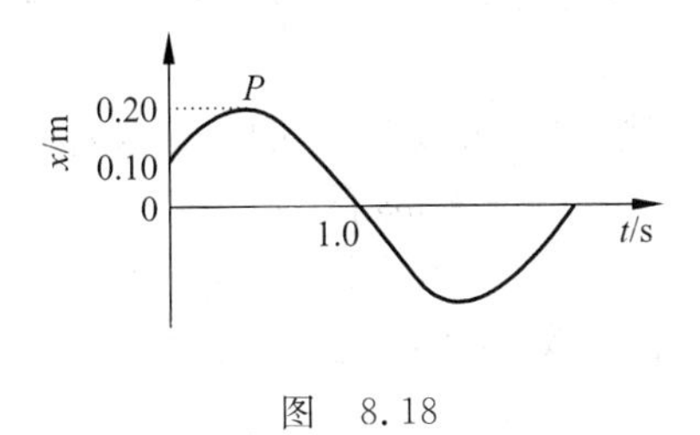

图　8.18

（1）该振动质点的振动表达式；

（2）振动质点到达点 P 相应位置所需时间。

解　（1）设该简谐振动的表达式为

$$x=A\cos(\omega t+\varphi_0)$$

根据振动曲线图，有 $A=0.20$ m。$t=0$ 时，$x_0=A/2$，有

$$0.10=0.20\cos\varphi_0$$

可得 $\cos\varphi_0=1/2$，$\varphi_0=\pm\pi/3$。因为质点向 x 轴正向运动，$v_0>0$，所以取初相 $\varphi_0=-\pi/3$。

在 $t=1$ s 时，由振动曲线图有 $x_1=0$，$v<0$，所以取相位 $\varphi=\pi/2$。相位差为

$$\Delta\varphi=\varphi-\varphi_0=\frac{\pi}{2}-\left(-\frac{\pi}{3}\right)=\frac{5}{6}\pi$$

质点振动的角频率

$$\omega=\frac{\Delta\varphi}{\Delta t}=\frac{5\pi/6}{1-0}\ \text{rad/s}=\frac{5\pi}{6}\ \text{rad/s}$$

质点的振动表达式为

$$x=0.20\cos\left(\frac{5}{6}\pi t-\frac{\pi}{3}\right)\ (\text{m})$$

(2) 由振动曲线可知 $x_P=0.2\ \text{m}=A$,相位由 $-\pi/3$ 增大到 0。因此可知质点到达点 P 相应位置所需时间

$$\Delta t=\frac{\varphi_P-\varphi_0}{\omega}=\frac{0-(-\pi/3)}{5\pi/6}\ \text{s}=0.4\ \text{s}$$

3. 竖直悬挂的弹簧上端固定在升降机的天花板上,弹簧下端挂一质量为 m 的物体,当升降机静止或作匀速直线运动时,物体以频率 ν_0 振动。当升降机加速运动时,振动频率是否改变?若将一单摆悬挂在升降机中,情况又如何?

解 如图 8.19 所示,以升降机为参考系,取平衡位置处为坐标原点,平衡时弹簧伸长量为 x_0。物体受重力、弹性力和惯性力的作用,在平衡位置处有

$$mg+ma_0-kx_0=0$$

设物体振动的加速度为 a,则有

$$mg+ma_0-k(x+x_0)=ma$$

由上式得 $ma=-kx$,即

$$a=-\frac{k}{m}x=-\omega^2x$$

由此可得角频率 $\omega=\sqrt{\dfrac{k}{m}}$,频率 $\nu=\dfrac{\omega}{2\pi}=\dfrac{1}{2\pi}\sqrt{\dfrac{k}{m}}=\nu_0$。

可见,系统的振动频率只取决于系统的固有性质,无论升降机向上还是向下加速,物体的振动频率始终不变。

而固定在升降机中的单摆则不同,假设升降机以 a_0 加速上升,平衡位置处

$$mg+ma_0-F=0$$

即摆线对球的拉力为 $F=m(g+a_0)$。当升降机静止或匀速运动时摆线对球的拉力为 $F=mg$,即在非惯性系升降机中,等效重力加速度为 $g'=g+a_0$,因此当升降机加速上升时,单摆的频率要发生变化,由 $\omega_0=\sqrt{\dfrac{g}{l}}$ 及 $\nu_0=\dfrac{\omega_0}{2\pi}=\dfrac{1}{2\pi}\sqrt{\dfrac{g}{l}}$ 变成 $\omega=\sqrt{\dfrac{g+a_0}{l}}$ 和 $\nu=\dfrac{1}{2\pi}\sqrt{\dfrac{g+a_0}{l}}$。

4. 座钟的摆锤由一长度为 l、质量为 m 的匀质细杆和一半径为 R、质量为 M 的匀质圆盘连接而成,如图 8.20 所示。设匀质圆盘相对水平轴 O 的转动惯量为 J,试证明:摆锤小幅度的自由摆动为简谐振动,并求其振动角频率。

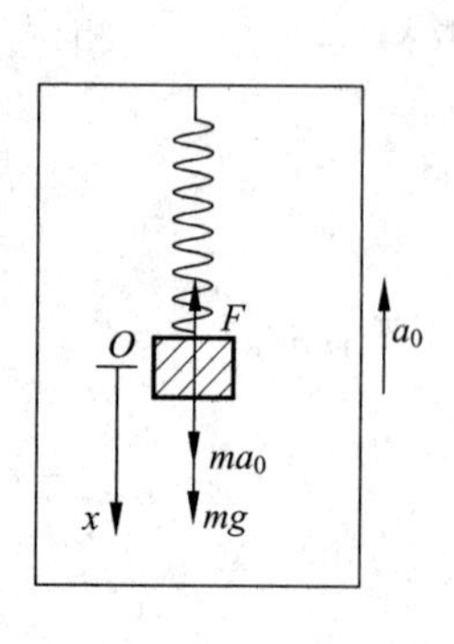

图 8.19

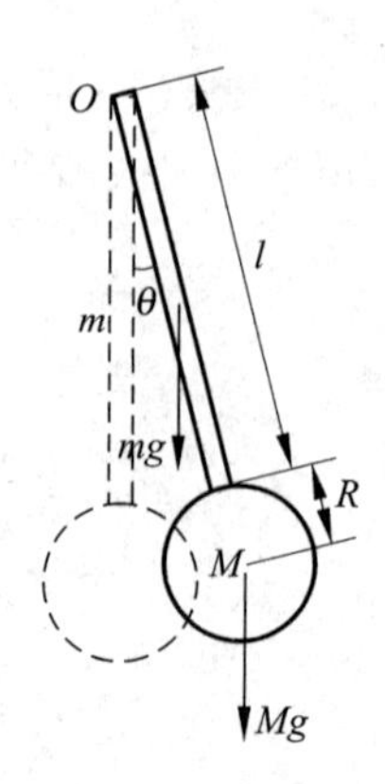

图 8.20

证明　这是复摆问题。重力矩的作用使 θ 角减小，所以有

$$-\left[mg\ \frac{l}{2}\sin\theta + Mg(l+R)\sin\theta\right] = \left(\frac{1}{3}ml^2 + J\right)\frac{\mathrm{d}^2\theta}{\mathrm{d}t^2}$$

小角度时 $\sin\theta \approx \theta$，有

$$-\left[mg\ \frac{l}{2} + Mg(l+R)\right]\theta = \left(\frac{1}{3}ml^2 + J\right)\frac{\mathrm{d}^2\theta}{\mathrm{d}t^2}$$

因此

$$\frac{\mathrm{d}^2\theta}{\mathrm{d}t^2} + \frac{mg\ \dfrac{l}{2} + Mg(l+R)}{ml^2/3 + J}\theta = 0$$

该式表明复摆的小角度自由摆动是简谐振动，其角频率

$$\omega = \sqrt{\frac{mgl/2 + Mg(l+R)}{ml^2/3 + J}}$$

实际的单摆也是复摆问题。摆线总有一定的质量，摆球总有一定的大小，这些因素对单摆的周期有一定的影响，在精确分析时要根据上面复摆的概念加以考虑。例如质量为 m 的匀质摆线的长度为 L，连接一半径为 r、质量为 M 的匀质摆球，摆动过程中它们均受到重力(矩)的作用，其振动微分方程的形式和上面的一样，为

$$-\left[Mg(L+r)\sin\theta + mg\ \frac{L}{2}\sin\theta\right] = J\ \frac{\mathrm{d}^2\theta}{\mathrm{d}t^2}$$

式中 J 包括绕固定点摆线的转动惯量和摆球的转动惯量两部分，为

$$J = mL^2/3 + 2Mr^2/5 + M(L+r)^2$$

当摆角 θ 很小时，$\sin\theta \approx \theta$，可求得其摆动周期

$$T = 2\pi\sqrt{\frac{L+r}{g}}\sqrt{1 + \frac{m\left[\dfrac{L^2}{3(L+r)} - \dfrac{L}{2}\right] + \dfrac{2Mr^2}{5(L+r)}}{M(L+r) + mL/2}}$$

当忽略摆线质量和摆球大小时，可得理想情况下的单摆动周期公式 $T = 2\pi\sqrt{\dfrac{L}{g}}$。

5. 如图 8.21 所示，一不计质量、长为 b 的细杆和一质量为 m 的小球连接，并可绕水平轴 O 自由摆动。在平衡位置时和小球对称连接的两个劲度系数为 k 的轻质细弹簧处于没有变形状态。求在小球摆动时系统的固有频率。

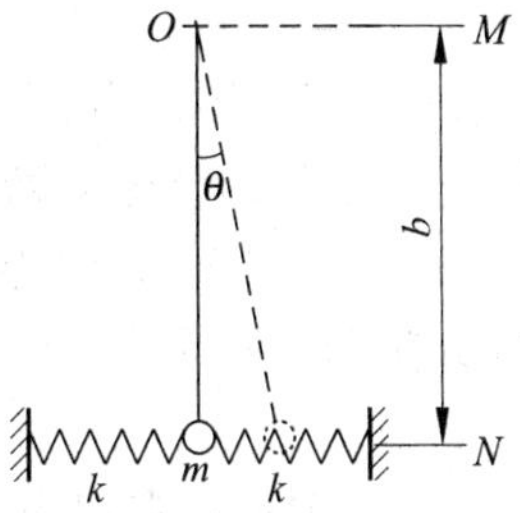

图　8.21

解　利用简谐振动机械能守恒的能量方法求解简谐振动问题，有时会比较方便。

设 N 处为重力势能零点，弹簧无变形时为弹性势能零点。摆在偏离平衡位置小角度 θ 时系统机械能为

$$E = mgb(1-\cos\theta) + \frac{1}{2}m(b\dot{\theta})^2 + 2\times\frac{1}{2}k(b\theta)^2$$

无外力做功，无耗散，只有保守力做功，系统机械能应守恒，E 为常量。对上式求导有

$$mgb\sin\theta + mb^2\ddot{\theta} + 2kb^2\theta = 0$$

θ 很小，$\sin\theta \approx \theta$，所以有

$$\ddot{\theta}+\frac{mgb+2kb^2}{mb^2}\theta=0$$

摆的振动近似为简谐振动，其振动圆频率为 $\omega=\sqrt{\frac{mgb+2kb^2}{mb^2}}$，所以系统固有频率为

$$\nu=\frac{1}{2\pi}\sqrt{\frac{mgb+2kb^2}{mb^2}}$$

利用简谐振动机械能守恒的能量方法求解简谐振动问题的方便之处，还可以在振动系统不能简单地看成是一个质点时显现出来。例如在不计摩擦时横截面均匀的U形管中适量液体液面的上下起伏振动，例如在计弹簧质量时的弹簧振子的振动，从能量的角度分析求解比从恢复力角度考虑问题要优越一些。

6. 如果将一质量为 m 的物体放置在一平板上，如图8.22所示，并使该平板在竖直方向作简谐振动，振动角频率为 ω，振幅为 A，试求此时平板对物体的作用力，并确定物体不脱离平板的条件。

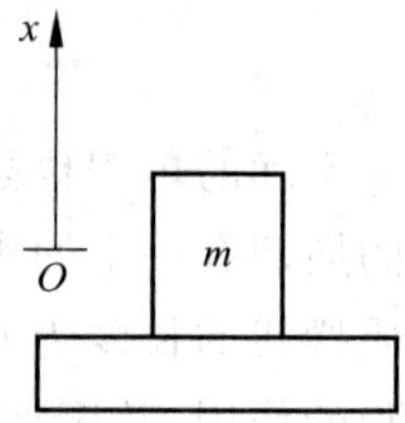

解 取坐标 Ox，竖直向上为正，平衡位置为坐标原点。以物体 m 为研究对象，物体受重力 mg 和平板的支撑力 N 作用，有

$$N-mg=m\ddot{x}=m(-\omega^2x)$$

图 8.22

即

$$N=m(g-\omega^2x)$$

显然，板对物体的作用力是一变力，当简谐振动达到负的最大位移时，该作用力最大，$N=m(g+\omega^2A)$；当简谐振动达到正的最大位移时，该作用力最小，$N=m(g-\omega^2A)$。要使物体和板一起作简谐振动，一定有

$$N=m(g-\omega^2x)\geqslant 0$$

因此物体不脱离平板的条件为

$$N=m(g-\omega^2A)\geqslant 0,\quad 即\quad \omega^2A\leqslant g$$

7. 有3个同方向的简谐振动，振动方程分别为

$$x_1=3\cos(\pi t+\pi/6)\ (\text{cm})$$
$$x_2=4\cos(\pi t+\varphi_2)\ (\text{cm})$$
$$x_3=7\cos(\pi t+\varphi_3)\ (\text{cm})$$

当 φ_2、φ_3 为何值时它们合振动的振幅最大？为何值时它们合振动的振幅最小？并说明此两种情况下它们的合振动情况。

解 它们是同方向、同频率3个简谐振动的合成，合振动还是简谐振动，合振动的圆频率与分振动的圆频率相同，即

$$\omega=\pi\ \text{rad/s}$$

x_1、x_2 的合振动的振幅为

$$A_4=\sqrt{A_1^2+A_2^2+2A_1A_2\cos(\varphi_2-\pi/6)}$$

当 $\varphi_2-\pi/6=2k\pi(k=0,\pm1,\pm2,\cdots)$ 时，即 x_1、x_2 相位相同时，它们合振动的振幅最大，有

$$\varphi_2=2k\pi+\pi/6,\quad k=0,\pm1,\pm2,\cdots$$

其合振动的振幅为

$$A_4=\sqrt{A_1^2+A_2^2+2A_1A_2\cos(\varphi_2-\pi/6)}=A_1+A_2=(3+4)\ \text{cm}=7\ \text{cm}$$

作为初相，φ_2 可取作 $\pi/6$。所以它们两个合振动的初相 φ_{01} 可如下求得：

$$\tan\varphi_{01} = \frac{A_1\sin\varphi_1 + A_2\sin\varphi_2}{A_1\cos\varphi_1 + A_2\cos\varphi_2}$$

$$= \frac{3\sin(\pi/6) + 4\sin(\pi/6)}{3\cos(\pi/6) + 4\cos(\pi/6)} = \frac{\sqrt{3}}{3}$$

作为初相，φ_{01} 取作 $\pi/6$。这些结果显示于旋转矢量图 8.23(a)中。x_1、x_2 的合振动方程为

$$x_4 = x_1 + x_2 = 7\cos(\pi t + \pi/6)\ (\text{cm})$$

同理，当

$$\varphi_3 = 2k\pi + \pi/6,\quad k = 0, \pm 1, \pm 2, \cdots$$

即 x_3、x_4 同相时，它们的合振动的振幅最大。作为初相，φ_3 取 $\pi/6$，有

$$A = A_4 + A_3 = (7 + 7)\ \text{cm} = 14\ \text{cm}$$

同样，它们合振动的初相 φ_{02} 也为 $\pi/6$，如图 8.23(b)所示。也就是说，当 φ_2、φ_3 都取 $\pi/6$ 使得x_1、x_2、x_3这 3 个振动同相时，它们的合振动振幅 A 最大，A=14 cm。合振动方程为

$$x = x_1 + x_2 + x_3 = 14\cos(\pi t + \pi/6)\ (\text{cm})$$

要使 3 个简谐振动的合振动的振幅最小，由旋转矢量图 8.23(c)看出，φ_2 应取作 $\pi/6$，使 x_1、x_2 同相。而 φ_3 应取作 $7\pi/6$，使 x_3 与它们反相，这样有

$$x = x_1 + x_2 + x_3 = 7\cos(\pi t + \pi/6) + 7\cos(\pi t + 7\pi/6) = 0$$

即 3 个简谐振动的振动相抵消。

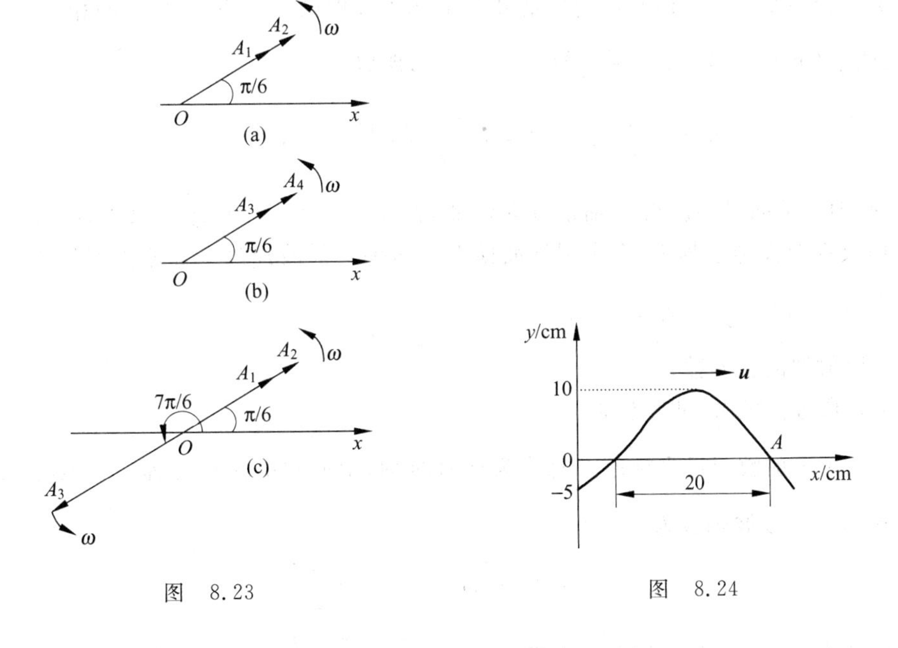

图　8.23　　　　图　8.24

8.2.2　波动

1. 已知一列沿 x 正方向传播的平面余弦波，其频率为 0.5 Hz，t=1/3 s 时的波形如图 8.24 所示，试求：

(1) 原点 O 处质元的振动表达式；

(2) 该波的波动表达式;

(3) A 点处质元的振动表达式;

(4) A 点离原点的距离。

解 (1) 由波形图可得振幅 $A=0.10\ \text{m}$,波长 $\lambda=0.20\times2\ \text{m}=0.40\ \text{m}$,角频率 $\omega=2\pi\nu=2\pi\times0.5\ \text{rad/s}=\pi\ \text{rad/s}$,波速 $u=\lambda\nu=0.40\times0.5\ \text{m/s}=0.2\ \text{m/s}$。$t=1/3\ \text{s}$ 时,$y_0=-0.05$,$x_0=-A/2$,质元向 y 轴负方向振动,$v_0<0$,由此可确定此时原点 0 处的振动相位 $\varphi=2\pi/3$。而 $t=0\ \text{s}$ 时 0 点振动初相位为

$$\varphi_0=2\pi/3-\omega t=(2\pi/3-\pi/3)\ \text{rad}=\pi/3\ \text{rad}$$

所以原点 0 处的振动表达式为

$$y_0=0.10\cos\left(\pi t+\frac{\pi}{3}\right)\ \text{m}$$

(2) 由原点的振动表达式可直接写出向右传播的波动表达式为

$$y=A\cos\left[\omega\left(t-\frac{x}{u}\right)+\varphi_0\right]=0.10\cos\left[\pi\left(t-\frac{x}{0.20}\right)+\frac{\pi}{3}\right]\ \text{m}$$

(3) $t=1/3\ \text{s}$ 时:$y_A=0$,质元向 y 轴正方向振动,$v_A>0$,且其相位落后原点相位在 π 和 $3\pi/2$ 之间,由此可确定此时 A 处质元的振动相位 $\varphi_A=-\pi/2$。那么 A 处质元的振动初相位为 $\varphi_{A0}=-\pi/2-\pi/3=-5\pi/6$,即 A 处质元的振动表达式为

$$y_A=0.10\cos\left(\pi t-\frac{5}{6}\pi\right)\ (\text{m})$$

(4) 因为一个完整的波长所对应的相位差为 2π,现已知 0 点和 A 点的相位差,则它们之间的距离差可由下式求出:$\dfrac{\varphi_0-\varphi_{A0}}{2\pi}=\dfrac{x_A-x_0}{\lambda}$,所以

$$x_A=\frac{\varphi_0-\varphi_{A0}}{2\pi}\lambda=\frac{\pi/3-(-5\pi/6)}{2\pi}\times0.4\ \text{m}=0.23\ \text{m}$$

2. 已知一平面简谐波沿 x 轴正方向传播,在 $x=L$ 处有一理想的反射面,即入射波在此反射面反射时无能量损失,但出现半波损失。如果入射波经过坐标原点时质点的振动方程为 $y=A\cos\left(\omega t-\dfrac{\pi}{2}\right)$,试求:

(1) 反射波的波函数;

(2) 合成波的波节、波腹位置。

解 (1) 入射波经过坐标原点时作为计时时刻,由原点的振动方程 $y=A\cos\left(\omega t-\dfrac{\pi}{2}\right)$ 可直接求出入射波波函数为

$$y=A\cos\left[\omega\left(t-\frac{x}{u}\right)-\frac{\pi}{2}\right]$$

入射波在 $x=L$ 处引起的振动方程为 $y=A\cos\left[\omega\left(t-\dfrac{L}{u}\right)-\dfrac{\pi}{2}\right]$,考虑半波损失,则反射波在 $x=L$ 处引起的振动方程为

$$y=A\cos\left[\omega\left(t-\frac{L}{u}\right)-\frac{\pi}{2}+\pi\right]=A\cos\left[\omega\left(t-\frac{L}{u}\right)+\frac{\pi}{2}\right]$$

反射波在任一位置 x 处引起的振动方程为

$$y = A\cos\left[\omega\left(\left(t-\frac{L-x}{u}\right)-\frac{L}{u}\right)+\frac{\pi}{2}\right]= A\cos\left[\omega\left(t+\frac{x}{u}-\frac{2L}{u}\right)+\frac{\pi}{2}\right]$$

该式即为反射波的波函数。

(2) 由于 L 处反射面有半波损失，所以合成波在 $x=L$ 处一定是波节。如图 8.25 所示，波节位于

$$x = L - k\frac{\lambda}{2} = L - k\frac{\pi u}{\omega},\quad k = 0,1,2,\cdots$$

波腹位于

$$x = \left(L-\frac{\lambda}{4}\right)-k\frac{\lambda}{2},\quad k = 0,1,2,\cdots$$

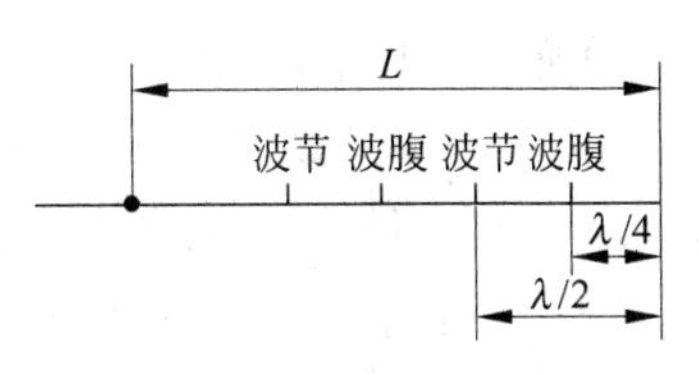

图　8.25

3. (1) 已知一波源的振动频率为 2040 Hz，当波源以速度 v_S 向墙壁接近时，观测者在波源后方测得的拍频为 $\Delta\nu=3$ Hz。设声速为 340 m/s，试求波源移动的速度 v_S。

(2) 如果(1)中的波源不动，现以一反射面来代替墙壁，设反射面以速度 $v_R=20$ cm/s 向观测者接近，此时观测者所测到的拍频为 $\Delta\nu'=4$ Hz，试求波源的频率。

解　(1) 观测者从波源直接听到的声波频率为

$$\nu_1 = \left(\frac{u}{u+v_S}\right)\nu_0$$

墙壁接收到的频率，也就是由墙壁反射的声波频率为

$$\nu_2 = \left(\frac{u}{u-v_S}\right)\nu_0$$

观测者测得的拍频为以上两个频率之差，即

$$\Delta\nu = \nu_2-\nu_1 = \left(\frac{u}{u-v_S}\right)\nu_0-\left(\frac{u}{u+v_S}\right)\nu_0 = \frac{2uv_s V_0}{u^2-v_S^2}$$

由此式解得 $v_S=\frac{u\nu_0}{\Delta\nu}\left[\sqrt{1+\left(\frac{\Delta\nu}{\nu_0}\right)^2}-1\right]$，因为 $\Delta\nu\ll\nu_0$，所以

$$v_S = \frac{u\nu_0}{\Delta\nu}\left[1+\frac{1}{2}\left(\frac{\Delta\nu}{\nu_0}\right)^2-1\right]=\frac{u\Delta\nu}{2\nu_0} = \frac{340\times 3}{2\times 2040}\ \text{m/s} = 0.25\ \text{m/s}$$

(2) 观测者从波源直接听到的声波频率为

$$\nu'_1 = \nu_0$$

反射面接收到的声波频率为

$$\nu' = \frac{u+v_R}{u}\nu_0$$

观测者所测得反射面反射声波的频率为

$$\nu'_2 = \frac{u}{u-v_R}\nu' = \left(\frac{u+v_R}{u-v_R}\right)\nu_0$$

观测者所测得的拍频为

$$\Delta\nu' = \nu'_2-\nu'_1 = \frac{2v_R}{u-v_R}\nu_0$$

因此

$$\nu_0 = \frac{u-v_R}{2v_R}\Delta\nu = \frac{340-0.2}{2\times 0.2}\times 4\ \text{Hz} = 3398\ \text{Hz}$$

4. (1) 波的频率ν、周期T、波速u和波长λ各由哪些因素决定？波速和振速有何不同？当波从一种介质进入另一种介质时，ν、u、λ诸量中哪些会变？哪些不变？

(2) 为什么机械波垂直入射两种介质的分界面时会发生反射？为什么反射波较之入射波在分界面上的相位改变只有0和π两种情况？

答 (1) ν、T决定于波源的振动频率和波源的运动情况(多普勒效应)；机械波的波速决定于介质的弹性、密度等各种力学性质及波的种类(指横波或是纵波)，电磁波的波速决定于介质的介电常数ε和磁导率μ，或决定于介质的折射率$n=c/c_n=\sqrt{\varepsilon_r\mu_r}$；波长$\lambda=u/\nu$则由波源和介质共同决定。振速是振动质点的运动速度，波速$u=\lambda\nu$是以振动为标志的振动状态在介质中的传播速率，亦称相速。振速与波速都是相对静止在介质中的参考系而言的。当波从一种介质进入另一种介质时，频率ν不变，波速u会变，波长$\lambda=u/\nu$也随之改变。电磁波进入折射率为n的介质时，由于波速由真空中的c变为$c_n=c/n$，波长即由真空中的波长$\lambda=c/\nu$变为$\lambda_n=c_n/\nu=\lambda/n$。

(2) 机械波到达两种介质的分界面时会产生反射和透射，它们在界面处需同时满足位移连续和能流连续的条件。设入射波、反射波和透射波在界面上引起的振动分别为$y_1=A_1\cos\omega t$，$y'_1=A'_1\cos(\omega t+\varphi)$和$y_2=A_2\cos\omega t$。

界面两侧的介质性质分别用ρ_1u_1和ρ_2u_2表示。机械波垂直入射$\rho_1u_1\neq\rho_2u_2$的两种介质的分界面时，如果反射波不存在，由界面处质点位移y的连续性，$A_1\cos\omega t=A_2\cos\omega t$，应有$A_1=A_2$；波的能流$I=\frac{1}{2}\rho u\omega^2A^2$，不考虑介质损耗，由界面处波的能流连续，$\frac{1}{2}\rho_1u_1\omega^2A_1^2=\frac{1}{2}\rho_2u_2\omega^2A_2^2$，得出$\rho_1u_1=\rho_2u_2$(因$A_1=A_2$)，和$\rho_1u_1\neq\rho_2u_2$相矛盾。机械波垂直入射两种介质的分界面时一定有反射，$\rho_1u_1\neq\rho_2u_2$就是存在反射波的条件。

引入反射波y'_1后，按叠加原理和位移连续性的要求有$y_1+y'_1=y_2$，即

$$A_1\cos\omega t+A'_1\cos(\omega t+\varphi)=A_2\cos\omega t$$

或$(A_2-A_1)\cos\omega t=A'_1\cos(\omega t+\varphi)$。容易看出，要使此式在任意$t$时刻都成立，只有以下两种可能：① $A_2>A_1$，$A_2-A_1=A'_1$且$\varphi=0$，反射波相位不变或不发生半波损失；② $A_1>A_2$，$A_1-A_2=A'_1$且$\varphi=\pi$，反射波发生相位π突变或发生半波损失。可以证明(参考8.3.3节“关于机械波的半波损失”)，当$\rho_1u_1<\rho_2u_2$，即波由波疏介质射向波密介质的界面发生反射时，反射波有半波损失；当$\rho_1u_1>\rho_2u_2$，即波由波密介质射向波疏介质的界面发生反射时，反射波无半波损失。

8.3 几个问题的说明

8.3.1 弹簧质量对弹簧振子振动周期的影响

弹簧振子作简谐振动时，一般其振动周期由下式决定：$T=2\pi\sqrt{M/k}$，式中M仅是悬挂物体的质量，而没有考虑弹簧本身的质量。如果考虑弹簧的质量m_s($m_s<M$)，因为其上各点的振动情况是不同的，所以系统的振动周期不会简单地等于$2\pi\sqrt{(M+m_s)/k}$。设弹簧原长为S，质量沿S均匀分布，处于平衡状态时，弹簧伸长量为ΔS。取弹簧弹性力与重力平衡

时，悬挂物的位置为 x 轴的原点 O，x 轴正方向竖直向下，如图 8.26 所示。当系统处于平衡状态时，可以认为物体 M 及弹簧上各点的位移均为零。当把物体 M 拉离 O 点松手使系统进行振动时，弹簧上各点的位移不再相同。弹簧上端（固定点 a）的位移始终为 0，沿弹簧由上而下，位移逐点增大，弹簧的下端（与物体 M 相连的点 b）位移最大，它等于物体 M 的位移。

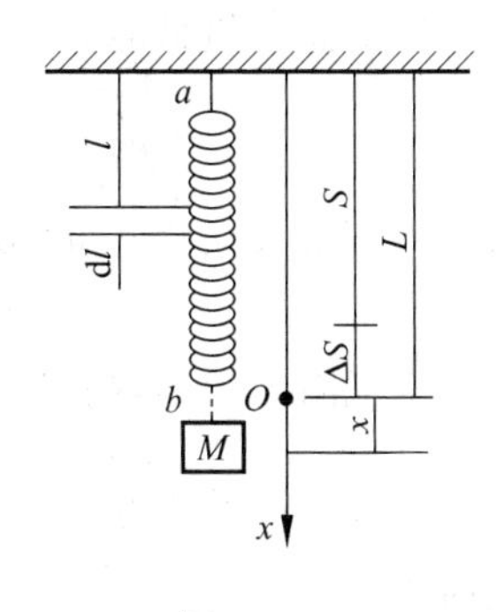

图　8.26

设 t 时刻，物体 M 的位移为 x，其振动速度为 V。由于弹簧质量较小，可设弹簧各截面处的位移按线性规律变化，即距离固定点 a 为 l 的截面的位移为 $\frac{x}{L}l$；虽然弹簧上各处的振动速度不同，但都应和振子 M 同相。如取距离固定点 a 为 l 的一小段弹簧元 $\mathrm{d}l$，那么它的质量为 $\frac{m_s}{L}\mathrm{d}l$，位移速度为

$$V_s = \frac{l}{L}V$$

弹簧元 $\mathrm{d}l$ 的动能为

$$\mathrm{d}E_{ks} = \frac{1}{2}\mathrm{d}m_s V_s^2 = \frac{1}{2}\cdot\frac{m_s V^2 l^2}{L^3}\mathrm{d}l$$

整个弹簧的动能为

$$E_{ks} = \int_0^L \mathrm{d}E_{ks} = \frac{1}{2}\left(\frac{m_s}{3}\right)V^2$$

而弹簧系统的弹性势能为 $\frac{1}{2}kx^2$，且无损耗时系统机械能守恒，所以对于整个系统的机械能有

$$E = \frac{1}{2}\cdot\frac{m_s}{3}V^2 + \frac{1}{2}MV^2 + \frac{1}{2}kx^2 = \text{const.}$$

将此方程对时间 t 求导，整理后可得

$$\left(M + \frac{m_s}{3}\right)\ddot{x} + kx = 0$$

于是振动周期为

$$T = 2\pi\sqrt{(M + m_s/3)/k}$$

可见，当弹簧的质量较振动物体质量小时，振子系统的运动仍可认为是简谐振动。其振动频率较不计弹簧质量时为小，相当于把弹簧质量的 1/3 加在振动物体上不计弹簧质量的振子振动周期。

8.3.2　单摆作谐振动时的最大摆角

一般来讲单摆的振动只有在振幅很小时（一般小于 5°，即有 $\theta\approx\sin\theta$）才可以看做是谐振动，其周期为 $T=2\pi\sqrt{l/g}$，然而可以视为简谐振动的最大摆动角究竟为多大呢？下面从实验测量的角度来进行简单的分析讨论。

如图 8.27 所示，设单摆的摆锤处于最低点时势能为零，摆角为 θ 时摆锤上升的高度为

$$y = l(1-\cos\theta)$$

摆系统的总的机械能为

$$E=\frac{1}{2}mv^2+mgy=\frac{1}{2}ml^2\left(\frac{\mathrm{d}\theta}{\mathrm{d}t}\right)^2+mgl(1-\cos\theta)$$

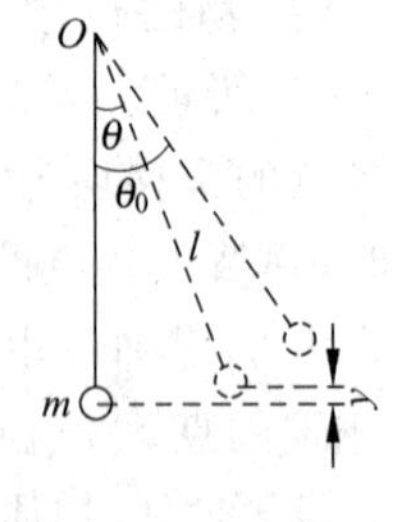

图 8.27

摆锤达到最大摆角 θ_0 时，$\mathrm{d}\theta/\mathrm{d}t=0$，其机械能为

$$E=mgl(1-\cos\theta_0)$$

不计空气阻力影响，则单摆的机械能守恒，由上面两式得

$$\frac{1}{2}ml^2\left(\frac{\mathrm{d}\theta}{\mathrm{d}t}\right)^2+mgl(1-\cos\theta)=mgl(1-\cos\theta_0)$$

化简为

$$\frac{\mathrm{d}\theta}{\sqrt{\cos\theta-\cos\theta_0}}=\sqrt{\frac{2g}{l}}\mathrm{d}t$$

设 $\theta=0$ 时 $t=0$，当 θ 从 0 增加到 θ_0 时，则 t 从 0 到 $T/4$。两边积分后有

$$\int_0^{\theta_0}\frac{\mathrm{d}\theta}{\sqrt{\cos\theta-\cos\theta_0}}=\int_0^{T/4}\sqrt{\frac{2g}{l}}\mathrm{d}t=\sqrt{\frac{2g}{l}}\frac{T}{4}$$

因 $\cos\theta-\cos\theta_0=2\left(\sin^2\frac{\theta_0}{2}-\sin^2\frac{\theta}{2}\right)=2\sin^2\frac{\theta_0}{2}\left[1-\frac{\sin^2(\theta/2)}{\sin^2(\theta_0/2)}\right]$，所以可令 $\sin u=\frac{\sin(\theta/2)}{\sin(\theta_0/2)}$，对它微分可得 $\mathrm{d}\theta=\frac{2\sin(\theta_0/2)\cos u\mathrm{d}u}{\cos(\theta/2)}=\frac{2\sin(\theta_0/2)\cos u\mathrm{d}u}{\sqrt{1-\sin^2(\theta_0/2)\sin^2 u}}$。再令 $k=\sin\frac{\theta_0}{2}$，则有 $\cos\theta-\cos\theta_0=2k^2\cos^2 u$，上式积分可写成

$$T=4\sqrt{\frac{l}{g}}\int_0^{\pi/2}\frac{\mathrm{d}u}{\sqrt{1-k^2\sin^2 u}}$$

进行二项式展开得

$$T=4\sqrt{\frac{l}{g}}\int_0^{\pi/2}\left(1+\frac{1}{2}k^2\sin^2 u+\frac{3}{8}k^4\sin^4 u+\cdots\right)\mathrm{d}u$$

逐项积分，并整理得

$$T=2\pi\sqrt{\frac{l}{g}}\left(1+\frac{1}{4}\sin^2\frac{\theta_0}{2}+\frac{3^2}{8^2}\sin^4\frac{\theta_0}{2}+\cdots\right)$$

这就是周期和角振幅之间的关系式。根据振动理论可知，若单摆作谐振动，则其周期必为 $T=2\pi\sqrt{l/g}$，这要求式中括号内只计第一项。实验测量单摆周期如使用 $T_0=2\pi\sqrt{l/g}$ 公式，公式的近似必将引起系统误差。

一般在实验上确定单摆作谐振动的最大摆角的方法是根据微小偏差准则，即系统误差小于实际测量一个周期所产生系统误差的三分之一。如果实验中测量周期所使用秒表的仪器误差 $\Delta_{仪}=0.01\ \mathrm{s}$(最小可分辨时间)，周期和角振幅之间的关系式中只计第一、二项已足够了。由周期和角振幅之间的关系式得

$$|\Delta T|=|T_0-T|=2\pi\sqrt{\frac{l}{g}}\left(\frac{1}{4}\sin^2\frac{\theta_0}{2}\right)<\frac{1}{3}\times 0.01$$

如果取 $g=9.8\ \mathrm{m/s^2}$，$l=65.0\ \mathrm{cm}$，代入上式，解得 $\theta_0<10.72°$，即只有单摆的最大摆角小于 10.72°，在实验精度内，单摆的实际振动才可视为简谐振动，而且摆长不同，单摆作谐振动的最大摆角也不同。

8.3.3　关于机械波的半波损失

关于机械波在界面处出现半波损失的条件，有两种说法，一是“当机械波从密度小的介质入射到密度大的介质分界面时，会发生半波损失”；二是“当机械波从 ρu 小的介质入射到 ρu 大的介质分界面时，会发生半波损失”。两种说法究竟哪一种正确？我们可以参考以下的分析讨论。

设平面简谐波 $y_i = A\cos[\omega(t - x/u_1)]$入射到介质 1 和介质 2 的分界面，在界面处产生反射和透射，其反射波 y_r 和透射波 y_t 分别为 $y_r = B\cos[\omega(t + x/u_1)]$，$y_t = C\cos[\omega(t - x/u_2)]$，其中 B、C 的符号由边界条件决定。若 B、C 与 A 同号，说明反射波、透射波与入射波同相；若 B、C 与 A 异号，说明反射波、透射波与入射波反相。u 为波速。介质 1 中的机械波 y_1 为

$$y_1 = y_i + y_r = A\cos[\omega(t - x/u_1)] + B\cos[\omega(t + x/u_1)]$$

介质 2 中的机械波 y_2 为

$$y_2 = y_t = C\cos[\omega(t - x/u_2)]$$

由于对不同的情况，其边界条件有所不同，下面分三种情况进行讨论。

1. 界面处两侧介质无滑动分离

这种情况下，界面两侧波的位移应相等，应力应相同，即有边界条件

$$y_1(0,t) = y_2(0,t)$$

$$G_1 \frac{\partial y_1(0,t)}{\partial x} = G_2 \frac{\partial y_2(0,t)}{\partial x}$$

其中 G_1、G_2 分别为介质 1 和介质 2 的弹性模量，将 y_1、y_2 代入得

$$A + B = C$$

$$G_1\left(\frac{A}{u_1} - \frac{B}{u_1}\right) = G_2 \frac{C}{u_2}$$

其中两种介质中的波速 $u_1 = \sqrt{G_1/\rho_1}$，$u_2 = \sqrt{G_2/\rho_2}$，ρ 表示介质的密度。由上两式可解出 $B = \frac{G_1/u_1 - G_2/u_2}{G_1/u_1 + G_2/u_2}A$ 和 $C = \frac{2G_1/u_1}{G_1/u_1 + G_2/u_2}A$。且若将上两式相乘可得

$$(G_1/u_1)(A^2 - B^2) = (G_2/u_2)C^2$$

因 $G_1 = \rho_1 u_1^2$，$G_2 = \rho_2 u_2^2$，两边再同乘圆频率的平方，就有

$$\frac{1}{2}\rho_1\omega^2 u_1(A^2 - B^2) = \frac{1}{2}\rho_2\omega^2 u_2 C^2$$

此式表明入射波、反射波和透射波满足能量守恒。由此，B、C 的表达式可改写成

$$B = \frac{\rho_1 u_1 - \rho_2 u_2}{\rho_1 u_1 + \rho_2 u_2}A$$

$$C = \frac{2\rho_1 u_1}{\rho_1 u_1 + \rho_2 u_2}A$$

由此可看出 C 与 A 始终同号，故在界面处透射波与入射波始终同相。且由 B 与 A 的关系式可得是否发生半波损失的条件。若

$$\rho_1 u_1 > \rho_2 u_2$$

则 B 与 A 同号，故在界面处反射波与入射波同相，不发生半波损失。若

$$\rho_1 u_1 > \rho_2 u_2$$

则 B 与 A 异号,故在界面处反射波与入射波反相,发生半波损失。但 $|B|<|A|$,所以在这种情况下反射波与入射波叠加后不能形成驻波,反射点不可能是波节。

2. 波在"固定端"反射

所谓"固定端"是指界面处的质元始终被限制不动,如一根绳被固定在墙上,这样在固定端有 $|B|=|A|$,$C=0$ 的事实存在。这种情况与第一种情况中的边界约束条件不相同,所以不能用第一种情况中的结论来解释。由于质元被限制不动,故有边界条件

$$y_1(0,t) = y_2(0,t) = 0$$

由 y_1、y_2 的表达式,得

$$A + B = 0, \quad C = 0$$

$C=0$ 表示这种情况下无透射波;$A+B=0$ 表示 B 与 A 异号且等大,故有半波损失,同时反射波与入射波叠加会形成驻波,反射点为波节。

3. 波在"自由端"反射

所谓"自由端"是指介质1相对于介质2可以完全无牵连地滑动,所以反射波无半波损失,同样在自由端反射时有 $|B|=|A|$,$C=0$ 的事实。这种情况与第一种情况的边界约束条件也不相同,所以也不能用第一种情况中的结论来解释。由于两种介质在界面处是自由的,所以在边界处有应力为零的边界条件

$$G_1 \frac{\partial y_1(0,t)}{\partial x} = G_2 \frac{\partial y_2(0,t)}{\partial x} = 0$$

将 y_1、y_2 的表达式代入上式得

$$A - B = 0, \quad C = 0$$

由此可知,此种情况下仍无透射波;B 与 A 同号且等大,故反射波无半波损失,并且反射波与入射波叠加会形成驻波,反射点为波腹。

8.4 测验题

8.4.1 选择题

1. 一弹簧振子,振动方程为 $x=0.1\cos\left(\pi t-\frac{\pi}{3}\right)$ (m)。若振子从 $t=0$ 时刻的位置到达 $x=-0.05$ m 处,且向 x 轴负向运动,则所需的最短时间为(　　)。

(A) $\frac{1}{3}$ s　　(B) $\frac{5}{3}$ s　　(C) $\frac{1}{2}$ s　　(D) 1 s

2. 一个弹簧振子作简谐振动,已知此振子势能的最大值为100 J。当振子处于最大位移的一半处时其动能瞬时值为(　　)。

(A) 25 J　　(B) 50 J　　(C) 75 J　　(D) 100 J

3. 一弹簧振子作简谐振动,当其偏离平衡位置的位移的大小为振幅的1/4时,其动能为振动总能量的(　　)。

(A) 9/16　　(B) 11/16　　(C) 13/16　　(D) 15/16

4. 如图 8.28 所示，在坐标原点 O 处有一波源，它所激发的振动表达式为 $y_0=A\cos2\pi\nu t$。该振动以平面波的形式沿 x 轴正方向传播，在距波源 d 处有一平面将波全反射回来（反射时无半波损失），则在坐标 x 处反射波的表达式为（　　）。

(A) $y=A\cos2\pi\left(\nu t-\dfrac{d-x}{\lambda}\right)$

(B) $y=A\cos2\pi\left(\nu t+\dfrac{d-x}{\lambda}\right)$

(C) $y=A\cos2\pi\left(\nu t-\dfrac{2d-x}{\lambda}\right)$

(D) $y=A\cos2\pi\left(\nu t+\dfrac{2d-x}{\lambda}\right)$

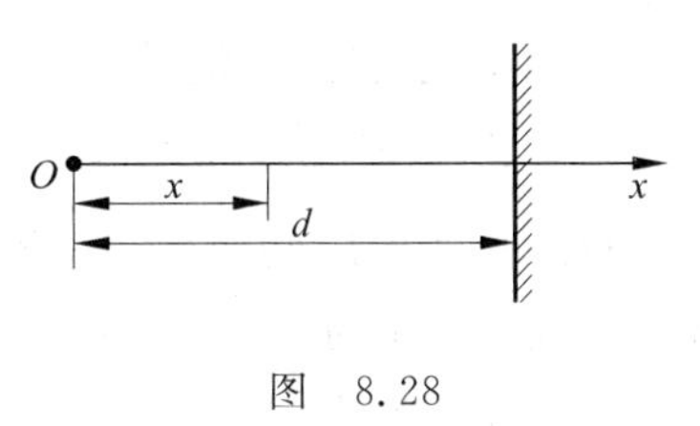

图　8.28

5. 一端固定在天花板上的长细线下悬吊一装满水的瓶子（瓶的质量不可忽略），瓶底有一小孔，在摆动过程中，瓶内的水不断向外漏出。如忽略空气阻力，则从开始漏水到水漏完为止的整个过程中，此摆的摆动频率（　　）。

(A) 越来越大　　(B) 越来越小　　(C) 先变大后变小

(D) 先变小后变大　　(E) 保持不变

（提示：装满水的瓶子从开始漏水到水漏完为止，系统的质心会发生变化，即质心到悬点的距离在发生变化，而摆的频率与该距离的平方根成反比）

6. 一端固定，另一端自由的棒中有余弦驻波存在，其中三个最低振动频率之比为（　　）。

(A) 1∶2∶3　　(B) 1∶2∶4　　(C) 1∶3∶5　　(D) 1∶4∶9

（提示：考虑余弦驻波中波长最长的三个简正模式）

7. 图 8.29 中三条曲线分别表示简谐振动中的位移 x、速度 v 和加速度 a。下列说法中正确的是（　　）。

(A) 曲线 1、2、3 分别表示 x、v、a 曲线

(B) 曲线 1、3、2 分别表示 x、v、a 曲线

(C) 曲线 2、1、3 分别表示 x、v、a 曲线

(D) 曲线 2、3、1 分别表示 x、v、a 曲线

(E) 曲线 3、1、2 分别表示 x、v、a 曲线

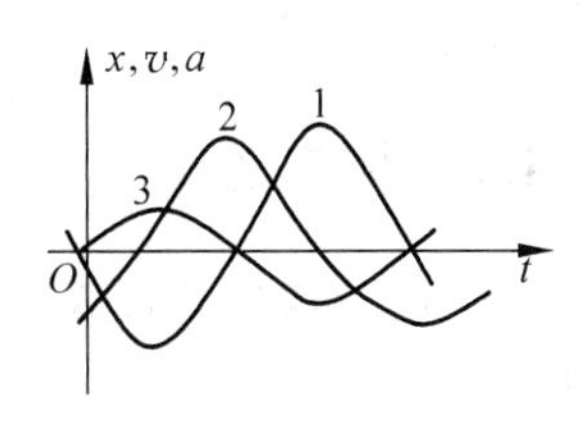

图　8.29

8. 已知一平面简谐波在 x 轴上传播，波速为 8 m/s。波源位于坐标原点 O 处，且已知波源的振动方程为 $y_0=2\cos4\pi t$(SI)。那么，在坐标 $x_P=-1$ m 处 P 点的振动方程为（　　）。

(A) $y_P=2\cos(4\pi t-\pi)$　　(B) $y_P=2\cos\left(4\pi t+\dfrac{\pi}{2}\right)$

(C) $y_P=2\cos\left(4\pi t-\dfrac{\pi}{2}\right)$　　(D) $y_P=2\cos4\pi t$

9. 一平面简谐波在弹性介质中传播，在介质质元从平衡位置运动到最大位移处的过程中（　　）。

(A) 它的动能转换成势能

(B) 它的势能转换成动能

(C) 它从相邻的一段质元获得能量，其能量逐渐增大

(D) 它把自己的能量传给相邻的一段质元,其能量逐渐减小

10. 一平面简谐波在弹性媒质中传播,在某一瞬时,媒质中某质元正处于平衡位置,此时它的能量中(　　)。

(A) 动能为零,势能最大　　(B) 动能为零,势能为零

(C) 动能最大,势能最大　　(D) 动能最大,势能为零

11. 长度为 L、线密度为 ρ 的一根均匀细绳,两端拴紧,张力保持为 T,则此绳能振动的频率可统一表示为(　　),其中 n 为正整数。

(A) $\frac{n}{4L}\sqrt{\frac{T}{\rho}}$　　(B) $\frac{n}{2L}\sqrt{\frac{T}{\rho}}$　　(C) $\frac{1}{2L}\sqrt{\frac{T}{\rho}}$　　(D) $\frac{2\pi n}{\rho}\sqrt{\frac{T}{L}}$

12. 假定汽笛发出的声音频率由 400 Hz 增加到 1200 Hz,而波幅保持不变,则 1200 Hz 声波对 400 Hz 声波的强度比为(　　)。

(A) 1∶1　　(B) 1∶3　　(C) 1∶9　　(D) 9∶1

13. 如图 8.30 所示,两相干波源 S_1 和 S_2 相距 $\lambda/4$(λ 为波长),S_1 的相位比 S_2 的相位超前 $\frac{\pi}{2}$。在 S_1、S_2 的连线上,S_1 外侧各点(如 P 点)两波引起的两谐振动的相位差是(　　)。

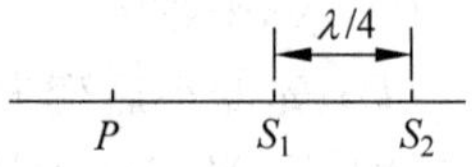

$\lambda/4$

P　S_1　S_2

图 8.30

(A) 0　　(B) $\frac{\pi}{2}$　　(C) π　　(D) $\frac{3}{2}\pi$

14. 汽车驶过车站时,车站上的观测者测得声音的频率由 1200 Hz 变为 1000 Hz。已知空气中的声速为 330 m/s,则汽车的速率为(　　)。

(A) 30 m/s　　(B) 55 m/s　　(C) 66 m/s　　(D) 90 m/s

8.4.2 填空题

1. 两个线振动合成为一个圆运动的条件是:(1)________,(2)________,(3)________,(4)________。

2. 质量为 m 的质点在水平光滑面上,两侧各接一劲度系数为 k 的弹簧,如图 8.31 所示。弹簧另一端被固定于壁上,L 为两弹簧自然长度,如使 m 向右有一小位移后,静止释放,则质点每秒通过原点的次数为________。

(提示:先求自由振动的频率,注意质点所受合外力)

3. 标准声源能发出频率为 $\nu_0=250.0$ Hz 的声波,一音叉与该标准声源同时发声,产生频率为 1.5 Hz 的拍音,如图 8.32 所示,若在音叉的臂上粘上一小块橡皮泥,则拍频增加,音叉的固有频率 $\nu=$________。将上述音叉置于盛水的玻璃管口,调节管中水面的高度,当管中空气柱高度 L 从零连续增加时,发现在 $L=0.34$ m 和 1.03 m 处产生相继的两次共鸣,由以上数据算得声波在空气中的传播速度为________。

(提示:第一、二次共鸣时气柱的高度差为半个波长)

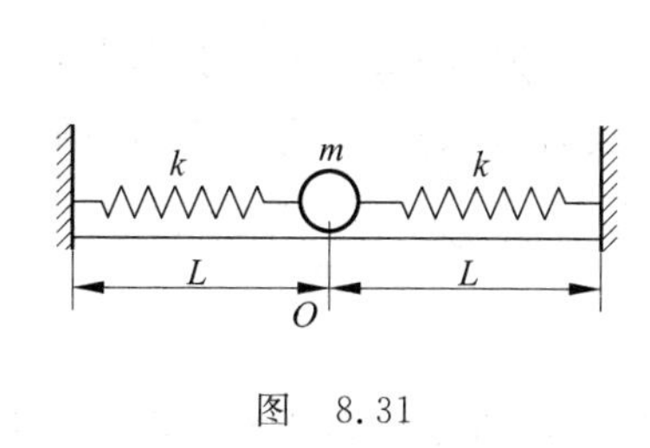

图 8.31

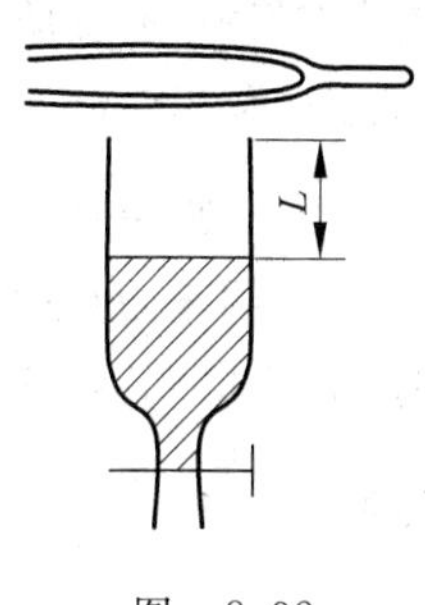

图 8.32

4. 声波在空气中的传播速度为 u_1，在铜板中的传播速度为 u_2。设频率为 ν_0 的声波从图 8.33 中静止的波源 S 发出，经空气传播到以速度 $v<u_1$ 向前运动的平行铜板，在铜板的正前方有一静止的接收者 B，则 S 接收到的由铜板反射回的声波频率 $\nu_1=$________，B 接收到的透射声波频率 $\nu_2=$________。($\overline{SB}$与 v 平行)（提示：声波在铜板中传播，虽然速度改变，但频率不变）

5. 一简谐振动曲线如图 8.34 所示，则振动周期为________。

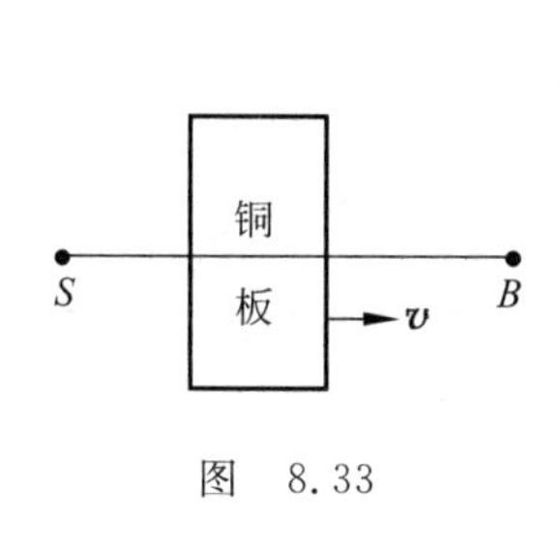

图 8.33

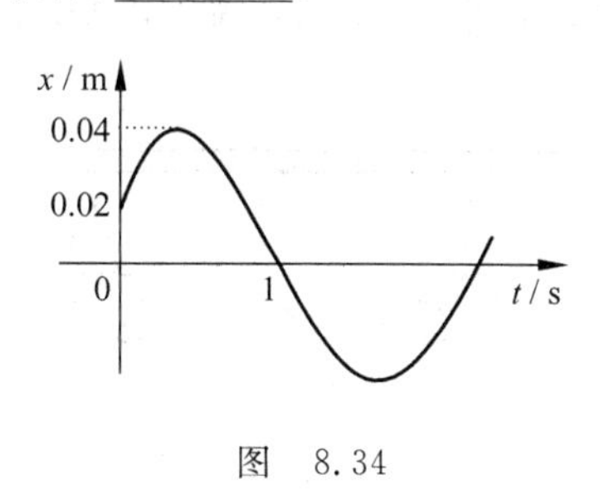

图 8.34

6. 两个同方向、同频率的简谐振动，其合振动的振幅为 20 cm，与第一个简谐振动的周相差为 $\pi/6$。若第一个简谐振动的振幅为 $10\sqrt{3}$ cm，则第二个简谐振动的振幅为________ cm，第一、二两个简谐振动的周相差为________。

7. 一平面简谐波沿 x 轴正向传播，已知坐标原点的振动方程为 $y=0.05\cos\left(\pi t+\dfrac{\pi}{2}\right)$ (m)。设同一波线上 A、B 两点之间的距离为 0.02 m，B 点的周相比 A 点落后 $\pi/6$，则波长 $\lambda=$________，波速 $u=$________，波动方程 $y=$________。

8. 如图 8.35 所示为一平面简谐波在 $t=0$ 时刻的波形图，则 0 点的振动方程 $y=$________，波动方程 $y=$________。

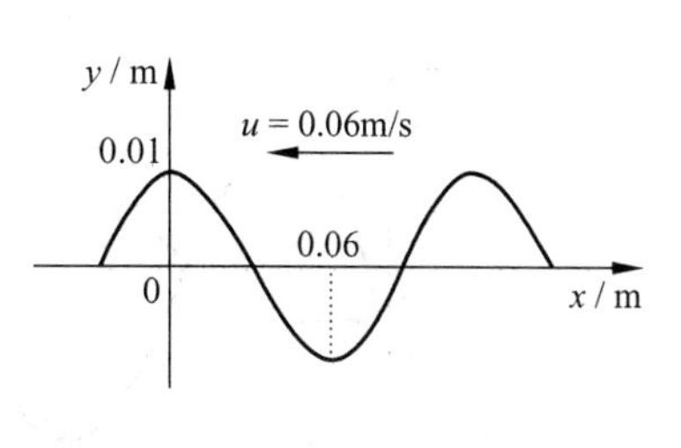

图 8.35

9. 设平面简谐波沿 x 轴传播时在 $x=0$ 处发生反射，反射波的表达式为 $y_2=A\cos\left[2\pi\left(\nu t-\dfrac{x}{\lambda}\right)+\dfrac{\pi}{2}\right]$。已知反射点为一自由端，则由入射波和反射波形成的驻波的波节位置的坐标为________。

10. 一正弦式空气波,沿直径为 14 cm 的圆柱形管传播,波的平均强度为 $9.0\times10^{-3}\ \mathrm{W/m^2}$,频率为 300 Hz,波速为 300 m/s。则每两个相邻同相面间的能量为________。

11. 一固定的超声波探测器,在海水中发出一束频率为 30 000 Hz 的超声波,被向着探测器驶来的潜艇反射回来,反射波与原来的波合成后,得到频率为 241 Hz 的拍。设超声波在海水中的波速为 1500 m/s,则该潜艇的速率为________。

8.4.3 计算题

1. 如图 8.36 所示,两轮的轴相互平行,相距 $2d$,两轮转速相同而转向相反,现将质量为 m 的一根均质杆搁在两轮上,杆与轮的摩擦因数为 μ。若杆子的质心 C 起初距一轮较近,试证明杆作简谐振动,并求其振动周期。

(提示:考虑竖直力的平衡和力矩平衡)

2. 如图 8.37 所示,一质点在 x 轴上作简谐振动,选取该质点向右运动通过 A 点时作为计时起点($t=0$),经过 2 s 后质点第一次经过 B 点。再经过 2 s 后质点第二次经过 B 点。若已知该质点在 A、B 两点具有相同的速率,且 $AB=10$ cm,求:(1)质点的振动方程;(2)质点在 A 点处的速率。(提示:画旋转矢量图)

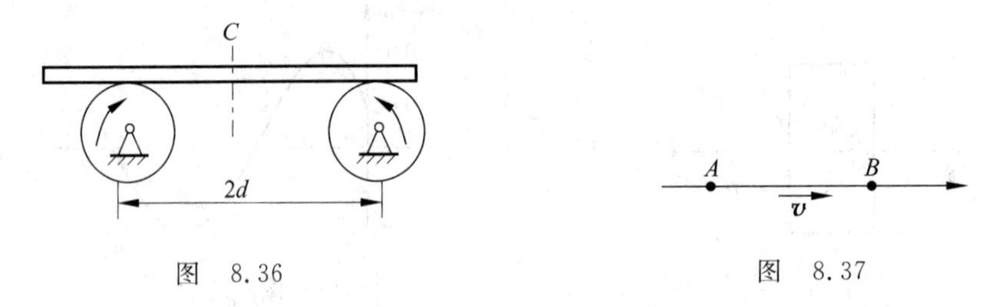

图 8.36　　图 8.37

3. 已知一沿 x 轴正向传播的平面余弦波,其在 $t=\frac{1}{3}$ s 时的波形如图 8.38 所示,且周期 $T=2$ s。求:(1)0 点处质点振动的初周相;(2)该波的波动方程;(3)P 点处质点振动的初周相;(4)任意时刻 P 点处质点振动速度的大小。

4. 如图 8.39 所示,由波源 O 处分别向左右两边传播振幅为 A、波长为 λ、频率为 ν 的简谐波,波源 O 处与反射面 PP'之间的距离为 $\frac{5}{4}\lambda$,PP' 为波密媒质界面。假设从波密媒质界面发生全反射,试写出以波源 O 为原点的两边合成波的波函数。设波源振动初相为零。

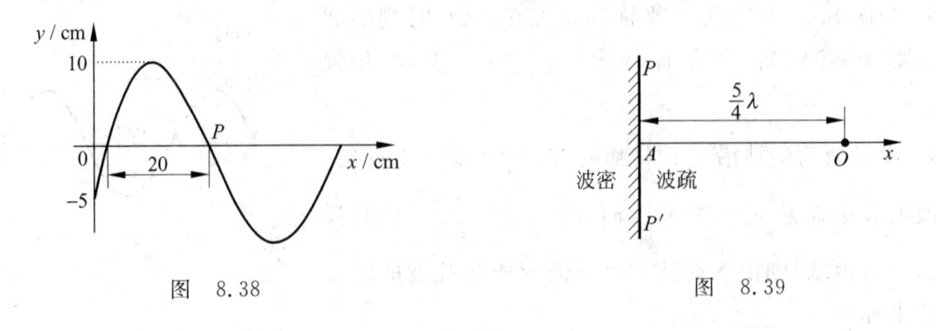

图 8.38　　图 8.39

参考答案

8.4.1　1. D；　2. C；　3. D；　4. C；　5. D；　6. C；　7. A；　8. C；　9. D；10. C；　11. B；　12. D；　13. C；　14. A。

8.4.2　1. 同频率，同振幅，两振动互相垂直，相位差为$(2k+1)\frac{\pi}{2}$，$k=0,\pm1,\pm2,\cdots$；

2. $\frac{1}{\pi}\sqrt{\frac{2k}{m}}$；　3. 248.5 Hz，343 m/s；　4. $\nu_1=\frac{u_1-v}{u_1+v}\nu_0$，$\nu_2=\nu_0$；　5. 2.40 s；

6. $A_2=10$ cm，$\Delta\varphi=\frac{\pi}{2}$；　7. $\lambda=0.24$ m，$u=0.12$ m/s，$y=0.05\cos\left(\pi t-\frac{\pi x}{0.12}+\frac{\pi}{2}\right)$ (m)；

8. $y=0.01\cos\pi t$ (m)，$y=0.01\cos\left(\pi t+\frac{\pi x}{0.06}\right)$ (m)；　9. $x=\frac{\lambda}{4},\frac{3}{4}\lambda,\frac{5}{4}\lambda,\cdots$；

10. 4.62×10^{-7} J；　11. 6 m/s。

8.4.3　1. $T=2\pi\sqrt{\frac{d}{\mu g}}$；　2. $x=5\sqrt{2}\times10^{-2}\cos\left(\frac{\pi}{4}t-\frac{3\pi}{4}\right)$(SI)，$v=3.93$ cm/s；

3. $\varphi_0=\frac{\pi}{3}$，$y=0.1\cos\left(\pi t-5\pi x+\frac{\pi}{3}\right)$ (m)，$\varphi_P=-\frac{5}{6}\pi$，$v=-0.1\pi\sin\left(\pi t-\frac{5}{6}\pi\right)$；　4. 左：$y=2A\cos\frac{2\pi x}{\lambda}\cos2\pi\nu t$，右：$y=2A\cos\omega\left(t-\frac{x}{\lambda\nu}\right)$。

第9章

光的干涉　光的衍射
光的偏振　几何光学

9.1 思考题解答

9.1.1 光的干涉

1. 用白色线光源做双缝干涉实验时，若在缝 S_1 后面放一红色滤光片，S_2 后面放一绿色滤光片，问能否观察到干涉条纹？为什么？

答 不能。原因是白光光源发出的白光经缝 S_1 后面的红色滤光片出射的光为红光，经缝 S_2 后面绿色滤光片出射的光为绿光，它们是非相干光，不满足相干条件中频率相同的条件，在屏幕上是非相干叠加，因此不能观察到双缝干涉条纹。

2. 用图 9.1 所示装置做双缝干涉实验，是否都能观察到干涉条纹？为什么？

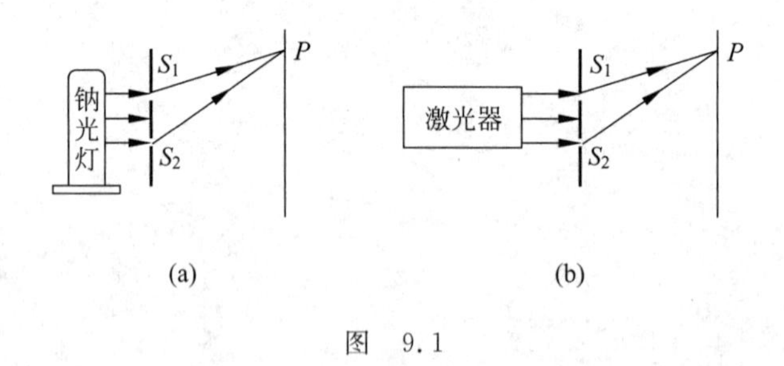

图　9.1

答 图 9.1(a)的装置观察不到干涉条纹，图 9.1(b)的装置总可以观察到干涉条纹。因为图 9.1(a)的装置是普通光源钠光灯直接照射双缝，双缝不是对同一原子同一次发出波列的分波阵面，所以 S_1、S_2 不是相干光源，该装置观察不到干涉条纹。图 9.1(b)的装置是实验室所用激光器发出的激光入射双缝，激光发散角很小，它具有高定向和高单色性所决定的高相干性，其光束截面上每点都是相干的光，所以 S_1、S_2 是相干光源，总可以观察到干涉条纹。

3. 在水波干涉图样(图 9.2(a))中，平静水面形成的曲线是双曲线。为什么？

答 如图 9.2(b)所示，水波干涉相当于两相干点波源发出的波在水面上传播时的平面干涉。为简单起见，可设 S_1、S_2 为两初相相同的相干点波源，发出波长为 λ 的水面波，在水平面上产生干涉现象。两波在任意 P 点相遇时的相位差为 $\Delta\varphi(P)=\frac{2\pi}{\lambda}(r_2-r_1)$。叠加相消处(暗纹)，有

$$r_2-r_1=(2k+1)\frac{\lambda}{2},\quad k=0,\pm1,\pm2,\cdots$$

对于同一 k 级暗纹，$r_2-r_1=c$(常数)，即动点 P 到两定点 S_1、S_2 的距离之差是常数。根据双曲线的性质，P 点的轨迹一定是以 S_1、S_2 为其两个焦点的双曲线。不同的 k，将描绘出焦点相同的不同双曲线。

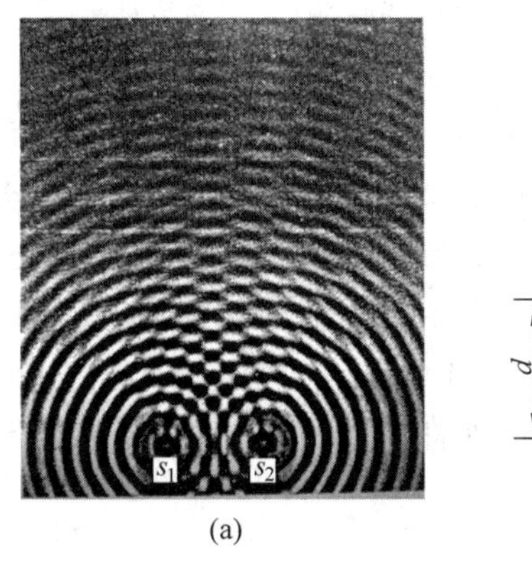

(a)

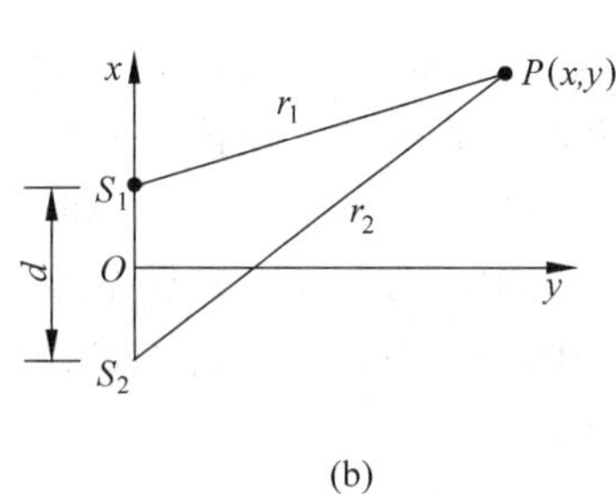

(b)

图　9.2

4. 把一对顶角很小的玻璃棱镜底边粘贴在一起(图 9.3(a))做成“双棱镜”，就可以用来代替双缝做干涉实验(菲涅耳双棱镜实验)。试在图中画出两相干光源的位置和它们发出的波的叠加干涉区域。

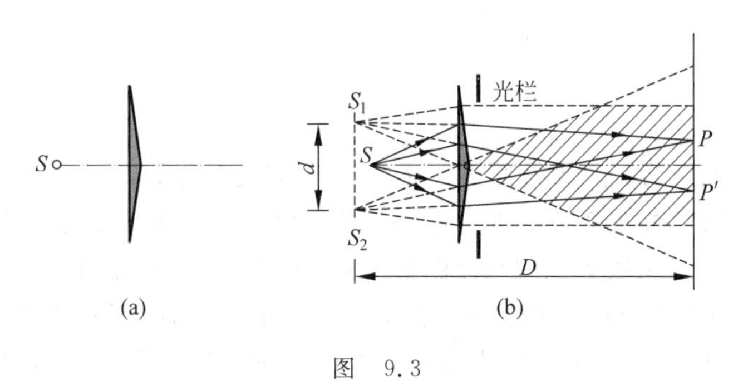

(a)　　(b)

图　9.3

答　图 9.3(b)显示出两相干光源的位置，阴影部分表明它们发出波的叠加干涉区域。由于棱镜对入射光线的折射，场点 P 的光强可以看做来自 S_1、S_2 两束相干光的叠加效果。

5. 如果两束光是相干的，在两束光重叠处总光强如何计算？如果两束光是不相干的，总光强又如何计算？(分别以 I_1、I_2 表示两束光的光强)

答　如果两束光是相干的，在两束光重叠处总光强为

$$I=I_1+I_2+2\sqrt{I_1I_2}\cos\left(\varphi_{02}-\varphi_{01}-\frac{2\pi}{\lambda}\delta\right)$$

式中 φ_{01}、φ_{02} 为两相干光的初相差，δ(＝光程2－光程1)为两相干光的光程差。如果两束光是不相干的，在两束光重叠处，干涉项为零，总光强为

$$I = I_1 + I_2$$

6. 在双缝干涉实验中：

(1) 当缝间距 d 不断增大时，干涉条纹如何变化？为什么？

(2) 当缝光源 S 垂直于轴线向下或向上移动时，干涉条纹如何变化？

(3) 把缝光源 S 逐渐加宽时，干涉条纹如何变化？

答 (1) 在双缝干涉实验中，如图9.4(a)所示，明纹中心位置为

$$x = \pm k \frac{D}{d}\lambda, \quad k = 0,1,2,\cdots$$

得相邻两明纹或两暗纹的距离为 $\Delta x = \frac{D}{d}\lambda$。当 D 不变而 d 不断增大时，零级条纹位置不动，而相邻条纹的宽度不断变小，所有条纹将向 O 点平移靠拢，使得条纹逐渐变密。

(2) 因为零级条纹是叠加的两束光的光程差为零处，图9.4(a)中双缝 S_1、S_2 相对 S 的距离相等，零级条纹的中心一定在 O 处。如果 S 垂直于轴线向下移动，为了保持从 S 经双缝 S_1、S_2 到零级条纹中心的两束光光程差为零，零级条纹的中心一定向上移动，即所有条纹保持原有的宽度整体向上平移。反之，如果 S 垂直于轴线向上移动，所有条纹将保持原有的宽度整体向下平移。

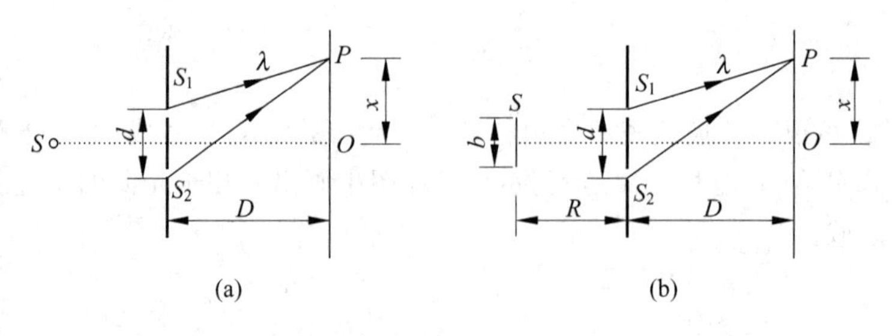

图 9.4

(3) 设光源是宽度为 b 的普通带状光源，相对于双缝对称放置，如图9.4(b)所示。整个带光源看做是由许多并排的独立的非相干线光源组成。每个线光源在屏幕上都要产生一套自己的干涉条纹。不同的线光源的干涉图案相同，不过由于它们相对轴线的位置不同，彼此都要错开，屏幕上的光强分布就是这些干涉条纹的非相干叠加。当带状光源两端的线光源的干涉条纹错开一级时，所有其他线光源的干涉图案的依次错开的结果，使得屏幕上将是均匀的光强分布，干涉条纹的反衬度为零，看不到干涉条纹了。此时的光源宽度称为极限宽度 b_0，$b_0 = \frac{R}{d}\lambda$。所以，当把缝光源 S 逐渐加宽时，干涉条纹逐渐变模糊，直至完全消失。

7. 用光通过一段路程的时间和周期也可以算出相差来。试比较光通过介质中一段路程的时间和通过相应的光程的时间来说明光程的物理意义。

答 设介质折射率为 n，光在介质中的传播距离为 l，则相应的光程为 nl。光程 nl 引起光振动的相位差为 $\Delta\varphi = \frac{2\pi}{\lambda}nl$，如果改用时间和周期 T 表示，$\lambda = Tc$（c 为真空中传播速

度)，有

$$\Delta\varphi=\frac{2\pi}{T}\cdot\frac{nl}{c}=\frac{2\pi}{T}t$$

$t=\frac{nl}{c}$是光在真空中传播 nl 一段路程所需时间。因 $n=\frac{c}{v_n}$（v_n 为介质中光速），有 $t=\frac{nl}{c}=\frac{l}{v_n}$，它表明光在均匀介质中传播 l 的距离和光在真空中传播 nl 一段路程所需时间相同。因此，同一单色光不管是在介质中还是在真空中传播，只要传播的时间相同，引起的相位落后就相同。光程的时间上的物理意义就在于：光在介质中传播 l 路程的时间引起的相位落后等于光在真空中传播 nl 距离的时间所引起的相位落后，有了光程 nl 就可以统一地用真空中的光速 c 来计算光的相位变化。

8. 观察正被吹大的肥皂液泡时，先看到彩色分布在泡上，随着泡的扩大各处彩色会发生改变。当彩色消失呈现黑色时，肥皂泡就会破裂。为什么？

答　薄膜表面附近反射光干涉光程差近似可用 $\delta=2h\sqrt{n^2+\sin^2 i}+\frac{\lambda}{2}$计算，其中 h 为膜厚度，i 为入射角(倾角)。白光从四面入射一个正被吹大的肥皂液泡，一定厚度的膜、一定的入射角 i 只能使一定波长(一种色)的光在某一区域发生相长干涉或相消干涉。液体肥皂膜在重力作用下泡膜的厚度各处不会均匀，并且用眼睛观看肥皂泡时，射入眼睛的来自肥皂泡不同处液膜的两个表面的相干反射光所对应入射光的倾角 i 也不尽相同，这样来自液泡膜某个部位的某个波长的反射光在视网膜上可能干涉加强，而来自液泡膜另一个部位的另外一个波长的反射光在视网膜上可能干涉加强，因而在流动性的肥皂泡液态膜(各处厚度不断在变化)上眼睛所看到的是“流动的”彩色分布。

随着液体肥皂膜的不断扩大，其各处的厚度 e 不断在变化，射入眼睛的反射光所对应入射光的倾角 i 也在变化，因而泡膜各处的干涉彩色图样也将随之改变。当某处的泡膜厚度 $h\to 0$ 时，所有波长的相干反射光的光程差都接近 $\delta=\lambda/2$，在视网膜上为反射光干涉相消的条件，此处必为黑色。所以，当彩色图样消失呈现黑色时，膜厚度趋于零，肥皂液膜破裂。

9. 用两块平板玻璃构成劈尖(见图 9.5)观察等厚干涉条纹时，若把劈尖上表面向上缓慢地平移(见图 9.5(a))干涉条纹有什么变化？若把劈尖角逐渐增大(见图 9.5(b))，干涉条纹又有什么变化？

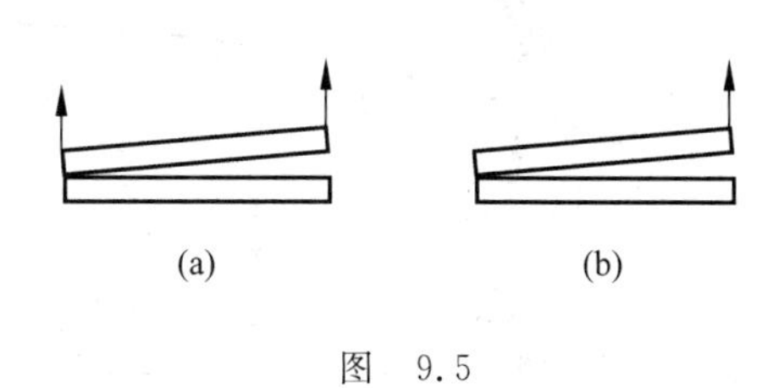

图 9.5

答　劈尖的等厚干涉条纹是与棱边平行的直条纹。对于波长为 λ 的光，等厚干涉条纹的暗纹条件为 $2h+\frac{\lambda}{2}=(2k+1)\frac{\lambda}{2}$，条纹宽度 $L=\frac{\lambda}{2\sin\theta}$。

若将上层玻璃整体上移，劈尖角未变，故干涉条纹间距 L 不变，条纹疏密度不变；而劈尖厚度均匀增大，条纹将向劈尖角处移动，低级条纹将陆续消失，且当膜厚超过相干所允许的薄膜厚度时干涉条纹全部消失。若把劈尖角逐渐增大，条纹间距 L 将逐渐变小，棱边暗条纹不动，其他条纹逐渐向劈尖的棱边靠拢，平板玻璃的移动端不断产生出新条纹，条纹越来越密集。最后也会由于楔角过大，使干涉场中干涉现象消失。

10. 用普通单色光源照射一块两面不平行的玻璃板做劈尖干涉实验，板两表面的夹角很小，但板比较厚。这时观察不到干涉现象，为什么？

答 由于普通光源发出的光波波列长度很小，在观测点一个波列被分成直接反射和经玻璃板透射然后再反射的两个相干波列，如果玻璃板厚度使得这两个波列的光程差大于波列长度，则它们不会在观测点相遇产生干涉。故虽板两表面的夹角很小，但板的厚度超过相干长度(波列长度)，这时观察不到干涉现象。

***11.** 利用两台相距很远(可达几千千米)而联合动作的无线电天文望远镜可以精确地测定大陆板块的漂移速度和地球的自转速度。试说明如何利用由这两台望远镜监视一颗固定的无线电源星体时所得的记录来达到这些目的。

答 天文科技中可利用两准确度极高的无线电天文望远镜同时记录同一点光源(无线电源星体)信号，将信号经同等传输路径放到一起进行处理时相当于双光束干涉，干涉亮还是暗取决于射电星体到两望远镜的光程差。

两台相距很远(可达几千千米)而联合动作的无线电天文望远镜(通常称为**甚长基线干涉仪**)，其基本工作原理如图9.6所示(精度可达0.001″)。两干涉信号的光程差为 $\delta = d\sin\alpha$。地球自转将引起射电信号的入射角 α 变化，大陆板块漂移将引起两望远镜之间距离 d 的变化，所有这些均会反映在两干涉光光程差的变化上。故可通过在一段时间内干涉条纹的变化计算两干涉光光程差的变化，进而计算地球自转和大陆板块漂移速度。

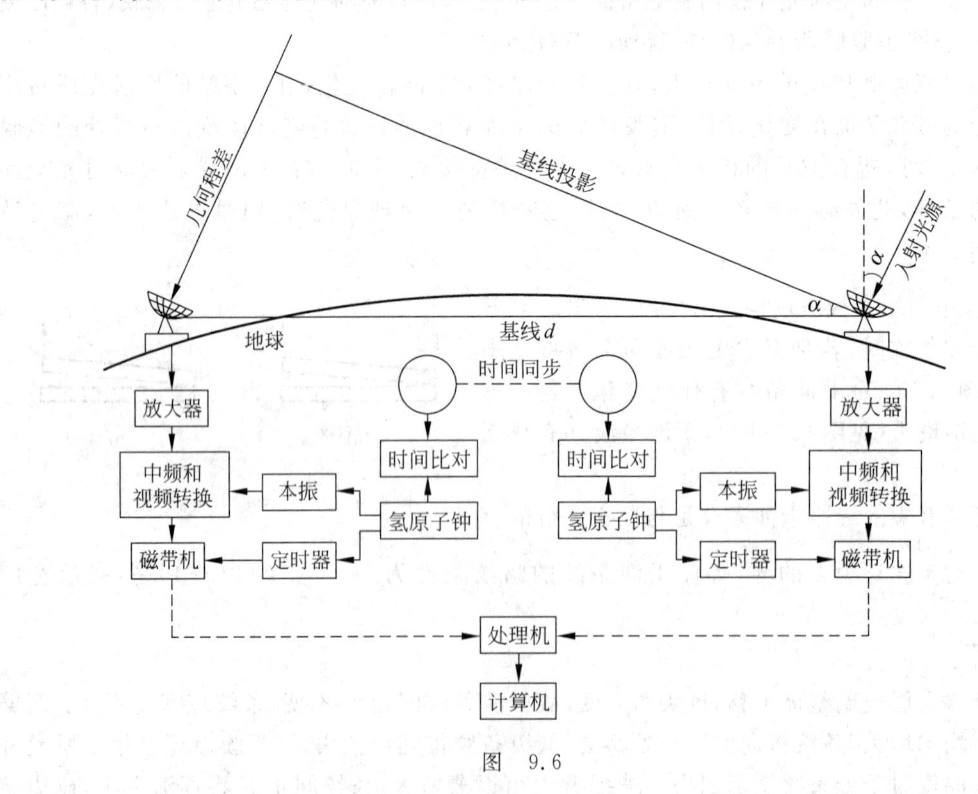

图 9.6

12. 在双缝干涉实验中，如果在上方的缝后面贴一片薄的透明云母片，干涉条纹的间距有无变化？中央条纹的位置有无变化？

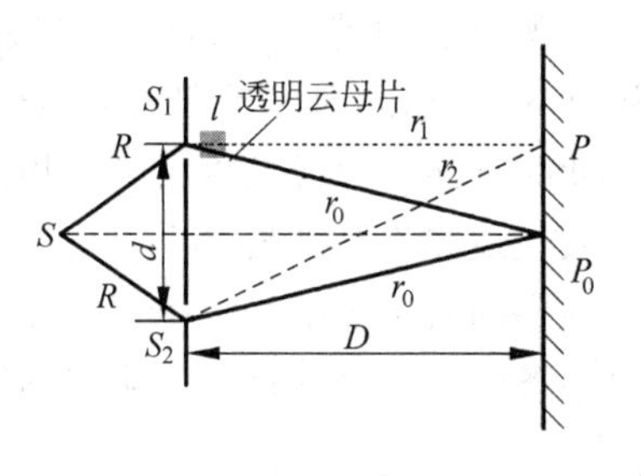

图 9.7

答　如图 9.7 所示，双缝干涉实验中，其条纹间距

$$\Delta x = \frac{D}{d}\lambda$$

只与双缝之间距 d、缝到观察屏的距离 D 及入射光波长 λ 有关，上方的缝后面贴一片薄的透明云母片并不会改变这些量的值，所以干涉条纹的间距无变化。

中央条纹（零级明纹）的位置对应来自两缝 S_1、S_2 两束相干光的光程差为零。上方的缝后面未贴薄的透明云母片时，中央条纹的位置位于屏幕的 P_0 点，两缝 S_1、S_2 到 P_0 点的空间几何距离都是 r_0，经过的介质都是空气，有

$$\delta = n_0(r_0 - r_0) = 0$$

其中，n_0 是空气介质的折射率，约为 1。上方的缝后面贴上薄的透明云母片时，因为云母的折射率 n' 大于 n_0，为保证对应零级明纹的光程差为零，中央条纹的位置应向上移动（设移动到图中 P 点）。如果透明云母片的厚度为 l，对于 P 点应有

$$\delta = n_0 r_2 - [n_0(r_1 - l) + n'l] = n_0(r_2 - r_1 + l) - ln' = 0$$

13. 用白光作光源，可以做到使迈克耳孙干涉仪两臂长度精确地相等。为什么？

答　迈克耳孙干涉仪（见图 9.8(a)）的干涉过程相当于薄膜干涉，两臂处的两个精密磨光的平面反射镜 M_1、M_2 不严格垂直时可形成类似 M_1 和 M_2'（M_2 的虚像）之间空气劈尖的等厚干涉，两臂长度精确相等时的 M_1 和像 M_2' 的相对位置应如图 9.8(b)所示，不过这是看不见的，只能在干涉仪的调节过程中以干涉条纹的形状和变化规律来判断。在 M_1 和 M_2' 的交线处，空气劈尖的厚度为零，表观光程差为零，如果分光板 G_1 背面的镀膜情况使得光束 1 和光束 2 在 G_1 背面的内侧和外侧反射时的相位突变情况相反（有的镀膜情况可能是相位突变情况相同或更复杂一些，但不影响讨论结果），各种波长的光在此处都干涉形成清晰的暗

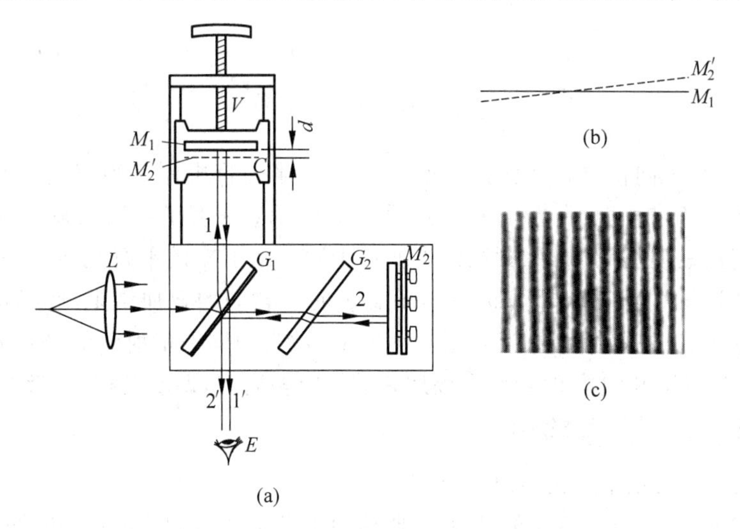

图 9.8

纹。如果是单色光入射,此交线处是暗纹,则两侧近旁也会干涉形成直线暗纹,如图9.8(c)所示,从一簇平行直线暗条纹中不能精确辨认哪一条是交线位置,也就不能判断出此时干涉仪两臂是否精确地相等。如果是白光入射,该交线处是一条直的、清晰的暗纹,在其他地方不同波长的干涉暗纹都不重叠,视场中看到的只是明暗不同的彩色条纹对称地排列在那条全黑暗纹的两侧。故当用白光作为光源时,调节活动臂长,当视场中出现一条全黑暗条纹两边对称排列着明暗不同的彩色条纹时,就做到了两臂长度精确地相等的调节。

9.1.2 光的衍射

1. 在日常经验中,为什么声波的衍射比光波的衍射更加显著?

答 根据衍射反比定律,入射波长 λ 和衍射物线度 a 之比 λ/a 值越大衍射越显著。由于声波的波长比光波的波长长,所以衍射效应明显。

2. 在观察夫琅禾费衍射的装置中,透镜的作用是什么?

答 夫琅禾费衍射为远场衍射,要求光源和观测屏都距衍射物体无穷远,即要求入射衍射物体的光为平行光,观测屏上是平行光的相干叠加。在夫琅禾费衍射的装置中,衍射物前后两个透镜所起的作用就是在有限距离内达到无穷远的要求:衍射屏前的透镜将入射光变为平行光入射至衍射屏;衍射屏后的透镜将经衍射屏出射的光中同方向的平行光会聚在后透镜的焦平面上,将无穷远处的像拉到有限远处观察。

3. 在单缝的夫琅禾费衍射中,若单缝处波阵面恰好分成4个半波带,如图9.9(a)所示,此时,光线1与3是同相位的,光线2与4是同相位的。为什么 P 点光强不是极大而是极小?

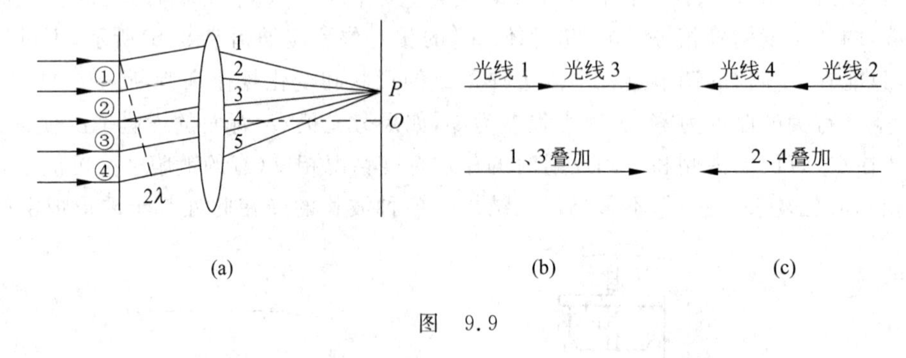

图 9.9

答 光线1与3同相位,表明图9.9(a)的①、③半波带中同一衍射角的平行光线一一对应同相,会聚于 P 点叠加形成相长干涉,图9.9(b)示意表明了它们的叠加结果。同理,光线2与4同相位,表明图9.9(a)的②、④半波带中同一衍射角的平行光线一一对应同相,会聚于 P 点叠加也形成相长干涉,图9.9(c)示意表明了它们的叠加结果,此标示的光矢量与图9.9(b)中的反相,这是由于①、②和③、④相邻半波带中同一衍射角的平行光线一一对应反相。虽然图9.9(b)和图9.9(c)两次叠加后的振幅相同,但振动反相,二者再叠加则相消,所以 P 点光强不是极大而是极小。

4. 在观测单缝夫琅禾费衍射时,

(1) 如果单缝垂直于它后面的透镜的光轴向上或向下移动,屏上衍射图样是否改变?为什么?

(2) 若将线光源 S 垂直于光轴向下或向上移动，屏上衍射图样是否改变？为什么？

答　(1) 单缝垂直于它后面的透镜的光轴向上或向下移动，屏上衍射图样不改变。对于薄透镜，同方向的平行光束都会会聚在透镜焦平面的同一点。单缝垂直于它后面的透镜的光轴向上或向下移动，只不过是把衍射角 θ 方向的平行光束向上或向下平移，它们还会会聚于观察屏上未平移前的同一点，不会由于平行光束入射透镜的部位不同而产生新的光程差，所以屏上衍射图样不改变。

(2) 若将线光源 S 垂直于光轴向下或向上移动，屏上衍射图样不会改变，但发生衍射图样的整体平移。在图 9.10(a)中，因为单缝波阵面上各子波源相位都相同，各子波源发出的衍射角 θ 等于零的所有会聚于 O 点的子波光程都一样，引起振动叠加的相长干涉。衍射角 θ 方向平行衍射光线会聚于衍射屏上 P 点，如果 $a\sin\theta=\lambda$，则 P 点处是衍射条纹的第一级暗纹，中央条纹的半宽度为 $f_2\dfrac{\lambda}{a}$。在图 9.10(b)中，当光源 S 垂直于光轴向下移动距离 x 时，使得缝上各子波源不再等相位，要使会聚于 O' 的所有子波振动相相位同，则要求缝最低端与最高端子波光程差满足 $a\sin\theta'-a\sin\varphi=0$，即 $\sin\theta'=\sin\varphi$。而 $\sin\varphi\approx\dfrac{x}{f_1}$，$\sin\theta'\approx\dfrac{x_1}{f_2}$，所以有

$$x_1=\frac{f_2}{f_1}x$$

即中央条纹向上移动 x_1 的距离。当 P' 点处满足 $a\sin\theta''-a\sin\varphi=\lambda$ 即 $\dfrac{x_2}{f_2}-\dfrac{x}{f_1}=\dfrac{\lambda}{a}$ 时，此处是衍射条纹的第一级暗纹。由此得到

$$x_2=f_2\frac{\lambda}{a}+\frac{f_2}{f_1}x$$

可求出此时的中央条纹的半宽度为 $x_2-x_1=f_2\dfrac{\lambda}{a}$，与未移动前一样。所以，当线光源 S 垂直于光轴向下移动时发生衍射图样整体向上平移。同理，若将线光源 S 垂直于光轴向上移动时会发生衍射图样的整体向下平移。

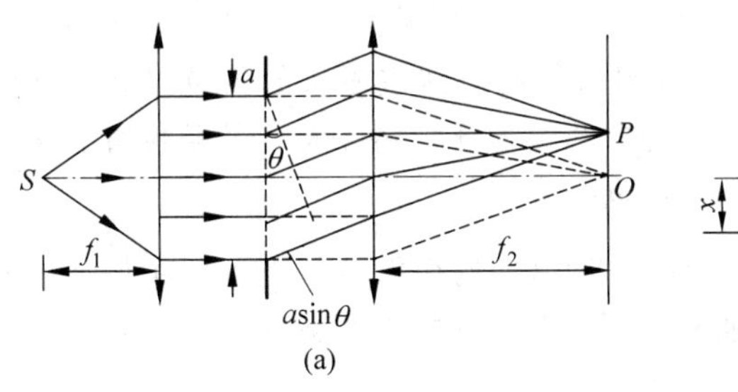

(a)

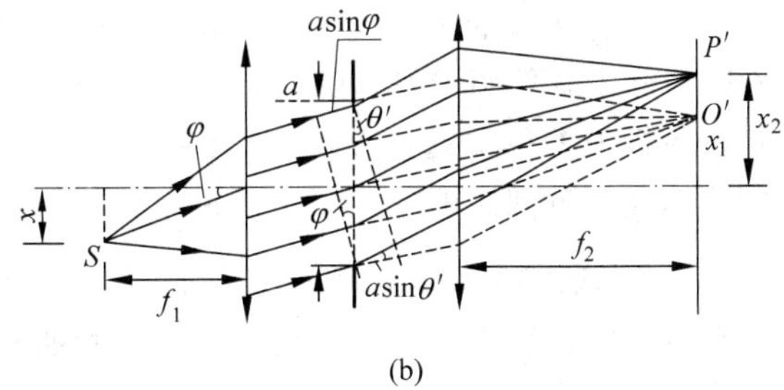

(b)

图　9.10

5. 在单缝的夫琅禾费衍射中，如果将单缝宽度逐渐加宽，衍射图样发生什么变化？

答　如图 9.10(a)所示，单缝的夫琅禾费衍射中，第一级暗纹位置由 $\sin\theta=\lambda/a$ 确定，λ 是入射光波长。当单缝宽度逐渐加宽即 a 逐渐增大时，第一级暗纹对应的衍射角 θ 逐渐减小，暗纹向中央条纹中心的靠拢使中央条纹的宽度逐渐减小。其他亮条纹的宽度约是中央条纹宽度的一半，它们的宽度也都逐渐减小且逐渐向中央条纹靠拢。当单缝宽度逐渐加宽

到一定程度,使得 $\sin\theta=\lambda/a\approx0$ 时,即第一级暗纹的衍射角为零,几乎全部衍射光成为直射光,中央条纹成为单缝的几何投影,衍射现象就变得非常不明显了。

把缝光源看成平行线光源的组合。如果将光源 S 的缝逐渐加宽,相当于在入射透镜前方焦平面上并排的线光源数逐渐增多,根据上题的结论,它们在观测屏上形成错开的各自单缝衍射图样,这些衍射图样的交错重叠产生非相干叠加,使得观测屏上衍射图样逐渐变得模糊起来,最后将看不到衍射条纹了。

6. 假如可见光波段不是在 400~700 nm,而是在毫米波段,而人眼睛瞳孔仍保持在 3 mm 左右,设想人们看到的外部世界将是什么景象。

答 如可见光波段在毫米波段,人眼睛瞳孔仍保持在 3 mm 左右,毫米波段光入射人的眼睛瞳孔将产生明显的衍射效应。每个物点经人的眼睛形成一个圆孔的夫琅禾费衍射。外部世界的物体上各点成像在视网膜上是一个个爱里斑,眼睛对物点的最小分辨角

$$\delta\theta_{\min}=1.22\frac{\lambda}{D}\sim1.22\ \text{rad}$$

说明若恰能分辨相距(图 9.11 中 ΔS)厘米数量级的两个物点,两个物点就必须放在眼睛前几个厘米处$\left(L=\dfrac{\Delta S}{\delta\theta_{\min}}\right)$。如果把这两个物点放得远一点,眼睛就不能分辨它们,因为这需要更小的分辨角。所以,如果假设成立,人眼看到的世界将是模糊一片,什么也看不清。

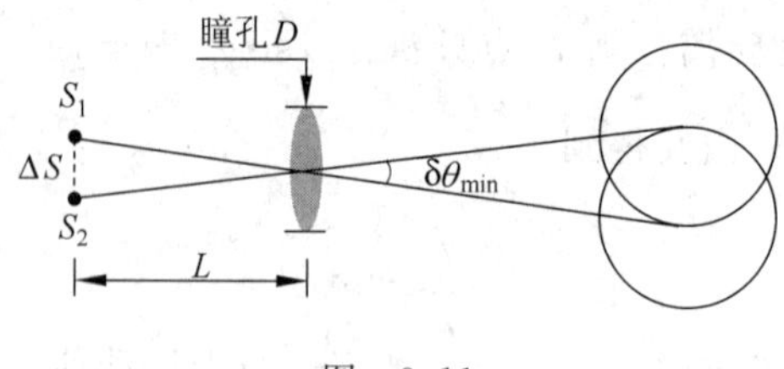

图 9.11

7. 如何说明不论多缝的缝数有多少,各主极大的角位置总是与有相同缝宽和缝间距的双缝干涉主极大的角位置相同。

答 多缝干涉的主极大的角位置由 $d\sin\theta=k\lambda$ 确定,与缝数无关。$d\sin\theta$ 就是在衍射角为 θ 时多缝中相邻两缝发出的光叠加时的光程差,相邻两缝干涉主极大的角位置就是多缝干涉的主极大的角位置。所以,不论多缝的缝数有多少,多缝干涉各主极大的角位置总是与有相同缝宽和缝间距的双缝干涉主极大的角位置相同。

8. 在杨氏双缝实验中,每一条缝自身(即把另一缝遮住)的衍射条纹光强分布如何?双缝同时打开时条纹光强分布如何?前两个光强分布图的简单相加能得到后一个光强分布图吗?大略地在同一张图中画出这三个光强分布图来。

答 杨氏双缝干涉的图样实际上是每个缝自身发出的光的衍射和两个缝发出的光束的干涉的综合效果。杨氏双缝实验中缝间距很小,缝光源 S 到双缝及双缝到观察屏的距离相对较大,所以缝自身衍射近似于单缝夫琅禾费衍射。如图 9.12(a)所示,单独打开 S_1 得到 P_1 衍射图样,单独打开 S_2 得到 P_2 衍射图样,同时打开 S_1 和 S_2 得到 P_{12} 图样,它是 P_1 衍射图样和 P_2 衍射图样的干涉叠加的结果。P_1 衍射图样和 P_2 衍射图样光强分布图的简单相加不能得到后一个光强分布图。如果再考虑对于不同衍射角每缝发出的光强不同,等宽等间距的双缝干涉条纹强度还会受到衍射的调制,P_{12} 图样应如图 9.12(b)所示。

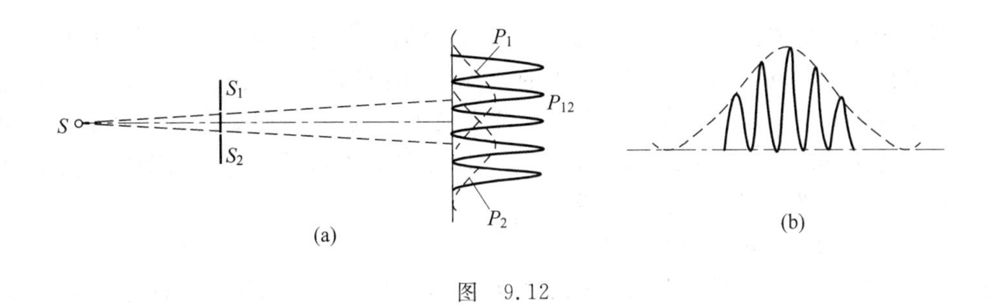

图　9.12

9. 一个“杂乱”的光栅，每条缝的宽度是一样的，但缝间距离有大有小随机分布。单色光垂直入射这种光栅时，其衍射图样会是什么样子的？

答　“杂乱”的光栅，每条缝的宽度是一样的，则每条缝的单缝衍射图样一样，所有条缝的相同衍射图样在观察屏上都重合在一起。缝间距离有大有小随机分布，导致缝间光束的相位差随机分布，除衍射角 $\theta=0$ 处所有缝光束相干加强呈现中央明纹外，任何衍射角 θ 都不会引起“不杂乱”光栅的主极大，观察屏上的整个衍射图样是单缝衍射图样背景中呈现一条中央明线。

***10.** 多缝干涉时，主极大的条件是 $d\sin\theta=k\lambda$，极小的条件是 $Nd\sin\theta=k\lambda$，试问：

(1) 当主极大条件满足时，任何两缝沿 θ 角射出的光是否干涉加强？

(2) 当极小条件满足时，任何两缝沿 θ 角射出的光是否一定相互减弱？

答　(1) 当主极大条件满足时，任何两缝沿 θ 角射出的光一定是干涉加强。主极大条件是 $d\sin\theta=k\lambda$，说明相邻两缝沿 θ 角射出光的光程差是 λ 的整数倍，N 条缝中任何不相邻的两缝沿 θ 角射出光的光程差也必然是 λ 的整数倍，它们都满足干涉加强的条件。N 条缝沿 θ 角方向射出的光在观测屏上干涉叠加形成明条纹，合成光矢量振幅是来自一条缝的光振幅的 N 倍，合光强将是来自一条缝光强的 N^2 倍。

(2) 极小条件是 $Nd\sin\theta=k\lambda(k\neq0,k\neq\pm N,k\neq\pm2N,\cdots)$，设缝数 $N=8$，取 $k=2$，相邻两缝沿 θ 角射出的光其光程差为 $d\sin\theta=k\lambda/N=\lambda/4$，对应的相位差 $\Delta\varphi=\pi/2$，它们的叠加并不减弱；另外，相隔 $(N/k)d=4d$ 的不相邻两缝，如 8 条缝按顺序排列的第 1 与第 5、第 2 与第 6 缝等，它们沿 θ 角射出光的光程差为 $4\times\lambda/4=\lambda$，叠加相位差 $\Delta\varphi=2\pi$，它们叠加不但不减弱反而干涉相长。在 8 条多缝干涉中，相隔 $2d$ 的两缝（如第 1 与第 3、第 2 与第 4 缝等）沿 θ 角射出光的光程差为 $\lambda/2$，叠加相差差 $\Delta\varphi=\pi$，它们是干涉相消。总之，当极小条件满足时，并不是任何两缝沿 θ 角射出的光一定相互干涉减弱。

9.1.3　光的偏振

1. 既然根据振动分解的概念可以把自然光看成是两个相互垂直振动的合成，而一个振动的两个分振动又是同相（或反相）的，那么为什么说自然光分解成的两个相互垂直的振动没有确定的相位关系呢？

答　一个简谐振动可分解为同频的两个相互垂直的分振动。在直角坐标系中，振动矢量 $\boldsymbol{A}$ 可表示为

$$\boldsymbol{A}=\boldsymbol{A}_x+\boldsymbol{A}_y=A_x\cos(\omega t+\varphi_1)\boldsymbol{i}+A_y\cos(\omega t+\varphi_2)\boldsymbol{j}$$

其中 $A=\sqrt{A_x^2+A_y^2}$，$\varphi_2-\varphi_1=0$ 或 $\varphi_2-\varphi_1=\pi$（分别称两个分振动为同相或反相）。自然光

包含大量原子发出的光波列,每一个光波列均是完全偏振光,它的光矢量是垂直传播方向平面内固定方向的谐振动。而大量原子发出的光波列是各自独立的,它们不仅初相互不相关,振动方向也互不相关而随机分布。在垂直传播方向平面内,某一时刻对自然光垂直方向的分解是对光源不同原子发出光波列的分解,下一时刻是对大量原子另一时刻发出光波列的分解。每一次每个光波列的分解可写成

$$\boldsymbol{E}_i = \boldsymbol{E}_{ix} + \boldsymbol{E}_{iy} = E_{ix}\cos(\omega t + \varphi_1)\boldsymbol{i} + E_{iy}\cos(\omega t + \varphi_2)\boldsymbol{j}$$

它们是同相(或反相)的。但由于光波列的独立性和随机性,对于大量光波列分振动振幅 E_{ix} 和 E_{iy} 的各种分量值都会出现,但平均来讲一定有

$$\bar{E}_x = \frac{\sum\limits_i E_{ix}}{N} = \frac{\sum\limits_i E_{iy}}{N} = \bar{E}_y$$

成立。可用振幅分别是 $\bar{E}_x$、$\bar{E}_y$ 的两个相互垂直的分振动代表许多独立光波列的垂直分解,因为它包含了自然光中光波列的独立性和随机性,当然这两个相互垂直的振动不会有确定的相位关系。

2. 某束光可能是:(1)线偏振光;(2)部分偏振光;(3)自然光。你如何用实验确定这束光究竟是哪一种光?

答 拿一块偏振片迎向这束光,转动偏振片,观察透射光。(1)视场中光强有变化且有消光现象的为线偏振光;(2)光强有变化但无消光现象的为部分偏振光;(3)光强无变化的为自然光。

3. 通常偏振片的偏振化方向是没有标明的,你有什么简易的方法将它确定下来?

答 如果实验室有已知偏振化方向的偏振片,将它们两个平行重叠放置,对着光源(太阳、灯光或一物体)旋转其中的一个偏振片,当透射光强(可用眼睛接收)最弱(消光)时,与已知偏振片的偏振化方向垂直的方向即为待定偏振片的偏振化方向。

如果实验室没有已知偏振化方向的偏振片,可用数片玻璃片摞起来,用一缕太阳光斜照玻璃堆上表面,将待定偏振片放在玻璃堆下表面。转动偏振片,观察透射光光强,当透射光最弱时,垂直于入射面的方向即为偏振片的偏振化方向。

如果一时找不到数片玻璃片,可利用水面反射的太阳光。它一般是垂直入射面成分较多的部分偏振光,观察角度合适时成为线偏振光。面向太阳,手拿偏振片对准水面观察透过偏振片的水面反射太阳光,通过旋转偏振片和采取蹲下和站立的不同姿势观察不同反射角的反射光,尽量找到水面反射太阳光明显最暗时偏振片的准确位置,此时如图9.13所示偏振片的上下方向(平行入射面)就是它的偏振化方向。

图 9.13

4. 一束光入射到两种透明介质的分界面上时,发现只有透射光而无反射光,试说明这束光是怎样入射的,其偏振状态如何。

答　这束光是以布儒斯特角入射，是偏振方向平行入射面的线偏振光，因此只有透射光而无反射光，如图 9.14 所示。

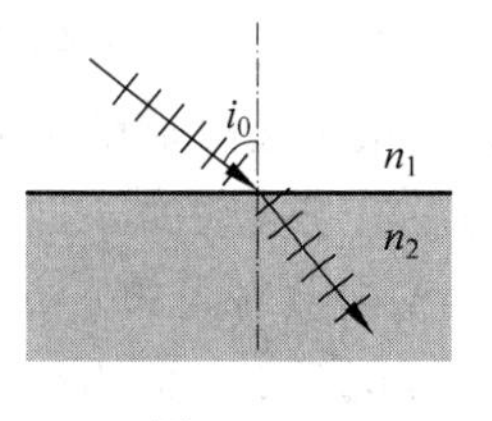

图　9.14

5. 自然光入射到两个偏振片上，这两个偏振片的取向使得光不能透过。如果在这两个偏振片之间插入第三块偏振片后有光透过，那么这第三块偏振片是如何放置的？如果仍然无光透过，它又是如何放置的？试用图表示出来。

答　自然光入射到两个偏振片上，光不能透过第二块偏振片，说明两个偏振片的偏振化方向 P_1 与 P_2 垂直。插入第三块偏振片后有光透出，它的偏振化方向 P_3 既与 P_1 不同亦与 P_2 不同，如图 9.15(a)所示。当无光透出时，它的偏振化方向 P_3 或与 P_1 相同或与 P_2 相同，如图 9.15(b)所示。

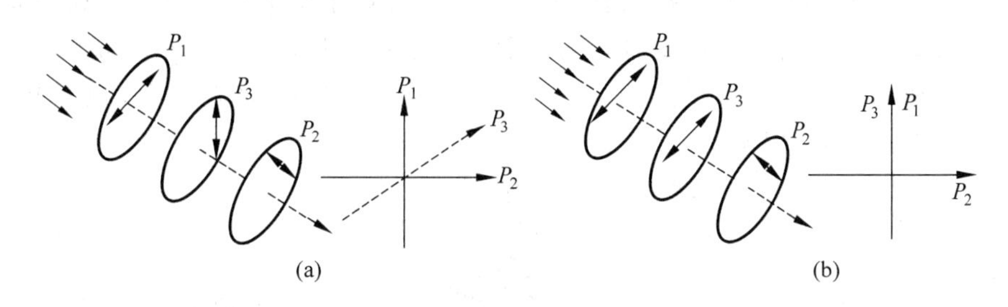

图　9.15

6. 1906 年巴克拉(C. G. Barkla，1917 年诺贝尔物理奖获得者)曾做过下述“双散射”实验。如图 9.16 所示，先让一束从 X 射线管射出的 X 射线沿水平方向射入一碳块而被向各方向散射。在与入射线垂直的水平方向上放置另一碳块，接收沿水平方向射来的散射的 X 射线。在这第二个碳块的上下方向就观察不到 X 射线的散射光。由此证实了 X 射线是一种电磁波的想法。他是如何论证的？

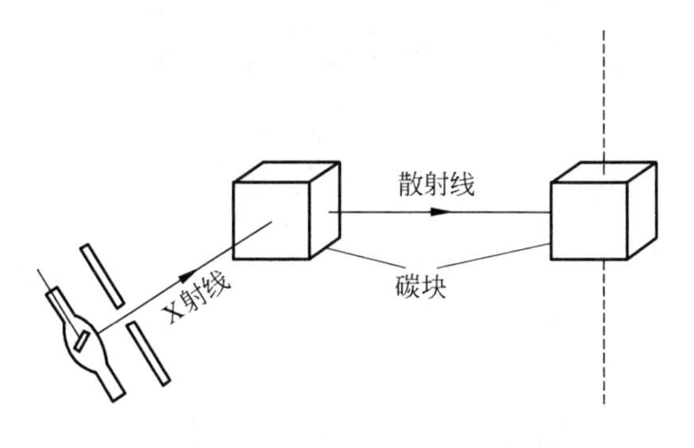

图　9.16

答　如果 X 射线是电磁波，那么在散射过程中应遵守电磁波的散射规律。当它射到散射物质上时，其中的电场矢量会使散射物质中的带电微粒(电子)产生同频率、同方向的受迫振动，作受迫振动的带电微粒就向四周发射频率等于振动频率的电磁波(光)，这散射电磁波中的电振动(光矢量)就在带电微粒振动方向与发出的散射电磁波的方向组成的平面内。

根据光是横波，图 9.17(a)给出了散射中心 O 四周散射光的偏振情况。自然光可等效

于垂直 x 方向 yz 平面内的无相位关系的沿 y 和 z 方向的振幅相等的两个光矢量。z 向的光矢量引起散射微粒中电子 z 方向的受迫振动,受迫振动的电子向四周发射电磁波的光振动在电子振动的 z 向和散射方向组成的平面内,它正是 y 向散射光作为横波所要求的横振动,y 向散射光是光矢量为 z 向的线偏振光。y 向的光矢量引起微粒中电子 y 方向的受迫振动,在 yz 平面内引起的光振动正是 z 向散射光作为横波所要求的横振动,z 向散射光是光矢量为 y 向的线偏振光。而自然光中 y 向和 z 向的光矢量所引起的散射微粒的散射光振动是相位无关的两个横振动,所以散射中心向 x 方向散射的还是自然光。在 xy 水平面内其他方向,由于自然光中 z 向的光矢量所引起的散射光振动就在垂直观测方向平面内,y 向的光矢量引起的散射光振动不在此平面内,但在此平面内的投影不为零,所以在 xy 水平面内和 y 向夹角为 θ 的方向的散射光是部分偏振光,偏振的优势方向是 z 向,越靠近 y 轴偏振度越高。在 xz 平面内和 x 方向成 γ 角的其他方向传播的散射光同样是部分偏振光,越靠近 z 轴偏振度越高。因为 y 向和 z 向光矢量引起的散射光振动都在 yz 平面内,光又是横波,yz 平面内和 y 向成 φ 角的散射光的光振动矢量(电场矢量)只能在垂直于光的传播方向上,所以它一定是平面线偏振光。

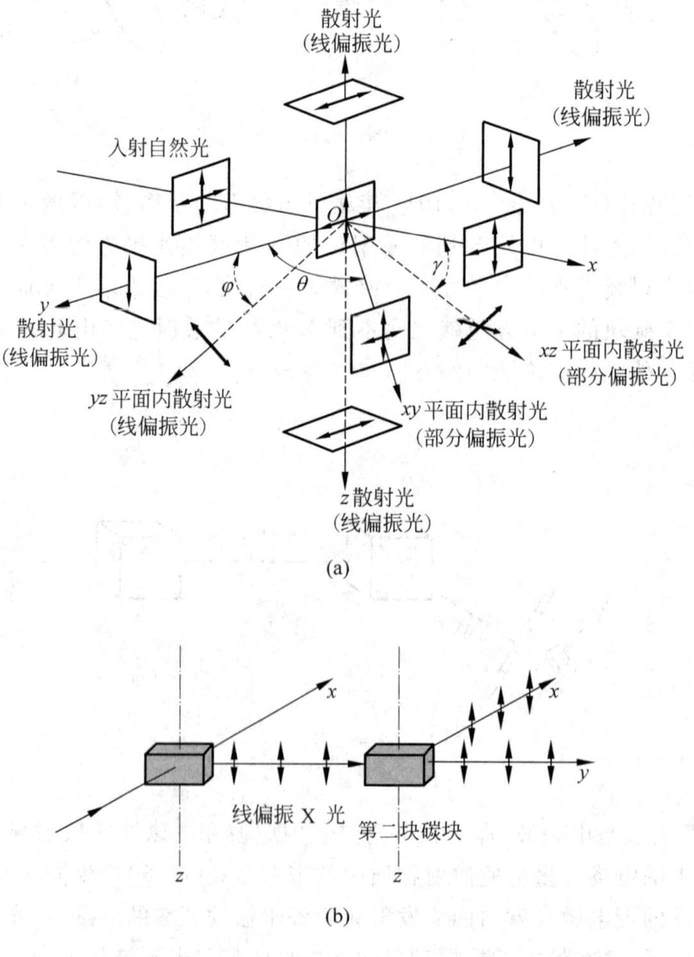

图 9.17

由以上分析，对图 9.16 所示的"双散射"实验加上坐标系，如图 9.17(b)所示，X 射线在 xy 水平面内沿 x 向射向第一块碳块，则按题意第二块碳块正好位于 xy 水平面内的 y 向。如果 X 射线是电磁波，由前面分析，那么处于 y 向的第二块碳块接收的第一块碳块的散射光一定是 z 向光矢量的线偏振光。此线偏振光又引起第二块碳块中电子的 z 向受迫振动，因此第二块散射体的散射光的光振动只能是沿 z 向。正因为如此，第二块散射体不应向 z 向散射(由横波性质所决定)，即在 z 向(在第二个碳块的上下方向)应该不会观察到 X 射线的散射光。巴克拉的"双散射"实验证实了这一点。"想法"是一种假设，巴克拉通过假设用经典理论推理出"双散射"实验的结果，又用实验验证了推理，由此严谨地论证了"X 射线是一种电磁波"的想法。

7. 当单轴晶体的光轴方向与晶体表面成一定角度时，一束与光轴方向平行的光入射到该晶体表面。这束光射入晶体后，是否会发生双折射？

答　会发生双折射。只有当光在晶体内沿光轴传播时，光才不发生双折射。当光在晶体外平行于光轴方向斜入射到晶体表面时，由于在表面一定会折射，故光在晶体内部传播时必然不沿光轴方向，一定会发生双折射。

8. 某束光可能是：(1)线偏振光；(2)圆偏振光；(3)自然光。你如何用实验确定这束光究竟是哪一种光？

答　(1) 先用偏振片迎向光，转动偏振片观察光强变化。若光强变化且有消光现象，则入射光为线偏振光。

(2) 若光强无变化，则这束光不是线偏振光，可能是圆偏振光或自然光。再在偏振片的前面加用一块四分之一波片，圆偏振光经过四分之一波片出射为线偏振光，转动偏振片观察光强变化。若光强变化且有消光现象，则入射光为圆偏振光。

(3) 如果(2)中观察光强无变化，则入射光为自然光。自然光经四分之一波片后，还是自然光。

***9.** 一块四分之一波片和两块偏振片混在一起不能识别，试用实验方法将它们区分开。

答　自然光通过四分之一波片后还是自然光，因此可取三个片中任意两个一前一后组合在一起，迎向自然光，用眼睛观察透射光的光强变化以辨别它们是偏振片还是四分之一波片。

转动后面一块片，如果发生消光现象(图 9.18(a))，则手中所拿的两块均为偏振片，另一片则为四分之一波片。如果透射光一直无光强变化(图 9.18(b))，说明此两块片中一块为四分之一波片，一块为偏振片，并且前面一块为四分之一波片，后面一块为偏振片。如果透射光强有变化但无消光现象(图 9.18(c))，说明此两块片中前面的一块是偏振片，后面的一块为四分之一波片。此时也可再多加一步骤，取两块中的一块并把另外的第三片(是偏振片)放在后面转动，如果还没出现消光现象，那前面的一片一定是四分之一波片；如果出现消光现象，则手中两片均是偏振片。

10. 在偏振光的干涉装置(见图 9.19)中，如果去掉偏振片 P_1 或偏振片 P_2，能否产生干涉？为什么？

答　如果去掉偏振片 P_1 或偏振片 P_2，不能产生干涉效应。自然光经偏振片 P_1 成为线偏振光，通过晶片后由于晶片的双折射，成为有一定相差、同频但光振动相互垂直的两束光。这两束光射入偏振片 P_2 时，只有沿 P_2 的偏振化方向的光振动才能通过，于是得到同频、光

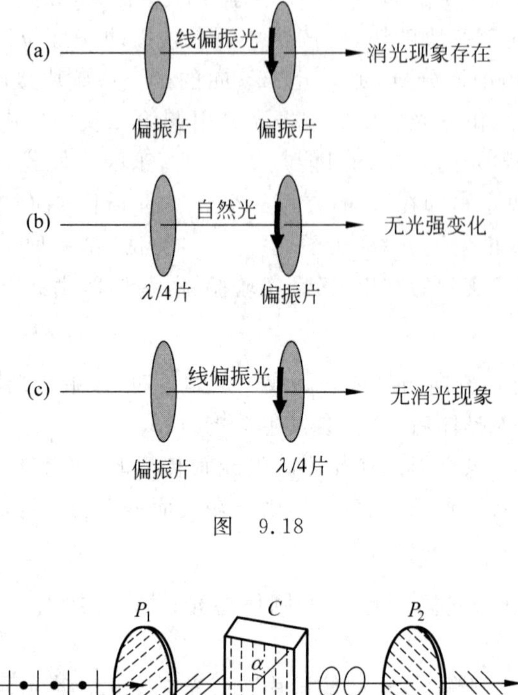

图 9.18

P1
C
α
P2

图 9.19

振动同向且有一定相位差的两束相干偏振光。

如果去掉偏振片 P_1,自然光直接入射晶片,由于自然光中各光矢量是独立的而无固定的相位关系,那么波片中的 o 光和 e 光在入射面的初相也是独立而没有固定的关系。尽管波片使得它们产生一个固定的相差 $\Delta\varphi=\frac{2\pi}{\lambda}(n_o-n_e)$,那出射波片的 o 光和 e 光也谈不上具有固定的相差关系,所以去掉偏振片 P_1,将使得相干偏振光要求具有固定相位差的条件得不到满足。如果去掉偏振片 P_2,由于出射波片的 o 光和 e 光的光矢量是垂直的,它们不会产生干涉,所以去掉偏振片 P_2 将使得相干偏振光要求振动方向相同的条件得不到满足。故在偏振光的干涉装置中,偏振片 P_1 或偏振片 P_2 缺一不可。

*11. 在图 9.20(a)中,如果 P_1 的方向在 C 和 P_2 之间,式

$$\Delta\varphi=\frac{2\pi}{\lambda}(n_o-n_e)d+\pi$$

中还有 π 吗? P_1 和 P_2 平行时,干涉情况又如何?

答 图 9.20(a)是偏振光干涉的振幅矢量图。P_1 和 P_2 表示正交偏振片的偏振方向,C 表示晶片的光轴方向。A_1 是透过 P_1 而入射晶片的线偏振光的振幅,A_o 和 A_e 是通过晶片后双折射光的振幅,A_{2o} 和 A_{2e} 为通过 P_2 后两束相干偏振光的振幅。线偏振光入射晶体,进入晶体形成的两束偏振光的初相差为零,厚度为 d 的晶体片使它们产生相差 $\frac{2\pi}{\lambda}(n_o-n_e)d$,当它们通过 P_2 时由于 A_{2o} 和 A_{2e} 方向相反而又产生一个附加相差 π,所以通过 P_2 后两束相

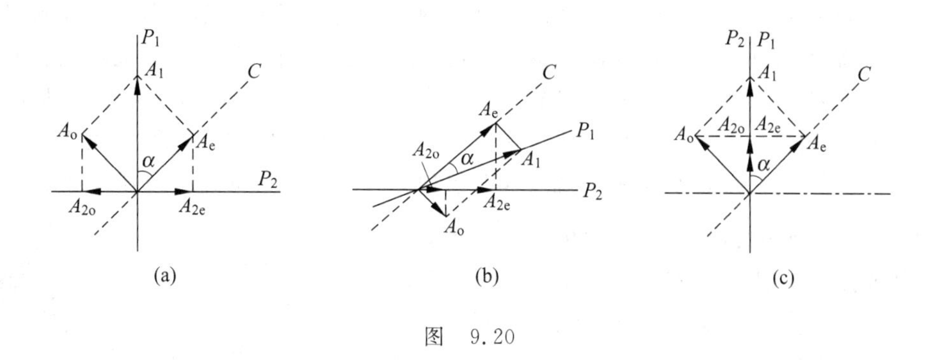

图 9.20

干偏振光总的相差为

$$\Delta\varphi = \frac{2\pi}{\lambda}(n_o - n_e)d + \pi$$

它们的振幅相等，为

$$A_{2e} = A_1 \cos\alpha \sin\alpha$$

$$A_{2o} = A_1 \sin\alpha \cos\alpha$$

因为同方向简谐振动的合成振幅为 $A_2 = \sqrt{A_{2o}^2 + A_{2e}^2 + 2A_{2o}A_{2e}\cos\Delta\varphi}$，所以通过三角函数运算可得 P_2 后面视场的光强为

$$I_\perp = A_2^2 = A_1^2 \sin^2 2\alpha \cos^2 \frac{\Delta\varphi}{2}$$

如果偏振化方向 P_1 在单轴晶片光轴 C 和 P_2 之间，从图 9.20(b)中可以看出，A_{2o}和 A_{2e} 方向相同，不产生附加 π 的相位差，所以上面相位差表示式中没有 π，变为

$$\Delta\varphi' = \frac{2\pi}{\lambda}(n_o - n_e)d$$

如果 P_1 和 P_2 平行，如图 9.20(c)所示，A_{2o}和 A_{2e}同方向，也不产生附加 π 的相位差，两相干光的相位差也是 $\Delta\varphi' = 2\pi/\lambda(n_o - n_e)d$，此时的两个光矢量振动振幅为

$$A_{2e} = A_1 \cos^2\alpha$$

$$A_{2o} = A_1 \sin^2\alpha$$

则它们叠加的合成光强为

$$I_{//} = A_{2o}^2 + A_{2e}^2 + 2A_{2o}A_{2e}\cos\Delta\varphi' = A_1^2\left(1 - \sin^2 2\alpha \sin^2 \frac{\Delta\varphi'}{2}\right)$$

与 P_1 和 P_2 正交时 P_2 后面视场的光强相比，由于 $\Delta\varphi = \Delta\varphi' + \pi$，$I_\perp$ 可写成

$$I_\perp = A_1^2 \sin^2 2\alpha \cos^2 \frac{\Delta\varphi}{2} = A_1^2 \sin^2 2\alpha \sin^2 \frac{\Delta\varphi'}{2}$$

有 $I_{//} + I_\perp = A_1^2 =$ 常量。如果是用单色光入射厚度一定的均匀的波晶片，$\Delta\varphi' = \frac{2\pi}{\lambda}(n_o - n_e)d$ 可看做恒定。当厚度使得$(n_o - n_e)d = k\lambda$ 时，对于 P_1 和 P_2 平行的情况，$\Delta\varphi = 2k\pi$，干涉加强，P_2 后面整个视场明亮；但对于 P_1 和 P_2 正交情况，$\Delta\varphi = \Delta\varphi' + \pi$，干涉相消，$P_2$ 后面整个视场最暗。也就是说，如果转动波晶片，P_1 和 P_2 平行时干涉强度加强到什么程度，两偏振片正交时就减弱到什么程度，总符合 $I_{//} + I_\perp = A_1^2 =$ 常量的条件。因此，若是白光入射，P_1 和 P_2 平行时如果是红光干涉相长，那么 P_1 和 P_2 正交时 P_2 后面视场显示的是红光的互补

色(绿色)。当白光入射厚度不均匀的波晶片时,由于不同的厚度对不同的波长引起的相差$\Delta\varphi'$不同,P_2后面视场各处干涉情况会不同,有的地方某种波长可能干涉加强,有的地方这种波长可能干涉相消,相消处显示的是它的互补色。总之,视场中将出现彩色干涉条纹,这种情况称为色偏振。由于$I_{//}+I_{\perp}=A_1^2=$常量,P_1和P_2平行与P_1和P_2正交两种情况呈现的彩色干涉条纹是互补色,也就是说任何时候把二者混合起来将重新恢复入射光的白色。

*12. 带上普通的眼镜看,池中的鱼几乎被水面反射的眩光蒙蔽掉了。带上用偏振片做成的眼镜,就可以看清鱼了。这是为什么?偏振片的通光方向如何?

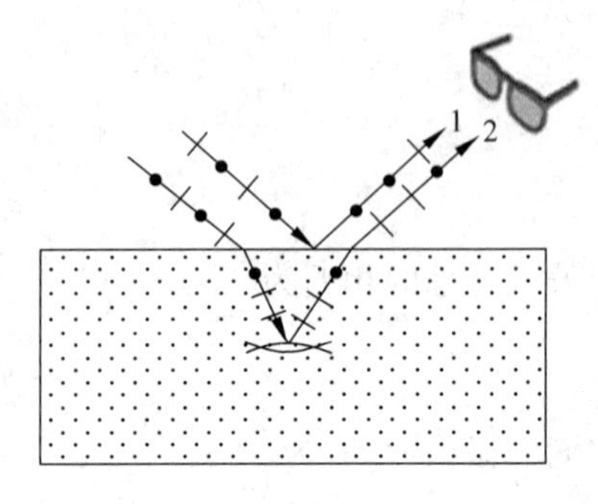

图 9.21

答 从水面传到人眼中的光包含水面直接反射的眩光1和经水面透射后入射至鱼再经鱼反射后的反射光2,它们都是部分偏振光。由图9.21看出,部分偏振光1中垂直于反射面的光振动分量较强,部分偏振光2中平行于反射面的光振动分量较强,且水面直接反射的眩光1强于2,所以池中的鱼几乎被水面反射的眩光蒙蔽掉。普通的眼镜是同等地对待光线1和2,改变不了现状,但带上用偏振片做成的眼镜,并使偏振片的通光方向平行于光线2的偏振化方向,大部分眩光将被滤掉,鱼的反射光信号相对增强,就可以看清鱼了。

9.1.4 几何光学

1. 在什么条件下,可以忽略光的波动性,认为光是沿直线传播的?

答 光的波长λ远小于障碍物或孔隙线度$d(\lambda\ll d)$的条件下可以忽略光的波动性,光线就可以被认为仍按原来方向直线传播。当λ和d可比拟(甚至大于d)情况下,将发生显著的衍射。

2. 烈日当空,浓密树荫下的亮斑是圆形的,大小一样。在日偏食时,这些亮斑都是月牙形的,大小也一样。这些亮斑都是阳光透过树叶的缝隙照射到地面形成的,其形状与这些缝隙的形状和大小无关,为什么?

答 物体的"影子"和"小孔成像"现象是表明光在均匀介质中沿直线传播的两个最基本事实。不管是烈日当空的圆形太阳(图9.22(a))还是日偏食时呈现月牙形的太阳(图9.22(b)),

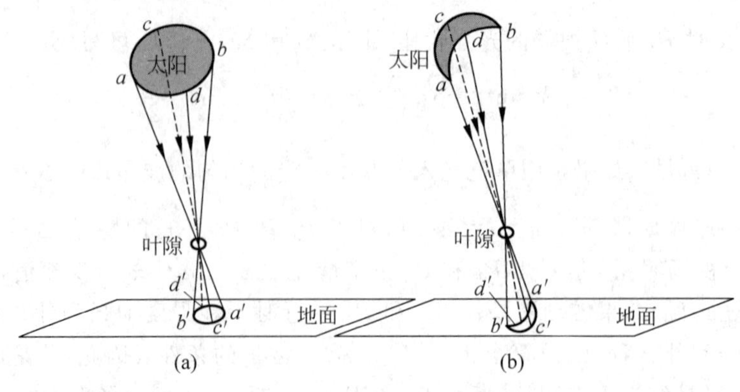

图 9.22

树叶间的缝隙都是“小孔”，小孔成像的特点是小孔后面的观察屏（地面）上的“像”与小孔的形状无关，它和光源的形状相同，如图 9.22 所示。其原因是太阳的可见光的波长远小于树叶间的缝隙（小孔）线度（$\lambda \ll d$），此时忽略光的波动性，光是沿直线传播造成的。

3. 要在墙上的穿衣镜中看到自己的全身像，镜本身的上下长度应是多少？应挂在多高的地方（相对于人的高度）？这长度和高度与人离镜的远近有关系吗？

答 如图 9.23 所示，来自人的头顶 A 和脚底 B 的两条光线在铅直平面镜 ac 反射后进入人的眼睛，它们分别入射在平面镜 ac 上的 a 点和 b 点。根据反射镜物像对称关系，像高 $\overline{A'B'}$ 等于人高 $\overline{AB}$，并且有 $\overline{Bc}=\overline{cB'}$。由几何学可知 $\overline{ab}=\overline{A'B'}/2=\overline{AB}/2$，$\overline{bc}=h/2$。也就是说，要在墙上的穿衣镜中看到自己的全身像，镜本身的上下长度 $l=\overline{ab}=\dfrac{\overline{AB}}{2}$ 至少应是自己身高的一半，且应挂在离地面 $H=\overline{bc}=h/2$ 之处。因为 l 与 H 均和图中 $\overline{Bc}$ 无关，所以这长度和高度与人离镜的远近无关。

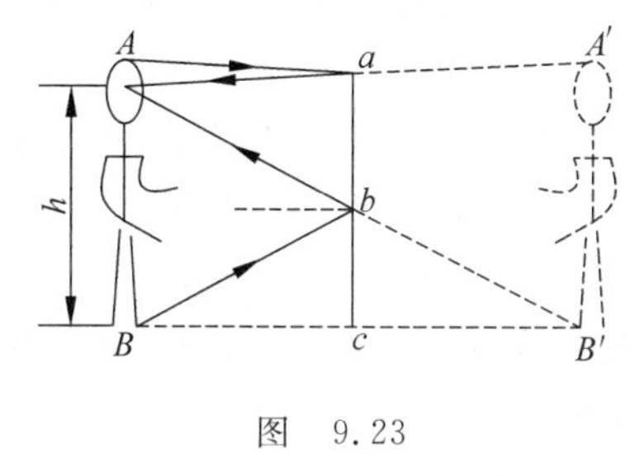

图 9.23

4. 汽车司机座位外面的后视镜和山区公路急转弯处外侧立的较大的观测镜都是凸面镜。用这种球面镜与用平面镜相比有什么好处？在后视镜中看到的后面的车到你的车的距离比实际距离是大还是小？

答 用这种凸面镜比用平面镜的好处是在凸面镜里能够看到的外界范围要比同宽度的平面镜大，即同宽度的凸面镜会给司机提供大的视角范围。图 9.24 显示了司机同样视角 δ 情况下，来自平面镜的光线给出的视野小（图 9.24(a)），来自凸面镜的光线给出的视野明显较大（图 9.24(b)）。

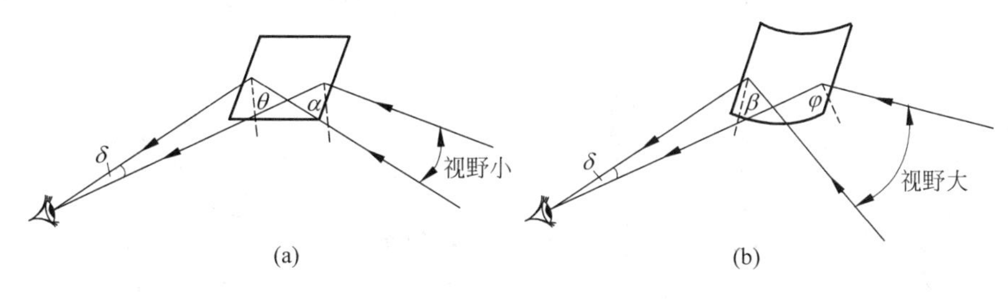

图 9.24

由球面镜成像公式

$$\frac{1}{s}+\frac{1}{-s'}=\frac{1}{-f}$$

可知，一定有 $s>s'$，即像距的大小小于物距。在后视镜中看到的是缩小的正立虚像，看到的是像距，所以司机在后视镜中看到的后面的车到自己车的距离（像距大小）比实际距离（物距）小。

5. 驱车开行在新疆草原上笔直的新修的柏油公路上，有时会看到前面四五百米远的路面上出现一片发亮的水泊水波荡漾（见图 9.25），但车开到此处时并未

图 9.25

发现任何水迹,那么为什么原来会看到水泊呢?(这种幻象叫海市蜃楼现象,在烟台的蓬莱阁上有时看到的海上仙岛也是类似原因造成的)

答 海市蜃楼,由古人归因于蛟龙之属的蜃吐气而成楼台城郭而得名。平静的海面、大江江面、湖面、雪原、沙漠或戈壁等地方,偶尔会在"空中"或"地下"出现高大楼台、城郭、树木、湖泊等幻觉景象,分别称为上蜃和下蜃现象。图 9.26(a)和(b)分别示意出了上蜃和下蜃现象。

如图 9.26(a)所示,风平浪静的夏日海面,由于海水热容大,不易升温,强烈的阳光照射下海面竖直向的稳定空气层,使得空气上暖下凉。由于热胀冷缩,大气密度由下向上连续变小,其折射率也是从下向上逐渐变小。分别来自物体上 A、B 的光线由折射率大的下层空气连续进入折射率较小的上层空气不断折射时,由折射定律,其入射角逐渐变大,光线逐渐地偏离法线方向(图 9.26(a)中示意了光线的连续折射),到某一点(如图 9.26(a)中 C)入射角大于临界角时发生全反射。光从此点折回,由折射率小的上层空气连续进入折射率较大的下层空气,光线逐渐向法线靠拢。如果此时迎着向下折射的光线,沿着光的切线方向人的眼睛看到的将是正立的高于实际物体的虚像,这就是上蜃现象的奇观。

图 9.26(b)的情况正好相反。夏季烈日当头,柏油马路因路面颜色深,夏天在灼热阳光下吸热能力强,温度上升极快,路面附近的下层空气温度上升得很高,由于空气传热性能差,而上层空气的温度相对较低,就形成了竖直向非常显著的连续的气温差异。无风时,由于热胀冷缩,就形成了由下到上空气密度(也是折射率的)逐渐变大的稳定的分布。当来自折射率大的上层空气层的物体的光线 A、B 射向下层,由于折射率逐渐变小,其入射角逐渐增大(图 9.26(b)中示意了光线的折射),在柏油马路表面热空气层增大到大于临界角时发生全反射。这时,要是逆着反射光线看去,人的眼睛中就会形成倒立的低于实际物体的虚像(下蜃现象奇观),仿佛是从水面反射出来的一样。全反射处的路面就像一片水波荡漾的水泊,显得格外明亮光滑。

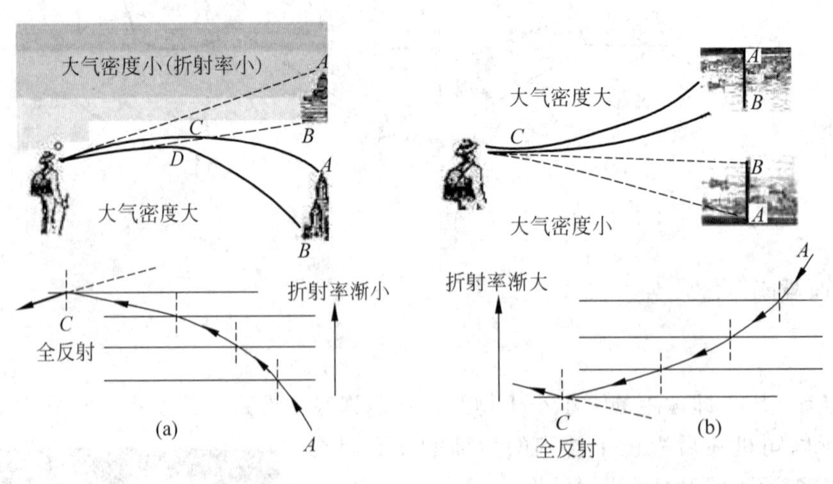

图 9.26

6. 白光(如日光)是由从红到紫的许多单色光组成的,一束白光(例如太阳光)通过三棱镜后各成分色光就分开了,这种现象叫色散。白光通过三棱镜后的色散如图 9.27 所示。你能由图判断出红光和紫光哪种光在玻璃中的速度更大吗?

答　介质对某种光的折射率等于光在真空中的速率和光在此介质中的速率之比，有

$$n=\frac{c}{v}$$

空气折射率近似取1，各种波长的光(红光、紫光等)在空气中的速率都一样，近似为真空中的速率 c。当光由空气入射玻璃时，折射定律给出

$$\frac{\sin i}{\sin r}=\frac{v_1}{v_2}=\frac{c}{v_2}$$

式中，i 为入射角；r 为折射角；v_1 为光在空气中的速率(取为 c)；v_2 为光在玻璃中的速率。由图看出，同一入射角 i 下红光比紫光的折射角大(更加偏离法线)，有 $\sin r_{红}>\sin r_{紫}$，那么红光在玻璃中的速率一定大于紫光的速率，即 $v_{红2}>v_{紫2}$。因此，玻璃对红光的折射率小于玻璃对紫光的折射率，在光出射出玻璃时，紫光比红光向三棱镜底边偏转角度大。

7. 什么是**全反射**现象？什么条件下会发生这种现象？发生全反射的最小入射角和界面两侧的介质的折射率有什么关系？

答　如图9.28所示，当光线从光密介质(n_1)射向光疏介质(n_2)时($n_1>n_2$)，由折射定律

$$\frac{\sin i}{\sin r}=\frac{n_2}{n_1}$$

当入射角 i 大到某一数值 i_c 时，折射角 $r=\pi/2$，有

$$i_c=\arcsin(n_2/n_1)$$

入射角 i 大于 i_c 时($i>i_c$)，折射线消失，光线全部反射，这种现象称为全反射。其中 i_c 称为全反射临界角。发生这种现象的条件是光线从光密介质(n_1)射向光疏介质(n_2)。发生全反射的最小的入射角(全反射临界角 i_c)和界面两侧的介质的折射率的关系为 $i_c=\arcsin(n_2/n_1)$。

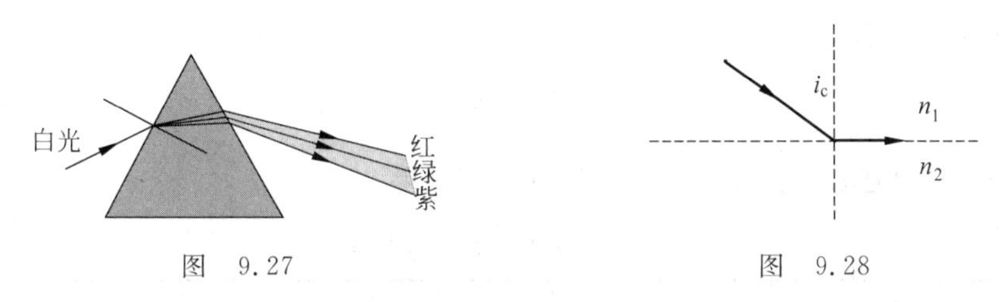

图　9.27　　　　图　9.28

8. 用塑料薄膜做一个铁饼式的密封袋，其中充满空气。把这样一个"空气透镜"放入水中时，它对平行于光轴的入射光线是会聚还是发散？如果此透镜两表面的曲率半径都是30 cm，它的焦距是多大？已知水的折射率 $n=1.33$。

答　空气的折射率 n_0 近似取1。如图9.29所示(图中 C_1 和 C_2 是空气透镜两表面的曲率中心)，当一束近轴平行光轴的光线从水中(折射率为 n)入射到"空气透镜"时，因为 $n>n_0$，所以由折射定律 $n\sin i_0=n_0\sin r_0$ 可知折射角大于入射角，$r_0>i_0$。当此折射光束作为入射光束入射到空气和水的另一方界面时，它是从光疏介质入射光密介质，因为 $n_0<n$，由折射定律 $n_0\sin i_1=n\sin r_1$ 得 $r_1<i_1$，说明

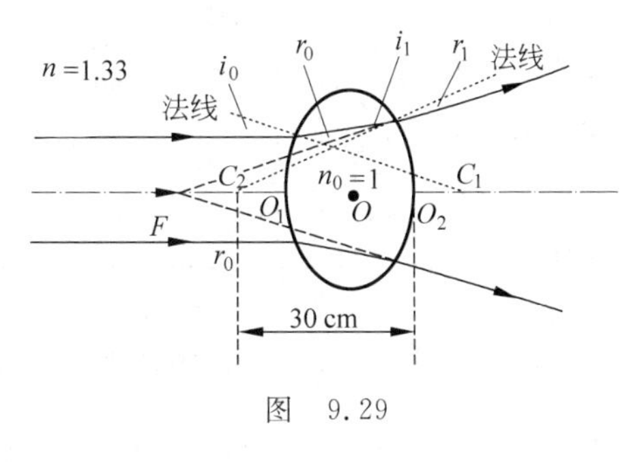

图　9.29

光束进一步发散,其反向延长线交于光轴的 F 点。所以水中的“空气透镜”是发散透镜,对平行于光轴的入射光线起发散作用。

同理,任何一条近轴平行光轴的光线经过“空气透镜”后的反向延长线都交于 F 点,F 点就是“空气透镜”的一个虚焦点。把铁饼式的“空气透镜”看成薄“空气透镜”,图中 O_1 和 O_2 点重合于光心 O,由磨镜者公式

$$\frac{n}{f}=(n_0-n)\left(\frac{1}{r_1}+\frac{1}{r_2}\right)$$

$n=1.33$,$n_0=1$,$r_1=r_2=30$ cm,计算可得“空气透镜”的焦距 $f=-60.45$ cm。

9. 填写下面关于薄透镜成像的小结表。你能对球面镜作出一个类似的表吗?

<table>
<tr><th colspan="2">焦　点</th><th>物</th><th colspan="4">像</th></tr>
<tr><th colspan="2">焦距 f</th><th>物距 s(范围)</th><th>像距 s'(范围)</th><th>正立或倒置</th><th>实或虚</th><th>放大或缩小</th></tr>
<tr><td rowspan="2">磨镜者公式 $\frac{1}{f}=$____,其中的 r 对____为正,____为负</td><td>凸透镜 f____0</td><td>$s>2f$
$s=2f$
$2f>s>f$
$s=f$
$s<f$</td><td></td><td></td><td></td><td></td></tr>
<tr><td>凹透镜 f____0</td><td>$s>0$</td><td></td><td></td><td></td><td></td></tr>
</table>

答　利用薄透镜成像公式

$$\frac{1}{s}+\frac{1}{s'}=\frac{1}{f}$$

和透镜的横向放大率公式

$$m=\frac{|s'|}{s}$$

可完成下表。也可通过光路图法直观地得到所需结果。

表一　薄透镜成像的小结

<table>
<tr><th colspan="2">焦　点</th><th>物</th><th colspan="4">像</th></tr>
<tr><th colspan="2">焦距 f</th><th>物距 s(范围)</th><th>像距 s'(范围)</th><th>正立或倒置</th><th>实或虚</th><th>放大或缩小</th></tr>
<tr><td rowspan="2">磨镜者公式 $\frac{1}{f}=(n_L-1)\left(\frac{1}{r_1}+\frac{1}{r_2}\right)$ 其中的 r 对凸起表面为正,凹进的表面为负</td><td>凸透镜 $f>0$</td><td>$s>2f$
$s=2f$
$2f>s>f$
$s=f$
$s<f$</td><td>$f<s'<2f$
$s'=2f$
$s'>2f$
$s'\to\infty$
$s'<0$</td><td>倒置
倒置
倒置
不成像
正立</td><td>实像
实像
实像
不成像
虚像</td><td>$m<1$
$m=1$
$m>1$

$m>1$</td></tr>
<tr><td>凹透镜 $f<0$</td><td>$s>0$</td><td>$s'<0,|s'|<s$</td><td>正立</td><td>虚像</td><td>$m<1$</td></tr>
</table>

对于傍轴光线,同样利用球面镜成像公式 $\frac{1}{s}+\frac{1}{s'}=\frac{1}{f}$ 和横向放大率公式 $m=\frac{|s'|}{s}$,可填出球面镜的类似表格。结合光路图法可以直观和清晰地得到所需结果。

表二　球面镜成像的小结

焦　　点		物	像			
焦距 f		物距 s(范围)	像距 s'(范围)	正立或倒置	实或虚	放大或缩小
焦距与球面半径关系 $f=\frac{r}{2}$ 其中 r 为球面半径	凹透镜 $f>0$	$s>2f$	$f<s'<2f$	倒置	实像	$m<1$
		$s=2f$	$s'=2f$	倒置	实像	$m=1$
		$2f>s>f$	$s'>2f$	倒置	实像	$m>1$
		$s=f$	$s'\to\infty$	不成像	不成像	
		$s<f$	$s'<0$	正立	虚像	$m>1$
	凸透镜 $f<0$	$s>0$	$s'<0, \lvert s'\rvert<s$	正立	虚像	$m<1$

10. 实际物体用一个凸透镜在什么范围不可能成像？用一个凹透镜在什么范围不可能成像？

答 (1)透镜成像公式为$\frac{1}{s}+\frac{1}{s'}=\frac{1}{f}$，凸透镜的焦距 f 是正值，其像距 $s'=f\frac{s}{s-f}$，由此可知：

① $s=f, s'=\infty$，不成像。

② $s>f$ 时，$s'>0$ 且 $s'>f$，像是实像，它和物分居透镜两侧，如图 9.30(a)所示。像距 $s'>f$，说明实像的位置只能在透镜另一侧的第二焦点 F' 以外，F' 以里即光心 O 到 F' 焦点之间的范围($O\sim F'$)是不可能成实像的。

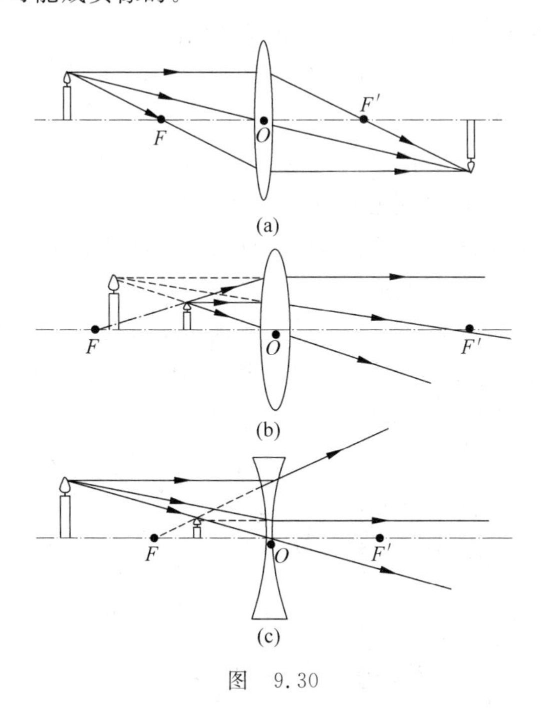

图　9.30

③ $s<f$ 时，$s'<0$ 为负，实际物体经一个凸透镜成虚像，虚像与实物同侧，如图 9.30(b)所示。因为$|s'|-s=f\frac{s}{f-s}-s=s\frac{s}{f-s}>0$，像距的绝对值大于物距，随着 s 在第一焦点 F

之内减小，s'的变化范围是$-\infty\sim0$，与实物同侧的虚像位置可以从无穷远到光心O的任何位置。

综合上述，实际物体用一个凸透镜成像，在凸透镜另一侧的第二焦点F'以内($O\sim F'$)范围是不可能成像的(包括实像和虚像)。

(2) 实际物体用一个凹透镜成像时，凹透镜的焦距为负(写成$-f$)，透镜成像公式写为$\frac{1}{s}+\frac{1}{s'}=\frac{-1}{f}$，得像距$s'=-f\frac{s}{s+f}$。由此可知$s'<0$且$|s'|<f$。$s'<0$说明像是和实物同侧的虚像，如图9.30(c)所示；$|s'|<f$说明虚像的位置只能处于和实物同侧的焦点F以内($F\sim O$)的范围，其他范围是不会出现像的。

11. 用球面镜和透镜成像做实验观察时，如何区别实像和虚像？

答 其一，对单个球面镜或透镜成像，实像是光线本身的交点，虚像是光线的延长线的交点，因此实像既可以用屏幕来接收，又可用眼睛来观察，而虚像只能用眼睛来观察。因此做成像实验时，通过移动光屏，能在光屏上显示的像为实像，不能在光屏上显示的像为虚像。其二，用球面镜或透镜做成像实验时，它们所成的实像都是倒立的，所成的虚像都是正立的。所以，用球面镜做成像实验时，眼睛迎着反射光线从镜中看到的正立像是虚像；用薄凸透镜成像做实验观察时，迎着透射光线看到的正立的像为虚像。

12. 要能看到物体的像，眼睛应该放在什么范围内？分别画出图9.31(a)、(b)的成像光路图及观察像时眼睛应放的范围。

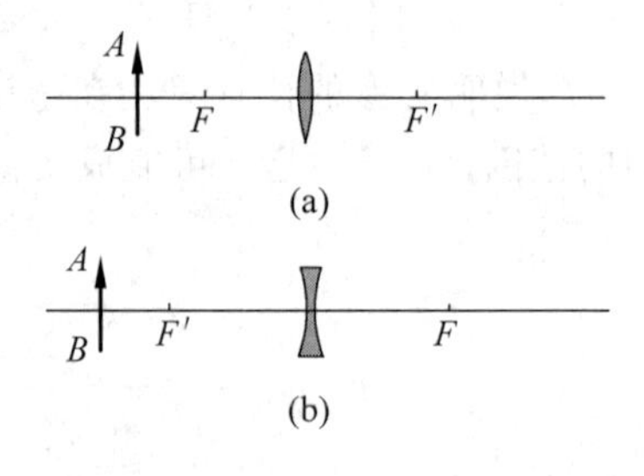

图 9.31

答 如果是利用光具组的反射光成像，眼睛要迎着反射光；如果是利用光具组的透射光成像，要能看到物体的像，眼睛应该迎着透射光放置。图9.31(a)、(b)所示为薄透镜成像，光路图法是利用三条特殊的主光线。对于凸透镜三条特殊的主光线为：①通过光心的光线经透镜后按原方向前进；②平行于光轴的光线经透镜后通过第二焦点F'；③通过第一焦点F的光线经透镜后平行于光轴前进。对于凹透镜三条特殊的主光线为：①通过光心的光线经透镜后按原方向前进；②平行于光轴的光线经透镜后折射线的反向延长线通过第二焦点F'；③指向第一焦点F的光线经透镜后平行于光轴前进。图9.31(a)、(b)的光路图分别如图9.32(a)、(b)所示。图中也示出了观察像时眼睛应放的范围。

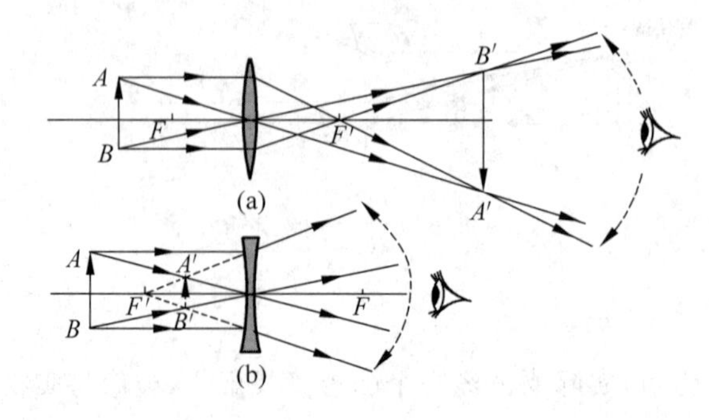

图 9.32

9.2　例题

9.2.1　光的干涉

1. 利用杨氏干涉可测定气体折射率，其装置如图9.33所示。透明薄壁容器长度为l，双缝与屏的距离为$D(l\ll D)$，S为波长为λ的激光光源。将待测气体注入容器逐渐排出空气的过程中，幕上干涉条纹就会移动，设空气折射率n为已知，则由移过的干涉条纹根数即可以求得气体折射率n'。

(1) 如果待测气体的折射率$n'>n$，干涉条纹如何移动？

(2) 如果将空气逐渐排出的过程中，条纹移过P_0点N条，求待测气体的折射率n'。

解　(1) 当透明薄壁容器充满待测气体时，其零级明纹位于屏幕的P点，其光程差为

$$\delta = nr_2 - [n(r_1 - l) + n'l] = n(r_2 - r_1) - l(n' - n) = 0$$

式中，r_1、r_2是两缝S_1、S_2到P点的空间几何距离。由于$n'>n$，有$r_2-r_1>0$，P点一定在P_0点的上方。所以，将待测气体注入容器逐渐排出空气的过程中，幕上干涉条纹向上移动，使得零级明纹将移至P点为止。

(2) 待测气体注入容器过程中，若条纹移过N条，则P_0点应为容器充满待测气体时$-N$级干涉明纹，其光程差为

$$\delta_{-N} = nr_0 - [n(r_0 - l) + n'l] = -N\lambda$$

得待测气体的折射率

$$n' = n + N\frac{\lambda}{l}$$

2. 一微波探测器位于湖岸水平面0.5 m高处，如图9.34所示。一射电星发射波长为21 cm的单色微波从地平线上缓慢升起，探测器将相继指示出信号强度的极大值和极小值。问：当接收到第一个极小值时，射电星位于地平线上什么角度？

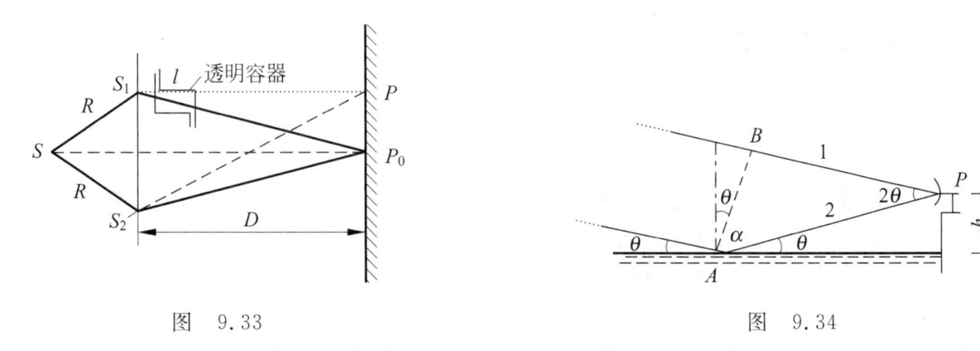

图　9.33　　　　图　9.34

解　干涉发生在由射电星发出的直接到达探测器的微波1和由射电星发出经湖面反射至探测器的微波2间，其光程差

$$\delta = \overline{AP} - \overline{BP} + \lambda/2 = \frac{h}{\sin\theta} - \frac{h}{\sin\theta}\cos 2\theta + \frac{\lambda}{2} = 2h\sin\theta + \frac{\lambda}{2}$$

当探测器指示出信号强度的极小值时，有

$$\delta = 2h\sin\theta + \frac{\lambda}{2} = (2k+1)\lambda/2, \quad k = 0,1,2,\cdots$$

当 $k=0$ 时，$\sin\theta=0(\theta=0°)$，两干涉光不会在 P 点相遇，故接收到第一个极小值时取 $k=1$。射电星位于地平线上的角度为

$$\theta_{\min}=\arcsin\frac{\lambda}{2h}=\arcsin\frac{21\times10^{-2}}{2\times0.5}\approx 12°7'20''$$

3. 如图 9.35 所示，在 AB 与 CD 两平玻璃之间夹着直径相差很小的两细丝 R 和 S，两细丝相距 l。当从上方入射波长为 500 nm 的单色光时，可观察到规则排列、明暗相间的反射光干涉条纹。若在 R 与 S 间出现 10(1→10)条明纹，而 R 和 S 处各距第1和第10条明纹中心 1/3 明条纹间距，那么 R 和 S 的直径之差为多少？

解 由于两细丝直径有差别，两玻璃间形成空气劈尖，波长为 λ 的光垂直入射形成明暗相间的直条纹。劈尖干涉中相邻明纹对应空气薄膜厚度差

$$\Delta e=\lambda/2$$

1/3 明条纹间距对应空气薄膜厚度差 $\frac{1}{3}\Delta e=\lambda/6$。视场共有 10 条明纹，9 个明纹间距，所以 R 和 S 的直径之差为

$$|D_S-D_R|=9\frac{\lambda}{2}+2\frac{\lambda}{6}=\frac{29}{6}\lambda$$

4. 如图 9.36 所示装置称为图门干涉仪，即在迈克耳孙干涉仪的一臂上用凸面反射镜 M_2 代替原平面镜，且调节 $OO_1<OO_2$，分束镜 G 与水平方向成 45°角，单色点光源放在透镜的前焦点上。问：

(1) 观察到的干涉图样呈什么形状？

(2) 当 M_1 背离 O 点移动直至 $OO_1=OO_2$ 时，干涉条纹如何变化？第 k 级明纹的半径又如何？

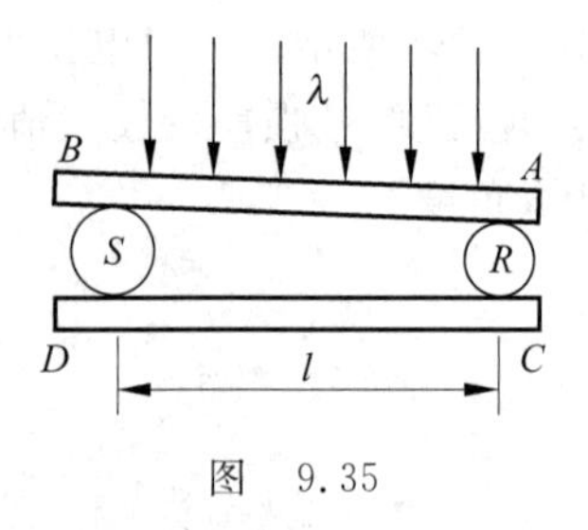

图 9.35

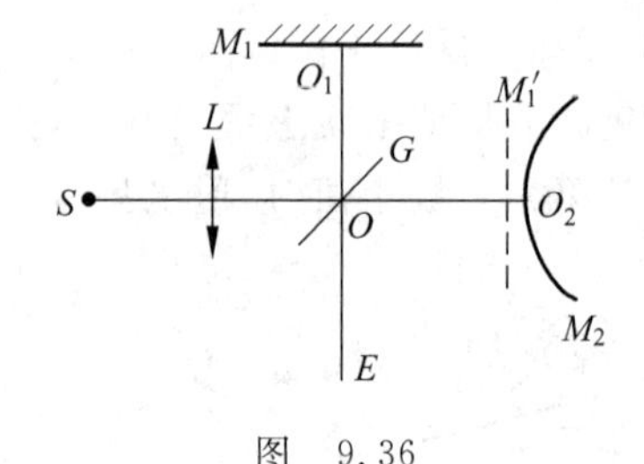

图 9.36

解 由点光源 S 发出的单色光经透镜 L 变成平行光照射干涉仪。干涉仪的等效干涉光路为由 M_2 和 M_1'(M_1 的等效像)所夹的空气薄膜所形成的薄膜干涉光路。M_2 为球面，M_1' 为平面，入射光为平行光，干涉装置等效于一个牛顿环干涉装置。

(1) 当 $OO_1<OO_2$ 时，装置中心薄膜厚度最小，但不为零，故观察到的等厚干涉条纹为以 O_2 为中心的里疏外密明暗相间的同心圆环。当 M_1 远离 O 点移动时，相当于 M_1' 向 O_2 点移动，等效薄膜变薄，中心有明暗变化，条纹向外涨出且反衬度增加。

(2) 当 $OO_1=OO_2$ 时，由于中心薄膜厚度为零且两反射面性质相同，故中心为零级明条纹，条纹变为中心为一亮斑的明暗相间圆条纹。第 k 级明纹半径 $r_k=\sqrt{kR\lambda}$。

9.2.2 光的衍射

1. 单缝夫琅禾费衍射实验如图 9.37 所示，缝宽 $a=1.0\times10^{-4}$ m，薄透镜的焦距为

$f=0.5\ \mathrm{m}$。如在单缝前面放一厚 $d=0.2\ \mu\mathrm{m}$、折射率 $n=1.5$ 的光学薄膜，并以波长 $\lambda_1=400\ \mathrm{nm}$ 和波长 $\lambda_2=600\ \mathrm{nm}$ 的复色光垂直照射薄膜，问透出薄膜而射入单缝的波长及屏上观察到的中央明纹宽度 $\Delta x=$？

解 $d=0.2\ \mu\mathrm{m}=200\ \mathrm{nm}$，波长为 λ 的光入射至薄膜，形成薄膜干涉，薄膜干涉对应的反射光光程差

$$\delta=2nd+\lambda/2$$

对 $\lambda_1=400\ \mathrm{nm}$ 的光，$\delta=2\times1.5\times200+200=800\ (\mathrm{nm})=2\lambda_1$，是 $\lambda_1/2$ 的偶数倍，满足干涉加强的条件，所以薄膜对 λ_1 是增反膜；对 $\lambda_2=600\ \mathrm{nm}$ 的光，$\delta=2\times1.5\times200+300=900\ \mathrm{nm}=1.5\lambda_2$，满足干涉相消的条件，薄膜对 λ_2 为增透膜。因此，通过薄膜透射出的是 600 nm 的光。

由单缝衍射中央明纹的宽度公式 $\Delta x=2f\dfrac{\lambda}{a}$，得

$$\Delta x=2\times0.5\times\frac{600\times10^{-9}}{1.0\times10^{-4}}\ \mathrm{m}=6.0\times10^{-3}\ \mathrm{m}$$

2. 在垂直入射于透射光栅的平行光中，有 λ_1 和 λ_2 两种波长，如图 9.38 所示。已知 λ_1 的第三级光谱线与 λ_2 的第四级光谱线恰好重合在离中央明条纹为 6 mm 处，且 λ_1 的第五级光谱线缺级。设 $\lambda_2=486.1\ \mathrm{nm}$，透镜的焦距为 0.5 m。问：

(1) $\lambda_1=$？光栅常数 $d=$？

(2) 光栅的每一条透光部分的最小宽度 $a_{\min}=$？

(3) 可能观察到 λ_1 的多少条光谱线？

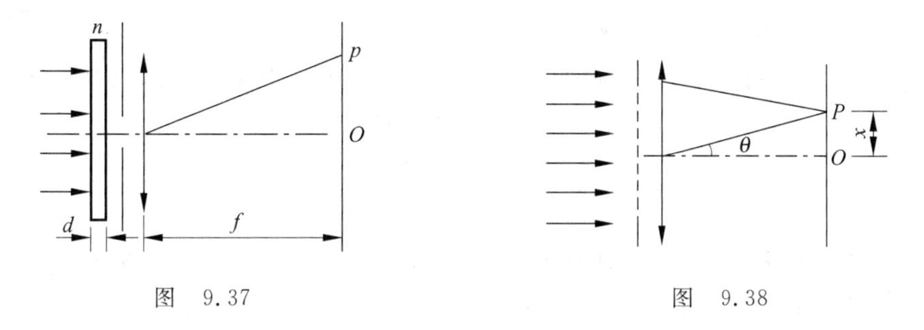

图 9.37　　　　图 9.38

解 (1) 已知 λ_1 的第三级光谱线与 λ_2 的第四级光谱线恰好重合，由光栅方程可得

$$d\sin\theta=\pm k_1\lambda_1$$
$$d\sin\theta=\pm k_2\lambda_2$$

所以有 $3\lambda_1=4\lambda_2$，可求得

$$\lambda_1=\frac{4}{3}\lambda_2=\frac{4}{3}\times486.1\ \mathrm{nm}=648.1\ \mathrm{nm}$$

因为 $\sin\theta\approx\tan\theta=\dfrac{x}{f}$，所以

$$d=\frac{4\lambda_2}{\sin\theta}\approx\frac{4\lambda_2}{x}f=\frac{4\times486.1\times10^{-9}\times0.5}{0.006}\ \mathrm{m}=1.62\times10^{-4}\ \mathrm{m}$$

(2) λ_1 的第五级光谱线应满足 $d\sin\theta=5\lambda_1$，缺级意味着此时的衍射角又使得此处是单缝衍射暗纹中心，即 $a\sin\theta=k'\lambda_1$ 成立。二式联立得 $a=\dfrac{k'}{5}d\ (k'=1,2,3,\cdots)$，当 $k'=1$ 时，可

求出此时光栅的每一条透光部分宽度最小值为

$$a_{\min}=\frac{1}{5}d=0.324\times10^{-4}\ \text{m}$$

(3) 可能观察到的谱线条数取决于可能出现的最大级数和缺级现象。可能出现的最大级数 $k_{\max}$ 可由光栅方程 $d\sin\theta=k\lambda$ 估算，k 的最大值由条件 $|\sin\theta|\leqslant1$ 来确定，所以有

$$k\leqslant\frac{d}{\lambda}=\frac{1.62\times10^{-4}}{648.1\times10^{-9}}=249.9$$

因为 k 为整数，所以取 $k_{\max}=249$。若光栅缝取最小缝宽，则缺的级数为

$$k=5k',\quad k'=1,2,3,\cdots$$

$k=5,10,15,\cdots$ 缺级。因为 $249\div5=49.8$，所以可能观察到的条纹数为

$$[2(249-49)+1]\text{条}=401\text{条}$$

3. 折射率为 n_1 和折射率为 $n_2(n_1<n_2)$ 的液体，被一光栅常数为 d 的平面透射光栅所隔开。波长为 λ 的单色平行光在 n_1 液体中以 φ 角入射，照亮了光栅的 N 个缝，如图9.39所示。求此光栅零级谱线的衍射角 $\theta_0=?$

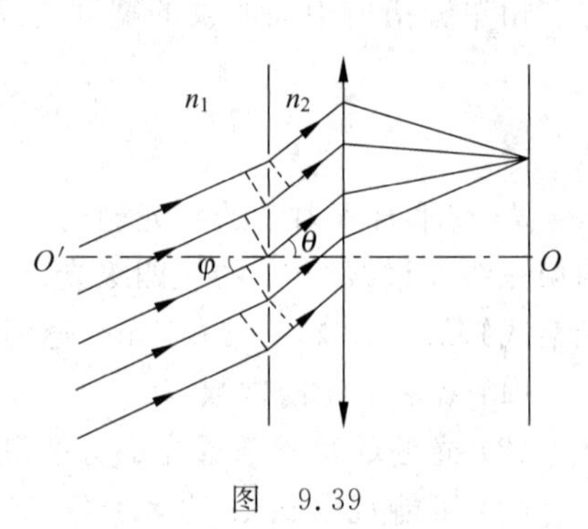

图 9.39

解 如图9.39所示，相邻两狭缝出射的衍射角为 θ 的光的光程差为

$$\delta=n_2d\sin\theta-n_1d\sin\varphi$$

因此斜入射的光栅方程为

$$n_2d\sin\theta-n_1d\sin\varphi=\pm k\lambda,\quad k=0,1,2,\cdots$$

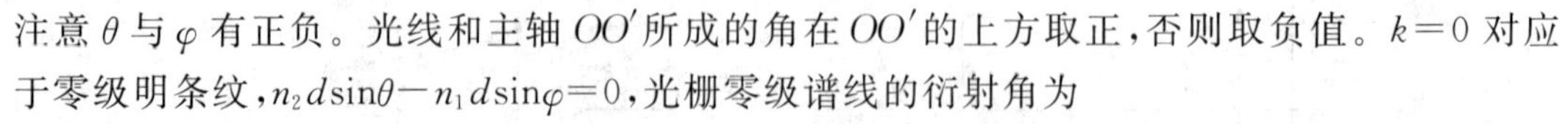

注意 θ 与 φ 有正负。光线和主轴 OO' 所成的角在 OO' 的上方取正，否则取负值。$k=0$ 对应于零级明条纹，$n_2d\sin\theta-n_1d\sin\varphi=0$，光栅零级谱线的衍射角为

$$\theta_0=\arcsin\frac{n_1\sin\varphi}{n_2}$$

4. 每个助视仪器都有一个与其分辨率相适应的放大率 N_0。有一物镜直径 $D=100$ cm 的望远镜，若只考虑衍射效应的影响，问：

(1) 对人眼最敏感的波长 $\lambda=550$ nm 的黄绿光，望远镜的最小分辨角是多少？

(2) 望远镜与其分辨率相适应的放大率 N_0 多大？设人眼瞳孔直径为 3 mm。

解 (1) 由角分辨率公式 $\delta\theta=1.22\dfrac{\lambda}{D}$，望远镜的最小分辨角是

$$\delta\theta=\frac{1.22\times550\times10^{-9}}{100\times10^{-2}}\ \text{rad}=6.71\times10^{-7}\ \text{rad}$$

(2) 人眼瞳孔直径为 3 mm，对 $\lambda=550$ nm 的黄绿光，人眼所能分辨的最小角度为

$$\Delta\theta=\frac{1.22\times550\times10^{-9}}{3\times10^{-3}}\ \text{rad}=2.24\times10^{-4}\ \text{rad}$$

这个数值远大于望远镜的物镜分辨本领。为了充分利用望远镜的物镜分辨本领，必须加一目镜来放大 $\delta\theta$ 至 $\Delta\theta$，故望远镜有一角放大率 N_0，为

$$N_0=\frac{\Delta\theta}{\delta\theta}=\frac{2.24\times10^{-4}}{6.71\times10^{-7}}=334\approx350$$

$N>N_0$ 也没有必要，并不会提高整个系统分辨细节的能力。所以此望远镜 350 倍的放大率已足够。

9.2.3　光的偏振

1. 两块偏振片共轴平行放置，用光强为 I_1 的自然光和光强为 I_2 的线偏振光同时垂直照射到第一块偏振片上，设线偏振光 I_2 与第一块偏振片偏振化方向的夹角为 α。问：

(1) 若不计偏振片对光的吸收，透射光的光强是多少？

(2) 若第一块偏振片固定不动，将第二块偏振片绕轴旋转一周，透射光的最大和最小光强各是多少？

解　(1) 自然光可以看做振动方向互相垂直、互相独立、光强相等的两个线偏振光。由于第一块偏振片的起偏作用，自然光只能透过沿偏振化方向振动的光，其透射光强为 $I_1/2$；而线偏振光 I_2 通过第一块偏振片，其光强由马吕斯定律给出，为 $I_2\cos^2\alpha$。所以，通过两块偏振片系统的透射光强为

$$I=\frac{1}{2}I_1\cos^2\theta+I_2\cos^2\alpha\cos^2\theta$$

其中 θ 是两块偏振片的偏振化方向之间的夹角。

(2) 若第一块偏振片固定不动，将第二块偏振片绕轴旋转一周，则 θ 角将连续改变 360°。透射光强将随之作周期性的连续变化。

透射光强的最大值发生在 $\theta=0°,180°,360°$处，其值为

$$I_{\max}=\frac{1}{2}I_1+I_2\cos^2\alpha$$

透射光强的最小值发生在 $\theta=90°,270°$处，其值为

$$I_{\min}=0$$

2. 由非偏振光源发出的单位强度的光垂直入射某偏振片后，出射光为平面偏振光，强度为入射强度的 32%。现有三片这种偏振片，两片平行放置且透光方向互相正交，第三片平行地插于其间，且透光方向与第一片成 θ 角，如图 9.40 所示。求光透过整个系统后的透射光强。当以角速度 ω 绕光的传播方向转动第三片偏振片时，说明非偏振光经过整个系统后透射光强的变化规律。

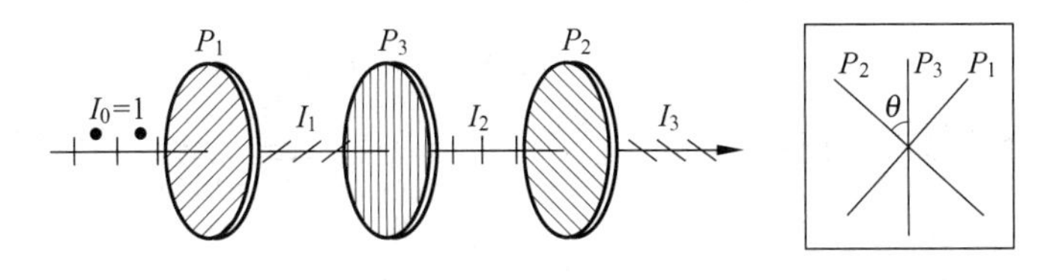

图　9.40

解　光从第一片偏振片出射后为偏振光，若无吸收时，沿偏振化方向的偏振光强度应为 $I'_1=0.5I_0=0.5\ (I_0=1)$，而透光光强为 $I_1=0.32$，所以偏振片对入射光有吸收。其对非偏振光中沿透光方向的光振动矢量的吸收率为

$$\alpha=\frac{I_1'-I_1}{I_1'}=0.36$$

所以,图中 I_2 可由马吕斯定律给出:

$$I_2=I_1\cos^2\theta(1-\alpha)$$

图中 I_3 为

$$I_3=I_2\cos^2\left(\frac{\pi}{2}-\theta\right)(1-\alpha)=I_1(1-\alpha)^2\cos^2\theta\sin^2\theta$$

$$=0.32\times(1-0.36)^2\cos^2\theta\sin^2\theta=3.3\times10^{-2}\sin^2 2\theta$$

当以角速度 ω 绕光的传播方向转动第三片偏振片时,若设 $t=0$ 时,$\theta=0°$,且 $\theta(t)=\omega t$,有 $I_3=3.3\times10^{-2}\sin^2 2\omega t$。随着第三片偏振片的转动,总透射光强在 0~0.033 间变化。

3. 利用光在多层平行介质表面的反射和透射可以得到完全偏振光,如图 9.41(a)所示的装置:两个完全相同的直角等腰玻璃棱镜间置有交错放置的多层平行介质层(图 9.41(b)为其剖面放大图),介质膜的折射率从左至右依次为 $n_1,n_2,n_1,n_2,\cdots,n_1$,玻璃的折射率为 n,且 $n_1>n>n_2$,自然光沿水平方向入射至介质层表面,则要使从介质表面反射的光偏振化程度尽可能高,n、n_1、n_2 应满足什么关系?

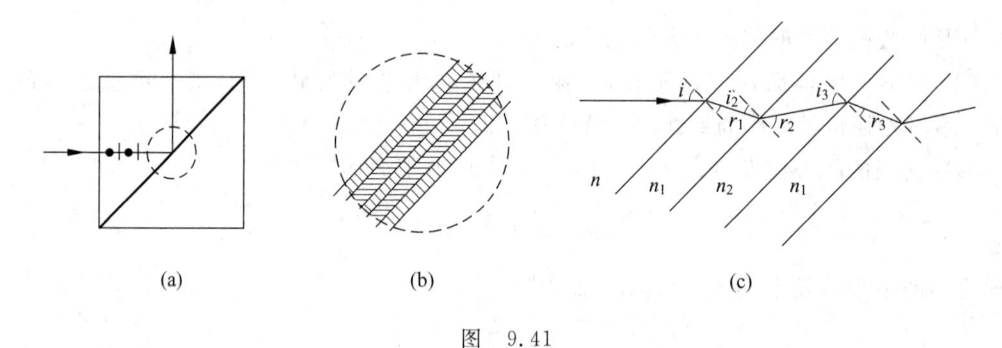

图 9.41

解 光在介质表面入射时,若满足布儒斯特定律:$\tan i=n_2/n_1$,反射光为完全偏振光,偏振度为1。此题中,光由玻璃入射至介质表面发生反射时,如图 9.41(c)所示,$i=\pi/4$,$\tan i=\tan\pi/4=1\neq n_1/n$,显然反射光不是完全偏振光而是部分偏振光。

光从 n_1 介质进入 n_2 介质,在第二个表面入射时,入射角满足 $i_2=r_1$,而 r_1 满足 $n\sin\pi/4=n_1\sin r_1$,有

$$\sin i_2=\sin r_1=n/\sqrt{2}n_1$$

要使反射光为完全偏振光,应有 $\tan i_2=n_2/n_1$,即 $\tan i_2=\dfrac{\sin i_2}{\sqrt{1-\sin^2 i_2}}=\dfrac{n_2}{n_1}$,得

$$\sin i_2=\frac{n_2}{\sqrt{n_1^2+n_2^2}}$$

代入上式,得 $\dfrac{n}{\sqrt{2}n_1}=\dfrac{n_2}{\sqrt{n_1^2+n_2^2}}$。故,$n$、$n_1$、$n_2$ 应满足的关系为

$$n=n_1n_2\sqrt{\frac{2}{n_1^2+n_2^2}}$$

当光从 n_2 介质进入 n_1 介质,在第三个介质表面反射时,其入射角 $i_3=r_2$,而 r_2 满足 $n_1\sin i_2=$

$n_2\sin r_2$，所以有

$$n_2\sin i_3 = n_2\sin r_2 = n_1\sin i_2$$

当 $n=n_1n_2\sqrt{\dfrac{2}{n_1^2+n_2^2}}$ 时，光在第二个介质表面入射时满足布儒斯特定律，有 $i_2+r_2=90°$，即 $i_2+i_3=90°$，所以 $\sin i_2=\cos i_3$，代入上式有 $\tan i_3=n_1/n_2$。即光在第三个介质表面反射时亦满足布儒斯特角入射，反射光为完全偏振光。

依此类推，当满足上述条件入射时，光除了第一次反射和最后一次反射不满足布儒斯特定律外，其他各次反射均满足布儒斯特角定律，反射光为完全偏振光，故反射光的偏振化程度最高。

4. 如图 9.42 所示，一厚度为 10 μm 的方解石晶片，其光轴平行于表面，放置在两正交偏振片之间，晶片主截面与第一个偏振片的偏振化方向夹角为 45°，若用波长为 600 nm 的光通过上述系统后呈现厚度极大，晶片厚度至少需磨去多少微米？（方解石的 $n_o=1.658$，$n_e=1.486$）

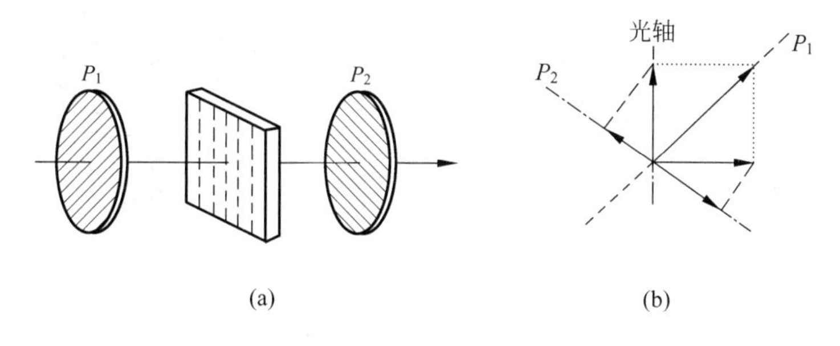

图　9.42

解　光经过题中所述的偏振光干涉装置，由图 9.42(b)可得到两相干光的总相位差为

$$\Delta\varphi = \frac{2\pi}{\lambda}(n_o - n_e)d + \pi$$

第一项为经过 P_1 出射的线偏振光通过晶片产生的相差，第二项是投影产生的附加相差。要使两偏振光干涉加强，应有

$$\Delta\varphi = 2k\pi,\quad k = 1,2,\cdots$$

或

$$(n_o - n_e)d = (2k-1)\frac{\lambda}{2}$$

即有

$$d = \frac{\lambda}{n_o - n_e}\left(k-\frac{1}{2}\right) = 3.488\left(k-\frac{1}{2}\right)(\mu\text{m})$$

当 $k=1,2,3$ 时，$d=1.744$ μm，5.232 μm，8.72 μm。显然，要使 600 nm 的光经过 P_2 后干涉加强，晶片厚度至少应磨去

$$\Delta d = d_0 - d_3 = (10 - 8.72)\ \mu\text{m} = 1.28\ \mu\text{m}$$

9.3 几个问题的说明

9.3.1 关于"杨氏干涉"

1. 杨氏双孔与杨氏双缝干涉实验。若设图9.43(a)中 S_1、S_2 为很小的孔,图9.43(a)就表示杨氏双孔实验。衍射屏后方的光场中任一点的光强取决于该点到 S_1、S_2 的光程差,就是图中场点 P 到 S_1、S_2 的几何距离差 r_2-r_1,相长干涉的条件是 $r_2-r_1=\pm k\lambda$ ($k=0,1,2,\cdots$)。对应每一个 k 值,P 点的集合就是以 S_1、S_2 为焦点,以它们的连线为旋转轴的旋转双曲面,如图9.43(b)所示。观测屏上观测到的干涉条纹就是观测屏面与这一簇旋转双曲面的交线。若观测屏平行于 S_1、S_2 的连线,除对应 $k=0$ 的中央明纹为直条纹外,在它两侧对称分布着略微弯曲的明暗相间的条纹。当 $D\gg d$、视场较小时,观测屏上呈现出等距离分布的直条纹。

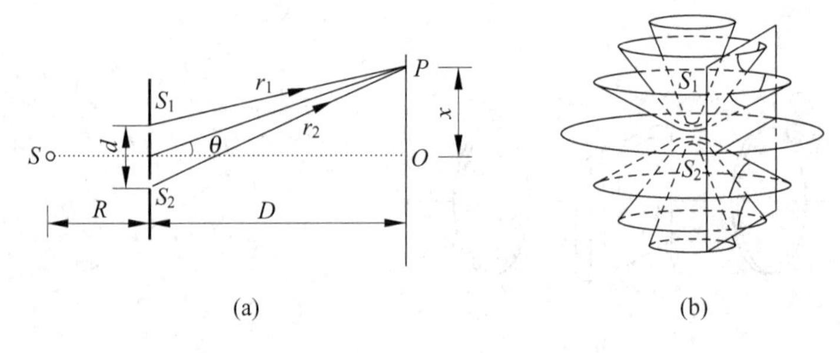

图9.43 杨氏干涉

如果 S_1、S_2 是很窄的双缝,可被看做由一对对沿缝向排列的双孔(点光源)组成,则这一对对双孔各自都产生一套同样的但沿缝向错开的干涉条纹,这些双孔干涉条纹光强的非相干叠加结果形成观测屏上总光强分布,也就是杨氏双缝干涉图样。可见,双缝干涉条纹图样和双孔干涉图样是一样的,但明暗对比更为鲜明,因此现在的类似实验都是用细双缝代替杨氏的双孔。

2. 杨氏干涉条纹是非定域干涉条纹,干涉域为衍射屏后方的所有空间。由上可知,观测屏放在衍射屏后方的任意位置都可观测到干涉条纹。实验中为了便于观察,一般把观测屏放在相对较远的地方。

3. 杨氏双缝干涉实验中,θ 角较小的范围内的衬比度接近1。通常双缝宽度相等,而且都比较窄,在 θ 角较小的范围内,来自双缝的相干光在各处的光强近似相等,这样明纹处的光强为4倍单缝光强,暗处光强为零,衬比度接近1。所以杨氏双缝干涉实验中,一般都是在 θ 角较小的范围内进行观测。

4. 杨氏双缝干涉实验中,利用普通单色光源总能观测到相当多的干涉条纹。虽然双缝的相干光的光程差由于谱线宽度 $\Delta\lambda$ 的影响,有一限度 $\delta_{\max}=L$(波列长度 L),但由于普通单色光源相干长度 L 大概为几个毫米数量级,而 $\delta_{\max}=k\lambda$,级数 k 可以很大,所以普通单色光源总能观测到相当多的干涉条纹。

5. 杨氏双缝干涉实验中,缝光源 S 有一极限宽度 b,当缝光源 S 的宽度达到 $b=\dfrac{R}{d}\lambda$ 时,在双缝后面任何距离处都不会出现干涉条纹。这是由于带光源 S 可以看做由许多并排的线光源组成，它们独立发光，是不相干的。由于它们的横向（垂直于轴向）排列，各自的干涉条纹是彼此错开的。如果缝光源 S 的两边缘处的线光源的干涉条纹错开半个条纹，衬比度明显下降；如果错开一个条纹间距，那么所有线光源干涉条纹非相干叠加的结果，使得光强均匀分布，干涉条纹消失。

6. 测星干涉仪就是利用杨氏干涉实验中的空间相干性原理。由于光源 S 有一极限宽度 $b=\frac{R}{d}\lambda$，对于有一定宽度 b 的普通光源，要想在 R 一定的情况下产生干涉现象，必须减小缝间距 d，即 d 必须小于某一值 d_0，$d_0=\frac{R}{b}\lambda$（相干间隔）。测星干涉仪中的光源就是发光星体，其直径就相当于光源的宽度 b，R 就是星体到地球的距离。通过改变缝间距致使干涉条纹消失时的 d_0 测定和此时双缝 S_1、S_2 对星光源中心所张角度（相干孔径）的测量可以实现对星体的测量。

7. 杨氏干涉实际为单缝衍射和双光束干涉的综合效果。干涉条纹会受到衍射的调制，缝宽不同，受到衍射的调制程度不一样。在杨氏干涉实验中，一般 S_1、S_2 双缝缝宽 a 很小，单缝衍射的中央明纹宽度相对很大$\left(\Delta x\propto\frac{\lambda}{a}\right)$，在 θ 角较小的范围内近于等强度分布，调制作用很不明显。当 a 不是很小时，调制作用就比较明显，因而干涉条纹不等强度分布比较明显。此时，就不称为杨氏干涉，而改称双缝衍射了。

9.3.2　关于分振幅的“薄膜干涉”

1. 点光源的透明薄膜干涉条纹是非定域的，扩展光源薄膜干涉条纹是定域的。点光源发出的光投射到透明薄膜的表面上，膜的上表面使其一部分能量反射回来，一部分能量折射到达膜的下表面被反射后又透射回来，形成分振幅的相干光的交叠区域从薄膜的表面一直延伸到无穷远处，如图 9.44 所示。在这广阔区域里都有干涉条纹，干涉条纹为非定域的。当光源是具有一定宽度的面光源时，光源上每个独立的点光源都形成自己的非定域干涉条纹，而且它们是错开的，它们非相干叠加的总效果造成很大一部分区域中的干涉条纹消失，而只在某些特定的区域还能看到干涉条纹（空间相干性变差），这种条纹被称作扩展光源的薄膜干涉定域条纹。在膜面附近能看到薄膜的等厚干涉条纹，当扩展光源相对薄膜正入射的平行光线的等厚干涉条纹定域于薄膜的上表面时，介质膜上表面的同一条等厚线上形成了同一级次的一条干涉条纹，此时必须把眼睛调焦于薄膜的上表面。在无穷远处能看到薄膜的等倾干涉条纹，对于折射率均匀、厚度均匀的透明薄膜，扩展光源的各点光源发出的凡以相同倾角入射的光在无穷远处产生的干涉情况都一样，总光强为各点光源干涉环的非相干叠加，所以扩展光源在无穷远处的干涉条纹的明暗对比非常鲜明。

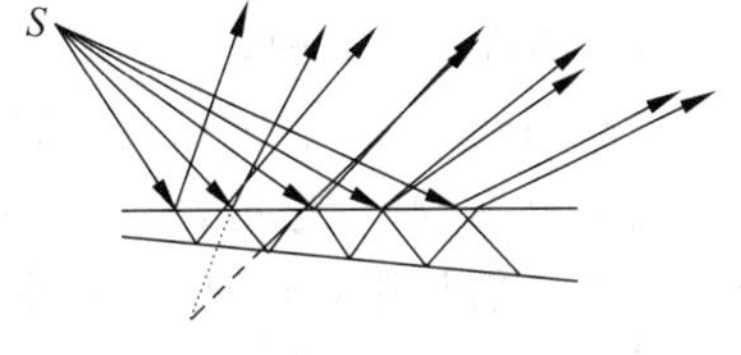

图 9.44　点光源薄膜干涉

2. 薄膜干涉中的附加光程差为 $\lambda/2$。在实际中，等厚干涉条纹和等倾干涉条纹的观测如图 9.45 所示。

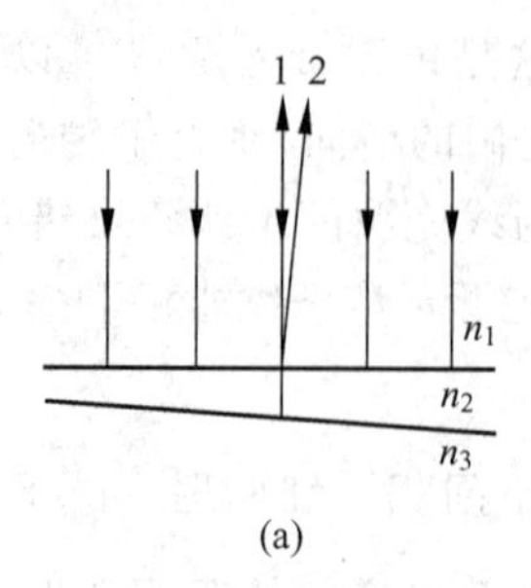

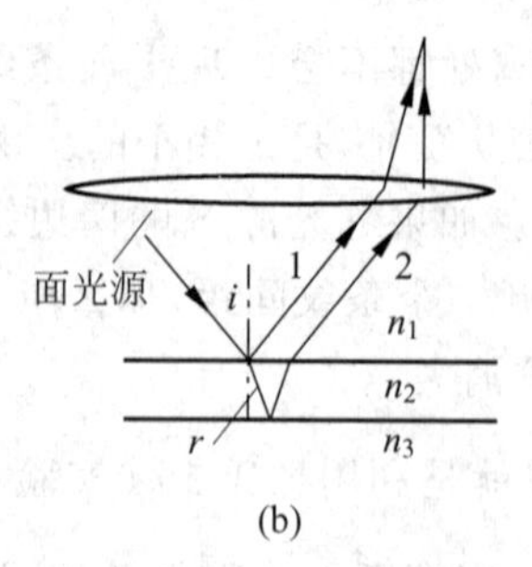

图 9.45 薄膜干涉

图中1、2分别是薄膜上下表面的反射光,它们的能量是从同一条入射光线分出来的。在 $n_1<n_2<n_3$(或者 $n_1>n_2>n_3$)的情况下,计算1、2光程差时不需加入 $\lambda/2$ 的附加光程差,因为两面的反射都属于由光疏到光密介质(或由光密到光疏)的反射。在 $n_1<n_2$ 且 $n_3<n_2$ 或者($n_1>n_2$ 且 $n_3>n_2$)的情况下,计算1、2光程差时需加入 $\lambda/2$ 的附加光程差,因为两面的反射情况不同,一个属于由光疏到光密的反射,一个属于由光密到光疏的反射。

3. 单层增透膜和高反射膜。增加透射、减少反射,要求反射光干涉减弱,这是增透膜所起的作用。实际应用中,一般是 $n_1=1$(空气),在光学玻璃(n_3)上镀一层折射率为 n_2 的透明膜以达到对特定波长 λ 光的增透目的,如图 9.46 所示。要达到增透目的,镀膜的折射率一定要小于玻璃的折射率,即 $n_2<n_3$。从光程差的角度,要求介质膜的最小厚度为 $h=\frac{\lambda}{4n_2}$。从反射光完全相消的角度,要求在膜面干涉的两反射光的振幅尽量相等,镀膜的折射率应满足 $n_2=\sqrt{n_1n_3}$。对于 $n_3=1.5$ 的光学玻璃,要求 $n_2=1.22$ 才能达到100%的增透效果。但目前折射率如此低的镀膜材料还未找到,常用的材料是 $n_2=1.38$ 的氟化镁,但它仍有1.3%的剩余反射。

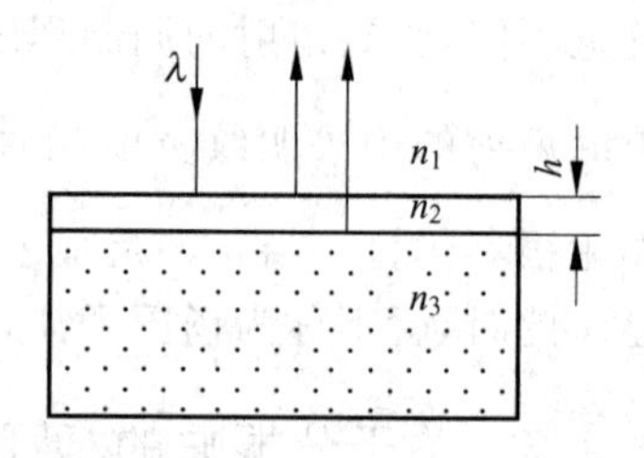

图 9.46 单层增透膜

增加反射、减少透射,要求反射光干涉加强,这是增反射膜(高反射膜)所起的作用。要想达到增反射作用,镀膜的折射率一定要大于玻璃的折射率,即 $n_2>n_3$,镀膜材料的折射率越大效果越好。从光程差角度应有 $2n_2h+\frac{\lambda}{2}=\lambda$,即 $h=\frac{\lambda}{4n_2}$ 时有最佳的增反效果。在光学玻璃上镀一厚度 $h=\frac{\lambda}{4n_2}$ 的硫化锌(ZnS,$n_2=2.35$),对 λ 光的反射率约为33%。和单层增透膜的广泛应用相反,很少利用单层增反射膜,多采用多层增反射膜以增加反射率。

应注意的是,镀膜层的折射率无论大于还是小于光学玻璃的折射率,只要镀膜厚度为 $\frac{\lambda}{4n_2}$ 的偶数倍 $\left(\frac{\lambda}{2n_2},\frac{\lambda}{n_2},\cdots\right)$ 就既无增透也无增反作用,只有保护光学玻璃作用。也就是说只有镀膜厚度为 $\frac{\lambda}{4n_2}$ 的奇数倍才具有较好的增透或增反作用。

9.3.3 光的相干性问题的讨论

任意两单色点光源发出的单色波在 P 点相遇,如图 9.47 所示,两波在 P 点引起的光振动分别为

$$\boldsymbol{E}_1(P,t) = \boldsymbol{E}_{10}(P)\cos(k_1 r_1 - \omega_1 t + \varphi_{10})$$
$$\boldsymbol{E}_2(P,t) = \boldsymbol{E}_{20}(P)\cos(k_2 r_2 - \omega_2 t + \varphi_{20})$$

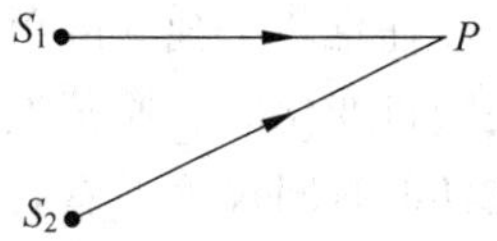

图 9.47　两单色光的干涉

设 φ_{10}、φ_{20} 为常数，即设单色点光源发出的单色波有固定的初相位差 $\Delta\varphi_0 = (\varphi_{20} - \varphi_{10})$。$P$ 点合振动为 $\boldsymbol{E}(P,t) = \boldsymbol{E}_1(P,t) + \boldsymbol{E}_2(P,t)$，$P$ 点光强为 $I(P,t) = \overline{E^2(P,t)}$。而

$$\begin{aligned} E^2 = \boldsymbol{E}\cdot\boldsymbol{E} &= E_1^2 + E_2^2 + 2\boldsymbol{E}_{10}\cdot\boldsymbol{E}_{20}\cos(k_1 r_1 - \omega_1 t + \varphi_{10})\cos(k_2 r_2 - \omega_2 t + \varphi_{20}) \\ &= E_1^2 + E_2^2 + \boldsymbol{E}_{10}\cdot\boldsymbol{E}_{20}\cos[k_2 r_2 - k_1 r_1 - (\omega_2 - \omega_1)t + (\varphi_{20} - \varphi_{10})] \\ &\quad + \boldsymbol{E}_{10}\cdot\boldsymbol{E}_{20}\cos[k_2 r_2 + k_1 r_1 - (\omega_2 + \omega_1)t + (\varphi_{20} + \varphi_{10})] \end{aligned}$$

其中第三项和最后一项是时间的函数。第三项随时间变化的周期是 $2\pi/(\omega_2 - \omega_1)$，受 $\Delta\omega = \omega_2 - \omega_1$ 的影响，它有可能随时间缓慢变化；最后一项随时间的变化周期为 $2\pi/(\omega_1 + \omega_2)$，对可见光约为 10^{-15} s。对于一般探测器，在 P 点探测到的是在其响应时间 τ 内(感光胶片的响应时间约 10^{-3} s，人眼的响应时间约 10^{-1} s)的光强的时间平均值，为

$$I(P) = \frac{1}{\tau}\int_0^{\tau} E^2(P,t)\,\mathrm{d}t$$

显然，在一般探测时间 τ 内，E^2 表达式中最后一项的时间平均值必为零，因为时间 τ 内包含了许多个此余弦函数的周期。所以，$I(P)$表达式为

$$I(P) = \overline{E^2} = \overline{E_1^2} + \overline{E_2^2} + \boldsymbol{E}_{10}\cdot\boldsymbol{E}_{20}\,\overline{\cos[k_2 r_2 - k_1 r_1 - (\omega_2 - \omega_1)t + (\varphi_{20} - \varphi_{10})]}$$

因为 $\sqrt{I_1} = \sqrt{\overline{E_1^2}} = \frac{1}{\sqrt{2}}E_{10}$，$\sqrt{I_2} = \sqrt{\overline{E_2^2}} = \frac{1}{\sqrt{2}}E_{20}$，上式又可写成

$$I(P) = I_1(P) + I_2(P) + 2\sqrt{I_1(P)I_2(P)}\cos\theta\,\overline{\cos(\Delta\varphi)}$$

式中 θ 为 $\boldsymbol{E}_{10}$ 与 $\boldsymbol{E}_{20}$ 间的夹角，$\Delta\varphi = k_2 r_2 - k_1 r_1 - \Delta\omega t + \Delta\varphi_0$。为保证干涉的存在，此式中的第三项 $2\sqrt{I_1(P)I_2(P)}\cos\theta\,\overline{\cos\Delta\varphi} \neq 0$，则必须有：

(1) $\theta \neq \frac{\pi}{2}$，即 $\boldsymbol{E}_1$、$\boldsymbol{E}_2$ 不能正交。若二者正交，则 $I = I_1 + I_2$，不存在干涉。

(2) $\overline{\cos\Delta\varphi} \neq 0$。即要求 $\Delta\varphi$ 不是时间的函数，或虽然是时间的函数，但其随时间变化的周期 T 要大于测量响应时间 τ。当两光波频率相同时，$\Delta\varphi$ 不是时间的函数，只要两光矢量振动方向不垂直(不一定相同)，则空间在测量响应时间 τ 内可出现持续的干涉花样；如果两光矢量振动方向相同，干涉花样衬比度最大。当两光波频率极其接近时，有可能 $\tau \ll \frac{2\pi}{\Delta\omega}$，则在测量时间 τ 内 $\cos(\Delta\varphi)$ 的变化量很小，干涉因子 $\overline{\cos(\Delta\varphi)}$ 近似可视为一定值，干涉在测量时间 τ 内存在；若两光波频率相差较远，则有 $\tau \gg \frac{2\pi}{\Delta\omega}$，使得 $\overline{\cos(\Delta\varphi)} = 0$，$I = I_1 + I_2$，空间记录的是两光波在各点引起的光强非相干叠加，不存在干涉。

总之，通过“分波阵面”和“分振幅”方法获得的“同频率、同方向振动，有固定初相位差”的两束光相干性最好，如果它们的光矢量振幅相等，则是性能最佳的两束相干光，它们在空间产生的干涉条纹对测量的响应时间没有特殊要求，感光胶片可以记录，人眼可以观看。对于问题中提到的有固定初相位差的两单色点光源发出的单色波，即使两束光的相干性没有这么好，比如它们振动方向不相同但不垂直、光的频率不相同但频差极小，在一定条件下亦可产生干涉。

任意两个独立的单色光源发出的单色波,在一般探测器的响应时间内,它们的初相位差是随机变化的。原子发光时间为$10^{-8}\sim10^{-9}$ s,如果快速探测器的响应时间小于10^{-9} s,在这样的时间尺度上看,光源发光的初相位差不是瞬息万变而是恒定不变,使用这样的探测器就有可能观测到干涉(被称为暂态干涉)。1963年通过实验拍摄了两个独立红宝石激光器的干涉条纹。能否观测到干涉条纹,主要决定于两个条件,一个是两束光的相干性的好坏,另一个是探测器对光的响应时间。

9.4 测验题

9.4.1 选择题

1. 由惠更斯-菲涅耳原理,已知光在某时刻的波阵面为S,则S的前方某点P的光强决定于波阵面S上各点发出的子波传到P点的(　　)。

(A) 振动振幅之和　　(B) 光强之和

(C) 振动振幅之和的平方　　(D) 振动的相干叠加

2. 一钠蒸气灯发出的光(589 nm)在距双缝1.0 m远的屏上形成干涉图样。图样上明纹之间的距离为0.35 cm,则双缝的间距为(　　)。

(A) 1.68×10^{-5} m　　(B) 1.68×10^{-4} m

(C) 1.68×10^{-3} m　　(D) 1.68×10^{-2} m

3. 在双缝衍射实验中,若保持双缝S_1和S_2的中心之间的距离d不变,而把两条缝的宽度a略微加宽,则(　　)。

(A) 单缝衍射的中央主极大变宽,其中所包含的干涉条纹数目变少

(B) 单缝衍射的中央主极大变宽,其中所包含的干涉条纹数目变多

(C) 单缝衍射的中央主极大变窄,其中所包含的干涉条纹数目变少

(D) 单缝衍射的中央主极大变窄,其中所包含的干涉条纹数目变多

4. 在单缝夫琅禾费衍射实验中,波长为λ的单色光垂直入射到单缝上。对应于衍射角为30°的方向上,若单缝处波面可分成3个半波带,则单缝宽度等于(　　)。

(A) λ　　(B) 1.5λ　　(C) 2λ　　(D) 3λ

5. 光强均为I的两束相干光在某区域内叠加,则可能出现的最大光强为(　　)。

(A) I　　(B) $2I$　　(C) $3I$　　(D) $4I$

6. 在折射率$n_3=1.50$的玻璃片上镀一层$n_2=1.38$的增透膜,可使波长为500 nm的光由空气垂直入射玻璃表面时尽量减少反射,则增透膜的最小厚度为(　　)。

(A) 125 nm　　(B) 181 nm　　(C) 78.1 nm　　(D) 90.6 nm

7. 在折射率$n=1.6$的厚玻璃中,有一层平行于玻璃表面的厚度为$d=0.6\times10^{-3}$ mm的空气隙,今以波长$\lambda=400$ nm的平行单色光垂直照射厚玻璃表面,如图9.48所示,则从玻璃右侧向厚玻璃看去,视场中将呈现(　　)。

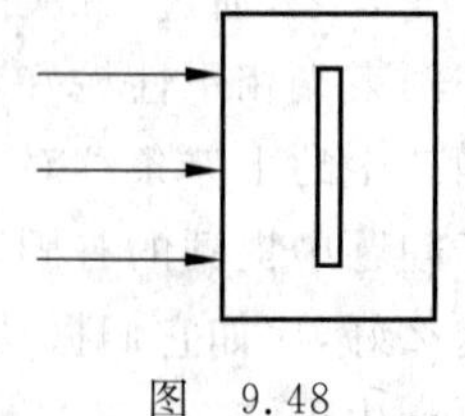

图　9.48

(A) 亮影　　(B) 暗影

（C）明暗相间的条纹　　（D）无法确定

8. 海边有一发射天线发射波长为 λ(m) 的电磁波，海轮上有一接收天线，两天线都高出海面 H(m)，海轮自远处接近发射天线。若将平静海面看做水平反射面，当海轮第一次接收到信号极大值时，两天线的距离为（　　）。

（A）$\dfrac{H^2}{\lambda}-\dfrac{\lambda}{2}$　（B）$\dfrac{H^2}{\lambda}-\dfrac{\lambda}{8}$　（C）$\dfrac{2H^2}{\lambda}-\dfrac{\lambda}{2}$　（D）$\dfrac{4H^2}{\lambda}-\dfrac{\lambda}{4}$

9. 利用波动光学实验可测细丝的直径，通常采用下述实验的哪几种？（　　）

（A）劈尖干涉或牛顿环干涉装置　　（B）劈尖干涉或单丝衍射装置

（C）杨氏双缝干涉　　（D）X 射线衍射或衍射光栅

10. 用劈尖干涉法可检测工件表面缺陷。当波长为 λ 的单色平行光垂直入射时，若观察到的干涉条纹如图 9.49 所示，每一条纹弯曲部分的顶点恰好与其左边条纹的直线部分的连线相切，则工件表面与条纹弯曲处对应的部分（　　）。

（A）凸起，且高度为 λ / 2

（B）凹陷，且深度为 λ / 2

（C）凸起，且高度为 λ / 4

（D）凹陷，且深度为 λ / 4

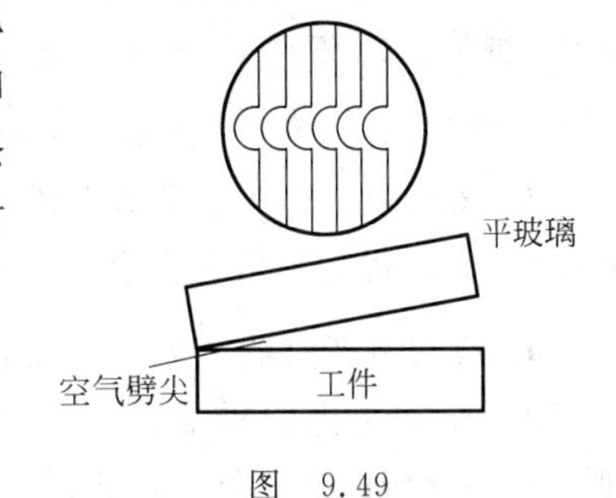

图　9.49

11. 一平面光栅每厘米有 2000 条狭缝，用波长为 590 nm 的黄光以 30°的入射角照到光栅上，能观察到的明条纹的最大级次为（　　）。

（A）3　（B）6　（C）9　（D）12

12. 一束由自然光和线偏振光组成的混合光垂直通过一偏振片，以此入射光束为轴旋转偏振片，测得透射光强度的最大值是最小值的 5 倍，则入射光束中自然光与线偏振光的强度之比为（　　）。

（A）1/2　（B）1/5　（C）1/3　（D）2/3

13. 当一束光以某角度自空气斜入射至 $n=1.5$ 的玻璃表面时，发现没有反射光，由此可以判断（　　）。

（A）入射光为线偏振光，入射角为 56.3°

（B）入射光为线偏振光，入射角为 41.8°

（C）入射光为任意光，入射角为 56.3°

（D）入射光为任意光，入射角为 41.8°

14. 自然光以 60°的入射角照射到某两种各向同性介质的交界面时，反射光为完全线偏振光，则知折射光为（　　）。

（A）完全线偏振光且折射角是 30°

（B）部分偏振光且只是在该光由真空入射到折射率为$\sqrt{3}$的介质时，折射角是 30°

（C）部分偏振光，但须知两种介质的折射率才能确定折射角

（D）部分偏振光且折射角是 30°

15. 三个偏振片 P_1、P_2 与 P_3 堆叠在一起，P_1 与 P_3 的偏振化方向相互垂直，P_2 与 P_1 的偏振化方向间的夹角为 30°。强度为 I_0 的自然光垂直入射于偏振片 P_1，并依次透过偏振片 P_1、P_2 与 P_3，则通过三个偏振片后的光强为(　　)。

(A) $I_0/4$　　(B) $3I_0/8$　　(C) $3I_0/32$　　(D) $I_0/16$

9.4.2 填空题

1. 用透镜将一竖直狭缝发出的波长 $\lambda=600$ nm 的单色平行光透射于竖直的两个狭缝上。离开双缝的光在到达屏前，两束光分别都通过 5 cm 长的透明管子。现将一只管子逐渐抽空，观察到屏上某点移过了 25 条明条纹。则空气折射率 $n=$________。

2. 在空气中用波长为 λ 的单色光进行双缝干涉实验时，测得相邻明条纹的间距为 Δx_0；将装置放在折射率为 n 的某种透明液体中，测得相邻明条纹的间距为 Δx。已知 $3\Delta x=2\Delta x_0$，则可求得 $n=$________。

3. 波长为 λ 的单色光垂直照射在由两块平玻璃板构成的空气劈尖上，测得相邻明条纹间距为 l；若将劈尖角增大至原来的 2 倍，间距变为________。

4. 观察者通过缝宽为 0.4 mm 的单缝观察位于正前方的相距 1 km 远处发出波长为 5×10^{-7} m 单色光的两盏单丝灯。两灯丝皆与单缝平行，它们所在的平面与观察方向垂直，则人眼能分辨的两灯丝最短距离为________。

5. 在牛顿环实验中，设平凸透镜的曲率半径 $R=1.0$ m，折射率为 1.51，平板材料的折射率为 1.72，其间充满折射率为 1.60 的透明液体，垂直投射的单色光波长 $\lambda=600$ nm，则最小暗纹的半径 $r_1=$________。

6. 在迈克耳孙干涉仪的可调反射镜平移了 0.063 mm 的过程中，观察到 200 个明条纹移动，所用单色光的波长为________。

7. 折射率 n_1 为 1.50 的平玻璃板上有一层折射率 n_2 为 1.20 的油膜，油膜的上表面可近似看做球面，油膜中心最高处的厚度 d 为 1.1 μm。用波长为 600 nm 的单色光垂直照射油膜，看到离油膜中心最近的暗条纹环的半径为 0.3 cm，则整个油膜上可看到的完整暗条纹数为________，油膜上表面球面的半径为________。

8. 含有两种波长 λ_1、λ_2 的光垂直入射在每毫米有 300 条缝的衍射光栅上，已知 λ_1 为红光，λ_2 为紫光，在 24°角处两种波长光的谱线重合，则紫光的波长为________；屏幕上可能单独呈现紫光的各级谱线的级次为________。

9. 在通常照度下，人眼的瞳孔直径约为 3 mm，视觉最敏感的光波波长为 550 nm，则：

(1) 人眼的最小分辨角为________；

(2) 人眼在明视距离(大约 25 cm)处能分辨的最小距离为________；

(3) 人眼在 10 m 处能分辨的最小距离为________。

10. 某种透明媒质对于空气的临界角(指全反射)等于 45°，光从空气射向此媒质时的布儒斯特角是________。

11. 图 9.50(a)所示为一块光学平板玻璃与一个加工过的平面一端接触构成的空气劈

尖,用波长为 λ 的单色光垂直照射,看到反射光干涉条纹(实线为暗条纹)如图 9.50(b)所示,则干涉条纹上 A 点处所对应的空气薄膜厚度为________。

12. 如图 9.51 所示,偏振片 P_1、P_2 互相平行地放置,它们的透光方向与铅直方向的夹角分别为 α、β。入射光强为 I_0,沿铅直方向振动的线偏振光从 P_1 的左侧正入射,最后通过 P_2 出射的光其光强记为 I_1。若将入射光改为从 P_2 右侧正入射,最后通过 P_1 出射的光其光强记为 I_2,那么 $I_2 : I_1 =$________;若用自然光代替原线偏振光,则 $I_2 : I_1 =$________。

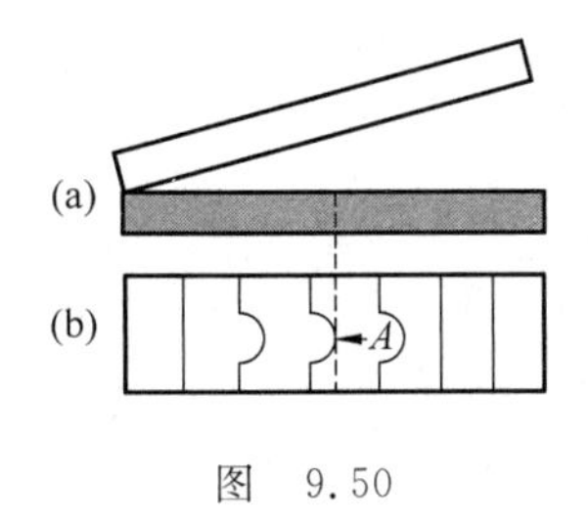

图　9.50

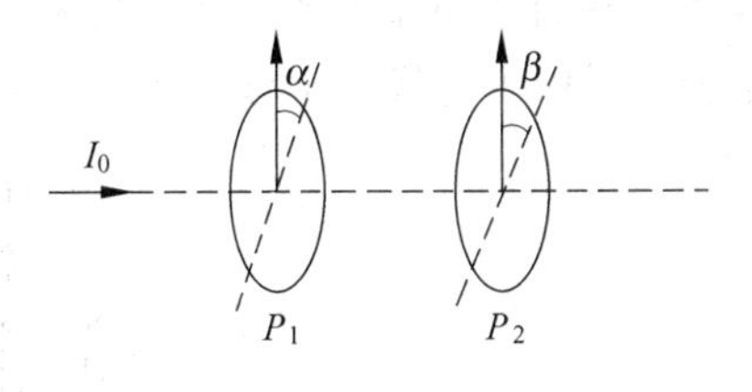

图　9.51

13. 要使一束线偏振光通过偏振片之后振动方向转过 90°,至少需要让这束光通过________块理想的偏振片。在此情况下,透射光强最大是原来光强的________倍。

14. 波长为 λ 的单色光垂直入射在缝宽 $a=4\lambda$ 的单缝上。对应于衍射角 $\varphi=30°$,单缝处的波面可划分为________个半波带。

15. 一个平凸透镜的顶点和一平板玻璃接触,用单色光垂直照射,观察反射光形成的牛顿环,测得中央暗斑外第 k 个暗环半径为 r_1。现将透镜和玻璃板之间的空气换成某种液体(其折射率小于玻璃的折射率),第 k 个暗环的半径变为 r_2,由此可知该液体的折射率为________。

9.4.3　计算题

1. 在双缝干涉实验装置中,两个缝分别用 $n_1=1.4$ 和 $n_2=1.7$ 的厚度相等的玻璃片遮着,在光屏上原来的中央明纹处,现在为第 5 级明纹所占据。如入射的单色光波长为 600 nm,求玻璃片的厚度(设玻璃片垂直于光路)。

2. 如图 9.52 所示,用波长 $\lambda=600$ nm 的两束相干平行光束对称入射到乳胶干板上记录干涉条纹。问:

(1) 为了获得空间频率为 20 条/mm 的条纹,倾角 θ 为多少?

(2) 可获得的最大空间频率为多少?

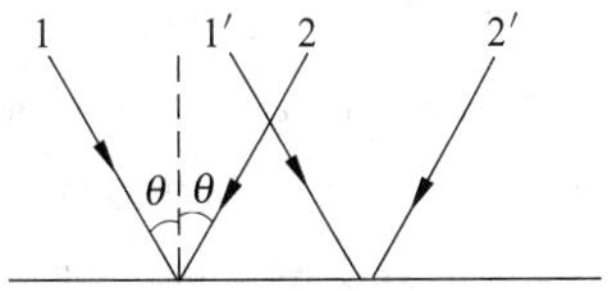

图　9.52

3. 波长 $\lambda=400$ nm 的平行光,垂直投射到某透射光栅上,测得第三级衍射主极大的衍射角为 30°,且第二级明纹不出现。求:

(1) 光栅常数 $a+b$;

(2) 透光缝的宽度 a;

(3) 屏幕上可能出现的全部明纹。

4. 双星之间的角距离为 1×10^{-7} rad,其辐射出的均为 577 nm 和 579 nm 两个波长的

光。(1)望远镜物镜的最小口径需要多大才能分辨此两星的像?(2)若要在光栅的第3级光谱中分辨此两波长,光栅条数应为多少?

5. 一光栅缝宽 $a=0.02$ mm,光栅常数 $d=0.06$ mm。用波长 $\lambda=600$ nm 的平行单色光垂直入射该光栅,光栅后放一焦距为 50 cm 的透镜,衍射图样如图 9.53 所示,求:

(1) 光栅总缝数;

(2) 单缝衍射中央亮纹的宽度;

(3) 透镜焦平面处相邻干涉主极大的间距;

(4) 单缝衍射中央包线内干涉主极大的条数。

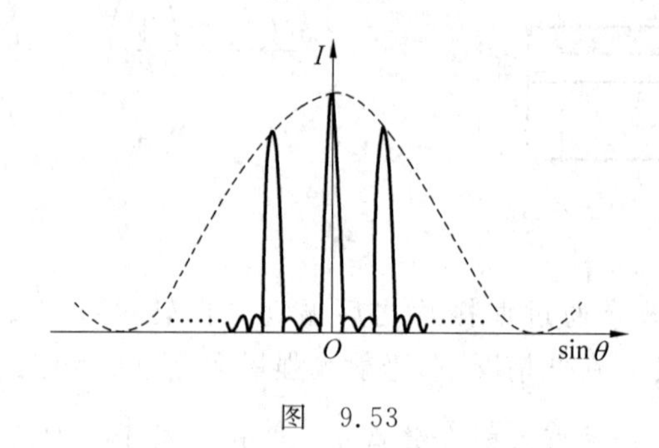

图 9.53

参考答案

9.4.1 1. D; 2. B; 3. C; 4. D; 5. D; 6. D; 7. A; 8. D; 9. B; 10. B; 11. D; 12. A; 13. A; 14. D; 15. C。

9.4.2 1. $n=1.0003$; 2. $n=3/2$; 3. $l/2$; 4. 1.25 m(人眼看到的是以灯丝为光源、经单缝形成的夫琅禾费衍射图样); 5. $r_1=0.43$ mm; 6. $\lambda=630$ nm; 7. 4 条,20 m; 8. 452 nm(由 $d\sin24°=k\lambda_{红}$,而 $\lambda_{红}$ 在 600~700 nm 间,可估计出 $k=2$;由 $d\sin24°=(k+1)\lambda_{紫}$ 计算出),可单独看到紫条纹的级次为:1级、2级、4级、5级、7级;9. $\theta=2.2\times10^{-4}$ rad,$\Delta x_{\min}^{25\text{cm}}=5.5\times10^{-5}$ m,$\Delta x_{\min}^{10\text{m}}=2.2$ mm; 10. 54.7°; 11. $\frac{3}{2}\lambda$;

12. $I_2:I_1=\cos^2\beta/\cos^2\alpha$, $I_2:I_1=1/1$; 13. 2,1/4; 14. 4; 15. r_1^2/r_2^2。

9.4.3 1. $e=10\ \mu$m(提示:放上玻璃后原零级明纹处的光程差 $(n_2-n_1)e=5\lambda$)。2. (1)$\theta=6\times10^{-3}$ rad(提示:设图中的1、2与1′、2′相干光交点处是相邻的间距为 Δx 的两明条纹,且可设交于干板上的1、2光程差为零,则交于干板上的1′、2′光程差应为 $2\Delta x\cdot\sin\theta=\lambda$);(2)条纹的最大空间频率:$f_{\max}=\frac{2}{\lambda}\approx3333$ 条/mm。 3. (1)$d=a+b=2400$ nm;(2)$a=1200$ nm;(3)可出现 0,±1,±3,±5 共 7 条明纹。 4. (1)望远镜的最小口径为 7.06 m(提示:对 577 nm 的光恰可分辨的口径会更小一些,但 579 nm 的光不可分辨,而 577 nm 光与 579 nm 光的衍射图样为非相干叠加,叠加结果使两星不可分辨,故 $D\geqslant7.06$ m);(2)$N\approx97$。5. (1)$N=4$;(2)30 mm;(3)5 mm;(4)0,±1,±2,共 5 条明纹。

第5篇

量子物理

第10章

波粒二象性　薛定谔方程　原子中与固体中的电子　核物理

10.1　思考题解答

10.1.1　波粒二象性

1. 霓虹灯发的光是热辐射吗？熔炉中的铁水发的光是热辐射吗？

答　霓虹灯发的光不是热辐射，熔炉中的铁水发的光是热辐射。

热辐射是由于物体中的分子、原子受到热激发而发射电磁波的现象。因为是热激发，这种辐射一定标示着物体中粒子的永不停止的无规则热运动（即物体温度），所以任何温度下物体都向外发射各种频率的电磁波，并且由于随着温度的升高物体分子（或原子）无规则热运动越激烈，因此除物体的热辐射功率一定增大外，在物体热辐射的各种波长的电磁波中短波成分所占比例也必会增大，也就是其辐射强度在光谱中的分布一定是由长波向短波段转移。

雨过天晴，大气中的小水珠对阳光产生折射、散射和全反射产生了霓和虹，霓虹灯是借用自然现象的"霓虹"来形容它们在夜间的灯光艳丽。霓虹灯是由高能电子撞击灯管中低密度的惰性气体分子（原子）使其被激发（或者是通过灯管壁的荧光物质的光致发光）而辐射各种颜色的可见光，其发光颜色与管内所用气体及荧光物质有关。"霓虹"光不是靠热运动所激发的辐射（本身温度并不高，以热运动激发原子所辐射的电磁波能量绝大部分在远红外部分，不在可见光范围），因此"霓虹"光不具有热辐射电磁波的特点，霓虹灯发的光不是热辐射。同样，日光灯的可见光、激光光源发出的激光、发光二极管的发光、X 射线光管产生的 X 射线、花朵的颜色等也都不是热辐射。

熔炉中的铁水发光，是由于温度表征的热运动激发铁原子发光，是热能转化成辐射光能。观察熔炉中的铁水，会看到铁水的亮度和颜色都随温度变化而连续变化，通过发光的颜色可以判断铁水表面的温度，这正是热辐射的特点，所以我们见到的铁水发的光是热辐射。同样，照明的白炽灯泡、恒星、烧红的焦炭等也都是热辐射光源。

2. 人体也向外发出热辐射，为什么在黑暗中看不见人呢？

答　若人体的正常体温以 37 ℃计，则热力学温度约为 $T=(37+273)\ \mathrm{K}=310\ \mathrm{K}$。可近似地

用维恩位移定律 $\lambda_m T=b$ ($b=2.898\times10^{-3}\text{m}\cdot\text{K}$)估计人体热辐射光谱辐出度最大光的波长,为

$$\lambda_m=\frac{b}{T}=\frac{2.896\times10^{-3}}{310}\ \mu\text{m}\approx 9.34\ \mu\text{m}$$

说明人体热辐射能量中的绝大部分能量分布在红外波长段,不在可见光区域。况且37 ℃的人体热辐射的辐出度很小,故在黑暗中看不见人。

3. 刚粉刷完的房间,从房外远处看,即使在白天,开着的窗口也是黑色的。为什么?

答 远处房间开着的窗口,可近似看做“黑体”(模型),其一是因为可见光线经窗口射入房间,在房间墙壁上来回反射,从窗口折射出去的机会很少;其二,“窗口”温度不高(室温),本来辐出度就很小且热辐射能量中的绝大部分能量又不在可见光区域。所以即使在白天看,房间开着的窗口也是黑色的。

4. 把一块表面一半涂了煤烟的白瓷砖放到火炉内烧,高温下瓷砖的哪一半显得更亮些?

答 在阳光下,涂了煤烟的黑色部分对可见光的吸收本领比未涂黑部分大,所以才被称为“黑色部分”。根据热辐射的基尔霍夫定律,对给定波长,吸收能力强的物体辐射此波长的能力也强。也就是说,在同样温度下涂了煤烟的黑色部分对可见光的发射本领比未涂黑部分大,使得在高温下涂了煤烟的黑色部分显得更亮些。

5. 在洛阳王城公园内,为什么黑牡丹要在室内培养?

答 主要是为避开强的阳光照射。室温下黑色物体辐出度不会大,而对阳光的吸收本领很大,反射本领很小。如果黑牡丹放在室外培养,对阳光的强吸收本领会令它受到光的“灼伤”而使花瓣凋谢。所以黑牡丹要在室内培养。

6. 如果普朗克常量大到 10^{34} 倍,弹簧振子将会表现出什么奇特的行为?

答 如果普朗克常量大到 10^{34} 倍,宏观世界的弹簧振子的量子效应将非常显著。

弹簧振子能量

$$E=\left(n+\frac{1}{2}\right)h\nu$$

当普朗克常量 $h=10^{-34}\text{J}\cdot\text{s}$ 时,以量子概念而言,宏观弹簧振子是处于能量很高的状态,相比之下其零点能 $\frac{1}{2}h\nu$ 及能级间隔 $h\nu$ 非常之小,观测不到,即宏观弹簧振子可以处于静止和能量连续的状态。其能量为 $E=\frac{1}{2}m\omega^2A^2$(对应的量子数 n 非常之大),当 A 发生变化时,其能量连续变化。

如果普朗克常量大到 10^{34} 倍,能量为 $E=\frac{1}{2}m\omega^2A^2$ 的宏观弹簧振子可以对应量子数很低的数值,零点能 $\frac{1}{2}h\nu$ 及能级间隔 $h\nu$ 就是一个不可忽略的宏观值,都可以被观测到。所以,弹簧振子不再处于静止状态,而永远以可觉察的能量在作明显的振动,并且再也不能使谐振子振幅作连续的改变(能量的变化),只能是非常明显跳跃式的改变,即弹簧振子的量子效应将变得非常显著。

7. 在光电效应实验中,如果

(1) 入射光强度增加一倍,(2) 入射光频率增加一倍,各对实验结果(即光电子的发射)

有什么影响？

答 (1) 光电效应实验结果表明：单位时间内，受光照射的金属释放出的电子数和入射光的强度成正比，即饱和电流 $i_m \propto I$。所以，当入射光强增加一倍时，饱和光电流的值也增加一倍，这表征单位时间内从阴极金属逸出的光电子数增加一倍并全部被阳极所接收。

(2) 入射光频率为 ν 时的光电效应方程为

$$\frac{1}{2}mv_m^2 = h\nu - A$$

式中，A 为金属的逸出功。入射光频率增加一倍时光电效应方程为

$$\frac{1}{2}mv'^2_m = 2h\nu - A = \frac{1}{2}mv_m^2 + h\nu$$

光电子的发射中最大光电子的动能增加了 $\Delta E_k = \frac{1}{2}mv'^2_m - \frac{1}{2}mv_m^2 = h\nu$。入射的光电子数未变，金属逸出光电子数未变，饱和电流不变，但相应的截止电压

$$\frac{1}{2}mv'^2_m = eU'_c = \frac{1}{2}mv_m^2 + h\nu = 2eU_c + A$$

增为

$$U'_c = 2U_c + A/e$$

8. 用一定波长的光照射金属表面产生光电效应时，为什么逸出金属表面的光电子的速度大小不同？

答 光电效应过程中能量守恒，即

$$\frac{1}{2}mv^2 = h\nu - W$$

其中 W 为电子逸出金属时克服阻力所做的功。一定波长的光照射金属表面，$h\nu$ 一定，但电子逸出前在金属中所处状况各有不同，比如说它们在金属内部的深度不同、被原子束缚的状况不同、不同的表面处逸出等都会使它们逸出时克服阻力所做的功 W 不同。吸收同样光子能量，克服阻力做功越大者其初动能 $(1/2)mv^2$ 就会越小，其速度就小，因此导致了光电子的速度大小不同的实验现象。但每种金属在一定波长的光照射下，对光电子的初动能有一定的限制，也就是光电子的初速度有一最大值 v_m，与此对应的金属逸出功(此时用 A 表示)就表明了金属的这样一种特性。所以，光电子速度大小不同的可能范围是 $0 \to v_m$，用光电子的最大初动能和 A 表征的光电效应的能量守恒式为 $\frac{1}{2}mv_m^2 = h\nu - A$，即光电效应方程。

9. 用可见光能产生康普顿效应吗？能观察到吗？

答 用可见光能产生康普顿效应，但是很难观察到。在康普顿效应中，波长的改变量与入射光的波长无关，当散射角 φ 接近 π 时，波长的改变量趋于最大，有

$$\Delta\lambda_m = \frac{2h}{m_0 c} \approx 4.85 \times 10^{-3}\ \text{nm}$$

如用可见光中波长较短的 $\lambda_0 = 400$ nm 入射，有

$$\frac{\Delta\lambda}{\lambda_0} = \frac{4.85 \times 10^{-3}}{400} \approx 10^{-5}$$

即波长的改变仅是原波长的十万分之几，康普顿效应非常不明显，实验中难以观察。

10. 为什么对光电效应只考虑光子的能量的转化,而对康普顿效应则还要考虑光子的动量的转化?

答 光电效应与康普顿效应都是光子与电子的相互作用过程,它们都必须同时满足能量守恒和动量守恒定律。

在康普顿效应中,入射光子是和散射物中与原子联系较弱的电子相碰撞。由于入射光的波长一般是很短的,入射光子的能量大大超过电子的束缚能,参加作用的电子可以看做自由电子,所以相互作用的入射光子和自由电子可以看做孤立系统,孤立系统内部变化就一定要同时考虑动量和能量守恒才能解释实验现象。

在光电效应中,入射光子与电子的相互作用纯是一个电子吸收光子的过程。这个电子是被束缚在原子或金属内的束缚电子,不是自由电子。当束缚电子吸收光子的同时也把一部分动量传递给了原子或金属,即光子的动量转化为电子和束缚着电子的物体的动量,动量守恒自然满足。解释光电效应现象只涉及出射光电子的动能,没有方向问题,所以对于电子吸收光子的过程中的电子和入射光子系统,只考虑光子的能量的转化,使之满足能量守恒就可以了。

光电效应和康普顿效应中光子都是作为个体参与作用的,都表明了光的粒子性。入射光子能量较低时以光电效应为主,中等能量的光子产生康普顿效应的概率较大。康普顿效应中同时考虑动量和能量守恒,说明波粒二象性的光子其能量越高其粒子性越明显。

11. 若一个电子和一个质子具有同样的动能,哪个粒子的德布罗意波长较大?

答 一个电子和一个质子具有同样的动能 E,非相对论下由 $E=\dfrac{p^2}{2m}$,得电子和质子的动量分别为

$$p_e = \sqrt{2m_e E} \quad 和 \quad p_p = \sqrt{2m_p E}$$

由德布罗意关系式 $\lambda=\dfrac{h}{P}$,有

$$\lambda_e = \frac{h}{\sqrt{2m_e E}} \quad 和 \quad \lambda_p = \frac{h}{\sqrt{2m_p E}}$$

因为 $m_p > m_e$,所以 $\lambda_p < \lambda_e$,即电子的德布罗意波长较大。考虑相对论效应也是同样的结果。

12. 如果普朗克常量 $h \to 0$ 对波粒二象性会有什么影响?如果光在真空中的速率 $c \to \infty$ 对时间空间的相对性会有什么影响?

答 普朗克常量是量子世界的特征量,是基本作用量子。若 $h \to 0$,则 $\lambda=\dfrac{h}{P} \to 0$,实物粒子的波动性将消失,成为经典粒子;对于光子,$E=h\nu \to 0$,光子的粒子性将消失,光就成为经典的惠更斯-菲涅耳光波。所以,普朗克常量 $h \to 0$ 时波粒二象性将不复存在,一切将是我们所熟悉的宏观物理现象。如果光在真空中的速率 $c \to \infty$,在相对论时空中的相对论因子 $r=1$,相对论的时间空间的相对性也将消失,一切又是牛顿-伽利略经典物理的绝对时空情况。

13. 根据不确定关系,假设一个分子的温度在 0 K,它能完全静止吗?

答 不能。如果温度 $T=0$ K 时一个分子能静止,静止的分子动量为零并且应有确定的坐标,即同时会有 $\Delta x=0$ 和 $\Delta P_x=0$。但由不确定关系 $\Delta x \Delta P_x \geqslant \hbar/2$,当 $\Delta P_x \to 0$ 时,必有 $\Delta x \to \infty$,说明上面的假设导致的动量和位置同时有确定值的结论违背了不确定原理。所以分子即使是在 0 K 也不会完全静止。

10.1.2 薛定谔方程

1. 薛定谔方程是通过严格的推理过程导出的吗？

答　否。该方程作为量子力学的一个基本方程，是不能由别的基本原理推导出来的。它是根据少量的事实，以半猜半推理的思维方式“凑”出来的。这种创造性的思维方式会产生全新的概念或理论，像普朗克的量子概念、爱因斯坦的相对论、德布罗意的物质波大致都是这样。它的正确性是靠它的预言和大量事实或实验结果的相符来证明的。

2. 薛定谔方程怎样保证波函数服从叠加原理？

答　薛定谔方程是二阶齐次线性微分方程，其解波函数或概率幅一定会满足叠加原理。

波函数 ψ_1 和 ψ_2 分别都是薛定谔方程的解，则它们的线性组合 $\psi=c_1\psi_1+c_2\psi_2$ 也是薛定谔方程的解，其中 C_1、C_2 是任意常数。因为

$$
\begin{aligned}
-\frac{\hbar^2}{2m}\cdot\frac{\partial^2\psi}{\partial x^2}+U(x,t)\psi &= -\frac{\hbar^2}{2m}\cdot\frac{\partial^2(c_1\psi_1+c_2\psi_2)}{\partial x^2}+U(x,t)(c_1\psi_1+c_2\psi_2)\\
&=\left(-\frac{\hbar^2}{2m}\frac{\partial^2(c_1\psi_1)}{\partial x^2}+U(x,t)(c_1\psi_1)\right)\\
&\quad+\left(-\frac{\hbar^2}{2m}\frac{\partial^2(c_2\psi_2)}{\partial x^2}+U(x,t)(c_2\psi_2)\right)\\
&=\mathrm{i}\hbar\frac{\partial\psi_1}{\partial t}c_1+\mathrm{i}\hbar\frac{\partial\psi_2}{\partial t}c_2=\mathrm{i}\hbar\frac{\partial(c_1\psi_1+c_2\psi_2)}{\partial t}=\mathrm{i}\hbar\frac{\partial\psi}{\partial t}
\end{aligned}
$$

所以有

$$
-\frac{\hbar^2}{2m}\frac{\partial^2\psi}{\partial x^2}+U(x,t)\psi=\mathrm{i}\hbar\frac{\partial\psi}{\partial t}
$$

3. 什么是波函数必须满足的标准条件？

答　作为有意义的波函数必须满足单值、有限和连续性。

$|\psi|^2\mathrm{d}V=\psi\psi^*\mathrm{d}V$ 表示某一时刻在空间给定的体积 $\mathrm{d}V$ 元内粒子出现的概率，作为概率应有一定的值，不可能既是这个量值又是另外的一个量值，也不可能不是一个有限值，因此波函数 ψ 必须是单值、有限的函数。且在粒子出现的空间各点，粒子出现的概率分布应是连续的分布，所以波函数 ψ 还应具有连续性。

4. 波函数归一化是什么意思？

答　物质波描述了粒子在空间各处被发现的概率，显示了粒子的波粒二象性。波函数 ψ 描述粒子的运动状态，$|\psi|^2$ 表示 t 时刻在点 (x,y,z) 附近单位体积内发现粒子的概率。波函数归一化正是反映粒子波粒二象性中的粒子性，作为整体若不在这里出现，就在那里出现，它在整个空间各点出现的概率的总和必然是 1。

5. 图 10.1(a)、(b)、(c)分别是一维无限深方势阱、半无限深方势阱和一维谐振子的能级、波函数与概率密度的分布图。从图分析，粒子在势阱中处于基态时，除边界外，它的概率密度为零的点有几处？在激发态中，概率密度为零的点又有几处？这些点的数目和量子数 n 有什么关系？

答　如图 10.1(a)所示，粒子在一维无限深势阱中处于基态时，$n=1$，除边界外，它没有概率密度为零的点。在 $n=2$ 激发态中，除边界外概率密度为零的点为 1 处；$n=3$ 激发态

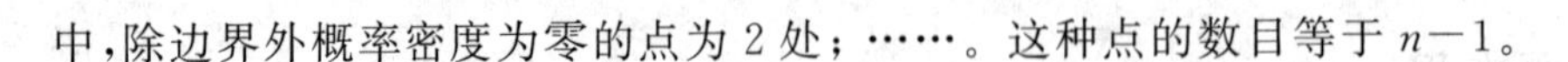

中,除边界外概率密度为零的点为 2 处;……。这种点的数目等于 $n-1$。

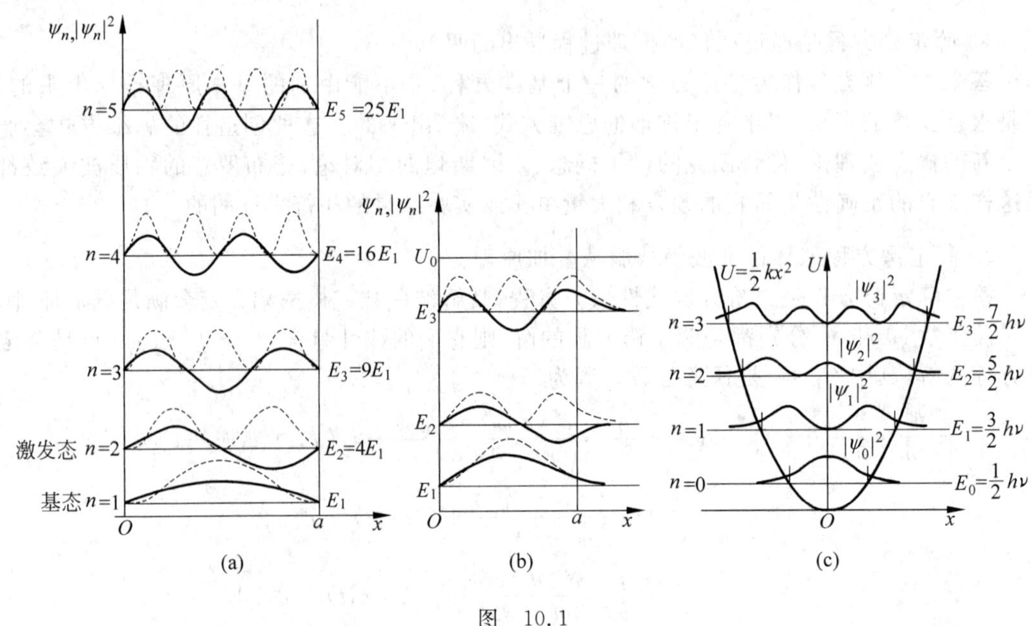

图 10.1

图 10.1(b)所示为半无限深方势阱的概率密度分布,粒子具有小于 U_0 的能量 E,边界 $x=0$ 处概率密度为零,边界 $x=a$ 处粒子出现的概率密度不为零,粒子处于可能的基态和第 1、2 激发态。粒子处于基态时,$n=1$,能量为 E_1,除 $x=0$ 边界外,边界内它没有其他概率密度为零的点。在 $n=2$ 激发态中,能量为 E_2,除 $x=0$ 边界外,边界内概率密度为零的点为 1 处;$n=3$ 激发态中,能量为 E_3,除 $x=0$ 边界外,边界内概率密度为零的点为 2 处。这种点的数目也等于 $n-1$。

图 10.1(c)所示为一维谐振子的概率密度分布,边界处粒子出现的概率并不为零。粒子处于基态时,$n=0$,边界内它没有概率密度为零的点。在 $n=1$ 激发态中,边界内概率密度为零的点为 1 处;$n=2$ 激发态中,边界内概率密度为零的点为 2 处;……。所以,边界内概率密度为零点的数目等于量子数 n。

6. 在势能曲线如图 10.2 所示的一维阶梯式势阱中能量为 $E_5(n=5)$ 的粒子,就 $O\sim a$ 和 $-a\sim O$ 两个区域比较,它的波长在哪个区域内较大?它的波函数的振幅又在哪个区域内较大?

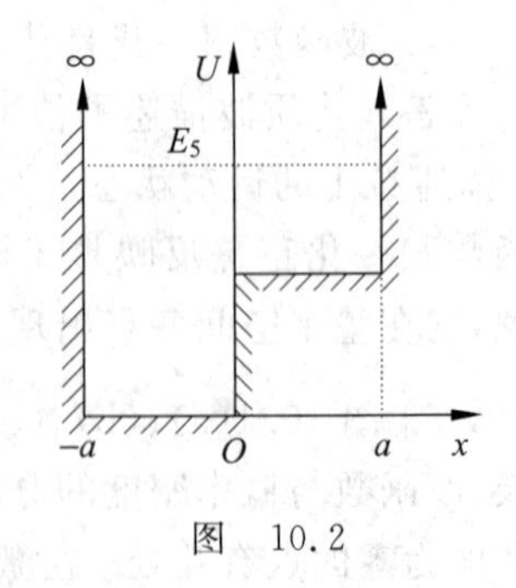

图 10.2

答 参考公式

$$\lambda=\frac{h}{p}=\frac{h}{\sqrt{2mE_{\mathrm{k}}}}=\frac{h}{\sqrt{2m(E-U)}}$$

式中,E 为粒子总能量;U 为在给定区域保守场中的势能。由于 $-a\sim O$ 区域 $U=0$,$O\sim a$ 区域 $U=U_0>0$,所以 $O\sim a$ 区域波长大,$-a\sim O$ 区域波长较小。$O\sim a$ 区域的动能 $E_{\mathrm{k}}=E-U$,动能较小,相应的速度就小,粒子出现的概率则较大,要求波函数的振幅应较大。对应地,$-a\sim O$ 区域波函数的振幅应较小。下面通过计算也可得出此结论。

根据薛定谔方程，在两个区域的波函数应具有同样的形式，即

$$\phi_1 = A_1 \sin k_1 x + B_1 \cos k_1 x, \quad -a \leqslant x \leqslant 0$$
$$\phi_2 = A_2 \sin k_2 x + B_2 \cos k_2 x, \quad 0 \leqslant x \leqslant a$$

其中 $k_1=\dfrac{\sqrt{2mE}}{\hbar}$，$k_2=\dfrac{\sqrt{2m(E-U)}}{\hbar}$，有 $k_2<k_1$。两个区域的波函数在 $x=0$ 处应连续：$\phi_1\Big|_{x=0}=\phi_2\Big|_{x=0}$，$\phi'_1\Big|_{x=0}=\phi'_2\Big|_{x=0}$，得

$$B_1 = B_2$$
$$A_2 k_2 = A_1 k_1$$

因 $k_2<k_1$，有 $A_2>A_1$。所以 $O\sim a$ 区域的波函数的振幅 $c_2=\sqrt{A_2^2+B_2^2}$ 大于 $-a\sim O$ 区域波函数的振幅 $c_1=\sqrt{A_1^2+B_1^2}$。

因为非相对论下，粒子的动量 $p=\sqrt{2mE_k}=\sqrt{2m(E-U)}$，所以德布罗意波长

$$\lambda = \frac{h}{p} = \frac{h}{\sqrt{2m(E-U)}} = \frac{h}{\hbar k} = \frac{2\pi}{k}$$

因此有 $k_1=\dfrac{\sqrt{2mE}}{\hbar}=\dfrac{2\pi}{\lambda_1}$，$k_2=\dfrac{\sqrt{2m(E-U)}}{\hbar}=\dfrac{2\pi}{\lambda_2}$。因 $k_2<k_1$，可知 $\lambda_2>\lambda_1$。

7. 本章所讨论的势阱中的粒子（包括谐振子）处于激发态时的能量都是完全确定的——没有不确定量。这意味着粒子处于这些激发态的寿命将为多长？它们自己能从一个态跃迁到另一态吗？

答　由不确定原理，$\Delta E\Delta t\geqslant\hbar/2$，$\Delta E=0$，$\Delta t\to\infty$，意味着粒子处于这些激发态的寿命将很长，处于定态。处于定态的它们是不能自己从一个态跃迁到另一态的。

10.1.3　原子中的电子

1. 为什么说原子内电子的运动状态用轨道来描述是错误的？

答　我们说一个物体（粒子）沿某“轨道”运动，是讲它的空间位置和速度（动量）随时间的变化。在任何时刻，它都具有确定的位置 $\boldsymbol{r}$ 和确定的相应动量 $\boldsymbol{p}$，对位置坐标 x 和相应 p_x 的测量误差 Δx 和 Δp_x 应远小于 x 和 p_x（对位置坐标 y、z 和相应 p_y、p_z 要求也是如此），这样“轨道”才有意义。

然而，原子内电子是波动性很强的粒子，只能用电子在核周围空间某处小体积内出现的概率来描述电子绕核运动时的位置。比如，以原子核为坐标原点，处于基态的氢原子中电子的径向概率密度分布为

$$P_{1,0,0}(r) = \frac{4}{a_0^3} r^2 \mathrm{e}^{-2r/a_0}$$

式中，a_0 为玻尔半径。原则上说，某时刻电子在沿径向 r 的开区间 $(0,\infty)$ 内任意位置都可能出现，只不过是电子出现在 a_0 附近的概率最大。电子像“电子云”一样绕核运动，使得电子任何时刻都不具有确定的位置和确定的动量，所以原子内电子的运动状态是不能用确定的轨道来描述的。我们讲的轨道角动量也只是代表“和位置变动相联系”的角动量。轨道角动量为零，表明电子云分布具有球对称性，不旋转；轨道角动量不为零，表明电子的轨道角动量绕某一特定方向高速进动，电子云以此特定方向为轴旋转。

2. 什么是能级的简并？若不考虑电子自旋，氢原子的能级由什么量子数决定？

答 如果一个能级中包含的量子态不止一个，则这个能级被称为兼并的。所包含的量子态的数目称为该能级的兼并度。不考虑电子自旋，氢原子的能级由主量子数 n 确定。

在不考虑自旋-轨道耦合能和相对论修正时，氢原子的兼并度 $g=2n^2$。氢原子中电子运动状态由主量子数 n、轨道量子数 l、轨道磁量子数 m_l、自旋量子数 s 和自旋磁量子数 m_s 确定。n 确定，l 可取 $0,1,2,\cdots,n-1$ 中的值；l 确定，m_l 可取 $0,\pm1,\pm2,\cdots,\pm l$ 中的 $2l+1$ 个值；s 只取 $1/2$（正因 s 只取 $1/2$，所以常讲氢原子中电子运动状态由 n、l、m_l、m_s 四个量子数确定）；m_s 取 $\pm1/2$ 两个值。所以氢原子的能级 n 的兼并度为

$$g=\sum_{0}^{n-1}2(2l+1)=\frac{2+2(2n-1)}{2}n=2n^2$$

*__3.__ 钾原子的价电子的能级由什么量子数决定？为什么？

答 孤立的氢原子能量由主量子数 n 和自旋状态所确定：

$$E_{n,s}=E_n+E_s=E_n\mp\mu_B B$$

式中，E_n 是由主量子数 n 确定的能量，对于不同的轨道量子数 l，E_n 都一样（能量兼并）；E_s 为自旋轨道耦合能量（L-S 耦合能），$E_s=\mp\mu_B B$，其中 μ_B 是玻尔磁子，B 是电子在原子中感受到的磁场。自旋轨道耦合使得电子在轨道量子数 l 的某个值（除 $l=0$）时，E_n 分裂成两个值，同一个能级分裂为两个能级。总角动量（$\boldsymbol{J}=\boldsymbol{L}+\boldsymbol{S}$）量子数 $j=l-1/2$，原子能量 $E_{n,s}=E_n-\mu_B B$；$j=l+\frac{1}{2}$，$E_{n,s}=E_n+\mu_B B$。孤立的氢原子电子能级 $E_{n,s}$ 由主量子数 n 和总角动量量子数 j 所确定。

孤立的钾原子的价电子属于单电子类氢系统，它在原子核和内层 18 个电子组成的原子实的库仑场中运动，原子核对价电子的作用将被这 18 个电子减弱或屏蔽，其净剩电荷为 $+e$，与氢核相同。如果价电子完全在原子实外部运动，则它的能级分布和氢原子一样，只不过基态处于 $n=4$ 的状态，离核较远，其能量相比氢原子基态要高。而价电子在运动中又可到达原子实内部，轨道量子数 l 越小价电子出现在核附近的概率越大，离核很近处出现的概率也不为零。离核越近，所受库仑力越大，能量越小，能级越低。所以钾原子的能量和轨道量子数 l 有关，不再具有氢原子一样的能级兼并情况，其能量为

$$E_{n,l,s}=E_{n,l}+E_s$$

钾原子的价电子的基态 $n=4$，$l=0,1,2,3$，$E_{n,l}$ 分别写为，$4s$、$4p$、$4d$、$4f$，$4s$ 能量最低。自旋轨道耦合能量 E_s 使得每个 $E_{n,l}$（除 $l=0$）分裂成两个能级，一个大 $\mu_B B$，一个小 $\mu_B B$。所以，孤立的钾原子电子能级 $E_{n,l,s}$ 由主量子数 n、轨道量子数 l 和总角动量量子数 j 所确定。钾原子能量的基态 $E_{n,l,s}$ 写为 $4S_{1/2}$、$4P_{1/2}$、$4P_{3/2}$、$4D_{3/2}$、$4D_{5/2}$、$4F_{5/2}$、$4F_{7/2}$。

4. 1996 年用加速器“制成”了反氢原子，它由一个反质子和围绕它运动的正电子组成。你认为它的光谱和氢原子的光谱会完全相同吗？

答 应该完全相同。因为两者处于同样的库仑势场，适用于同样的薛定谔方程，所以结论应是一样的。

氢原子和反氢原子的库仑势场都是

$$U(r)=-\frac{e^2}{4\pi\varepsilon_0 r}$$

由于正电子和氢原子的负电子质量一样都是 m，定态薛定谔方程的形式也一样，为

$$-\frac{\hbar^2}{2m}\left(\frac{\partial^2\varphi}{\partial x^2}+\frac{\partial^2\varphi}{\partial y^2}+\frac{\partial^2\varphi}{\partial z^2}\right)+U\varphi=E\varphi$$

又由于质子和反质子质量相同，所以由同样形式的薛定谔方程必然得到完全一样的整个原子在它们各自质心坐标系中的能量表达式，为

$$E_n=-\frac{me^4}{2(4\pi\varepsilon_0)^2\hbar^2}\cdot\frac{1}{n^2},\quad n=1,2,3,\cdots$$

即一样的能级排布。所以，当能级发生跃迁时产生的光谱，不管是吸收光谱（原子吸收能量由低能级向高能级跃迁）还是发射光谱（原子由高能级向低能级跃迁），在同样条件下都是一样的。

5. $n=3$ 的壳层内有几个次壳层，各次壳层都可容纳多少个电子？

答　1916 年，柯塞耳（W. Kossel）对多电子原子系统的核外电子提出形象化的壳层分布模型。主量子数不同的电子，分布在不同的壳层上。对 $n=1,2,3,4,5,\cdots$ 的电子，各壳层用符号 $K,L,M,N,O,\cdots$ 表示；对于确定的 n,l 的取值是次壳层，$l=0,1,2,3,\cdots$，次壳层用符号 $s,p,d,f,\cdots$ 表示。$n=3$（M 壳层），包含 $l=0,1,2$ 三个次壳层，分别称为 s、p、d 次壳层。根据泡利不相容原理，次壳层可容纳的电子数为 $2(2l+1)$，s 次壳层可容纳 2 个电子，p 次壳层可容纳 6 个电子，d 次壳层可容纳 10 个电子。

6. 证明：按经典模型，电子绕质子沿半径为 r 的圆轨道运动时能量应为

$$E_{\text{class}}=-\frac{e^2}{2(4\pi\varepsilon_0)r}$$

将此式和式 $E_n=-\dfrac{e^2}{2(4\pi\varepsilon_0)a_0}\cdot\dfrac{1}{n^2}$ 对比，说明可能的轨道半径和 n^2 成正比。

证明　按经典理论，电子绕质子沿半径为 r 的圆轨道运动时，有

$$\frac{e^2}{4\pi\varepsilon_0 r^2}=m\frac{v^2}{r}$$

而其能量为动能与势能之和（设电子与质子在无穷远处时势能为零），由上式可得

$$E_{\text{class}}=\frac{1}{2}mv^2-\frac{e^2}{4\pi\varepsilon_0 r}=-\frac{e^2}{2(4\pi\varepsilon_0)r}$$

命题得证。它和式 $E_n=-\dfrac{e^2}{2(4\pi\varepsilon_0)a_0}\cdot\dfrac{1}{n^2}$ 相比，可能的轨道半径应如下求得：

$$-\frac{e^2}{2(4\pi\varepsilon_0)r_n}=-\frac{e^2}{2(4\pi\varepsilon_0)a_0}\cdot\frac{1}{n^2}$$

$$r_n=a_0n^2\propto n^2$$

其中 $a_0=\dfrac{\varepsilon_0 h^2}{\pi me^2}$，是玻尔半径，具有长度量纲，是常数。所以可能的轨道半径和 n^2 成正比。

***7.** 施特恩-格拉赫实验中，如果银原子的角动量不是量子化的，会得到什么样的银迹？为什么两条银迹不能用轨道角动量量子化来解释？

答　原子具有磁矩，则原子在不均匀磁场中除受磁力矩作用发生旋进外，还受到与其前进方向相垂直的沿 z 向的磁力 $f\left(=\mu_z\dfrac{\mathrm{d}B}{\mathrm{d}z}\right)$ 作用，μ_z 为原子磁矩在磁场 z 方向的投影。原子磁矩是电子的自旋磁矩 $\boldsymbol{\mu}_s$，它与自旋角动量 $\boldsymbol{S}$ 的关系为 $\boldsymbol{\mu}_s=-\dfrac{e}{m_e}\boldsymbol{S}$。因为原子磁矩是量子化

的,在外磁场中只有两种可能取向,磁矩在外磁场方向投影为正的原子移向磁场较强的方向,反之则移向磁场较弱的方向。因此实验中银原子在底版 A 呈现上下两条沉积。值得说明的是,此实验要求磁场非均匀性很高,达到 $\partial B/\partial z=1$ T/cm 的量级。在施特恩-格拉赫实验中,由于技术上的原因,得到的不是两条平行直线,而是两条弓形曲线,如图10.3所示。

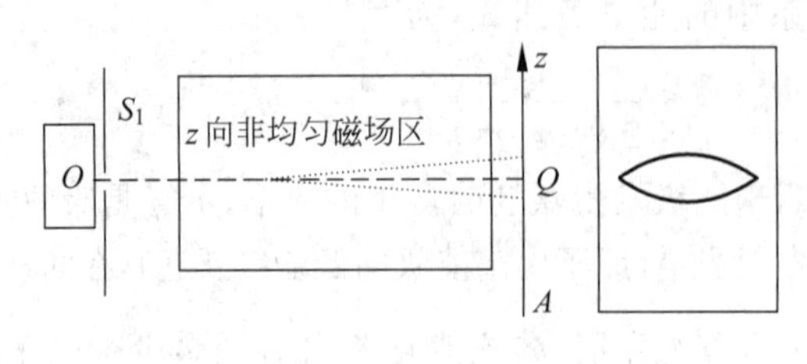

图 10.3

如果自旋角动量 $\boldsymbol{S}$ 不是量子化的,即上述 μ_z 可取任意值,由于射线中银原子数很多,μ_z 可看成连续分布,底版 A 上应是一连续的带状图像。上述原子磁矩不是电子运动的轨道磁矩,因为当轨道量子数为 l 时,轨道角动量和磁矩在外磁场方向的投影 L_z 和 $\mu_z\left(=-\frac{e}{2m_e}L_z\right)$将有 $2l+1$ 个不同值,底片上原子沉积应为 $2l+1$ 条,并且是奇数条(l 为整数),不可能只有两条。况且在施特恩-格拉赫实验中,产生银原子射线的炉温不太高,银原子的状态基本上是处于基态,$l=0$,基态的轨道角动量和轨道磁矩都等于零,只存在电子自旋角动量和自旋磁矩。所以,不能用轨道角动量空间取向解释底片上的两条银迹现象。

8. 处于基态的He原子的两个电子的量子数各是什么值?

答 由于自旋量子数 s 恒等于1/2,氢原子的电子运动状态用4个量子数 n、l、m_l、m_s 确定。对于多电子原子,电子间的相互作用也会影响它们的运动状态,薛定谔方程比单电子系统复杂得多,不能完全精确求解,但可以用近似方法求足够精确的解。其结果是各个核外电子仍可用4个量子数 n、l、m_l、m_s 确定。

处于基态的He原子的两个电子,都在 K 壳层内,轨道角动量为零,它们的量子数分别是:$n=1,l=0,m_l=0,m_s=1/2$ 和 $n=1,l=0,m_l=0,m_s=-1/2$。

***9.** 在保持X射线管的电压不变的情况下,将银靶换为铜靶,所产生的X射线的截止波长和 K_α 线的波长将各有何变化?

答 虽然靶的材料不同,但阴极(灯丝)发出的热电子在同一加速电压下获得的动能是一样的,$E_k=eU$,其中 U 是加速电压,e 是电子电量大小。所以,在保持X射线管的电压不变的情况下,将银靶换为铜靶,所产生的X射线的截止波长是一样的,即

$$\lambda_{\mathrm{cut}}=\frac{c}{\nu_{\max}}=\frac{hc}{E_k}=\frac{hc}{eU}$$

K_α 线的频率由莫塞莱公式确定,$\sqrt{\nu}=4.96\times10^7(Z-1)$。银元素的 $Z=47$,铜元素的 $Z=29$,故铜靶 K_α 线的频率比银靶小,而波长大。银靶和铜靶二者 K_α 线的频率之比为 $(23/14)^2$,二者 K_α 线的波长之比为 $(14/23)^2$。

***10.** 光子是费米子还是玻色子?它遵守泡利不相容原理吗?

答 光子是玻色子,光子的自旋量子数是1,描写粒子状态的波函数是对称的,它服从玻色-爱因斯坦(B-E)统计,因而被称作玻色子。玻色子不遵守泡利不相容原理,一个量子

态内可容纳的粒子数不限。泡利不相容原理是针对费米子系统的，如电子、质子、中子等。费米子的自旋量子数为半整数(1/2 或 1/2 的奇数倍)，其波函数是反对称的，它们服从费米-狄拉克(F-D)统计，遵守泡利不相容原理，一个量子态最多容纳一个费米子。

11. 什么是粒子数布居反转？为什么说这种状态是负热力学温度的状态？

答　热平衡状态下，在原子系统中，原子按能级的分布遵循玻耳兹曼分布律，即

$$\frac{N_h}{N_l}=\frac{e^{-E_h/kT}}{e^{-E_l/kT}}=e^{-(E_h-E_l)/kT}$$

室温下，$kT\approx 0.025$ eV。如果按 $\Delta E=E_h-E_l=1$ eV，$N_h/N_l=10^{-40}$，即正常情况下在高能级 E_h 上的原子数 N_h 总比在低能级 E_l 上的原子数 N_l 要少很多，$N_h\ll N_l$。如果激发低能态的原子使之跃迁到高能态，且在高能态有较长的"寿命"，使原子系统高能级上的粒子数超过低能级上的粒子数，达到 $N_l<N_h$ 的粒子数"反常"分布，则这种分布叫粒子数布居反转。如果实现了粒子数布居反转，应有

$$\frac{N_h}{N_l}=e^{-(E_h-E_l)/kT}>1$$

由于 $E_h>E_l$，得 $T<0$，T 就是一个负热力学温度，系统状态就是负热力学温度的状态。

12. 为了得到线偏振光，在激光管两端安装一个玻璃制的"布儒斯特窗"(如图 10.4(a)所示)，使其法线与管轴的夹角为布儒斯特角。为什么这样射出的光就是线偏振的？光振动沿哪个方向？

答　布儒斯特角入射，反射光为光振动垂直入射面的线偏振光。在两端的两个反射面之间，平行于激光管管轴的激光多次来回反射的过程，也就是多次以布儒斯特角入射"布儒斯特窗"，垂直入射面的光振动被淘汰，沿轴向射出的激光偏振度高，其光振动方向平行于管轴和"布儒斯特窗"法线组成的平面(如图 10.4(b)所示)。

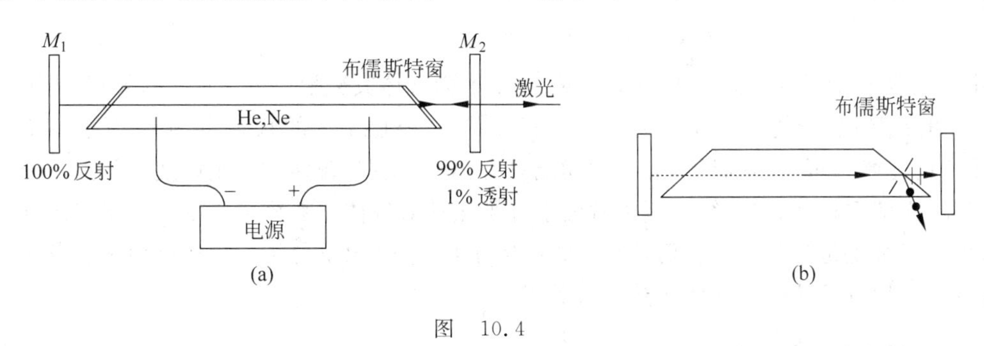

图　10.4

***13.** 分子的电子能级、振动能级和转动能级在数量级上有何差别？带状光谱是怎样产生的？

答　分子电子能级的数量级约几个电子伏特，振动能级数量级为 $10^{-2}\sim 10^{-1}$ eV，分子的转动能级为 $10^{-4}\sim 10^{-3}$ eV。对于分子来讲，因为分子振动能量远大于转动能量，即 $E_{vib}\gg E_{rot}$，每一振动状态总会包含许多转动状态，如图 10.5(a)所示。对于分子跃迁，由于 $\Delta E_{vib}\gg\Delta E_{rot}$，所以在同一振动能级跃迁所产生的光谱实际上是由很多密集的由转动能级跃迁所产生的谱线组成的，分辨率不大的分光镜不能分辨这些谱线而形成连续谱带。所以当振动和转动能级同时发生跃迁时，由转动和振动合成的光谱就是带状谱。图 10.5(b)所示的是分子总能级图。

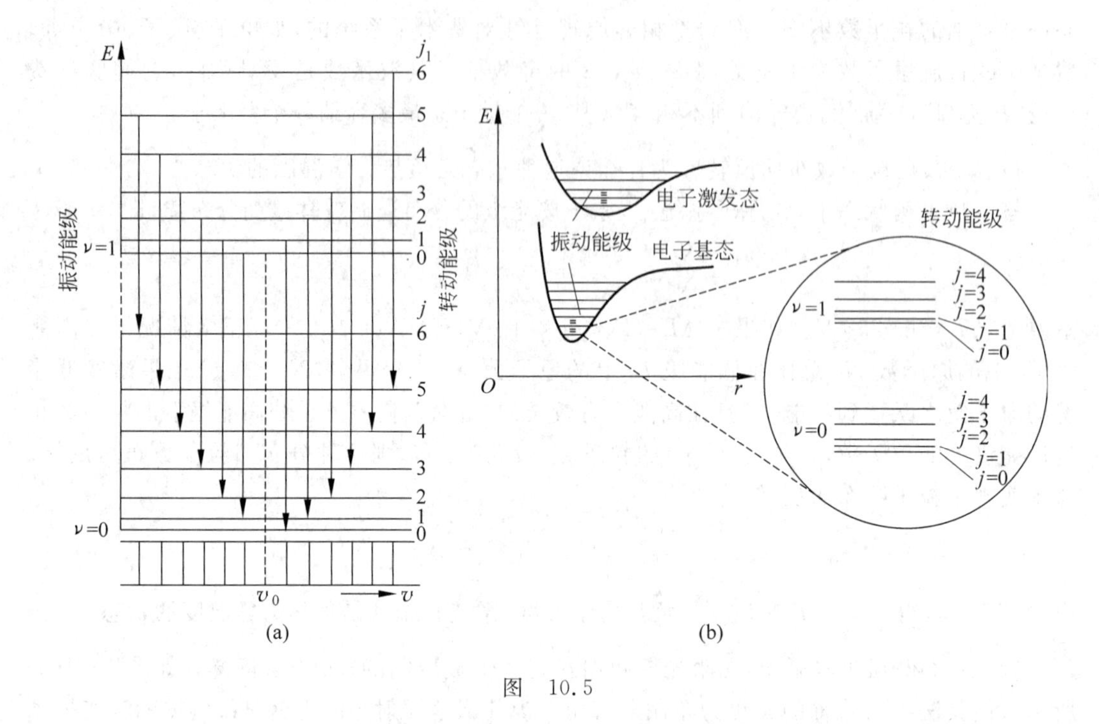

图 10.5

*14. 为什么在常温下,分子的转动状态可以通过加热而改变,因而分子转动和气体比热容有关?为什么振动状态却是“冻结”着而不能改变,因而对气体比热容无贡献?电子能级也是“冻结”着吗?

答 常温下,分子的动能是 kT 数量级,大小约 300 个玻耳兹曼常数 k。以双原子分子为例,其振动能

$$E_{\text{vib}} = (\nu + 1/2)\hbar\omega_0, \quad \nu = 0,1,2,\cdots$$

式中,ν 为振动量子数;ω_0 为振动角频率,对于不同气体其数值不同。$\hbar\omega_0$ 的乘积,一般为几千 k。也就是说,若使一个分子从 $\nu=1$ 的振动状态变到 $\nu=2$ 的状态,必须一下子供给它几千个 k 的能量。可是,常温下,分子的动能只有 $300k$ 左右,碰撞时不足以使分子振动能级发生变化,亦即振动状态“冻结”,所以常温下分子振动对气体比热容无贡献。电子能级间隔更大,电子能级也是“冻结”着。而转动能级间隔小得多,常温下分子的碰撞已使很多分子处于高能级,当然分子转动和气体比热容有关了。

10.1.4 固体中的电子

1. 金属中的自由电子在什么条件下可以看成是“自由”的?

答 电子具有波动性,线度比其波长小得多的障碍物对其运动没什么影响。在金属中的电子,只要它们的德布罗意波长比周期性势场的空间周期大得多,它们的运动就不会受到这种势场的明显影响,感受到的是一种平均的均匀势场。均匀势场下不受力,因而被看做是“自由”的。简单地讲其条件是电子的波长 $\lambda \gg$ 金属晶格间距 d。

2. 金属中的自由电子为什么对比热容贡献甚微而却能很好地导电?

答 FD分布给出,费米子组成的系统,在热平衡下一个能量为 E 的量子态上存在的粒

子数平均为

$$n=\frac{1}{e^{(E-E_F)/kT}+1}$$

其中，E_F 是系统的化学势。$T=0$ K 时，因为 $E>E_F$ 的 $n=0$，$E<E_F$ 的 $n=1$，所以 $T=0$ K 时大于 E_F 的能级上没有粒子分布，小于 E_F 的能级已被电子填满，每个量子态上都有一个电子，E_F 称为费米能级。温度不为 0 K 时，$E=E_F$ 时粒子数 $n=1/2$，尽管在 E_F（也称为费米能级）附近的能级被电子部分占据，但温度不是非常高时（例如在室温附近），电子在各能级上的分布与 $T=0$ K 时没太大的差别，所以在作定性分析时还是可以认为费米能级 E_F 以下各能级已被电子填满。

对于热传导过程。金属中的自由电子通过与晶格离子的无规碰撞可获得热运动能量 kT，常温下 $kT\approx0.03$ eV。在费米能级 E_F（典型值为几个电子伏）附近，约 0.03 eV 的能量薄层内的电子可以吸收热运动能量 kT 跃迁到邻近的空能级上去，从而对比热容产生贡献，它们大约只占电子总数的 1%（$kT/E_F\approx1\%$）。费米能级以下低于（E_F-kT）的其他各能级上的绝大部分电子，它们不可能借助这 kT 能量跃迁到 E_F 以上空能级上去，也不能在它们的能级附近 kT 范围内发生跃迁，因为附近能级已被电子占满，所以这绝大部分电子不可能吸收热能运动能量而对比热容产生贡献。因为只有费米能级 E_F 附近约 1%的电子参与“比热容”过程，所以金属中的自由电子对比热容贡献甚微。高温时，kT 能量会大一些，费米能级 E_F 稍作减少，自由电子对比热容的贡献也会稍增大一些。

对于加上电场的金属导电过程。由于电场的存在，金属内所有电子都将同时从电场获得能量和动量，因而每个电子都在不停地离开自己的能级而跃迁，同时为下一能级的电子腾出位置，这整个能级分布的松动，造成了电子在电场作用下的整体漂移（定向加速）。被加速到费米速度的电子与晶体缺陷或离子碰撞形成“速度反转”，动量反向且速度大小略减，之后在电场作用下又被重新加速。如此周而复始的过程使得每个电子对导电都产生了贡献，正是所有电子的贡献才造成了金属很好的导电现象。

***3. 量子统计的适用条件是根据什么原则给出的？**

答　量子统计的适用条件是粒子系统中粒子的德布罗意波长 λ 和粒子的平均间距 d 可比或更大，即 $\lambda\geqslant d$。它是根据全同粒子的不可分辨性原则给出的。不可分辨性意味着粒子波动性强，粒子间的波函数有严重的重叠，因而量子效应明显。

4. 什么是能带、禁带、价带、导带？

答　N 个原子紧密结合成晶体（固体）的过程中，由于各原子间的相互影响，使原先原子的每个能级都分裂成一系列与原来能级接近的 N 个新能级。能级分裂的总宽度决定于原子间距，原子间距是一定的，而 N 是很大的，所以 N 个新能级的间距是非常小的，N 个新能级组成的能量区域叫一个能带。

两个相邻能带之间，如果有一个能量间隔，其中不存在电子能级，则这个能量间隔称为禁带。如果两个相邻能带互相重叠，那么它们之间就不存在禁带。禁带的宽度对晶体的导电性起着相当重要的作用。

由价电子能级分裂形成的晶体能带中，最上面的有电子存在的能带叫价带。它可能被电子填满成为满带，也可能未被填满成为未满带。

晶体能带中，价带上面相邻的空着的能带叫导带（也称为空带）。有时把未被填满电子的价带也称为导带。

5. 导体、绝缘体和半导体的能带结构有何不同?

答 导体:价带未填满,或者是导带与相邻满带有交叠,或者是价带与导带有交叠,如图10.6(a)所示。

绝缘体:价带是满带,且与上面相邻的空带(导带)之间的禁带宽度很大,满带中的电子难以跃迁到空带中去,如图10.6(b)所示。一般禁带宽度 ΔE_g 为3~10 eV。

半导体:温度为0 K时,价带是满带,且与上面相邻的空带(导带)之间的禁带宽度较小,用不太大的能量就可以把满带中的电子激发到空带中去,使价带和导带均成为未满带,而具有一定的导电性,如图10.6(c)所示。其 ΔE_g 一般为0.1~1.5 eV。

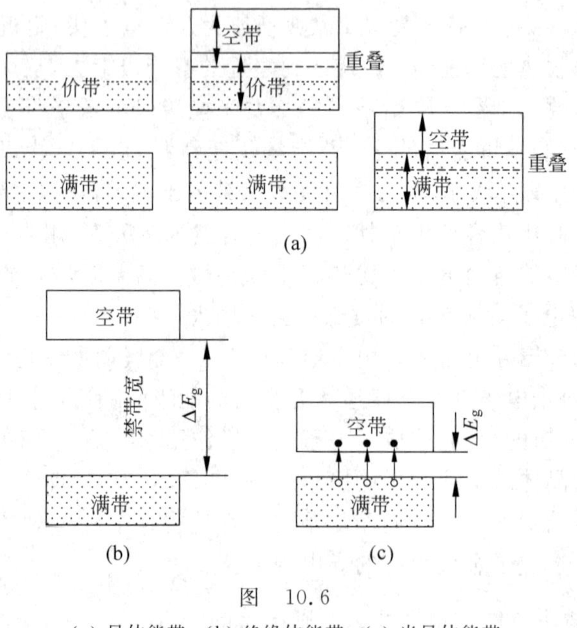

图 10.6

(a) 导体能带;(b) 绝缘体能带;(c) 半导体能带

6. 硅晶体掺入磷原子后变成什么型的半导体?这种半导体是电子多了,还是空穴多了?这种半导体是带正电,带负电,还是不带电?

答 硅晶体掺入磷原子后变成N型的半导体,电子是多子,空穴是少子。一个5价磷原子取代硅原子后,4个电子排入硅原子晶体点阵,剩下的一个电子因受到的束缚较弱而成为自由电子。该电子原来在晶体中的能级处于禁带中导带下方很近处,这一杂质能级上的电子很容易被激发进入导带,所以这种半导体导带中的自由电子数比起常温下的本征半导体大大增加了,而大大超过价带中的空穴数。而价带中的电子又很难跃入这一杂质能级而在价带中留下空穴,所以价带中的空穴数基本保持不变,如图10.7所示。

掺杂后的整体半导体,由于电荷守恒还是中性而不带电。

7. 将铟掺入锗晶体后,空穴数增加了,是否自由电子数也增加了?如果空穴数增加而自由电子数没有增加,锗晶体是否会带上正电荷?

答 将3价铟掺入锗晶体后,形成P型半导体。由于杂质原子只有3个价电子,取代锗原子后就在锗的正常晶格内缺了一个电子,产生了一个空穴,如图10.8所示。这种杂质中

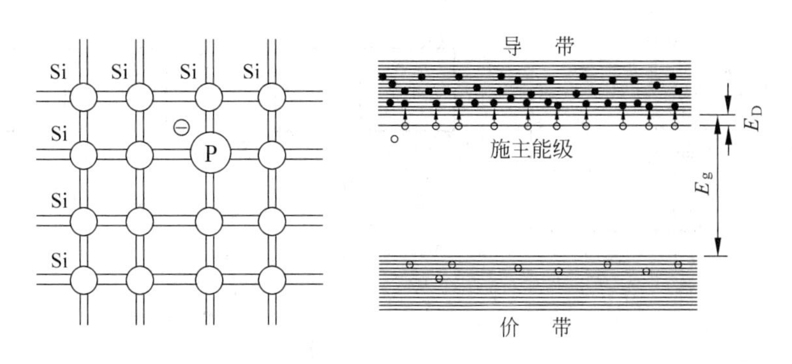

图　10.7

电子的能级原来位于价带顶上方很近处，价带中的电子很容易跃入杂质能级而在价带产生大量空穴，所以空穴数增加了。但进入杂质能级的电子，由于禁带宽度较大又很难进入导带，导带中电子数基本不变，所以自由电子数基本没有增加。虽然 P 型半导体中空穴是多子，电子是少子，但由于电荷守恒，锗晶体也不会带上正电荷。

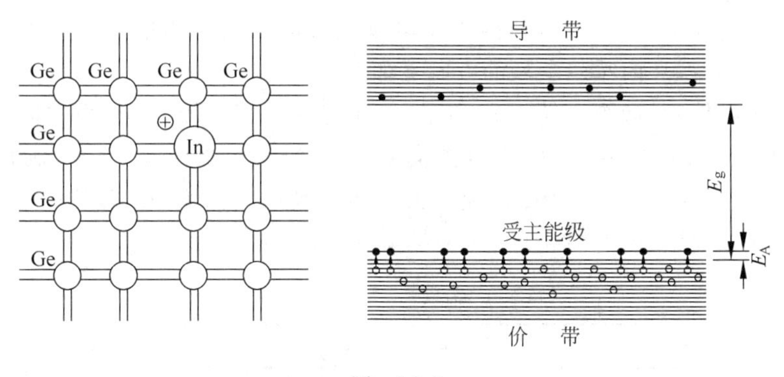

图　10.8

8. 本征半导体、单一的杂质半导体都和 PN 结一样具有单向导电性吗？

答　否。只有 PN 结具有单向导电性，是半导体各种应用的基础结构。本征半导体、单一的杂质半导体都不具有单向导电性。

如图 10.9(a)所示，P 型半导体和 N 型半导体接触，由于 N 型区的电子向 P 型区扩散，同时 P 型区的空穴向 N 型区扩散，在界面处形成一阻挡层，阻挡层内形成的内建电场阻碍载流子的扩散，最后达到平衡状态。交界处的这种结构称为 PN 结。当 PN 结加上正向偏压时，如图 10.9(b)所示，使结内阻挡电场减弱，阻挡层变薄，载流子扩散得以继续和连续，电路有电流流过。当 PN 结加上反向偏压时，如图 10.9(c)所示，使结内阻挡电场得以增强，阻挡层变厚，载流子更难互相扩散，两区中多子不可能形成电流，只有两区内的少子沿所加电场方向形成微弱电流。这就是 PN 结的单向导电性。本征半导体、单一的杂质半导体本身性质是各向同性，它们不会具有单向导电性。

9. 根据霍尔效应测磁场时，用杂质半导体片比用金属片更为灵敏，为什么？

答　设霍尔元件载流子浓度为 n，其厚度为 b，通过控制电流为 I，所加横向磁场为 B。稳恒状态时，得霍尔电压

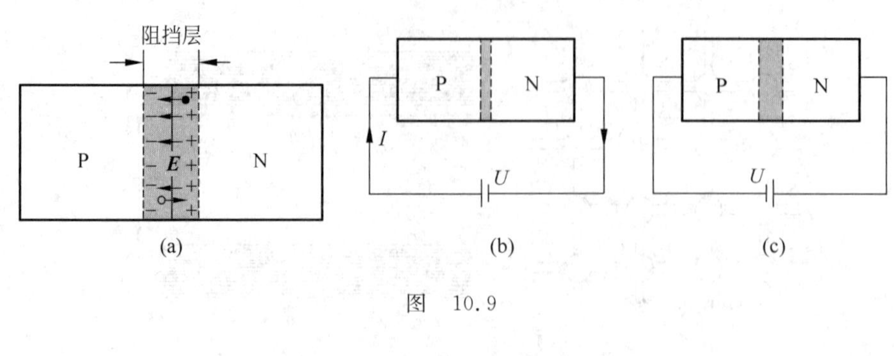

(a) (b) (c)

图 10.9

$$U_{\mathrm{H}}=\frac{1}{nq}\cdot\frac{IB}{b}=K_{\mathrm{H}}IB$$

其中 q 为载流子电量。从应用上讲，K_{H} 越大越好，K_{H} 称为霍尔元件灵敏度，它与载流子浓度 n 成反比。杂质半导体的载流子浓度远比金属的载流子浓度小，因此用杂质半导体片制成的霍尔元件比用金属片更为灵敏。

10. 水平地放置一片矩形 N 型半导体片，使其长边沿东西方向，再自西向东通入电流。当在片上加以竖直向上的磁场时，片内霍尔电场的方向如何？如果换用 P 型半导体片，而电流和磁场方向不变，片内霍尔电场的方向又如何？

答 N 型半导体片，如图 10.10(a)所示，电子是多子，所受洛伦兹力方向由北向南，片南侧积累电子，所以片内霍尔电场的方向从里向外(由北向南)。P 型半导体片，如图 10.10(b)所示，空穴是多子，所受洛伦兹力方向也是由北向南，南侧积累正电荷，片内霍尔电场的方向从外向里(由南向北)。

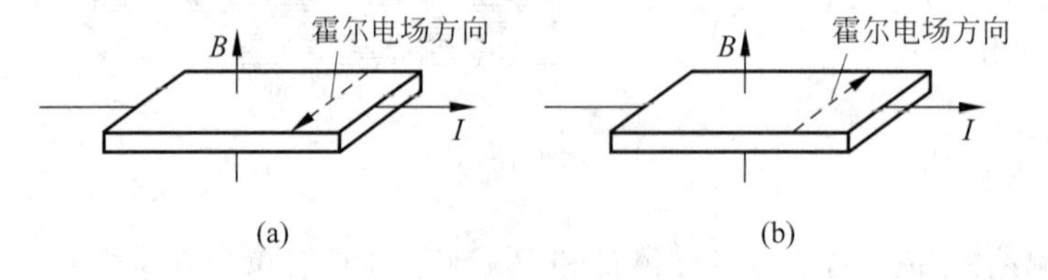

(a) (b)

图 10.10

(a) N 型半导体；(b) P 型半导体

11. 用本征半导体片能测到霍尔电压吗？

答 本征半导体中满带的电子受激进入空带，同时在满带留下空穴，成为一对本征载流子，因此本征半导体是数目相同的电子和空穴载流子的共同导电作用而显示出高纯度半导体的本征导电性。在电场作用下，这数目相同的电子和空穴载流子各自反向运动；在外磁场作用下，它们却朝同一方向偏转，因此它们的运动不会在本征半导体横向两侧积累电荷。所以，用本征半导体片测不到霍尔电压。

12. 在 MOSFET(图 10.11)中，增大栅和源之间电压 U_{SG} 直至 N 型通道被阻断而使通道电流 I_{DS} 降至 0，通道被阻断是先从源一端开始，还是先从漏一端开始，或是全通道同时阻断？

金属氧化物场效应管(MOSFET)能迅速进行数字 1 和 0 通断之间的转换，其结构如图 10.11 所示。在轻度掺杂的 P 型半导体基片上，用 N 型杂质“过量掺杂”形成两个 N 型“岛”，一个叫“源”(S)，一个叫“漏”(D)，各通过一个金属电极和外部相连。在源和漏之间用

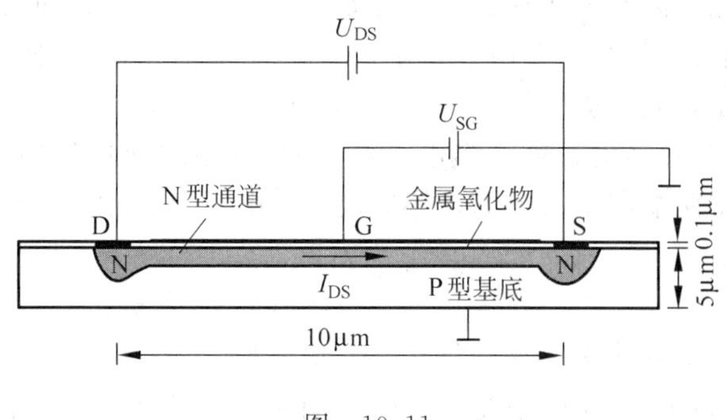

图　10.11

一个 N 型薄层相连形成一个 N 型通道，N 型通道上方敷以绝缘的氧化薄层，其上再盖以金属薄层，这层金属薄层叫“栅”(G)。如果漏和源之间加以电压 $U_{DS}>0$，则 N 型通道中电子从源流向漏形成由漏到源的电流 I_{DS}。在栅和源之间再加一电压 U_{SG}，使栅电势低于源电势，将使 N 型通道内形成一指向栅的电场，这一电场使通道中的电子移向基底，从而加宽通道和基底交界处的阻挡层而使通道变窄，同时还由于通道内电子数减少而使通道电阻增大，这些都使通道电流 I_{DS}减小。适当增大 U_{SG}，则 I_{DS}可以完全被阻断。这样通过改变 U_{SG}，就可以控制 I_{DS}的通断从而给出数字 1 和 0 的信号。

答　在 P 型和 N 型半导体交界处由于 N 型区电子和 P 型区空穴向对方区域的扩散形成 PN 结，N 型区由于缺少电子而带正电，P 型区因缺少空穴而带负电，在 PN 交界面邻近处形成一个没有电子和空穴的“真空地带”薄层，层内形成内建电场，它和电子与空穴的扩散作用相平衡，此“真空地带”叫阻挡层。当 PN 结正向偏置(P 区接电源正极，N 区接电源负极)时，内建场被消弱，阻挡层变薄，形成正向电流。当 PN 结反向偏置(P 区接电源负极，N 区接电源正极)时，阻挡层变厚，两区中多子不能形成电流，只有少子(N 型区的空穴和 P 型区的电子)沿电场方向产生微弱反向电流。这就是 PN 结的单向导电性。

MOSFET 中，基底和漏 D、基底和通道、基底和源 S 之间形成 PN 结。当漏和源之间加以电压 $U_{DS}>0$，它的作用一是使 N 型通道中电子从源流向漏形成由漏到源的电流 I_{DS}，二是在上述 PN 结上加上反向偏置，由于电流 I_{DS}是由漏到源，由漏到源所加在 PN 结上反向电压的大小依次减小，漏 D 处为 U_{DS}，源 S 处为零。反向电压使阻挡层变厚，对应各处的通道都变窄。所以，U_{DS}使得漏 D 处阻挡层最厚，通道最窄；使得源 S 处阻挡层最薄，通道最宽。

在栅 G(负极)和源 S(正极)之间再加一电压 U_{SG}，相当于在基底和栅之间形成一个由基底指向 G 的电场，绝缘的氧化薄层隔断栅 G 的电子移向通道，而通道中的电子在此电场作用下移到基底，因此 U_{SG}不但不使与基底间的 PN 结阻挡层变窄，反而使其加宽，致使通道变窄。另外，通道内电子向基底的移动导致通道内电子数减少而通道电阻增大，电阻的增大更加重了通道由漏到源宽度的不均匀性。

由以上分析可知，通过改变 U_{SG}可以控制 I_{DS}的通断；适当增大 U_{SG}，则 I_{DS}可以完全被阻断，通道被阻断是从漏 D 一端开始逐渐到源 S 一端。

13. 电视机的遥控是通过红外线实现的，为此在遥控器和电视机内部使用了半导体元件。在遥控器内是何种元件？在电视机内又是何种元件？

答　遥控器使用了半导体发光二极管(LED)，它是电致发光的例子，其基本原理是 PN

结加上正向偏置,在电能激发下实现在结附近处电子和空穴的湮灭而发射光子,在能级图上是导带下部的电子越过禁带与价带内空穴复合的过程。电视机内部使用了光电池半导体元件——光电二极管,是发光二极管的反向运行;当光照射PN结时,价带的电子吸收光子能量越过禁带跃迁到导带在结附近处产生电子空穴对,在结内建场作用下电子移向N区,空穴移向P区,在PN结两端产生一个电动势形成一个电源,是光能转换为电能的例子。

10.1.5 核物理

1. 为什么说核好像是A个小硬球挤在一起形成的?

答 根据低能α粒子、中能中子及高能电子的散射实验数据,如果把核看做球形,取原子核的半径为R,以上实验数据都给出颇为接近的结果,即

$$R = r_0 A^{1/3}$$

式中,A为原子核的质量数,即核子数;$r_0=1.20\ \text{fm}$,是对所有核都适用的常数。球形原子核的体积$V=\frac{4}{3}\pi R^3$,有

$$V = \frac{4}{3}\pi R^3 = A\,\frac{4}{3}\pi r_0^3 = AV_0$$

它和核子数A成正比。如果把一个核子看成是体积为$V_0=\frac{4}{3}\pi r_0^3$不可压缩的小球,那么原子核就好像是A个小硬球挤在一起形成的。

2. 为什么各种核的密度都大致相等?

答 因为核好像是A个小硬球挤在一起形成的,近似地用$m_p=1.67\times10^{-27}$ kg表示一个核子的质量,那么核的密度约为

$$\rho=\frac{m}{\frac{4}{3}\pi R^3}=\frac{Am_p}{\frac{4}{3}\pi r_0^3 A}=\frac{m_p}{\frac{4}{3}\pi r_0^3}=\frac{1.67\times10^{-27}}{\frac{4}{3}\pi\times(1.20\times10^{-15})^3}\ \text{kg/m}^3$$
$$=2.3\times10^{17}\ \text{kg/m}^3$$

它与质量数A无关,所以各种核的密度都大致相等。

3. 为什么核子由强相互作用决定的结合能和核子数成正比?

答 核力将核子聚集在一起,要把一个核分解成单个质子或中子必须克服核力做功,所需能量就是核结合能。核力与电荷无关,即质子与质子、质子与中子、中子与中子的核力是相同的。核力具有饱和性,每个核子只与"紧靠"的少数核子有相互作用力,而不是与原子核内所有核子都发生作用,因此每增加一个核子(中子或质子)使得结合能的增加是一定的,故核子间强相互作用决定的结合能和核子数A成正比。如果核力与库仑力一样是长程力,每个核子与其他核子都能发生相互作用,那么核子之间两两相互作用数目为$A(A-1)/2$,结合能将正比于A^2,这与事实不符。

4. 怎么理解核力是一种残余力?

答 核子是由三个色荷不同("红""绿""蓝")的夸克组成的,总色荷为零("红""绿""蓝"三色俱全)。色荷之间的作用叫色力。两个核子之间的核力就是组成它们的夸克之间的相互作用(色力)抵消之后的残余色力的表现。就像靠得较近的两个中性原子之间的相互作用本质上是电磁力,是它们两个带电系统的正负电荷相互作用的电磁力抵消之后的残余电磁力。

5. 假定质子的正电荷均匀分布在核内，试根据带电球体的静电能公式校核韦塞克半经验公式的电力项并求出系数 a_3 的值。

解　质子的正电荷均匀分布在核内，设其半径为 R，带电球体的静电能的公式为

$$\frac{3}{20\varepsilon_0\pi}\frac{q^2}{R}=\frac{3}{20\varepsilon_0\pi}\frac{(Ze)^2}{R}=\frac{3e^2}{20\varepsilon_0\pi}\frac{Z^2}{r_0A^{1/3}}=a_3\frac{Z^2}{A^{1/3}}$$

式中用其半径 R 和质量数 A 的关系 $R=r_0A^{1/3}$ 作了替换。核结合能的韦塞克半经验公式为

$$E_b=a_1A-a_2A^{2/3}-a_3Z^2/A^{1/3}-a_4(A-2Z)^2/A+a_5A^{-1/2}$$

式中，a_1、a_2、a_3、a_4、a_5 为 5 个常量系数。其中第 3 项电力项正是静电能公式给出的形式。那么系数 a_3 应为

$$a_3=\frac{3e^2}{20\varepsilon_0\pi r_0}=\frac{3\times(1.602\times10^{-19})^2}{20\pi\times8.854\times10^{-12}\times1.20\times10^{-15}}\cdot\frac{1}{10^6\times1.602\times10^{-19}}\text{ MeV}$$
$$=0.7199\text{ MeV}$$

6. 完成下列核衰变方程：

$$^{238}\text{U}\longrightarrow{}^{234}\text{Th}+?\qquad ^{90}\text{Sr}\longrightarrow{}^{90}\text{Y}+?$$
$$^{64}\text{Cu}\longrightarrow{}^{64}\text{Ni}+?\qquad ^{64}\text{Cu}+?\longrightarrow{}^{64}\text{Zn}$$

解

$$^{238}\text{U}\longrightarrow{}^{234}\text{Th}+{}^4_2\text{He}\qquad ^{90}\text{Sr}\longrightarrow{}^{90}\text{Y}+\beta^-+\overline{\nu_e}$$
$$^{64}\text{Cu}\longrightarrow{}^{64}\text{Ni}+\beta^++\overline{\nu_e}\qquad ^{64}\text{Cu}+\beta^+\longrightarrow{}^{64}\text{Zn}+\overline{\nu_e}$$

7. 放射性 ^{235}U 系的起始放射核是 ^{235}U，最终核为 ^{207}Pb。从 ^{235}U 到 ^{207}Pb 共经过了几次 α 衰变？几次 β 衰变(所有 β 衰变都是 β^- 衰变)？

答　7 次 α 衰变，4 次 β^- 衰变。

$^{235}_{92}\text{U}\to{}^{207}_{82}\text{Pb}$，7 次 α 衰变使质量数减少 28，由 U 放射核的 235 变为 Pb 的 207。7 次 α 衰变和 4 次 β^- 衰变，使原子序数由 92 降为 Pb 的 82。

***8.** 为什么单核 γ 源不可能进行 γ 射线共振吸收？穆斯堡尔怎样做到 γ 射线共振吸收的？

答　所谓单核 γ 源进行 γ 射线共振吸收，是说单一品种的原子核既作为 γ 源发射 γ 光子，又作为吸收体吸收这发出的光子。原子由高能级 E_h 跃迁到低能级 E_l，在发出高能 γ 光子 $h\nu_{emi}$ 的同时，光子带走了 $h\nu_{emi}/c$ 的动量。由动量守恒定律，原子本身获得反冲动量 $h\nu_{emi}/c$，反冲使得原来静止原子得到反冲能量 E_{rec}。高能 γ 光子能量以 0.1 MeV 计，核的质量以 $100u=9.33\times10^4\text{ MeV}/c^2$ 计，则反冲能量为

$$E_{rec}=\frac{p_{rec}^2}{2m}=\frac{(h\nu_{emi})^2}{2mc^2}=\frac{(0.1\times10^6)^2}{2\times9.33\times10^{10}}\text{ eV}=0.054\text{ eV}$$

由于原子的反冲能量 E_{rec} 的存在，发出光子的能量为

$$h\nu_{emi}=E_h-E_l-E_{rec}$$

同样，同种原子吸收光子从 E_l 跃迁到 E_h，吸收光子时也必得到反冲动能，所以需要被吸收光子的能量为

$$h\nu_{abs}=E_h-E_l+E_{rec}$$

因此有 $h\nu_{abs}-h\nu_{emi}=2E_{rec}$。在同样的原子能级改变情况下，原子所能吸收的光子能量和同

一种原子所发出的光子能量有 $2E_{rec}$ 的差别。如果发射的 γ 光子的能量的自然宽度 $\Delta E_N > 2E_{rec}$,那同种原子是可以吸收这光子的,即共振吸收现象可以发生。γ 源核激发态能级寿命的典型值是 10^{-10} s,根据不确定关系,发射的 γ 光子的能量自然宽度为

$$\Delta E_N = \frac{\hbar}{2\Delta t} = \frac{1.05 \times 10^{-34}}{2 \times 10^{-10}}\ \mathrm{J} = 5.25 \times 10^{-25}\ \mathrm{J} = 3.3 \times 10^{-6}\ \mathrm{eV}$$

大约为 10^{-6} eV 数量级。由上面计算,$2E_{rec}$ 约为 0.1 eV,有 $2E_{rec} \gg \Delta E_N$,而不存在 $\Delta E_N > 2E_{rec}$,即原子所发射的 γ 光子能量分布和该种原子吸收的 γ 光子能量分布没有丝毫的重叠,所以单核 γ 源的共振吸收是不可能的。

穆斯堡尔是把作为 γ 源和吸收体的 ^{191}Ir 镶嵌在晶体中,这样接收反冲的是整个晶体而不是单独的核,使得反冲作用的影响完全可以忽略。在这种情况下,发射的光子能量分布($h\nu_{emi} = E_h - E_l$)和能被吸收的光子能量分布($h\nu_{absi} = E_h - E_l$)几乎完全一样,共振吸收就很容易被观测到了。并且穆斯堡尔还降低了样品的温度,使能量量子化更为明显,增大了共振吸收的概率。

9. 为什么粒子束引起核反应的反应截面可能大于或小于靶核的几何截面面积?

答 核反应截面是入射粒子与靶核两个微观粒子发生碰撞引发核反应的概率的量度。设静止靶核的横截面为一圆面,其半径为 r,如果射向靶核引起核反应的是经典粒子,可以看做质点,只要经典粒子飞向核的瞄准距离 d(粒子轨迹与靶横截面轴线之间的距离,如图 10.12 所示)小于靶核的横截面半径 r,就一定能和核发生碰撞引发核反应;如果 $d > r$,经典粒子就不能和核发生碰撞引发核反应。反应截面的意义是一个入射粒子与单位面积内一个靶粒子发生核反应的概率,而此时核的几何截面面积正好表示了经典粒子在单位面积内与核发生碰撞的概率,所以经典反应截面就等于该核的几何截面面积。

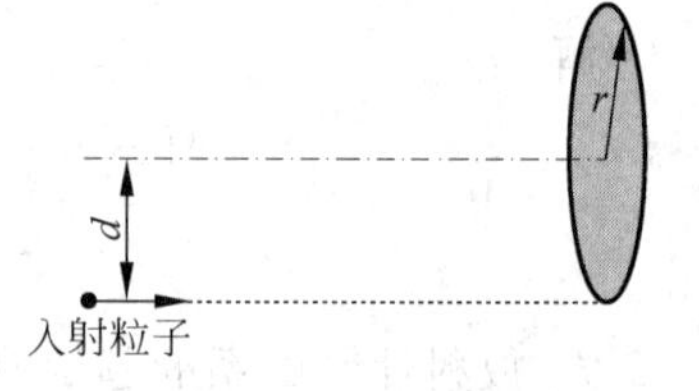

图 10.12

实际上入射粒子是量子粒子,具有波粒二象性,在空间出现的位置是一种概率分布。即便对入射粒子有 $d > r$,它也有可能出现在靶核处的几何截面内与靶核发生碰撞而引发反应,在此意义上认为其反应截面大于靶核的几何截面面积。也正因为量子粒子在空间的位置是概率分布,即使对入射粒子有 $d < r$,也未必能和靶核发生碰撞,因为量子粒子处于核的几何截面面积内的概率不是 100%,此时认为其反应截面小于靶核的几何截面面积。因此粒子束反应截面可能大于或小于靶核的几何截面面积。

10. 为什么实现吸能核反应的阈能大于该反应的 Q 值的大小?利用对撞机为什么能大大提高引发核反应的能量利用率?

答 吸能核反应中的 Q 值是核反应过程需要吸收的能量,阈能指引发吸能反应所需入射粒子的最小能量。实验室中,一个高能粒子去撞击一个静止靶粒子,靶和入射高能粒子系统的质心动能在碰撞中不会改变,因而不能被利用,可利用的是粒子系统的内动能,即资用能。入射粒子和靶粒子总要经过结合为一体的中间阶段,若入射粒子和靶粒子的质量分别为 m 和 M,设入射粒子的速度为 $\boldsymbol{v}$,对于在非相对论情况下的完全非弹性碰撞,由动量守恒定律,有

$$m\boldsymbol{v} = (m + M)\boldsymbol{V}$$

得 $V=\dfrac{m}{m+M}v$，这就是质心速度。由柯尼希定理，撞前两粒子的总动能等于轨道动能(质心动能)和内动能(资用能)$E_{k,in}$之和，有

$$\frac{1}{2}mv^2 = \frac{1}{2}(m+M)V^2 + E_{k,in}$$

因此得到资用能 $E_{k,in}$和实验室系中入射粒子的能量 E_k 的关系为

$$E_{k,in} = \frac{1}{2}mv^2\left(1-\frac{m}{m+M}\right)=\frac{M}{m+M}E_k$$

由于资用能 $E_{k,in}$大于吸收能 Q 的绝对值时才能引发吸能核反应，因此入射粒子的最小动能(阈能)至少等于

$$E_k = \frac{m+M}{M}E_{k,in} = \frac{m+M}{M}\mid Q\mid$$

有 $E_k>|Q|$，即实现吸能核反应的阈能大于该反应的 Q 值的大小。

由 $E_{k,in}=\dfrac{M}{m+M}E_k$ 看出，入射粒子的能量 E_k 只有一部分作为资用能被利用。为了提高入射粒子的能量 E_k 的利用率，就必须减少粒子系统碰撞前的质心动能。对撞机中，使质量和速率都相同的粒子对撞，它们的质心动能为零，粒子碰撞前的总动能都可用作资用能引发核反应，能量利用率当然大大提高了。

10.2　例题

10.2.1　波粒二象性

1. 假设一个温度为 T 的物体，其表面积是 A，它所辐射的能量只是同样温度、同样表面积黑体所辐射能量的一部分，即存在一个小于 1 的辐射系数 ε。星球的辐射系数接近于 1，人体的辐射系数约为 0.85。

(1) 在地球表面，太阳光的强度为 1.4×10^3 W/m^2，地球与太阳的距离约为 1.5×10^{11} m，太阳可看做半径为 7.0×10^8 m 的球体，试计算太阳表面的温度及它的辐射出射度最大的光的频率；

(2) 试计算地球表面的平均温度及它每平方米辐射能量的速率；

(3) 人体的面积按 1.40 m^2 计算，人体温度为 37 ℃，室温 20 ℃，人体每秒钟向室内辐射多少净能量？

解　(1) 设太阳和地球的距离为 r，地球表面太阳光强度为 I，太阳辐射出射度为 M，太阳半径为 R，有

$$4\pi r^2 I = 4\pi R^2 M$$

由斯特藩-玻耳兹曼定律 $M=\sigma T^4$，太阳表面的温度约为

$$T = \left(\frac{r^2 I}{R^2\sigma}\right)^{1/4} = \left[\frac{(1.5\times10^{11})^2\times1.4\times10^3}{(7.0\times10^8)^2\times5.67\times10^{-8}}\right]^{1/4}\ \text{K} = 5.80\times10^3\ \text{K}$$

由维恩位移定律 $\nu_m=C_\nu T$，得辐射出射度最大的光的频率

$$\nu_m = 5.88\times10^{10}\times5.80\times10^3\ \text{Hz} = 3.41\times10^{14}\ \text{Hz}$$

(2) 太阳总辐射功率 $P_s=4\pi r^2 I$，地球吸收热辐射功率约为 $P_{e,ab}=I\pi R_e^2$，地球热辐射功

率为 $P_{e,ej}=\sigma T_e^4 4\pi R_e^2$,其中 R_e 为地球半径。地球平衡热辐射时 $P_{e,ab}=P_{e,ej}$,此时地球表面近似的平均温度可由 $\sigma T_e^4 4\pi R_e^2=I\pi R_e^2$ 求得,有

$$T_e=\left(\frac{I}{4\sigma}\right)^{1/4}=\left(\frac{1.4\times10^3}{4\times5.67\times10^{-8}}\right)^{1/4}\ \text{K}=280\ \text{K}$$

地球表面每平方米辐射能量的速率即辐射出射度,由 $M_e=\sigma T_e^4$ 可得

$$M_e=5.67\times10^{-8}\times280^4\ \text{W/m}^2=348\ \text{W/m}^2$$

(3) 人体不能看做绝对黑体,有一辐射系数,每秒钟向室内辐射能量 $A\varepsilon\sigma T_1^4$,吸收环境辐射能量为 $A\varepsilon\sigma T_2^4$,每秒钟向室内辐射净能量为

$$P_p=A\varepsilon\sigma(T_1^4-T_2^4)=1.4\times0.85\times5.67\times10^{-8}\times(310^4-293^4)\ \text{J}=1.3\times10^2\ \text{J}$$

2. 试用普朗克公式推导出斯特藩-玻耳兹曼定律和维恩位移定律。

解 由普朗克公式

$$M_\nu=\frac{2\pi h}{c^2}\cdot\frac{\nu^3}{e^{h\nu/kT}-1}$$

可得温度为 T 的黑体辐射出射度 M 为

$$M=\int_0^\infty M_\nu(T)\,d\nu=\frac{2\pi h}{c^2}\int_0^\infty\frac{\nu^3\,d\nu}{e^{h\nu/kT}-1}$$

令 $x=h\nu/kT$,有 $\nu=kTx/h$ 和 $d\nu=(kT/h)dx$,上式写成

$$M=\frac{2\pi(kT)^4}{c^2h^3}\int_0^\infty\frac{x^3\,dx}{e^x-1}$$

由于 $x^3/(e^x-1)=x^3e^{-x}(1-e^{-x})^{-1}$,而 $e^{-x}<1$,利用幂级数展开式

$$\frac{1}{1-z}=1+z+z^2+z^3+\cdots,\quad |z|<1$$

有

$$\begin{aligned}x^3e^{-x}(1-e^{-x})^{-1}&=x^3e^{-x}(1+e^{-x}+e^{-2x}+e^{-3x}+\cdots)\\&=x^3e^{-x}+x^3e^{-2x}+x^3e^{-3x}+\cdots\end{aligned}$$

所以

$$\begin{aligned}\int_0^\infty\frac{x^3\,dx}{e^x-1}&=\int_0^\infty x^3e^{-x}dx+\int_0^\infty x^3e^{-2x}dx+\int_0^\infty x^3e^{-3x}dx+\cdots\\&=6\left(1+\frac{1}{2^4}+\frac{1}{3^4}+\frac{1}{4^4}+\cdots\right)=6.494\end{aligned}$$

因为 p 级数 $\sum\limits_{n=1}^{\infty}\frac{1}{n^4}$ 是收敛的($p>1$),收敛于一个确定的值,积分值和 6.494 相差无几,所以有

$$M=\frac{2\pi(kT)^4}{c^2h^3}\times6.494=\sigma T^4$$

$\sigma=6.494\times\frac{2\pi k^4}{c^2h^3}$,把常数数据代入,可得 $\sigma=5.670\times10^{-8}\ \text{W}\cdot\text{K}^4/\text{m}^2$。上式就是斯特藩-玻耳兹曼定律。

再由普朗克公式 $M_x=\frac{2\pi(kT)^4}{c^2h^3}\frac{x^3}{e^x-1}$ 对 x 求导数取极大值,有

$$\frac{dM_x}{dx}=\frac{2\pi(kT)^4}{c^2h^3}\frac{x^3e^x-3x^2e^x+3x^2}{(e^x-1)^2}=0$$

得

$$3-x=3e^{-x}$$

这是一个超越方程，不存在可用初等函数表示的解析解。用作图法，有 $y_1=3-x$，$y_2=3e^{-x}$，求得其近似解 $x\approx3$。把上式写成 $x=3(1-e^{-x})$，将 $x=3$ 代入此式右边，得 $x\approx2.8506$。再把 $x\approx2.8506$ 代入此式的右边，这样经几次迭代，可得 $x=2.825$。因为 $x=h\nu/kT$，所以

$$\nu_m=2.825\frac{k}{h}T=2.825\times\frac{1.38\times10^{-23}}{6.63\times10^{-34}}=5.88\times10^{10}T=C_\nu T$$

ν_m 就是黑体辐射中辐射出射度最大的光的频率，此式就是维恩位移定律。

3. 已知纯金属钠的逸出功为 2.29 eV。

(1) 求光电效应的红限频率和红限波长；

(2) 如果是 300 nm 的紫外光入射钠表面，求光电子的最大动能和截止电压；

(3) 求 300 nm 入射光子的能量和动量，以及最大动能光电子的动量和波长。

解　(1) 由光电效应方程 $\frac{1}{2}mv_m^2=h\nu-A$，$\frac{1}{2}mv_m^2=0$ 时得红限频率为

$$\nu_0=\frac{A}{h}=\frac{2.29\times1.6\times10^{-19}}{6.63\times10^{-34}}\ \text{Hz}=5.53\times10^{14}\ \text{Hz}$$

其红限波长为

$$\lambda_0=\frac{c}{\nu_0}=\frac{3\times10^8}{5.53\times10^{14}}\ \text{m}=5.43\times10^{-7}\ \text{m}$$

(2) 由光电效应方程 $\frac{1}{2}mv_m^2=h\nu-A$，300 nm 光子入射，光电子最大动能为

$$\frac{1}{2}mv_m^2=\frac{hc}{\lambda}-A=\left(\frac{6.63\times10^{-34}\times3\times10^8}{3\times10^{-7}\times1.6\times10^{-19}}-2.29\right)\ \text{eV}=1.85\ \text{eV}$$

由 $\frac{1}{2}mv_m^2=eU_c$，其截止电压

$$U_c=\frac{1}{2}mv_m^2/e=1.85\ \text{V}$$

(3) 入射光子的能量为

$$\varepsilon=h\nu=\frac{1}{2}mv_m^2+A=(1.85+2.29)\ \text{eV}=4.14\ \text{eV}=6.63\times10^{-19}\ \text{J}$$

其动量为

$$p=\frac{h}{\lambda}=\frac{\varepsilon}{c}=\frac{6.63\times10^{-34}}{3\times10^{-7}}\ \text{kg}\cdot\text{m/s}=2.21\times10^{-27}\ \text{kg}\cdot\text{m/s}$$

光电子的动量，由 $E_e=p_e^2/2m_e$ 得

$$p_e=\sqrt{2mE_e}=\sqrt{2\times9.11\times10^{-31}\times1.85\times1.6\times10^{-19}}\ \text{kg}\cdot\text{m/s}$$
$$=7.34\times10^{-25}\ \text{kg}\cdot\text{m/s}$$

其波长

$$\lambda_e=\frac{h}{p_e}=\frac{6.63\times10^{-34}}{7.34\times10^{-25}}\ \text{m}=9.03\times10^{-10}\ \text{m}=0.903\ \text{nm}$$

4. 有一置于真空中的共轴系统的横截面如图 10.13 所示。外面为石英圆筒，内壁敷上半透明的可以吸附电子的钨薄膜，中间为一圆柱形钾棒。已知钾的逸出功为2.25 eV，钨的

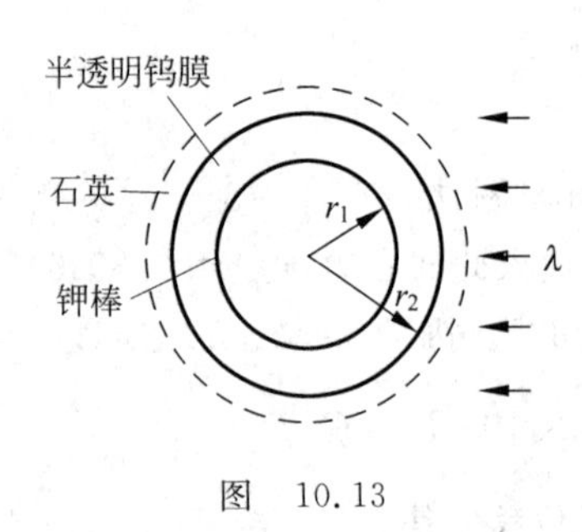

图 10.13

逸出功为 4.54 eV。今用波长为 $\lambda=300$ nm 的单色光照射系统,忽略边缘效应,平衡时求钾棒与外筒间的电势差。

解 由 $\frac{1}{2}mv_m^2=h\nu-A$,钾的红限波长为

$$\lambda_{10}=\frac{hc}{A}=\frac{6.63\times10^{-34}\times3\times10^8}{2.25\times1.6\times10^{-19}}\text{ m}$$

$$=5.25\times10^{-7}\text{ m}=552.5\text{ nm}$$

300 nm 的入射光可以产生光电效应。而钨膜的光电效应红限波长为

$$\lambda_{a0}=\frac{hc}{A}=\frac{6.63\times10^{-34}\times3\times10^8}{4.54\times1.6\times10^{-19}}\text{ m}=2.738\times10^{-7}\text{ m}=273.8\text{ nm}$$

所以,300 nm 的入射光不能使钨膜产生光电效应。钾在光照射下,发射的光电子的最大初动能为

$$\frac{1}{2}mv_m^2=h\nu-A=\frac{hc}{\lambda}-A=\left(\frac{6.63\times10^{-34}\times3\times10^8}{3\times10^{-7}\times1.6\times10^{-19}}-2.25\right)\text{ eV}=1.89\text{ eV}$$

这些光电子聚集在钨膜上,平衡时钾棒和钨膜分别带上正、负电荷 Q,它们之间的电势差为 ΔU,由

$$e\Delta U=\frac{1}{2}mv_m^2=1.89\text{ eV}$$

得

$$\Delta U=(h\nu-A)/e=1.89\text{ V}$$

5. 图 10.14 所示为一种金属导体光电效应实验中测得的截止电压 U_c 作为入射光的频率 ν 的函数的拟合曲线,它是一直线。

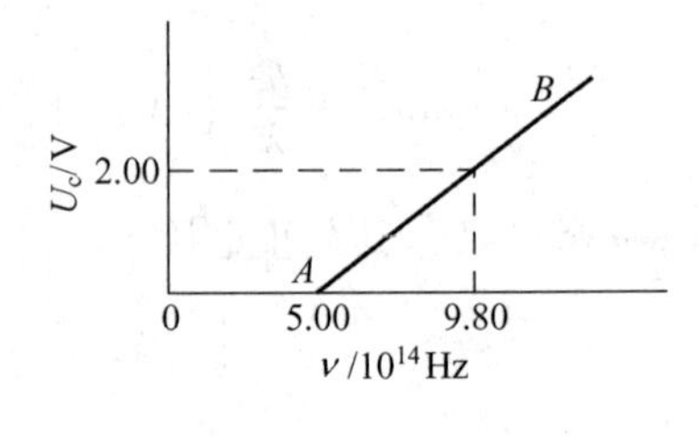

图 10.14

(1) 求证其他材料金属的 U_c-ν 曲线也是直线,且斜率与金属种类无关;

(2) 由图上数据求出普朗克常数 h。

解 (1) 从能量考虑,光电子的最大动能与截止电压的关系应为

$$\frac{1}{2}mv_m^2=eU_c$$

根据爱因斯坦光电效应方程 $\frac{1}{2}mv_m^2=h\nu-A$,可得

$$U_c=\frac{h\nu}{e}-\frac{A}{e}$$

它是一次线性方程。所以不同种类金属光电效应中 U_c-ν 曲线都是直线,直线斜率

$$\frac{dU_c}{d\nu}=\frac{h}{e}$$

是一常数,与金属种类无关。

(2) 由 $\frac{dU_c}{d\nu}=\frac{h}{e}$,图中直线斜率

$$k=\tan\alpha=\frac{2.00}{(9.80-5.00)\times10^{14}}=\frac{1.00}{2.40\times10^{14}}$$

所以有

$$h = e\frac{\mathrm{d}U_c}{\mathrm{d}\nu} = 1.60 \times 10^{-19} \times \frac{1.00}{2.40 \times 10^{14}}\ \mathrm{J \cdot s} = 6.67 \times 10^{-34}\ \mathrm{J \cdot s}$$

很接近 6.63×10^{-34} J・s。

6. 在康普顿散射中，一个波长为 0.003 nm 的入射光子与一个静止的自由电子发生弹性碰撞，碰撞后的反冲电子速度为 $0.6c$（c 为光速）。求散射光子的波长及散射角。

解　反冲电子的动能为

$$E_k = mc^2 - m_0c^2 = \frac{m_0}{\sqrt{1-0.6^2}}c^2 - m_0c^2 = 0.25\ m_0c^2$$

根据能量守恒，反冲电子的动能就是入射光子的能量与散射光子能量之差，即

$$h\nu_0 - h\nu = hc\left(\frac{1}{\lambda_0} - \frac{1}{\lambda}\right) = 0.25\ m_0c^2$$

所以，散射光子的波长

$$\begin{aligned}\lambda &= \frac{h\lambda_0}{h - 0.25m_0c\lambda_0}\\ &= \frac{6.63 \times 10^{-34} \times 0.030 \times 10^{-10}}{6.63 \times 10^{-34} - 0.25 \times 9.11 \times 10^{-31} \times 3 \times 10^8 \times 0.030 \times 10^{-10}}\ \mathrm{m}\\ &= 4.34 \times 10^{-12}\ \mathrm{m}\\ &= 0.004\ 34\ \mathrm{nm}\end{aligned}$$

由康普顿散射公式 $\Delta\lambda = \lambda - \lambda_0 = \frac{h}{m_0c}(1-\cos\varphi)$，可得

$$\begin{aligned}\cos\varphi &= 1 - \frac{(\lambda - \lambda_0)m_0c}{h}\\ &= 1 - \frac{(0.043 - 0.030) \times 10^{-10} \times 9.11 \times 10^{-31} \times 3 \times 10^8}{6.63 \times 10^{-34}} = 0.4476\end{aligned}$$

所以，其散射角为 $\varphi = 63.4°$。

7. 初速度为零的电子经 150 V 电压加速。

(1) 不考虑质量随速度变化的相对论效应，求加速后电子的德布罗意波长，并用数据验证 $v = \nu\lambda$ 对于电子是否成立；

(2) 考虑质量随速度变化的相对论效应，上述情况又如何？

解　(1) 设加速电压为 U，电子被加速后，得到动能为 eU，由 $E = eU = \frac{1}{2}m_0v^2$，得到

$$v_1 = \sqrt{2eU/m_0} = \sqrt{2 \times 1.6 \times 10^{-19} \times 150/(9.11 \times 10^{-31})}\ \mathrm{m/s} = 7.3 \times 10^6\ \mathrm{m/s}$$

所以其德布罗意波长为

$$\begin{aligned}\lambda_1 &= \frac{h}{p} = \frac{h}{m_0v_1} = \frac{h}{\sqrt{2em_0U}}\\ &= \frac{6.63 \times 10^{-34}}{\sqrt{2 \times 1.6 \times 10^{-19} \times 9.11 \times 10^{-31} \times 150}}\ \mathrm{m} = 1.0 \times 10^{-10}\ \mathrm{m} = 0.10\ \mathrm{nm}\end{aligned}$$

其频率

$$\nu_1 = \frac{E}{h} = \frac{eU}{h} = \frac{1.6 \times 10^{-19} \times 150}{6.63 \times 10^{-34}}\ \mathrm{Hz} = 3.6 \times 10^{16}\ \mathrm{Hz}$$

而 $\nu_1\lambda_1 \approx 3.6\times10^6$ m/s,显然对于实物粒子电子 $v=\nu\lambda$ 关系不成立,不像光子有 $c=\nu\lambda$ 的关系。实物粒子和光子虽都有类似的关系,$\lambda=h/p$,$E=h\nu$,但它们有本质上的区别。

(2) 考虑质量随速度变化的相对论效应,加速电压使电子动能得到增加,有

$$eU = E_k = mc^2 - m_0c^2$$

即有

$$\frac{m_0}{\sqrt{1-v^2/c^2}}c^2 = eU + m_0c^2$$

由此可得电子被加速后的速率

$$\begin{aligned}v &= \frac{\sqrt{e^2U^2+2eUm_0c^2}}{eU+m_0c^2}c \\ &= \frac{\sqrt{(1.6\times10^{-19}\times150)^2+2\times1.6\times10^{-19}\times150\times9.11\times10^{-31}\times9\times10^{16}}}{1.6\times10^{-19}\times150+9.11\times10^{-31}\times9\times10^{16}}c \\ &= 0.024c = 7.24\times10^6\ \text{m/s}\end{aligned}$$

其动量为

$$p = mv = \frac{9.11\times10^{-31}}{\sqrt{1-0.024^2}}\times0.024c = 6.56\times10^{-24}\ \text{kg}\cdot\text{m/s}$$

其波长

$$\lambda_2 = \frac{h}{mv} = \frac{6.63\times10^{-34}\times\sqrt{1-0.024^2}}{9.11\times10^{-31}\times0.024c} = 1.01\times10^{-10}\ \text{m} = 0.101\ \text{nm}$$

和 λ_1 相比,不考虑相对论效应的误差约为1%。此时电子的频率由 $E=mc^2=h\nu$ 得

$$\nu_2 = \frac{mc^2}{h} = \frac{9.11\times10^{-31}\times9\times10^{16}}{\sqrt{1-0.024^2}\times6.63\times10^{-34}}\ \text{Hz} = 1.23\times10^{20}\ \text{Hz}$$

比较此时的速度 v 和 $\nu_2\lambda_2$ 可知,同样 $v=\nu\lambda$ 关系不成立。

8. 估算是近代物理中常用的一种方法。试利用不确定关系估算氢原子的最小能量(又叫基态能)。

解 氢原子核外一个电子,电子的运动能量就是氢原子的能量。电子看做经典粒子,原子中的电子绕核匀速运动,其圆周半径为 r。原子线度为 $x=2r$,电子的位置不确定量可取 $\Delta x=2r=2\Delta r$,有 $\Delta r=r$,对应位置不确定量的动量不确定量取 $\Delta p_x=\Delta p=p$。设核与电子电离时的静电势能为零,原子能量为

$$E = \frac{p^2}{2m} - \frac{e^2}{4\pi\varepsilon_0 r}$$

把 $r=\Delta r$,$p=\Delta p$ 代入有

$$E = \frac{(\Delta p)^2}{2m} - \frac{e^2}{4\pi\varepsilon_0(\Delta r)}$$

为了和量子力学计算结果一致,在此处取 $\Delta p_x\Delta x=h=\Delta p\cdot2\Delta r$,上式可写为

$$E = \frac{(\Delta p)^2}{2m} - \frac{e^2(\Delta p)}{2\pi\varepsilon_0 h}$$

为求最小值,令上式的导数为零,有

$$\frac{\mathrm{d}E}{\mathrm{d}(\Delta p)}=\frac{(\Delta p)}{m}-\frac{e^2}{2\pi\varepsilon_0 h}=0$$

得 $\Delta p=\frac{me^2}{2\pi\varepsilon_0 h}$，则最小能量

$$E_{\min}=\left[\frac{(\Delta p)^2}{2m}-\frac{e^2(\Delta p)}{2\pi\varepsilon_0 h}\right]_{\Delta p=\frac{me^2}{2\pi\varepsilon_0 h}}=\frac{me^4}{8\pi^2\varepsilon_0^2 h^2}-\frac{me^4}{4\pi^2\varepsilon_0^2 h^2}=-\frac{me^4}{8\pi^2\varepsilon_0^2 h^2}$$

10.2.2　薛定谔方程

1. 设一维粒子所在的势场 $V(x)$ 满足下列条件：

$$V=\begin{cases}0, & 0<x<a\\ \infty, & x\leqslant 0, x\geqslant a\end{cases}$$

求束缚粒子的能量本征态并示意画出能量本征函数和概率密度与坐标的关系图。

解　如图 10.15(a)所示，由 $f_x=-\frac{\partial V}{\partial x}$ 可知，粒子在势阱内，不受力；在势阱边缘受到无限大指向势阱内的力。粒子限制在势阱内，在 $x\leqslant 0$ 和 $x\geqslant a$ 范围内，其波函数为零。在势阱内，薛定谔定态方程为

$$\frac{\mathrm{d}^2\varphi}{\mathrm{d}x^2}+\frac{2mE}{\hbar^2}\varphi=0$$

令 $k^2=2mE/\hbar^2$，薛定谔定态方程写成

$$\frac{\mathrm{d}^2\varphi}{\mathrm{d}x^2}+k^2\varphi=0$$

常系数二阶微分方程的解为

$$\varphi=A\sin kx+B\cos kx$$

波函数边界 $x=0, x=a$ 处应连续，有

$$\varphi(0)=B=0$$
$$\varphi(a)=A\sin ka=0$$

由此得 $ka=n\pi, k=\frac{n\pi}{a}(n=1,2,3,\cdots)$，则本征能量为

$$E_n=\frac{h^2}{8ma^2}n^2,\quad n=1,2,3,\cdots$$

阱内能量本征波函数为 $\varphi(x)=A\sin\frac{n\pi}{a}x$，它应满足归一性，由

$$1=\int_0^a A^2\sin^2\frac{n\pi}{a}x\,\mathrm{d}x=A^2\frac{a}{2}$$

得 $A=\sqrt{2/a}$，由定态薛定谔方程求解的阱内能量本征波函数为

$$\varphi=\sqrt{2/a}\sin\frac{n\pi}{a}x,\quad n=1,2,3,\cdots$$

它们是以势阱中心为参考点，依次为偶函数和奇函数(如 φ_1 为偶函数，φ_2 为奇函数)。能量本征波函数所描述的能量本征态为

$$\psi(x,t)=\begin{cases}0, & x\leqslant 0\\ \sqrt{2/a}\sin\frac{n\pi}{a}x\exp(-\mathrm{i}2\pi E_n t/h), & n=1,2,3,\cdots,\quad 0<x<a\\ 0, & x\geqslant a\end{cases}$$

如图10.15(b)所示为能量本征函数和概率密度与坐标的关系示意图。

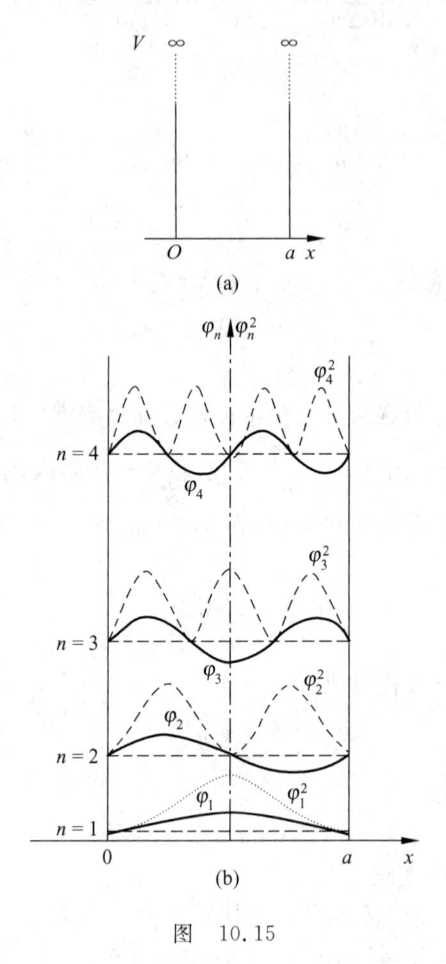

图 10.15

讨论：(1) 根据态叠加原理，几个波函数的叠加仍是波函数。例如，上式中的基态波函数($n=1$)和第一激发态($n=2$)叠加而成一叠加态。所以，系统可能的所有态波函数由

$$\Psi(x,t)=\sum_{n=1}^{\infty}C_n\sqrt{\frac{2}{a}}\sin\frac{n\pi}{a}x\exp(-\mathrm{i}2\pi E_n t/h),\quad n=1,2,3,\cdots$$

给定，式中系数$|C_n|^2$是本征值在叠加态中出现的概率。

(2) 本征波函数的态是定态，定态是稳定态。波函数被限制在势阱内，它们具有驻波形式。由于粒子波函数在阱端为零，阱两端是驻波的波节。由

$$\varphi(x)=A\sin\frac{n\pi}{a}x$$

在$0\sim a$区间，$x=k\dfrac{a}{n}(k=0,1,2,\cdots,n)$是此驻波的节点，除两端外其节点数是$n-1$个，如区间内$\varphi_2$的节点数是1。节点处就是概率幅为零处，概率密度为零处。如$n=3$，在$x=0,a/3,2a/3,a$处概率密度为零。

(3) 由能量本征值可求得粒子动量：

$$E_n = \frac{h^2}{8ma^2}n^2 = \frac{p_n^2}{2m}$$

$$p_n = \pm\sqrt{2mE} = \pm n\frac{h}{2a}, \quad n = 1,2,3,\cdots$$

也可求得粒子的德布罗意波波长

$$\lambda_n = \frac{h}{p_n} = \frac{2a}{n}, \quad n = 1,2,3,\cdots$$

阱两端是驻波的波节，阱宽 a 必须等于德布罗意波半波长的整数倍。

2. 上题中，对于 $n=2$ 的状态：

(1) 通过计算求发现粒子概率的最大处；

(2) 求 $0\sim a/4, a/4\sim a, 0\sim a$ 区间找到粒子的概率。

解　(1) $n=2$ 的粒子定态波函数为

$$\varphi = \sqrt{\frac{2}{a}}\sin\frac{2\pi}{a}x$$

发现粒子概率的最大处就是概率密度的最大值处，概率密度

$$p = |\psi|^2 = \psi\psi^* = \frac{2}{a}\sin^2\left(\frac{2\pi}{a}x\right)$$

是一连续函数，求极值点，得

$$\frac{\mathrm{d}p}{\mathrm{d}x} = \frac{2}{a}\cdot 2\sin\frac{2\pi x}{a}\cos\frac{2\pi x}{a}\cdot\frac{2\pi}{a} = 0$$

$$\sin\frac{4\pi x}{a} = 0$$

$$x = k\frac{a}{4}, \quad k = 0,1,2,3,4$$

即 $x=0, a/4, a/2, 3a/4, a$ 是可能的极值点。但 $x=0, a/2, a$ 是概率密度为零处，不是发现粒子概率的最大处，而 $x=a/4, x=3a/4$ 处有极大值。因为$\frac{\mathrm{d}^2p}{\mathrm{d}x^2}=\frac{16\pi^2}{a^3}\cos\frac{4\pi x}{a}$，有

$$x = a/4, \quad \frac{\mathrm{d}^2p}{\mathrm{d}x^2} = -\frac{16\pi^2}{a^3} < 0 \quad \text{有极大值}$$

$$x = 3a/4, \quad \frac{\mathrm{d}^2p}{\mathrm{d}x^2} = -\frac{16\pi^2}{a^3} < 0 \quad \text{有极大值}$$

即 $x=a/4, x=3a/4$ 为所求。

(2) 在 $0\sim a/4$ 区间找到粒子的概率为

$$\int_0^{a/4}|\varphi|^2\mathrm{d}x = \int_0^{a/4}\frac{2}{a}\sin^2\left(\frac{2\pi}{a}x\right)\mathrm{d}x = \frac{2}{a}\int_0^{a/4}\frac{1-\cos(4\pi x/a)}{2}\mathrm{d}x = \frac{1}{4}$$

在 $a/4\sim a$ 区间找到粒子的概率为

$$\int_{a/4}^{a}|\varphi|^2\mathrm{d}x = \int_{a/4}^{a}\frac{2}{a}\sin^2\left(\frac{2\pi}{a}x\right)\mathrm{d}x = \frac{1}{a}\left(x\Big|_{a/4}^{a} - \frac{a}{4\pi}\sin\frac{4\pi}{a}x\Big|_{a/4}^{a}\right) = \frac{3}{4}$$

在 $0\sim a$ 区间找到粒子的概率应等于 1(归一化条件)，即

$$\int_0^{a}|\varphi|^2\mathrm{d}x = \int_0^{a/4}|\varphi|^2\mathrm{d}x + \int_{a/4}^{a}|\varphi|^2\mathrm{d}x = \frac{1}{4}+\frac{3}{4} = 1$$

3. 一维无限深方势阱中的粒子如果是电子，求当势阱宽 a 分别等于 0.1 nm 和 1 cm 时

电子相邻能级 $n=100$ 和 $n=101$ 的能量差。

解
$$\Delta E=\frac{h^2}{8ma^2}[(n+1)^2-n^2]=\frac{h^2}{8ma^2}(2n+1)$$

当 $a=0.1$ nm 时,

$$\Delta E=(2\times100+1)\times\frac{(6.63\times10^{-34})^2}{8\times9.11\times10^{-31}\times(1\times10^{-10})^2}\ \text{J}$$
$$=1.21\times10^{-15}\text{J}=7.56\times10^{3}\ \text{eV}$$

其相邻能级差很大,电子能量的量子化很明显。

当 $a=1$ cm 时,

$$\Delta E=(2\times100+1)\times\frac{(6.63\times10^{-34})^2}{8\times9.11\times10^{-31}\times(1\times10^{-2})^2}\ \text{J}$$
$$=1.21\times10^{-31}\ \text{J}=7.56\times10^{-13}\ \text{eV}$$

其相邻能级差很小,电子能量的量子化不明显。可见当 $a=1$ cm 时,已可视为能量连续化了,即在普通尺度范围内运动,电子可以作为经典粒子处理,其能量可以用 $mv^2/2$ 表示,能量连续变化。

4. 设原子的线度为 10^{-10} m 的数量级,原子核的线度为 10^{-14} m 的数量级。按一维估算电子在原子中和质子在原子核中从第一激发态跃迁到基态能级向外释放能量而引起的质量改变。

解 把电子和质子看做分别被束缚在原子的线度和原子核线度大小的无限深势阱中运动,线度内的势函数为零,所以可利用无限深势阱的结果估算。由上题,相邻能级差

$$\Delta E=\frac{h^2}{8ma^2}[(n+1)^2-n^2]=\frac{h^2}{8ma^2}(2n+1)$$

对于原子中的电子,从第一激发态跃迁到基态能级向外释放的能量为

$$\Delta E=\frac{h^2}{8ma^2}\times3$$

由质能关系 $\Delta E=\Delta mc^2$,系统质量的减少为

$$\Delta m=\frac{3h^2}{8ma^2c^2}=3\times\frac{(6.63\times10^{-34})^2}{8\times9.11\times10^{-31}\times10^{-20}\times9\times10^{16}}\ \text{kg}=2.01\times10^{-34}\ \text{kg}$$

其值很小。这并不是说质量不守恒,把释放能量加进去,质量是守恒的。

对于质子有

$$\Delta m=\frac{3h^2}{8ma^2c^2}=3\times\frac{(6.63\times10^{-34})^2}{8\times1.67\times10^{-27}\times10^{-28}\times9\times10^{16}}\ \text{kg}=1.10\times10^{-29}\ \text{kg}$$

5. 处于一维无限深势阱 $V=\begin{cases}0, & 0<x<a\\ \infty, & x\leqslant0,x\geqslant a\end{cases}$ 中质量为 m 的粒子,在 $t=0$ 时,如果它的状态分别由

(1) $\varphi(x,0)=\dfrac{2\sqrt{2}}{\sqrt{a}}\sin\dfrac{\pi x}{a}\cos\dfrac{\pi}{a}x,\quad 0<x<a$

(2) $\varphi(x,0)=\dfrac{4}{\sqrt{a}}\sin\dfrac{\pi x}{a}\cos^2\left(\dfrac{\pi}{a}x\right),\quad 0<x<a$

波函数描写,求两种情况下 t 时刻粒子的态函数和能量可能值及相应的概率。

解 一维无限深势阱中粒子的能量本征值及本征函数为

$$E_n = \frac{h^2}{8ma^2}n^2, \quad n = 1,2,3,\cdots$$

$$\varphi = \sqrt{2/a}\sin\frac{n\pi}{a}x, \quad n = 1,2,3,\cdots$$

(1) $\varphi(x,0)=\frac{2\sqrt{2}}{\sqrt{a}}\sin\frac{\pi x}{a}\cos\left(\frac{\pi}{a}x\right)$,经三角函数变换得

$$\varphi(x,0) = \frac{2\sqrt{2}}{\sqrt{a}}\sin\frac{\pi x}{a}\cos\left(\frac{\pi}{a}x\right)=\sqrt{\frac{2}{a}}\sin\frac{2\pi}{a}x$$

这正是第一激发态的定态波函数,$n=2$。它有确定的能量,即

$$E_n = \frac{h^2}{8ma^2}\times 2^2 = \frac{h^2}{2ma^2}$$

其相应出现的概率为1。

(2) $\varphi(x,0)=\frac{4}{\sqrt{a}}\sin\frac{\pi x}{a}\cos^2\left(\frac{\pi}{a}x\right)$不是能量本征函数,把它化为本征态函数的叠加,即

$$\begin{aligned}\varphi(x,0) &= \frac{4}{\sqrt{a}}\sin\frac{\pi}{a}x\cos^2\frac{\pi}{a}x = \frac{4}{\sqrt{a}}\sin\frac{\pi x}{a}\,\frac{\cos(2\pi/a)x+1}{2}\\ &= \frac{2}{\sqrt{a}}\left(\sin\frac{\pi x}{a}\cos\frac{2\pi}{a}x+\sin\frac{\pi x}{a}\right)=\frac{1}{\sqrt{a}}\left(\sin\frac{\pi x}{a}+\sin\frac{3\pi x}{a}\right)\\ &= \frac{1}{\sqrt{2}}\left(\sqrt{\frac{2}{a}}\sin\frac{\pi x}{a}+\sqrt{\frac{2}{a}}\sin\frac{3\pi x}{a}\right)=\frac{1}{\sqrt{2}}\varphi_1+\frac{1}{\sqrt{2}}\varphi_3\end{aligned}$$

所以,t时刻粒子的态函数为

$$\psi(x,t) = C_1\psi_1 + C_3\psi_3 = \frac{1}{\sqrt{2}}\varphi_1\exp(-\mathrm{i}2\pi E_1 t/h)+\frac{1}{\sqrt{2}}\varphi_3\exp(-\mathrm{i}2\pi E_3 t/h)$$

能量可取值为

$$E_1 = \frac{h^2}{8ma^2}, \quad \text{出现概率为} \mid C_1 \mid^2 = \frac{1}{2}$$

$$E_3 = \frac{9h^2}{8ma^2}, \quad \text{出现概率为} \mid C_3 \mid^2 = \frac{1}{2}$$

因为不是本征态,所以能量无定值。所观测到的能量可能值是它们的平均值,即

$$\bar{E} = \frac{1}{2}E_1 + \frac{1}{2}E_3 = \frac{5h^2}{8ma^2}$$

6. 线性谐振子在$t=0$ s时刻处在下列所描述的状态:

$$\psi(x,0) = C_0\varphi_0(x) + \sqrt{1/5}\,\varphi_2(x)$$

式中,$\varphi_n(x)$是振子的第n个与时间无关的本征函数。(1)求C_0的数值;(2)写出t时刻的波函数;(3)求$t=0$ s和$t=1$ s时振子能量的平均值。

解 (1) 由归一化条件,得

$$\int_{-\infty}^{+\infty} C_0^2\varphi_0^2(x)\mathrm{d}x + \int_{-\infty}^{+\infty}\frac{1}{5}\varphi_2^2(x)\mathrm{d}x = 1$$

有

$$C_0^2+(1/5)=1$$

由此得 $C_0=\sqrt{4/5}$。

(2) 谐振子的能量为

$$E_n=\left(n+\frac{1}{2}\right)h\nu$$

有 $E_0=\frac{1}{2}h\nu, E_2=\frac{5}{2}h\nu$，$t$ 时刻的波函数为 $\psi(x,t)=\sum_n C_n\varphi_n(x)\exp\left(-\mathrm{i}\frac{2\pi E_n}{h}t\right)$，所以有

$$\psi(x,t)=\sqrt{\frac{4}{5}}\varphi_0(x)\exp(-\mathrm{i}\pi\nu t)+\sqrt{\frac{1}{5}}\varphi_2(x)\exp(-\mathrm{i}5\pi\nu t)$$

(3) 因为能量守恒，与时间无关，$t=0$ s 和 $t=1$ s 时处于叠加态的系统能量是一样的，所以

$$\bar{E}=C_0^2E_0+C_2^2E_2=\frac{4}{5}\left(\frac{h\nu}{2}\right)+\frac{1}{5}\left(\frac{5}{2}h\nu\right)=\frac{9}{10}h\nu$$

10.2.3 原子中的电子

1. 证明玻尔氢原子理论的圆轨道长度恰等于整数个电子的德布罗意波长，并求处于 $n=2$ 状态的氢原子的能量、角动量及轨道半径。

证明 设电子的质量为 m，氢原子中的圆轨道半径为 r，轨道上电子的速率为 v，则由玻尔氢原子理论的量子化理论有

$$mv_nr_n=n\frac{h}{2\pi},\quad n=1,2,3,\cdots \tag{1}$$

所以，电子圆轨道长度为

$$2\pi r_n=\frac{nh}{mv_n} \tag{2}$$

而动量为 mv 的电子，其德布罗意波长为

$$\lambda_n=\frac{h}{mv_n} \tag{3}$$

比较式(2)、式(3)得

$$2\pi r_n=n\lambda_n\quad n=1,2,3,\cdots$$

即氢原子中的电子圆轨道长度恰等于电子相应的德布罗意波长的整数倍，证毕。

玻尔氢原子的电子在圆轨道上运动，由库仑定律及牛顿定律，得

$$\frac{e^2}{4\pi\varepsilon_0r_n^2}=m\frac{v_n^2}{r_n} \tag{4}$$

所以 $\frac{1}{2}mv_n^2=\frac{e^2}{8\pi\varepsilon_0r_n}$。且由式(1)、式(4)联立消去 v_n 求得轨道半径

$$r_n=n^2\left(\frac{\varepsilon_0h^2}{\pi me^2}\right)=n^2a_0$$

式中，a_0 称为玻尔半径，其数值为 0.0529 nm。所以，玻尔氢原子的圆轨道运动，其能量表达式为

$$E_n=\frac{1}{2}mv_n^2-\frac{e^2}{4\pi\varepsilon_0r_n}=-\frac{e^2}{8\pi\varepsilon_0r_n}=-\frac{1}{n^2}\cdot\frac{me^4}{8\varepsilon_0^2h^2}$$

和由薛定谔方程所得结果一致。

当 $n=2$ 时，$E_2=-13.6/4\ \text{eV}=-3.4\ \text{eV}$，而角动量 $L_2=2\hbar$ 时，玻尔轨道半径 $r_2=4a_0$(nm)。

2. 实验发现基态氢原子可吸收能量为 12.75 eV 的光子。

(1) 试问氢原子吸收该光子后将被激发到哪个能级？

(2) 受激发的氢原子向低能级跃迁时，可能发出哪几条谱线？请定性画出能级图，并将这些跃迁画在能级图上。

解　(1) $E_n=E_1+12.75=(-13.6+12.75)\ \text{eV}=-0.85\ \text{eV}$

因为 $E_n=\dfrac{-13.6}{n^2}$(eV)，所以有 $n=4$，氢原子吸收该光子后将被激发到第三激发能级。

(2) 氢原子基态能级为 -13.6 eV，第 1 激发态能级能量为 -3.39 eV，第 2 激发态能级能量为 -1.51 eV。由 $\lambda_{\text{hl}}=\dfrac{ch}{E_\text{h}-E_\text{l}}$ 可求出莱曼系中波长最长的三条谱线，计算的波长和 121.6 nm、102.6 nm、97.3 nm 等实验数据非常接近；对于两条巴耳末系中波长最长的 H_α、H_β 谱线，计算的波长和 656.3 nm、486.1 nm 接近；帕邢系中波长最长的一条谱线，计算的结果和 1876.1 nm 接近。其能级图如图 10.16 所示。

3. 最高能级为 E_5 的大量氢原子，最多可以发射几个谱线系？共几条谱线？其中波长最短和最长的谱线是由哪两个能级间跃迁产生的？氢原子光谱的巴耳末系中，有一光谱线的波长为 434.05 nm，该谱线是由氢原子在哪两个能级间跃迁产生的？

解　(1) 最高能级为 E_5 的大量氢原子可以产生 4 个线系，10 条谱线，如图 10.17 所示。莱曼系有 4 条谱线，属于紫外区；巴耳末系有 3 条，属于可见光区；帕邢系有 2 条，属红外区；布拉开系有 1 条，属远红外区。

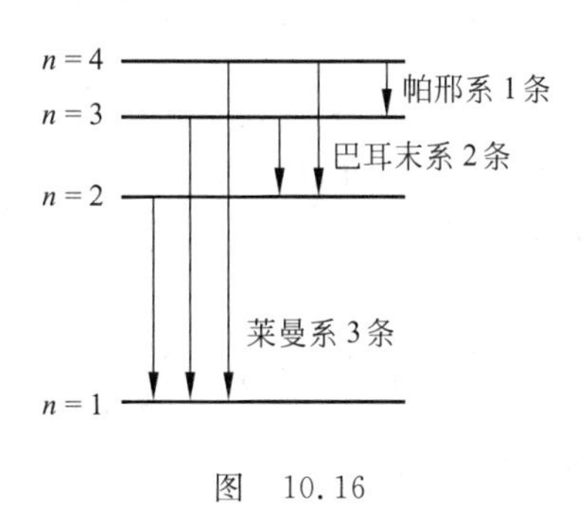

图　10.16

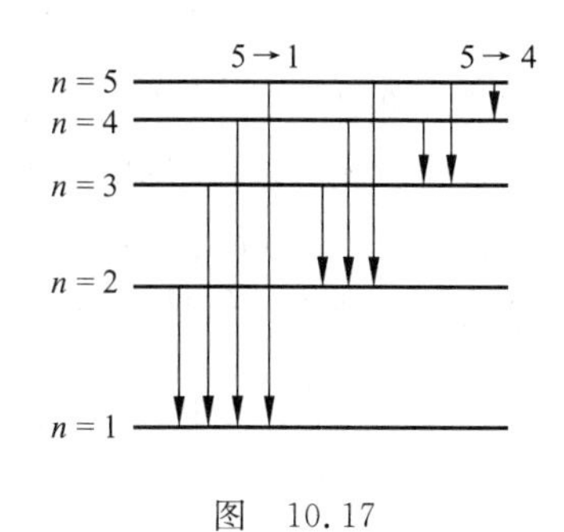

图　10.17

(2) 此种情况下，由 $\lambda_{\text{hl}}=\dfrac{ch}{E_\text{h}-E_\text{l}}$，莱曼系最大波长是由 $E_2\to E_1$ 的跃迁，其能级差由 $E_n=-13.6/n^2$(eV)可知是 10.2 eV；巴耳末系最大波长是 $E_3\to E_2$ 的跃迁，能级差为 1.89 eV；而帕邢系是 $E_4\to E_3$，能级差为 0.66 eV；布拉开系是 $E_5\to E_4$ 的跃迁，能级差为 0.31 eV。10 条谱线中波长最长的谱线是由 $E_5\to E_4$ 跃迁产生的。10 条谱线中波长最短的谱线是由 $E_\text{h}\to E_\text{l}$ 能级差最大的两个能级跃迁产生的，是 $E_5\to E_1$ 的跃迁。

(3) 波长为 434.05 nm 的光子能量为

$$h\nu=\frac{hc}{\lambda}=\frac{6.63\times10^{-34}\times3\times10^{8}}{4340.5\times10^{-10}\times1.6\times10^{-19}}\ \text{eV}=2.86\ \text{eV}$$

巴耳末系是氢原子从较高能级态跃迁到第 1 激发态($n=2$)产生的，高能级能量为

$$E_n = E_2 + h\nu = (-3.4 + 2.86)\ \text{eV} = -0.54\ \text{eV}$$

由$-0.54=-13.6/n^2$可得

$$n = \sqrt{\frac{13.6}{0.54}} = 5 \quad (\text{虽然计算有误差,取 5 是应当的})$$

波长为434.05 nm的谱线是$E_5 \to E_2$两个能级跃迁产生的。

4. 已知大量氢原子中,有的处于$n=1$状态,有的已处于$n=2$的状态,

(1) 求处于$n=2$状态的氢原子的角动量;

(2) 如果是热激发,求$T=300$ K和$T=6000$ K温度下,处于第一激发态的氢原子数和基态氢原子数之比;

(3) 用量子理论求$n=1$基态氢原子的电子处于上述轨道半径线度球面内的概率。已知基态($n=1,l=0,m_l=0$)波函数$\varphi_{1,0,0}=\dfrac{1}{\sqrt{\pi}a_0^{3/2}}\mathrm{e}^{-r/a_0}$。

解 (1) 因为角动量$L=\sqrt{l(l+1)}\hbar$,主量子数$n=2$,轨道量子数l可取0、1,所以处于$n=2$状态的氢原子的角动量为$L=0$或$L=\sqrt{2}\hbar$两个值。

(2) 由于$E_2=-E_1/2^2=-3.40$ eV,且$\dfrac{N_2}{N_1}=\exp\left(-\dfrac{E_2-E_1}{kT}\right)$,所以

$T=300$ K时,

$$\frac{N_2}{N_1} = \exp\left(-\frac{[(-3.4)-(-13.6)]\times 1.6\times 10^{-19}}{1.38\times 10^{-23}\times 300}\right) = \mathrm{e}^{-394} = 10^{-171}$$

$T=6000$ K时,

$$\frac{N_2}{N_1} = \exp\left(-\frac{10.2\times 1.6\times 10^{-19}}{1.38\times 10^{-23}\times 6000}\right) = \mathrm{e}^{-19.7} = 2.5\times 10^{-9}$$

虽然10^{-9}量级仍很小,但由于原子数量很大(1 g分子就有10^{23}个),处于第一激发态的氢原子数还是很多的。此种温度的热激发,一般是采取电弧或电火花激发方式。

(3) 由于$r_n=n^2a_0$,所以与$n=2$相对应的玻尔轨道半径$r_2=4a_0$。氢原子处于基态时,按量子理论其电子处于4倍玻尔半径球面内的概率为

$$P_{\text{int}} = \int_0^{4a_0} |\varphi_{1,0,0}|^2 \cdot 4\pi r^2 \mathrm{d}r = \int_0^{4a_0} \frac{4}{a_0^3} r^2 \mathrm{e}^{-2r/a_0}\mathrm{d}r$$

$$= \left[1 - \mathrm{e}^{-2r/a_0}\left(1 + \frac{2r}{a_0} + \frac{2r^2}{a_0^2}\right)\right]_{r=4a_0}$$

$$= 1 - 41\mathrm{e}^{-8} = 0.99$$

同理,可求出基态氢原子的电子处于以a_0、$2a_0$、$3a_0$为半径的球面内的概率约为

$$P_1 = 1 - 5\mathrm{e}^{-2} = 0.32$$

$$P_2 = 1 - 13\mathrm{e}^{-4} = 0.78$$

$$P_3 = 1 - 25\mathrm{e}^{-6} = 0.94$$

5. 对于单价钠原子:

(1) 写出基态的量子数和电子排布式;

(2) 如果钠原子被激发到$5s$能级,画出最高能级$5s$以下的能级图;

(3) 如果受激发的钠原子向低能级跃迁,可能发出哪几条主线系谱线?

(4) 用高分辨光谱仪,考虑到自旋轨道耦合,主线系有几条谱线?

解　(1) 对于钠原子的基态,4 个量子数 n、l、m_l、m_s 分别为 3、0、0、$\pm 1/2$,其电子排布式为 $1s^2 2s^2 2p^6 3s^1$。

(2) 钠原子的基态是 $3s$。$n=3$,对应的 $l=0,1,2$,所以有 $3s$、$3p$、$3d$ 态; $n=4$,对应的 $l=0,1,2,3$,有 $4s$、$4p$、$4d$、$4f$ 态。它们的能量各不相同。由公式 $\Delta=n+0.7l$ 得

$$E(3p)=3+0.7\times1=3.7,\quad E(3d)=3+0.7\times2=4.4$$

$$E(4s)=4+0.7\times0=4,\quad E(4p)=4+0.7\times1=4.7$$

$$E(4d)=4+0.7\times2=5.4,\quad E(4f)=4+0.7\times3=6.1$$

$$E(5s)=5+0.7\times0=5$$

比较可知,最高能级 $5s$ 以下到基态 $3s$,只有 $4p$、$3d$、$4s$、$3p$ 态,如图 10.18 所示。

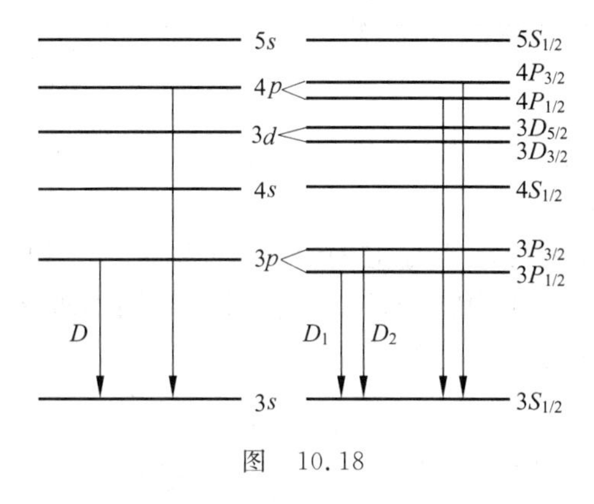

图　10.18

(3) 由选择定则 $\Delta l=\pm1$,如果受激发的钠原子向低能级跃迁,可能发出的主线系谱线只有 $3p\to3s$ 的跃迁和 $4p\to3s$ 的跃迁产生的两条发射光谱线。

(4) 用高分辨光谱仪,考虑到自旋轨道耦合,主线系的谱线都是双线,即为 4 条发射谱线。其中,原先的 $3p$ 能级分裂成以下两个能级:

$$E_{3,1}+\mu_B B \quad 和 \quad E_{3,1}-\mu_B B$$

二者相差 $\Delta E=2\mu_B B$,导致原先的钠黄线 D 分裂成两条:D_1(波长 589.592 nm)和 D_2(波长 588.995 nm)。

6. 求在 $l=2$ 的状态下,电子自旋角动量与轨道角动量之间的夹角。

解　自旋轨道耦合,$l=0$ 时,$\boldsymbol{J}=\boldsymbol{S}$,$j=s=1/2$; $l\neq0$ 时,$j=l-1/2$ 或 $j=l+1/2$。所以当 $l=2$ 时,$j_1=3/2$,$j_2=5/2$。自旋角动量

$$S=\sqrt{s(s+1)}\,\hbar=\sqrt{3/4}\,\hbar$$

轨道角动量

$$L=\sqrt{l(l+1)}\,\hbar=\sqrt{6}\,\hbar$$

对于 $j_1=3/2$,耦合角动量

$$J_1=\sqrt{j(j+1)}\,\hbar=\sqrt{15/4}\,\hbar$$

对于 $j_2=5/2$,耦合角动量

$$J_2=\sqrt{j(j+1)}\,\hbar=\sqrt{35/4}\,\hbar$$

因 $\boldsymbol{J}=\boldsymbol{L}+\boldsymbol{S}$,所以两种情况下角动量合成的经典矢量模型如图 10.19 所示。

由矢量模型图10.19(a)有

$$\frac{15}{4}=\frac{3}{4}+6+2\times\sqrt{\frac{3}{4}}\times\sqrt{6}\cos\theta_1$$

得 $\theta_1=135.0°$。

由矢量模型图10.19(b)有

$$\frac{35}{4}=\frac{3}{4}+6+2\times\sqrt{\frac{3}{4}}\times\sqrt{6}\cos\theta_2$$

得 $\theta_2=61.9°$。

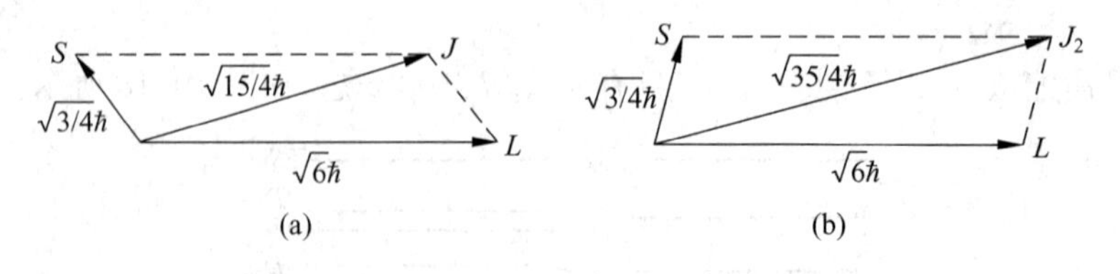

图 10.19

7. 钠主线系第二条谱线也是双线,它们的波长分别是330.294 nm和330.234 nm。由本节例题5知它们是由$4P_{1/2}$和$4P_{3/2}$向基态$3S_{1/2}$跃迁产生的,求这两个能态的能级差,并估算在$4p$能级时价电子所感受到的磁场。

解 此两个能级差

$$\Delta E=E_{4P_{3/2}}-E_{4P_{1/2}}=(E_{4P_{3/2}}-E_{3S_{1/2}})-(E_{4P_{1/2}}-E_{3S_{1/2}})$$

$$=\frac{hc}{\lambda_{3/2}}-\frac{hc}{\lambda_{1/2}}=6.63\times10^{-34}\times3\times10^{8}\times\left(\frac{1}{330.234\times10^{-9}}-\frac{1}{330.294\times10^{-9}}\right)\text{ J}$$

$$=1.094\times10^{-22}\text{ J}=6.84\times10^{-4}\text{ cV}$$

由于 $\Delta E=2\mu_B B$,有

$$B=\frac{\Delta E}{2\mu_B}=\frac{1.094\times10^{-22}}{2\times9.27\times10^{-24}}\text{ T}=5.9\text{ T}$$

这是一个相当强的磁场。

8. 电视显像管工作时也会有X射线产生。如果显像管的高压是20 kV,求它能发出最大能量的X射线的波长。

解 显像管中电子的能量约为20 keV。最大能量的X射线对应的是一个电子经碰撞而静止,产生一个X光子。相应的波长为

$$\lambda=\frac{c}{\nu}=\frac{hc}{h\nu}=\frac{6.63\times10^{-34}\times3\times10^{8}}{20\times10^{3}\times1.6\times10^{-19}}\text{ m}=0.62\times10^{-10}\text{ m}=0.062\text{ nm}$$

9. 45 keV的电子撞击钼靶,求截止波长和靶的K_α线波长。

解 由 $E_k=h\nu_{\max}=\dfrac{hc}{\lambda_{\text{cut}}}$,有

$$\lambda_{\text{cut}}=\frac{hc}{E_k}=\frac{6.63\times10^{-34}\times3\times10^{8}}{45\times10^{3}\times1.6\times10^{-19}}\text{ m}=2.8\times10^{-11}\text{ m}=0.028\text{ nm}$$

钼的K_α线是L层的电子跃入K层产生的。其频率由莫塞莱公式确定,有

$$\nu = 2.46\times10^{15}(Z-1)^2 = 2.46\times10^{15}\times41^2\ \text{Hz} = 4.14\times10^{18}\ \text{Hz}$$

$$\lambda = \frac{c}{\nu} = \frac{3\times10^8}{4.14\times10^{18}} = 7.25\times10^{-11}\ \text{m} = 0.0725\ \text{nm}$$

10. 常用的氦-氖激光器发出 632.8 nm 波长的激光(红光),

(1) 求和此波长相应的能级差。

(2) 如果此激光器工作时,Ne 原子在高能级上的数目比相应低能级上的数目多 1%,求与此粒子数布居反转对应的热力学温度。

解　(1) 和 632.8 nm 激光波长相应的能级差

$$\Delta E = h\nu = \frac{hc}{\lambda} = \frac{6.63\times10^{-34}\times3\times10^8}{632.8\times10^{-9}}\ \text{J} = 3.14\times10^{-19}\ \text{J} = 1.96\ \text{eV}$$

(2) 因为 $N_h/N_l = \exp[-(E_h-E_l)/kT]$,所以

$$\ln\left(\frac{N_2}{N_1}\right) = -\frac{E_2-E_1}{kT}$$

此粒子数布居反转对应的热力学温度为

$$T = -\frac{\Delta E}{k\ln(N_h/N_l)} = -\frac{3.14\times10^{-19}}{1.38\times10^{-23}\times\ln1.01}\ \text{K} = -2.29\times10^6\ \text{K}$$

10.2.4　固体中的电子

1. 已知银的密度为 $10.49\times10^3\ \text{kg/m}^3$,原子量为 109。

(1) 求银晶体的自由电子数密度并估算 Ag 原子间距;

(2) 把共有化电子看做自由电子气,计算室温下自由电子的方均根速率和相应的德布罗意波长;

(3) 求 Ag 的费米能级、费米速度和费米温度;

(4) 计算费米能级电子的德布罗意波长。

解　(1) 以银晶体中每个原子贡献一个电子作为共有化电子计,电子数密度为

$$n = \frac{10.49\times6.02\times10^{23}}{109}\ \text{cm}^{-3} = 5.79\times10^{22}\ \text{cm}^{-3} = 5.79\times10^{28}\ \text{m}^{-3}$$

n 也是晶体中单位体积中的银原子数。一个原子占据的体积为 $1/n$,设一个原子占据的是边长为 a 的小立方体,其边长就是原子间距,有

$$a = \left(\frac{1}{n}\right)^{1/3} = (5.79\times10^{28})^{-1/3}\ \text{cm} = 2.6\times10^{-8}\ \text{cm} = 0.26\ \text{nm}$$

(2) 把共有化电子看做自由电子气,室温 $T=300$ K,自由电子的方均根速率为

$$\sqrt{\overline{v^2}} = \sqrt{\frac{3kT}{m_e}} = \sqrt{\frac{3\times1.38\times10^{-23}\times300}{9.11\times10^{-31}}}\ \text{m/s} = 1.2\times10^5\ \text{m/s}$$

相应的德布罗意波长为

$$\lambda = \frac{h}{m_e\sqrt{\overline{v^2}}} = \frac{6.63\times10^{-34}}{9.11\times10^{-31}\times1.2\times10^5}\ \text{m} = 6.1\times10^{-9}\ \text{m}$$

此波长比离子间距大得多,所以银晶体中共有化电子可以看成自由电子。

(3) 金属的特点是有明确的费米能级。银的原子量为 109,费米能级为

$$E_F = (3\pi^2)^{2/3}\frac{\hbar^2}{2m_e}n^{2/3} = (3\pi^2)^{2/3}\frac{(1.05\times10^{-34})^2}{2\times9.11\times10^{-31}}\times(5.79\times10^{28})^{2/3}\ \text{J}$$

$$= 8.68 \times 10^{-19}\ \text{J} = 5.42\ \text{eV}$$

费米速度为

$$v_F = \sqrt{2E_F/m_e} = \sqrt{2 \times 8.68 \times 10^{-19}/(9.11 \times 10^{-31})}\ \text{m/s} = 1.38 \times 10^6\ \text{m/s}$$

费米温度为

$$T_F = \frac{E_F}{k} = \frac{8.68 \times 10^{-19}}{1.38 \times 10^{-23}}\ \text{K} = 6.29 \times 10^4\ \text{K}$$

(4) 费米能级电子的德布罗意波长为

$$\lambda = \frac{h}{p} = \frac{h}{\sqrt{2m_e E_F}} = \frac{6.63 \times 10^{-34}}{(2 \times 9.11 \times 10^{-31} \times 8.68 \times 10^{-19})^{1/2}}\ \text{m}$$

$$= 5.27 \times 10^{-10}\ \text{m} = 0.527\ \text{nm}$$

2. 已知金属自由电子的态密度为 $g(E)=\dfrac{(2m_e)^{3/2}}{2\pi^2\hbar^3}E^{1/2}$，上题中银晶体在 0 K 时，求：

(1) 单位体积内自由电子的总能量和每个电子的平均能量；

(2) 电子气电子的平均速率；

(3) 估算自由电子在室温时对银晶体比热容的贡献。

解 (1) 0 K 时最高能级是费米能级，所以单位体积内自由电子的总能量为

$$E_{\text{total}} = \int_0^{E_F} Eg(E)\mathrm{d}E = \int_0^{E_F} E\frac{(2m_e)^{3/2}}{2\pi^2\hbar^3}E^{1/2}\mathrm{d}E = \frac{1}{5}\cdot\frac{(2m_e)^{3/2}}{\pi^2\hbar^3}E_F^{5/2}$$

由最低能量原理和泡利不相容原理，0 K 金属中最高能级以下电子的单位体积内状态总数应和自由电子数密度相等，有 $n_s = n = \dfrac{1}{3}\cdot\dfrac{(2m_e)^{3/2}}{\pi^2\hbar^3}E^{3/2}$，从而最高能级 $E_F = (3\pi^2)^{2/3}\dfrac{\hbar^2}{2m_e}n^{2/3}$。

所以，上式可写为

$$E_{\text{total}} = \frac{1}{5}\cdot\frac{(2m_e)^{3/2}}{\pi^2\hbar^3}E_F^{3/2}E_F = \frac{1}{5}\cdot\frac{(2m_e)^{3/2}}{\pi^2\hbar^3}\cdot(3\pi^2)\frac{\hbar^3}{(2m_e)^{3/2}}nE_F = \frac{3}{5}nE_F$$

上题已计算出，$n=5.79\times10^{28}\ \text{m}^{-3}$，$E_F=8.68\times10^{-19}$ J，代入上式得单位体积内自由电子的总能量为

$$E_{\text{total}} = \frac{3}{5}nE_F = \frac{3}{5}\times 5.79\times10^{28}\times 8.68\times10^{-19}\ \text{J} = 3.02\times10^{10}\ \text{J}$$

电子的平均能量

$$\bar{E} = E_{\text{total}}/n = \frac{3}{5}E_F = \frac{3}{5}\times 8.68\times10^{-19}\ \text{J} = 5.21\times10^{-19}\ \text{J} = 3.26\ \text{eV}$$

(2) 因为单位能量区间的量子态数为 $g(E)=\dfrac{(2m_e)^{3/2}}{2\pi^2\hbar^3}E^{1/2}$，而 $E=\dfrac{1}{2}m_e v^2$，所以电子气电子的平均速率为

$$\bar{v} = \frac{1}{n}\int_0^{v_F} vg(E)\mathrm{d}E = \frac{1}{n}\int_0^{v_F}\left(\frac{2E}{m_e}\right)^{\frac{1}{2}}\frac{(2m_e)^{3/2}}{2\pi^2\hbar^3}E^{1/2}\mathrm{d}E = \frac{2m_e}{n\pi^2\hbar^3}\int_0^{v_F}E\mathrm{d}E$$

$$= \frac{1}{n}\cdot\frac{2m_e}{\pi^2\hbar^3}\cdot\frac{1}{2}E_F^2 = \frac{3\pi^2\hbar^3}{(2m_e)^{3/2}}E_F^{-3/2}\cdot\frac{m_e}{\pi^2\hbar^3}E_F^2 = \frac{3}{4}\sqrt{2E_F/m_e} = \frac{3}{4}v_F$$

上题已求得 $v_F=\sqrt{2E_F/m_e}=1.38\times10^6$ m/s，所以有

$$\bar{v}=\frac{3}{4}\times 1.38\times 10^6\ \text{m/s}=1.04\times 10^6\ \text{m/s}$$

(3) 室温，$T=300$ K，只有能量在 E_F 附近 kT 能量薄层内的电子能吸收热能，对晶体比热容有贡献。这些电子占总电子数的很小一部分，它们的贡献可由 $\Delta=\pi^2 kTR/(2E_F)$ 计算。利用上题费米能的结果，$E_F=8.68\times 10^{-19}$ J，有

$$\Delta=\frac{\pi^2 kTR}{2E_F}=\frac{\pi^2\times 1.38\times 10^{-23}\times 300\times 8.31}{2\times 8.68\times 10^{-19}}\ \text{J/(mol}\cdot\text{K)}=0.20\ \text{J/(mol}\cdot\text{K)}$$

实验测得银的摩尔热容 25.2 J/(mol·K)，上述贡献不过是 0.8%左右。

3. 纯净锗吸收辐射的最大波长为 $\lambda=1.9\ \mu\text{m}$。

(1) 求锗的禁带宽度；

(2) 室温下，导带底和价带顶的能级上的电子数之比是多少？

(3) 如果想通过加热使纯净锗成为导体，需把它加热到什么温度？

(4) 制造半导体器件的锗需含有 10^{-9} 的杂质原子，如果杂质是磷，1.0 g 的锗需掺杂多少磷？

(5) 掺杂后的杂质半导体锗吸收辐射的最大波长是多少？已知 $E_D=0.0120$ eV。

解 (1) 吸收辐射的最大波长为 $\lambda=1.9\ \mu\text{m}$，是说此光子的能量 $h\nu$ 等于禁带宽度 E_g，所以有

$$E_g=h\frac{c}{\lambda}=\frac{6.63\times 10^{-34}\times 3\times 10^8}{1.9\times 10^{-6}}\ \text{J}=1.05\times 10^{-19}\ \text{J}=0.65\ \text{eV}$$

对于波长大于 1.9 μm 的光，纯净锗是透明的；对于波长小于 1.9 μm 的光，它是不透明的。

(2) 室温温度 $T=300$ K，高低能级电子数之比为

$$\frac{N_h}{N_l}=e^{-\Delta E/kT}=\exp[-0.65\times 1.6\times 10^{-19}/(1.38\times 10^{-23}\times 300)]=1.2\times 10^{-11}$$

说明室温下纯净锗中在导带的电子数是很少的。

(3) 把纯净锗加热到温度 T 且 $kT=E_g$ 时，纯净锗就变成导体，有

$$T=\frac{E_g}{k}=\frac{1.05\times 10^{-19}}{1.38\times 10^{-23}}\ \text{K}=7.6\times 10^3\ \text{K}$$

注意锗的熔点还不到 1500 K(为 1210.4 K)。

(4) 1.0 g 的锗包含的锗原子数为

$$x=\frac{1.0}{74}\times 6.02\times 10^{23}\text{个}=8.14\times 10^{21}\ \text{个}$$

一个磷原子替换一个锗原子，杂质原子数应为 $y=10^{-9}x$，有

$$y=10^{-9}\times 8.14\times 10^{21}\text{个}=8.14\times 10^{12}\ \text{个}$$

1.0 g 锗中掺杂的磷的质量为

$$m_P=\frac{8.14\times 10^{12}}{6.02\times 10^{23}}\times 31\ \text{g}=4.19\times 10^{-10}\ \text{g}=4.19\times 10^{-4}\ \mu\text{g}$$

掺杂的磷的质量数极少。

(5) 掺杂磷后的杂质能级位于禁带中的导带底附近，和导带底的能量差是 0.0120 eV。只要入射光子 $h\nu_{\min}=E_D=0.0120$ eV 就可以被杂质半导体吸收。对应其最大波长为

$$\lambda_{\max}=\frac{hc}{E_D}=\frac{6.63\times 10^{-34}\times 3\times 10^8}{0.0120\times 1.6\times 10^{-19}}\ \text{m}=1.04\times 10^{-4}\ \text{m}=1.04\times 10^5\ \text{nm}$$

如果是热激发使施主能级的电子跃迁到导带,只要温度达到 $kT=E_D$ 要求即可,有

$$T_n=\frac{E_D}{k}=\frac{0.0120\times1.6\times10^{-19}}{1.38\times10^{-23}}\ \text{K}=1.4\times10^2\ \text{K}$$

此时,受激进入导带的电子数较灵敏地随温度的变化而改变。

4. 上述晶体锗掺杂磷后,形成N型半导体。一个5价的P原子取代一个Ge原子后,其中4个电子与相邻的Ge原子形成共价键,第5个电子所受的束缚较弱,可近似地把它看做围绕离子实 P^+ 在运动,而组成一个类氢原子。这样一个类氢原子被浸在无限大锗的电解质中,已知锗的相对介电常数 $\varepsilon_r=16.0$,试用此模型近似计算出这种半导体中的施主能级 E_D。

解 氢原子能级公式为 $E_n=-\dfrac{m_e e^4}{2(4\pi\varepsilon_0)^2\hbar^2}\cdot\dfrac{1}{n^2}$,是在势函数 $U(r)=-\dfrac{e^2}{4\pi\varepsilon_0 r}$ 下得到的。现浸在无限大锗电解质中,其势函数应为 $U(r)=-\dfrac{e^2}{4\pi\varepsilon_0\varepsilon_r r}$。可以类推,$\varepsilon_0\to\varepsilon_0\varepsilon_r$ 时类氢原子能级公式应为

$$E_n=-\frac{m_e e^4}{2(4\pi\varepsilon_0\varepsilon_r)^2\hbar^2}\cdot\frac{1}{n^2}=-\frac{1}{\varepsilon_r^2}\cdot\frac{13.6}{n^2}=-\frac{13.6}{(16.0)^2}\cdot\frac{1}{n^2}=-\frac{0.0531}{n^2}\ (\text{eV})$$

$T=0$ K时,施主能级上面是空带,进入空带(导带)的电子可看做自由电子。氢原子理论中,自由电子的能量 $E_\infty=0$。所以,类氢原子基态能级($n=1$)为

$$E_1=-0.053\ \text{eV}$$

负能量表示它在导带下 $E_D=-0.053$ eV处,和上题的使用值数量级相同。

10.2.5 核物理

1. 把 ^{12}C原子核看做球形,近似计算核的半径、核质量密度、核的结合能及核子的平均结合能。已知质子质量为1.007 276 u,中子质量为1.008 665 u,电子质量为 5.486×10^{-4} u。

解 (1) 由经验公式 $R=r_0A^{1/3}$,^{12}C核有6个质子、6个中子,核的质量数 $A=12$,所以它的半径

$$R=1.2\times10^{-15}\times12^{1/3}\ \text{m}=2.75\times10^{-15}\ \text{m}=2.75\ \text{fm}$$

(2) 已知 ^{12}C原子质量为12 u,近似求核质量密度时可以不顾及6个电子质量,因为它们所占原子质量的比例太小。所以 ^{12}C核的质量密度为

$$\rho=\frac{m}{V}=\frac{m}{4\pi r^3/3}=\frac{12\times1.66\times10^{-27}}{4\pi\times(2.75\times10^{-15})^3/3}\ \text{kg/m}^3=2.3\times10^{17}\ \text{kg/m}^3$$

(3) 6个质子、6个中子结合成 ^{12}C,有质量亏损,对应核的结合能是

$$\begin{aligned}E_b&=(Zm_H+Nm_n-m_a)c^2\\&=[6\times(1.007\,276+5.49\times10^{-4})+6\times1.008\,665-12]\times931.5\ \text{MeV}\\&=92.2\ \text{MeV}\end{aligned}$$

核子的平均结合能为

$$\bar{E}_b=E_b/A=92.2/12\ \text{MeV}=7.68\ \text{MeV}$$

2. 用韦塞克半经验公式 $E_b=a_1A-a_2A^{2/3}-a_3Z^2/A^{1/3}-a_4(A-2Z)^2/A+a_5A^{-1/2}$ 计算 $^{230}_{90}$Th核结合能中的体积项、表面项、电力项、不对称项和对项。已知其中 $a_1=15.753$ MeV,

$a_2=17.804$ MeV，$a_3=0.7103$ MeV，$a_4=23.69$ MeV，$a_5=-11.18$ MeV。

解　结合能的体积项

$$E_1=a_1A=15.753\times 230\ \text{MeV}=3.62\times 10^3\ \text{MeV}$$

其表面项

$$E_2=-a_2A^{2/3}=-17.804\times 230^{2/3}\ \text{MeV}=-6.68\times 10^2\ \text{MeV}$$

其电力项

$$E_3=-a_3Z^2/A^{1/3}=-0.7103\times 90^2/230^{1/3}\ \text{MeV}=-9.39\times 10^2\ \text{MeV}$$

其不对称项

$$E_4=-a_4(A-2Z)^2/A=-23.69\times(230-2\times 90)^2/230\ \text{MeV}$$
$$=-2.58\times 10^2\ \text{MeV}$$

因为其核的 A、Z 都是偶数，取 $a_5=-11.18$ MeV，则对项

$$E_5=a_5A^{-1/2}=-11.18\times 230^{-1/2}\ \text{MeV}=-0.74\ \text{MeV}$$

相比较对项能量对结合能的影响很小。$^{230}_{90}\text{Th}$ 核的结合能为

$$E_b=E_1+E_2+E_3+E_4+E_5=1.76\times 10^3\ \text{MeV}$$

3. 1 g 的$^{14}_{6}\text{C}$ 衰变到剩下 1 mg，需多长时间？其半衰期是 5730 a。并求起始活度和衰变常量。

解　因为质量正比于原子数，所以有 $m=m_0\exp[-(0.693/t_{1/2})t]$，剩下 1 mg 时有

$$1\times 10^{-3}=1\times\exp[-(0.693/t_{1/2})t]$$

取对数

$$\ln 10^{-3}=-0.693t/t_{1/2}$$

得

$$t=-\ln 10^{-3}\times 5730/0.693\ \text{a}=5.712\times 10^4\ \text{a}$$

因为 $\lambda=0.693/t_{1/2}$，所以衰变常数为

$$\lambda=0.693/5730\ \text{a}^{-1}=1.209\times 10^{-4}\ \text{a}^{-1}=3.83\times 10^{-12}\ \text{s}^{-1}$$

起始活度由 $A_0=\lambda N_0$ 得

$$A_0=3.83\times 10^{-12}\times\frac{1\times 6.02\times 10^{23}}{14}\ \text{Bq}=1.65\times 10^{11}\ \text{Bq}$$

4. 铀$^{238}_{92}\text{U}$ 经依次发射 α 粒子和 β 粒子衰变到稳定核$^{206}_{82}\text{P}_b$，经过了几次 α 衰变和几次 β 衰变？铀$^{238}_{92}\text{U}$ 的半衰期是 4.46×10^9 a，如果发现地球上一块含铀的岩石中铀与铅的原子数之比是 1∶3，这块岩石的年龄多大？

解　发射一次 α 粒子，质量数减少 4，所以它一定经过了$(238-206)/4=8$ 次 α 衰变。且每次 α 衰变会使得 Z 减去 2，而 β 衰变一次使 Z 加上 1，所以有 $82=92-2\times 8+x$，得到 β 衰变的次数为 $x=6$。

设起始铀原子数为 N，经过第一个半衰期，铀核数为 $N/2$，由于中间产物的半衰期比起$^{238}_{92}\text{U}$ 小得多，并且$^{206}_{82}\text{P}_b$ 是稳定核，所以此时$^{206}_{82}\text{P}_b$ 核数也为 $N/2$，二者原子数之比为1∶1；经第二个半衰期后，铀核数为 $N/4$，$^{206}_{82}\text{P}_b$ 核数为 $3N/4$，二者原子数之比为 1∶3。所以这块岩石的年龄为

$$t=2t_{1/2}=2\times 4.46\times 10^9\ \text{a}=8.92\times 10^9\ \text{a}$$

5. 在$^{7}_{4}\text{Be}+\beta^-\rightarrow{}^{7}_{3}\text{Li}+\nu_e$ 反应中，静止的铍核做电子捕获。求过程的 Q 值及中微子的能

量和动量。已知铍原子质量为 $M_{Be}=7.016\,929$ u，锂原子质量为 $M_{Li}=7.016\,004$ u。

解 电子捕获反应前的质量为 $(M_{Be}-4m_e)+m_e$，生成物 ${}_3^7$Li 的质量为 $M_{Li}-3m_e$。有

$$(M_{Be}-4m_e)c^2+m_ec^2=(M_{Li}-3m_e)c^2+Q$$

得过程中的 Q 值为

$$Q=(M_{Be}-M_{Li})c^2=(7.016\,929-7.016\,004)\times931.5\ \text{MeV}=0.862\ \text{MeV}$$

这个能量几乎全被中微子占据，所以中微子的能量为 0.862 MeV。它的静止质量为零，有 $p_\nu=\frac{h}{\lambda}=\frac{h\nu}{c}=\frac{E_\nu}{c}$，其动量为

$$p_\nu=0.862\times10^6\times1.6\times10^{-19}/(3\times10^8)\ \text{kg}\cdot\text{m/s}=4.6\times10^{-22}\ \text{kg}\cdot\text{m/s}$$

由于反应前铍核静止，根据动量守恒，${}_3^7$Li 的动量大小应等于中微子的动量，即有

$$p_{Li}=4.6\times10^{-22}\ \text{kg}\cdot\text{m/s}=0.862\ \text{MeV}/c$$

它的动能可以用 $E_k=p^2/2M$ 近似求出，即

$$E_{kLi}=\frac{0.862^2}{2M_{Li}}=\frac{0.862^2}{2\times7.016\,929\times931.5}\ \text{MeV}=5.68\times10^{-5}\ \text{MeV}=56.8\ \text{eV}$$

6. 计算核反应 ^{13}C(p,d)^{12}C 的阈能。已知 ^{13}C 的原子质量为 13.003 355 u，^{1}H 的原子质量为 1.007 825 u，^{2}H 的原子质量为 2.014 102 u。

解 由质量亏损可求得过程中的 Q 值如下：

$$Q=(13.003\,355+1.007\,825-2.014\,102-12.000\,000)\times931.5\ \text{MeV}=-2.72\ \text{MeV}$$

此反应的阈能为

$$E_{th}=\left(1+\frac{m_p}{m_C}\right)|Q|=\left(1+\frac{1}{13}\right)\times2.72\ \text{MeV}=2.93\ \text{MeV}$$

10.3 几个问题的说明

10.3.1 和德布罗意波对应的相速度和群速度

由实物粒子能量

$$E=mc^2=h\nu$$

得粒子的德布罗意频率 $\nu=\frac{mc^2}{h}$。而德布罗意波长 $\lambda=\frac{h}{p}=\frac{h}{mv}$，其中 v 是粒子运动速率。德布罗意波对应的相速度

$$v_p=\nu\lambda=\frac{c^2}{v}$$

因为粒子运动速度 $v<c$，所以有德布罗意波对应的相速度 $v_p>c$。

因为群速度 $v_g=\frac{d\omega}{dk}$，而 $\omega=2\pi\nu$，$k=\frac{2\pi}{\lambda}$，所以有

$$v_g=\frac{d\nu}{d(1/\lambda)}$$

由德布罗意频率 $\nu=\frac{mc^2}{h}$，得 $d\nu=c^2dm/h$；由 $\frac{1}{\lambda}=\frac{p}{h}$，得 $d(1/\lambda)=d(p/h)=dp/h$。所以

$$v_g=\frac{d\nu}{d(1/\lambda)}=\frac{c^2dm}{dp}$$

对 $m^2c^4=c^2p^2+m_0^2c^4$ 两边取微分得 $c^2m\mathrm{d}m=p\mathrm{d}p$，代入上式得

$$v_g=\frac{p}{m}=\frac{mv}{m}=v$$

它等于粒子速度，小于光速 c。

群速度的概念来自经典波的波包，它是可以观测的局部扰动的波包速度。波包由不同频率成分的平面波叠加而成，每个平面波以相速度运动。由于色散，波包中各成分的相速差异将使波包在传播过程中逐渐摊平、拉开以致最终消失。如果让这种波包进行衍射，不同方向观测到的将会是波包的一部分。从电子的物质波对应的相速和群速这一点上，也可以把电子看做“波包”，但绝不是经典波包。电子“波包”不会摊平、拉开以致最终消失，衍射实验中不会看到电子的一部分(起码到现在为止)，作为粒子电子不会被分割，作为概率波它不会“分裂”。

10.3.2　利用概率密度求力学量的平均值(以$\bar{x}$为例)

微观粒子的力学量是指坐标、动量、角动量、能量等。如用 x 表示一维的微观粒子运动的坐标，$\bar{x}$表示一维微观粒子运动的坐标的平均值，实验测量上又称为最佳值或期望值。

微观粒子具有波粒二象性，波函数 $\psi(x,t)$描述其运动状态，概率幅的平方$|\psi(x,t)|^2$ 是概率密度，是粒子位置坐标 x 的概率分布函数。x 处 $\mathrm{d}x$ 区间一维运动粒子出现的概率为$|\psi(x,t)|^2\mathrm{d}x$。回想一下在气体动理论中，平衡态下有一个麦克斯韦速率分布函数$f(v)$，它是分子速率的概率密度，是一个分子在速率 v 附近单位速率区间的概率。分子的速率连续取值范围是 $0\to\infty$，分子运动的平均速率$\bar{v}=\int_0^\infty vf(v)\mathrm{d}v$，而 v^2 的平均值是$\overline{v^2}=\int_0^\infty v^2f(v)\mathrm{d}v$。因此，由概率概念，微观粒子处于 $\psi(x,t)$态的坐标在可能取值范围$-\infty\sim+\infty$内的平均值可表示为

$$\bar{x}=\int_{-\infty}^{+\infty}x\,|\psi(x,t)|^2\mathrm{d}x$$

同样，在位置取值范围$-\infty\sim+\infty$内的$\overline{x^2}$写成

$$\overline{x^2}=\int_{-\infty}^{+\infty}x^2\,|\psi(x,t)|^2\mathrm{d}x$$

例如，一粒子在一维无限深势阱($0\leqslant x\leqslant a,U=0$；其他范围 $U=\infty$)中运动，它的概率幅为 $\psi_n=\sqrt{\dfrac{2}{a}}\sin\dfrac{n\pi}{a}x\exp(-2\pi\mathrm{i}E_nt/h)$，那么 x 和 x^2 的平均值为

$$\bar{x}=\int_{-\infty}^{+\infty}x\,|\psi(x,t)|^2\mathrm{d}x=\frac{2}{a}\int_0^a x\sin^2\left(\frac{n\pi}{a}x\right)\mathrm{d}x=\frac{a}{2}$$

$$\overline{x^2}=\int_{-\infty}^{+\infty}x^2\,|\psi(x,t)|^2\mathrm{d}x=\frac{2}{a}\int_0^a x^2\sin^2\left(\frac{n\pi}{a}x\right)\mathrm{d}x=a^2\left(\frac{1}{3}-\frac{1}{2n^2\pi^2}\right)$$

10.3.3　本征波函数的正交性与完全性

如果两个函数 φ_1 和 φ_2 满足关系式

$$\int\varphi_1^*\varphi_2\mathrm{d}\tau=0$$

积分是对变量变化的全部区域进行的，则称 φ_1 和 φ_2 相互正交。对于量子系统的本征波函

数的正交性与完全性,我们采用普通物理常用的方法,即找一个简单特例进行说明,然后不加证明地推广到我们所要的一般性的结论。

如果 $\psi_m(x,t)$ 和 $\psi_n(x,t)$ 为一维无限深方势阱($0\leqslant x\leqslant a, U=0$;其他范围 $U=\infty$)中粒子的两个不同能态的波函数,则有

$$\psi_m(x,t)=\sqrt{\frac{2}{a}}\sin\left(\frac{m\pi}{a}x\right)\exp\left(-\mathrm{i}\,\frac{2\pi E_m}{h}t\right),\quad \psi_n(x,t)=\sqrt{\frac{2}{a}}\sin\left(\frac{n\pi}{a}x\right)\exp\left(-\mathrm{i}\,\frac{2\pi E_n}{h}t\right)$$

而

$$\begin{aligned}\int_0^a\psi_m^*(x,t)\psi_n(x,t)\mathrm{d}x&=\int_0^a\sqrt{\frac{2}{a}}\sin\left(\frac{m\pi}{a}x\right)\exp\left(\mathrm{i}\,\frac{2\pi E_m}{h}t\right)\sqrt{\frac{2}{a}}\sin\left(\frac{n\pi}{a}x\right)\exp\left(-\mathrm{i}\,\frac{2\pi E_n}{h}t\right)\mathrm{d}x\\&=\frac{2}{a}\exp[\mathrm{i}2\pi(E_m-E_n)t/h]\int_0^a\sin\left(\frac{m\pi}{a}x\right)\sin\left(\frac{n\pi}{a}x\right)\mathrm{d}x\\&=\frac{1}{a}\exp[\mathrm{i}2\pi(E_m-E_n)t/h]\int_0^a\left(\cos\frac{m-n}{a}\pi x-\cos\frac{m+n}{a}\pi x\right)\mathrm{d}x\\&=\frac{1}{a}\exp[\mathrm{i}2\pi(E_m-E_n)t/h]\times\left[\frac{\sin[\pi(m-n)x/a]}{(m-n)\pi/a}-\frac{\sin[\pi(m+n)x/a]}{(m+n)\pi/a}\right]_0^a\end{aligned}$$

因为 m、n 皆为正整数,括号内的积分值为零,因此有

$$\int_0^a\psi_m^*(x,t)\psi_n(x,t)\mathrm{d}x=0$$

说明一维无限深方势阱中粒子的能量本征函数是正交的。对于其他量子系统和其他力学量的本征波函数,结论是一样的。结合归一化条件,有

$$\int\psi_m^*\psi_n\mathrm{d}x=\delta_{\mathrm{mn}}$$

当 $m=n$ 时,$\delta_{\mathrm{mn}}=1$;当 $m\neq n$ 时,$\delta_{\mathrm{mn}}=0$。上式称为本征波函数的正交归一化条件。

一维无限深方势阱中粒子的能量本征函数 $\varphi_n(x)=\sqrt{\frac{2}{a}}\sin\left(\frac{n\pi}{a}x\right)$ 的全体还具有完全性,即系统任何可能出现的状态的波函数 $\varphi(x)$ 都可以用它们的线性组合表示,即有

$$\varphi(x)=\sum_n C_n\sqrt{\frac{2}{a}}\sin\left(\frac{n\pi}{a}x\right)$$

这是由于薛定谔方程是一个二阶线性偏微分方程,其解具有可叠加性。这是 $\varphi(x)$ 的傅里叶级数,其中

$$C_n=\int\varphi_n^*(x)\varphi(x)\mathrm{d}x$$

可以证明,$\sum_n C_n^2=1$,C_n 有概率意义。例如,对于一个本征态 $\varphi_1(x)=\sqrt{\frac{2}{a}}\sin\left(\frac{\pi}{a}x\right)$,$C_1=1$,其余都为零,对应的能量本征值 $E_1=\frac{h^2}{8ma^2}$ 出现的概率为1,即能量有确定的值。对于一个叠加态 $\varphi(x)=\frac{1}{2}\sqrt{\frac{2}{a}}\sin\left(\frac{\pi}{a}x\right)+\frac{\sqrt{3}}{2}\sqrt{\frac{2}{a}}\sin\left(\frac{2\pi}{a}x\right)$,$C_1=\frac{1}{2}$,$C_2=\frac{\sqrt{3}}{2}$,能量本征值 $E_1=\frac{h^2}{8ma^2}$ 出现的概率为1/4,能量本征值 $E_2=\frac{h^2}{8ma^2}\cdot 4=\frac{h^2}{2ma^2}$ 出现的概率为3/4,处于这样状态的系统无确定的能量,能量的平均值为 $\bar{E}=\sum_n(E_n|C_n|^2)=\frac{1}{4}E_1+\frac{3}{4}E_2=\frac{5}{32}\cdot\frac{h^2}{ma^2}$。

对于无限深势阱($0<x<a$ 时 $U=0$,$x\leqslant 0$ 和 $x\geqslant a$ 时 $U=\infty$)的基态和第一激发态的两个能量本征波函数 $\psi_1=\sqrt{\frac{2}{a}}\sin\left(\frac{\pi}{a}x\right)\exp(-\mathrm{i}E_1t/\hbar)$、$\psi_2=\sqrt{\frac{2}{a}}\sin\left(\frac{2\pi}{a}x\right)\exp(-\mathrm{i}E_2t/\hbar)$,它们的线性叠加 $\psi=c_1\psi_1+c_2\psi_2$ 也是体系的一个可能的态,其含义是粒子既处于 ψ_1 态,又处于 ψ_2 态,对应的叠加态的概率密度是

$$
\begin{aligned}
|\psi|^2&=|c_1\psi_1+c_2\psi_2|^2\\
&=|c_1\psi_1|^2+|c_2\psi_2|^2+c_1^*\psi_1^*c_2\psi_2+c_2^*\psi_2^*c_1\psi_1
\end{aligned}
$$

后两项是干涉项,是两定态波函数相乘的交叉项,是与时间有关的概率分布的振动项,而前两项与时间无关。两边对粒子可能存在空间积分,左边叠加态的概率密度积分应等于 1,而右边后面的两交叉项的积分为零,前两项的积分应等于 C_1^2 和 C_2^2,所以有

$$1=C_1^2+C_2^2$$

即组成叠加态的两能量本征波函数各自系数的平方表示它们在叠加态中出现的概率。在 $\varphi(x)=\frac{1}{2}\sqrt{\frac{2}{a}}\sin\left(\frac{\pi}{a}x\right)+\frac{\sqrt{3}}{2}\sqrt{\frac{2}{a}}\sin\left(\frac{2\pi}{a}x\right)$ 中,$C_1=\frac{1}{2}$,$C_2=\frac{\sqrt{3}}{2}$ 各自出现的概率为 1/4 和 3/4。

10.3.4　玻尔的氢原子理论

1. 氢原子光谱的规律

原子光谱是原子辐射电磁波按照波长(或频率)的有序排列,通过原子光谱的研究可以了解原子内部结构等性质。从 19 世纪中叶起,氢原子光谱一直是人们关注的对象。其中一条最强的谱线是 1853 年由瑞典物理学家埃斯特朗(A. J. Angstöm)测出来的(光波波长单位 Å 就是以他的姓氏命名的,1 Å$=10^{-10}$ m)。到 1885 年,人们已在可见光和近紫外区陆续发现了 14 条谱线组成的氢原子的线状谱。同年,瑞士物理学家、中学教师巴耳末(J. J. Balmer)用经验公式首先说明上述光谱中可见光谱线的有序规律。经改写后的**巴耳末公式**为

$$\frac{1}{\lambda}=R\left(\frac{1}{2^2}-\frac{1}{n^2}\right)$$

其中,$R=1.096\,775\,8\times10^7\ \mathrm{m}^{-1}$,被称为**里德伯常数**;$n$ 为大于 2 的整数,$n=3,4,5,\cdots$ 对应着氢原子可见光谱的一系列分立的谱线,被称为**巴耳末系**。后来,人们又测得了氢原子红外区的光谱线系(**帕邢系**),只要把巴耳末公式中的 2 换成 3,而 n 分别取 4、5、6、…,帕邢系各谱线对应的波长之间的关系也服从上式。所以把上述的巴耳末公式写成了一个普遍的方程

$$\frac{1}{\lambda}=R\left(\frac{1}{m^2}-\frac{1}{n^2}\right)$$

称为**里德伯方程**,其中 $m=1,2,3,\cdots$,$n=m+1,m+2,m+3,\cdots$。

2. 原子有核模型和经典理论的困难

1911 年,英国著名物理学家卢瑟福通过 α 粒子的大角散射实验提出了原子结构的微小太阳系模型。原子序数为 Z 的原子,原子核具有全部正电荷和原子的几乎全部质量,原子的 Z 个带负电的电子围绕核高速转动。

但是,卢瑟福的原子模型与经典电磁学关于带电粒子辐射电磁波的两条结论相矛盾。其一是带电粒子作加速运动时要辐射电磁波,其二是辐射的电磁波频率等于带电粒子作周期运动的频率。根据这两条结论必然得出两个推论:第一,原子是不稳定的;第二,原子发射的是连续光谱。然而事实是原子是稳定的,原子光谱是线状光谱。经典电磁理论和原子的有核结构模型之间存在不可调和的矛盾。

3. 玻尔的氢原子模型

1913年,28岁的玻尔在分析了以上矛盾后,认为卢瑟福原子模型是从实验中总结出来的,是正确的,而经典电磁理论不适用于原子中的电子。在氢光谱实验规律和卢瑟福原子模型的基础上,玻尔把由普朗克提出的经爱因斯坦发展了的量子概念用到原子结构中来,提出了下面的基本假设。

(1) 定态假设:原子系统只存在一系列能量为 $E_1,E_2,E_3,\cdots$ 的分立状态,其相应电子只能在一定轨道上绕核作圆周运动。电子在这些状态运动时虽有加速度,但不辐射电磁波。由于这些状态不辐射能量,是稳定的,故称为稳定状态,简称**定态**。

玻尔认为为了保持原子的稳定性,这条假设是理所当然的,并且认为原子的定态就是由经典牛顿力学所确定的力学平衡状态。

(2) 量子跃迁和频率条件假设:只有原子(由于某种原因)从某一定态**跃迁**到另一定态时,才发射或吸收一个能量为 $h\nu$ 的光子。由能量守恒,$h\nu_{mn}=|E_m-E_n|$,即光子的频率满足下式:

$$\nu_{mn}=\frac{|E_m-E_n|}{h}$$

这个假设是从普朗克量子说引申来的,就像玻尔所说是为解释线光谱实验事实所必需的。

依照定态假设中力学平衡由牛顿力学确定,氢原子电子绕核作圆周运动受的力是库仑力(万有引力可忽略),是向心力。设氢原子电子在第 n 个圆周轨道上运动的半径为 r_n,电子的速度为 v_n,电子的质量为 m,有

$$\frac{1}{4\pi\varepsilon_0}\cdot\frac{e^2}{r_n^2}=m\frac{v_n^2}{r_n}$$

电子绕核运动的频率 $\nu_n=\frac{v_n}{2\pi r}$,由上式求出速率 v_n 代入得

$$\nu_n=\frac{e}{2\pi}\sqrt{\frac{1}{4\pi\varepsilon_0 m r_n^3}}$$

电子处在第 n 个轨道时,原子轨道能量 E_n 为动能与势能之和,有

$$E_n=\frac{1}{2}mv_n^2-\frac{1}{4\pi\varepsilon_0}\cdot\frac{e^2}{r_n}=-\frac{1}{8\pi\varepsilon_0}\cdot\frac{e^2}{r_n}$$

由第二条频率假设,电子由定态 E_n 跃迁到定态 E_m 发射能量为 $h\nu_{nm}=E_n-E_m$ 的光子。又由里德伯方程(利用光速 $c=\nu\lambda$),此光子频率 $\nu_{nm}=Rc\left(\frac{1}{m^2}-\frac{1}{n^2}\right)$。二者比较,定态能量 E_n 亦即第 n 个原子轨道能量应具有 $E_n=-\frac{hcR}{n^2}$ 的形式,所以有 $-\frac{1}{8\pi\varepsilon_0}\cdot\frac{e^2}{r_n}=-\frac{hcR}{n^2}$,由此求出轨道半径为

$$r_n=n^2\frac{e^2}{8\pi\varepsilon_0 hcR}$$

玻尔认为,当量子数 n 很大时,量子理论的结果与经典理论的结果一致,量子图像就与经典图像完全相同。这是玻尔于 1918 年明确表述的思想,被称为玻尔的对应原理。在里德伯方程中,当 n 和 m 都很大时可得对应的频率为

$$\nu_{nm}=Rc\,\frac{n^2-m^2}{n^2m^2}=Rc\,\frac{(n+m)(n-m)}{n^2m^2}\approx 2Rc\,\frac{(n-m)}{n^3}$$

把 $m=n-1$ 代入,电子由第 n 个定态向第 $n-1$ 个定态跃迁所发出光的频率 $\nu_{nm}=\frac{2Rc}{n^3}$。按对应原理它应该最接近经典的电磁辐射频率,经典电磁理论认为电子在第 n 个定态轨道绕核运动应辐射电磁波,并且其频率等于电子绕核周期运动的频率,因此有

$$\frac{2Rc}{n^3}=\frac{e}{2\pi}\sqrt{\frac{1}{4\pi\varepsilon_0 mr_n^3}}$$

利用已得到的轨道半径表达式,消去里德伯常数 R,轨道半径可写为

$$r_n=n^2\,\frac{\varepsilon_0h^2}{\pi me^2},\quad n=1,2,3,\cdots$$

4. 玻尔氢原子模型的结论

(1) 氢原子的轨道半径

上面由玻尔两条假设和玻尔对应原理推导出氢原子轨道半径为

$$r_n=n^2\,\frac{\varepsilon_0h^2}{\pi me^2}=n^2a_0,\quad n=1,2,3,\cdots$$

其中,$r_1=a_0=0.0529$ nm,称为玻尔半径。

(2) 氢原子的能量

电子在第 n 个定态轨道运动时氢原子的能量表达式为

$$E_n=-\frac{1}{8\pi\varepsilon_0}\cdot\frac{e^2}{r_n}=\left(-\frac{me^4}{8\varepsilon_0^2h^2}\right)\cdot\frac{1}{n^2}=\frac{1}{n^2}E_1,\quad n=1,2,3,\cdots$$

此结果和薛定谔方程的结果一样,但和薛定谔方程的观念本质不同。把氢原子系统可能取的一系列能量 $E_1,E_2,E_3,\cdots$称为**能级**,它是分立的,是量子化的,n 称为量子数。$n=1$ 的定态称为**基态**,$n>1$ 的其他状态称为**激发态**。把各个物理常数代入,氢原子基态($n=1$)的能量 $E_1=-\frac{me^4}{8\varepsilon_0^2h^2}\cdot\frac{1}{n^2}=-13.6$ eV,是把电子从氢原子的第一玻尔轨道移到无限远处所需的电离能,此计算值与实验值吻合得十分好。基态时氢原子的势能为 -27.2 eV,动能为 $+13.6$ eV。

当原子从高能态 E_n 跃迁到低能态 E_m 时,根据玻尔第二条假设和 $\lambda_{nm}\nu_{nm}=c$,由能量表达式可得

$$\frac{1}{\lambda_{nm}}=\frac{\nu_{nm}}{c}=\frac{E_n-E_m}{hc}=\frac{me^4}{8\varepsilon_0^2h^3c}\left(\frac{1}{m^2}-\frac{1}{n^2}\right)$$

式中$\frac{me^4}{8\varepsilon_0^2h^3c}$的值与里德伯常数非常接近,且当 $m=2,n=3,4,5,\cdots$时就得到氢光谱的巴耳末系。取 $m=3,n=4,5,6,\cdots$就是红外区的帕邢系。玻尔当时预言:“如取 $m=1$ 和 $m=4,5,\cdots$,将分别得到紫外区和远红外区的谱系,这些谱系都尚未观测到,但它们的存在却是可以预期的。”紫外区的氢光谱(莱曼系)是 1916 年观测到的,远红外区的谱系(布拉开系)是 1922 年观测到的,它们的观测值都和上式符合得非常好。

(3) 角动量量子化条件

电子在第 n 个定态轨道绕核作圆周运动时,其角动量 $L=mr_nv_n$,由$\frac{1}{4\pi\varepsilon_0}\cdot\frac{e^2}{r_n^2}=m\frac{v_n^2}{r_n}$和轨道半径表达式可以得到

$$L=mr_nv_n=n\frac{h}{2\pi}=n\hbar,\quad n=1,2,3,\cdots$$

它被称为量子化条件,不少教科书为了简单而直接把它列入了玻尔的一个基本假设。实际上,像上面所叙述的那样,它是在玻尔提出的两个假设基础上利用对应原理推出的一个重要结果,其意义在于指明电子只能在满足量子化条件的绕核轨道上作定态的圆周运动。

5. 玻尔理论的局限性

玻尔成功揭示了巴耳末公式中原子结构之"谜",说明玻尔氢原子模型(或称玻尔理论)中量子化的正确性。用高分辨的光谱仪可以发现,原来一条氢原子光谱线实际上是由靠得非常近的两条或更多条谱线组成的,这称为氢原子光谱的精细结构。早在1892年,迈克耳孙就发现了巴耳末系中最强线的精细结构,这是玻尔理论不能解释的。玻尔理论虽然可以推广到类氢原子(如碱金属原子),但对比氢原子略复杂一些的原子的光谱,例如氦原子,就也不能解释了,这说明它并没有真正揭示原子中电子的运动规律,其中包含了某些不正确的内容。不正确的内容应该在基本假设(1)中。(1)中虽然对经典电磁理论有了突破,但把电子看做牛顿的经典粒子(质点),认为它有确切的轨道,服从经典力学规律。玻尔理论正是经典理论和普朗克量子理论的混合体,因而也就限制了它的适用范围。不过,玻尔开创了量子化进入原子结构中的通道,为量子论的建立奠定了基础,因此他荣获了1922年的诺贝尔物理学奖,并被称为量子理论的奠基人之一。

10.3.5 量子物理中的驻波方法和估算方法

1. 驻波方法

定态是微观粒子的稳定态,定态波函数具有驻波形式。定态的物质波不是经典驻波,但在求解定态能级及有关量时,可以利用机械波或电磁波的驻波条件简单求解。两端固定弦上的驻波形成条件是弦长等于半波长的整数倍,形成圆周传播的驻波条件是周长为波长的整数倍等。再由 $p=h/\lambda$,可得动量量子化条件,由 $E=p^2/2m+V$ 可得量子化能量。

例1 用概率波概念导出玻尔氢原子的量子化条件。

解 玻尔氢原子中处于定态的电子是以圆形轨道绕核运动。由驻波条件,物质波绕半径 r 的圆周运动持续传播需满足

$$2\pi r=n\lambda$$

将物质波长 $\lambda=\frac{h}{m\nu}$代入得

$$rm\nu=n\frac{h}{2\pi}=n\hbar,\quad n=1,2,3,\cdots$$

这正是玻尔假设中电子轨道角动量的量子化条件。

例2 用驻波方法求一质量为 m 的粒子在势阱宽为 a 的一维无限深势阱中的能量本征值。

解 在势阱宽为 a 的一维无限深势阱中粒子的定态物质波波函数具有驻波形式,相当于两端固定弦上的驻波,弦长等于德布罗意半波长的整数倍,即

$$a = \frac{\lambda}{2}n, \quad n = 1,2,3,\cdots$$

由德布罗意关系式 $p=h/\lambda$，得

$$p_n = \frac{h}{\lambda} = \frac{nh}{2a}, \quad n = 1,2,3,\cdots$$

阱中自由粒子能量和动量的关系为 $E=p^2/2m$，将上式代入可得

$$E_n = \frac{h^2}{8ma^2}n^2, \quad n = 1,2,3,\cdots$$

同理，可求出三维无限深势阱(一正立方盒子)中粒子能量

$$E_n = \frac{h^2}{8ma^2}(n_x^2 + n_y^2 + n_z^2)$$

式中 n_x、n_y、n_z 为独立的正整数。

2. 估算方法

估算方法是近代物理中常用的方法。量子物理中遇到的估算比较多的涉及不确定关系和模型的利用。

例 估算一质量为 m 的粒子在势阱宽为 $a(0\leqslant x\leqslant a)$ 的一维无限深势阱中的基态能量和线性谐振子的零点能。

解 因为粒子在势阱中可能的取值范围是 $0\sim a$，所以取 $\Delta x=a$。为和薛定谔方程求解一致，选用 $\Delta p\Delta x\geqslant h/2$，因而有 $\Delta p\geqslant\dfrac{h}{2a}$。与 $\Delta x=a$ 对应，粒子动量取值范围是 $0\sim p$，有 $\Delta p=p$，得 $p\geqslant\dfrac{h}{2a}$。又因为能量 $E=\dfrac{p^2}{2m}$，在求最小能量时，应取 $p_{\min}=\dfrac{h}{2a}$，得基态能

$$E_{\min} = \frac{p_{\min}^2}{2m} = \frac{h^2}{8ma^2}$$

对于谐振子运动，势能函数是 $kx^2/2$，x 可取值范围为 $0\sim x$，取 $\Delta x=x$。与 $\Delta x=x$ 对应，粒子动量取值范围是 $0\sim p$，有 $\Delta p=p$。由不确定关系 $\Delta x\Delta p\approx\dfrac{h}{4\pi}$，得 $px=\dfrac{h}{4\pi}$。由谐振子运动能量 $E=\dfrac{p^2}{2m}+\dfrac{1}{2}kx^2$ 得

$$E = \frac{h^2}{32\pi^2mx^2} + \frac{1}{2}kx^2$$

由 $\dfrac{\partial E}{\partial x}=0$ 得到 $x=\left(\dfrac{h^2}{16m\pi^2k}\right)^{1/4}$，代入上式得最小能量 $E=\dfrac{h}{4\pi}\sqrt{\dfrac{k}{m}}$。利用 $2\pi\nu=\sqrt{\dfrac{k}{m}}$，最后得

$$E = \frac{1}{2}h\nu$$

10.4 测验题

10.4.1 波粒二象性

1. 选择题

(1) 对于绝对黑体，下面说法正确的是(　　)。

(A) 绝对黑体是不辐射可见光的物体，所以它在任何温度下都是黑色的

(B) 绝对黑体是没有任何辐射的物体,所以观测不到它,因而被称为绝对黑体

(C) 绝对黑体是可以反射可见光的物体,所以它不一定是黑色的

(D) 绝对黑体是可以辐射可见光的,所以它在不同温度下可以呈现不同颜色

(2) 光电效应的红限只是依赖于(　　)。

(A) 入射光的频率　　(B) 入射光的强度

(C) 金属的逸出功　　(D) 入射光的频率和金属的逸出功

(3) 对光电效应和康普顿效应,以下说法中正确的是(　　)。

(A) 两种效应都属于电子吸收光子的过程

(B) 两种效应都相当于自由电子与光子的碰撞过程

(C) 两种效应中电子与光子两者组成的系统都服从动量守恒和能量守恒定律

(D) 康普顿效应一定满足动量守恒定律,而光电效应则不一定满足

(4) 在电子双缝干涉实验中,下列说法正确的是(　　)。

(A) 双缝同时打开和相隔一段时间的不同时打开,衍射图样一样

(B) 双缝同时打开和相隔一段时间的不同时打开,衍射图样不一样

(C) 电子双缝实验中可以测知一个入射电子"到底"通过了哪个缝

(D) 电子双缝实验中一个入射电子既通过了缝1又同时通过了缝2

(5) 对不确定关系 $\Delta x\Delta p\geqslant\hbar/2$,以下理解中正确的是(　　)。

(A) 实验仪器不可能测定粒子的动量

(B) 实验仪器不可能测定粒子的坐标

(C) 实验仪器在同时测定粒子的动量和坐标时,其最高精度存在一个不可逾越的限制

(D) 上述仪器最高精度只限于对微观实物粒子和光子的测量,不适用于宏观物体

(6) 用波长为 λ 的 X 射线分别照射锂($Z=3$)和铁($Z=26$),若在同一散射角下测得康普顿散射光的波长分别为 λ_{Li} 和 λ_{Fe},则它们之间大小关系为(　　)。

(A) $\lambda_{\mathrm{Li}}>\lambda_{\mathrm{Fe}}$　　(B) $\lambda_{\mathrm{Li}}=\lambda_{\mathrm{Fe}}$　　(C) $\lambda_{\mathrm{Li}}<\lambda_{\mathrm{Fe}}$　　(D) 无法比较

(7) 光子能量为 0.5 MeV 的 X 射线,入射到某种物质上发生康普顿散射。若反冲电子的动能为 0.1 MeV,则散射光波长的改变量 $\Delta\lambda$ 与入射光波长 λ_0 之比为(　　)。

(A) 0.20　　(B) 0.25　　(C) 0.30　　(D) 0.35

(8) 静止质量不为零的高速运动的微观粒子,其物质波波长 λ 与速度 v 的关系为(　　)。

(A) $\lambda\propto v$　　(B) $\lambda\propto\dfrac{1}{v}$　　(C) $\lambda\propto\sqrt{\dfrac{1}{v^2}-\dfrac{1}{c^2}}$　　(D) $\lambda\propto\sqrt{c^2-v^2}$

(9) 波长 $\lambda=500$ nm 的光沿 x 轴正向传播。若光的波长不确定量 $\Delta\lambda=10^{-2}$ nm,则估算其中光子的坐标不确定量至少为(　　)。

(A) 25 mm　　(B) 50 cm　　(C) 250 cm　　(D) 500 cm

2. 填空题

(1) 加热黑体,使其最大光谱辐射出射度的波长减小一倍,则黑体的温度增加到原来

的________倍，其全部辐射出射度增加了________倍。

(2) 太阳辐射本领的峰值在 465 nm 处。将太阳视为黑体，太阳表面温度为________；单位面积上的辐射功率为________。

(3) 已知钾的逸出功为 2.0 eV。如果用波长为 3.60×10^{-7} m 的光照射在钾上，则钾的截止电压的绝对值为________ V；从钾表面所发射的电子的最大速度为________ m/s。

(4) 在某光电效应实验中，测得截止电压为 2.5 V，则光电子的能量范围是从________ J 到________ J，若实验中入射光的波长是 300 nm，被照射金属的红限频率是________ Hz。

(5) 在康普顿散射中，当波长为 400 nm 的可见光入射时，散射波波长的最大偏移量 $\Delta\lambda=$________ nm，它和入射波波长的比值约为________；当入射波波长为 0.05 nm 时，散射波波长的最大偏移 $\Delta\lambda=$________ nm，它和入射波波长的比值约为________。

(6) 康普顿散射中，当散射光子与入射光子方向成夹角 $\varphi=$________时，散射光子的频率减小得最多，此时散射波波长偏移量 $\Delta\lambda=$________ Å。

(7) 体重为 60 kg 的人，他以 1.0 m/s 的速度散步时的德布罗意波的波长是________；当一质量为 25 g 的子弹以 800 m/s 的速率飞行时，其德布罗意波的波长为________；如果枪口的直径是 0.6 cm，用不确定关系 $\Delta x\Delta p_x\geqslant h$ 估计的子弹射出枪口的横向速度为________。

(8) 电视机显像管中的电子束直径为 0.1×10^{-3} m，则电子横向速度的不确定量为________。

3. 计算题

(1) 若光子与电子的波长均为 10 nm，试计算它们的动量和总能量。

(2) 波长为 $\lambda_0=0.0708$ nm 的 X 射线在石蜡上受到康普顿散射，求在 $\pi/2$ 和 π 方向上所散射的 X 射线波长各是多少。

(3) 铂的逸出功为 8 eV，用 300 nm 的紫外光照射能否产生光电效应？

(4) 电子显微镜中的电子从静止开始通过电势差为 U 的静电场加速后，其德布罗意波长是 0.04 nm，问 U 约为多少？

(5) 试从坐标与动量的不确定关系出发，在非相对论下证明时间和能量的不确定关系 $\Delta t\Delta E\geqslant\hbar/2$。

(6) 一共轴系统的横截面如图 10.20 所示，中间为一圆柱形钠棒，半径 $r_1=0.6$ cm，长为 20 cm；外面为内壁敷半透明铝薄膜的石英圆筒，其内径为 $r_2=1$ cm，长亦为 20 cm；整个系统置于真空中。已知钠的红限波长为 $\lambda_m=540$ nm，铝的红限波长为 $\lambda'_m=296$ nm。今用波长为 $\lambda=400$ nm 的单色光照射系统，忽略边缘效应，求：

① 从钠棒或铝棒中逸出的光电子的最大和最小动能；

② 平衡时钠棒与外筒间的电势差；

③ 平衡时钠棒所带的电量。

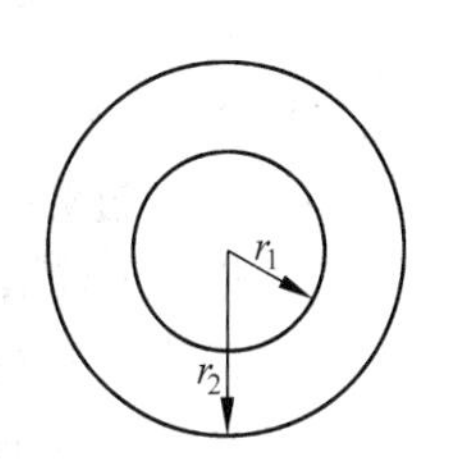

图　10.20

10.4.2 薛定谔方程

1. 选择题

(1) 一维无限深势阱中的粒子可以有若干能态。如果势阱的宽度缓慢减少,则(　　)。

(A) 每个能级的能量减少

(B) 能级数增加

(C) 每个能级的能量保持不变

(D) 相邻能级间的能量差增加

(2) 一粒子在一维无限深势阱($-a\leqslant x\leqslant +a$)中运动,其波函数为

$$\varphi(x)=\frac{1}{\sqrt{a}}\cos\frac{3\pi x}{2a},\quad -a\leqslant x\leqslant +a$$

那么,粒子在 $x=5a/6$ 处出现的概率密度为(　　)。

(A) $1/(2a)$　　(B) $1/a$　　(C) $1/\sqrt{2a}$　　(D) $1/\sqrt{a}$

(3) 在一维无限深势阱($0\leqslant x\leqslant a$)中运动的粒子,其波函数为

$$\varphi_n(x)=\sqrt{\frac{2}{a}}\sin\left(\frac{n\pi}{a}x\right),\quad 0\leqslant x\leqslant a$$

若粒子处于 $n=1$ 的状态,在 $0\sim a/4$ 区间发现粒子的概率是(　　)。

(A) 1.414　　(B) 0.5　　(C) 0.25　　(D) 0.091

(4) 已知一维运动粒子的波函数

$$\varphi(x)=\begin{cases}Cx\mathrm{e}^{-\alpha x}, & x\geqslant 0\\ 0, & x<0\end{cases}$$

其中 C 和 α 为常数,则该粒子出现概率最大处的位置 x 为(　　)。

(A) $1/2\alpha$　　(B) $1/\alpha$　　(C) α　　(D) 2α

(5) 一矩形势垒如图 10.21 所示,U_0 和 d 都不很大。能量 $E<U_0$ 的微观粒子中,从Ⅰ区向右运动的粒子(　　)。

(A) 有一定的概率穿透势垒Ⅱ进入Ⅲ区,但粒子能量有所减少

(B) 都将受到 $x=0$ 处的势垒壁的反射,不能进入Ⅱ区

(C) 都不可能穿透势垒Ⅱ进入Ⅲ区

(D) 有一定的概率穿透势垒Ⅱ进入Ⅲ区,且粒子能量不变

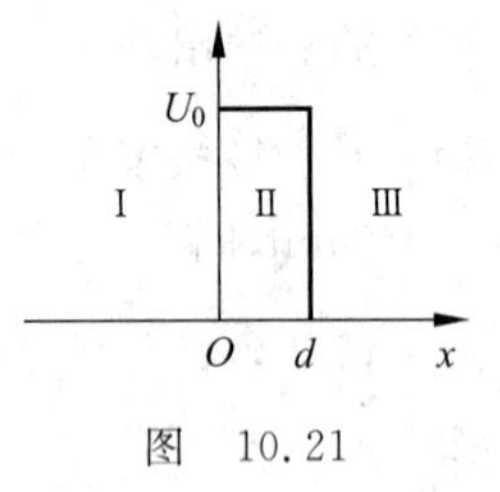

图 10.21

(6) 对于上题中的矩形势垒,能量 $E>U_0$ 的微观粒子中,从Ⅰ区向右运动的粒子(　　)。

(A) 都穿越势垒Ⅱ进入Ⅲ区

(B) Ⅱ区中没有能量 $E>U_0$ 的微观粒子

(C) 有一定的概率穿越势垒Ⅱ进入Ⅲ区,但粒子能量有所减少

(D) 有一定的概率穿越势垒Ⅱ进入Ⅲ区,且粒子能量不变

2. 填空题

(1) 描述微观粒子运动的波函数 $\psi(\boldsymbol{r},t)$ 需满足的标准条件是________;其归一化条件

是________；$\psi^*\psi$ 的意义是________。

（2）试写出对量子力学的建立作出贡献的 3 名诺贝尔物理奖获得者的姓名、国籍及其项目。他们分别是________，其国籍是________，项目为________；________，其国籍是________，项目为________；________，其国籍是________，项目为________。

（3）动量为 p、能量为 E，沿 x 方向运动的自由粒子的薛定谔方程为________。

（4）电子在阱宽为 0.1 nm 的无限深势阱中运动，用测不准原理估算其最小能量为________J。

（5）由玻尔理论，用氢原子玻尔半径 a_0、电子电量绝对值 e 及真空介电常数 ε_0 表示基态氢原子的结合能(电离能)：$\Delta E=$________。

（6）如果无限深方势阱中的粒子处于由基态和第一激发态叠加而成的叠加态，即

$$\psi_{12}=\frac{1}{2}\psi_1+\frac{\sqrt{3}}{2}\psi_2$$

其中，ψ_1、ψ_2 分别是它的基态和第一激发态的波函数，对应的能量本征值是 E_1、E_2，则 E_1 出现的概率是________，E_2 出现的概率是________。

3. 计算题

（1）一粒子被限制在 x 轴上 $0\sim a$ 之间的一维势垒之间，已知描写其状态的波函数为 $\psi=Cx(a-x)\exp\left(-\mathrm{i}\frac{E}{\hbar}t\right)$，其中 C 为待定常数。求在 $0\sim a/3$ 区间发现粒子的概率。

（2）氢原子气体在什么温度下的平均平动动能，有可能会使氢原子从基态跃迁到第一激发态？

（3）线性谐振子势能函数为 $\frac{1}{2}m\omega^2x^2$。

① 写出一维线性谐振子的定态薛定谔方程；

② 求证函数 $\varphi(x)=\sqrt{\frac{\alpha^3}{8\sqrt{\pi}}}x\mathrm{e}^{-\alpha^2x^2/2}$ 是谐振子的定态波函数，其中 $\alpha=\sqrt{m\omega/\hbar}$，并指出此波函数对应的能级；

③ 计算此能级概率密度最大值的位置。

（4）处于定态的粒子波函数应具有什么样的形式？下面两个函数

$$\psi_1(x,t)=u(x)\sin x\exp\left(-\mathrm{i}\frac{E}{\hbar}t\right)+v(x)\cos x\exp\left(-\mathrm{i}\frac{E}{\hbar}t\right)$$

$$\psi_2(x,t)=u(x)\exp\left(-\mathrm{i}\frac{E}{\hbar}t\right)+v(x)\exp\left(\mathrm{i}\frac{E}{\hbar}t\right)$$

所描述的粒子运动状态可能是定态吗？

10.4.3　原子中的电子

1. 选择题

（1）1890 年瑞典物理学家里德伯在收集和整理光谱资料后，总结出描述氢光谱谱线波

长的经验公式(里德伯公式)：$\frac{1}{\lambda}=R\left(\frac{1}{m^2}-\frac{1}{n^2}\right)$，$R$ 称为里德伯恒量。如 $m=2$ 时，n 取 3、4、5 等值，得到巴耳末系的里德伯公式。若用里德伯恒量 R 表示氢光谱的最短波长，则可写成下列哪种形式？(　　)。

(A) $\lambda_{\min}=R/4$　　(B) $\lambda_{\min}=2/R$　　(C) $\lambda_{\min}=1/R$　　(D) $\lambda_{\min}=4/(3R)$

(2) 被激发到 $n=3$ 状态的氢原子气体发出的辐射中，一般光谱仪收集到几条可见光谱线和几条非可见光谱线？(　　)

(A) 一条可见光谱线，一条非可见光谱线

(B) 一条可见光谱线，两条非可见光谱线

(C) 两条可见光谱线，一条非可见光谱线

(D) 两条可见光谱线，两条非可见光谱线

(3) 下列哪种能量能使基态的氢原子受激后可以发射莱曼系最长波长的谱线？(　　)

(A) 1.51 eV　　(B) 1.89 eV　　(C) 10.2 eV　　(D) 13.6 eV

(4) 具有下列哪一能量的光子能被处在主量子数 $n=2$ 的能级的氢原子吸收？(　　)

(A) 2.40 eV　　(B) 2.15 eV　　(C) 1.89 eV　　(D) 1.51 eV

(5) 在氢原子发射光谱的巴耳末谱线系中，光谱线所对应的氢原子所发射的最小波长和最大波长之比为(　　)。

(A) 7∶9　　(B) 5∶9　　(C) 4∶9　　(D) 2∶9

(6) 对于由于电子的自旋轨道耦合而产生原子光谱的精细结构，下面说法正确的是(　　)。

(A) 原子光源只能在外磁场存在时才有上述现象

(B) 原子光源在没有外磁场存在时就存在上述现象

(C) 上述现象的发生是由于所有的 $E_{n,l}$ 能级都分裂成两个能级

(D) 氢原子光谱中，不存在由于电子的自旋轨道耦合而产生的光谱精细结构

(7) 对于微观粒子的认识，下面说法正确的是(　　)。

(A) 微观粒子具有不可分辨性，并且都服从泡利不相容原理

(B) 玻色子系统的粒子不具有不可分辨性，它们不服从泡利不相容原理

(C) 玻色子和费米子的波函数具有同样的宇称性

(D) 费米子系统的粒子具有不可分辨性，它们服从泡利不相容原理

(8) 原子系统中外层电子处于 $3d$、$4s$、$4d$、$5s$ 的各电子态的能量分别用 $E(3d)$、$E(4s)$、$E(4d)$ 和 $E(5s)$ 表示，以下判断中正确的是(　　)。

(A) $E(3d)<E(4s)$，$E(4d)<E(5s)$

(B) $E(4s)<E(3d)$，$E(4d)<E(5s)$

(C) $E(3d)<E(4s)$，$E(5s)<E(4d)$

(D) $E(4s)<E(3d)$，$E(5s)<E(4d)$

(9) 钾($Z=19$)原子基态的电子组态是(　　)。

(A) $1s^2 2s^2 2p^6 3s^2 3p^6 3d^1$　　(B) $1s^2 2s^2 2p^6 3s^2 3p^6 4s^1$

(C) $1s^22s^22p^63s^23d^64s^1$　　(D) $1s^22s^22p^63p^83d^1$

(10) 1960 年发明的世界上第一台激光器是(　　)。

(A) 氦-氖激光器　　(B) 红宝石激光器

(C) 砷化镓结型激光器　　(D) 染料激光器

(11) 对于 X 射线谱,下面说法正确的是(　　)。

(A) 它的截止波长与发出 X 射线的材料无关

(B) X 射线谱和可见光谱一样都是原子能级跃迁的结果

(C) 莫塞莱公式适用于所有外层电子向 K 层跃迁而发出的 K 系 X 射线

(D) 莫塞莱公式给出的谱线只适用于单电子原子

(12) 在氦-氖激光器中,利用光学谐振腔(　　)。

(A) 可提高激光束的方向性,而不能提高激光束的单色性

(B) 可提高激光束的单色性,而不能提高激光束的方向性

(C) 可提高激光束的方向性,同时能提高激光束的单色性

(D) 不能提高激光束的方向性,也不能提高激光束的单色性

(13) 在氢原子的 L 壳层中,电子可能具有的各量子数(n,l,m_l,m_s)是(　　)。

(A) $1,0,0,\pm\frac{1}{2}$　　(B) $2,1,-1,+\frac{1}{2}$

(C) $2,0,1,-\frac{1}{2}$　　(D) $1,1,-1,\pm\frac{1}{2}$

2. 填空题

(1) 氢原子的莱曼系极限频率(最大频率)为________ Hz,最小频率为________ Hz。

(2) 用一束复色光照射处于基态的氢原子,光子的能量为 $E_1/2$、$8E_1/9$、$2E_1$。E_1 是氢原子基态能量的绝对值。氢原子能吸收能量为________的光子,这些光子被氢原子吸收后各会产生________结果。

(3) 卢瑟福 α 粒子散射实验证实了________,施特恩-格拉赫实验证实了________,康普顿效应证实了________,戴维逊-革末的电子衍射实验证实了________。

(4) 多电子原子的组态由________和________两个原理决定。

(5) 多电子原子中的每个电子的量子态可用四个量子数(n,l,m_l,m_s)表征。当 n、l、m_l 一定时,不同的量子态数目为________;当 n、l 一定时,不同的量子态数目为________;当 n 一定时,不同的量子态数目为________。处于基态的氦原子内的两个电子的量子态可由________和________两组量子数表征。

(6) 根据量子力学理论,氢原子中电子的角动量取值是量子化的。当主量子数 $n=3$ 时,电子角动量的可能取值为________。

(7) 氦-氖激光器的激光是以________辐射方式产生的,产生的必要条件是________,激光的 3 个主要特征是________。

(8) X 射线管中,钨丝阴极发射的电子经高压加速后撞击金属阳极产生 X 射线。如果加速电压是 40 kV,那么连续谱的截止波长是________ m;如果阳极是铜($Z=29$),估算铜特征谱 K_α 的频率为________ Hz,它是铜原子的内层电子由________壳层跃迁到________壳层产生的。

3. 计算题

(1) 根据量子力学原理,当氢原子中电子的角动量 $L=\sqrt{6}\hbar$ 时,L 在外磁场方向上的投影 L_z 可取的值是什么?

(2) 已知基态氢原子径向概率密度为 $P_{1,0,0}(r)=\frac{4}{a_0^3}r^2\mathrm{e}^{-2r/a_0}$,$a_0$ 为玻尔半径。问何处出现 $P_{1,0,0}(r)$的极大值?并求电子处于半径为玻尔半径的球面外的概率。

(3) 由于自旋轨道耦合效应,氢原子的 $2P_{3/2}$ 和 $2P_{1/2}$ 的能级差为 4.5×10^{-5} eV。

① 求巴耳末系的最小频率的两条精细结构谱线的频率差;

② 氢原子处于 $n=2,l=1$ 的状态时,电子感受到的磁场是多大?

(4) 求出能够占据一个 d 分壳层的最大电子数,并写出这些电子的 m_l 和 m_s 值。

(5) 红宝石激光器发出 694.3 nm 波长的激光,

① 求和此波长相应的能级差;

② 如果此激光器工作时,高能级上的粒子数比相应低能级上的粒子数多 1%,求与此粒子数布居对应的热力学温度。

10.4.4 固体中的电子

1. 选择题

(1) 温度为 T 的金属中,自由电子的平均动能比 kT 大很多倍,对这一现象的解释是(   )。

(A) 测不准原理　　(B) 相对论

(C) 波粒二象性　　(D) 泡利不相容原理

(2) 对于金属中的自由电子气,下面说法正确的是(   )。

(A) 自由电子处于一个三维无限深方势阱中,在阱内不受力的作用

(B) 自由电子气中每个电子的平均平动能等于 $3kT/2$,T 为金属的温度

(C) 自由电子的德布罗意波长比离子间距大得多

(D) 在金属的温度趋于 $T=0$ K 时,自由电子的速率也将趋于零

(3) 本征半导体硅的禁带宽度是 1.14 eV,它能吸收的辐射的最大波长是(   )。

(A) 3.6×10^{-6} nm　　(B) 1.09×10^{4} nm

(C) 1.09×10^{3} nm　　(D) 1.74×10^{-16} nm

(4) N 型半导体中,由杂质原子所形成的杂质能级在能带结构中应处于(   )。

(A) 价带中　　(B) 导带中

(C) 禁带中,但接近价带顶　　(D) 禁带中,但接近导带底

(5) 与绝缘体相比，半导体能带结构的特点是(　　)。

(A) 导带是空带　　(B) 价带与导带重合

(C) 禁带的宽度较窄　　(D) 价带的宽度较窄

(6) 下列说法正确的是(　　)。

(A) 本征半导体中电子与空穴两种载流子同时参与导电，而杂质半导体只有一种载流子(电子或空穴)参与导电

(B) 杂质半导体中，电子与空穴两种载流子的整体对半导体的导电性能有相同的贡献

(C) N 型杂质半导体中载流子电子对导电性能的贡献大，是由于载流子电子数比载流子空穴数多

(D) 一个载流子电子比一个空穴载流子对半导体导电性能的贡献大，所以同样载流子浓度的 N 型半导体比 P 型半导体导电性能好

(7) 图 10.22 所示为导体、半导体、绝缘体在热力学温度趋于 0 K 时的能带结构示意图。其中属于绝缘体的是(　　)。

(A) (1)　　(B) (2)　　(C) (1),(3)　　(D) (3)

属于导体的是(　　)。

(A) (5)　　(B) (4),(5)

(C) (3),(4),(5)　　(D) (2),(3),(4),(5)

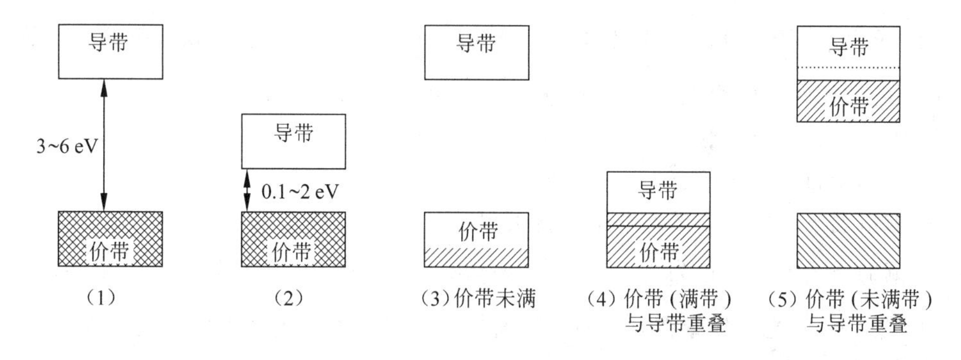

图 10.22　能带示意图

(8) 下面说法中，正确的是(　　)。

(A) 热敏电阻的材料一般是半导体，因为半导体的电阻率随温度升高而明显增大

(B) 当正向电流通过 PN 结时，发光二极管的发光是由于在结处的电子与空穴的湮没过程，而不涉及粒子数布居反转状态

(C) 原则上讲，发光二极管反向运行时就是一个光电池

(D) 半导体二极管、三极管没有数字 1(通)和 0(断)之间的转换功能

2. 填空题

(1) 已知金属费米能级的典型值为几个电子伏，金属温度趋于 0 K 时自由电子的平均速率数量级的估算值为________。

(2) E_F 是金属的费米能量。0 K 时费米电子气电子的平均能量为________，电子的平均速率为________，电子的方均根速率为________。

(3) N 个原子集聚成晶体时，孤立原子的每一个能态都分裂成________个能态，分裂程度随原子间距的缩小而________。

(4) 玻色子服从________分布，费米子服从________分布，经典粒子服从________分布；当粒子能量足够大时，三种分布趋于一致，它是________分布。

(5) 锗用三价铟掺杂，则成为________型半导体，能带结构上的杂质能级位于________；若硅用五价锑掺杂，则成为________型半导体，杂质能级位于________。

(6) 已知 CdS 和 PbS 的禁带宽度分别为 2.42 eV 和 0.30 eV。它们的光电导的吸收限波长(最长波长)分别是________和________，而各属的波段分别为________和________。

3. 计算题

(1) 一个电子被限制在边长为 a 的正立方体内。一顶点作为原点，沿 3 个棱的方向取作 x、y、z 方向，

① 由驻波方法求出 3 个方向电子波长的表达式；

② 求出电子动量分量的表达式；

③ 非相对论下求出电子能量的表达式。

(2) 求出上题中非相对论情况下电子能量的前 5 个能级，并指出这 5 个能级的兼并度。

(3) 已知铜的密度取 $8.9\times10^3\ \mathrm{kg\cdot m^{-3}}$，其电阻率取 $1.75\times10^{-8}\ \Omega\cdot\mathrm{m}$。

① 求铜的自由电子数密度 n；

② 求铜中自由电子的自由飞行时间 τ；

③ 求室温下自由电子的经典平均自由程 $\overline{\lambda_1}=\bar{v}\tau$；

④ 铜的费米速率参量为 1.57×10^6 m/s，求费米速率对应的平均自由程 $\overline{\lambda_2}=v_F\tau$。

(4) 半导体发光二极管在有正向电流通过时发出的单色光波长的最大值为 654 nm，估算它的最大禁带宽度。

10.4.5 核物理

1. 选择题

(1) 下列说法正确的是(　　)。

(A) 核的质量等于组成它的所有质子和中子质量之和

(B) 核的质量等于其原子质量减去原子中的电子质量

(C) 核的质量一定小于组成它的所有质子和中子质量之和

(D) 核的质量一定大于组成它的所有质子和中子质量之和

(2) 对于核自旋，下面理解正确的是(　　)。

(A) 核自旋是核内所有 A 个核子的自旋角动量之和

(B) 核自旋是核内所有 A 个核子的自旋角动量与所有质子轨道角动量之和

(C) 核自旋是核内所有质子的自旋角动量和轨道角动量之和
(D) 核自旋与质量数 A 有关，A 越大，核自旋在 z 方向的投影越大

(3) 对于 α 衰变，下面说法不正确的是(　　)。
(A) α 衰变是 ^{4}He 核从衰变核内逃逸即势垒穿透的过程
(B) 同一放射源放射出的 α 粒子能量一定是相同的
(C) α 衰变往往有 γ 衰变伴随
(D) α 放射源的 α 衰变的半衰期可以有很大的不同

(4) 下面对于 β 衰变的理解正确的是(　　)。
(A) β 衰变是指核放出电子的过程
(B) β 衰变是核内电子或正电子从核内逃逸即势垒穿透的过程
(C) β 衰变是核内中子与质子相互变换的结果
(D) β 衰变过程不会伴随光子的发射

(5) 对于核反应，下面理解不正确的是(　　)。
(A) 核反应一般是指一个高能粒子轰击靶核引起的变化
(B) 核反应的反应截面等于靶核的几何截面面积
(C) 核反应的反应截面可能大于也可能小于靶核的几何截面面积
(D) 一个入射粒子的经典瞄准距离在靶核的半径之内也不一定发生核反应

2. 填空题

(1) 原子大小的数量级是________，原子核大小的数量级是________。

(2) 太阳与地球的质量平均密度的数量级为 $10^3\ \mathrm{kg/m^3}$，则原子核的质量密度约是它们的________倍。

(3) ^{12}C 核的自旋量子数是________，$^1_0$N 的自旋量子数是________，$^1_1$H 的自旋量子数是________。

(4) 核力是短程力，它的作用范围可用原子核内核子间的平均距离来估算。把核看做由 A 个不可压缩的小球紧挤在一起形成的球形，那么核力作用范围为________。

(5) 质量数 A 不同的核的平均结合能一般是有差别的，但在 $A>20$ 时它随 A 的变化就很小了，这说明核力具有________。

(6) 已知铜原子质量是 63.9298 u，钴原子质量是 59.9338 u，氦原子质量是 4.002 603 u。则 $^{64}_{29}$Cu 不能发生 α 衰变的原因是________。

(7) EC 衰变可表示为 ${}^A_Z\mathrm{X}+\beta^-\rightarrow{}^{A}_{Z-1}\mathrm{Y}+\nu_e$。用 m_X、m_Y 表示反应前后的原子质量，此 EC 过程放出的能量 $Q=$________。

(8) 1919 年第一个人工核反应是 α 粒子轰击核 ^{14}N 得到 $^{17}_8$O，其核反应式是________；发现中子的核反应是 1932 年用 α 粒子打击铍核 ^{9}Be，其核反应式是________；1932 年第一次在加速器上用质子轰击 $^7_3$Li 核得到 α 粒子，其核反应式是________；1934 年人工第一次制造出放射性元素，是通过 α 粒子轰击铝箔的核 $^{27}_{13}$Al 的反应，其核反应式是________。

3. 计算题

(1) 如果把核看做球形,估算$^{59}_{27}$Co、$^{139}_{57}$La的核半径及核密度。

(2) 氦原子质量为4.002 603 u。求它由两个中子和两个质子结合成核的过程中的质量亏损及结合能。已知氢原子质量为1.007 825 u,中子质量为1.008 665 u。

(3) 假设一个$^{108}_{48}$Cd核分裂成相等的两块$^{54}_{24}$Cr。用韦塞克半经验公式近似计算此分裂过程所释放的能量。

(4) 证明在放射衰变规律中放射性核的平均寿命为衰变常量的倒数,即$\tau=\dfrac{1}{\lambda}$。证明其半衰期是平均寿命的0.693倍,即$t_{1/2}=0.693\tau=0.693/\lambda$。

(5) ^{64}Cu的半衰期是12.8 h。1 g纯^{64}Cu的活度是多少?经过12.8 h的衰变,样品的活度变为多少?

(6) 由质量亏损计算氢弹热核反应$^2\text{H}+{}^3\text{H}\rightarrow{}^4\text{He}+\text{n}+Q$中的$Q$值。已知^{2}H原子质量为2.014 102 u,^{3}H原子质量为3.016 050 u,^{4}He原子质量为4.002 603 u,n的质量为1.008 665 u。

参考答案

10.4.1 1. (1) D; (2) C; (3) A; (4) B; (5) C; (6) B; (7) B; (8) C; (9) A。 2. (1)2,15; (2) 6237 K,8.58×10^7 W/m^2; (3) 1.45,7.14×10^5; (4) 0,4.0×10^{-19},4.0×10^{14}; (5) 4.86×10^{-3},10^{-5},4.86×10^{-3},0.10; (6) π,0.048; (7) 1.1×10^{-26} nm,3.3×10^{-26} nm,4.4×10^{-30} m/s; (8) 0.58 m/s。 3. (1) $P_{光}=P_{电}=6.63\times10^{-26}$ kg·m/s,$\varepsilon_e=\sqrt{(pc)^2+(m_0c^2)^2}\approx5.12\times10^5$ eV,$\varepsilon_{光}=hc/\lambda_{光}=124.3$ eV。(2) $\lambda_1=0.073\,23$ nm,$\lambda_2=0.075\,66$ nm。(3) 不能,因为红限波长$\lambda_0=155$ nm。(4) 942 V。(5) 从$E=p^2/(2m)$得$\Delta p=\Delta E/v$,而$\Delta x=v\Delta t$,由坐标与动量的不确定关系$\Delta x\cdot\Delta p\geqslant\hbar/2$得$\Delta t\cdot\Delta E\geqslant\hbar/2$。(6) 最大动能为0.806 eV,最小动能为零;$U=0.81$ V;$Q=1.76\times10^{-11}$ C。

10.4.2 1. (1) D; (2) A; (3) D; (4) B; (5) D; (6) D。 2. (1) 略; (2) 略; (3) $-\dfrac{\hbar^2E}{p^2}\cdot\dfrac{\partial^2\psi(x,t)}{\partial x^2}=\mathrm{i}\hbar\dfrac{\partial\psi(x,t)}{\partial t}$; (4) 1.53×10^{-19}; (5) $e^2/(8\pi\varepsilon_0a_0)$; (6) 1/4,3/4。 3. (1) 归一化常数$C=\sqrt{30}/a^{5/2}$,所求概率为17/81; (2) $T=7.88\times10^4$ K; (3) $\dfrac{\mathrm{d}^2\varphi}{\mathrm{d}x^2}+\dfrac{2m}{\hbar^2}\left(E-\dfrac{1}{2}m\omega^2x^2\right)\varphi=0$,$E=\dfrac{3}{2}\hbar\omega$,是$n=1$的第一激发态,对$(\varphi^*\varphi)$求极大值得此能级概率密度最大值的位置$x=\pm\sqrt{\dfrac{\hbar}{m\omega}}$; (4) 定态的粒子波函数形式为$\psi(r,t)=C\varphi(r)\exp\left(-\mathrm{i}\dfrac{E}{\hbar}t\right)$,$\psi_1$有可能是处于定态的粒子波函数,$\psi_2$不可能是。

10.4.3 1. (1) C; (2) B; (3) C; (4) C; (5) B; (6) B; (7) D; (8) D; (9) B; (10) B; (11) A; (12) C; (13) B。 2. (1) 3.28×10^{15},2.46×10^{15}。

(2) $8E_1/9$ 和 $2E_1$，吸收 $8E_1/9$ 光子的基态氢原子跃迁到第二激发态，吸收 $2E_1$ 光子的基态氢原子会产生光电效应。 (3) 原子的有核模型，原子有磁矩且在磁场中的空间量子化，光的粒子性，电子的波动性。 (4) 能量最低原理，泡利不相容原理。 (5) 2；$2(2l+1)$；$2n^2$；(1,0,0,1/2)；(1,0,0,−1/2)。 (6) $0,\sqrt{2}\hbar,\sqrt{6}\hbar$。 (7) 受激，粒子数布居反转，方向性好、单色性好因而相干性好、光强大。 (8) 3.11×10^{-11}，1.93×10^{18}，L，K。

3. (1) $L_z=0,\pm\hbar,\pm2\hbar$； (2) $r=a_0$，$P_{\text{out}}=5\text{e}^{-2}=0.68$； (3) $\Delta v=\dfrac{\Delta E(2P)}{h}=1.1\times10^{10}\ \text{Hz}$，$B=\dfrac{\Delta E(2P)}{2\mu_B}=0.39\ \text{T}$； (4) 对 $l=2$，m_l 可取 $0,\pm1,\pm2$，对每一个 m_l，m_s 又可取 $\pm1/2$，可容纳的电子数为 $2(2l+1)=10$（个）； (5) $\Delta E=h\nu=1.79\ \text{eV}$，$T=-\dfrac{\Delta E}{k\ln(N_2/N_1)}=-2.1\times10^6\ \text{K}$。

10.4.4 1. (1) D(自由电子要遵从泡利不相容原理，不能都处于低能级上)； (2) C； (3) C； (4) D； (5) C； (6) C； (7) A,C； (8) C。 2. (1) 10^6 m/s； (2) $3E_F/5$，$\dfrac{3}{4}\sqrt{\dfrac{2E_F}{m_e}}=\dfrac{3}{4}v_F$，$\sqrt{6E_F/(5m_e)}=\sqrt{3/5}\,v_F$； (3) N，增大； (4) BE，FD，MB，MB； (5) P 型，靠近价带顶的禁带中，N 型，靠近导带底的禁带中； (6) 514 nm，4.14 μm，可见光，红外。 3. (1) $\lambda_x=\dfrac{2a}{n_x}$，$\lambda_y=\dfrac{2a}{n_y}$，$\lambda_z=\dfrac{2a}{n_z}$，且 n_x、n_y、n_z 可独立地任取 1、2、3、…(整数值)，$p_x=\dfrac{h}{2a}n_x$，$p_y=\dfrac{h}{2a}n_y$，$p_z=\dfrac{h}{2a}n_z$，$E=\dfrac{h^2}{8ma^2}(n_x^2+n_y^2+n_z^2)$； (2) 令 $E_0=\dfrac{h^2}{8ma^2}$，则有 $E_{1\to5}=3E_0,6E_0,9E_0,11E_0,12E_0$，对应的兼并度 $g_{1\to5}=1,3,3,3,1$； (3) $n=8.5\times10^{28}\ \text{m}^{-3}$，由电导式 $\sigma=ne^2\tau/m_e$ 得 $\tau=\dfrac{m_e}{\rho ne^2}=2.4\times10^{-14}$ s，$\overline{\lambda_1}=\sqrt{\dfrac{8kT}{\pi m_e}}\tau=2.6$ nm，$\overline{\lambda_2}=38$ nm； (4) 1.9 eV。

10.4.5 1. (1) C； (2) B； (3) B； (4) C； (5) B。 2. (1) 10^{-10} m，10^{-15} m； (2) 10^{14}； (3) 0,1/2,1/2； (4) 2.0×10^{-15} m； (5) 饱和性； (6) 铜原子质量小于钴原子与氦原子质量之和； (7) $m_Xc^2-m_Yc^2$； (8) $^{14}\text{N}(\alpha,\text{p})^{17}\text{O}$，$^{9}\text{Be}(\alpha,\text{n})^{12}\text{C}$，$^{7}\text{Li}(\text{p},\alpha)^{4}\text{He}$，$^{27}\text{Al}(\alpha,\text{n})^{30}\text{P}$。 3. (1) 4.7 fm，6.2 fm，$2.3\times10^{17}\ \text{kg/m}^3$； (2) 0.030 377 u，28.3 MeV； (3) 21.5 MeV； (4) 略； (5) 1.41×10^{17} Bq，7.05×10^{16} Bq； (6) 17.6 MeV。

参 考 文 献

[1] 张三慧．大学物理学[M]．3版．北京：清华大学出版社，2008．

[2] 张三慧．习题解答[M]．2版．北京：清华大学出版社，2001．

[3] 赵凯华，罗蔚茵．新概念物理教程[M]．2版．北京：高等教育出版社，2004．

[4] 祁祥麟，刘佑昌，王绪威．大学物理方法[M]．北京：北京航空航天大学出版社，1992．

[5] 清华大学物理系．普通物理辅导与答疑[M]．北京：北京出版社，1991．

[6] 吴宗汉．文科物理十五讲[M]．北京：北京大学出版社，2004．